国家出版基金项目
NATIONAL PUBLICATION FOUNDATION

现代农业高新技术成果丛书

藏鸡高原低氧适应生理与遗传基础

Physiology and Genetics of Adaptability to Highland Hypoxia in Tibetan Chicken

吴常信　李　宁　主编

中国农业大学出版社
·北京·

内 容 简 介

本书是以藏鸡为研究材料，通过和其他鸡种的比较，从生理学和遗传学，特别是从基因水平上来研究低氧适应问题，内容新颖，涉及面广，参考文献丰富。其中有些研究结果可作为人类高原医学研究的参考。

本书主要读者对象是高校和研究院(所)动物学专业的教师、研究生，也可作为相关专业人员的参考用书。

图书在版编目(CIP)数据

藏鸡高原低氧适应生理与遗传基础/吴常信，李宁主编．—北京：中国农业大学出版社，2012.6
ISBN 978-7-5655-0494-5

Ⅰ.①藏… Ⅱ.①吴… ②李… Ⅲ.①青藏高原-鸡-生理学-研究 ②青藏高原-鸡-动物遗传学-研究 Ⅳ.①S831.1

中国版本图书馆 CIP 数据核字(2012)第 029892 号

书　名 藏鸡高原低氧适应生理与遗传基础
作　者 吴常信　李　宁　主编

责任编辑 冯雪梅　　**责任校对** 陈　莹　王晓凤
封面设计 郑　川
出版发行 中国农业大学出版社
社　址 北京市海淀区圆明园西路 2 号　　**邮政编码** 100193
电　话 发行部 010-62818525,8625　　读者服务部 010-62732336
编辑部 010-62732617,2618　　出 版 部 010-62733440
网　址 http://www.cau.edu.cn/caup　　**e-mail** cbsszs@cau.edu.en
经　销 新华书店
印　刷 涿州市星河印刷有限公司
版　次 2012 年 6 月第 1 版　2012 年 6 月第 1 次印刷
规　格 787×1092　16 开　27.25 印张　677 千字
定　价 158.00 元

现代农业高新技术成果丛书
编审指导委员会

编 写 人 员

主　编　吴常信　李　宁

副主编　张　浩　苟　潇　魏泽辉　鲍海港　赵春江

参　编　强巴央宗　滕可导　凌　遥　王存芳　张立凡
　　　　刘　翀　　宋美玲　李　梅　彭俊飞　苟文钰

审稿人员　吴常信　第 1 章,第 2 章
　　　　　邓学梅　第 4 章
　　　　　吴克亮　第 5 章
　　　　　赵春江　第 6 章
　　　　　李红伟　第 3 章,第 7 章(7.1、7.2),第 8 章,第 9 章
　　　　　方美英　第 7 章(7.3、7.4、7.5)
　　　　　鲍海港　第 10 章,第 11 章,第 12 章

全书统稿　张　浩

本书得到教育部科学技术重大项目(10404)资助(2004—2006 年)

项 目 名 称:西藏高原家鸡对特殊环境适应的功能基因组学研究
项目主持人:李　宁　吴常信
参 加 人 员:张　浩　苟　潇　魏泽辉　鲍海港　赵春江　强巴央宗
　　　　　　滕可导　凌　遥　王存芳　张立凡　刘　翀　宋美玲
　　　　　　李　梅

出版说明

瞄准世界农业科技前沿，围绕我国农业发展需求，努力突破关键核心技术，提升我国农业科研实力，加快现代农业发展，是胡锦涛总书记在2009年五四青年节视察中国农业大学时向广大农业科技工作者提出的要求。党和国家一贯高度重视农业领域科技创新和基础理论研究，特别是863计划和973计划实施以来，农业科技投入大幅增长。国家科技支撑计划、863计划和973计划等主体科技计划向农业领域倾斜，极大地促进了农业科技创新发展和现代农业科技进步。

中国农业大学出版社以973计划、863计划和科技支撑计划中农业领域重大研究项目成果为主体，以服务我国农业产业提升的重大需求为目标，在“国家重大出版工程”项目基础上，筛选确定了农业生物技术、良种培育、丰产栽培、疫病防治、防灾减灾、农业资源利用和农业信息化等领域50个重大科技创新成果，作为“现代农业高新技术成果丛书”项目申报了2009年度国家出版基金项目，经国家出版基金管理委员会审批立项。

国家出版基金是我国继自然科学基金、哲学社会科学基金之后设立的第三大基金项目。国家出版基金由国家设立、国家主导，资助体现国家意志、传承中华文明、促进文化繁荣、提高文化软实力的国家级重大项目；受助项目应能够发挥示范引导作用，为国家、为当代、为子孙后代创造先进文化；受助项目应能够成为站在时代前沿、弘扬民族文化、体现国家水准、传之久远的国家级精品力作。

为确保“现代农业高新技术成果丛书”编写出版质量，在教育部、农业部和中国农业大学的指导和支持下，成立了以石元春院士为主任的编审指导委员会；出版社成立了以社长为组长的项目协调组并专门设立了项目运行管理办公室。

“现代农业高新技术成果丛书”始于“十一五”，跨入“十二五”，是中国农业大学出版社“十二五”开局的献礼之作，她的立项和出版标志着我社学术出版进入了一个新的高度，各项工作迈上了新的台阶。出版社将以此为新的起点，为我国现代农业的发展，为出版文化事业的繁荣做出新的更大贡献。

中国农业大学出版社

2010年12月

前　言

2002 年，我随由两院院士和专家组成的考察团，赴西藏调研农业结构调整。途经林芝，顺访了西藏农牧学院。据该校老师介绍，曾经从内地引进 3 000 枚鸡蛋，但仅孵出了 3 只小鸡。这一情况引起了我的注意。虽然人们早就认识到高海拔地区鸡蛋孵化率低是由于胚胎缺氧、过度失水和低碳酸血症等原因造成的，但是这些原因的生理学和遗传学基础是什么，还不清楚。尽管孵化率低，但有些鸡还是被孵化出来了，说明这些鸡在胚胎发育的全过程中，由遗传基因控制的各种代谢通路是完整的。这就有可能通过低地鸡(lowland chicken)与藏鸡胚胎发育的比较，找到一些与低氧适应有关的基因及其代谢通路。

本书内容，主要是我们课题组的老师和研究生们自己的工作。他们孜孜以求地潜心研究，得到了不少有科学意义的结果，除了完成了他们自己的硕士、博士和博士后论文外，还建立起了胚胎低氧研究实验平台，自己设计并研制了可控式模拟低氧孵化机，创造了在平原地区研究鸡胚胎低氧发育的实验条件。他们还把孵化机搬运到海拔近 3 000 m 的林芝地区，做了增氧孵化试验，把低地鸡种蛋的孵化率提高到接近在平原地区的孵化水平。证明了高海拔地区鸡胚死亡率高的主要原因是低气压造成的低氧环境。有些研究虽然还是初步的，但是值得一提：如在研究血红蛋白中不同珠蛋白与低氧适应的关系时，发现藏鸡 αD 亚基中 Met－32D(B13)－Leu 位点突变的频率，有随着海拔升高而增加的趋势，说明这一基因和低氧适应有关；又如，通过藏鸡和低地鸡线粒体全基因组的测序和比对，找到了两者之间的某些差异，而线粒体和氧代谢有密切关系，这为今后进一步的研究提供了参考。

科学研究是无止境的，有时候研究越深入，越能发现更多的新问题。例如：1) 低地鸡的蛋到高原孵化的胚胎死亡率高，而在低地孵化出来的雏鸡运到高海拔地区饲养的死亡率和藏鸡并无显著差异。这说明低氧环境对胎儿期发育的影响要大于胎后期。这一点也许对高原医学有参考价值，但其生理学和遗传学的机理是什么？2) 在高海拔地区饲养的低地鸡，其后代种蛋的孵化率明显提高，这是获得性遗传，还是由于自然选择造成的适应？如何证明？3) 在北京饲养了三代的藏鸡蛋运到林芝，和当地的藏鸡蛋同期孵化时，胚胎的死亡率明显高于当地藏鸡。这难道是藏鸡在北京"优越"的饲养管理和气候条件下生活久了(三代)，"忘掉"了祖辈在高海拔低氧、半放牧的"艰苦"条件下形成良好适应性的"美德"？这是表观变异，还是表观遗传？如何证明？4）低地鸡和藏鸡的杂交后代，胚胎发育有明显的杂种优势，其遗传机理是什么？5）在进化上是低地鸡向高原迁移，还是高原鸡向低地迁移？这些都有待今后的研究来解释，来证明。再有，对低氧适应的全基因组关联分析（GWAS）也是可以考虑的一条研究途径。不过，对于受多基因决定的复杂性状不要抱有过大的希望。

2011年12月

目　　录

第 1 章　藏鸡品种资源特征 …… 1
1.1　藏鸡的分布和形成 …… 1
1.1.1　分布与生境 …… 1
1.1.2　形成与历史 …… 2
1.2　藏鸡的体型外貌特征 …… 2
1.2.1　体型外貌 …… 2
1.2.2　体重、体尺 …… 2
1.2.3　体重与体尺相关与回归 …… 3
1.2.4　体重、体尺主成分分析 …… 5
1.3　藏鸡的生产性能 …… 6
1.3.1　生长性能 …… 6
1.3.2　生长曲线比较 …… 7
1.3.3　生长曲线拟合参数 …… 9
1.3.4　产蛋性能 …… 10
1.3.5　屠宰性能 …… 10
1.3.6　藏鸡肉质物理性状 …… 12
1.3.7　藏鸡肉氨基酸和肌苷酸含量 …… 12
1.4　藏鸡遗传多样性 …… 14
1.4.1　体型外貌多样性 …… 14
1.4.2　体重、体尺多样性 …… 15
1.4.3　分子遗传多态性 …… 16
1.5　藏鸡的种质特性 …… 21
1.5.1　藏鸡特色性状 …… 21
1.5.2　藏鸡开发利用现状 …… 22
参考文献 …… 22

第 2 章　高原环境对鸡孵化性能的影响 …… 25
2.1　禽蛋人工孵化条件 …… 25
2.1.1　温度 …… 25
2.1.2　湿度 …… 26
2.1.3　气体环境 …… 27
2.2　高海拔孵化理论分析 …… 28
2.2.1　高海拔孵化气体条件分析 …… 28
2.2.2　高海拔地区孵化研究进展 …… 30
2.3　自动低氧模拟孵化机 …… 31
2.3.1　低氧模拟设备研究进展 …… 31
2.3.2　自动低氧模拟孵化机的材料和结构 …… 32
2.3.3　技术指标 …… 32
2.3.4　工作原理 …… 33
2.3.5　孵化机密闭性测试和通气量计算 …… 34
2.3.6　常氧孵化测试 …… 35
2.3.7　低氧模拟孵化测试 …… 35
2.3.8　自动低氧模拟孵化机用途及功能扩展 …… 35
2.4　高海拔人工孵化技术优化 …… 36
2.4.1　温度和湿度 …… 36
2.4.2　种蛋贮存 …… 37
2.4.3　种蛋形状 …… 38
2.5　藏鸡在不同海拔环境中的孵化性能 …… 38
2.5.1　藏鸡在不同海拔环境中的孵化性能 …… 38
2.5.2　农大小型蛋鸡及其与藏鸡杂交的种蛋在不同海拔下的孵化比较 …… 39
2.6　氧对鸡孵化性能的影响 …… 43
2.6.1　低氧模拟孵化 …… 43
2.6.2　高海拔增氧孵化 …… 46
2.6.3　氧因素与孵化 …… 49
参考文献 …… 50

第 3 章　藏鸡高原适应性表型特征 …… 54
3.1　外貌和生长适应性特征 …… 54
3.1.1　体重 …… 54
3.1.2　胫长 …… 57
3.2　内脏器官适应性特征 …… 59
3.2.1　心脏 …… 59
3.2.2　肝脏 …… 62
3.2.3　肺脏 …… 62
3.2.4　右心指数 …… 64

3.3　蛋的适应性特征…… 66
3.3.1　鸟类胚胎的呼吸特性…… 66
3.3.2　藏鸡蛋壳的适应性…… 67
3.4　胚胎发育适应性特征…… 71
3.4.1　鸟类胚胎发育对高原的适应性…… 71
3.4.2　藏鸡胚胎发育的高原适应性…… 72
参考文献 …… 78

第4章　藏鸡高原低氧适应性血液生理学基础 …… 81
4.1　动物血液生理与氧气运输…… 81
4.1.1　血液对氧的运输能力…… 81
4.1.2　血红蛋白含量…… 82
4.1.3　血氧亲和力…… 82
4.1.4　血液流量…… 83
4.2　藏鸡胚胎期低氧适应血液生理基础…… 83
4.2.1　血液学参数…… 83
4.3　藏鸡生长期低氧适应的血液生理基础…… 95
4.3.1　动物生长期血液生理的低氧适应…… 95
4.3.2　生长期藏鸡血液的生理适应…… 97
参考文献…… 113

第5章　藏鸡高原低氧适应组织学基础…… 116
5.1　动物低氧适应相关组织学研究进展 …… 116
5.1.1　血管组织 …… 116
5.1.2　脏器组织 …… 116
5.1.3　肌肉组织 …… 117
5.1.4　高原低氧环境对禽类孵化和胚胎代谢的影响 …… 117
5.2　藏鸡胚胎尿囊绒毛膜血管密度 …… 117
5.2.1　尿囊绒毛膜(CAM) …… 117
5.2.2　高原孵化尿囊绒毛膜血管密度 …… 119
5.3　藏鸡胚胎肝脏的适应性 …… 121
5.3.1　藏鸡胚胎肝组织显微结构 …… 121
5.3.2　藏鸡胚胎肝功能的适应 …… 123
5.3.3　藏鸡胚胎肝脏抗氧化能力的适应 …… 126
参考文献…… 128

第6章　藏鸡高原低氧适应能量代谢基础…… 130
6.1　低氧对鸡心肌能量代谢相关指标的影响 …… 130
6.1.1　心肌组织乳酸(LA)含量和乳酸脱氢酶(LDH)活性 …… 130

6.1.2 琥珀酸脱氢酶(SDH) …… 133
6.2 藏鸡胚胎低氧适应的线粒体呼吸功能 …… 134
6.2.1 藏鸡与低地鸡胚胎的常氧和全期低氧模拟孵化 …… 134
6.2.2 线粒体呼吸功能 …… 135
参考文献 …… 143

第7章 藏鸡低氧适应的珠蛋白分子机理 …… 144
7.1 高原民族和动物珠蛋白研究进展 …… 145
7.1.1 珠蛋白家族成员 …… 145
7.1.2 血红蛋白功能与低氧适应 …… 147
7.1.3 神经珠蛋白(Neuroglobin,Ngb)与低氧适应 …… 155
7.1.4 细胞珠蛋白(Cytoglobin,Cygb)与低氧适应 …… 156
7.1.5 肌红蛋白(Myoglobin,Mb)与低氧适应 …… 157
7.2 藏鸡血红蛋白珠蛋白基因突变及其表达调控 …… 158
7.2.1 藏鸡成年和胚胎血红蛋白低氧适应性功能位点检测和验证 …… 158
7.2.2 藏鸡胚胎珠蛋白低氧适应性阶段表达谱 …… 168
7.2.3 藏鸡血红蛋白低氧适应的分子机制 …… 190
7.3 藏鸡神经珠蛋白(Ngb)基因突变及其表达调控 …… 203
7.3.1 Ngb基因SNP检测 …… 203
7.3.2 Ngb基因的mRNA表达分析 …… 208
7.4 藏鸡细胞珠蛋白(Cygb)基因突变及其表达调控 …… 210
7.4.1 Cygb基因SNP的检测 …… 210
7.4.2 Cygb基因定量表达 …… 212
7.4.3 Cygb蛋白Western blot定量 …… 215
7.4.4 Cygb蛋白免疫组化定量 …… 217
7.4.5 藏鸡Cygb基因低氧适应性表达机制 …… 219
7.5 藏鸡肌红蛋白(Mb)基因突变及其表达调控 …… 221
7.5.1 Mb基因SNP检测 …… 221
7.5.2 Mb基因定量表达 …… 223
7.5.3 Mb基因蛋白定量表达 …… 224
7.5.4 心脏肌红蛋白含量 …… 225
7.5.5 藏鸡Mb基因低氧适应性表达机制 …… 226
参考文献 …… 227

第8章 藏鸡血管因子低氧适应分子机理 …… 250
8.1 动物低氧反应和适应的血管因子研究进展 …… 250
8.1.1 血管内皮生长因子 …… 250
8.1.2 一氧化氮 …… 251
8.1.3 血管紧张素 …… 253

8.1.4 内皮素 …… 254
8.2 藏鸡诱导型一氧化氮合酶基因功能突变及表达分析 …… 254
8.2.1 藏鸡 iNOS 基因 SNP 筛选 …… 254
8.2.2 藏鸡 iNOS 基因 SNP 检测 …… 256
8.2.3 低氧对鸡 iNOS 基因表达的影响 …… 258
8.2.4 iNOS 酶活性 …… 260
8.3 藏鸡内皮型一氧化氮合酶基因克隆及表达 …… 262
8.3.1 鸡 eNOS 基因克隆 …… 262
8.3.2 低氧对 eNOS 基因 mRNA 表达的影响 …… 265
8.3.3 低氧对鸡胚胎尿囊绒毛膜 NOS 酶活力的影响 …… 267
8.4 藏鸡血管内皮因子基因表达与调控 …… 268
8.4.1 藏鸡血管内皮生长因子基因 SNP 筛选 …… 268
8.4.2 VEGF 基因的定量表达 …… 269
参考文献 …… 271

第 9 章 藏鸡能量代谢相关酶基因低氧适应 …… 276
9.1 葡萄糖代谢途径中系列酶的生理功能 …… 276
9.1.1 糖酵解途径中系列酶的生理功能 …… 276
9.1.2 有氧氧化途径中部分酶的生理功能 …… 277
9.2 藏鸡甘油酸激酶基因和醛缩酶-C 基因突变及其表达 …… 278
9.2.1 甘油酸激酶(PGK)基因和醛缩酶-C(ALD-C)基因的 SNP 多态性 …… 278
9.2.2 SNP 与转录因子结合的验证 …… 281
9.2.3 PGK 基因和 ALD-C 基因在骨骼肌和大脑组织中的表达 …… 283
9.3 藏鸡 NADH 脱氢酶基因的功能突变及其表达 …… 293
9.3.1 ND5 基因 C1627A 突变与胚胎表型 …… 293
9.3.2 藏鸡和丝羽乌骨鸡胚胎 ND5 和 NDUFS1 基因的表达 …… 302
参考文献 …… 306

第 10 章 藏鸡线粒体全基因组 …… 307
10.1 线粒体及其氧化磷酸化 …… 307
10.1.1 线粒体的结构 …… 307
10.1.2 氧化磷酸化 …… 308
10.1.3 氧化磷酸化的测定 …… 311
10.1.4 影响氧化磷酸化的因素 …… 312
10.1.5 低氧对线粒体的损害 …… 312
10.2 藏鸡和低地鸡线粒体全基因组的测定和比对 …… 313
10.2.1 藏鸡和低地鸡线粒体全基因组序列的测定 …… 313
10.2.2 藏鸡和低地鸡线粒体基因组全序列的比对 …… 316
参考文献 …… 321

第 11 章　藏鸡高原低氧适应基因表达谱和蛋白质组学 …… 323
11.1　基因表达芯片和蛋白质组学的基本原理和方法 …… 323
11.1.1　基因表达芯片 …… 323
11.1.2　蛋白质组学 …… 328
11.2　藏鸡胚胎心脏组织基因组学 …… 336
11.2.1　不同氧气浓度下鸡胚胎心脏基因表达谱 …… 336
11.2.2　差异表达基因的荧光定量 PCR 验证 …… 341
11.2.3　部分差异表达基因生物学功能浅析 …… 342
11.2.4　藏鸡特异性表达的基因及其生物学功能 …… 343
11.2.5　全基因组表达图谱的聚类分析 …… 346
11.3　藏鸡胚胎肝脏组织蛋白表达谱分析 …… 348
11.3.1　肝脏总蛋白提取结果 …… 348
11.3.2　蛋白质定量标准曲线 …… 349
11.3.3　藏鸡常氧孵化 16 d 肝脏总蛋白的分离、鉴定、分类和分析 …… 350
11.3.4　藏鸡和寿光鸡常氧和低氧孵化 16 d 表达谱 …… 356
11.3.5　藏鸡和寿光鸡低氧孵化胚胎 16 d 肝脏差异表达蛋白点 …… 358
11.4　藏鸡胚胎低氧适应的血浆差异蛋白质组学研究 …… 361
11.4.1　藏鸡和寿光鸡孵化胚胎 16 d 血浆蛋白表达谱 …… 361
11.4.2　藏鸡和寿光鸡孵化胚胎 16 d 血浆差异表达蛋白点 …… 361
参考文献 …… 363

第 12 章　高原适应性藏鸡肉用配套系 …… 371
12.1　藏鸡肉用配套系孵化性能 …… 371
12.1.1　低海拔孵化 …… 371
12.1.2　西藏林芝高海拔孵化 …… 372
12.1.3　西藏拉萨高海拔孵化 …… 376
12.1.4　藏鸡孵化性能遗传特征及配套系杂种优势 …… 379
12.2　肉用藏鸡配套系生长性能 …… 380
12.2.1　体重生长 …… 380
12.2.2　胫长生长 …… 381
12.2.3　体重生长模型 …… 382
12.2.4　胫长生长模型的比较 …… 384
12.2.5　体重生长参数比较 …… 385
12.2.6　胫长生长参数比较 …… 386
12.2.7　体重累积生长 …… 387
12.2.8　胫长累积生长 …… 387
12.2.9　体重绝对生长速度 …… 388
12.2.10　体重相对生长速度 …… 389
12.3　肉用藏鸡配套系产肉性能 …… 390

12.3.1 屠宰率…… 390
12.3.2 半净膛率…… 392
12.3.3 全净膛率…… 393
12.3.4 胸肌率…… 393
12.3.5 腿肌率…… 394
12.3.6 翅重率…… 394
12.3.7 腹脂率…… 395
12.3.8 心脏重率…… 395
12.3.9 肝重率…… 396
12.3.10 胃重率…… 397
12.3.11 小肠长度…… 397
12.4 藏鸡肉用配套系肉质性能…… 398
12.4.1 低海拔环境中鸡胸肌肉质…… 398
12.4.2 高海拔环境中鸡胸肌肉质…… 399
12.4.3 胸肌脂肪酸含量…… 400
12.5 成年藏鸡肉用性能研究…… 405
12.5.1 成年藏鸡及其他鸡种屠宰性状…… 405
12.5.2 肉质风味品尝…… 410
参考文献…… 411

附录1 博(硕)士生毕业论文…… 414
附录2 项目参加人员公开发表的有关藏鸡的论文…… 415

第1章

藏鸡品种资源特征

我国海拔 3 000 m 以上的高原地区约占全国总面积的 1/6。在海拔高度 5 000 m 以下低空，海拔高度每上升 100 m，气压降低约 1 kPa。大气压与氧分压呈正相关关系，大气中氧分压随海拔升高呈下降趋势。在海平面，氧分压为 21.2 kPa，在 3 000 m 高空为 15.5 kPa，在 5 000 m 高空仅为 11.3 kPa，也就是说，海拔高度 3 000 m 的高原大气氧含量仅为海平面地区的 73%，5 000 m 地区仅为海平面地区的 53%。因此，高原地区的低气压与低氧分压是严重地影响着动物与人的生存和发展的主要生态因子。但高原上有许多长期定居的动物，能够很好地适应高海拔恶劣的气候环境，藏鸡就是其中的一员，是适应高海拔独特生境的家禽品种。藏鸡是我国青藏高原数量最多、范围最广的高原地方鸡种，对高海拔低压、低氧、严寒等气候环境有良好的适应性，因而有着低地鸡种无法比拟的优越性，是发展我国高海拔地区养鸡业的重要品种资源。

1.1 藏鸡的分布和形成

1.1.1 分布与生境

藏鸡主要分布在青藏高原，海拔 2 200～4 100 m 的半农半牧区，是雅鲁藏布江中游河谷和藏东三江高山峡谷区数量最多、范围最广的高原地方鸡种。藏鸡现存数量约 70 万只，其中西藏地区分布有约 50 万只，其余少量分布于四川、云南以及青海玉树藏族自治州。藏鸡产区多高山峡谷，河流湍急，森林密布；四季变化不明显，年平均气温为 4.5～12 ℃；昼夜温差大，多在 12～17 ℃以上；1 月份最低气温为－20.3～－10.5 ℃，7～8 月份最高气温为 26～29 ℃；年平均日照时数为 2 000 h 以上，最高达 3 219.5 h；年降水量为 300～700 mm，多集中在 6～9 月份，占全年降水量的 70%～90%；空气干燥，蒸发量为 1 500 mm 以上，最高达 2 396.6 mm，无霜期仅 103～128 d。农作物一年一熟，以青稞、燕麦、荞麦、马铃薯等耐寒作物为主，低海拔地区有的一年两季，也种植小麦、蚕豆、豌豆、油菜、玉米、圆根等作物。畜牧业以饲养牦牛、绵羊、犏牛、山羊、马、黄牛、猪等为主，也饲养一定数量的家禽，主要是藏鸡。

1.1.2 形成与历史

藏鸡长期生活在高原低压、低氧、高寒等恶劣多变的气候环境中，白天以高原上鲜嫩的青草、草籽和昆虫为食，晚上栖息于畜圈梁架之上，或露宿于宅旁树林，处于半野生状态。由于藏鸡产于高山深谷，历史上交通阻塞，形成天然隔离屏障，成为藏鸡独特的生态环境。经过长期的自然选择和人工驯化，从而形成一个适应高原气候、觅食能力强、耐粗饲、体型外貌和生活习性与家鸡祖先红色原鸡非常近似、人工选择程度很低的地方原始小型品种。

藏鸡是全世界生活在高海拔地区历史最长的鸡种，有关藏鸡的历史记载却很少。据民族出版社 1980 年 6 月出版藏文版《巴协》记载，公元 815—857 年"……洛帝故(臣)以磐石堵门，在洞内呻吟许久，即后闻鸡叫"，说明 1 000 多年前西藏就已经饲养鸡了。新中国成立前，一般藏民多无食鸡、食蛋习惯，养鸡的主要目的是将公鸡用以司晨报晓，同时也用鸡蛋作为贡品向上层交纳；新中国成立后，养鸡已成为藏族人民家庭副业之一。云南中甸尼西乡藏族人民视鸡蛋为主要经济收入之一，因此对所饲养的藏鸡很重视选择和淘汰，提高了当地藏鸡的产蛋能力，成为藏鸡中一个产蛋性能较高的类型，云南省特称之为尼西鸡。

1.2 藏鸡的体型外貌特征

1.2.1 体型外貌

藏鸡体型轻小，体较长而低矮，匀称紧凑，头高尾低、呈船形，胸肌发达，向前突出，性情活泼，富于神经质，好斗性强。翼羽和尾羽发达，善于飞翔，公鸡大镰羽长达 40～60 cm。藏鸡头部清秀，冠多呈红色单冠，少数呈豆冠和有冠羽。公鸡的单冠大而直立，冠齿为 4～6 个；母鸡冠小，稍有扭曲。肉垂红色。喙多呈黑色，少数呈肉色或黄色。虹彩多呈橘色，黄栗色次之。耳叶多呈白色，少数红白相间，个别红色。胫黑色者居多，其次肉色，少数有胫羽。

藏公鸡(图 1.1)羽毛颜色鲜艳，色泽较一致，主、副翼羽，主尾羽和大镰羽呈黑色带金属光泽，梳羽、蓑羽呈红色或金黄色镶黑边羽，身体其他部位黑色羽多者称黑红公鸡，红色羽多者称大红公鸡。此外，还有少数白色公鸡和其他杂色公鸡。藏母鸡(图 1.2)羽色较复杂，主要有黑麻、黄麻、褐麻等色，少数白色、灰色，纯黑较少(中国家禽品种志，1989)。

1.2.2 体重、体尺

藏鸡体重小，成年公鸡平均体重为 1.45 kg，母鸡为 1.04 kg，体重、体尺指标见表 1.1，具有体重轻，身体较长，胫长等特点。这一特点与强巴央宗等(2003)报道西藏不同地区藏鸡体尺指标(表 1.2)结果一致。藏鸡与其他低地地方鸡种和引进良种相比有其特异的体型特征，例如与国内的小型地方鸡种日照麻鸡(成年公、母鸡体重分别为 1.87 kg 和 1.39 kg，体斜长分别为 18.7 cm 和 16.65 cm，胸深分别为 9.95 cm 和 8.49 cm，胸宽分别为 7.89 cm 和 5.83 cm，胸骨

图 1.1 藏公鸡

图 1.2 藏母鸡

长分别为 11.14 cm 和 9.73 cm，胫长分别为 8.58 cm 和 7.01 cm（宋兴平等，1994））对比，便可凸显其体型特征。不同地区的藏鸡在体重和体尺上存在不同程度的差别（表 1.1 和表 1.2），但都具有成年体重小、身体长、胫长相对长度长等特点。

表 1.1 西藏成年藏鸡的体重和体尺

性别	体重/kg	体斜长/cm	胸深/cm	胸宽/cm	胸围/cm	胸骨长/cm	髋宽/cm	胫长/cm
公	1.45	19.84	9.29	7.09	28.60	10.22	8.99	9.48
母	1.04	17.41	8.34	6.29	25.64	8.72	7.93	7.97

表 1.2 西藏不同地区藏鸡体尺

cm

产地	性别	n	体长	龙骨长	胸深	胸宽	骨盆宽
农区	公	40	19.30	10.06	11.70	7.30	8.40
	母	72	14.70	9.00	10.40	6.60	7.70
半农	公	17	19.03	10.30	14.70	7.70	8.20
半牧区	母	58	17.00	9.12	10.60	7.08	7.30

1.2.3 体重与体尺相关与回归

体重和体尺是动物遗传选育中的重要性状，与重要经济性状有着密切的关系，也是衡量鸡体健康状况的标志。藏鸡具有特殊的体重和体尺性状，体重和体尺之间存在明显的相关，相关系数见表 1.3。体斜长、胸深、胸宽、胸围、胸骨长、髋宽和胫长与体重的相关系数分别为 0.601 2、0.475 1、0.624 6、0.679 7、0.641 1、0.602 5 和 0.763 5，其中以胫长的相关系数最大，胸深的相关系数最小。

表 1.3 体重和体尺的相关系数

项目	体重	体斜长	胸深	胸宽	胸围	胸骨长	髋宽	胫长
体重	1.000 0	0.601 2	0.475 1	0.624 6	0.679 7	0.641 1	0.602 5	0.763 5
体斜长		1.000 0	0.603 6	0.488 5	0.407 9	0.501 7	0.659 7	0.699 1

续表 1.3

项目	体重	体斜长	胸深	胸宽	胸围	胸骨长	髋宽	胫长
胸深			1.000 0	0.426 9	0.291 4	0.409 3	0.663 5	0.513 7
胸宽				1.000 0	0.580 9	0.397 3	0.509 0	0.474 3
胸围					1.000 0	0.469 9	0.394 2	0.474 5
胸骨长						1.000 0	0.481 1	0.604 9
髋宽							1.000 0	0.596 9
胫长								1.000 0

注：相关显著性检验结果，均达极显著（$P<0.01$）。

利用藏鸡体重和体尺数据以及体尺估计体重的多元回归方程进行分析，结果见表 1.4。回归方程为：体重＝－1.557 3－0.009 9 体斜长－0.007 2 胸深＋0.048 5 胸宽＋0.027 1 胸围＋0.037 3 胸骨长＋0.021 8 髋宽＋0.124 0 胫长；模型决定系数（R^2）＝0.759 0，表明所建立的由体尺估计体重的回归方程具有较高的可靠性。除体斜长、胸深和髋宽的系数估计值未达显著水平（$P>0.05$）外，其他估计值都达到了极显著水平（$P<0.01$）。这与表 1.3 中相关分析结果一致，胸深、体斜长和髋宽与体重的相关系数相对较低。

表 1.4　多元回归分析结果

项目	参数估计值	标准误	T	P
截距	－1.557 32	0.092 19	－16.89	<0.000 1
体斜长	0.009 85	0.006 39	1.54	0.124 5
胸深	－0.007 20	0.009 70	－0.74	0.458 5
胸宽	0.048 47	0.012 14	3.99	<0.000 1
胸围	0.027 11	0.003 55	7.63	<0.000 1
胸骨长	0.037 31	0.009 16	4.07	<0.000 1
髋宽	0.021 75	0.011 11	1.96	0.051 2
胫长	0.123 96	0.014 81	8.37	<0.000 1

表 1.4 中建立的多元回归方程，含有 7 个自变量，且有 3 个变量的系数未达显著水平，所以用逐步回归法（stepwise）求最佳回归方程，首先配合对因变量影响最大且达到显著水平的自变量，然后逐步选入其他自变量中对因变量影响最大的且高显著水平的自变量。当新变量选入后，对模型中已选入的变量进行检验，不显著者予以剔除。这样，最终模型中所有自变量都对因变量有显著影响，模型外的所有变量则对因变量的影响都不显著。藏鸡体尺与体重逐步回归过程见表 1.5。经 5 步分析，最后获得的回归方程中含有 5 个自变量，按照变量的重要性依次为胫长、胸围、胸宽、胸骨长和髋宽。最优回归方程为：体重＝－1.543 3＋0.132 3 胫长＋0.027 3 胸围＋0.049 7 胸宽＋0.037 7 胸骨长＋0.023 8 髋宽，模型决定系数（R^2）为 0.757 0。

表 1.5　体尺与体重的逐步回归过程

项目	第 1 步	第 2 步	第 3 步	第 4 步	第 5 步
入选性状	胫长	胫长 胸围	胫长 胸围 胸宽	胫长 胸围 胸宽 胸骨长	胫长 胸围 胸宽 胸骨长 髋宽

续表 1.5

项目	第 1 步	第 2 步	第 3 步	第 4 步	第 5 步
F 值	423.36	374.99	278.56	227.31	186.26
P 值	<0.000 1	<0.000 1	<0.000 1	<0.000 1	<0.000 1
偏决定系数	0.582 8	0.130 1	0.022 3	0.016 7	0.005 1
模型决定系数	0.582 8	0.712 9	0.735 2	0.751 9	0.757 0

1.2.4 体重、体尺主成分分析

藏鸡的体重和体尺指标相互之间存在相关，为了用更少的互不相关的指标来描述体重和体尺性状，对体重和体尺数据进行了主成分分析，分析结果见表 1.6 和表 1.7。前 5 个主成分解释方差分别为 4.801 9、0.935 3、0.667 5、0.446 4 和 0.370 2，方差比例分别为 0.600 2、0.116 9、0.083 4、0.055 8 和 0.046 3，累积方差比例达到了 0.902 7，表示这 5 个主成分包含了原来 8 个指标 90.27%的信息量。

表 1.6 主成分分析相关系数矩阵的特征值

项目	特征值	方差比例	累积方差比例
主成分 1	4.801 9	0.600 2	0.600 2
主成分 2	0.935 3	0.116 9	0.717 2
主成分 3	0.667 5	0.083 4	0.800 6
主成分 4	0.446 4	0.055 8	0.856 4
主成分 5	0.370 2	0.046 3	0.902 7
主成分 6	0.317 8	0.039 7	0.942 4
主成分 7	0.285 8	0.035 7	0.978 1
主成分 8	0.175 0	0.021 9	1.000 0

表 1.7 主成分分析的特征向量

项目	主成分 1	主成分 2	主成分 3	主成分 4	主成分 5	主成分 6	主成分 7	主成分 8
体重	0.403 5	0.243 0	−0.121 5	−0.171 2	0.052 4	−0.030 2	−0.313 8	−0.795 0
体斜长	0.312 2	−0.284 0	−0.051 6	−0.468 4	−0.011 0	0.127 9	0.731 6	−0.083 5
胸深	0.321 4	−0.528 0	0.259 7	0.403 6	0.272 6	0.525 3	−0.185 6	−0.053 6
胸宽	0.329 2	0.289 6	0.595 9	0.025 0	−0.650 8	0.120 5	−0.014 5	0.117 5
胸围	0.380 5	0.595 0	0.179 3	0.100 9	0.634 7	0.003 4	0.187 4	0.259 6
胸骨长	0.331 8	0.129 4	−0.608 5	0.598 8	−0.300 5	0.009 1	0.223 1	0.063 8
髋宽	0.363 3	−0.352 5	0.187 8	0.130 1	0.068 4	−0.821 5	−0.071 0	0.083 7
胫长	0.382 9	−0.050 6	−0.349 8	−0.449 5	−0.037 9	0.131 8	−0.491 6	0.515 7

由表 1.7 可见，在第 1 主成分中，以体重的系数最大，其次为胫长和胸围。这意味着当第 1 主成分较大时，藏鸡个体的体重、胫长和胸围也较大，说明胫长和胸围较大的鸡，其体重也会更大。在第 2 主成分中，以胸围的系数最大，其次为胸宽和体重；胸深和髋宽的系数为负值，且绝对值较大，超过了胸宽和体重的系数。这表明当第 2 主成分较大时，鸡胸围较大，而胸深和髋宽则较小，说明胸深和髋宽较小，而胸宽和体重较大的鸡，其胸围也较大。在第 3 主成分中，以胸宽的系数最大，其次为胸深；胸骨长和胫长的系数为负值，且绝对值较大，超过了胸深的系

数。这表明当第 3 主成分较大时，胸宽和胸深也较大，而胸骨长和胫长较小，说明胸骨长和胫长较小，而胸深较大的鸡，其胸宽也较大。在主成分 4 中，以胸骨长的系数最大，其次是胸深；体斜长和胫长的系数为负值，且绝对值较大，超过了胸深的系数。这表明当第 4 主成分较大时，鸡的胸骨长和胸深也较大，而体斜长和胫长较小；说明体斜长和胫长较小，而胸深较大的鸡，其胸骨长较大。在第 5 主成分中，胸围的系数最大，其次是胸深；胸宽和胸骨长的系数为负值，绝对值也较大。这表明当第 5 主成分较大时，胸围和胸深较大，而胸宽和胸骨长较小；说明胸宽和胸骨长较小，而胸深较大的鸡，其胸围较大。

1.3 藏鸡的生产性能

1.3.1 生长性能

藏鸡属快羽型，羽毛生长迅速，初生雏的主、副翼羽均比覆翼羽长，10 d 左右尾羽多已长出，主翼羽长至尾部。藏鸡初生重小，不足 30 g，生长缓慢。成年体重公鸡为 1.5 kg 左右，母鸡为 1.0 kg 左右；同日龄公鸡体重大于母鸡，6 月龄时公鸡平均体重为 975 g，母鸡为 765 g，分别为初生重的 37 倍和 29 倍；3 月龄前，藏鸡生长速度相对较快，以后变慢；3 月龄时，月平均增重公鸡为 259.83 g，母鸡为 184.94 g；6 月龄时，月平均增重公鸡为 164.73 g，母鸡为 95.04 g。

藏鸡从初生至 20 周龄的体重和胫长平均值见表 1.8，可见藏公鸡的体重和胫长在各年龄阶段都高于藏母鸡，但在 0、2、4 周龄时，差异未达显著水平（$P>0.05$）。6 周龄时，藏公鸡的体重显著高于母鸡（$P<0.05$），同时胫长的生长也明显快于母鸡，差异达极显著水平（$P<0.01$）；此后，差别不断增加，均达极显著水平（$P<0.01$）。藏鸡是生长慢、晚熟的地方小型品种，生长早期公、母间差别不大，这可能是本品种的特征之一。一般低海拔快速生长型品种，公、母鸡生长差别表现较早。张德祥等（1998）报道商品代肉鸡出生后 2 周内的公、母鸡生长差异不显著，2 周后公鸡生长显著大于母鸡。

表 1.8 不同周龄藏鸡平均体重和胫长

周龄	体重/g			胫长/mm		
	母鸡	公鸡	全群	母鸡	公鸡	全群
0	28.46±5.43[a]	29.16±5.98[a]	28.78±5.34	25.31±2.47[a]	25.49±1.88[a]	25.41±2.61
2	37.33±7.12[a]	38.29±8.35[a]	37.76±8.93	28.23±2.96[a]	28.61±2.45[a]	28.41±2.78
4	62.31±15.43[a]	68.81±17.29[a]	65.23±18.25	33.12±3.78[a]	34.09±3.89[a]	33.71±3.77
6	108.5±25.79[a]	123.75±31.03[b]	115.36±31.24	39.35±4.09[a]	43.09±4.22[c]	41.10±4.26
8	164.41±42.36[a]	196.21±45.24[c]	178.7±47.36	46.75±4.21[a]	51.44±4.55[c]	48.95±4.67
10	235.71±68.77[a]	290.63±72.78[c]	260.38±73.32	53.52±5.78[a]	59.62±4.97[c]	56.38±5.36
12	307.26±87.34[a]	376.29±92.15[c]	338.27±92.17	60.27±5.89[a]	68.02±5.90[c]	63.90±5.92
14	388.1±91.081[a]	470.65±102.22[c]	425.19±108.23	66.99±6.13[a]	75.42±6.25[c]	70.94±6.88
16	466.91±99.28[a]	575.60±123.20[c]	515.74±125.11	71.95±7.02[a]	80.66±6.98[c]	76.03±7.13
18	522.49±120.12[a]	668.47±126.29[c]	588.08±127.22	76.16±7.16[a]	84.97±7.43[c]	80.29±7.65
20	569.37±123.35[a]	720.17±136.39[c]	637.12±137.77	77.53±7.57[a]	86.60±7.65[c]	81.78±7.89

注：同龄公、母鸡间连续字母表示差异显著（$P<0.05$），间隔表示差异极显著（$P<0.01$）。

1.3.2 生长曲线比较

畜禽生长曲线(growth curve)的拟合和分析是研究畜禽生长发育规律的主要方法之一,是畜禽育种和生产的基础工作。近几十年,已建了多种非线性数学模型,并广泛应用于描述畜禽生长曲线。Brody(1954)提出了生长曲线的二阶段性,即生长前期自加速阶段和生长后期自抑制阶段,并分别用不同的数学模型加以描述,以后又建立了 logistic 模型、Gompertz 模型和 Richards 模型。常见的生长模型如下:

Brody 模型(Brody, 1954):$W_t = W_0 \times e^{r \times t}$

其中,W_t 为 t 周龄时的体重,W_0 为初始体重,r 为生长速率参数,t 为周龄数。

logistic 模型(Wu 等,2002):$W_t = a/(1 + e^{b-r \times t})$

其中,W_t 为 t 周龄时的体重,a 为极限体重,r 为接近极限体重的生长速度参数,b 为达到最大生长率的时间参数。

Gompertz 模型(Laird,1966):$W_t = a \times e^{-b\exp-r \times t}$

其中,W_t 为 t 周龄时的体重,a 为上渐近线(生长极限)参数,r 为接近极限体重的生长速度参数,b 为调节参数,下渐近线为 a/e^b,拐点周龄为 $(\ln b)/r$,拐点体重为 a/e 。

von Bertalanffy 模型(Darmani-Kuhi 等,2002):$W_t = a \times (1 - b \times e^{-r \times t})^v$

其中,$1 \leqslant v \leqslant 3$,$W_t$ 为 t 周龄时的体重,a 为上渐近线(生长极限)参数,r 为生长速度参数,b 为调节参数。

Richards 模型(Knizetova 等,1991):$W_t = a \times (1 + b \times e^{-r \times t})^{-1/n}$

其中,$n > -1$,$n \neq 0$,$k > 0$,W_t 为 t 周龄时的体重,a 为上渐近线(生长极限)参数;r 为体重对数生长速率参数;b 为调节参数;n 为曲线形状参数,决定生长拐点的位置。

多项式模型:$W_t = b_0 + b_1 t + b_2 t^2 + b_3 t^3$

其中,b_0、b_1、b_2、b_3 为参数。

Darmani-Kuhi 等(2003)将非线性生长模型分 3 类:①仅描述渐近生长过程的模型,如 Brody、多项式模型;②拐点固定的 S 形生长曲线模型,如 logistic、Gompertz 模型;③拐点可变的 S 形生长曲线模型,如 Richards 模型。第一类模型只能描述动物的生长过程,参数无生物学意义。例如多项式模型的拟合效果很好,但参数无生物学意义,则不能对每个不同的曲线作特征性的分析,这样的模型仅可以用于某些特殊需要,如生长预测等。第二类模型为 S 形曲线,前期为指数生长,后期为渐近生长,连接点即为生长拐点;拐点在这类模型有固定的位置,如 logistic 模型拐点在极限值的 1/2 处,拐点体重为 $0.5a$;Gompertz 模型拐点在极限值的 1/e 处,拐点体重为 $0.368a$,von Bertalanffy 模型拐点在极限值的 8/27 处,拐点体重为 $0.296\,3a$。即 logistic 模型拐点较迟,其次是 Gompertz 模型,von Bertalanffy 模型拐点出现较早。第三类模型也为 S 形曲线,有较多的参数,可包含多个简单的模型。如 Richards 模型就包含了 Brody (当 $n=-1$ 时)、Gompertz(当 $n=0$ 时)和 logistic(当 $n=1$ 时)模型。Richards 模型的参数 n 变化范围是 $-1 < n < \infty$,所以生长拐点可能出现在体重的任何时期。

利用藏鸡体重和胫长生长数据(表 1.8),用 logistic、Gompertz、von Bertalanffy、Richards、Brody 和多项式 6 种不同的生长模型拟合各组鸡的生长曲线,拟合残差平方和(RSE)和拟合优度(R^2)列于表 1.9。

表 1.9　藏鸡不同生长模型的拟合优度(R^2)和残差平方和(RSE)

模型类别		体重			胫长		
		母鸡	公鸡	全群	母鸡	公鸡	全群
logistic	R^2	0.999 6	0.998 9	0.999 4	0.996 4	0.996 7	0.996 6
	RSE	156	749.5	328.7	13.57	17.18	15.15
Gompertz	R^2	0.998 7	0.998 9	0.998 9	0.993 6	0.993 3	0.993 5
	RSE	519	714.3	536.7	23.94	34.75	28.68
von Bertalanffy	R^2	0.997 1	0.997 7	0.997 6	0.992 4	0.991 8	0.992 1
	RSE	1 166	1 480	1 242	28.35	42.81	34.65
Richards	R^2	0.999 7	0.999 3	0.999 6	0.999 4	0.999 2	0.999 3
	RSE	108.8	439.2	190.6	2.32	4.13	3.00
Brody	R^2	0.947 6	0.950 3	0.949 2	0.952 3	0.938 0	0.945 3
	RSE	21 007	32 511	25 782	178.8	322.8	240.4
多项式	R^2	0.999 7	0.999 5	0.999 7	0.999 9	0.999 7	0.999 8
	RSE	115.2	327.4	144.3	0.447 0	1.822 4	0.778

由表 1.9 可见，所选择的 6 种模型均能模拟藏鸡体重生长情况，但 Brody 模型拟合结果的 RSE 较高，R^2 相对较低，不宜用来模拟藏鸡的早期生长情况，这与张德祥等(1998)研究结果一致。其余 5 种模型拟合优度均较高，在 0.99 以上，其中多项式模型模拟效果较好，R^2 在 0.999 以上，RSE 也较低，但由于其参数无任何生物学意义，所以也不宜用来进行生长特征的比较分析。

logistic、Gompertz 和 von Bertalanffy 均为 3 参数模型，对藏公、母鸡的体重和胫长生长过程均能进行较好的拟合，R^2 在 0.99 以上，模型参数具有合理的生物学意义，这与 Mignon-Grasteau 等(1999)和 Wu 等(2002)的观点一致。但从 R^2 和 RSE 比较结果看，由于藏鸡是早期生长较慢的鸡种，且高原环境恶劣，藏鸡生长缓慢，拟合优度依次为 logistic、Gompertz 和 von Bertalanffy。

Richards 模型是生长拐点位置可变的 S 形曲线，有 4 个参数，参数也具有合理的生物学意义。Richards 模型的拟合优度 R^2 为 0.999 以上，RSE 也较小，其拟合效果优于 logistic、Gompertz 和 von Bertalanffy 模型，这与 Darmani-Kuhi 等(2003)结果一致。

藏鸡属于早期生长慢、性成熟晚的品种，所以适宜用拐点较晚的模型来描述其生长过程，logistic 拟合 R^2 很高(>0.996)，RSE 值低，拟合效果优于 Gompertz 和 von Bertalanffy 模型。Richards 模型拟合藏鸡体重生长曲线的 n 在 0.425 2～0.701 4，胫长生长曲线的 n 在 3.491 8～4.460 4，所以其体重拐点出现在极限体重的 0.436 2～0.468 7 处，胫长拐点出现在极限胫长的 0.650 4～0.683 5 处。拟合隐性白鸡体重生长曲线 n 在 1.034 5～1.140 4，胫长生长曲线 n 在 3.852 2～4.488 3，所以体重拐点在极限体重 0.503 3～0.513 1 处，胫长拐点在极限胫长的 0.663 6～0.684 3 处。拐点出现时间和 logistic 模型拐点(0.5a)较接近。因此，logistic 模型和 Richards 模型都能较好地拟合藏鸡体重和胫长的生长过程，拟合的各种参数也较接近。Ricklefs(1985)指出生长曲线拟合的目的是用带有较少参数的简单方程来描述体重随年龄增加的过程，因此参数具有的生物学意义和生理重要性才能进行有意义的遗传特征比较。他推荐使用了 4 种模型，分别是：Gompertz、von Bertalanffy、logistic 和 Richards。

logistic 模型对藏鸡体重和胫长生长曲线拟合效果好，且参数少，有生物学意义，为研究高海拔藏鸡生长过程的较优模型。

1.3.3 生长曲线拟合参数

用 logistic、Gompertz、von Bertalanffy 和 Richards 模型拟合藏鸡体重和胫长生长参数分别见表 1.10 和表 1.11。

表 1.10 藏鸡体重生长模型参数

类别	模型	*a*	*r*	*b*	*n*	初始值/g	拐点时间/周	拐点值/g
母鸡	logistic	646.6	0.256 2	3.156 4		26.41	12.32	323.3
	Gompertz	855.4	0.117 9	4.156 8		13.39	12.08	314.7
	von Bertalanffy	1 136.5	0.070 4	0.816 6		7.01	12.73	336.7
	Richards	678.2	0.215 4	9.648 3	0.701 4	23.27	12.17	317.9
公鸡	logistic	711.2	0.257 9	3.280 5		30.09	12.72	415.1
	Gompertz	1 111.5	0.117 7	4.398		13.67	12.58	408.9
	von Bertalanffy	1 494.5	0.069 6	0.845		5.57	13.36	442.8
	Richards	931.7	0.178	3.932 3	0.425 2	21.84	12.50	404.9
全群	logistic	729	0.257	3.218 6		28.05	12.52	364.5
	Gompertz	970.3	0.117 8	4.276 6		13.48	12.34	357.0
	von Bertalanffy	1 297.4	0.069 9	0.830 8		6.28	13.07	384.4
	Richards	789.4	0.195 8	6.210 1	0.556	22.61	12.32	356.4

由表 1.10 可见，4 种模型拟合藏公鸡的生长极限体重参数(a)、生长速度参数(r)和拐点体重均大于同模型拟合的藏母鸡参数，拐点年龄也高于藏母鸡。这说明藏公鸡较藏母鸡成年体重大、生长速度快、快速生长阶段迟。对比不同模型拟合的生长参数，在公鸡、母鸡和全群鸡中生长极限体重均是 von Bertalanffy > Gompertz > Richards > logistic，差别在母鸡数据上达 489.9 g，在公鸡数据上达 783.3 g。不同模型拟合的生长速度参数和初始体重与极限体重结果正好相反，最大的为 logistic，最小的为 von Bertalanffy。4 种模型拟合的拐点时间分别是：母鸡 12.08～12.73 周，公鸡 12.50～13.36 周，差别分别为 4.55 d 和 6.02 d；拐点体重分别是：母鸡 314.7～336.7 g，公鸡 404.9～442.8 g，差别分别为 22.0 g 和 37.9 g。可见 4 种模型模拟藏鸡的极限体重、生长速度和初始体重差别较大，但拐点时间和拐点体重差别不大。

由表 1.11 可见，4 种模型拟合藏公鸡胫长生长的极限值、生长速度参数和拐点胫长均大于同模型拟合的藏母鸡参数，但在胫长生长拐点年龄藏母鸡高于藏公鸡。不同模型拟合胫长的生长参数，与体重一样，胫长生长极限是 von Bertalanffy > Gompertz > Richards > logistic。4 种模型拟合的胫长生长拐点时间分别是：母鸡 4.93～10.38 周，公鸡 4.33～9.64 周，早于体重生长的拐点时间，不同模型拟合的拐点时间差别也较大，其中 von Bertalanffy 拟合的拐点时间最小，Richards 最大。拐点胫长和拟合的拐点时间表现一致，也是 von Bertalanffy 拐点胫长最小，Richards 最大。

表 1.11　藏鸡胫长生长模型参数

类别	模型	*a*	*r*	*b*	*n*	初始值/mm	拐点时间/周	拐点值/mm
母鸡	logistic	93.42	0.141 5	1.111 9		23.12	7.86	46.71
	Gompertz	112.5	0.077	1.599 1		22.73	6.10	41.40
	von Bertalanffy	127.80	0.055 6	0.438 4		22.64	4.93	37.87
	Richards	79.94	0.364 5	196.0	4.460 4	24.45	10.38	54.64
公鸡	logistic	99.77	0.162 9	1.218 7		22.76	7.48	49.88
	Gompertz	116.5	0.091 3	1.661 3		22.12	5.56	42.90
	von Bertalanffy	129.40	0.067 5	0.446 4		21.95	4.33	38.34
	Richards	89.17	0.340 4	78.3	3.491 8	24.28	9.64	57.99
全群	logistic	96.22	0.152 0	1.160 6		22.95	7.64	48.11
	Gompertz	113.9	0.084 0	1.624 4		22.44	5.78	41.90
	von Bertalanffy	127.90	0.061 5	0.441 1		22.33	4.55	37.90
	Richards	84.29	0.350 3	110.5	3.928 8	24.38	9.99	56.14

logistic 模型拟合的藏公、母鸡的极限体重分别为 711.2 g 和 646.6 g；拐点周龄分别为 12.72 周和 12.32 周；拐点体重分别为 415.1 g 和 323.3 g。与生长在平原的低地鸡品种相比，其极限体重小，拐点年龄大，早期生长速度较慢，这与以前对藏鸡性能描述是一致的（中国家禽品种志编写组，1989）。

1.3.4　产蛋性能

藏鸡母鸡开产在 240 日龄左右，产蛋时间为 3～9 月份，多集中在 5～7 月份，冬季休产 5 个月以上。在放牧条件下，一般年产蛋量为 40～80 枚，高的可达 100 枚以上。藏鸡蛋重较小，农区平均 38.92 g，蛋形指数 1.20。由于产地不同，藏鸡的产蛋性能有一定的差异（表 1.12）。藏鸡群在保持合理的性别比例情况下，种蛋受精率可达 85%；种蛋在 3 000 m 海拔处人工孵化，受精蛋孵化率可达 80%以上。

表 1.12　西藏不同地区藏鸡生产性能

产地	蛋重/g	年产蛋数/枚	蛋形指数	蛋壳重/g	开产月龄
农区	38.92	70.0	1.20	9.50	8
半农半牧区	38.60	60.9	1.21	9.47	9

1.3.5　屠宰性能

藏鸡觅食力强，体小肉多，肉质好，胸腿肌发达，味香。据西藏自治区在完全放养条件下屠宰测定资料显示，成年公鸡半净膛率平均为 79.89%～84.87%，全净膛率平均为 72.17%～78.91%；成年母鸡分别为 71.43%～77.97%和 68.25%～70.34%。据 1982 年四川省畜牧兽医研究所引种观察，在饲料含代谢能为 11 297 kJ/kg、粗蛋白质为 15%～17%的条件下，成年公鸡半净膛率为 82.53%，全净膛率为 78.80%；成年母鸡分别为 71.57%和 66.60%。胸腿肌占屠体重，成年公鸡为41.98%，成年母鸡为42.51%（强巴央宗，2005）。

对饲养在西藏农牧学院教学实习牧场的150日龄的藏鸡进行屠宰性能测定，当地海拔2 900 m左右，饲养方式为放牧补饲，屠宰性能指标见表1.13。由于活体重的差异，藏公鸡屠体重、半净膛重、全净膛重、胸肌重、腿肌重、翅膀重、心脏重、肝脏重和胃重显著高于藏母鸡（$P<0.05$），但相应的屠体率、半净膛率、全净膛率、胸肌率、腿肌率等指标性别间差异均未达显著水平（$P>0.05$）。藏公、母鸡腹脂重、腹脂率、皮下脂肪厚和肌间脂肪厚等脂肪指标差异均不显著（$P>0.05$）。

表1.13 藏鸡屠宰性能（均值±标准误）

项目	藏公鸡	藏母鸡	t
屠体重/g	696.58±25.21	535.30±14.46	5.87**
屠体率/%	88.95±0.37	88.74±0.37	0.40NS
半净膛重/g	591.15±21.40	450.80±13.46	5.80**
半净膛率/%	75.55±0.84	74.65±0.72	0.82NS
全净膛重/g	440.94±16.89	334.72±11.21	5.44**
全净膛率/%	56.30±0.72	55.34±0.72	0.93NS
胸肌重/g	66.85±4.10	53.57±2.99	2.68*
胸肌率/%	15.02±0.48	15.97±0.62	1.12NS
腿肌重/g	105.25±3.61	77.49±3.41	5.53**
腿肌率/g	24.05±0.64	23.03±0.51	1.27NS
腹脂重/g	2.24±0.83	0.84±0.19	1.63NS
腹脂率/%	0.52±0.19	0.25±0.06	1.47NS
翅膀重/g	66.95±2.51	48.10±1.79	6.29**
翅膀率/%	15.22±0.35	14.44±0.41	1.41NS
皮下脂肪厚/mm	2.23±0.17	2.33±0.18	0.40NS
肌间脂肪厚/mm	4.80±0.61	4.59±0.40	0.31NS
心脏重/g	5.81±0.27	4.33±0.16	4.92**
心重率/%	0.75±0.03	0.72±0.03	0.53NS
肝脏重/g	22.33±1.13	17.15±0.39	4.81**
肝重率/%	2.85±0.09	2.86±0.07	0.10NS
净胃重/g	21.22±0.77	17.95±0.71	3.10**
胃重率/%	2.75±0.12	2.99±0.12	1.44NS

注：NS表示公、母鸡间差异不显著（$P>0.05$），*表示差异显著（$P<0.05$），**表示差异极显著（$P<0.01$）。

藏鸡体型小，150日龄屠体重公、母鸡分别为696.58 g和535.50 g，既体现产品的特色，也符合现代小型家庭消费需求。藏鸡半野生生活，成年鸡善飞翔，羽毛丰满，尾羽和翼羽均较发达，因此屠宰脱毛后的屠体率低于报道的其他地方鸡种屠体率（黄秀清等，2000；王立克等，2002；方弟安等，2006）。藏鸡由于长期高海拔低氧环境和半野生生活，以草尖、草籽和其他杂物为食，耐粗饲能力强，因此循环系统和消化系统相对较发达，心脏、肝脏等内脏器官比率较高，而相应的全净膛率和半净膛率较报道的其他鸡种低（黄秀清等，2000；王立克等，2002；方弟安等，2006；杨永军等，2004）。藏鸡体型高而细长，胸不宽，但肌肉发达，因此与其他地方鸡种比较（黄秀清等，2000；王立克等，2002；方弟安等，2006），其胸肌率相差不大，而腿肌率较高。藏鸡属低脂类型，腹脂率低于其他鸡种（方弟安等，2006；杨永军等，2004）。陈冬梅等（2005）指出笼养能提高全净膛率、半净膛率、腹脂率，放养有利于腿肌率和胸肌率的增加。藏鸡多放牧饲养，这可能也是造成屠体率、半净膛和全净膛率低的原因，若能改善饲养方式，有可能提高其产肉性能。

1.3.6 藏鸡肉质物理性状

藏鸡胸肌肉质物理特性指标见表 1.14。藏公、母鸡间肉质指标差异均不显著($P>0.05$)。

表 1.14 藏鸡胸肌肉质性状

项目	藏公鸡	藏母鸡	t
pH 值	6.05±0.14	6.01±0.08	0.12^{NS}
肉色	3.52±0.16	3.74±0.14	0.43^{NS}
滴水损失/%	2.68±0.66	2.62±0.53	0.20^{NS}
嫩度/kg	2.95±0.58	3.08±0.64	0.52^{NS}
熟肉率/%	72.03±3.17	71.12±3.10	0.87^{NS}

与其他地方鸡种相比(王立克等，2002；方弟安等，2006)，藏鸡胸肌肉质物理指标表现肉色偏红，滴水损失较小，嫩度值偏大，熟肉率较高，而 pH 与其他鸡相差不大。藏鸡肉色红可能是由于其长期生活在高海拔低氧环境，肌肉中肌红蛋白含量高造成的，但这正是人们喜爱的肉颜色。滴水损失小和熟肉率高使肉在贮存和加工过程中损失小，也是育种者和生产者追求的目标。藏鸡肉嫩度(剪切力)值高，可能影响肉的口感，但这可能正是其具有野味的特征之一。

1.3.7 藏鸡肉氨基酸和肌苷酸含量

藏鸡胸肌氨基酸和肌苷酸含量见表 1.15。公、母鸡肉氨基酸总量分别为 20.68% 和 19.78%，差异不显著($P>0.05$)。藏鸡胸肌 18 种氨基酸中包括 8 种必需氨基酸、4 种半必需氨基酸和 6 种非必需氨基酸。藏公、母鸡必需氨基酸总量分别为 9.05% 和 8.68%，分别占氨基酸总量的 43.78% 和 43.39%，必需氨基酸/非必需氨基酸比值分别为 1.10 和 1.08。在必需氨基酸中，藏鸡以赖氨酸含量最高。此外藏鸡胸肌含有较高的风味和鲜味氨基酸，公、母鸡分别为 14.79% 和 14.18%，占氨基酸总量分别为 71.55% 和 71.69%，其中以谷氨酸含量最高。藏公、母鸡胸肌肌苷酸含量分别为 0.92% 和 0.90%，性别间差异不显著($P>0.05$)。

表 1.15 藏鸡胸肌氨基酸和肌苷酸含量 %

项 目		公鸡	母鸡	t
必需氨基酸	苏氨酸 Thr	0.92±0.028 5	0.86±0.013 3	1.70^{NS}
	缬氨酸 Val △	1.03±0.026 0	1.01±0.018 6	0.83^{NS}
	蛋氨酸 Met △	0.58±0.016 7	0.54±0.012 0	2.27^{NS}
	异亮氨酸 Ile △	1.01±0.037 6	0.98±0.010 0	0.86^{NS}
	亮氨酸 Leu △	1.85±0.061 2	1.78±0.026 0	1.05^{NS}
	苯丙氨酸 Phe	1.00±0.023 3	0.97±0.017 3	1.15^{NS}
	赖氨酸 Lys	1.91±0.064 9	1.83±0.021 9	1.27^{NS}
	组氨酸 His	0.75±0.037 9	0.71±0.006 7	1.13^{NS}
	总必需氨基酸	9.05±0.071 2	8.68±0.063 2	1.67^{NS}

续表 1.15

项目		公鸡	母鸡	t
半必需氨基酸	精氨酸 Ary Δ	1.45±0.042 6	1.40±0.012 0	1.13^{NS}
	甘氨酸 Gly Δ	0.90±0.015 3	0.88±0.013 3	0.82^{NS}
	酪氨酸 Tyr	0.77±0.011 5	0.73±0.025 2	1.44^{NS}
	色氨酸 Try	0.28±0.003 5	0.26±0.005 2	1.95^{NS}
	总半必需氨基酸	3.40±0.051 1	3.27±0.048 1	2.15^{NS}
非必需氨基酸	天冬氨酸 Asp Δ	2.10±0.075 4	2.01±0.033 3	0.01^{NS}
	丝氨酸 Ser Δ	0.83±0.027 3	0.79±0.015 3	1.39^{NS}
	谷氨酸 Glu Δ	2.93±0.089 5	2.79±0.050 0	1.33^{NS}
	丙氨酸 Ala Δ	1.34±0.041 0	1.27±0.020 8	1.45^{NS}
	胱氨酸 Cys	0.25±0.003 3	0.23±0.005 8	2.50^{NS}
	脯氨酸 Pro Δ	0.77±0.011 5	0.73±0.013 3	2.08^{NS}
	总非必需氨基酸	8.22±0.113 3	8.05±0.094 3	1.89^{NS}
氨基酸总和 Total		20.67±0.599 9	19.78±0.262 3	1.33^{NS}
必需氨基酸/非必需氨基酸		1.10	1.08	
肌苷酸 Imp		2.32±0.107 7	2.50±0.138 7	0.09^{NS}

注：Δ为鲜味氨基酸，藏母鸡胸肌总鲜味氨基酸为 14.18%(71.69%)，公鸡为 14.79%(71.55%)。

氨基酸既是肉质营养的重要组成物质，也是肉质鲜味的重要成分。藏鸡胸肌氨基酸总量，公、母鸡分别为 20.67%和 19.78%，与报道的腾冲雪鸡(19.23%和 19.77%)相近(欧茶海等，1999)，高于华坪乌骨鸡(17.4%)(杨永军等，2004)、武定乌骨鸡(16.16%和 14.43%)和茶花鸡(14.59%和 14.49%)(娄义州，1987)。可见藏鸡在氨基酸含量方面优于某些地方良种鸡。对人类来说，食品中必需氨基酸的含量越多，食品的营养价值越高，因此我们将肌肉中必需氨基酸与非必需氨基酸比值作为衡量蛋白质营养价值的一个指标列出，发现藏公、母鸡该值(1.11 和 1.08)与腾冲雪鸡(1.12)(欧茶海等，1999)和武定乌骨鸡(1.04)(娄义州，1987)相近，高于茶花鸡(0.88)(娄义州，1987)。赖氨酸是人体最重要的必需氨基酸，藏公、母鸡分别含量 1.91%和 1.83%，高于文献报道的 5 种地方鸡(黄秀清等，2000)。因此藏鸡的蛋白质氨基酸的营养价值较高。近几十年来，人们很注重对肉的鲜味和风味的研究。与肉质鲜味有关的化合物中，对鲜味贡献最大的两类物质就是氨基酸和肌苷酸。决定肉鲜味的主要因素是酸性氨基酸(谷氨酸、天冬氨酸)的含量(林敏等，1995)。本研究中藏鸡 18 种氨基酸相对含量较高的正是谷氨酸和天冬氨酸，两者均高于报道的 5 种地方鸡(黄秀清等，2000)。藏公、母鸡鲜味氨基酸总量高达 71.69%和 71.55%，高于我国其他某些地方鸡种(60%)(谢金防等，2003)。

肌苷酸(IMP)是畜禽肉中重要的鲜味物质，其增加鲜味的能力比谷氨酸钠强 40 倍(宋焕禄等，2002)，目前国际上把肌苷酸含量作为衡量肉质鲜味的一项重要指标(陈国宏等，2002)。肌肉中的 IMP 是动物宰杀后，在酶的作用下由 ATP→ADP→AMP→IMP 分解而来(陈继兰等，2004)。肉品中的 IMP 经磷酸酶作用，放出磷酸，变为肌苷，肌苷再进一步在核苷酸水解酶作用下生成次黄嘌呤，当此成分积累到每克肉中含量 1.5～2.0 μg 时，肉的芳香味是极为理想的(田刚等，2001)。一些研究报道了我国地方鸡和肉鸡胸肌和腿肌肌苷酸含量，范围多在 1.2～5.7 $mg \cdot g^{-1}$(陈国宏等，2002；陈继兰等，2005ab；陈辉等，2006；徐琪等，2004)。不同的品种间肌苷酸含量不同，但也可看出不同报道间也存在差异。这可能是由于样品保存、处理、测定方法等不同造成的。本研究中藏鸡胸肌肌苷酸含量公、母鸡分别为 2.32 $mg \cdot g^{-1}$ 和 2.50 $mg \cdot g^{-1}$，且性别差异不显著。张学余在低海拔测定的 12 周龄藏鸡肌苷酸含量更高（3.748 $mg \cdot g^{-1}$），明显高于萧山鸡和隐性白羽鸡（张学余等，2007）。

藏鸡是我国宝贵的遗传资源，虽然其生长速度慢、产肉性能稍低，但其胸肌率和腿肌率高，腹脂率低；肉色、滴水损失和熟肉率等物理性状较优；肌肉氨基酸总量和必需氨基酸含量较高，营养丰富；另外鲜味氨基酸和肌苷酸含量也较高，体现了藏鸡具有肉质鲜美的优良特点。因此，藏鸡是高海拔地区发展优质特色养禽业良好的品种资源，在育种方面应在保持其良好的肉质和高海拔恶劣环境的适应性能的基础上，通过选育提高其早期生长速度和产肉性能，以促进其进一步开发利用。

1.4 藏鸡遗传多样性

1.4.1 体型外貌多样性

1. 羽色

藏鸡羽色多种多样（表 1.16），公鸡羽毛颜色鲜艳，有金属光泽，多为黑色和红色两种颜色。红色羽多者，仅在尾羽有黑色羽毛，称大红公鸡，占藏公鸡的 21.25%；红色羽多，翼羽和尾羽都有黑羽者称红黑公鸡，占藏公鸡的 32.50%；黑色羽多者，蓑羽和翼羽有红色者称黑红公鸡，占藏公鸡的 7.50%；藏公鸡中也有黑鸡，但多在脖子部位有红色羽毛；藏公鸡中也有其他杂色公鸡，如黄灰杂、黑白杂、黄白杂、灰色等。藏母鸡颜色更杂，其中以麻羽居多，占 47.00%；麻色羽根据颜色的深浅又可分为黑麻、褐麻、黄麻、灰麻、灰黄麻、浅黄麻等色。藏母鸡黑鸡占 26.16%，但纯黑鸡不多，大多黑鸡脖子部位的羽毛呈麻色或黄色。藏母鸡少数为白色，但多夹杂零星分布的黑色羽毛。藏母鸡还有其他杂色，如黄白杂、芦花、灰色、黑白杂等。

表 1.16 藏鸡羽色频率 %

性别	大红	红黑	黑红	黑	黑白杂	黄灰	黄	黄白灰	白
公	21.25	32.50	7.50	3.75	6.25	12.50	2.50	11.25	
母				26.16	1.74	1.16	5.23	4.65	8.14

性别	黑麻	褐麻	黄麻	灰麻	灰黄麻	浅黄麻	芦花	浅黄白	灰
公									2.50
母	12.79	11.63	13.37	5.23	2.24	1.74	3.49	1.16	1.27

2. 胫色、冠形、喙色等

藏鸡胫色、冠形、喙色、冠羽、毛脚等外貌特征分布见表 1.17 和表 1.18。藏鸡胫色多黑、青，亦有少量白、黄白和黄色；藏鸡公、母鸡均少量有胫羽。藏鸡公、母鸡多为单冠，少量为豆冠或玫瑰冠，其中母鸡 11.63%有冠羽。藏鸡喙色多为黑色和青色，有少量白色。

表 1.17 藏鸡胫色、冠形等频率分布

性别	黑	青	黄	黄白	白	黑胫黄爪	青黄
公	41.25	27.50	11.25	13.75	6.25		
母	52.91	16.28	6.98	4.65	15.12	1.74	2.32

表 1.18 藏鸡胫色、冠形等频率分布

性别	冠形			冠羽	胫羽	喙色		
	单	豆	玫瑰			黑	青	白
公	91.25	6.25	2.50	0	6.25	70.00	21.25	8.75
母	94.76	2.91	2.33	11.63	8.72	75.58	9.30	15.12

1.4.2 体重、体尺多样性

从西藏不同地区采集藏鸡的体重和体尺测定结果见表 1.19。不同地区的藏鸡，由于当地海拔高度、气候条件和可采食饲料等条件存在差别，且地区间藏鸡长期没有血缘交流，群内封闭自繁，造成体重和体尺上的差异。体重最高的为 3 200 m 海拔处的那曲嘉黎县忠义乡藏鸡，最小的为 3 950 m 海拔处的拉萨尼木县普松乡藏鸡，两者之间差异显著($P<0.05$)。体斜长和胫长最大的也是那曲嘉黎县忠义乡藏鸡，最小的也是拉萨尼木县普松乡藏鸡。其他地区分布的藏鸡体尺也都表现不同程度的差异。虽然海拔最低的那曲嘉黎县忠义乡藏鸡多项体重和体尺指标最大，但可以看出，藏鸡体重和体尺并非随海拔升高而直线降低，说明海拔高度是影响藏鸡生长发育的一个因素，其他因素还有很多，例如气候环境、饲养条件和健康状况等。对全群公、母鸡间差异分析显示，公鸡的体重、体斜长、胸深、胸宽、胸围、胸骨长、髋宽和胫长都显著大于母鸡($P<0.01$)。西藏不同地区的藏鸡虽然在体重和体尺上存在一定的差异，但其具有共同的体态特征。与内地地方鸡种和引进良种相比，都具有体型小、体重轻、身体较长、胫长长等特点。

表 1.19 西藏不同地区成年藏鸡的体重和体尺

地区	海拔/m	体重/g	体斜长/mm	胸深/mm	胸宽/mm	胸围/mm	胸骨长/mm	髋宽/mm	胫长/mm	体态指数/mm
那曲嘉黎县忠义乡	3 200	1 230^{a}	195.8^{a}	90.3^{a}	65.1^{a}	249.0^{c}	93.1^{ab}	88.0^{a}	89.5^{a}	0.119 7
拉萨曲水县达成乡	3 700	1 170^{abc}	188.4^{b}	88.8^{ab}	67.6^{a}	273.4^{ab}	89.7^{b}	88.1^{a}	84.0^{c}	0.125 4
拉萨曲水县色甫村	3 750	1 110^{bc}	181.0^{cd}	86.7^{abc}	67.2^{a}	280.2^{a}	89.3^{b}	83.0^{b}	83.7^{c}	0.123 7
山南乃东县普张乡	3 840	1 210^{ab}	175.9^{de}	84.2^{bc}	68.4^{a}	279.3^{a}	93.1^{ab}	81.7^{bc}	82.3^{c}	0.129 4
拉萨尼木县普松乡	3 950	1 080^{c}	172.1^{e}	82.0^{c}	60.9^{b}	256.7^{c}	93.7^{ab}	77.2^{c}	82.5^{c}	0.124 4
鱼白冲连	4 050	1 220^{a}	184.6^{bc}	90.8^{a}	65.4^{a}	271.0^{ab}	95.3^{a}	80.8^{bc}	86.9^{b}	0.123 0
山南隆子县热荣乡	4 150	1 170^{abc}	174.8^{de}	84.8^{bc}	66.1^{a}	267.3^{b}	89.7^{b}	79.1^{bc}	83.0^{c}	0.127 0

注：同列内无相同字母表示差异显著($P<0.05$)。

体态结构指数是反应鸡的骨骼大小与载肉量之间关系的指标，由骨骼肌结构和肌肉丰满程度决定。藏鸡体态结构指数在 0.119 7～0.129 4，高于叶绍辉等(2000)报道云南腾冲雪鸡 60～90 日龄体态结构指数(0.11)，但低于谌澄光等(2002)报道江西宁都黄鸡 120～150 日龄体态结构指数(0.15)。

藏鸡是体型轻小的地方品种，由于生活环境恶劣，饲料条件较差，才形成了这样轻小的体型。体重和体尺的减小也是动物对高海拔环境的一种适应性表现(Monge 和 Leon-Velarde，1991)。

1.4.3 分子遗传多态性

杜志强等(2004)采用多重 PCR 与半自动荧光标记微卫星聚丙烯酰胺凝胶电泳相结合的方法检测了藏鸡 20 个微卫星位点的多态性。结果认为藏鸡群体的 20 个微卫星位点的多态等位基因数为 4～10 个，平均值为 7.25 个/位点，群体多态信息含量(PIC)和遗传杂合度(H)平均值分别为 0.67 和 0.74。大染色体较小染色体的微卫星标记多态性程度要高，微卫星位点多态性丰富可以解释藏鸡生产性能不均和外貌表现迥异的群体遗传特性。

李慧芳等(2005)应用 30 个微卫星标记对包括藏鸡在内的我国 15 个地方品种进行遗传变异研究，结果认为藏鸡平均杂合度为 0.595 ，UPPGMA 聚类将藏鸡单独聚为一类，显示了其独特的遗传特性。章明等(2004)利用 20 个微卫星标记对藏鸡等我国 19 个地方鸡种进行遗传检测，藏鸡平均杂合度最高，与茶花鸡聚为一类。吴信生等(2004)利用 7 个微卫星标记对 12 个中国地方鸡种的遗传多态性分析，结果认为藏鸡与茶花鸡、仙居鸡、白耳鸡聚为一类。高玉时等(2004)利用 20 个微卫星标记对我国 11 个地方鸡品种进行遗传检测，认为藏鸡平均杂合度最高，达到 0.743 2，与丝羽乌骨鸡、茶花鸡、仙居鸡、萧山鸡聚为一类。苏一军等(2005)利用 30 个微卫星标记对我国 10 个地方鸡品种进行遗传多样性检测，发现藏鸡平均杂合度最高，达到 0.695 3，聚类分析藏鸡为单独一类。

束婧婷等(2007)测定了藏鸡等鸡种的腺苷琥珀酸裂解酶(ADSL)基因外显子 2 的单核苷酸多态性，发现藏鸡与中国红色原鸡亚种的亲缘关系较近。童晓梅等(2006)通过 PCR 扩增、测序、拼接，获得藏鸡线粒体全基因组序列，发现藏鸡线粒体全基因组序列全长 16 783 bp，共有 13 个蛋白质编码基因、2 个 rRNA 基因、22 个 tRNA 基因和 1 个 D-loop 区。电子酶切显示藏鸡 Dra I 酶的酶切结果与原鸡、茶花鸡、尼西鸡和大理漾濞黄鸡都不同，为藏鸡特有。基于 D-loop 区全序列和 13 个蛋白质编码基因序列的多态性，确定藏鸡起源于红原鸡，与家鸡中的来航鸡、白洛克鸡亲缘关系最近，但藏鸡的进化与来航鸡、白洛克鸡这两个家鸡品系又显得相对独立。推测可能是藏鸡的祖先在进入高原以后处于相对封闭的环境，从而形成了独特群体遗传特性。

微卫星标记适用于亲缘关系较近群体的遗传关系分析。利用 19 对微卫星引物对分布于西藏 4 个地区的 146 只藏鸡个体进行了遗传分析，可以为研究藏鸡不同群体的遗传差异和结构特点、群体(品种间)的真实遗传关系、解决品种定名等问题提供了客观依据，还可以为今后采取合理的保种措施以及如何更加有效地利用保种措施打下基础(翟明霞等，2010)。用 19 对微卫星引物 PCR 产物经聚丙烯酰胺凝胶电泳后(图 1.3)判型，统计整个藏鸡群体微卫星多态分布(表 1.20)。

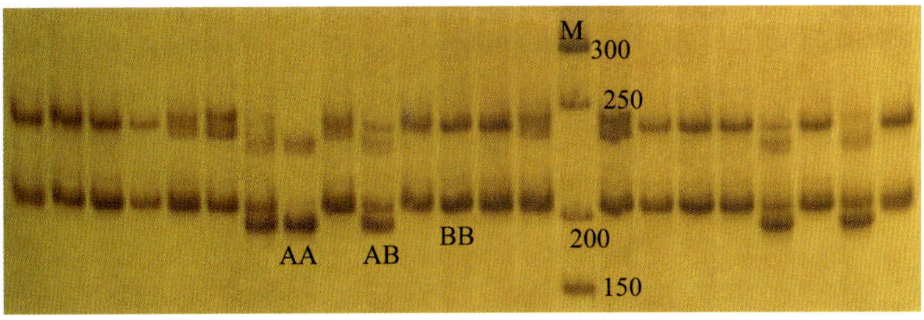

图 1.3 MCW0014 PCR 扩增产物在 PAGE 凝胶上的结果及分型

表 1.20 19 个微卫星位点在藏鸡群体中的多态性

标记位点 locus	等位基因数 Na*	多态信息含量 PIC	有效等位基因数 Ne*	杂合度 H
LEI194	5	0.711 0	4.045 9	0.755 4
ADL267	7	0.823 1	6.373 4	0.846 0
MCW14	2	0.223 2	1.344 0	0.256 8
MCW222	3	0.420 7	1.989 3	0.499 0
ADL210	5	0.762 7	4.889 0	0.798 2
MCW34	6	0.787 5	5.391 7	0.817 3
MCW103	4	0.581 0	2.746 7	0.638 1
LEI94	6	0.693 9	3.811 5	0.740 2
ADL176	6	0.771 7	5.033 3	0.804 1
ADL181	3	0.397 4	2.050 9	0.514 2
MCW183	4	0.519 2	2.340 2	0.574 7
ADL158	5	0.743 5	4.529 5	0.781 9
MCW295	6	0.742 1	4.448 7	0.777 9
ADL112	5	0.525 4	2.335 7	0.573 8
MCW67	4	0.573 6	2.738 6	0.637 0
MCW78	5	0.754 3	4.723 2	0.791 0
ADL136	8	0.815 2	6.017 2	0.836 7
ADL172	6	0.730 8	4.220 2	0.765 7
ADL102	8	0.750 6	4.580 1	0.784 4
平均	3.9	0.615 1	3.874 2	0.694 3

藏鸡群体微卫星位点等位基因数为 2～8 个，平均等位基因数为 3.9 个，有效等位基因数在 1.3～6.4。平均有效等位基因数为 3.9 个。各座位均表现为多态，平均多态座位百分率为 100%。对于整个群体，*PIC* 值分布在 0.223 2～0.823 1，*H* 值在 0.256 8～0.846 0，*PIC* 和 *H* 平均值分别为 0.615 1 和 0.694 3，说明藏鸡群体的遗传差异较大、多态性丰富，变异程度较高，藏鸡群体的 *PIC* 值和期望杂合度 *H* 值列于表 1.20。MCW14 标记的 *PIC* 值和杂合度 *H* 值最低，为 0.223 2 和 0.256 8；而 ADL267 标记则拥有最高的期望 *PIC* 和 *H* 值，为 0.823 1 和 0.846 0，这说明 ADL267 标记有高度的可提供信息性，而 MCW14 标记的可提供信息性较差。

统计不同藏鸡群体中微卫星位点多态分布(表 1.21),19 个位点的平均等位基因数,在拉萨藏鸡、林芝藏鸡、日喀则藏鸡和山南藏鸡群体中平均分别为 4.8、4.9、4.6 和 4.7。*PIC* 值分布在拉萨藏鸡中为 0.211 8～0.840 8,在林芝藏鸡中为 0.258 3～0.785 8,在日喀则藏鸡中为 0.141 0～0.834 6,在山南藏鸡中为 0.235 4～0.795 2。平均 *PIC* 分别为 0.615 5、0.633 0、0.598 0 和 0.614 5。*H* 值在拉萨藏鸡中为 0.372 2～0.875 1,在林芝藏鸡中为 0.307 9～0.821 1,在日喀则藏鸡中为 0.155 4～0.866 7,在山南藏鸡中为 0.275 8～0.828 5,平均 *H* 分别为 0.677 3、0.687 8、0.654 1 和 0.668 5。这充分表明藏鸡群体的微卫星位点多态性丰富,变异程度较高。日喀则藏鸡的平均等位基因数、*PIC* 和 *H* 值都较拉萨、林芝和山南藏鸡稍低,但不存在显著差异($P>0.05$)。说明藏鸡选育程度都较低,存在较大的变异度,人工选择的水平较低。

表 1.21　藏鸡群体中 19 个微卫星位点的 *PIC* 和 *H* 值

位　点	拉萨藏鸡			林芝藏鸡			日喀则藏鸡			山南藏鸡		
	等位基因数	*PIC*	*H*	等位基因数	*PIC*	*H*	等位基因数	*PIC*	*H*	等位基因数	*PIC*	*H*
LEI194	5	0.678 4	0.742 0	4	0.682 9	0.739 9	5	0.716 1	0.766 7	4	0.595 9	0.666 8
ADL267	7	0.784 5	0.826 1	7	0.779 2	0.815 4	7	0.821 6	0.855 9	7	0.795 2	0.828 5
MCW14	2	0.211 8	0.245 7	2	0.258 3	0.307 9	2	0.141 0	0.155 4	2	0.235 4	0.275 8
MCW222	2	0.298 3	0.372 2	3	0.462 8	0.561 6	2	0.293 8	0.363 8	3	0.479 9	0.552 9
ADL210	5	0.732 1	0.786 1	5	0.736 9	0.783 1	4	0.643 5	0.712 4	5	0.681 9	0.734 3
MCW34	6	0.770 5	0.815 5	5	0.706 8	0.755 0	4	0.651 8	0.717 5	6	0.767 8	0.804 4
MCW103	3	0.560 8	0.649 8	4	0.579 2	0.641 0	4	0.396 0	0.437 9	4	0.645 4	0.706 7
LEI94	6	0.671 7	0.727 3	6	0.663 4	0.718 6	4	0.643 5	0.704 5	5	0.708 4	0.761 4
ADL176	6	0.745 9	0.795 1	6	0.694 8	0.745 6	6	0.783 2	0.823 7	6	0.743 9	0.787 4
ADL181	3	0.401 1	0.524 9	3	0.377 7	0.491 4	3	0.432 7	0.538 4	2	0.370 1	0.496 0
MCW183	4	0.446 1	0.500 4	4	0.570 6	0.632 9	4	0.491 8	0.557 1	3	0.441 4	0.529 7
ADL158	5	0.600 0	0.666 1	5	0.755 8	0.798 2	5	0.730 8	0.781 4	5	0.758 7	0.801 4
MCW295	5	0.677 0	0.739 6	5	0.685 6	0.735 1	5	0.665 2	0.726 0	6	0.785 9	0.821 6
ADL112	3	0.532 2	0.621 2	3	0.416 7	0.469 5	5	0.605 3	0.663 3	3	0.263 1	0.298 5
MCW67	4	0.500 7	0.585 3	4	0.640 2	0.701 5	4	0.528 6	0.614 7	4	0.538 0	0.604 1
MCW78	5	0.727 7	0.782 9	5	0.703 8	0.750 2	5	0.744 8	0.793 8	5	0.744 4	0.788 8
ADL136	8	0.840 8	0.875 1	8	0.785 7	0.818 4	8	0.834 6	0.866 7	7	0.698 3	0.734 3
ADL172	5	0.734 3	0.787 8	6	0.785 8	0.821 1	5	0.596 6	0.646 9	5	0.662 3	0.710 0
ADL102	7	0.781 4	0.824 5	8	0.741 0	0.781 8	5	0.641 8	0.702 8	7	0.760 2	0.798 4
平均	4.8	0.615 5	0.677 3	4.9	0.633 0	0.687 8	4.6	0.598 0	0.654 1	4.7	0.614 5	0.668 5

藏鸡群体在每一个座位偏离 Hardy-Weinberg 平衡的水平(表 1.22),发现藏鸡群体大部分微卫星标记均处在不平衡状态($P<0.05$ 或 $P<0.01$)。

F-统计量是用来测量群体间的遗传分化程度的指标。19 个微卫星位点在所有群体内各个亚群体的固定系数(*FST*)范围为 0.012 1～0.181 7,均值为 0.041 7;整个群体的个体固定系数(*FIT*)范围为−0.186 8～0.904 4,均值为 0.317 1;亚群体内的个体固定系数(*FIS*)在

−0.220 6～0.900 7 间变动，平均值是 0.287 4。可见整个藏鸡群体间存在一定程度的遗传分化。

表 1.22 藏鸡微卫星座位 Hardy-Weinberg 平衡检测

标记位点	拉萨	日喀则	林芝	山南
LEI194	55.513 7**	80.720 7**	29.157 1**	41.549 7**
ADL267	22.715 7	120.903 8**	94.832 1**	123.132 5**
MCW14	0.992 2	4.688 8*	0.140 0	1.126 9
MCW222	26.889 4**	31.924 7**	83.472 8**	43.781 7**
ADL210	17.293 9	35.784 8**	123.178 1**	76.850 9**
MCW34	47.555 5**	23.915 5**	35.448 4**	23.915 0
MCW103	33.013 0**	59.186 0**	75.648 6**	71.558 1**
LEI94	29.303 0*	33.021 4**	42.231 9**	38.616 4**
ADL176	32.128 4**	32.438 9**	23.429 5	66.244 1**
ADL181	26.074 0**	34.281 3**	30.111 7**	10.334 6**
MCW183	8.330 4	24.532 6**	20.093 0**	5.827 8
ADL158	13.613 0	10.951 2	13.791 4	50.712 7**
MCW295	9.138 8	11.590 5	10.873 7	14.022 7
ADL112	18.682 7**	45.460 0**	24.175 9**	3.991 8
MCW67	27.318 5**	8.372 1	73.532 0**	54.860 3**
MCW78	36.721 3**	27.934 2**	70.996 3**	56.312 9**
ADL136	164.669 7**	120.710 7**	156.077 0**	69.000 1**
ADL172	72.314 6**	21.443 7*	49.028 2**	29.862 1**
ADL102	65.245 2**	14.230 3	55.151 3**	78.133 0**

注：* $P<0.05$；** $P<0.01$。

微卫星位点的多态性分析表明，19 个位点的多态等位基因数多，群体 *PIC* 和 *H* 平均值分别为 0.615 1 和 0.694 3，藏鸡的多态性较丰富，杂合度较高，遗传变异大。这说明藏鸡是具有高遗传多样、较高选择潜力性的地方鸡种。

遗传距离是度量群体间遗传关系的主要统计量，藏鸡群体间遗传距离和遗传相似系数见表 1.23。各群体藏鸡遗传一致性在 0.858 3～0.923 3，遗传距离在 0.079 7～0.152 9。根据藏鸡群体间遗传距离，进行 UPGMA 聚类（图 1.4），拉萨地区与日喀则地区的藏鸡被聚为一类，林芝地区与山南地区的藏鸡聚为一类。由此可见，不同地区藏鸡群体间也有一定的遗传差异。

表 1.23 藏鸡群体间的遗传距离和遗传一致性

地区名	拉萨	日喀则	林芝	山南
拉萨	****	0.910 3	0.858 3	0.859 9
日喀则	0.093 9	****	0.877 5	0.882 0
林芝	0.152 9	0.130 7	****	0.923 3
山南	0.151 0	0.125 6	0.079 7	****

注：右上角为遗传相似系数，左下角为遗传距离。

藏鸡拥有广阔的分布领域，由于缺乏相应的管理体系和措施，又采取自然散养的粗放式管理，所以受到的选择压力较少。藏鸡呈现为一个混杂的群体，这从藏鸡群体的基因流动值即可看出，藏鸡的 *Nm* 值从 1.126 1 到 20.429 0 不等(表 1.24)，群体内存在着较高水平的基因交流。藏鸡群体的高杂合度也与其高度变异的生产性能及表型多样性的事实相吻合。

Hardy-Weinberg 平衡定律是指在一个随机交配的大群体内，没有选择、突变、迁移和漂变时，则群体基因频率和基因型频率在世代间保持恒定。研究发现藏鸡群体的绝大多数微卫星位点均偏离 Hardy-Weinberg 平衡定律，说明藏鸡的稳定性差，遗传结构不稳定，易受突变、选择、杂交和随机漂变等因素的影响。但也可能与微卫星标记规模较小有关。

表 1.24　F-statistics 统计分析结果

标记位点	群体内近交系数	总近交系数	群体分化系数	基因流动 *Nm*
LEI194	0.547 8	0.571 7	0.052 8	4.483 7
ADL267	−0.220 6	−0.186 8	0.027 7	8.769 1
MCW14	0.151 0	0.161 3	0.012 1	20.429 0
MCW222	0.900 7	0.904 4	0.036 8	6.539 0
ADL210	0.535 8	0.567 0	0.067 4	3.460 1
MCW34	0.197 3	0.245 8	0.060 4	3.886 5
MCW103	0.416 6	0.442 5	0.044 3	5.397 2
LEI94	0.289 4	0.305 6	0.022 8	10.728 9
ADL176	0.276 3	0.304 0	0.038 3	6.278 1
ADL181	0.709 2	0.716 0	0.023 3	10.500 3
MCW183	0.187 9	0.212 6	0.030 4	7.977 1
ADL158	0.236 0	0.256 0	0.026 2	9.300 5
MCW295	0.044 0	0.077 2	0.034 7	6.951 2
ADL112	0.366 1	0.481 3	0.181 7	1.126 1
MCW67	0.467 8	0.474 6	0.012 8	19.338 0
MCW78	0.366 3	0.383 2	0.026 7	9.118 6
ADL136	0.251 9	0.280 9	0.038 8	6.199 3
ADL172	0.253 5	0.281 3	0.037 3	6.460 1
ADL102	−0.112 1	−0.091 5	0.018 5	13.241 5
平均	0.287 4	0.317 1	0.041 7	5.748 9

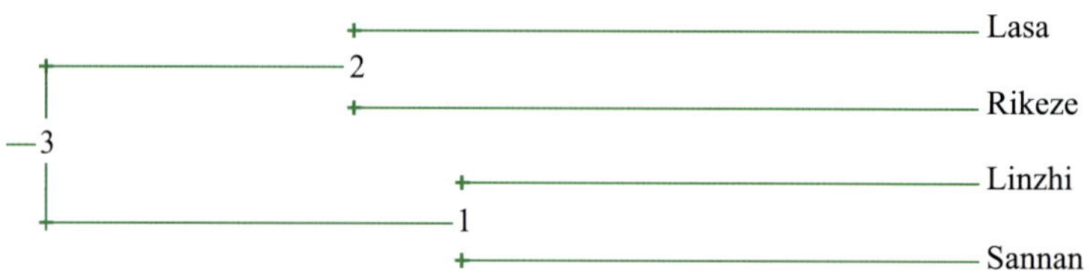

图 1.4　用 UPGMA 法构建的藏鸡地方鸡群的聚类图

群体间的遗传关系一般表现在两两群体间的遗传距离。微卫星 DNA 具有高度的多态性，并且有大量的微卫星标记可供使用，因此用微卫星标记来测定群体间的遗传距离，可以得出比较真实的结果。Takahashi 等(1998)和 Nei(1987)通过计算机模拟对各种遗传距离进行研究，证明在分析物种内群体间的遗传变异时，计算遗传距离 DA 和 DS 是获得准确系统发生树的最有效方法，且用 UPGMA 法优于 NJ 法。因此，本试验选择了 DA 进行遗传距离的计算，并根据该遗传距离进行 UPGMA 聚类分析。结果表明，微卫星标记可以基本正确地反映种内各品种(群体)间的遗传关系。藏鸡群体较为封闭，不同地区藏鸡群体间存在一定的遗传差异，这是由于西藏地区地形复杂、藏鸡分布不同的地理环境及交通运输不便造成长期的隔离所引起的。根据藏鸡群体间遗传距离，进行 UPGMA 聚类，可见拉萨藏鸡和日喀则藏鸡的遗传距离较近，被聚为一类，林芝藏鸡与山南藏鸡则被聚为一类。聚类结果基本符合它们的地缘分布和育种历史。

通过分子水平的微卫星检测，可以看出藏鸡群体由于高原的特殊生境条件，及其较广的分布范围，经过多年的进化，已经形成了符合当地的特殊品系，并且形成了现在形态各异、生产性能低下且差异较大的各群体。若要提高藏鸡群体的生产性能，必须进行选育提纯工作。

藏鸡的羽色和胫色变异较大，具有丰富的多样性，生长性能较差，增重缓慢，且个体间差异较大，体型都偏小。这些特征说明，也许自然选择较人工选择对藏鸡的进化有更大的影响。无论从生产性能和体型外貌来看，藏鸡无疑是研究我国地方鸡种丰富遗传多样性的良好材料。

1.5 藏鸡的种质特性

1.5.1 藏鸡特色性状

西藏高原海拔高，空气稀薄，严寒缺氧，气候干燥，风速较大，紫外线强，对动植物生长会产生很多不利的影响。低地鸡种运进西藏高原以后，往往由于缺氧引起不同程度的高山病，特别是呼吸和循环系统的机能发生障碍，从而影响正常的生长发育和繁殖能力，严重时可危及生命。但世栖西藏高原的藏鸡却能终年生活在海拔 3 500 m 左右的高山上，并能够正常的生长发育和繁殖生产，满足人民的生活需要，促进社会经济的发展。

与低地鸡种相比，藏鸡的生理生化特点独具特色。在对高原低氧环境的长期适应过程中，藏鸡血液循环系统通过多种代偿机制改变其机能，主要表现为红细胞数目增加、血红蛋白含量上升以及红细胞体积减小，血液中血浆蛋白含量减少，从而使得血液黏滞度降低、血液循环加快，进而缓解因红细胞数增加而造成的血液动力学的改变，并改善其运氧能力。

藏鸡在高原地区长期生活时，其组织在低氧分压下，为了高效率地与氧结合，必须动员体内各种代谢机制与其相适应，主要表现为体内酶系统的改变和糖原含量的升高。动物机体做功所需热能的转换主要在细胞的线粒体内完成，需要有复杂的酶系统参加。藏鸡血清碱性磷酸酶、肌酸激酶、乳酸脱氢酶以及心肌细胞的血清酶活性均高于低地鸡(佘永新，1995)。另外，藏鸡的血糖浓度较高，其中原因之一可能是低氧高海拔条件下，激活了糖原磷酸化酶，催化肝糖原大量转化成葡萄糖进入血液中，从而导致了血糖浓度的升高。

藏鸡虽然生长缓慢，但具有耐粗饲、抗病力强、肉味美、蛋营养价值高、具观赏性等优势。蛋中铁、铜、锌等具有重要生理功能的微量元素以及粗蛋白质、粗脂肪含量均高于普通鸡蛋，营养价值高(巴桑等,2003)。藏鸡这些独特的优良种质特性为国内外产业开发者们所瞩目,是我国高海拔地区发展养鸡业不可缺少的品种,是开发西藏优质、特色禽产品的良好资源。

1.5.2 藏鸡开发利用现状

藏鸡的初生重很小,生长缓慢,但觅食力强,体小肉多。具有胸肌发达,肉质鲜嫩,风味独特,营养丰富,食用口感极佳,药用价值高等肉用性能特点。藏鸡就巢性强,采用自然孵化方式进行繁殖,产蛋时间多集中在5~7月份,产蛋量少。但藏鸡蛋营养非常丰富,有研究发现其营养价值远远高于普通鸡蛋,可谓是蛋中极品。

针对藏鸡的生产性能特点,对其开发利用的途径之一就是与生产性能高的品种杂交生产"仿土鸡"。从20世纪60年代初,育种工作者就开始以引进的白来航鸡作父本、藏鸡为母本进行杂交改良工作,育成了不仅能适应高寒恶劣环境而且产蛋性能较好的蛋用型品种——拉萨白鸡(单增群佩,2001)。拉萨白鸡既在一定程度上保持了优良肉质,又提高了产蛋性能,经济效益较高。80年代以来,拉萨白鸡进入了系统育种阶段,明确了育种目标,制订了具体的育种方案。经过几个世代的家系选育,拉萨白鸡的生产性能逐步趋于稳定。作为蛋用型品种,拉萨白鸡500日龄的年产蛋量为196枚,与藏鸡的产蛋量相比提高了两倍以上,进一步改良了藏鸡低产、晚熟、就巢性强等不良性状。

参考文献

Darmani-Kuhi H, Kebreab E, Lopez S, et al. 2002. A derivation and evaluation of the von Bertalanffy equation for describing growth in broilers over time. J. Anim. Feed. Sci., 11: 109-125.

Darmani-Kuhi H, Kebreab E, Lopez S, et al. 2003. An evaluation of different growth function for describing the profile of live weight with time (age) in meat and egg strains of chicken. Poult. Sci., 82: 1536-1543.

Knizetova H, Hyanek J, Knize B, et al. 1991. Analysis of growth curves of fowl. I. Chickens. Br. Poult. Sci., 32: 1027-1038.

Laird A K. 1966. Postnatal growth of birds and mammals. Growth, 30: 1027-1038.

Mignon-Grasteau S, Beaumont C, et al. 1999. Genetic parameters of growth curve parameters in male and female chickens. Br. Poult. Sci., 40: 44-51.

Monge C, León-Velarde F. 1991. Physiological adaptation to high attitude: oxygen transport in mammals and birds. Physiol. Rev., 71(4): 1135-1172.

Nei M. 1987. Molecular Evolutionary Genetics. New York. Colombia University Press.

Ricklefs R E. 1985. Modification of growth and development of muscles from a comparative viewpoint. Poult. Sci., 64: 1563-1576.

Takahashi H, Nirasawa K N, et al. 1998. Genetic relationships among Japanese native breeds of chicken based on microsatellite DNA polymorphisms. J. Hered. 89(6):

543-546.
Wu R L, Ma C X, et al. 2002. A logistic mixture model for characterizing genetic determinants causing differentiation in growth trajectories. Genet. Res., 79：235-245.
巴桑，强巴央宗，申晓东．2003. 西藏地区藏鸡蛋的营养成分分析．畜禽业，10：18-19.
谌澄光，李兴辉，郭小鸿，等．2002. 宁都黄鸡体尺选育及肉质性状比较的研究．江西农业大学学报：自然科学版，24(6)：860-864.
陈冬梅，周材权，苏学辉．2005. 不同饲养方式对肉用土鸡屠宰性能和肉质的影响．饲料工业，26(17)：9-10.
陈国宏，吴信生，李碧春，等．2002. 泰和乌骨鸡肌肉肌苷酸含量变化规律及其遗传力估测．扬州大学学报，2(23)：29-32.
陈辉，黄仁录，李巍，等．2006. 散养柴鸡肌肉肌苷酸含量的比较．畜产品加工，(5)：90.
陈继兰，文杰，李建军，等．2004. 不同贮存条件下肌肉肌苷酸生成与降解规律的研究．畜牧兽医学报，35(3)：272-279.
陈继兰，文杰，王述柏，等．2005a. 肌肉肌苷酸和肌内脂肪沉积规律研究．畜牧兽医学报，36(8)：843-845.
陈继兰，文杰，赵桂苹，等．2005b. 肌肉肌苷酸和肌内脂肪等肉品风味性状遗传参数的估计. 遗传，27(6)：898-902.
杜志强，曲鲁江，李显耀，等．2004. 藏鸡群体遗传多样性研究．遗传，26(2)：167-171.
方弟安，王艾平，罗朝晖，等．2006. 白耳黄鸡生产性能和肉质性状的研究．中国家禽，28(4)：9-11.
高玉时，杨宁，李慧芳，等．2004. 我国地方鸡品种保种群微卫星多态性分析与分子标记档案的建立．遗传，26(6)：859-864.
黄秀清，黄建斌，翁志铿，等．2000. 5种不同类型地方鸡种肉用性能及肉质的研究．福建农业学报，15(1)：35-39.
李慧芳，章双杰，陈宽维，等．2005. 我国重点保护地方鸡品种资源的遗传变异．中国农业大学学报，10(3)：21-24.
林敏，肖智远，詹乐群．1995. 福星鸡屠宰率与肌肉氨基酸含量的测定与分析．第7次全国家禽学术研讨会论文集，杭州：360-362.
娄义州．1987. 茶花鸡、武定鸡种质特性研究——早期肉用性能测定．家禽，(1)：29-31.
欧茶海，李润泉，丁自柏，等．1999. 不同日龄和性别腾冲雪鸡肉的营养成分分析．西南民族学院学报：自然科学版，25(2)：181-185.
强巴央宗，巴桑，唐晓惠，等．2003. 西藏不同区域藏鸡的生产性能．畜牧与兽医，35(6)：19.
单增群佩．2001. 拉萨白鸡选育历程的回顾．西藏农业科技，23(3)：57-58.
佘永新，吴德宽，王建林．1995. 西藏高原藏鸡血液生化指标的测定及其对低氧环境适应机理的探讨．中国兽医科技，25(7)：47-48.
束婧婷，包文斌，张红霞，等．2007. 家鸡腺苷琥珀酸裂解酶基因多态性与肌苷酸含量的关联及其红色原鸡的亲缘关系．遗传，29(3)：343-348.
宋兴平，庄勇，王秀华．1994. 日照麻鸡选育效果初报．山东畜牧兽医，(3)：14-16.

苏一军，李慧芳，张学余．2005. 我国地方鸡种保种群分子遗传多样性的检测．中国家禽，27(18)：16-19.

田刚，余冰．2001. 鸡肉肉质风味研究现状及其影响因素(四). 四川畜牧兽医，28(3)：53.

童晓梅，梁羽，王威，等．2006. 藏鸡线粒体全基因组序列的测定和分析．遗传，28(7)：769-777.

王立克，张中林，陈祖照．2002. 三种不同地方鸡肉用性能的比较研究．安徽技术师范学院学报，16(4)：18-20.

吴信生，陈国宏，王得前，等．2004. 利用微卫星技术分析中国部分地方鸡种的遗传结构．遗传学报，31(1)：43-50.

谢金防，熊文华，刘林秀，等．2003. 改良型崇仁麻鸡的肉质特性研究．江西畜牧兽医杂志，(4)：7-8.

徐琪，谢恺舟，王克华，等．2004. 仙居鸡和固始鸡胸肌肌苷酸含量的分析．扬州大学学报，25(1)：15-17.

杨永军，倪有崇，江迎华，等．2004. 华坪乌骨鸡产肉性能及肉质特性的研究初报．西南民族大学学报:自然科学版，30(2)：194-200.

叶绍辉，欧茶海，丁自柏，等．2000. 60 和 90 日龄笼养腾冲雪鸡屠宰性能分析．云南畜牧兽医，(1)：14-15.

张德祥，杨山．1998. 不同性别肉仔鸡生长模式差异的研究．黑龙江畜牧兽医，(3)：11-12.

章明，高玉时，李慧芳，等．2004. 部分地方鸡种微卫星 DNA 指纹分析．中国家禽学报，8(1)：184-188.

张学余，束婧婷，季从亮，等．2007. 5 个鸡种腺苷琥珀酸裂解酶(ADSL)基因外显子 9 SNP 及其与鸡肉肌苷酸含量的相关分析．畜牧兽医学报，38(3)：237-240.

第2章

高原环境对鸡孵化性能的影响

很早以前人们就认识到低孵化率是制约高海拔养禽业发展的主要问题之一。Visschedijk (1991)在一篇关于孵化的综述中指出，孵化率的下降与海拔高度升高相关。高海拔的低压和低氧会造成孵化中的胚胎缺氧、过度失水和低碳酸血等，从而造成孵化率随着海拔升高而降低。低海拔产出的鸡蛋在高海拔孵化，胚胎发育速度减慢、孵化时间延长、孵化率降低。

复杂的高原气候和极大的地域差异，使西藏养禽业严重滞后于其他地区，禽的品种十分单一，生产性能也很低。西藏自治区于1984年培育出的拉萨白鸡产蛋量显著高于本地藏鸡，但平均蛋重仅为39.9 g，公、母鸡平均体重仅为1 500 g和1 250 g。这种生产性能远远不能满足西藏自治区内市场对禽产品的需求。外地引进的种鸡虽然其生长发育和生产性能基本不受高原环境的影响，但种蛋的孵化率仅为35%(拉萨白鸡则可达到75%，藏鸡可达85%)。为了尽可能地提高种蛋在高海拔地区的人工孵化率，解决限制高海拔地区养鸡业的瓶颈技术，我们在西藏林芝地区进行了一系列的试验(林芝地区海拔为3 000 m，气压为70.5 kPa，氧分压为14.5 kPa)，探讨藏鸡和其他鸡种的高海拔人工孵化技术。

2.1 禽蛋人工孵化条件

2.1.1 温度

鸟类的胚胎在体外发育，蛋内贮存着充足的养分和水分，需要通过蛋壳气孔、内外壳膜、尿囊绒毛膜与外部环境进行气体交换，完成胚胎发育。长期以来，人们很重视对家禽的孵化条件的研究，以期最大程度增加孵化率。孵化温度是环境条件中最重要的因素，温度过高，胚胎的代谢旺盛，种蛋失水增多，孵化率降低，出雏提前；温度过低，胚胎发育迟缓，孵化期延长。在确定理想的孵化温度时，重要的衡量指标不仅是孵化率，而且还有出雏时间及其同期性。但人们并不了解理想的孵化温度是多少，只能从试验和失败中获得。

孵化温度通常是指孵化机内温度，其实对胚胎发育更重要的是蛋内温度，Sotherland 等(1987)对发育中的蛋温建立了热能模型：

$$T_{蛋}=T_{机}+(H_{胚}-H_{失水})/K \tag{2.1}$$

其中：$T_{蛋}$为蛋温(℃)；$T_{机}$为孵化机内温度(℃)；$H_{胚}$为某一孵化时刻的胚胎代谢产热量(W)；$H_{失水}$为蛋失水时散失的热量(W)；K 为蛋及其周围空气的热传导率(W/℃)；$K=0.97\mu^{0.6}M^{0.53}$，其中：μ 为空气流速(cm/s)，M 为蛋重(g)。

蛋在孵化前期，$H_{胚}$小于 $H_{失水}$，所以 $T_{蛋}$低于 $T_{机}$；孵化后期，$H_{胚}$大于 $H_{失水}$，则 $T_{蛋}$高于 $T_{机}$。因此，适宜的孵化温度与孵化阶段、空气流动、品种、蛋大小、种蛋保存时间、孵化器类型等因素均有关。

2.1.2 湿度

正常发育的鸡蛋每天必须失去一定的水分。蛋内水分的丧失有两个原因：一是形成一定的气室，以便胚胎后期肺呼吸和出雏前一天啄壳之用；二是保持刚出壳小鸡体内含水量与刚产下的蛋含水量大致相同。若水分丧失过多会引起胚胎脱水，但水分丧失过少则在代谢过程中产生的水分将会使胚胎溺死。为保证鸡胚的正常发育，在整个孵化期要失去大约为原来蛋重15%的水分，即每天失水 0.60%～0.72%(Visschedijk 和 Rahn，1981)。

Rahn 等(1982)提出了蛋孵化时的失水方程：

$$M_{H_2O}=G_{H_2O}\cdot\Delta P_{H_2O} \tag{2.2}$$

其中：M_{H_2O}为失水率(mg・d^{-1})；G_{H_2O}为蛋壳水汽传导率(mg・d^{-1}・kPa^{-1})，ΔP_{H_2O}为水汽压力梯度(kPa)。

蛋的失水率与蛋壳的水汽传导率和蛋壳内外水汽压力差有关。蛋壳传导率(G)是蛋的一个固定特性，受多种因素影响，按 Fick 方程(Paganelli，1980)表示为：

$$G=(Ap/l)[D/(RT)] \tag{2.3}$$

其中：Ap 为蛋壳气孔总面积(cm^2)；l 为气孔长度或蛋壳厚度(cm)；D 为气体扩散系数(cm^2・s^{-1})；$1/(RT)$为容量系数[mL(STPD)・cm^{-3}・kPa^{-1}]。

任何气体的 D 值与气压成反比，高海拔地区气压低，气体间分子碰撞较少，D 值增加，所以气体有效传导率就会增加。为了比较蛋之间传导率的差别，将测定条件标准化，即在 1 个标准大气压下、绝对温度、干燥空气条件下的测定值定为标准传导率，单位为 mL (STPD)・d^{-1}・kPa^{-1}。那么由标准传导率计算实际水汽传导速度的公式为：

$$M=(101.33/P_B)\cdot G\cdot(P_A-P_I) \tag{2.4}$$

其中：101.33 为标准大气压(kPa)；P_B为该海拔处实际大气压(kPa)；G 为标准传导率(mL(STPD)・d^{-1}・kPa^{-1})；$(101.33/P_B)\cdot G$ 为该海拔有效蛋壳传导率(mL(STPD)・d^{-1}・kPa^{-1})；P_A为蛋气室内分压；P_I为孵化器内环境分压。

鸡蛋孵化时，气室内为饱和水汽，水汽分压值与孵化温度有关，如 37.80 ℃为 6.53 kPa；蛋外环境水汽压对蛋的失水尤为重要，在掌握了特定品种的水汽传导力及理想的孵化温度后，方能确定最为理想的孵化湿度。但 Visschedijk(1981)试验提出,相对湿度降低或升高 25%,孵化率仅降低 3%。不同品种(品系)的种蛋,其传导力相差很大,平均水汽传导率为 112.5 mg·d^{-1}·kPa^{-1},变异范围一般为 60.0~168.8 mg·d^{-1}·kPa^{-1}。为了使这些蛋丧失同样的水分,传导率分别为 112.5、60.0、168.8 mg·d^{-1}·kPa^{-1}的蛋最佳相对湿度应分别为 51%、8%、67%。事实上,同批的所有蛋并未调节湿度进行孵化。

2.1.3 气体环境

O_2是新陈代谢重要的物质基础。Barott 早在 1937 年就指出 O_2浓度在 21%~50%之间每升高 1%,孵化率就降低 1%;低于 21%时,每下降 1%,孵化率降低 5%。Taylor 等(1956)向孵化箱中输入氧气或氮气改变氧分压,研究鸡胚对 O_2的敏感性,发现孵化 0~4 d,O_2浓度为 18%~21%,孵化率变化不大;17.5%~10.0%,孵化率直线下降;21%~50%,孵化率降低不明显。改变孵化期的可利用氧,细胞生长模式和胚胎代谢就发生变化(Kichards 等,1991),在正常情况下(O_2:21%),胚胎日增重连续增加,14 d 后氧气需要量会超过蛋壳气孔系统和尿囊绒毛膜的氧扩散能力,使氧分压、氧消耗和生长速度下降(Van Golde 等, 1998)。Altimiras 等(2000)研究了低氧(O_2:10%)孵化时,早期(2~3 d)对胚胎发育影响不大,但第 4 天低氧,成活率大大降低。

蛋壳是 O_2扩散进入气室的屏障,一枚蛋的蛋壳 O_2标准传导率是固定的,要增加 O_2传导速度(M_{O_2}),必须通过蛋内外 O_2分压差($\Delta P=P_I-P_A$)增加来实现。一般情况,海拔不变时,环境 O_2分压(P_I)相对不变;但气室 O_2分压($P_{A_{O_2}}$)随着胚胎发育日龄增加而减少;图 2.1 表示平原正常大气压孵化时 $P_{A_{O_2}}$和 ΔP_{O_2}的变化规律。在整个孵化期,$P_{A_{O_2}}$从 19.87 kPa 降至 13.33 kPa。$P_{A_{O_2}}$值是 O_2从气室通过内膜和尿囊绒毛上皮细胞进入血液的关键,在任何海拔,13.33 kPa 的气室 O_2分压对于胚胎的正常代谢都是必要的。

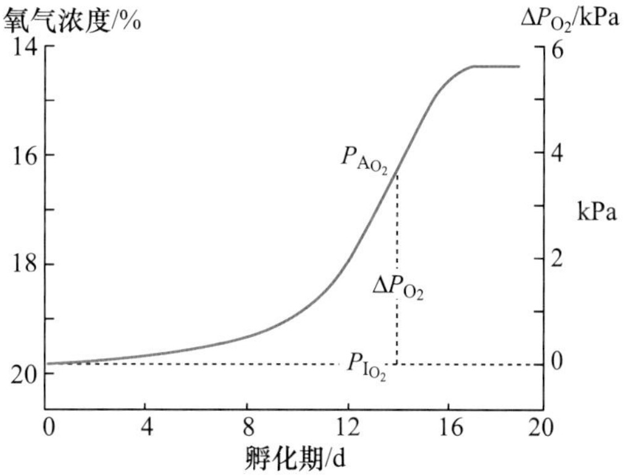

图 2.1 鸡蛋平原孵化时气室 O_2分压的变化

(Visschedijk 等, 1980)

孵化机内 CO_2浓度对胚胎发育也有很大影响。Barrot (1937)指出,CO_2浓度为 0.5%时,孵化率最高;CO_2浓度每上升 1%,孵化率就降低约 15%;当 CO_2浓度为 2%时,孵化率只有 CO_2浓度为 0.5%时孵化率的 35%;当 CO_2浓度 4%时,孵化率不足 CO_2浓度为 0.5%时的 25%。Taylor 等(1956, 1965, 1966)研究了 CO_2浓度对孵化的影响,发现在孵化期 0~4 d,CO_2在 0~1% 时,孵化率差异不显著,其中 0.25%时最高;1.1%以上时,孵化率开始下降;当达到 10%时,无一胚胎成活。在孵化期 5~8 d 时,胚胎对 CO_2耐受性增加,CO_2达到或超过 3%时,对孵化率才有明显影响,极端耐受浓度是 8%。在孵化期 9~12 d 时,对 CO_2的耐受性进一步增加,高至 5%时才有明显影响,极端耐受浓度是 16%。

孵化机通风排气主要是为了排出代谢产生的 CO_2,使新鲜空气进入,增加 O_2含量。由于

CO_2的产生逐渐增加，所以孵化机通气量也是逐渐增加的。一般情况下，在鸡胚孵化平台期，即第17～19天，排气量是CO_2产生量的200倍，使CO_2浓度不高于0.5%即可。

2.2 高海拔孵化理论分析

2.2.1 高海拔孵化气体条件分析

很久以前，人们已经认识到，随着海拔高度的增加，大气压逐渐降低，氧气分压也随之降低，给禽蛋孵化带来缺氧、低碳酸血和过量脱水，从而造成孵化率随海拔升高而降低，如图2.2所示。

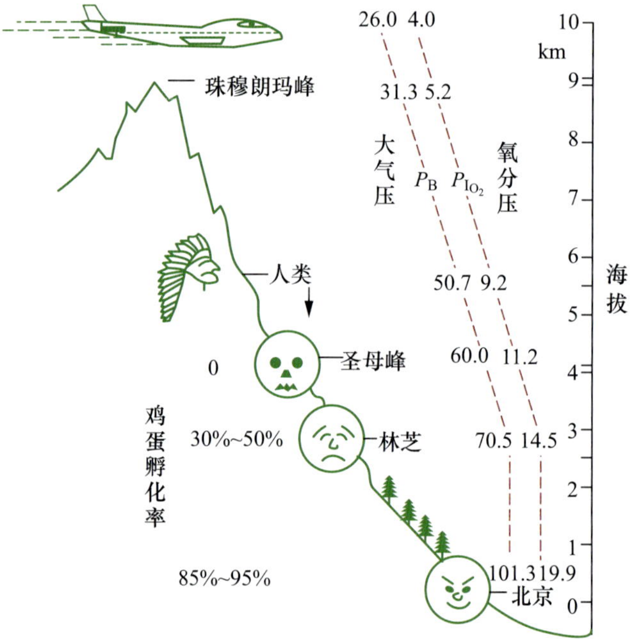

图2.2 不同海拔处的大气压、氧分压和孵化率

高海拔地区氧分压低，胚胎可利用氧气量减少，生长速度降低，孵化时间推迟，孵化率降低。解决这一问题的方法是将胚胎在高海拔地区气体交换恢复到海平面水平。高海拔处大气压低，O_2的有效传导率（$101.33 \cdot G_{O_2}/P_B$）会增加，若为了保持与海平面同样的O_2扩散速度，环境O_2分压可以小些，不必恢复到低地孵化时孵化器内的19.87 kPa氧分压，具体可用下面的方程计算（Visschedijk，1981）：

$$P_{Ia}-P_A=(P_B/101.33)(P_I-P_A)$$

整理得：

$$P_{Ia}=P_A+(P_B/101.33)\cdot\Delta P \tag{2.5}$$

其中：P_{Ia}为高海拔孵化时的环境O_2分压；P_A为平原孵化时的气室O_2分压。$\Delta P=P_I-P_A=$平

原孵化时的 O_2 分压差。

在平原孵化时，孵化机内环境大气压是 101.33 kPa，由于 60%的水汽压占 6.45×60%=3.87 kPa，0.43%的 CO_2 分压为(101.33－3.87)×0.43%=0.42 kPa，O_2 浓度约 20.4%，P_I=(101.33－3.87－0.42)×20.4%=19.80 kPa，因此 P_A=19.80－ΔP，将它代入公式 2.5，得

$$P_{Ia}=19.80-(1-P_B/101.33)\cdot\Delta P \tag{2.6}$$

将气体分压值转为气体浓度值可用下面的方程计算：

$$F_{Ia}=P_{Ia}/(P_B-6.45) \tag{2.7}$$

其中：F_{Ia} 为气体体积比浓度；P_{Ia} 为孵化环境气体分压(kPa)；P_B 为大气压(kPa)；6.45 为 37.8 ℃时饱和水汽分压(kPa)。

将公式 2.6 代入公式 2.7，得：

$$F_{Ia}=19.80/(P_B-6.45)-(1-P_B/101.33)\cdot\Delta P/(P_B-6.45) \tag{2.8}$$

例如，鸡在孵化平台期，即第 17～19 天，ΔP=5.33 kPa，平原孵化时环境 O_2 浓度 F_{Ia}=21%，在 5 500 m 海拔孵化时，适宜的 O_2 浓度用公式 2.8 计算得 F_{Ia}=38.89%。

大气压的降低，同样会使水汽传导系数增加，禽蛋孵化过程中会因水分过多散失而导致胚胎脱水，死亡率增加，孵化率降低。能够适应高海拔气候的鸟类产出蛋的蛋壳有效气孔面积减少，标准气体传导率(G)降低，弥补了大气压降低(101.33/P_B)增加带来的不利(Rahn 等，1982)。但低地鸡种所产的蛋，G 没有降低，若在高海拔孵化，胚胎就会因失水过多而死亡。当然，可以通过人为减小蛋壳扩散面积，或降低蛋壳内外水汽分压差($\Delta P=P_A-P_I$)来降低 M_{H_2O}。P_A 是指蛋气室内饱和水汽压，在 37.8 ℃的孵化温度下是不变的，为 6.45 kPa，因此只有增加环境的水汽压(P_I)控制水分损失。根据公式 2.4，M_{H_2O} 和 P_A 保持不变，在高海拔孵化时 ΔP 必须减少 P_B/101.33，即：

$$P_A-P_{Ia}=(P_B/101.33)(P_A-P_I)$$

整理得：

$$P_{Ia}=P_A-(P_B/101.33)(P_A-P_I) \tag{2.9}$$

其中：P_{Ia} 为高海拔孵化时的环境水汽分压；P_I 为平原孵化时所要求的环境水汽分压。

当 P_{Ia} 用相对湿度(RH)表示时，公式 2.9 乘以 100/P_A，得：

$$RH_{Ia}=100-(P_B/101.33)(100-RH_I) \tag{2.10}$$

其中：RH_{Ia} 为高海拔孵化时的相对湿度；RH_I 为平原孵化时所要求的相对湿度。

例如，在海平面 RH_I=50%时，蛋孵化期总失重适宜，那么在 5 500 m 海拔处，P_B=50.67 kPa，根据公式 2.10，适宜的 RH_{Ia}=100－(380/760)(100－50)=75%。

胚胎低碳酸血症是一种呼吸性碱毒症，主要是由于高海拔低气压时，CO_2 扩散系数增加，胚胎散失 CO_2 过度，血液 pH 升高导致的。因此，在高海拔仅调整相对湿度和 O_2 浓度是不够的，还应当保持与低地孵化时同样的气室 CO_2 分压，即保持同样的 CO_2 传导速度。这个问题可以通过增加孵化机内环境 CO_2 浓度，降低蛋壳内外 CO_2 分压差(P_A-P_I)来限制其过量散失。Erasmus 和 Rahn(1976)发现在 5 500 m 海拔处(P_B=50.67 kPa)，虽然提供 O_2 浓度为 40%，胚胎在 16 日

龄表现出低碳酸血症，大量死亡。为此，必须增加 $P_{I_{CO_2}}$，以减少气体分压差（$P_{A_{CO_2}}-P_{I_{CO_2}}$），降低死亡率。$CO_2$ 和水汽的传导方向是一致的，所以高海拔 CO_2 分压差可用公式 2.9 计算。海平面适宜的 $P_{I_{CO_2}}$ 等于 0.42 kPa 左右（94.88 kPa×0.43%=0.42 kPa，其中 94.88 由标准大气压 101.33 kPa 减去 37.8 ℃时饱和水汽压得），$P_A-0.42=\Delta P$，公式 2.9 为：

$$P_{Ia}=0.42+(1-P_B/101.33)\cdot\Delta P \tag{2.11}$$

转化为体积比浓度为：

$$F_{I_{CO_2}}=0.42/(P_B-6.45)+(1-P_B/101.33)\cdot\Delta P/(P_B-6.45) \tag{2.12}$$

其中：$F_{I_{CO_2}}$ 为高海拔孵化时需要环境的 CO_2 浓度；ΔP 为平原孵化时的 CO_2 分压差（kPa）。

理论上 $\Delta P_{CO_2}=\Delta P_{O_2}$，若将公式 2.8 的 ΔP 代入公式 2.12，就可以从高海拔需要的 O_2 浓度，计算出高海拔需要的 CO_2 浓度：

$$F_{I_{CO_2}}-0.42/(P_B-6.45)+19.80/(P_B-6.45)-F_{I_{O_2}} \tag{2.13}$$

例如，在 5 500 m 海拔孵化第 17～19 天，$F_{I_{O_2}}=38.89\%$，经公式计算得 $F_{I_{CO_2}}=6.94\%$。

孵化机内 CO_2 浓度的增加可以通过减少孵化机排气量实现。高海拔孵化时适宜的 CO_2 浓度已由公式 2.12 或 2.13 计算得出，那么排气量可用如下公式计算：

$$V_{排气}=(1/F_{I_{CO_2}})\cdot M_{CO_2} \tag{2.14}$$

其中：$V_{排气}$ 为排气量；M_{CO_2} 为 CO_2 排放量。

将公式 2.12 代入 2.14，其中 $\Delta P=5.33$ kPa，整理得：

$$V_{排气}=[(P_B-6.45)/(5.75-P_B/19)]\cdot M_{CO_2} \tag{2.15}$$

例如，在海拔 5 500 m 孵化时，$P_B=50.67$ kPa，孵化机排气量经公式 2.15 计算，是 CO_2 排放量的 14.4 倍，约是平原孵化排气量的 7.2%。但这样低的排气量必然影响孵化机内 O_2 的浓度和后期热量的扩散，如果进气量等于排气量，进入孵化机的新鲜气体中 O_2 的浓度要高于设定的最佳 O_2 的浓度。由于胚胎呼吸时消耗的 O_2 和产生的 CO_2 大致相等，所以进气 O_2 浓度应当等于孵化机内适宜的 O_2 浓度和 CO_2 浓度之和，如上例中，进气的 O_2 浓度=38.89%+6.94%=45.83%。孵化后期，胚胎代谢产生大量热量，若孵化机保温性能良好，较低的通气量会限制热量的散失，使孵化机内温度过高，这时可以通过降低孵化室室温等方法来解决。

2.2.2 高海拔地区孵化研究进展

高原地区的孵化不适合套用平原孵化的温度、湿度等参数，而应当将气体交换调整到海平面孵化的状况。具体途径有增加相对湿度以避免水分过度丢失，提高氧浓度以获得与海平面相似的氧分压，减少通气量或增加二氧化碳浓度，避免低碳酸血症的发生。

Visschedijk(1985)在海平面模仿高海拔环境研究鸡蛋的孵化，一组模拟 5 500 m 海拔，其他条件同对照组（海平面正常孵化），结果 97%的胚胎在 2 d 内死亡，其余的也在 5 d 全部死亡，孵化率为 0；另一组模拟 5 700 m 海拔，但根据提供较好的孵化条件：全程相对湿度 70%，供应45%O_2和55%N_2混合气体，通风比对照组降低6%，结果受精蛋孵化率达81%，对照组为94%。余永新等(2001)在高原地区对孵化的早期(0～5 d)和孵化末期(15～21 d)进行输氧，使拉萨白鸡胚胎早期死亡率从15.3%降低到11.0%，使伊萨褐鸡胚胎的早期死亡从31.5%降到19.7%。他们提出通过输氧使孵化器内的O_2浓度达24%，同时提高湿度至65%，控制孵化器的气体流通量，使CO_2浓度达到0.3%～0.5%，可使平原良种鸡高原孵化率从30%～35%提高到68%。丁保安等(1995)在2 200 m海拔处，用0.1%高锰酸钾溶液和0.5%过氧化氢溶液对种蛋进行清洗，结果使其孵化率分别提高4.58%和7.30%。

Thompson(1952)指出，空气流速、绝对湿度和大气压强影响着所有海拔高度的孵化率。高原环境对鸡蛋人工孵化的影响主要是低气压和低氧分压，低气压造成水汽和CO_2传导速度增加，而低氧分压造成O_2绝对量供应不足，必须改变孵化器内的O_2、CO_2浓度和湿度为胚胎发育提供适宜的环境。强巴央宗等(1999)和田发益等(2001)指出良种禽蛋在高原孵化可用通过选择种蛋来源、适宜的存贮位置和方式、充氧、增加湿度、消脂等综合措施来提高孵化率。

当然高原孵化还与品种(系)有关，不同品系的鸡蛋孵化时对高原低氧有不同抗性。我国西藏高原上的藏鸡，终年生活在海拔3 500 m左右的高原上，对风雪、严寒、低压、缺氧有较强的适应性，其在高原上受精蛋孵化率可达86.63%。

2.3 自动低氧模拟孵化机

2.3.1 低氧模拟设备研究进展

低氧模拟是研究人和动物的低氧生理、生化、病理以及药物作用的常规方法，国内外都可见应用低氧饲养舱建立低氧动物模型的研究报道(齐建光等，2001;Sekhon等，1996)。模拟低氧有两种方式：一是持续灌注混合气体(瓦龙美等，2002)，但气体耗费较高，不适宜做成大舱或长期模拟；二是用电路控制气路调控箱内气体浓度，国内外也有报道(张少华等，1993；胡良冈等，2003；Eddahibi，1998)。但低氧饲养舱都是针对实验动物而设计的，无温度、湿度自动控制系统。

种银保等(2001)研制并报道的“全自动低氧高二氧化碳饲养舱”，采用单片机技术和反馈原理，O_2钢瓶、N_2钢瓶、CO_2钢瓶作为气源，实现自动调节饲养箱内O_2和CO_2浓度，并用除湿机降低湿度，用室内空调控制箱内温度。胡良冈等(2003)研制并报道的“常压低氧高二氧化碳清洁级动物饲养舱”，采用隔离密封的结构和电气控制技术，通过输入N_2降低O_2浓度，输入空气调高O_2浓度，输入CO_2提高CO_2浓度，氢氧化钙吸收调低CO_2浓度，氧化钙吸收降低湿度，建立了均匀混合各种气体浓度的动物饲养舱，但无温度控制系统。张献全等(2000)也使用了N_2、O_2、CO_2和空气作为气源建立了缺氧和高CO_2动物饲养箱，箱内气体浓度及湿度控制采用连续采样O_2、CO_2和湿度测量、自动控制的方式，将不同浓度的O_2、CO_2和湿度对应的电流值存入单片机内，按需要调定各种浓度值，并由此发出控制信号，通过过零触发继电器，启动关闭各气体通路的电磁阀来调节箱内的气体浓度。采用了严格的屏蔽保护设施来消除控制电路之间的影响；把各所需要的浓度值设定为一个区间，减少了控制电路之间的干扰。

高原低氧环境模拟有两种方式：一是低压低氧模拟，二是常压低氧模拟。低压低氧模拟是通过抽气使舱内气压降低，氧分压也随之降低，这是航天医学研究常用手段。构建一个大型低压氧舱的投资和维持费用甚高，非一般单位所能及。常压低氧模拟是通过降低舱内氧气浓度来降低氧分压，这是国内外众多实验室进行低氧生理、病理和遗传机理研究的常用手段之一。常压低氧模拟常用持续灌注混合气体的方式，气体耗费很高，且需取样分析 O_2 和 CO_2 浓度，工作劳动强度大；尤其是动物呼吸、室外环境等因素变化使得舱内气体浓度、温度和湿度的控制更加复杂。近年来，出现了利用单片机控制气路来调控舱内气体浓度的饲养舱（Eddahibi, 1997；种银保等，2001）；为低氧模拟提供了较好的方式。但这些低氧舱是针对实验动物饲养环境设计的，其温度、湿度等达不到禽蛋孵化的要求，更无翻蛋设备。

为了开展禽类胚胎期高原适应生理和遗传基础研究工作，我们设计并研制了自动化低氧模拟孵化设备。该设备能够在低海拔常压下模拟不同海拔高度的低氧分压，温度、湿度、O_2 和 CO_2 浓度均实现自动控制，氮气消耗量低，能达到孵化的各项技术指标，具有造价低、操作方便、安全可靠等优点。

2.3.2　自动低氧模拟孵化机的材料和结构

低氧模拟孵化设备的箱体由厚度为 50 mm 冷压彩色钢板（中间填充有隔热材料）构成，板材连接处用三角铝合金连接，并用密封胶封闭。箱门四周垫密封条，以免过多的外界空气渗入箱内，增加氮气用量。箱体外部尺寸为 1 100 mm × 1 100 mm × 720 mm，内部空间约 0.72 m^3，内设 4 层蛋盘，可一次进行 288 枚鸡蛋的孵化。

低氧模拟孵化设备结构见图 2.3，结构组成按照功能分为：温度控制系统、湿度控制系统、O_2 控制系统、CO_2 控制系统和蛋架及翻蛋系统。温度控制系统由温度探头、单片主机、电加热、水银导电表、排气风扇、散热管道等组成；湿度控制系统由湿度探头、单片主机（与温度控制系统共用）和加湿器组成；O_2 控制系统由氧气探测仪、单通道主机、电磁阀、高压氮气瓶、减压阀等组成；CO_2 控制系统由红外二氧化碳探头、单通道主机、小型鼓风机和二氧化碳吸收装置组成；蛋架及翻蛋系统由 4 层蛋架、电动机、孵化盘、出雏盘等组成。

另外，箱内后部有 1 个直径为 760 mm 的轴流风扇，用来混合内部气体，使温度、湿度、O_2 和 CO_2 浓度均匀一致。箱门上开有 1 个 300 mm×60 mm 的观察窗（双层玻璃封闭）和 2 个直径 130 mm 的圆形取样孔（内套长臂乳胶手套），能够在低氧的条件下观察和取样。

2.3.3　技术指标

温度控制范围 30～39 ℃，控制精度 ±0.1 ℃；数字显示精度 0.01 ℃；箱内部温度场差 <0.2 ℃；低于设定温度值 1 ℃和超出 0.5 ℃，系统自动报警。

湿度控制范围 40%～85%，控制精度<5%，数字显示精度 1%；低于设定湿度值 10% 自动报警，高于设定值 10%时，显示数字闪烁。

氧气探测仪为 HL-6101 型氧气变送器，传感器是一种电化学传感器，是从美国引进的燃料电池型传感器。此传感器由阳极、阴极和电解池三部分组成，当被测气体流经传感器时，传感器将产生一个正比于气体中氧含量的直流电，通过测量电流值来达到测量氧含量的目的。该氧气变送器可持续监测氧气浓度，数字显示，测量范围 0～100%，测量误差≤0.5%，显示分辨率 0.1%。箱内氧气浓度控制范围 8.0%～20.9%，控制精度±0.2%。

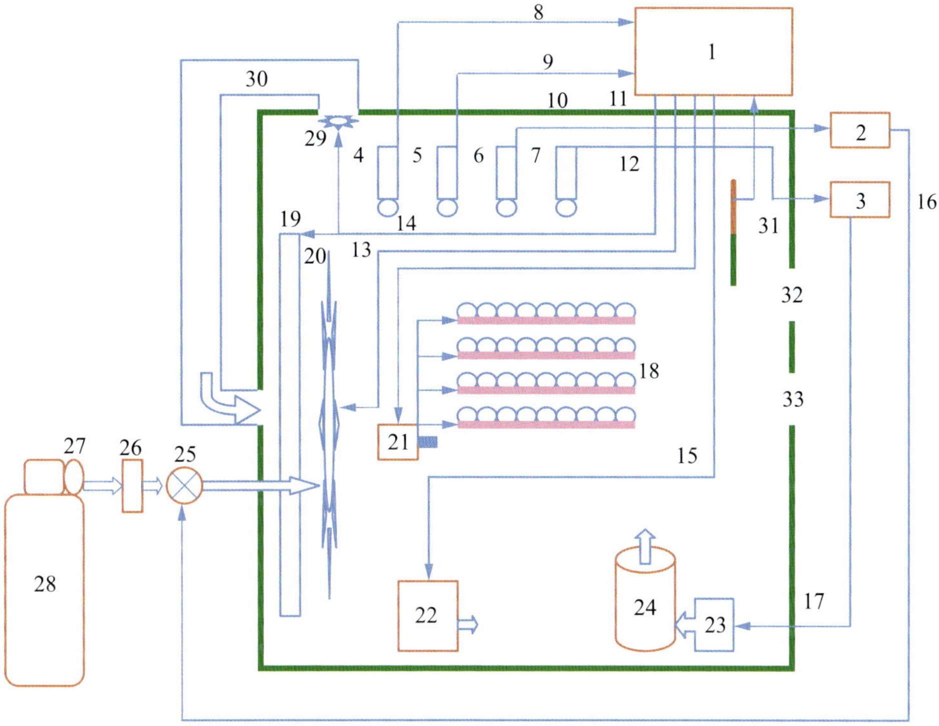

图 2.3 低氧模拟孵化机结构

1. 温度、湿度、翻蛋系统单片主机；2. 氧气系统主机；3. 二氧化碳系统主机；4. 温度探头；5. 湿度探头；6. 氧气探头；7. 二氧化碳探头；8. 温度信号传入；9. 湿度信号传入；10. 氧气浓度信号传入；11. 二氧化碳信号传入；12. 温度信号传出；13. 启动信号输出；14. 翻蛋信号输出；15. 湿度信号输出；16. 氧气浓度信号输出；17. 二氧化碳信号输出；18. 蛋架和蛋盘；19. 电加热丝；20. 轴流风扇；21. 小电动机；22. 小加湿器；23. 小鼓风机；24. 二氧化碳吸收剂容器；25. 电磁阀；26. 流量计；27. 减压阀；28. 高压氮气钢瓶；29. 小排气扇；30. 气体冷却密闭管道；31. 水银导电表；32. 观察窗；33. 取样孔

二氧化碳探测采用进口 FT6004S50K 型红外 CO_2 探头，配国产 XSE/C-H 单通道主机，测量范围 0～5%，显示精度为 1×10^{-6}；箱内气体由主机上继电器控制，使 CO_2 浓度不高于 0.5%。

翻蛋有自动、停止和手动 3 种方式，自动翻蛋间隔时间可在 0～190 min 内任意设定。

2.3.4 工作原理

(1) 温度控制原理和过程

闭合电源开关，按下启动，机器开始电加热；轴流风扇转动以混合箱内气体，使温度均匀上升。温度探头检测到温度值，传给 MUC 单片主机，数字显示并实现微电脑模糊控制。控制系统可以根据环境温度、机器散热和种蛋产热等因素比较记忆中的设定值，自动调整加热功率，尽可能地消除了温度场波动。如果产生的热量不能及时散失，温度超过设定值 0.3 ℃时，系统自动打开排气风扇，使气体进入散热管道，冷却后再进入箱内。这样既降低了温度，又节省了低氧气体，大大减少了氮气的消耗。

水银导电表的用途是超高温报警和应急控温，当温度超过设定值 0.5 ℃时，上下水银柱接触，接通电路，自动报警，并切断加热。

（2）湿度控制原理和过程

湿度探头连接 MUC 单片主机，将电位信号转换成数字信号，数码管显示。控制系统与小型加湿器（国产清水湾牌亚都超声波加湿器）相连。当温度升到低于设定值 1 ℃时，开始加湿。湿度升到设定值减去 3%大小时，开始间歇加湿；达到设定值后，停止加湿。

（3）氧气浓度控制原理和过程

氧气探头探测到箱内的氧气浓度，将信号传送到氧气专用单片主机，转换成数字信号并显示。设定一定的氧气浓度值，继电器触点转换电位即被设定；当氧气浓度高于设定值时，常闭继电器控制电磁阀打开，减压后的高纯氮气通过阀门进入箱内。进入箱内的氮气立即被轴流风扇与箱内气体混合，使氧气浓度均匀降低。当氧气浓度降低到设定值－0.2%时，继电器触点断开，电磁阀关闭，氮气停止进入。由于箱内外存在氧气分压差，箱体也不是完全密闭，所以外部空气会慢慢渗进箱内，氧气浓度回升，超过设定值＋0.2%时，电磁阀重新打开，氮气进入，从而使氧气浓度控制在设定值的范围。

（4）二氧化碳浓度控制原理与过程

鸡胚胎发育会不断产生 CO_2，而 CO_2 浓度过高又会影响胚胎的发育。据报道，CO_2 浓度为 0.5%时，鸡蛋孵化率最高（Barott，1937），所以我们设计箱内 CO_2 浓度不高于 0.5%。CO_2 探头利用红外原理探测到 CO_2 浓度，传送到主机显示屏上数字显示。当浓度超过 0.5%时，继电器闭合，控制的小鼓风机工作，将箱内气体吹进 CO_2 吸收容器内，被氢氧化钾吸收，使箱内 CO_2 浓度降低，达到自动控制。鼓风机的工作除了有以上自动控制外，还有停止和手动方式，可以根据具体情况，人为增加或降低 CO_2 浓度。

（5）蛋架和翻蛋

箱内的 4 层蛋架，通过 1 个电动机带动翻蛋。设定翻蛋频率后，主机会定时控制电动机工作，自动翻蛋。另外还有手动和停止方式，手动方式用于观察或取样时人工转动蛋架，以利于操作；停止方式用于出雏或饲养小动物时，保证蛋架的固定。本设备的 4 层蛋架间隔大于普通孵化机，可以放置出雏盘，也可放置小动物饲养笼。

2.3.5 孵化机密闭性测试和通气量计算

设定 O_2 浓度为 13%（相当于 4 000 m 海拔处的 O_2 分压），启动该设备，打开氮气阀门，调整减压阀，控制氮气输入速度，使箱内氧气浓度在 20～30 min 下降到 13%。然后，关闭进气系统，观察箱内气体的氧气浓度动态变化，每隔 1 h 记录氧气浓度，结果如图 2.4 所示。

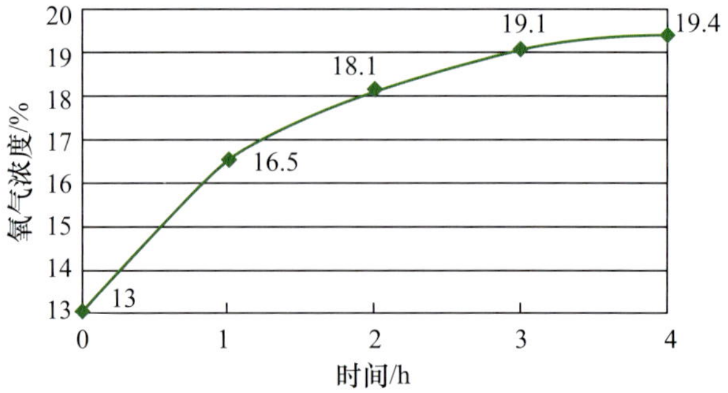

图 2.4 氧气浓度回升曲线

图中显示，当 O_2 浓度较低时，由于内外氧分压差大，浓度回升较快。若以开始的 1 h 计算，O_2 浓度从 13.0%升到 16.5%，箱内的 O_2 净增量=720×(16.5%−13.0%)=25.2(L)。鸡胚在啄壳前 O_2 消耗量最大，报道在 0.4～0.5 mL/min(Hoyth 等，1980；Tazawa 等，1983)。经计算，250 枚鸡胚 1 h 消耗 6～7.5 L，远远低于 25.2 L。所以本设备在模拟低氧孵化时，自然的空气渗入足够胚胎的消耗，不会使箱内 O_2 浓度持续降低。理论计算每小时纯 N_2 需要量=[(25.2−6.8)～25.2]÷13% × 87%=123.1～168.6(L)，那么 1 瓶高压 N_2 约可供 5 000÷(123.1～168.6)=29.7～40.6(h)使用。

2.3.6 常氧孵化测试

为了测试本设备的孵化性能，确保低氧试验时其他因素都属正常，不影响鸡胚的发育和出雏，我们进行了 1 次常氧孵化试验。按照正常孵化程序，入孵了 209 枚农大小型蛋鸡种蛋，设定温度 37.8 ℃、湿度 60%、日翻蛋 12 次，关闭氮气。试验期观察温度、湿度、O_2 和 CO_2 浓度，发现各指标都能控制在正常的范围内，O_2 因无内外分压差而降到 18.4%，但仍属正常范围。结果，鸡胚发育正常，受精蛋孵化率 87%，与普通孵化机的孵化率相似。结果说明本设备温度、湿度、CO_2 浓度控制系统均正常，与目前的商业孵化机一样，能为鸡胚胎提供良好的发育环境。

2.3.7 低氧模拟孵化测试

将 200 枚隐性白羽鸡种蛋和 80 枚藏鸡种蛋按照正常孵化程序入孵，设定 O_2 浓度 13%、温度 37.8 ℃、湿度 60%、日翻蛋 12 次，启动氧气和 CO_2 自动控制系统，使箱内氧气浓度在 30 min 降至 13%。连续低氧 22 d，为了尽量减少开闭箱门的次数，孵化期内不照蛋，观察并记录温度、湿度、O_2 浓度和 CO_2 浓度变化情况。在孵化的第 20 天，将所有蛋落盘，并放回箱内，低氧出雏。22 d 末，关闭各系统，清点各品种出雏数，并将所有未出雏的鸡蛋逐个解剖，以确定是否是无精蛋或死胚。

经观察，试验期内，温度、湿度均能稳定的控制在正常的设定范围内；CO_2 浓度在孵化前期相对较低，为 0.04%～0.08%，中期为 0.06%～0.35%，后期为 0.15%～0.65%，只是在短期超过设定的 0.5%，但仍在正常范围内，不会对胚胎发育造成影响；O_2 浓度受自动系统控制，能稳定在设定值 13.0%±0.2%的范围；可见各系统工作性能良好、持续稳定。本实验结果为藏鸡受精蛋孵化率 45.3%，隐性白羽鸡受精蛋孵化率只有 3.3%，可见低氧是影响鸡蛋孵化的关键因素，本设备能稳定可靠地为孵化试验提供低氧环境。另外本试验还观察到，在不打开箱门稳定低氧情况下，1 瓶高压 N_2 可使用 36～55 h，与理论计算值相符。

2.3.8 自动低氧模拟孵化机用途及功能扩展

国内外有许多应用低氧饲养舱研究动物低氧生理、生化、病理以及药物作用的报道(Sekhon 等，1996；齐建光等，2001；胡良冈等，2003)。国内还未见模拟低氧进行鸡蛋孵化的报道，Edward 等(2002)研究低氧对鸡胚影响时用了灌注混合气体法来模拟低氧。我们设计的低氧模拟孵化设备，能准确方便地控制温度、湿度、O_2 和 CO_2 浓度，稳定性好，经济高效，可方便地用于对低氧环境下的胚胎发育、生长、代谢、呼吸、循环、组织结构、神经内分泌、基因表达等方面的研究。

本设备采用 N_2作为唯一的气源，在 N_2流入气路上设置玻璃转子流量计，可以灵活调节气体流速，改变开始时的低氧过程，使处于低氧的胚胎有个适应过程。为了减少各控制电路的影响，我们采用了严格的屏蔽保护设施，并把 O_2浓度值设定为一个区间，如欲使箱内浓度控制为12%，则 N_2启动电磁阀上限的 O_2浓度为 12.2%，关闭下限的 O_2浓度为 11.8%。

本设备经过检测，在关闭 O_2控制系统时，与目前的商业孵化机一样能为鸡蛋发育提供良好的温度、湿度、CO_2浓度和翻蛋；在开启 O_2控制系统时，将高原低压和低氧因素分开，稳定模拟低氧环境，使造成胚胎生长发育变化的因素只有低氧，是研究胚胎低氧反应较好的设备。

根据本设备的原理，用 O_2作为唯一气源，进一步研制成了高海拔自动增氧孵化机。该设备控制气路电磁阀的继电器改为常开。在高原环境中，设定一定的氧气浓度（高于 21%）；氧气探头检测到箱内的氧气浓度，低于设定值时，氧气单片主机控制的常开继电器闭合，高压氧气进入孵化箱；当氧气浓度升高到设定值＋0.2%时，继电器触点断开，电磁阀关闭，氧气停止进入。随着内部鸡胚对氧气的消耗和外部气体的渗入，氧气浓度逐渐降低，当降低超过设定值－0.2%时，电磁阀重新打开，氧气进入，从而使氧气浓度控制在设定值的范围。该孵化机研制成功后，于 2004 年 11 月份运至西藏林芝，进行了高海拔增氧孵化试验。结果显示能稳定维持高氧孵化环境，使矮小隐性白鸡种蛋孵化率由 31.69%提高到 84.42%，使农大小型蛋鸡孵化率由 49.44%提高到 88.68%；说明该设备在高原低氧环境中，能稳定提供一个高氧环境，为高原增氧孵化器的开发提供了良好途径。

2.4 高海拔人工孵化技术优化

2.4.1 温度和湿度

从农户中收集保存不超过 1 个月的藏鸡种蛋，进行人工孵化，根据孵化温度、湿度分为 4 个试验组（表 2.1），共进行 4 批孵化，孵化结果见表 2.2。

表 2.1 各组孵化所用温度、湿度

组　别	温湿度	1～6 d	7～14 d	15～20 d	21 d
1	温度/℃	37.58	37.53	37.5	37.4
	湿度/%	60.03	60.94	62	64.56
2	温度/℃	37.67	37.56	37.36	37.3
	湿度/%	57.2	57.39	60.33	64.72
3	温度/℃	37.68	37.65	37.56	37.48
	湿度/%	54.15	55.67	61.66	63.86
4	温度/℃	37.59	37.56	37.5	37.4
	湿度/%	60.12	60.36	61.12	62.33

表 2.2 不同组别藏鸡种蛋孵化结果

组别	入孵数/个	无精蛋/个	死胚/个	出雏/个				受精蛋数/个	受精率/%	健雏率/%	受精蛋孵化率/%
				健	弱	残	计				
1	6 368	4 152	284	1 325	49	164	1 738	2 216	34.32	76	78.5
2	1 040	315	33	610	3	31	644	725	69.7	95	88.8
3	1 215	291	43	793	2	26	821	924	76.04	97	88.9
4	1 187	249	37	781	3	40	824	937	78.9	95	87.9

从藏鸡种蛋的人工孵化试验可以看出，孵化需要的温度和湿度有如下规律：在第 1 组孵化条件下，其受精蛋孵化率为 78.5%，健雏率为 76%，孵化期为 22 d。在第 2 组孵化条件下，受精蛋孵化率为 88.8%，健雏率为 95%，孵化期为 21 d。第 3 组孵化条件，受精蛋孵化率为 88.9%，健雏率为 97%，孵化期为 21 d。在第 4 组孵化条件下，受精蛋孵化率为 87.9%，健雏率为 95%，孵化期为 21 d。第 1 组出雏时出现了大量雏鸡腹部膨大，卵黄吸收不良等现象，由于卵黄吸收不良使雏鸡出雏困难并且人工辅助剥壳时出现一些雏鸡收肛不完全，这些因素在较大程度上影响了孵化质量。

试验结果表明藏鸡种蛋人工孵化温度要低于低海拔家鸡的孵化温度，1～6 d 为 37.68 ℃；7～14 d 为 37.65 ℃；15～20 d 为 37.56 ℃；21 d 为 37.48 ℃；孵化的湿度前期要稍低，中、后期要稍高，即 1～6 d 相对湿度为 54%～56%；7～14 d 相对湿度为 61%～63%；15～20 d 相对湿度为 64%～65%；21 d 相对湿度为 63.8%。在这样的条件下孵化，受精蛋孵化率可达到 88.9%，健雏率可达到 97%。

2.4.2 种蛋贮存

把藏鸡种蛋贮存不同的时间后，进行人工孵化，孵化结果见表 2.3。表中可见贮存时间的长短不同导致孵化率有差异，贮存 2～5 d 的种蛋受精蛋孵化率达到 90%以上，比贮存 0～1 d 的高 9%，比贮存 6～7 d 的高 4%。产后 1 d 内的种蛋并没有达到最好的孵化效果，说明经短时间贮存或未经贮存的新鲜蛋并不具备最大的孵化潜力，新鲜种蛋有较高的蛋白浓度及较低的蛋白氢离子浓度（pH 值），种蛋中的稠蛋白明显阻碍了孵化期间氧的利用。贮存 2～5 d 的种蛋，各项孵化指标最好，证明了孵化用种蛋必须经过适当贮存的说法，适当贮存可使种蛋的胶护膜变干、紧缩，与壳膜协同作用，防止细菌穿透，也使蛋白经过某种生理变化，促使稠蛋白稀释，便于孵化过程中蛋白液化，释放重要的胚胎养分，供给胚胎利用，也能有效降低新鲜蛋对气体交换的阻力，同时能帮助种蛋合理失重，供给以后胚胎发育所需要的足够氧气。因此，合理的种蛋贮存是取得较好孵化率的原因之一。种蛋贮存 6～7 d，孵化指标开始下降，这可能是随着时间的增加蛋白 pH 值逐渐升高，种蛋失重增多，胚盘出现衰竭，导致孵化死胚增多。

表 2.3 藏鸡蛋不同贮存时间的孵化率比较

贮存时间	入孵数量/个	受精率/%	无精蛋数/个	死胚数/只	出雏数量/只	受精蛋孵化率/%
0～1 d	318	83.0	54	40	224	84
2～5 d	520	79.8	105	28	387	93
6～7 d	349	74.0	90	28	231	89

种蛋存贮时放置方式可能对孵化也有影响，贮存 3 d 以下的蛋可以小端向下，若贮存 7 d 左右则应水平放置，有利于胚盘的发育，孵化率较高。种蛋贮存一般应存放在凉爽、通风的地方，使温度低于生理零度，约 15 ℃。贮存的气体环境也会影响种蛋的孵化效果，用充 N_2 塑料袋包装贮存，孵化率可提高 5%～10%，但此法需要耗费氮气，会增加贮存成本，应当视具体情况确定贮存方式。

2.4.3 种蛋形状

测定藏鸡种蛋的长径和短径，计算其蛋形指数，然后根据蛋形指数，将蛋分为 3 组：蛋形指数小于 1.32 组、1.32～1.39 组和大于 1.39 组。不同蛋形指数的藏鸡种蛋孵化率见表 2.4。种蛋的蛋形指数不同则其孵化率不同，蛋形指数在 1.32～1.39 的受精蛋孵化率达到 94%，比蛋形指数小于 1.32 的组高 6%，比蛋形指数大于 1.39 组高 23%，说明蛋形指数过高或过低，其孵化率都受影响。因此在选择藏鸡种蛋时应选蛋形指数在 1.32～1.39 范围内的蛋。

表 2.4 不同蛋形指数的孵化率比较

蛋形指数	入孵蛋数	受精率/%	受精蛋孵化率/%
<1.32	130	70.2	88
1.32～1.39	165	83.7	94
>1.39	140	70.0	71

因此，孵化时种蛋形状要求呈椭圆形，蛋形指数适中，过长、过圆、腰凸、橄榄形（两头尖）、扁形等畸形蛋均会影响孵化率，应予以剔除。形状标准的鸡蛋，其蛋形指数在 1.35 左右，小于 1.30 者蛋形较圆，大于 1.39 者蛋形细长，而且形状不同的蛋其耐压程度有所差异，球形蛋耐压程度大而圆筒形蛋耐压程度最小，一批蛋中形状差异愈大破损愈多。

另外，种蛋应来自健康高产的种鸡群。有些传染病可以由种蛋传播，患有鸡白痢、副伤寒慢性呼吸道病等的种鸡所产的蛋不宜作种用。种鸡群年龄不宜过大或过小；公母比例应恰当，受精率才高。为防止因营养缺乏而导致胚胎在孵化期中死亡，种鸡群应喂全价配合饲料和提供一定量的青绿多汁饲料。

2.5 藏鸡在不同海拔环境中的孵化性能

2.5.1 藏鸡在不同海拔环境中的孵化性能

不同品种鸡蛋孵化结果见表 2.5。在高原孵化时，西藏藏鸡的孵化率为 74.63%，而农大小型鸡的孵化率仅为 37.25%；但在北京孵化时，北京藏鸡和农大小型鸡的孵化率分别为 83.98%和 88.18%，说明在高原孵化农大小型鸡孵化率会大幅度下降，而藏鸡在两地都能表现较好的孵化效果。北京藏鸡虽然自出生后一直在北京饲养，并与农大小型鸡一起运到高原孵化,但孵化率却明显高(61.18%)。西藏小型鸡1与藏鸡杂交后种蛋的孵化率(74.84%)明显高于自群繁育的种蛋(51.09%);而在西藏孵化出雏个体组成的群体产下的种蛋却表现出孵化率偏低(27.64%)。

表 2.5 各群体在高原和平原孵化时的孵化率

孵化地点	品 种	入孵蛋数/个	受精率/%	受精蛋孵化率/%
西藏	北京藏鸡	268	88.43	61.18
	西藏藏鸡	219	91.78	74.63
	西藏小型鸡 1*	600	92.00	51.09
	杂交鸡	600	91.50	74.86
	西藏小型鸡 2**	150	82.00	27.64
	农大小型鸡	1 050	91.52	37.25
北京	北京藏鸡	288	88.89	83.98
	农大小型鸡	1 170	98.80	88.18

注:* 为小型鸡雏鸡引进到西藏饲养,成年后所产种蛋;** 为在西藏饲养的小型鸡繁殖的下一代所产种蛋。

低地产的种蛋带到高原孵化孵化率会下降的现象已得到广泛认可(Thompson,1951)。大量的研究认为在高原环境中气压较低影响到鸡胚的气体交换,使鸡胚生长缓慢,死亡率升高。Stephens 和 Ploog(1967)曾报道由低海拔运来的鸡蛋在海拔高度 3 200 m 孵化,受精蛋孵化率为 38.45%,而同一群体在低地(海拔 145 m)受精蛋孵化率为 96.15%。Francis(1967)在海拔高度 2 194 m 孵化来自低地的鸡蛋,受精蛋孵化率平均为 53.5%,而同一群体在其产地(海拔:83 m) 的孵化率却为 79.4%。本试验在西藏孵化时,农大小型鸡的受精蛋孵化率仅为 37.25%,而宁中华(2004)在北京孵化的结果为 88.20%,说明农大小型鸡受高原低气压的影响非常严重。北京藏鸡在北京和西藏孵化的受精蛋孵化率分别为 83.98%和 61.18%,相对而言孵化率下降很少。同时西藏藏鸡在西藏的孵化率能够达到 74.63%。说明藏鸡有很好的应对高原低气压的机制。北京藏鸡种蛋是与农大小型鸡种蛋一起由北京运到西藏的,因此可以排除由于受运输影响导致农大小型鸡孵化率下降。在西藏饲养的西藏小型鸡 1 的受精蛋孵化率也有 51.09%,但还没有达到北京藏鸡的水平。说明孵化率虽然会受到母鸡饲养环境的影响,但藏鸡在高原能够维持较高的孵化率可能遗传因素的影响更为主要。杂交鸡是在西藏长大的小型鸡与西藏公鸡杂交的后代,杂交群的母鸡与西藏小型鸡属同一群体,但孵化率却很高(74.86%)。公鸡所能给予胚胎的主要是遗传物质,因此这进一步证明了藏鸡在高原孵化率较高可能属遗传型适应。西藏小型鸡 2 是在西藏孵化出来的小型鸡组成的群体,理论上讲该群体在孵化过程中已经受到一次自然选择过程,能够生存的个体对高原环境应该具有更好的适应能力。但本试验结果中西藏小型鸡 2 的孵化率仅为 27.62%,这可能是由于在高原孵化过程中虽然有些个体可能只是生理代偿反应起了重要的作用而使这些个体能够成活到出雏,但这种反应却无法传递给下一代。同时孵化期的低氧环境可能对这些个体的生长造成一定的影响,因此其后代的孵化率相对较低。

2.5.2 农大小型蛋鸡及其与藏鸡杂交的种蛋在不同海拔下的孵化比较

收集西藏的藏鸡(T)、北京的农大小型蛋鸡(M)、引入西藏饲养近 1 年的农大小型蛋鸡

(M_T)及饲养在西藏的藏鸡×农大小型蛋鸡(TM)种蛋,空运至孵化地点,在海拔 2 900 m(林芝)和海拔 3 650 m(拉萨)进行人工孵化,来比较藏鸡、农大小型蛋鸡及其杂交种蛋的孵化性能。

1. 孵化性能比较

孵化结果见表 2.6。在相同海拔环境中,各组胚胎死亡率、受精蛋孵化率和孵化性能平均秩和表现差异。对高海拔环境的孵化适应性从高到低依次是 T、TM、M_T 和 M。TM 在海拔 2 900 m 和 3 650 m 孵化性能(平均秩和)杂种优势率分别为 5.61% 和 4.13%,受精蛋孵化率杂种优势率分别为 11.54% 和 2.44%。M_T 为在西藏饲养近 1 年的小型蛋鸡,高原的饲养环境使其种蛋孵化性能在两个海拔分别提高 2.37% 和 4.52%,受精蛋孵化率分别提高 4.98 和 1.94 个百分点。

表 2.6 不同品种在不同海拔孵化性能比较 %

海拔	组别	入孵数/枚	受精率	前期死亡率	中期死亡率	后期死亡率	受精蛋孵化率	平均秩和	雏重/蛋重
2 900 m	T	200	61.00	9.02	0.82	10.66	79.51	2 232.1[a]	68.06±2.24[a]
	M	94	94.68	10.11	5.62	34.83	49.44	1 891.6[b]	61.50±2.74[d]
	M_T	350	80.86	10.25	6.36	28.98	54.42	1 936.6[b]	65.69±2.32[b]
	TM	532	91.35	9.05	0.21	16.05	74.69	2 201.2[a]	65.88±1.89[b]
3 650 m	T	464	73.71	17.54	4.10	47.66	30.70	1 621.1[c]	66.17±2.45[b]
	M	537	91.62	34.35	22.76	32.93	9.96	1 086.8[e]	60.38±1.06[cd]
	M_T	911	85.86	38.04	11.90	38.17	11.90	1 135.9[e]	63.21±2.08[cd]
	TM	558	88.71	25.05	5.05	48.08	21.82	1 435.4[d]	63.37±3.09[c]

注:同列内肩标无相同字母表示差异显著($P<0.05$),平均秩和为组间比较孵化性能时给出的综合参数,由于数据排序是按照前期死亡、中期死亡、后期死亡、成活出雏顺序排列,因此平均秩和越高说明孵化性能越好。

比较相同品种在两个海拔环境的孵化情况,明显可见海拔 2 900 m 受精蛋孵化率均高于海拔 3 650 m。品种内不同海拔间孵化期胚胎死亡数和出雏数单向有序资料卡方分析显示,各品种差异均达到极显著水平($P<0.000\ 1$)。可见海拔高度明显影响鸡蛋的孵化性能;藏鸡是高原适应品种,但其适应能力也是有一定限度的,在海拔 3 650 m 时,孵化率就大幅度下降,只有 30.7%。低地鸡种在海拔 3 650 m 环境孵化时,孵化率更低,只有 10%左右。并且试验中发现,低地鸡种孵出的雏鸡中弱雏较多,在出雏后几天即死亡。

农大小型蛋鸡在西藏林芝地区孵化率为 49.44%,高于报道的其他良种鸡蛋孵化率 30%(强巴央宗等,1999)。但小型蛋鸡在西藏拉萨 3 650 m 海拔环境条件下孵化时,孵化率只有 9.96%,目前未见到其他低地鸡在相同海拔孵化率的报道。Visschedijk(1980)曾指出在海拔达到 2 900 m 以上,孵化率随着海拔升高会急剧降低。M_T 为在低海拔出雏即移居到西藏的小型蛋鸡,至本试验收集种蛋时已在高海拔环境中饲养了 10 个月左右,处于产蛋盛期,所产种蛋在两个海拔条件下孵化失水率均与父母代种蛋差异不显著,但孵化率略有增加。引进的小型蛋鸡与藏公鸡杂交,种蛋失水率虽然未减少,但孵化性能得到了很大幅度的提高,特别在海拔 2 900 m 时孵化率达到了 74.69%,已接近了藏鸡的孵化率,表现很强的杂种优势。鸡蛋孵化率能反映胚胎的生活力,与一般生活力一样,是遗传力很低的性状(刘月府等,1996),杂种优势明显。

2. 失水率比较

各组在 2 900 m 和 3 650 m 海拔高度、孵化期 1～18 d 总失水率见表 2.7。表中可见，小型蛋鸡所产种蛋失水率明显高于藏鸡，引入高原饲养 1 年后的小型蛋鸡所产蛋的传导能力没有明显变化，这与 León-Velarde 等(1984)研究结果一致。小型蛋鸡用藏公鸡交配后产下的种蛋失水也没有明显变化。藏鸡长期适应高原生活，其蛋壳气体传导力小，孵化期失水率低，保证了高海拔孵化水分不至于过多散失，这可能是其对高原环境适应的一个方面。藏鸡种蛋在海拔 3 650 m 孵化时，失水率并没有明显增加($P>0.05$)，其他组则明显增加($P<0.05$)。因此，可以说引起藏鸡在海拔 3 650 m 孵化率明显降低以及 M、M_T、TM 在两个海拔孵化率均有差别的原因，并不是水分过多散失，可能是胚胎对低氧或低碳酸血的适应能力不同。

表 2.7 不同组鸡在不同海拔孵化 1～18 d 失水率比较 %

海拔/m	T	M	M_T	TM
2 900	12.90±2.31[c]	15.79±2.44[b]	15.74±3.21[b]	15.58±2.79[b]
3 650	12.93±2.25[c]	16.84±3.34[a]	16.90±3.57[a]	16.59±3.16[a]

注：数据为均值±标准差，肩标无相同字母表示差异显著($P<0.05$)。

Thompson(1952)指出，随着海拔升高绝对湿度和大气压逐渐降低，会导致孵化的种蛋失水加快。本试验也发现低地鸡种以及藏鸡与低地鸡杂交种蛋在高海拔孵化时失水率较高，且随着海拔增加而升高。失水率在品种间和品种内都表现较大的变异，矮小隐性白母鸡所产蛋的失水率高于寿光鸡；藏鸡蛋高海拔(包括 2 900 m 和 3 650 m)孵化时失水率最低，这可能也是其孵化性能对高海拔适应的表现之一。

鸡蛋失水率可以反映蛋壳传导力的高低，León-Velarde 等(1984)认为蛋壳传导力是一个相对稳定性状，他们把在低地出雏的鸡带到海拔 2 800～2 900 m 饲养，所产蛋的传导力与低地相同，高海拔鸡蛋壳传导力的增加是由于母鸡适应某个海拔环境的长期遗传选择导致的，可以稳定遗传给后代。但 Hempleman 等(1993)报道，蛋壳传导力有生理的适应现象，在海拔 3 800 m 生活的产蛋鸡 2.5 个星期后所产蛋的蛋壳传导力开始降低，并指出这种生理适应反应可能是由低氧刺激产生的。本试验测定了在低海拔饲养 3 代后的藏鸡蛋高海拔孵化时，失水率比高原环境中的藏鸡增加，与后者报道一致；但本试验中，将刚出雏的农大小型蛋鸡带到海拔 2 900 m 饲养，所产种蛋与其父母代种蛋失水率相差不大，与前者报道一致。因此，本研究认为，蛋壳传导力是鸡可遗传的物理性状，受饲养环境的刺激而改变，这种改变可能在不同时间、不同品种，表现不同。

3. 死亡曲线分析

为了观察鸡蛋在不同海拔孵化时，胚胎死亡的分布，我们用曲线图示了 T 和 M 两组的孵化期胚胎日累积死亡率分布，见图 2.5。T 和 M 是两个高原适应性差别很大的鸡种，所以在不同的海拔高度孵化，胚胎死亡分布不同。在海拔 2 900 m 孵化时，T 和 M 的前期死亡曲线较接近，但到了后期，由于胚胎需氧量开始大幅度增加，对高原低氧适应能力较差的 M 组，胚胎死亡大量增加，最终导致孵化率较低。在海拔 3 650 m 孵化时，T 和 M 前期的死亡率就出现了差异，两者前期死亡率均比海拔 2 900 m 孵化时有所提高；在孵化中期，高原适应性较强的 T 很少死亡，但 M 却持续死亡，累积死亡率不断增加；到了孵化后期，胚胎需氧量较大，T 也出现了大量死亡，死亡率迅速上升。由于死亡率是个极限性状，M 组在后期死亡已经达到了相当高，可能已经接近了死亡极限，所以在后期死亡率上升幅度并不太大。

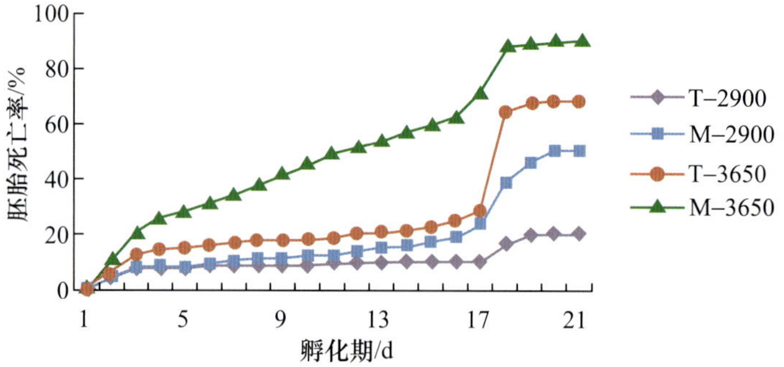

图 2.5 藏鸡和小型蛋鸡在不同海拔孵化时胚胎死亡曲线

采用双阶段模型(Jassim 等,1996)拟合鸡孵化期胚胎死亡规律：

$$P=f\cdot\left[\frac{m_1}{1+e^{-\left(\frac{t-c_1}{d_1}\right)}}+\frac{1-m_1}{1+e^{-\left(\frac{t-c_2}{d_2}\right)}}\right]$$

其中：P 为孵化第 t 天胚胎累积死亡率；f 为受精蛋孵化率；m_1 为第 1 阶段胚胎死亡比率；$1-m_1$ 为第 2 阶段胚胎死亡比率；c_1 为第 1 阶段死亡高峰期；c_2 为第 2 阶段死亡高峰期；d_1 为第 1 阶段持续期的 1/4；d_2 为第 2 阶段持续期的 1/4；e 为自然对数的底。

用每组鸡蛋孵化期胚胎累积死亡率数据对两阶段模型进行参数估计。采用试位法进行非线性分析，以残差平方和最小为目标函数，逐次迭代计算各参数值，收敛标准精度为 0.000 1，同时计算残差平方和(RSE)和复相关指数(R^2)，作为衡量拟合优度的指标。拟合阶段增长模型参数结果见表 2.8。表中可见该阶段增长曲线方程拟合效果较好，R^2 均在 0.98 以上，RSE 也较小。各组拟合的胚胎死亡率(f)均较接近实际观察的死亡率。海拔 2 900 m 孵化时，各组前期胚胎死亡比例(m_1)为 33.18%～36.57%；T 、TM 、M_T 和 M 的第 1 阶段死亡高峰(c_1)分别出现在 2.57、2.90、3.46 和 4.45 d，T 和 TM 组的持续时间($4d_1$)较短，分别为 4.05 和 4.63 d，M_T 和 M 组较长，分别为 14.17 和 15.34 d；第 2 阶段死亡高峰期(c_2)相差不大，出现在 17.57～17.68 d，持续期($4d_2$)均较短，在 1.45～2.63 d。海拔 3 650 m 与 2 900 m 孵化比较，胚胎死亡率上升，第 1 阶段死亡比例增加，特别是 M_T 和 M 组，分别达到了 54.17% 和 67.51%；死亡高峰期推后，M_T 和 M 组分别为 3.54 和 6.17 d；第 2 阶段死亡高峰出现在 17.14～17.42 d，持续期更短，在 1.15～1.44 d 之间。

表 2.8 小型蛋鸡和藏鸡及其杂交种蛋高海拔孵化曲线拟合参数值和标准误

海拔/m	组别		f	m_1	c_1	c_2	d_1	d_2	RSE	R^2
2 900	T	估值	0.203 5	0.359 7	2.572 1	17.683 3	1.012 0	0.363 2	0.000 81	0.984 8
		SE	0.004 57	0.015 8	0.209 6	0.115 3	0.202 3	0.089 2		
	M	估值	0.510 6	0.333 8	4.449 7	17.642 7	3.835 4	0.618 3	0.003 40	0.992 4
		SE	0.012 2	0.042 9	1.296 3	0.115 8	1.124 1	0.107 0		
	M_T	估值	0.451 6	0.365 7	3.462 3	17.665 4	3.543 6	0.657 5	0.002 84	0.991 2
		SE	0.008 56	0.045 9	1.032 1	0.143 6	1.042 3	0.112 5		
	TM	估值	0.252 7	0.331 8	2.895 6	17.578 3	1.157 3	0.476 9	0.001 07	0.986 7
		SE	0.005 62	0.017 8	0.352 6	0.127 4	0.354 1	0.092 6		

续表 2.8

海拔/m	组别		f	m_1	c_1	c_2	d_1	d_2	RSE	R^2
3 650	T	估值	0.691 0	0.373 2	3.225 8	17.420 2	1.683 3	0.252 4	0.007 61	0.991 5
		SE	0.013 2	0.013 9	0.404 3	0.089 2	0.419 4	0.046 4		
	M	估值	0.912 2	0.675 1	6.168 6	17.144 5	3.169 2	0.360 6	0.018 5	0.986 6
		SE	0.021 4	0.041 8	0.569 2	0.198 0	0.471 1	0.217 6		
	M_T	估值	0.884 6	0.541 7	3.548 6	17.238 6	1.957 3	0.288 5	0.029 9	0.980 5
		SE	0.026 2	0.027 8	0.396 9	0.191 4	0.418 8	0.169 0		
	TM	估值	0.785 2	0.364 1	3.007 8	17.268 1	1.217 1	0.317 8	0.013 6	0.987 0
		SE	0.017 9	0.015 8	0.315 8	0.104 2	0.304 6	0.085 7		

2.6 氧对鸡孵化性能的影响

2.6.1 低氧模拟孵化

为了分析氧对鸡蛋孵化的影响，研究藏鸡和低地鸡种在孵化阶段胚胎发育抗低氧能力的差别，于 2004 年 3—6 月份在北京进行了低氧模拟孵化试验。孵化器为本实验室自行研制的全自动低氧模拟孵化机，试验材料有藏鸡(T)、白来航(W)和矮小型隐性白(D)3 个品种。

入孵前称蛋重，放入自动化低氧模拟孵化机内孵化，孵化条件为温度 37.8 ℃，湿度 60%，CO_2浓度不高于 0.5%，O_2浓度为 14.5%，O_2分压 14.67 kPa(相当于海拔 2 900 m、大气压 70.00 kPa 的林芝)。孵化期每天观察温度、湿度、O_2浓度和 CO_2浓度，第 20 天打开箱门，照蛋，拣出无精蛋和早期死胚蛋，然后将每枚蛋放进一个网袋内，落盘，低氧模拟组继续低氧。第 21 天打开孵化箱拣出已出壳的雏鸡称重，继续低氧，第 22 天上午，停止孵化，拣出出壳的雏鸡称重。然后解剖所有未出雏的胚蛋，从胚胎大小、各器官发育程度、蛋清和蛋黄吸收程度、是否内啄和外啄等判断胚胎死亡的时期，并做详细记录。本试验另设常压常氧对照组和低压低氧对照组，分别为北京和西藏林芝的实际环境，除氧气浓度外，其他孵化条件如温度、湿度、翻蛋等均与试验组一致。

1. 孵化效果比较

孵化试验结果见表 2.9。常压常氧孵化，即低地正常孵化时，T、D 和 W 受精蛋孵化率均较高，分别为 86.49%、84.35%和 85.48%，卡方分析显示差异不显著($P>0.05$)；雏鸡重/蛋重比值都在 70%以上，其中 D 组该比值最高，与其他 2 品种差异显著($P<0.05$)。在低海拔环境中，模拟高海拔低氧环境孵化，即常压低氧模拟孵化，增加了孵化前期和后期的胚胎死亡率，降低了孵化率，卡方分析显示均差异极显著($P<0.01$)；雏鸡重/蛋重比值是藏鸡最高，与其他两品种差异显著($P<0.05$)；每个品种的该比值除藏鸡外，都显著低于常压常氧对照组($P<0.05$)。这说明低氧不仅影响鸡蛋的孵化率，而且还影响胚胎的发育，但相同的低氧环境对藏鸡的影响小于对低地鸡种的影响。低压低氧，即高海拔实际环境孵化效果与常压低氧模拟相近，3 个品种卡方分析结果均差异不显著($P>0.05$)。这说明了低氧是影响鸡蛋孵化的关键因素,低压的影响不明显。但从雏鸡重/蛋重比值可以看出,低压低氧孵化组的该比值明显低于常压低氧模拟组和常压常氧组,这可能是由于低压条件下,种蛋失水率较高,从而导致雏鸡体重相对较轻。

表 2.9 低氧模拟孵化试验孵化性能比较 %

地点	组别	品种	入孵数/枚	受精数/率	前期死亡数/率	中期死亡数/率	后期死亡数/率	受精蛋孵化数/率	平均秩和	雏鸡重/蛋重
北京	常压低氧模拟组	T	111	100/90.1	10/10.00	0/0	19/19.00	71/71.00	550.6[b]	69.69±2.42[b]
		D	121	112/92.56	14/12.50	2/1.79	54/48.21	42/37.50	400.4[c]	68.67±2.33[c]
		W	104	95/91.35	14/14.74	2/2.11	46/48.42	33/34.74	383.4[cd]	68.30±2.53[c]
北京	常压常氧对照组	T	124	111/89.52	7/6.31	1/0.90	7/6.31	96/86.49	622.9[a]	70.22±3.26[ab]
		D	122	115/94.26	7/6.09	0/0	11/9.57	97/84.35	615.6[a]	71.07±3.16[a]
		W	134	124/92.53	8/6.45	2/1.61	8/6.45	106/85.48	617.3[a]	70.62±3.35[ab]
林芝	低压低氧对照组	T	112	99/88.39	10/10.10	2/2.02	20/20.20	67/67.68	533.4[b]	68.41±2.59[c]
		D	136	124/91.18	22/17.42	7/5.65	52/41.94	43/34.68	371.8[cd]	64.54±1.64[d]
		W	120	106/88.33	24/22.64	4/3.77	50/47.17	28/26.42	329.0[d]	66.96±1.02[d]

注:同列内肩标无相同字母表示差异显著($P<0.05$);平均秩和为组间比较孵化性能时给出的综合参数,由于数据排序是按照前期死亡、中期死亡、后期死亡、成活出雏顺序排列,因此平均秩和越高说明孵化性能越好。

2. 胚胎死亡曲线分析

根据孵化期各组胚胎日累积死亡率绘制了常压低氧模拟组、常压常氧对照组和低压低氧对照组胚胎死亡曲线,分别见图 2.6、图 2.7 和图 2.8。在常压常氧条件下,3 个品种死亡曲线基本一致,胚胎死亡表现出很规律的高—低—高 2 个死亡高峰。虽然在常压低氧和低压低氧条件下,胚胎死亡仍呈 2 阶段性,但品种之间出现了很大差异。藏鸡对低氧环境有一定的适应性,后期死亡增加不多,但 D 和 W 两个低地鸡种对低氧的耐受能力较差,在后期需氧量较高的时期,胚胎死亡大幅度增加,导致孵化率降低。

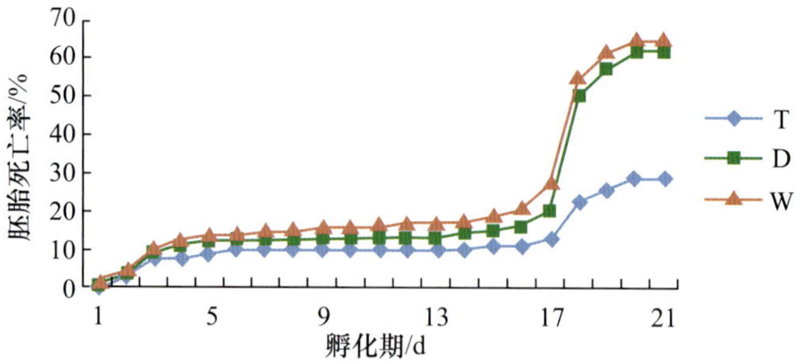

图 2.6 常压低氧模拟孵化胚胎死亡曲线

利用各组胚胎日累积死亡率进行阶段增长曲线拟合,参数见表 2.10。表中可见,各组拟合效果均较好,R^2 在 0.98 以上,*RSE* 较小。各组拟合的胚胎死亡率(f)与实际观察值均较接近。常压低氧模拟孵化与常压常氧孵化相比,胚胎死亡较多发生在后期,特别是 D 和 W,第 2 阶段死亡比例高达 78.12%和 75.01%。各组两阶段死亡高峰期出现时间都很接近,第 1 阶段

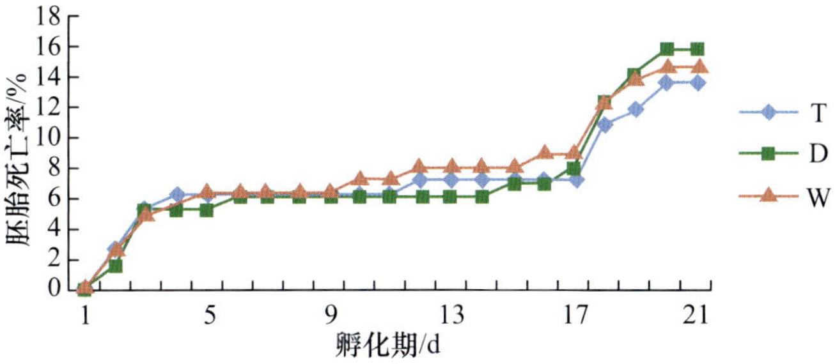

图 2.7 常压常氧孵化胚胎死亡曲线

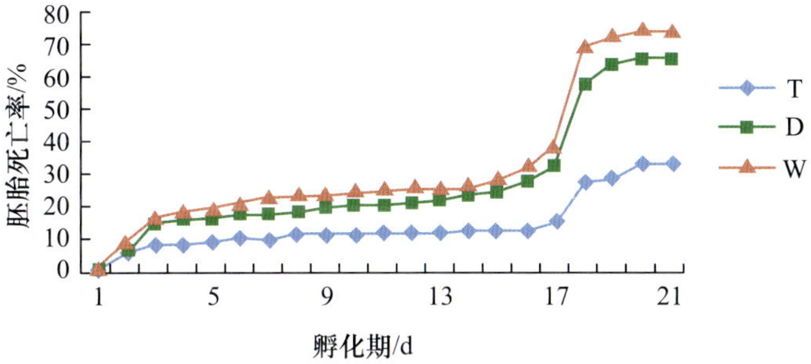

图 2.8 低压低氧孵化胚胎死亡曲线

死亡高峰期在 2.22～3.00 d,第 2 阶段死亡高峰期在 17.31～17.97 d。常压低氧、低压低氧与常压常氧孵化相比,胚胎第 2 阶段死亡比例增加,死亡高峰期改变不明显,相同品种内第 1 阶段死亡持续期减小,而第 2 阶段死亡持续期延长。这说明低氧对鸡蛋孵化的影响,主要是增加了后期的死亡率和后期死亡持续期。

表 2.10 胚胎死亡曲线拟合参数值和标准误

组别	品种		f	m_1	c_1	c_2	d_1	d_2	RSE	R^2
常压	T	估值	0.286 3	0.346 4	2.433 5	17.678 1	0.529 0	0.497 2	0.000 837	0.993 0
		SE	0.005 23	0.010 3	0.139 9	0.082 0	0.119 4	0.068 5		
低氧	D	估值	0.614 5	0.218 8	2.539 8	17.579 9	0.691 8	0.352 3	0.002 49	0.996 6
		SE	0.007 89	0.006 95	0.204 5	0.047 2	0.183 1	0.032 0		
模拟组	W	估值	0.648 6	0.249 9	2.897 7	17.444 3	0.821 5	0.418 7	0.004 29	0.994 6
		SE	0.010 7	0.009 37	0.245 8	0.065 7	0.221 2	0.049 4		
常压	T	估值	0.136 1	0.484 3	2.229 7	17.988 9	0.463 5	0.693 9	0.000 368	0.981 1
		SE	0.004 77	0.021 1	0.128 8	0.199 8	0.115 2	0.169 4		
常氧	D	估值	0.158 1	0.379 6	2.340 5	17.783 4	0.380 9	0.703 7	0.000 273	0.991 4
		SE	0.003 82	0.012 9	0.115 7	0.121 8	0.090 8	0.102 6		
对照组	W	估值	0.160 5	0.430 4	2.548 3	17.880 4	0.709 3	1.506 9	0.000 639	0.980 3
		SE	0.014 5	0.047 0	0.210 9	0.643 1	0.188 7	0.424 8		

续表 2.10

组别	品种		f	m_1	c_1	c_2	d_1	d_2	RSE	R^2
低压	T	估值	0.315 4	0.354 6	2.590 4	17.528 1	1.090 3	0.466 0	0.002 27	0.985 0
		SE	0.008 14	0.016 3	0.309 8	0.120 6	0.304 1	0.095 3		
低氧	D	估值	0.653 7	0.320 7	2.870 7	17.376 2	1.206 7	0.466 1	0.010 1	0.986 1
		SE	0.016 8	0.016 5	0.371 0	0.116 6	0.362 1	0.094 5		
对照组	W	估值	0.736 0	0.350 6	2.998 1	17.314 2	1.467 9	0.312 4	0.010 1	0.989 1
		SE	0.015 4	0.014 9	0.342 4	0.095 5	0.348 8	0.070 4		

2.6.2 高海拔增氧孵化

为了进一步研究氧对高海拔孵化的影响，于 2004 年 11—12 月在西藏林芝地区（海拔 2 900 m）进行了高海拔增氧孵化试验。试验用的孵化机为本实验室自行研制的自动化增氧孵化机；试验用种蛋为矮小隐性白（D）和农大小型蛋鸡（M），均来自中国农业大学实验种鸡场，种蛋贮存不超过 10 d，空运至西藏，立即入孵。每个品种都设对照组、全期增氧组、前期增氧组、中期增氧组和后期增氧组。对照组条件为林芝地区实际环境，孵化温度 37.80 ℃，湿度 65%，2 h 翻蛋一次；全期增氧组为 0～23 d 供氧至 27.5%，其他条件同对照组；前期增氧组为 0～7 d 增氧至 27.5%，8～23 d 同对照组条件；中期增氧组为 8～14 d 增氧至 27.5%，0～7 d 和 15～23 d 同对照组条件；后期增氧组为 15～23 d 增氧至 27.5%，0～14 d 同对照组。种蛋入孵前编号称重，出雏时称雏鸡重，解剖所有未出雏的种蛋，按上述方法准确判定死亡的日期。

1. 孵化效果比较

表 2.11 和表 2.12 分别列出了矮小隐性白和农大小型蛋鸡高海拔增氧孵化结果。表 2.11 可见，全期增氧和阶段增氧会不同程度地降低胚胎死亡率，提高孵化率；全期增氧效果最好，把受精蛋孵化率由原来的 31.69% 提高到了 84.42%，卡方检验差异极显著（$P<0.01$）；其次是前期增氧组，孵化率提高到 39.76%，卡方分析差异显著（$P<0.05$）；中期和后期增氧组也有提高孵化率的趋势，但卡方分析差异不显著（$P>0.05$）。比较雏鸡重/蛋重比值发现，只有全期增氧组有提高该比值的趋势，但与对照组差异不显著（$P>0.05$）；其他组也与对照组差异不显著（$P>0.05$）。这可能是由于各组均是在高海拔低压环境中，增氧没有改变蛋的失水率，所以对雏鸡的相对体重没有明显改变。

表 2.11 农大矮小隐性白高海拔增氧孵化性能 %

组别	入孵数/枚	受精数/率	前期死亡数/率	中期死亡数/率	后期死亡数/率	受精蛋孵化数/率	平均秩和	雏重/蛋重
对照组	564	530/93.97	91/17.17	19/3.58	252/47.55	168/31.69	405.5[d]	65.21±2.31[a]
全期增氧组	90	77/85.56	7/9.03	1/1.30	4/5.19	65/84.42	614.6[a]	65.96±3.14[a]
前期增氧组	90	83/92.22	9/10.84	2/2.41	39/46.99	33/39.76	453.4[bc]	64.41±3.09[a]
中期增氧组	90	85/94.44	17/20.00	3/3.53	36/42.35	29/34.12	406.0[d]	64.96±3.07[a]
后期增氧组	90	84/93.33	15/17.86	5/5.95	33/39.29	31/36.90	416.8[cd]	64.22±2.66[a]

注：同列内肩标无相同字母表示差异显著（$P<0.05$）。

表 2.12 农大小型蛋鸡高海拔增氧孵化性能 %

组别	入孵数/枚	受精数/率	前期死亡数/率	中期死亡数/率	后期死亡数/率	受精蛋孵化数/率	平均秩和	雏重/蛋重
对照组	94	89/94.68	9/10.11	5/5.62	31/34.83	44/49.44	130.1[c]	61.85±2.28[c]
全期增氧组	54	53/98.15	2/3.77	0/0	4/7.55	47/88.68	188.3[a]	64.88±3.41[a]
前期增氧组	54	54/98.15	2/3.77	1/1.89	12/22.64	38/71.70	165.0[b]	63.36±2.48[b]
中期增氧组	55	52/94.55	5/9.62	2/3.58	18/34.62	27/51.92	134.5[bc]	61.57±2.20[c]
后期增氧组	55	52/94.55	6/11.55	3/5.77	11/21.15	32/61.54	145.2[bc]	62.57±3.14[bc]

注:同列内肩标无相同字母表示差异显著($P<0.05$)。

表 2.12 可见,在高海拔孵化时,增氧能不同程度地提高各组鸡蛋的孵化性能,效果最好的为全期增氧组,使受精蛋孵化率从 49.44%提高到 88.68%,已经达到了低海拔孵化的水平,卡方检验结果表明与对照组差异极显著($P<0.0001$);其次为前期增氧组,使受精蛋孵化率提高到 71.70%,卡方分析表明与对照组差异极显著($P<0.01$);再次是后期增氧组,使受精蛋孵化率提高到 61.54%,但卡方分析显示差异未达显著水平($P>0.05$);增氧效果最差的为中期增氧组,与对照组差异不显著($P>0.05$)。全期增氧和前期增氧孵化还能显著提高雏鸡重/蛋重比值($P<0.05$),而中期增氧和后期增氧未明显改变该比值($P>0.05$)。

从低地鸡种的高海拔增氧试验中可见,造成低地鸡种高海拔孵化率较低的主要原因是缺氧。全期增氧使 2 900 m 海拔孵化环境中的 O_2浓度达到 27.5%,O_2分压接近海平面,可以明显提高孵化率。阶段增氧效果存在差别:孵化前期是胚胎发育的关键时期,此期增氧促进了胚胎器官的早期分化和形成,不但能减少此期内的胚胎死亡率,而且对后期的胚胎发育也起重要作用,减少胚胎后期死亡率,有效提高孵化率;中期增氧效果最不明显,可能是由于胚胎重要的器官已经形成,此期需氧量不大;后期是胚胎需氧量最大的时期,低地鸡胚胎在此期由于得不到充足的氧,而大量死亡。后期增氧能够一定程度降低此期胚胎死亡率,但可能是由于有些胚胎已经经历前期和中期的低氧损害,即使在后期满足氧气供应,也不能完成内啄和外啄,而后期死亡。

Ells 和 Morris(1947)报道,在 2 195 m 海拔增氧使孵化机内氧气浓度至 25.7%,可以使鸡受精蛋孵化率从 72%提高至 85%,使火鸡受精蛋孵化率从 28%提高至 67%。Meshew(1949)报道,在 1 524 m 海拔处,增氧可以使商业孵化场火鸡孵化率从 65%提高至 79%。但他们没有研究在整个孵化期哪个阶段氧气供应更重要,Taylor 等(1956)研究证明,早期胚胎对低 O_2因素很敏感,前 4 d 胚胎仅能忍耐 18%的低氧,当氧浓度低于此水平,孵化率随氧分压下降成比例下降。在孵化中期,胚胎的器官分化转变已经形成,改善了呼吸系统功能,使其与环境达到了平衡并对低氧环境相对不敏感。在孵化后期,胚胎由尿囊呼吸转换为肺呼吸,需氧量迅速增加,也就要求有较高的氧分压。

鸟类胚胎在蛋内正常发育由尿囊绒毛膜(CAM)进行气体交换(Wangensteen 和 Rahn,1970/1971)。CAM 密布血管,与布满气孔的蛋壳相连,实现环境和血液间气体交换,这与哺乳动物胚胎的胎盘功能相似(Menna,2002)。孵化期间,不断通过膜和蛋壳失水,有利于在蛋的钝端形成气室(air cell)。随着孵化的结束,胚胎用喙刺穿气室膜,称内啄(internal pipping);鸡胚约 24 h 后(Dawes, 1981; Bruton 和 Tullett,1985),胚胎开始啄破蛋壳,称外啄

(external pipping)。随着大气压的降低,气体传导系数会增加,如果影响胚胎气体交换的其他因素都保持不变,在高海拔孵化相对海平面水汽和 CO_2 流出蛋壳和 O_2 进入蛋壳速度都会增加。因此,高海拔低压会使低地鸡所产种蛋孵化期水分和 CO_2 散失增加,胚胎出现脱水和低碳酸血症(hypocapnic)(Handrich 和 Girard,1985),低氧的损害可以通过蛋壳传导力增加部分弥补,但并不能消除(Naranari 等,2000)。因此,胚胎生长慢、畸形率高、死亡率高是高海拔鸡蛋孵化常出现的现象(Visschedijk,1991)。

2. 胚胎死亡曲线分析

图 2.9 和图 2.10 分别表示 D 和 M 高海拔增氧孵化的胚胎死亡曲线。图中可见,全期增氧组在整个孵化期胚胎死亡率都较低。前期增氧组在孵化前期和中期的死亡曲线与全期增氧组接近,只是到 15 d 之后,胚胎死亡开始增加。中期增氧组的胚胎死亡曲线在整个孵化期都与对照组较接近。后期增氧的矮小隐性白鸡胚胎死亡曲线也较接近对照组,农大小型蛋鸡在前期和中期接近对照组,17 d 后胚胎死亡率就开始低于对照组。

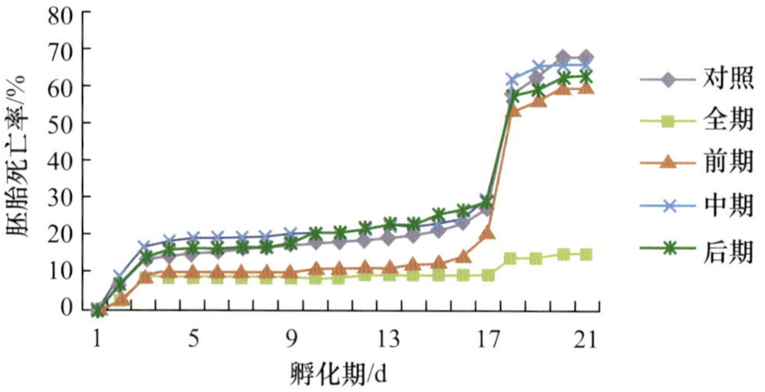

图 2.9 矮小隐性白鸡高海拔增氧孵化胚胎死亡曲线

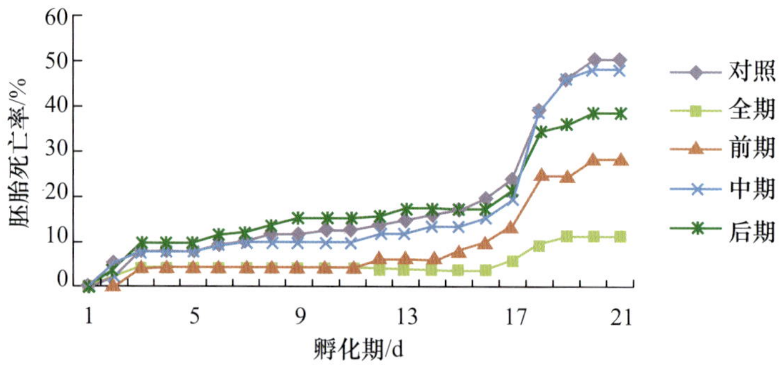

图 2.10 农大小型蛋鸡高海拔增氧孵化胚胎死亡曲线

利用整个孵化期的胚胎日累积死亡率进行阶段增长曲线拟合,参数见表 2.13。从表中的 R^2 和 RES 值可以看出,本试验选择的曲线方程能较好描述鸡蛋高海拔孵化和增氧孵化胚胎死亡的规律变化,分析增氧对胚胎死亡的影响。在矮小隐性白品种中全期增氧,增加了胚胎第 1 阶段死亡比例(m_1),减少了第 1 阶段持续时间($4d_1$),其他参数与对照组相差不大;在农大小型蛋鸡品种中全期增氧,提前了第 1 阶段胚胎死亡高峰(c_1),减少了第 1 阶段持续时间($4d_1$)。这种拟合参数的不稳定性,一是因为本试验入孵种蛋数较少,二是因为全期增氧组胚胎死亡率很低，日死亡胚胎数很少。增加试验蛋数可以使参数拟合结果更稳定。前期增氧在 2 个品种内都可以减少第 1 阶段胚胎死亡比例，缩短第 1 阶段死亡持续期($4d_1$)。后期增氧可以减少第 2 阶段胚胎死亡比例($1-m_1$)，缩短第 2 阶段死亡持续期($4d_2$)。

表 2.13 鸡蛋高海拔增氧孵化胚胎死亡曲线拟合参数

品种	组别		f	m_1	c_1	c_2	d_1	d_2	RSE	R^2
D	对照	估值	0.672 0	0.285 9	2.422 5	17.487 3	0.913 9	0.382 1	0.008 11	0.989 7
		SE	0.014 4	0.012 6	0.304 7	0.088 4	0.292 0	0.062 0		
	全期增氧	估值	0.152 3	0.628 6	2.253 7	17.524 7	0.256 4	0.349 3	0.000 616	0.980 4
		SE	0.003 91	0.020 2	0.113 5	0.200 5	0.094 1	0.131 5		
	前期增氧	估值	0.592 6	0.201 4	2.392 7	17.390 7	0.454 0	0.302 7	0.002 90	0.996 1
		SE	0.008 27	0.007 32	0.201 8	0.052 3	0.165 0	0.032 9		
	中期增氧	估值	0.659 9	0.325 8	2.354 9	17.361 2	0.468 5	0.272 2	0.003 31	0.995 5
		SE	0.008 74	0.007 79	0.120 8	0.061 2	0.101 4	0.037 9		
	后期增氧	估值	0.620 5	0.391 2	3.699 9	17.439 1	2.566 0	0.258 9	0.011 3	0.982 8
		SE	0.016 1	0.026 4	0.627 2	0.138 1	0.719 0	0.071 4		
M	对照	估值	0.510 6	0.333 8	5.449 7	17.642 7	3.835 4	0.618 3	0.003 40	0.992 4
		SE	0.012 2	0.042 9	1.296 3	0.115 8	1.124 1	0.107 0		
	全期增氧	估值	0.113 9	0.330 0	1.999 9	17.510 5	1.024 5	0.435 1	0.000 010	0.999 5
		SE	0.000 514	0.002 47	0.001 12	0.020 0	0.013 0	0.015 2		
	前期增氧	估值	0.289 1	0.146 3	2.753 2	17.177 0	2.436 8	0.909 8	0.002 15	0.987 3
		SE	0.010 9	0.014 9	0.149 5	0.164 9	0.116 9	0.138 1		
	中期增氧	估值	0.478 7	0.253 5	3.861 1	17.502 8	2.294 1	0.401 4	0.004 28	0.990 5
		SE	0.010 6	0.019 5	0.698 3	0.090 0	0.752 5	0.065 3		
	后期增氧	估值	0.379 7	0.444 6	4.194 9	17.450 0	2.328 9	0.341 7	0.003 32	0.985 8
		SE	0.009 00	0.023 6	0.451 2	0.128 8	0.469 9	0.083 6		

2.6.3 氧因素与孵化

高海拔对鸡蛋孵化的危害是低压低氧环境造成的胚胎缺氧、过度失水和低碳酸血症(Handrich 和 Girard,1985)。有许多研究分析了高海拔孵化的影响因素，Weiss 和 Grimard (1971)模拟了 9 100 m 海拔的气压，供应纯氧，并且增加湿度避免过多在失水的条件下孵化，结果孵化率只有 21%。Weiss(1978)同样模拟了 9 100 m 海拔的气压，供应纯氧，并覆盖 69% 的蛋壳，这样避免了低氧、过度失水和低碳酸血症，孵化率达到了 90%。Visschedijk(1985)模拟海拔 5 500 m 孵化，结果 97%的胚胎在 2 d 内死亡，其余的也在 5 d 内全部死亡，孵化率为 0。同时模拟海拔 5 700 m 孵化，但全程相对湿度保持 70%，供应 45%的 O_2 混合气体，并降低通风，结果受精蛋孵化率达 81%。但他们都是研究较高的海拔环境，实际生产中很少在这样高的海拔环境进行大量的孵化生产。西藏高原农区和半农半牧区海拔多在 3 000 m 左右，有发展养鸡的条件和需求。

海拔 2 900 m 孵化时，种蛋置于同一孵化机、同一批次入孵，孵化条件也完全一致，造成胚胎死亡和出雏率差别的原因可能只有胚胎生活力和蛋壳传导力 2 个因素。品种间种蛋出雏率与胚胎是否带有藏鸡基因、是否有杂种优势有很强的关系。因此，鸡蛋在 2 900 m 左右海拔孵化时，胚胎的高原生活力是成功出雏的最主要因素，其次是蛋壳的气体传导力。遗传基础和孵化环境氧分压水平也是影响胚胎高海拔生活力的重要因素。Girard 和 Visschedijk(1987)报道，在海拔 2 800 m 环境中，只要有充足的氧，水分散失适宜，仅仅低碳酸不能明显影响胚胎的发育和孵化率。

鸟类孵化是研究胚胎低氧适应的简单模型。因为其胚胎发育过程除了氧之外，其他所有养分都是由蛋本身供给，胚胎呼吸是通过气体扩散在血液和环境之间进行交换的。高海拔低压、低氧是重要的气候因子。低压时，蛋壳传导力的增加可以部分弥补低氧对孵化的危害，但不能消除危害。常压模拟 2 900 m 海拔低氧环境使鸡蛋孵化率大大降低，接近了海拔 2 900 m 真实环境的孵化率。因此，认为造成 2 900 m 海拔低孵化率的关键因素是低氧。实验也证明了在海拔 2 900 m 孵化，只要供给胚胎充足的氧气，就可以得到满意的孵化率。略微升高的蛋失水率和低碳酸血对孵化率影响不大。

高海拔增氧试验结果进一步说明了造成良种鸡高海拔孵化率较低的主要原因是缺氧。Christensen 和 Bagley(1988)报道，在高海拔地区为孵化第 3 周和第 4 周的火鸡蛋供氧，使孵化环境氧分压从 14.53 kPa 升高到 19.87 kPa，并提高孵化温度，结果明显提高了孵化率。Bagley 和 Christensen(1991)报道，在 1 700 m 海拔地区，孵化期第 1 周或第 4 周增氧都明显提高了火鸡孵化率。Taylor 和 Kreutziger(1966)指出早期胚胎对低 O_2 因素很敏感。Visschedijk 和 Rahn(1981)报道，在任何海拔孵化时，孵化初期都要求较高的 O_2 浓度，因为此期蛋壳内外 O_2 分压差较小。我们的试验是 2 900 m 海拔全期增氧(27.5% O_2)使矮小隐性白孵化率提高到 84.42%，使农大小型蛋鸡孵化率提高到 88.68%。阶段增氧中，前期增氧对孵化率的提高影响最大，其次是后期增氧，中期增氧效果不明显；从另一方面证明了高海拔孵化前期氧因素的重要性。

参考文献

Altimiras J, Phu L. 2000. Lack of physiological plasticity in the early chicken embryo exposed to acute hypoxia. J. Exp. Zool., 286: 450-456.

Bagley L G, Christensen V L. 1991. Hatchability, hematological indices, and growth of turkey embryos incubated at high altitude with supplemented oxygen during the first and fourth weeks of incubation. Poult. Sci., 70(2): 358-365.

Barott H G. 1937. Effect of temperature, humidity, and other factors on hatch of hens' eggs and on energy metabolism of chick embryos. U. S. D. A. Tech. Bull, 553: 1-45.

Christensen V L, Bagley L G. 1988. Improved hatchability of turkey eggs at high altitudes due to added oxygen and increased incubation temperature. Poult. Sci., 67(6): 956-960.

Dawes C M. 1981. The effects of cooling the egg on the respiratory movements of the hatching fowls, Gallus G. domesticus, with a note on vocalization. Comp. Biochem. Physiol., 68: 399-404.

Eddahibi S, Raffestin B, Pham I, et al. 1997. Treatment with 5-HT potentiates development of pulmonary hypertension in chronically hypoxic rats. American Journal of Physiology. 272(3): H1173-H1181.

Eddahibi Raffestin S, B, Le Monnier de Gouville A C. 1998. Effert of DMPPO, a phosphodiesterase type 5 inhibitor, on hypoxia pulmonary hypertension in rats. Br. J. Pharmacol., 125(4): 465-468.

Dzialowski E M, von Plettenberg D, Elmonoufy N A, et al. 2002. Chronic hypoxia alters the physiological and morphological trajectories of developing chicken embryos. Comp. Biochem. Physiol., 131(A): 713-724.

Ells J B, Morris L. 1947. Factors involved in hatching chicken and turkey eggs at high elevations. Poult. Sci., 26: 635-638.

Erasmus B D, Rahn H. 1976. Effects of ambient pressures, He and SF6 on O_2 and CO_2 transport in the avian egg. Respir. Physiol., 27: 53-64.

Francis D W, Bernier P E, Hutto D C. 1967. The effect of altitude on the hatchability of chicken eggs. Poultry. Sci., 46: 1384-1389.

Girard H, Visschedijk A H J. 1987. Altitude hypocapnia at 2800 m does not affect development of the chicken embryo. J. Exp. Zool., Suppl. 1: 365-370.

Handrich Y, Girard H. 1985. Gas diffusive conductance of sea-level hen eggs incubated at 2900 maltitude. Respir. Physiol., 60: 237-252.

Hempleman S C, Adamson T P, Bebout D E. 1993. Oxygen and avian eggshell formation at high altitude. Respir. Physiol., 92: 1-12.

Hoyt D F, Rahn H. 1980. Respiration of avian embryos-a comparative analysis. Respir. Physiol., 39: 255-264.

Jassim E W, Grossman M, Koops W J, et al. 1996. Multiphasic analysis of embryonic mortality in chickens. Poult. Sci., 75(4): 464-471.

Kichards M P, Stock M K, Metcalfe J. 1991. Effects of brief hypoxia and hyperoxia on tissue trace element levels in the developing chick embryo. Magnes. Trace Elem., 10: 305-320.

León-Velarde F, Wittembury J, Carey C, et al. 1984. Shell characteristics of eggs laid at 2800 m by hens transported from sea level 24 hours after hatching. J. Exp. Zool., 230: 137-139.

Menna T M, Mortola J P. 2002. Metabolic control of pulmonary ventilation in the developing chick embryo. Respir. Physiol. Neurobiol., 130: 43-45.

Meshew M H. 1949. The use of oxygen in the hatching of chicken and turkey eggs at high altitudes. Poult. Sci., 28: 87-97.

Naranari D, Asha Rajini R, Srinivasan G, et al. 2000. Methods to improve the hatchability of checked chicken eggs. Br. Poult. Sci., 41: 178-181.

Paganelli C V. 1980. The physics of gas exchange across the avian eggshell. Am. Zool., 20: 329-338.

Rahn H, Ledoux C V, Paganelli C V, et al. 1982. Changes in eggshell conductance after transfer of hens from an altitude of 3800 to 1200 m. J. Appl. Physiol., 53: 1429-1431.

Sekhon H S, Thurlbeck W M. 1996. Lung morphometric changes after exposure to hypobaria and/or hypoxia and undernutrition. Respir. Physiol. 106: 99-107.

Stephen B F, Ploog H P. 1967. Incubation of chicken eggs at high altitudes, 10 500 ft. (3 200 m). Wld. s Poult. Sci. J., 23: 346-354.

Taylor L W, Sjodin R A, Gunns C A. 1956. The gaseous enviroment of the chick embryo in relation to its development and hatchability. (1) Effect of carbon dioxide and oxygen levels during the first four days of incubation upon hatchability. Poult. Sci., 35: 1206-1215.

Taylor L W, Kreutziger G O. 1965. The gaseous enviroment of the chick embryo in relation to its development and hatchability. (2) Effect of carbon dioxide and oxygen levels during the fifth through eighth days of incubation. Poult. Sci., 44: 98-106.

Taylor L W, Kreutziger G O. 1966. The gaseous environment of the chick embryo in relation to its development and hatchability. (3) Effect of carbon dioxide and oxygen levels during the ninth days through the twelfth days of incubation. Poult. Sci., 45: 867-884.

Tazawa H, Visschedijk A H J, Wittmann J, et al. 1983. Gas exchange, blood gases and acid-base status in the chick before, during and after hatching. Respir. Physiol., 53: 173-185.

Thompson R L. 1951. Incubation at high altitudes. The effects of wind, barometric pressure and humidity on foetal mortality in the hen's egg. Poult. Sci., 31: 497-509.

Thompson R L. 1952. Incubation at high altitudes. The effects of wind, barometrix pressure and humidity on foetal mortality in the hen's egg. Poult. Sci., 31: 497.

Van Golde J, Borm P J, Wolfs M, et al. 1998. The effect of hyperoxia on embryonic and organ mass in the developing chick embryo. Respir. Physiol., 113: 75-82.

Visschedijk A H J. 1980. Effects of barometric pressure and abnormal gas mixtures on gaseous exchange by the avian embryo. Am. Zool., 20: 469-476.

Visschedijk A H J. 1985. Gas ecchange and hatchability of chicken eggs incubated at simulated high altitude. J. Appl. Physiol., 58(2): 416-418.

Visschedijk A H J. 1991. Physics and physiology of incubation. Br. Poult. Sci., 32: 3-20.

Visschedijk A H J, Rahn H. 1981. Incubation of chicken eggs at altitude: theoretical consideration of optimal gas composition. Br. Poult. Sci., 22: 451-460.

Wangensteen O D, Rahn H. 1970/71. Respiration gas exchange by the embryos. Respir. Physiol., 11: 31-45.

Weiss H S, Grimard M. 1971. Embryogenesis in 100% O_2 at reduced pressure. Space Life Sci., 3: 118-124.

Weiss H S. 1978. Role of shell diffusion area in incubating eggs at simulated high altitude. J. Appl. Physiol., 45: 551-556.

丁保安，马军，任慧晔．1995．缺氧地区清洗褐壳种蛋提高孵化率试验．当代畜牧，(2)：11.

胡良冈，龚永生，范小芳，等．2003．常压低氧高二氧化碳清洁级动物饲养舱的研制．医疗卫生设备，(4)：16-17.
宁中华．2004. 节粮小型蛋鸡新配套系的选育及配套饲养技术的研究. 北京：中国农业大学.
齐建光，杜军保，郭志良，等．2001. *L*-精氨酸调节大鼠低氧性肺血管结构重建与肺动脉平滑肌细胞凋亡．北京大学学报(医学版)，33(4)：339-343.
强巴央宗，田见晖，谢庄．1999. 影响西藏高原禽蛋孵化率的因素及对策．畜牧与兽医，31(5)：12-13.
佘永新，田发益，赵晓玲，等．2001. 低氧环境对良种蛋鸡孵化率的影响．西南农业学报，14(3)：71-74.
田发益，朱洪云，赵晓玲，等．2001. 提高西藏地区蛋种鸡孵化效果的综合研究——气体交换和湿度对蛋种鸡孵化效果的影响．畜牧与兽医，33(5)：16-17.
瓦龙美，翁瑞，曾晓蓓．2002. 慢性低氧小鼠肺组织糖蛋白的变化．解剖学杂志，25(5)：442-445.
张少华，范明．1993. 一种新型自动控制常压低氧装置．同济医科大学学报，22(5)：321.
张献全，齐跃国，钱桂生，等．2000. 缺氧和高二氧化碳动物饲养箱的研制．第三军医大学学报，22(6)：602-603.
种银保，齐悦国，钱桂生，等．2001. 全自动低氧高二氧化碳饲养舱的研制与临床应用．中国医疗器械杂志，25(1)：36-38.

第3章

藏鸡高原适应性表型特征

在高原生活的动物必须面对低氧环境的不利影响。在这种低氧环境的刺激下，动物的体型外貌、组织器官都可能发生较大的变化。尤其是与氧的交换、运输和代谢相关的器官(肺脏、心脏和肝脏等)可能会出现代偿性增生，甚至出现病变。藏鸡作为高原适应的家禽品种，经过长期的自然和人工选择，必然在很多表型特征上表现出对高原低氧环境的适应性特征。这些特征可能是在高原低氧环境刺激下导致某些组织器官向特定方向选择的结果，也可能是在特定环境下的生理、生化适应性反应的结果。差别在于前者即使将藏鸡在低地环境中饲养，其特征依然存在，而后者将不复存在。

在这些表型特征中，蛋的特征尤其特殊。蛋的特性主要受母鸡各种性能的影响，同时蛋的特性又将影响胚胎的发育。藏鸡在高原低氧环境能够获得较高的孵化率，除了胚胎发育存在适应性特征以外，蛋的适应性特征也具有重要作用。

3.1 外貌和生长适应性特征

3.1.1 体重

藏鸡外貌特征的高原适应性突出表现为体重、体尺较小。其出生重平均不足 30 g；6 月龄公鸡平均体重为 975 g，母鸡为 765 g；成年体重公鸡为 1.5 kg，母鸡为 0.9 kg。由于藏鸡体型较小，生长速度相对较慢，其氧消耗也相对较小，所以有利于其在高原生长。

通过在高海拔和低海拔地区分别饲养藏鸡(T)、矮小隐性白鸡(D)和寿光鸡(S)以及藏鸡与其他两个品种的杂交后代(TD 和 TS)，然后利用 Richards 模型拟合了不同群体的生长曲线。发现藏鸡在低海拔饲养时，出生到 13 周龄体重都最低；在高海拔环境中，由于比其他品种的鸡生长受到低氧的抑制程度较大，所以藏鸡 4～8 周快速生长阶段，体重高于 S 和 TS，但 13 周龄时体重仍最低。在低海拔环境中饲养的藏鸡的胫长一直是 5 个群体中最低的，但是受海拔的影响不大。相反，其他 4 个群体的胫长在高海拔地区饲养时明显低于在低海拔地区饲养的结果。说明藏鸡的体重和体尺较小可能是对高海拔环境的适应表现之一(Monge 和 Leon-Velarde，1991)。

各组鸡在低海拔和高海拔环境中体重见表 3.1。双因素方差分析显示，出生 2、4、6、8、10 和 13 周龄体重均受海拔和品种的影响，且海拔与品种之间存在互作。表 3.1 明显可见，鸡在低海拔环境中生长时体重明显高于高海拔。在低海拔，出雏时 D 和 TD 体重最高，其次为 S 和 TS，藏鸡出生重最小。随着日龄增加，D 组生长较快，在 2 周和 4 周时，体重呈现了 4 个差异水平；6～13 周龄，各组间体重都有显著差异($P<0.05$)，藏鸡在任何周龄阶段体重都最低，矮小型隐性白鸡最高。在高海拔环境中，由于藏鸡蛋较小，出生重最低；但随着周龄增加，由于藏鸡是高原适应品种，在高海拔环境中生长所受抑制相对较小，在 2 周龄后体重不再最低。10 周龄和 13 周龄时，TD 体重最高，表现出较强的杂种优势。

各品种在低海拔和高海拔环境中实际观察值均值及 Richards 体重累积生长曲线见图 3.1。图中可见，拟合的生长曲线均与实际观察值相吻合，更直观地看出海拔和品种对体重生长的影响。

表 3.1　不同海拔环境中鸡体重　　g

	品种	出生	2 周龄	4 周龄	6 周龄	8 周龄	10 周龄	13 周龄
低海拔	T	27.4±2.29^{c}	74.0±12.6^{d}	141.5±32.2^{d}	245.1±66.2^{e}	381.6±93.6^{e}	556.4±148.8^{e}	761.4±212.6^{e}
	D	48.4±4.57^{a}	196.5±25.8^{a}	392.6±62.7^{a}	825.0±138.7^{a}	1 158.1±230.7^{a}	1 609.8±313.2^{a}	2 097.7±444.6^{a}
	S	39.2±4.24^{b}	115.3±10.7^{c}	239.1±26.0^{c}	488.7±52.2^{c}	740.9±76.3^{c}	1 025.3±149.0^{c}	1 437.9±227.1^{c}
	TD	46.6±3.42^{a}	152.9±16.7^{b}	312.6±47.5^{b}	612.9±77.7^{b}	907.9±125.6^{b}	1 218.8±173.4^{b}	1 666.8±242.3^{b}
	TS	40.9±3.43^{b}	113.6±10.2^{c}	222.4±30.2^{c}	416.4±80.3^{d}	576.8±111.5^{d}	789.0±165.2^{d}	1 084.5±207.1^{d}
高海拔	T	28.5±2.46^{c}	45.3±8.74^{fg}	82.1±18.0^{e}	147.2±29.0^{f}	219.3±39.0^{fg}	277.9±46.6^{h}	377.8±68.6^{h}
	D	33.8±3.07^{bc}	52.7±9.02^{e}	82.7±14.2^{e}	151.9±22.9^{f}	254.8±44.6^{f}	339.0±76.8^{fg}	504.6±130.6^{g}
	S	37.6±2.64^{b}	41.4±6.57^{g}	64.4±15.1^{fg}	124.6±29.0^{fg}	217.9±50.8^{fg}	308.0±81.0^{gh}	479.6±111.7^{g}
	TD	35.1±2.95^{b}	47.4±7.25^{f}	73.4±13.6^{f}	137.8±30.1^{f}	249.1±58.3^{f}	372.0±94.2^{f}	604.8±140.1^{f}
	TS	38.2±3.00^{b}	47.2±6.62^{f}	59.7±10.8^{g}	115.4±22.5^{g}	202.9±43.7^{g}	298.9±71.4^{gh}	437.5±104.6^{gh}

注：同列内无相同字母表示差异显著($P<0.05$)。

TD 和 TS 在每个周龄的体重杂种优势率，见图 3.2，结果表明在低海拔条件下，TD 体重的杂种优势率在所有周龄均较高，而 TS 在早期较高，后期较低；在高海拔环境中，TD 体重的杂种优势率后期很高。

对 Richards 方程求导，可以推导出绝对增重方程：

$$dW/dt = \hat{W}_t r(a^n - \hat{W}_t^n)/(na^n)$$

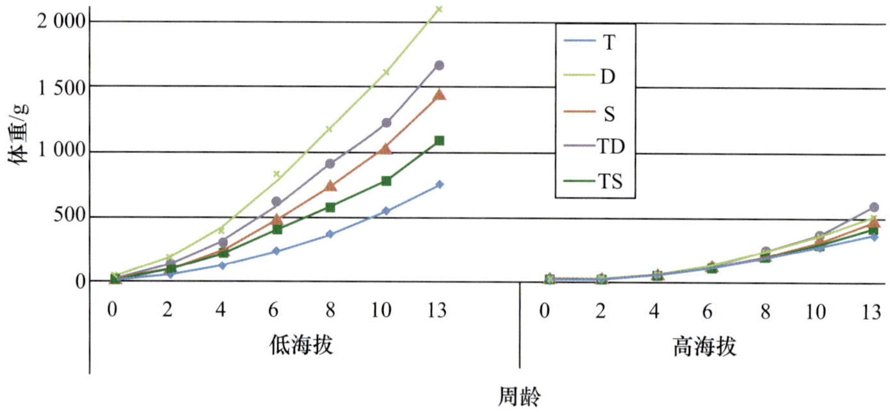

图 3.1　鸡体重观察值和 Richards 生长曲线

注：线条表示拟合曲线，点表示体重观察值均值，T：藏鸡；D：矮小隐性白；S：寿光；TD：藏鸡×矮小隐性白；TS：藏鸡×寿光

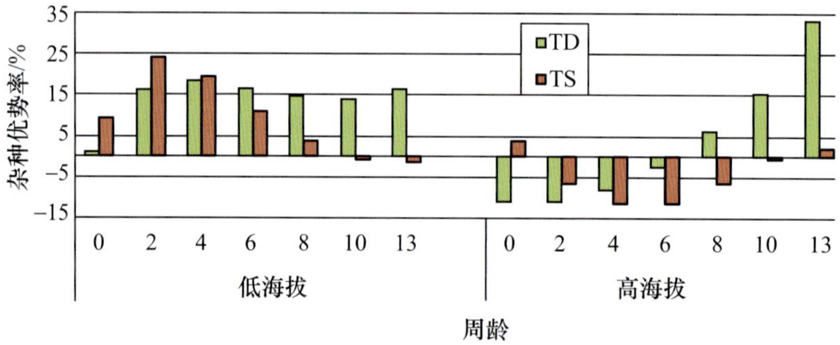

图 3.2　TD 和 TS 体重杂种优势率

将周龄代入绝对增重方程，可以计算出某个时期的期望绝对增重，图 3.3 表示几个品种鸡在低海拔和高海拔环境中 Richards 模型的绝对增重曲线。

TD 和 TS 两个杂交品种在体重绝对增长速度上的杂种优势，见图 3.4。TD 的杂种优势率比 TS 高；在高海拔时 TD 后期体重生长杂种优势率最高。

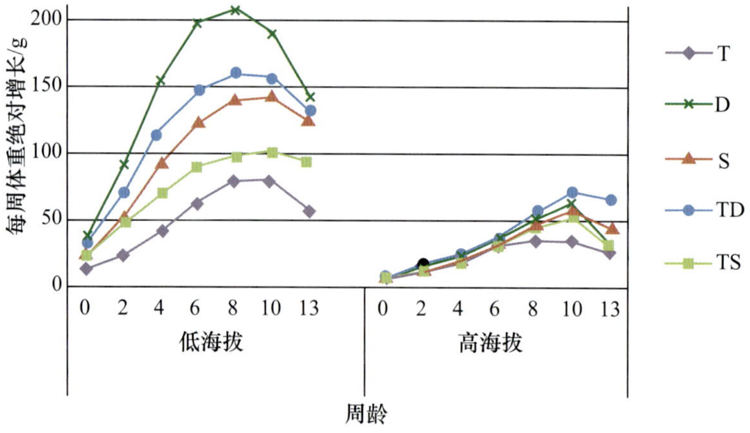

图 3.3　体重 Richards 绝对生长曲线

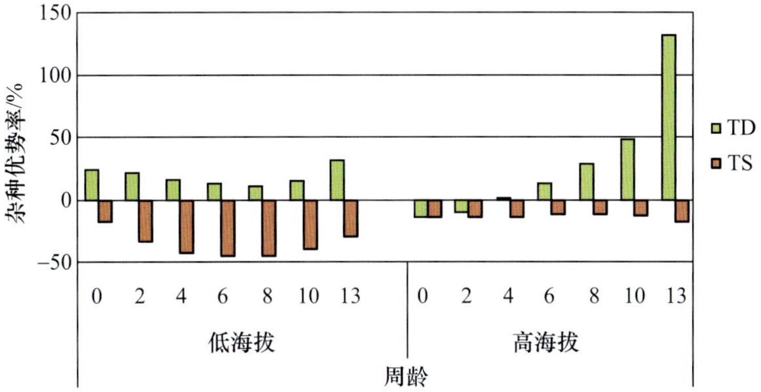

图 3.4 TD 和 TS 绝对体重增长的杂种优势率

绝对增重方程除以体重，可得出相对增重方程：

$$(dW/dt)/\hat{W}_t = r(a^n - \hat{W}_t^n)/(na^n)$$

将周龄代入相对增重方程，计算出某个时期的期望相对增重，图 3.5 表示几个品种鸡在低海拔和高海拔环境中 Richards 模型的相对增重曲线。可见，藏鸡在低海拔环境和高海拔环境中，体重相对增长曲线相似；其他品种在高海拔环境中，前期相对增长速度受抑制程度较大，而后期受抑制程度相对较小。

TD 和 TS 两个杂交品种在体重相对增长速度上的杂种优势，见图 3.6。TD 的杂种优势率比 TS 高，尤其在高海拔环境中 6～13 周龄时，体重相对生长杂种优势率较高。

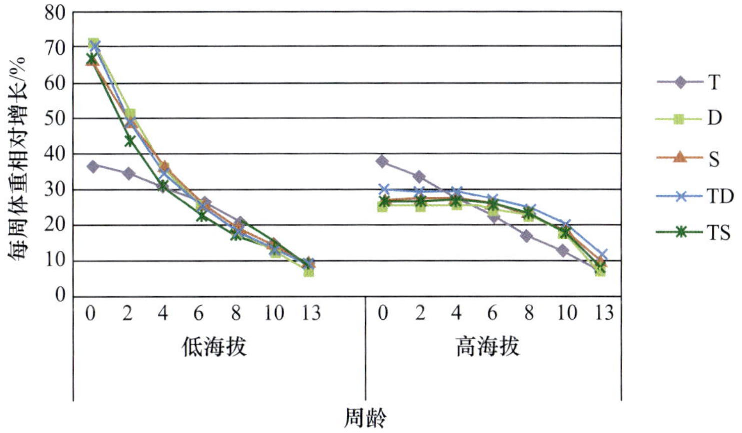

图 3.5 体重 Richards 相对增长曲线

3.1.2 胫长

在低海拔和高海拔环境中生长的鸡胫长及 10 周龄和 13 周龄体态结构指数见表 3.2。鸡出生时，胫长受海拔和品种影响不大，各组差异不显著（$P>0.05$）。在随后的周龄阶段，由于

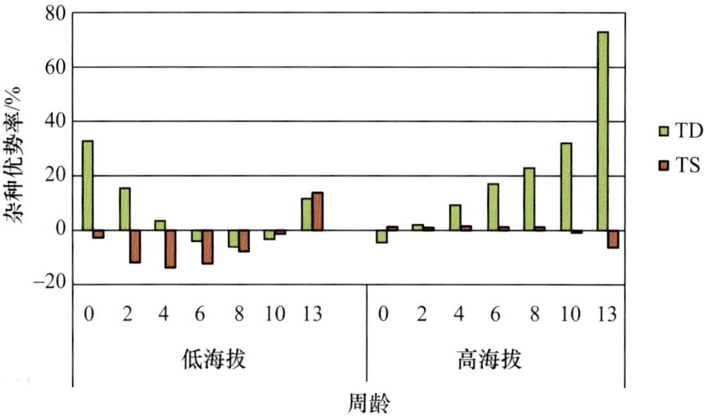

图 3.6 TD 和 TS 体重相对生长速度杂种优势率

高海拔低氧环境对身体生长有明显的抑制作用，因此，除藏鸡外，同品种的鸡相同周龄时，低海拔生活的胫长明显较高（$P<0.05$）；而藏鸡相同周龄时，海拔环境没有明显影响胫长的生长（$P>0.05$）。

表 3.2 不同海拔环境中鸡胫长

	品种	鸡胫长/mm							10 周龄	13 周龄
		出生	2 周龄	4 周龄	6 周龄	8 周龄	10 周龄	13 周龄	体态指数	体态指数
低海拔	T	25.89±0.91^{a}	28.29±1.82^{f}	32.88±3.38^{e}	44.91±5.48^{d}	55.07±6.98^{d}	60.57±8.71^{bc}	69.38±12.00^{e}	0.128 0±0.006 6^{b}	0.126 1±0.010 8^{bc}
	D	26.11±0.95^{a}	37.11±0.91^{a}	47.69±3.53^{a}	60.22±5.22^{a}	72.10±6.12^{b}	78.01±6.99^{ab}	81.05±7.38^{c}	0.149 4±0.006 8a	0.153 6±0.006 4^{a}
	S	26.36±0.92^{a}	33.64±0.94^{cd}	44.12±2.17^{a}	62.77±3.45^{ab}	77.82±3.36^{a}	88.84±5.32^{a}	100.36±8.05^{a}	0.115 1±0.003 0d	0.112 9±0.004 5^{e}
	TD	26.54±0.87^{a}	35.15±2.26^{b}	44.69±4.61^{b}	64.66±4.65^{a}	76.05±6.71^{a}	87.87±8.07^{a}	97.79±10.59	0.125 3±0.008 4^{bc}	0.123 2±0.009 3^{c}
	TS	26.35±0.11^{a}	32.80±1.56^{d}	41.73±2.43^{c}	56.12±4.74^{c}	68.48±5.92^{c}	76.23±6.70^{ab}	86.72±8.11^{b}	0.120 3±0.004 1c	0.117 6±0.005 5^{d}
高海拔	T	26.01±0.93^{a}	30.03±1.67^{g}	36.59±3.18^{d}	42.58±3.92^{de}	52.71±4.52^{de}	57.92±4.92^{cd}	65.38±4.67^{ef}	0.112 6±0.004 9^{d}	0.110 3±0.002 7^{e}
	D	26.06±0.95^{a}	34.44±1.51^{bc}	37.98±2.27^{d}	42.94±2.45^{d}	48.03±3.09^{f}	53.67±4.50^{d}	62.21±5.61^{f}	0.129 2±0.004 4^{b}	0.127 1±0.005 3^{b}
	S	26.12±0.91^{a}	31.45±1.37^{ef}	34.84±3.05^{e}	42.31±4.40^{de}	51.10±5.36^{ef}	58.64±7.09^{cd}	69.52±6.25^{e}	0.114 8±0.004 7^{d}	0.112 1±0.004 1^{e}
	TD	26.39±1.05^{a}	30.94±1.61^{f}	34.99±2.58^{e}	43.10±4.18^{d}	50.87±5.49^{ef}	64.17±5.91^{bc}	73.46±7.45^{d}	0.117 4±0.010 2^{cd}	0.114 8±0.005 1^{de}
	TS	26.60±0.95^{a}	31.80±1.46^{e}	33.89±2.53^{e}	41.23±3.73^{e}	49.13±5.02^{f}	58.07±6.74^{cd}	67.13±7.15^{e}	0.114 8±0.005 5^{d}	0.112 8±0.005 1^{e}

注：同列内无相同字母表示差异显著（$P<0.05$）。

体态结构指数是反应鸡的骨骼大小与载肉量之间关系的指标,由骨骼肌结构和肌肉丰满程度决定。在低海拔环境中,D 在 10 周龄和 13 周龄时的体态结构指数均最高,其次是藏鸡,寿光鸡最低;TD、TS 的体态结构指数都偏向于藏鸡。在高海拔环境中,除寿光鸡外,其他品种与低海拔相比,体态结构指数均有不同程度的降低;藏鸡体态结构指数的降低是由于肌肉生长在高原环境中受抑制,而骨骼生长抑制不明显,所以体型更趋于高而长;D、TD 和 TS 的体态结构指数降低是由于肌肉和骨骼生长同时受高原环境的抑制,肌肉生长抑制程度更大,所以体型也趋于瘦高而长;寿光鸡在低海拔环境中体态结构指数很低,但到高海拔后,肌肉和骨骼生长同时受到抑制,可能由于抑制程度一致,所以体态结构指数未有明显变化。各组鸡 10 周龄、13 周龄时体态结构指数差异均不显著,说明在 10～13 周龄期间,骨骼和肌肉生长是同步的。叶绍辉等(2000)报道,云南腾冲雪鸡 60～90 日龄体态结构指数为 0.11 左右,与生活在高海拔藏鸡相近。谌澄光等(2002)报道,江西宁都黄鸡 120～150 日龄体态结构指数在 0.15 左右,与低海拔环境中矮小隐性白接近,其他品种都低于此值。

各品种在低海拔和高海拔环境中实际观察值均值和 Richards 胫长累积生长曲线见图 3.7。图中可见,拟合的生长曲线均与实际观察值相吻合,更直观地看出海拔和品种对胫长生长的影响。比较图 3.1 与图 3.3 可知,高海拔环境对鸡生长的影响更为显著,说明了高海拔低氧条件对鸡的肌肉生长的影响大于对骨骼的影响。

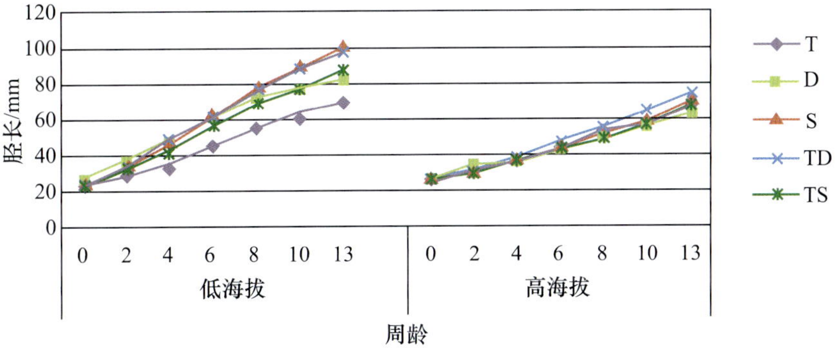

图 3.7 鸡胫长观察值和 Richards 生长曲线

注:线条表示拟合曲线,点表示体重观察值均值。

3.2 内脏器官适应性特征

3.2.1 心脏

心脏是身体重要的器官,在血液循环中起着重要作用,比较心脏重量可以反映动物对高海拔环境的适应情况。藏鸡长期适应高海拔低氧环境,心脏变大,血液循环能力加强,心脏相对重量比正常的低地鸡明显高。但低地鸡饲养在高海拔环境时,心脏相对重明显增加。增加的原因可能是高海拔对心脏发育的限制比对体重生长的限制程度小,也可能因为高海拔低氧刺激心脏增生,尤其刺激促使右心室增生肥大。

在西藏林芝（高海拔组，2 900 m）和北京（低海拔组，100 m）分别饲养藏鸡（T）、矮小型隐性白（D）、寿光鸡（S）、藏鸡×矮小型隐性白（TD）和藏鸡×寿光鸡（TS）共 5 个群体。饲养过程分 3 个阶段：0～4 周、5～8 周、9～13 周，分别饲喂肉仔鸡颗粒料（ME 12.12 MJ/kg，CP 21%）、肉中鸡颗粒料（ME 12.54 MJ/kg，CP 20%）、肉大鸡颗粒料（ME 13.17 MJ/kg，CP 18%），自由采食，自由饮水，执行正常的免疫程序，实施规范的饲养管理。在鸡的不同生长阶段屠宰，观测不同内脏器官的高原适应性。

鸡在低海拔环境中，心脏相对重量平均为 0.66%，高海拔环境中为 0.72%，差异极显著（$P<0.000\ 1$）。品种之间比较表明藏鸡组最高，为 0.76%，显著高于其他品种（$P<0.000\ 1$），而其他品种间均差异不显著（$P>0.05$）。周龄之间比较发现，最高为 6 周龄（0.75%），其后依次为 2 周（0.73%）、0 日龄（0.66%）和 10 周龄（0.63%）；除 6 周龄与 2 周龄间差异不显著外，其他之间均差异显著（$P<0.01$）。分析海拔对不同品种心脏相对重量影响发现，高海拔相对低海拔未使藏鸡心脏相对重量增加，但显著增加了其他品种的心脏相对重量（$P<0.05$）（表 3.3）。

表 3.3　不同品种在不同海拔的心脏相对重 %

海拔	品种	0 日龄	2 周龄	6 周龄	10 周龄
低海拔	T	0.75±0.070 6	0.83±0.094 0	0.85±0.106 7	0.60±0.088 9
	D	0.61±0.057 1	0.72±0.123 4	0.55±0.043 7	0.51±0.062 1
	S	0.70±0.051 9	0.71±0.083 3	0.67±0.072 1	0.56±0.136 5
	TD	0.66±0.070 1	0.76±0.113 8	0.65±0.054 8	0.54±0.065 1
	TS	0.65±0.058 5	0.71±0.059 2	0.71±0.072 2	0.52±0.077 0
高海拔	T	0.71±0.034 3	0.82±0.075 4	0.85±0.084 6	0.64±0.068 3
	D	0.63±0.053 7	0.70±0.057 2	0.82±0.065 7	0.76±0.049 7
	S	0.60±0.061 8	0.64±0.057 7	0.78±0.068 0	0.75±0.073 0
	TD	0.66±0.060 7	0.73±0.045 9	0.82±0.082 7	0.67±0.050 6
	TS	0.62±0.056 3	0.71±0.076 4	0.80±0.068 3	0.72±0.047 6

海拔对鸡群不同周龄的影响表现为在 0 日龄时，低海拔鸡群心脏相对重高于高海拔鸡群，差异达显著水平（$P<0.05$）；2 周龄时，低海拔鸡群心脏相对重仍高于高海拔鸡群，但差异未达显著水平（$P>0.05$）；到 6 周龄和 10 龄时，高海拔鸡群心脏相对重则高于低海拔鸡群，差异达极显著水平（$P<0.000\ 1$）（图 3.8）。

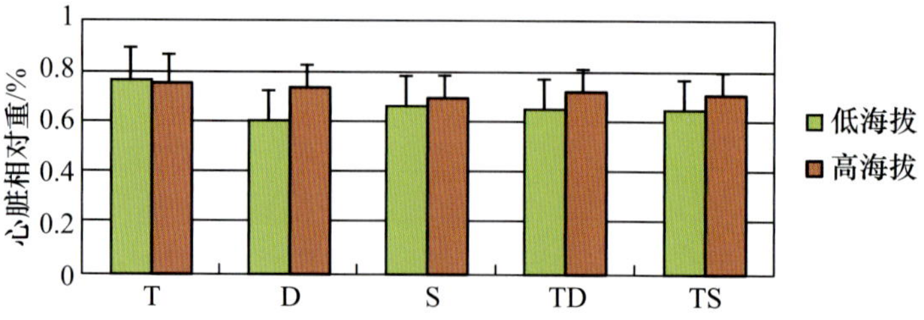

图 3.8　不同海拔环境鸡心脏相对重

比较每个品种在不同周龄阶段心脏相对重的变化可见，从出生至 10 周龄呈低—高—低的变化，品种内高低之间达到了显著差异水平（$P<0.05$）（图 3.9）。

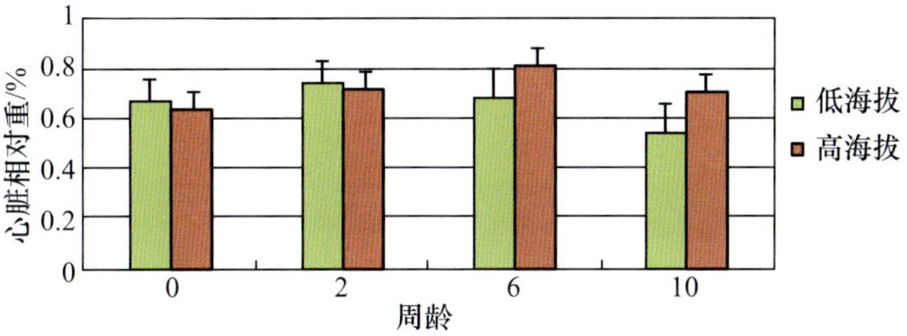

图 3.9　海拔对不同周龄鸡群心脏相对重的影响

除藏鸡外，其他品种（组合）的出生和 2 周龄时的心脏相对重，在两个海拔中均无显著性差异；但在 6 周龄和 10 周龄时，在高海拔环境饲养的这些品种的心脏相对重均显著高于低海拔环境的心脏相对重（$P<0.01$），出现明显的心脏增生。但藏鸡在这 4 个周龄阶段，两海拔间的心脏重均差异不显著（$P>0.05$），未出现高海拔心脏增生现象。这可能是藏鸡高原适应性表现的一个方面（图 3.10）。

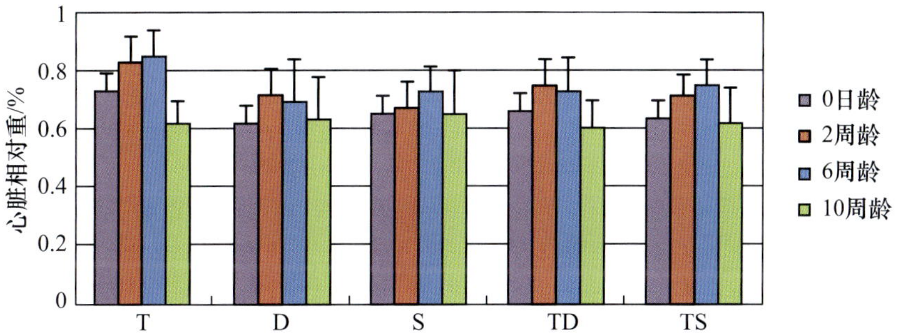

图 3.10　不同品种心脏相对重随日龄的变化

统计 10 周龄时不同性别的心脏相对重，结果见表 3.4。经三因素最小二乘分析，表明海拔因素是影响 10 周龄鸡群心脏相对重的主要因素，高海拔值明显高于低海拔值，差异达到极显著水平（$P<0.0001$）；另外海拔和品种之间存在显著的互作效应（$P<0.001$）；其他因素效应均未达到显著水平（$P>0.05$）。除藏鸡在高海拔与低海拔环境中，心脏相对重无显著增加（$P>0.05$）外，其他各品种进入高海拔生活 10 周后，心脏重均有极显著增加（$P<0.001$）。10 龄时，鸡群性别间心脏相对重在两个海拔环境中均无显著差异（$P>0.05$）。

表 3.4　不同品种 10 周龄鸡群心脏相对重　　%

环境	性别	T	D	S	TD	TS
低海拔	母	0.60±0.125 0	0.50±0.048 9	0.53±0.148 3	0.56±0.081 1	0.52±0.112 9
	公	0.59±0.057 1	0.52±0.076 2	0.58±0.136 2	0.52±0.041 6	0.51±0.024 1
高海拔	母	0.61±0.064 7	0.73±0.041 5	0.73±0.072 9	0.67±0.049 2	0.71±0.026 1
	公	0.67±0.058 6	0.79±0.043 2	0.77±0.074 0	0.67±0.058 6	0.73±0.062 7

在高海拔环境中，测定各品种鸡心肌组织乳酸（LA）含量见表 3.5。方差分析显示，品种对 LA 影响极显著（$P<0.0001$），而周龄以及品种与周龄的互作效应不显著（$P>0.05$）。品种间比较发现，藏鸡 LA 含量最低，与 D、S 和 TS 间差异均极显著（$P<0.01$），与 TD 差异显著（$P<0.05$）；在不同日龄时，藏鸡 LA 均最低，但差异略有不同。

表 3.5 高海拔环境中鸡心肌组织乳酸含量 mmol/g 蛋白质

品种	0 日龄	2 周龄	6 周龄	10 周龄
T	0.80 ± 0.11^{a}	0.70 ± 0.11^{b}	0.81 ± 0.16^{a}	0.57 ± 0.13^{a}
D	0.95 ± 0.20^{a}	0.90 ± 0.20^{a}	1.00 ± 0.15^{a}	0.92 ± 0.18^{b}
S	0.86 ± 0.16^{a}	0.92 ± 0.19^{a}	0.85 ± 0.16^{a}	0.93 ± 0.22^{b}
TD	0.82 ± 0.12^{a}	$0.84\pm0.15a^{b}$	0.85 ± 0.25^{a}	0.80 ± 0.15^{b}
TS	0.94 ± 0.18^{a}	$0.84\pm0.19a^{b}$	0.88 ± 0.17^{a}	0.79 ± 0.12^{b}

注：同列内肩标无相同字母表示差异显著（$P<0.05$）。

在不同海拔环境中，10 周龄鸡心肌 LA 含量见表 3.6。方差分析显示，海拔、品种以及海拔与品种之间互作效应极显著（$P<0.01$），性别因素以及其他因素间互作效应不显著（$P>0.05$）。高海拔鸡心肌 LA 明显高于低海拔（$P<0.0001$）。藏鸡平均心肌 LA 含量最低，与其他品种差异显著（$P<0.05$），其他品种间差异不显著（$P>0.05$）。但在低海拔环境中藏鸡心肌 LA 与其他品种差异不显著，仅在高海拔环境中藏鸡 LA 才明显低于其他品种（$P<0.01$）。

表 3.6 不同海拔环境中 10 周龄鸡心肌乳酸含量 mmol/g 蛋白质

环境	性别	T	D	S	TD	TS
低海拔	母	0.58 ± 0.07	0.60 ± 0.10	0.59 ± 0.12	0.57 ± 0.12	0.65 ± 0.19
	公	0.62 ± 0.12	0.61 ± 0.13	0.63 ± 0.14	0.65 ± 0.15	0.62 ± 0.11
高海拔	母	0.60 ± 0.16	0.91 ± 0.04	0.91 ± 0.11	0.83 ± 0.15	0.76 ± 0.18
	公	0.53 ± 0.09	0.93 ± 0.24	0.96 ± 0.40	0.76 ± 0.16	0.80 ± 0.08

3.2.2 肝脏

鸡肝重率明显受海拔、品种及海拔与品种互作效应影响，周龄、性别及其他互作效应影响均不显著。高海拔鸡平均肝重率显著高于低海拔鸡肝重率。品种间比较可知，S 平均肝重率最大，其后依次为 TS、T、D 和 TD。分析互作效应显示，在低海拔环境中，T 肝重率最大，与除 S 外的其他品种差异显著（$P<0.05$）；但在高海拔环境中，T 和 TS 肝重率较低，二者差异不显著（$P>0.05$），都与其他品种差异显著（$P<0.05$）。

3.2.3 肺脏

高海拔饲养的鸡肺脏相对重平均为 0.85%，显著高于低海拔饲养鸡的均值（0.75%）。比较不同品种肺相对重的最小二乘均值发现，藏鸡的肺脏相对重最高，为 0.91%，与其他品种差异均达极显著水平 D($P<0.01$)；其次是 TS，显著高于最低的 D($P<0.01$)，但与 S 和 TD 差异不显著($P>0.05$)；TD、S 和 D 的肺相对重分别为 0.77%、0.76%和 0.74%，三者差异不显著($P>0.05$)。比较不同周龄鸡群肺相对重发现，最高的是 0 日龄的雏鸡，其后依次是 2 周龄、10 周龄和 6 周龄，各周龄间差异均显著($P<0.05$)(表 3.7)。

表 3.7 不同海拔不同品种鸡群肺脏相对重 %

海拔	品种	0 日龄	2 周龄	6 周龄	10 周龄
低海拔	T	0.95±0.152 6	0.89±0.177 3	0.76±0.202 5	0.70±0.066 0
	D	0.85±0.041 8	0.78±0.136 7	0.48±0.053 7	0.63±0.122 8
	S	0.89±0.215 8	0.70±0.069 2	0.55±0.044 3	0.70±0.147 4
	TD	0.80±0.128 6	0.85±0.228 8	0.58±0.056 3	0.73±0.226 2
	TS	0.89±0.133 3	0.81±0.156 9	0.72±0.281 3	0.67±0.130 5
高海拔	T	1.21±0.170 8	1.16±0.168 1	0.78±0.124 6	0.84±0.167 3
	D	0.87±0.142 3	0.79±0.125 9	0.67±0.082 1	0.81±0.166 9
	S	0.92±0.145 3	0.91±0.136 9	0.69±0.093 2	0.77±0.126 3
	TD	0.90±0.157 6	0.89±0.136 9	0.66±0.109 4	0.72±0.142 6
	TS	1.01±0.122 3	0.92±0.131 4	0.71±0.115 6	0.74±0.150 9

高海拔环境可以提高鸡的肺脏相对重，但对不同品种、不同周龄阶段的影响存在差别，图 3.11 表示出了不同海拔、不同品种、不同周龄鸡群的肺脏相对重。高海拔条件藏鸡 0 日龄和 2 周龄肺相对重明显高于低海拔对应值，10 周龄时相对于低海拔 10 周龄也有明显提高。这可能是藏鸡对高原环境适应的一个方面。

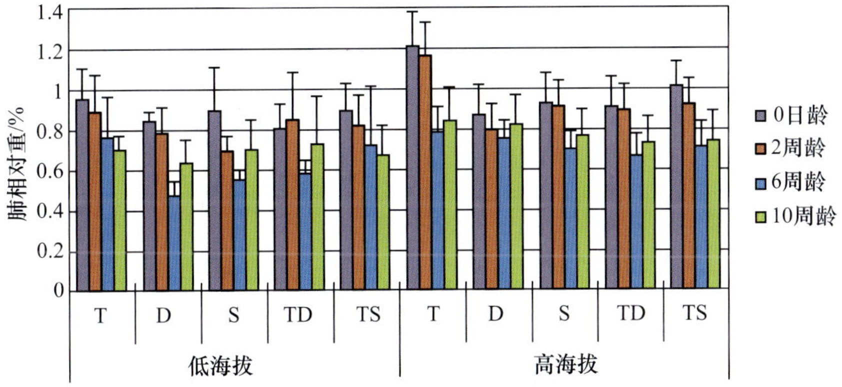

图 3.11 鸡群肺相对重比较

鸡群 10 周龄时肺脏相对重见表 3.8。用三因素有互作模型最小二乘法分析海拔、品种和性别的效应，结果显示海拔是影响 10 周龄鸡群肺相对重量的主要因素，高海拔值显著高于低海拔值($P<0.05$)；品种和性别因素效应不显著($P>0.05$)；因素之间的互作效应均不显著($P>0.05$)。

表 3.8　10 周龄鸡群肺脏相对重　%

海拔	性别	T	D	S	TD	TS
低海拔	F	0.69±0.019 1	0.60±0.123 0	0.78±0.145 4	0.83±0.261 5	0.70±0.178 5
	M	0.71±0.090 3	0.66±0.130 3	0.62±0.112 0	0.63±0.146 2	0.64±0.065 8
高海拔	F	0.81±0.100 1	0.75±0.150 3	0.82±0.130 5	0.75±0.172 8	0.77±0.175 3
	M	0.88±0.221 7	0.87±0.172 9	0.71±0.108 9	0.68±0.087 6	0.71±0.135 0

藏鸡心脏重在高海拔时没有明显增加，但藏鸡与低地鸡种的肺脏重到高海拔环境后都比低海拔增加，但藏鸡保持较高的肺/体重比。Pietschmann 等(1985)和 Piazza 等(1988)报道，生长期的动物移居高海拔环境，心脏和肺组织均相对增大，认为这种心脏和肺相对重量增加是因为高海拔对体重生长的限制和对心脏、肺生长的刺激。但是不同种的动物比较，心脏和肺的增加程度不同。Sekhon 和 Thurlbeck(1996)报道，低压低氧和常压低氧环境的小鼠肺组织生长加快，肺体积、肺泡表面积和肺泡总数量都明显增加。这是低海拔动物在高海拔低氧刺激下的生理代偿性反应。Bartels 等(1979)报道，小鼠从低地到 5 000 m 海拔后，心脏/体重增加了 300%，而几内亚猪(Guinea pig)只增加 17%；小鼠到 3 000 m 海拔，肺/体重就增加 40%，而几内亚猪(高海拔动物)到 5 000 m 才增加 40%。叶润蓉等(1994b)报道，高原鼠兔的心、肺的相对重量与大鼠和豚鼠相比，没有明显增加，指出高原鼠兔对高原环境的适应方式不是通过心、肺的增大实现的。

3.2.4　右心指数

低氧会促使心脏血液输出量增加，以满足组织代谢对氧的需求。因此，右心室必须保持较高的肺动脉压以推动必要心脏输出进入肺脏(Wideman 和 Erf，2002)。肺动脉压的升高，在血液动力学上呈现以右心室压力负荷增大为主的特点。长期的右心压力负荷增大将导致右心肥厚。许多研究报道了右心指数与肺动脉高压和腹水综合征的关系(刘健华等，2003)。由高海拔肺动脉高压引起的右心肥厚最初为生理性代偿机制，有利于肺血灌注，但肥厚超过一定的限度即为病理性变化，会发生高原性心脏病或“兽胸病”。这一现象在平原移入高原动物，特别在平原急进高原动物表现明显。Julian(1987)提出正常鸡的右心指数小于 25%，25.0%～29.9%为中度右心肥大，大于 29.9%为严重右心肥大。表 3.9 可见，高海拔饲养鸡群中，右心指数最低的是藏鸡，为 22.91%，与其他各品种差异均极显著($P<0.01$)；其次是 TD，为 25.60%，与其他各组差异也达到极显著水平($P<0.01$)；TS 、D 和 S 均较高，分别为 28.39%、28.80%和 29.89%，此三组之间差异不显著($P>0.05$)。

表 3.9　高海拔环境不同品种鸡群右心指数比较　%

组别	0 日龄	2 周龄	6 周龄	10 周龄
T	23.18±3.205 0	22.46±2.947 6	23.50±2.411 2	22.49±2.262 9
D	24.93±3.257 0	24.46±2.310 9	32.00±2.802 9	33.80±2.325 7
S	26.95±2.543 7	26.91±2.098 0	31.80±2.482 8	33.89±2.580 6
TD	23.54±2.187 0	25.25±2.183 6	27.89±2.444 6	25.71±1.767 5
TS	24.12±2.971 9	23.78±3.424 2	31.45±2.733 6	34.22±3.963 0

分析不同品种右心指数随周龄的变化发现(图 3.12),藏鸡在 4 周龄阶段,右心指数基本一致,无显著变化($P>0.05$);在 S、D 和 TS 3 组中,0 日龄和 2 周龄时的右心指数无明显变化,但 6 周龄和 10 周龄时显著增高($P<0.05$);在 TD 组内,6 周龄时右心指数最高,与 0 日龄和 2 周龄时差异显著($P<0.05$),但 10 周龄又下降到 25.71%,与其他 3 周龄的右心指数差异均不显著($P>0.05$)。

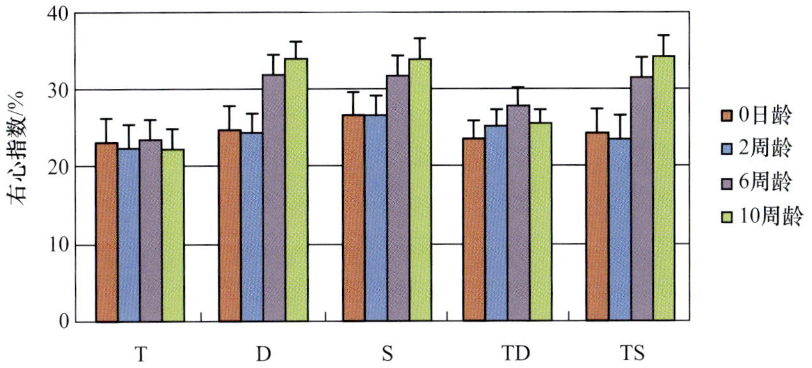

图 3.12 鸡右心指数随周龄的变化

10 周龄时不同性别鸡群的右心指数见表 3.10。经二因素方差分析可知,影响 10 周龄右心指数的因素主要是品种,影响效应达极显著水平($P<0.01$);而周龄和品种与周龄的互作效应均不明显($P>0.05$)。这说明影响鸡在高海拔环境是否出现右心肥大的因素主要是鸡品种的遗传背景,品种内性别间没有明显差别。

表 3.10 高海拔环境 10 周龄鸡群右心指数 %

性别	T	D	S	TD	TS
F	22.29±2.17	35.40±2.13	34.43±2.73	26.34±1.08	34.81±4.16
M	22.70±2.59	32.19±1.09	33.36±2.60	24.77±2.33	33.63±4.14

藏鸡右心指数在各周龄阶段均小于 25%,在正常范围内;TD 鸡右心指数在 25%左右;这说明两者在 2 900 m 海拔地区肺动脉高压反应并不明显,表现良好的适应性。但 D、S 两个低地鸡种和 TS 右心指数超过了 25%,且随着周龄的增长,右心指数有逐渐升高的趋势,特别是 S,刚出雏的鸡右心指数已经达到了 26.95%,10 周龄时达 33.89%。McGuire 和 Bradford(1999)报道,慢性间断低氧和持续低氧都能使肺动脉压升高,右心室肥大。Burton 等(1969)报道,在高海拔孵化刚出雏的鸡右心指数就较高,已经出现了低氧代偿性反应。陈颖等(2003)报道,间断低氧 6 周使大鼠肺动脉高压性结构重建,右心肥厚,右心肥大指数从 18.04%升高到 41.12%。阮宗海等(1997)也报道,大鼠右心指数随海拔升高而明显增加,但高原鼠兔右心指数无显著变化。

3.3 蛋的适应性特征

3.3.1 鸟类胚胎的呼吸特性

鸟类与哺乳动物胚胎气体交换是以不同的形式进行的。哺乳动物胚胎通过胎盘与母体血液循环建立联系，完成 O_2 和 CO_2 的交换。气体的扩散率决定于胚胎和母体血液循环的气压差、流经胚盘的血流速度等一系列复杂的因素。这些因素主要是由母体调节的，而胚胎处于一个相对稳定的环境中。相反，禽类的胚胎是在母体外发育的，虽然蛋内的营养物质足够胚胎发育到出雏，但胚胎还必须与外界进行能量和气体交换，其中能量的交换可以由母禽或孵化设备来满足，而气体的交换则只能靠扩散和胚胎的血液运输来完成。例如，一枚 60 g 的鸡蛋在孵化过程中大约需要摄入 4.6 L 的 O_2，同时产生 3.9 L 的 CO_2，另外有大约 7 g 的水以蒸汽的形式被蒸发掉(Romanoff，1967)。这些气体中，O_2 的供应一般被认为是胚胎发育的主要影响因素。

对于禽类胚胎，氧从外界环境向胚胎组织运输时要经历一系列逐步消耗的过程。每一次消耗可以看成是其中的一个环节，这些环节串在一起就构成了组织的氧运输链。这个链条可以分成 3 个环节：①通过蛋壳、两层壳膜和尿囊绒毛膜的扩散；②在血液中的流动运输过程；③由血液向胚胎组织的扩散。这样在氧的运输链中任何一个环节都将影响到组织氧摄入(Leon-velarde，2004)。

鸡胚与环境进行气体交换主要以扩散的方式进行。气体扩散过程，要通过多层阻碍物才能完成。这些阻碍物一般可分为两类：一类为外阻物，由蛋壳和外壳膜构成；另一类为内阻物，由内壳膜和尿囊绒毛膜上皮构成。在两类屏障之间，即内外壳膜之间，是水分散失而形成的气室。在外阻物中影响气体扩散的主要因素是蛋壳，而干燥的外壳膜的阻碍作用很有限。同样，干燥的内壳膜也有较低的阻碍作用。孵化后期的尿囊绒毛膜(CAM)作为组织屏障的阻碍作用可能较小。因此，在孵化的后半段，蛋壳或许为鸡胚与外界进行气体交换提供了最主要的机械性屏障的阻碍(Leon-velarde，1997)。

气体通过蛋壳进入气室的过程，相当于成年动物的肺通气过程。差别在于鸟类胚胎的呼吸过程是完全靠扩散作用，通过蛋壳上气孔进行，而成年动物呼吸作用是靠对流作用进行的。气体经过蛋壳上的气孔进入气室的能力由蛋壳通透性来表示。

蛋壳的通透性主要决定于气孔的密度和数量。气孔的密度因蛋壳的部位不同而不同，一般在钝端的密度要大于侧面和锐端。对于一枚 60 g 的鸡蛋来说，蛋壳上大约有 10 000 个气孔，气孔的平均直径为 17 μm，结果在整个蛋壳表面积(68 cm^2)中，总的有功能的面积(即有效气孔面积)约为 2.3 mm^2。另外，气孔的形状和长度(一般为 300 μm)也会影响蛋壳对气体的通透性，如长而窄气孔的通透性会低于那些短而宽的；同样如果气孔是弯曲的或是有分叉的也会影响蛋壳的通透性。

Fick 方程的变形说明了决定气体扩散率(M，cm^3 STPD·s^{-1})的因素(Wangensteen，1972)。

$$M=(D/RT)\cdot(A_P/L)\cdot\Delta P \tag{3.1}$$

其中：D 为双向扩散系数($cm^2\cdot s^{-1}$)；RT 为气体常数乘以绝对温度[mL(STPD)·$cm^{-3}\cdot kPa^{-1}$]；

A_P为有效气孔面积(cm^2);L 为扩散路径长度或蛋壳厚度(cm);ΔP 为蛋壳两侧气体分压差(kPa)。

另有

$$G=(D/RT)\cdot(A_P/L) \tag{3.2}$$

表示蛋壳对各种气体的扩散能力,或称为蛋壳通透性。

因此

$$M=G\cdot\Delta P \tag{3.3}$$

由该公式可以看出,A_p和 L 主要由蛋壳的气孔数量和厚度决定;ΔP 的外侧分气压由环境决定,内侧的分气压则主要决定于尿囊绒毛膜的气体交换能力,进而与血液对气体的输送能力相关。

3.3.2 藏鸡蛋壳的适应性

通过测定失水率的方式可以计算出蛋壳对水的通透性(G_{H_2O})。具体地讲就是将饲养在西藏和北京的藏鸡及对照品种农大小型鸡蛋的无精蛋放在加有硅胶和 KOH 片的干燥器中,然后将干燥器放在 37.8 ℃的孵化机中保持恒温。约每 24 h 称重一次,连续 7 d。无精蛋的失重被认为主要来自于水分散失。蛋内水蒸气分压(P_{H_2O})为饱和蒸汽压,蛋外由于有硅胶和 KOH 的吸收作用,因此认为水蒸气分压为 0 kPa。根据失重值绘制回归曲线,斜率即为蛋壳对水分的散失率 M_{H_2O}($mg\cdot d^{-1}$),然后根据公式 3.4 计算蛋壳对水的通透性 G_{H_2O}($mg\cdot d^{-1}\cdot kPa^{-1}$)。在高海拔环境测定的结果乘以 P_B/101.33 kPa(P_B为海拔 2 900 m 的实际环境大气压力=72 kPa,101.33 kPa 为标准大气压力)来校正气压降低对气体扩散速度的影响(Packard 等,1997;Carey 等,1987)。

$$G_{H_2O}=M_{H_2O}/\Delta P_{H_2O} \tag{3.4}$$

其中:ΔP_{H_2O} 为蛋壳内外水蒸气分压差,37.8 ℃时水的饱和蒸汽压为 6.4 kPa。

为标准化,蛋壳对水的通透性 G_{H_2O} 可用蛋重为参数加以校正,得蛋壳对水的特殊通透性。

$$g_{H_2O}=G_{H_2O}/W \tag{3.5}$$

结果发现藏鸡的蛋壳通透性均显著小于平原对照品种($P<0.05$),而且北京藏鸡的蛋壳通透性显著小于西藏藏鸡($P<0.05$)(表 3.11)。结果说明藏鸡的蛋壳通透性不是向着有利于氧的扩散方向适应的。

表 3.11 在两地分别测得的两个品种的蛋壳通透性

品　种	对照品种		北京藏鸡	西藏藏鸡
测定地点	北京	西藏	北京	西藏
蛋壳一般通透性/($mg\cdot d^{-1}\cdot kPa^{-1}$)	67.13±11.51[a]	63.38±12.08[a]	32.85±6.08[c]	46.88±8.55[b]

续表 3.11

品　　种	对照品种		北京藏鸡	西藏藏鸡
蛋壳特殊通透性/($mg \cdot d^{-1} \cdot kPa^{-1} \cdot g^{-1}$)	1.20 ± 0.23^{a}	1.28 ± 0.30^{a}	0.82 ± 0.15^{c}	1.05 ± 0.23^{b}

注：同行右肩不同字母之间表示有显著性差异($P<0.05$)。样本数为 30。

在高海拔地区，当环境气压下降时，气体的双向扩散系数与气压呈反比例的上升。这意味着靠扩散作用进行的 H_2O 和 CO_2 的散失及 O_2 的摄入速度都比平原地区高。由于鸡胚的所有气体的交换都是通过蛋壳上相同的气孔进行，所以蛋壳要适应高原环境需面临两种相反的选择压力。其一是要防止 H_2O 和 CO_2 的过度散失而要求蛋壳通透性下降，其二是防止过度缺 O_2 而要求蛋壳通透性增高(Leon-Velarde，1997)。有文献认为在高海拔地区造成鸡蛋孵化率降低的主要原因是 O_2 的缺乏(Visschedijk，1985)。由表 3.12 可知不同死亡日龄胚胎失水率在高海拔地区孵化出雏组的失水率较低，其中藏鸡出雏组的失水率最低。

失水率的测定方法如下：分别在孵化前和孵化第 6、12 和 18 天称胚蛋的重，并按 0～6 d、7～12 d 和 3～18 d 3 个阶段来分析水分的散失情况。在孵化第 6、12 和 19 天进行照蛋，检出不同阶段死亡的胚蛋。并根据胚胎的死亡阶段和出雏分成 4 组：第 1 组为孵化第 0～12 天死亡个体；第 2 组为第 13～19 天死亡个体；第 3 组为第 20～22 天死亡个体；第 4 组为出雏个体。根据死亡阶段分组后，比较各组不同时期失水率的差异，分析藏鸡与农大小型鸡之间，及各品种内不同组间失水率的差异。

失水率计算公式为：

$$某一时期失水率=(初始蛋重-最终蛋重)/初始蛋重\times100\% \tag{3.6}$$

表 3.12　两个品种各组在孵化不同时期的阶段性失水率　　%

分组(样本数)	对照品种				藏　　鸡	
	1(33)	2(48)	3(179)	4(194)	3(16)	4(45)
0～6 d	5.91 ± 0.002^{a}	5.67 ± 0.001^{ab}	5.45 ± 0.001^{b}	5.20 ± 0.001^{c}	5.15 ± 0.002^{bc}	4.75 ± 0.001^{d}
7～12 d	—	5.94 ± 0.001^{a}	5.70 ± 0.001^{ab}	5.52 ± 0.001^{bc}	5.16 ± 0.002^{cd}	4.74 ± 0.001^{d}
13～18 d	—	6.87 ± 0.001^{a}	6.28 ± 0.001^{b}	6.08 ± 0.001^{c}	5.45 ± 0.002^{d}	5.05 ± 0.001^{d}

注：①同行右肩不同字母之间表示有显著性差异($P<0.05$)。

②藏鸡的其他组因死亡个体较少而无法进行统计，故只有 3、4 组数据。

结果发现对照品种农大小型鸡死亡较早的组在 3 个时期中都表现为失水率较高，而出雏组的失水率最低。对于藏鸡而言，虽然出雏组的失水率也低于死亡组，但差异都没有达到显著水平($P<0.05$)。在两个品种间则表现为藏鸡的失水率都小于对照品种，藏鸡出雏组在所有时期与对照品种各组进行比较差异都达到了极显著水平($P<0.01$)。

由于水分散失只受蛋壳通透性决定，而 H_2O 与 O_2 分子通过蛋壳的通道又是完全相同的，因此可以认为水分散失较低就意味着 O_2 通过蛋壳的量将更少，更加不利于胚胎成活。但对于鸟类胚胎来说，在 O_2 由大气转运到组织这个多步的过程中，对缺氧的适应性存在一个整体的多个相互影响的适应点，其中血管密度、血红蛋白含量、血氧亲和力等血液学性状、心血管特性和胚胎代谢率都会对缺氧适应造成影响(Snyder,1982)。因此,认为藏鸡对高原环境的适应性可能在蛋壳上主要表现为蛋壳通透性下降以防止水分和 CO_2 的过度散失。但蛋壳通透性下降引起的 O_2 进入蛋内的量会更少,所以可能还存在其他的机制来满足胚胎正常生长的需要。

藏鸡蛋壳的相关物理特性的测定结果(表 3.13)发现藏鸡的蛋壳厚度、单位面积蛋壳上的气孔数和蛋壳表面积均显著小于对照品种($P<0.05$),进一步验证藏鸡在蛋壳的适应性上可能表现为蛋壳通透性降低这一假设。

表 3.13 西藏藏鸡及对照品种的蛋壳特性

品种	蛋重/g	蛋壳厚度(L)/mm	蛋壳气孔数(N)/(个/cm²)	蛋壳表面积(R)/cm²
西藏藏鸡(T)	50.939 ± 13.153^{a}	0.301 ± 0.005^{b}	12.8 ± 0.97^{b}	61.47 ± 8.99^{b}
对照品种(D)	45.819 ± 9.659^{b}	0.360 ± 0.005^{a}	15.9 ± 0.99^{a}	64.01 ± 14.19^{a}

注:同列右肩不同字母之间有显著性差异($P<0.05$)。

鸡胚通过蛋壳进行气体交换过程是完全靠气体的扩散作用完成的,这一过程可以用 Fick 第一扩散定律的变形(公式 3.7)来说明。

$$\dot{G}=\left(\frac{D}{RT}\right)\cdot\left(\frac{A_P}{L}\right)\cdot\Delta P \tag{3.7}$$

其中:$\dot{G}$ 为蛋壳对气体的通透性[mL(STPD)·s^{-1}];D 为气体双向扩散系数($cm^2\cdot s^{-1}$);RT 为气体常数乘以绝对温度[mL(STPD)·$cm^{-3}\cdot kPa^{-1}$];A_P 为有效气孔面积(cm^2);L 为扩散路径长度或蛋壳厚度(cm);ΔP 为蛋壳两侧气体分压差(kPa)。

将公式 3.7 变形(公式 3.8)可知,当环境保持一致的情况下,蛋壳通透性主要由蛋壳厚度(L)和有效气孔面积(A_P)决定。同时,藏鸡的蛋壳通透性仅为平原对照的 0.698 倍。

$$\frac{\dot{G}_T}{\dot{G}_D}=\frac{A_{P_T}L_D}{A_{P_D}L_T}=0.698 \tag{3.8}$$

同时由于藏鸡的蛋壳比农大小型鸡的蛋壳薄,因此有:

$$A_{P_T}/A_{P_D}=0.584 \tag{3.9}$$

所以可以认为藏鸡的蛋壳通透性较小主要由蛋壳上的有效气孔面积决定。有效气孔面积决定于蛋壳表面积、单位面积的蛋壳气孔密度及气孔大小与形状。为分析蛋壳表面积和单位面积气孔数对有效气孔面积的影响,根据表 3.13 计算,蛋壳表面积比:$R_T/R_D=0.960\ 3$;和单位面积气孔数比:$N_T/N_D=0.805$。说明藏鸡蛋比农大小型鸡蛋的表面积小虽然是有效气孔面积的影响因素之一,但其影响较小。蛋壳单位面积上的气孔密度对有效气孔面积影响较大,另外气孔形状、大小可能是导致藏鸡有效气孔面积变小的主要因素。Wangensteen 等(1974)比较了高原与低地鸡的蛋壳厚度和有效气孔面积等可能影响蛋壳通透性的指标,结果表明高原鸡蛋壳通透性下降主要是由于有效气孔面积下降造成的。这一结果后来也被 Ar 和 Rahn (1985)、Carey 等(1983)的试验所证明。

Carey 等(1987)通过研究安第斯鸥(Andean *Latus serranus*)和蓬那彩鹮(Puna Ibis

Plegadis ridgwayi)也证实了这一结果,即产于海拔 3 000 m 以上蛋的 G_{H_2O} 变化虽然不再与环境气压的下降成比例,但还是显著低于海平面对照。同时,安第斯鸥蛋的 G_{H_2O} 下降单纯是由于 A_P减少引起的,而蓬那彩鹮 G_{H_2O} 的降低则只有一小部分是由于 A_P减少引起的,主要是由于 L 增加造成的。无论安第斯鸥还是蓬那彩鹮总的气孔面积(A_P)的减少主要都是由于气孔数的减少造成的,而不是由于横截面积或孔的直径造成的。Ar 和 Rahn(1985)已经预测蛋壳的 A_P有很大的变化区域是由于气孔数的调整造成的,而不是由于横截面积造成的。事实上,尽管鸟蛋的重量、蛋壳厚度和孵化时间有很大的差异,蛋上每个孔的通透性(G_{H_2O}/N)是相对稳定的,161 个品种平均是 11.25 $\mu g \cdot d^{-1} \cdot kPa^{-1}$(Ar 和 Rahn,1985)。

有关壳腺是如何控制蛋壳气孔形成的数量和形状的机制目前还不清楚。在蛋壳形成过程中首先在外壳膜上沉积形成小的钙簇作为形成 $CaCO_3$ 结晶的种子位点。结晶向与蛋壳垂直和水平两个方向发展来完成蛋壳结构。最后结晶扩大到相互连接的程度,并在连接处形成气孔(Tullett,1975)。气孔的产生可能与结晶扩展的过程有关,在这个过程中如果有液体流过正在形成中的蛋壳的特定结晶的连接处就可以使这个部位保持开放状态。种子位点和结晶扩展过程可能是相互独立的也可能是相互协调作用来决定气孔的大小和形状。在高原,如果有较少的气孔对保持水分散失是有利的,壳腺可能会沉积较少的种子位点,结晶因此需要延伸到更大的位置才能与其他的结晶相连,因此气孔形成的数量就会减少,另外气孔数量较少还可能是由于在形成蛋壳以前就存在较多的蛋白。这样在结晶扩展过程中就会有较少的液体流动进行,因此可能会有较少的"洞"保持开放(Carey,1980)。

适应高原环境的品种蛋壳通透性较低可以使胚胎发育维持在一个合适的环境内。在平原正常孵化,失水率一般维持在新鲜蛋重的 12%~15%(Visschedijk,1991;Rahn 等,1982)。在两组藏鸡的失重试验中都在这一区间内(14.90%和 13.85%),而对于在高原孵化的小型鸡既使出雏组的失水率也明显高(16.26%)(图 3.13)。由于鸡胚是在一个相对封闭的空间中发育,所以水分补给与散失的途径非常有限,即水分主要在代谢过程中产生,而水分散失主要通过蛋壳气孔的扩散作用来完成。当水分的产生和散失过程维持在一个相对平衡的状态时,才能保证胚胎处于一个合理的水分环境。上述结果表明藏鸡的失水率与平原鸡正常孵化的失水率相似,而小型鸡在高海拔环境下孵化失水率要高于平原正常值。这说明藏鸡较小的蛋壳通透性,能够完全弥补因环境气压降低导致的水分散失过多。小型鸡呈现死亡较早且失水率较高,说明小型鸡在高原孵化,水分代谢不平衡至少是造成胚胎死亡的因素之一。

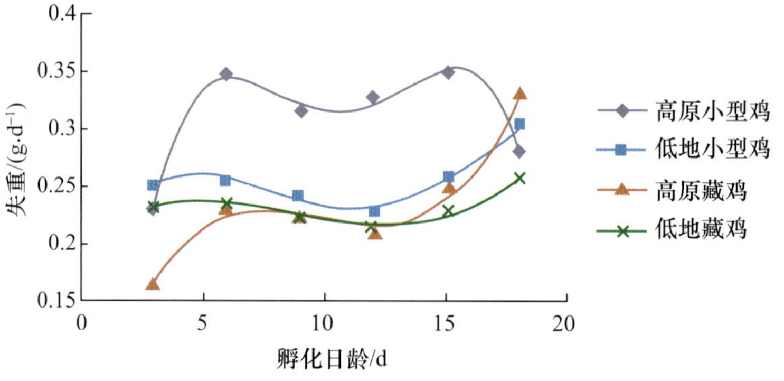

图 3.13　藏鸡在高原和低地孵化期间的失水率变化

3.4 胚胎发育适应性特征

3.4.1 鸟类胚胎发育对高原的适应性

伴随海拔升高而发生的环境缺氧对低地引入高原的鸡蛋孵化存在不利影响，这种不利影响部分地可以归结为是由于胚胎生长发育(Smith 等，1969)和代谢(Wangensteen 等，1975)受高原缺氧环境影响而被改变。在孵化机中加氧可以充分改善产于低地鸡蛋在高原的孵化率，表明低地胚胎缺少对环境氧下降的适应能力可能是胚胎死亡和生长受损的原因之一(Davias，1955)。另一方面高原适应的家禽群体或土著鸟类却能成功解决因为高原缺氧环境而带来的相关问题(Black 和 Snyder，1980)。这种适应群体主要有两种类型：

(1) 引入到高原经过人工选择形成的高原适应群体

自 1955 年，美国加州大学白山研究室(White Mountain Rearch Station)在海拔 3 800 m 的实验室中饲养的一群来航鸡，研究人员对该群体开展了主要针对高原适应的选择。该群体最初孵化率很低(16%)，但经过 6 代选育后孵化率升高到 56%，选择进行到 8 代后，最大孵化率高达 60%(Beattie 和 Smith，1975)。该群体第 8 和 9 代胚胎的研究表明这些在高原环境下经选择而表现为孵化率升高的群体其代谢率低于低地群体在低地孵化的胚胎，但高于低地群体在高原孵化的胚胎。与此相伴随的还出现在高原缺氧环境中孵化期延长，雏鸡重下降等现象(Wangensteen 等，1974；Beattie 和 Smith，1975)。Black(1980)认为胚胎代谢率的下降可以降低环境到组织氧运输链中每一步的氧梯度。Wangensteen 等(1974)也认为代谢率下降可以解决所有低氧与常氧胚胎氧运输链中 P_{O_2} 的差异。但有关氧消耗量的研究认为低氧胚胎比低地急性暴露到缺氧环境中的胚胎有更强的维持特定体重代谢的能力，因此在血液、血管系统或组织中可能存在其他适应性(Beattie 和 Smith，1975)。

(2) 高原适应野生鸟类

León-Velarde 等(1997)认为在高原适应鸟类中对高原适应存在两种类型：①氧的传导率不变，代谢率降低到海平面地区相同品种的一般水平之下，这可使环境气体与气室内的 P_{O_2} 降低。代谢率降低还可以影响到其他的气体梯度，直到影响到线粒体。秘鲁美洲瓣蹼鹬既能在利马(Lima，海拔 142 m)附近海边的灌木丛中筑巢也能在 4 500 m 的秘鲁安第斯中心湖畔的杂草中繁殖。Carey 等(1993)的研究表明高原秘鲁美洲瓣蹼鹬在高原孵化的代谢率显著低于低地秘鲁美洲瓣蹼鹬在低地孵化的代谢率，然而，高原胚胎的平均重量比低地胚胎的稍高一些。因此，Carey 等(1993)提出降低氧气摄入有利于消除环境与气室之间的氧分压差 P_{O_2} 下降，并认为高原秘鲁美洲瓣蹼鹬可能在生理、细胞和生化等方面存在某些特异性，来保证胚胎以较低代谢率来维持胚胎生长到正常水平。相似适应高原缺氧环境的生长模式在黑额黑雁的研究中也被发现(Snyder 等，1982)。②在保持代谢率与海平面相当的水平上，通过加大 G_{O_2} 来保证氧运输途径中的 P_{O_2} 梯度不变，甚至降低。斑头雁春季在海拔 4 000～6 000 m 的青海湖一带生活和繁育，且多数在 5 500 m 以上海拔地区产蛋和孵化，秋末迁徙到孟加拉湾附近。Snyder 等(1982)的研究表明，斑头雁在高海拔孵化对胚胎的代谢和生长都没有影响。Verbeek(1969)研究有角百灵分别在 2 400 m 和 3 800 m 孵化时，也发现在孵化率、孵化时间和胚胎重方面这两个群体与另一个低地群体间都没有显著差异。Carey 等(1989)关于在海拔 4 150 m 地区孵化的山地银鸭的研究也发现相似的结果,即胚胎的代谢和生长似乎不受高原缺氧的影响。虽然这些发现与这些种类具有趋向维持足够组织氧化的适应性理论相一致,但其中的机制还不清楚。

3.4.2 藏鸡胚胎发育的高原适应性

生长率的下降可以看做一种适应机制,用来促使胚胎氧的扩散和运输压力降低到最小(Beattie 和 Smith,1975)。然而,相似的代谢率降低发生在缺氧环境中孵化的低地鸡蛋上和表现高原适应的引进家禽群体中,而没有发生在高原土著的适应鸟类胚胎上(Snyder 等,1982),这说明低地鸡胚或引进群体在高海拔环境中没有相应的生理机制来维持足够的 O_2 摄入。藏鸡目前还不清楚其来源为高原引进品种,还是在高原独立驯化形成的品种。但藏鸡在高原的饲养历史至少可以追溯到 1 000 多年前,在漫长的适应过程中,藏鸡 O_2 运输系统和机体代谢系统相互协调,逐步实现在高原缺氧环境中能够维持较高孵化率的能力。

鸡胚与环境进行气体交换的主要目的就是为组织代谢提供足够的 O_2,并将代谢产物水和 CO_2 运输到体外。因此,胚胎组织代谢消耗和产生 CO_2 的过程可以认为是胚胎与环境气体交换的原动力。而胚胎耗氧代谢所产生的能量也主要用于胚胎生长发育。由于藏鸡蛋壳通透性低于低地鸡,说明在蛋壳扩散过程中,藏鸡胚胎在摄取 O_2 方面并没有表现出明显的优势,甚至可以认为存在一定的劣势。在这种情况下,藏鸡胚胎的生长发育是否能维持在较高水平,则可以表明胚胎组织是否能够获得足够的 O_2 供应,进而可以表明胚胎的血液循环系统是否具有更高的运输能力。

为了比较藏鸡胚胎在高原生长发育的适应情况,在北京(100 m)和西藏林芝(2 900 m)分别孵化藏鸡和低地对照品种(农大小型鸡),然后在孵化的不同时期(第 6、9、12、15 天和 18 天),取出胚胎,测定胚胎的湿重和干重;或在上述孵化日龄取出胚胎立即解剖,取心脏和肝脏称重;或在孵化 21 d 出雏后称取雏鸡重及心脏和肝脏重。结果表明,雏鸡重表现出高原小型鸡>低地藏鸡>低地小型鸡>高原藏鸡(表 3.14)。经计算雏鸡重与蛋重呈正相关,其线性相关系数 $R=0.8960$,经检验二者存在极显著的相关性($P<0.001$),相关指数 $r^2=0.8029$,表示蛋重与雏鸡重间的相关变异占总变异的 80.29%。经回归分析得雏鸡重与蛋重得回归方程 $Y=-4.53+0.75X$。

表 3.14 在高海拔和低地孵化时藏鸡的雏鸡重

品种	海拔(N)	雏鸡重/g	残余物/g	蛋重/g	雏鸡:蛋重/%	蛋壳:蛋重/%
小型鸡	低地(50)	32.24±0.42[c]	5.07±0.11[b]	45.45±0.53[c]	70.94±0.43[b]	11.16±0.23[a]
	高原(34)	39.65±0.40[a]	5.55±0.11[a]	61.79±0.51[a]	64.16±0.41[b]	9.00±0.22[d]
藏鸡	低地(55)	34.27±0.51[b]	4.91±0.14[b]	47.37±0.64[b]	72.35±0.52[a]	10.40±0.28[b]
	高原(145)	28.17±0.25[d]	4.23±0.07[c]	43.41±0.31[d]	64.86±0.25[b]	9.75±0.13[c]

注:同列右肩不同字母之间有显著性差异($P<0.05$)。( )内数字为样本数。

通过对蛋重和雏鸡重回归关系的方差分析,回归关系极显著($P<0.001$),表明在雏鸡重变异中,有部分是由蛋重不同所引起。但其平均重的比较不能正确反应品种间受缺氧影响的

差异，故需用协方差分析来校正。

经蛋重校正的协方差分析结果(表 3.15)，表明无论在低地还是在高原，藏鸡的雏鸡重都显著高于小型鸡($P<0.05$)，同时无论是藏鸡还是小型鸡都表现为低地雏鸡重显著高于高原($P<0.05$)。残余物低地显著高于高原但品种间差异不显著($P>0.05$)。

表 3.15 在高原和低地孵化时以入孵蛋重为协变量校正后藏鸡的雏鸡重和蛋壳重 g

品种	海拔	雏鸡重	蛋壳重
小型鸡	低地	33.853 ± 0.222^{b}	5.260 ± 0.108^{a}
	高原	30.071 ± 0.395^{d}	4.439 ± 0.192^{b}
藏鸡	低地	34.570 ± 0.261^{a}	4.944 ± 0.126^{a}
	高原	31.178 ± 0.165^{c}	4.579 ± 0.080^{b}

注：同列右肩不同字母之间有显著性差异($P<0.05$)。样本数同表 3.14。

在孵化第 6 天胚胎的湿重和干重在各组间差异都不显著，在孵化后期则主要表现为低地孵化组胚胎重大于高原孵化组胚胎重，在高原小型鸡胚胎重大于藏鸡胚胎重(表 3.16)。但经计算表明胚胎湿重与干重在孵化 15 d 以前与蛋重无相关关系，但在孵化第 15 和 18 天的胚胎湿重与入孵蛋重呈正相关，其相关系数分别为 $r^2=0.57$ 和 $r^2=0.54$，经检验二者存在极显著的相关性($P<0.001$)。经回归分析建立一元线性回归方程分别为 $Y=4.56+0.12X$ 和 $Y=5.39+0.26X$。

表 3.16 在高原和低地孵化时藏鸡的胚胎湿重 g

品种	海拔	日龄/d				
		6	9	12	15	18
小型鸡	低地	0.364 ± 0.046	1.763 ± 0.057^{b}	5.134 ± 0.149^{b}	13.031 ± 0.244^{a}	22.492 ± 0.482^{a}
	高原	0.370 ± 0.045	1.417 ± 0.059^{c}	4.027 ± 0.154^{b}	10.560 ± 0.273^{c}	18.113 ± 0.508^{c}
藏鸡	低地	0.422 ± 0.043	1.978 ± 0.062^{a}	5.780 ± 0.151^{a}	11.947 ± 0.244^{b}	20.641 ± 0.48^{b}
	高原	0.471 ± 0.044	1.388 ± 0.057^{c}	4.186 ± 0.154^{b}	9.527 ± 0.279^{d}	16.278 ± 0.491^{d}

注：同列右肩不同字母之间有显著性差异($P<0.05$)。样本数为 30。

通过对蛋重和孵化第 15 和 18 天胚胎重回归关系的方差分析，回归关系极显著($P<0.001$)，表明在孵化第 15 和 18 天胚胎重变异中，有部分是由蛋重不同所引起。但其平均重的比较不能正确反应品种间受缺氧影响的差异，故需用协方差分析来校正。

同样在孵化第 15 和 18 天的胚胎干重也与入孵蛋重呈正相关，其相关系数分别为 $r^2=0.44$ 和 $r^2=0.58$，经检验二者存在极显著的相关性($P<0.001$)。经回归分析建立一元线性回归方程分别为 $Y=0.73+0.02X$ 和 $Y=-0.74+0.09X$(表 3.17)。

经过蛋重校正的胚胎湿重在孵化第 6 天各组间的差异均不显著($P>0.05$)，其后主要表现为高原孵化组胚胎重显著低于低地孵化的趋势($P<0.05$)。在低地孵化的第 9 天和 12 天的藏鸡胚胎重显著高于小型鸡($P<0.05$)，但在孵化第 15 和 18 天的藏鸡胚胎重显著低于小型鸡($P<0.05$)。在高原孵化时在孵化第 15 天前藏鸡与小型鸡胚胎湿重一直没有显著性差异($P>0.05$)，但在孵化第 18 天时藏鸡胚胎重显著高于小型鸡(表 3.18)($P<0.05$)。

表 3.17　在高原和低地孵化时藏鸡的胚胎风干物质重　g

品种	海拔	日龄/d				
		6	9	12	15	18
小型鸡	低地	0.025±0.012	0.124±0.031	0.475±0.017[b]	2.176±0.063[a]	5.276±0.182[a]
	高原	0.048±0.011	0.165±0.032	0.334±0.017[d]	1.508±0.071[b]	3.368±0.192[b]
藏鸡	低地	0.028±0.011	0.143±0.034	0.601±0.017[a]	2.095±0.063[a]	5.194±0.182[a]
	高原	0.025±0.011	0.151±0.031	0.389±0.017[c]	1.689±0.072[b]	3.157±0.185[b]

注：同列右肩不同字母之间有显著性差异（$P<0.05$）。样本数为 30。

表 3.18　在高原和低地孵化时以入孵蛋重为协变量校正后藏鸡的胚胎湿重　g

品种	海拔	日龄/d				
		6	9	12	15	18
小型鸡	低地	0.364±0.046	1.763±0.057[b]	5.134±0.149[b]	13.359±0.244[a]	23.252±0.475[a]
	高原	0.370±0.045	1.417±0.059[c]	4.027±0.154[b]	8.906±0.498[c]	14.526±0.919[d]
藏鸡	低地	0.422±0.043	1.978±0.062[a]	5.780±0.151[a]	12.334±0.250[b]	21.362±0.472[b]
	高原	0.471±0.044	1.388±0.057[c]	4.186±0.154[b]	10.321±0.332[c]	18.086±0.603[c]

注：同列右肩不同字母之间有显著性差异（$P<0.05$）。样本数为 30。

经过蛋重校正的胚胎干重在孵化第 6 天和第 9 天各组间的差异均不显著（$P>0.05$），其后则呈现高原孵化组胚胎重显著低于低地孵化的趋势（$P<0.05$）。在低地孵化，藏鸡胚胎干重除在孵化第 12 天显著高于藏鸡外（$P<0.05$），其他日龄两者的差异均不显著（$P>0.05$）。但在高原孵化时，从孵化第 12 天起藏鸡胚胎干重一直显著高于小型鸡（$P<0.05$）（表 3.19）。

表 3.19　在不同海拔高度孵化时以入孵蛋重为协变量校正后藏鸡的胚胎风干物质重　g

品种	海拔	日龄/d				
		6	9	12	15	18
小型鸡	低地	0.025±0.012	0.124 0±.031	0.475±0.017[b]	2.239±0.065[a]	5.548±0.181[a]
	高原	0.048±0.011	0.165±0.032	0.334±0.017[d]	1.190±0.133[c]	2.086±0.350[c]
藏鸡	低地	0.028±0.011	0.143±0.034	0.601±0.017[a]	2.170±0.067[a]	5.452±0.180[a]
	高原	0.025±0.011	0.151±0.031	0.389±0.017[c]	1.842±0.089[b]	3.803±0.230[b]

注：同列右肩不同字母之间有显著性差异（$P<0.05$）。样本数为 30。

藏鸡和小型鸡都表现为在孵化第 15 天时高原和低地孵化组间的胚胎重差异不显著（$P>0.05$）。而孵化第 18 天的胚胎及雏鸡的心脏重在两个品种都表现为低地孵化组显著高于高原孵化组（$P<0.05$）。在高原孵化时小型鸡胚胎心脏重一直都高于藏鸡，但在孵化第 18 天没有达到显著水平（$P>0.05$），而孵化第 15 天和雏鸡都达到了显著水平（$P<0.05$）。

肝脏的生长情况与心脏类似只是出现差异的时间更晚，具体讲是在孵化第 15 天各组间差异均不显著（$P>0.05$），孵化第 18 天时低地小型鸡肝脏重显著高于高原藏鸡（$P<0.05$），其他各组间的比较差异均不显著（$P>0.05$）。出雏后主要表现为低地孵化组的肝脏重显著高于高原孵化组，同在高原孵化的小型鸡胚胎肝脏重也显著高于藏鸡胚胎的肝脏重（$P<0.05$）。

将适应低地环境的鸡引入到高原饲养最主要的限制性因素就在于低地鸡在高原孵化的孵化率下降，因此给生产带来不必要的损失，同时也使正常的生产繁殖程序无法实施。在高原孵化胚胎的死亡率升高是伴随着氧消耗的下降和胚胎发育减缓发生的。并且高原环境使胚胎生长缓慢、孵化率下降被证明主要是环境缺氧造成的组织缺氧的结果。Wangensteen 等(1974)报道在高海拔地区鸡胚慢性的暴露在低水平的氧环境中会表现代谢率和生长速度下降。在海拔 3 800 m 地区孵化，孵化第 14、16 和 18 天胚胎重分别相当于低地孵化胚胎重的 52%、57% 和 60%。McCutcheon 等(1982)通过在一半的鸡蛋表面覆盖不透气物质的手段制造胚胎缺氧环境，结果表明孵化第 18 天的胚胎重比正常孵化的对照组胚胎重低 91.4%。Handrich 和 Girard(1985)通过模拟海拔 2 900 m 气体环境孵化，发现在孵化 8～18 d 的高原孵化胚胎重显著低于在海拔 150 m 孵化的胚胎，第 18 天在 2 900 m 孵化的胚胎比在 150 m 孵化的胚胎重低 36%。在高原孵化时除孵化第 6 天藏鸡和小型鸡胚胎重高于低地孵化的小型鸡外($P>0.05$)，从孵化第 9～18 天胚胎重以及雏鸡重均低于低地孵化小型鸡，在孵化第 18 天高原孵化的小型鸡胚胎重比低地孵化小型鸡胚胎重低 38%。孵化第 18 天高原孵化藏鸡胚胎重也比低地孵化小型鸡重低 22%，比低地孵化藏鸡重低 15%，说明高原缺氧环境对小型鸡和藏鸡同样具有不利影响(图 3.14)。

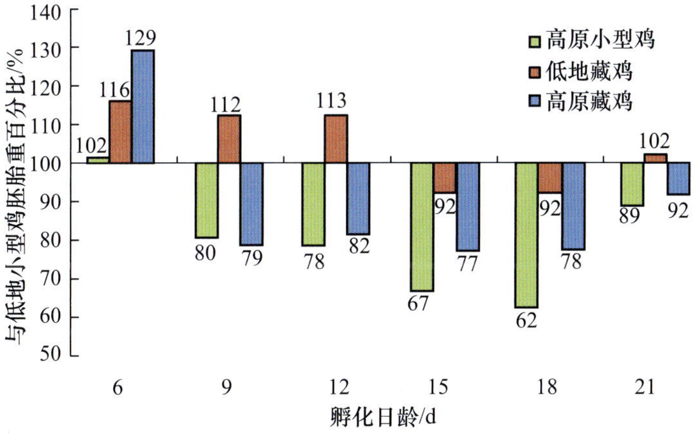

图 3.14 在高原孵化的藏鸡和小型鸡以及低地孵化的藏鸡胚胎重与低地孵化小型鸡(100)胚胎重的百分比

关于缺氧对鸡胚发育的影响，很多研究表明氧供应的不同会导致个体器官的差异生长(Smith 等，1969；McCutcheon 等，1982；Stock 等 1983)。McCutcheon 等(1982)在把胚胎在正常氧中孵化，然后通过把蛋壳表面覆盖 50%不透气的物质来降低氧的摄入，结果孵化第 18 天胚胎重下降 9%，肝脏的生长下降 19%，但对心脏的湿重的影响不显著(下降 2%)。在孵化第 18 天高原孵化小型鸡胚胎的心脏重(表 3.20)和肝脏重(表 3.21)分别比低地孵化胚胎低 17% 和 24%，说明在高原孵化小型鸡胚胎的心脏和肝脏的生长受缺氧影响而下降(38%)的程度可能要低于胚胎的整体水平。Black(1980)认为血液在胚胎组织中的相对分布可能受低氧的影响，血管和组织水平可能存在两种调节：①在血液的预先再分配过程中，血液向重要组织中分配的量要高于后肢；②后肢组织的氧分压下降到可以降低这一区域组织的发育水平。藏鸡高原孵化第 18 天胚胎的心脏重和肝脏重分别比低地孵化胚胎低 24%和 21%，说明在高原缺氧环境中藏鸡胚胎的心脏重和肝脏重生长的下降要低于胚胎重的平均水平。

表 3.20 在高原和低地孵化时藏鸡胚胎的心脏重 g

品种	海拔	日龄/d		
		15	18	雏鸡
小型鸡	低地	0.113±0.008[ab]	0.159±0.008[a]	0.279±0.008[a]
	高原	0.118±0.008[a]	0.132±0.008[b]	0.233±0.008[b]
藏鸡	低地	0.113±0.008[ab]	0.147±0.008[a]	0.241±0.008[b]
	高原	0.093±0.008[b]	0.112±0.008[b]	0.187±0.008[c]

注:同列右肩不同字母之间有显著性差异($P<0.05$)。样本数为 10。

表 3.21 在高原和低地孵化时藏鸡胚胎的肝脏重 g

品种	海拔	日龄/d		
		15	18	21
小型鸡	低地	0.255±0.025	0.510±0.025[a]	0.951±0.025[a]
	高原	0.263±0.025	0.386±0.025[ab]	0.841±0.025[b]
藏鸡	低地	0.247±0.025	0.452±0.025[ab]	0.813±0.025[b]
	高原	0.240±0.025	0.357±0.025[b]	0.654±0.025[c]

注:同列不同字母之间有显著性差异($P<0.05$)。样本数为 10。

生长是代谢的重要组成部分,因此在高海拔胚胎重和氧摄入量的相对下降是相当的(Beattie 和 Smith,1975)。Tazawa 等(1992)发现将孵化第 12、18 天的胚胎和雏鸡暴露在 15%和 10%的氧气中 1 h 会引起 V_{O_2} 的显著降低。暴露超过 4 h 后,孵化第 12 和 18 天的胚蛋会造成 V_{O_2} 连续的降低。代谢率下降表明生长降低是基于胚胎的能量利用。胚胎的能量消耗主要用于生长、维持和肌肉活动。生长是一个复杂的过程,但是作为最初的近似值可以假设每克胚胎组织的生长所消耗的能量是一个常数。这种由于生长所引起的代谢率的增加将与生长率(体重的增长率)成比例。维持代谢是指用来维持胚胎器官生命的能量。这部分能量也一定随胚胎体重的增加而升高,但成年鸡大约体重的 0.72 次幂可作为为基础代谢率。因此,能量的维持部分不可能成为总代谢率下降的原因。鸡胚的肌肉活动从胚胎早期开始到出雏一直都是增加的(Lasiewski 和 Dawson,1967)。生长率的下降导致了用于生长的能量的支出率减少,即使生长仍在进行的情况下,足够大的生长率下降也会引起总氧消耗的下降(Vleck 等,1980)。有报道称在纯氧(100%)中孵化的鸡蛋的 O_2 消耗量在孵化第 9 天会升高,而且在气室上方开 0.25 cm^2 的洞也能检测到 O_2 消耗量的升高。这表明通过暴露在高浓度 O_2 中来增加代谢对生长是有利的。有研究表明,在 60% O_2 中孵化的胚胎明显比在正常环境中孵化的胚胎重(Golde 等,1998)。相反,鸡胚在高于海平面 3 200 m 或 3 800 m 高度孵化时生长延迟,类似于当给蛋壳表面覆盖一层不透气物质时会造成胚胎生长的缓慢。Robertion(1923)指出复杂的生长过程的速度可能是由它的最慢组件的速度决定的。胚胎生长在 60% O_2 中能够被加速的事实,说明正常的氧缺乏限制了"最慢元件"的速度,并限制了胚胎的生长。对于正常生长来说,很多元素是基本条件,包括氧在内的这些元素受限制时,就会影响到这一复杂过程。相反,在孵化过程中添加氧可以刺激胚胎生长的实例则表明正常的氧获得量是限制胚胎生长的。

关于氧获得性对胚胎生长和发育的影响机制现在存在两种假设：一种假设是某些能够控制胚胎生长率和活性的特定细胞和细胞群受到 O_2 摄入的限制。例如如果生长激素的合成对静脉氧浓度敏感，这些激素的敏感性将会在生长超过生长激素的合成时被激发。另一种关于氧对生长影响机制的假设是氧分压的变化可能直接影响胚胎组织能量的产生，并且 ATP 浓度的增加至少在某种程度上是重要的。关于机体氧代谢的机制存在大量的证据表明包括哺乳动物都受急慢性 O_2 获得性变化的影响。无论在体内还是在离体的情况下，多种细胞色素在缺氧时活性都会下降。相反，增加氧的获得性会引起单位组织重的线粒体数量及单位线粒体蛋白重的细胞色素浓度的变大。这种假设也能够从多氧和缺氧条件时红细胞代谢中得到支持。在 21%O_2 中孵化的鸡胚的红细胞 ATP 浓度在孵化 14 d 后开始下降，相反在 70%O_2 中孵化的胚胎细胞的 ATP 浓度下降显著晚。如果在对 ATP 发生机制的反应上，这些鸟类有核红细胞能够被认为是其胚胎组织细胞的特征，ATP 高能磷酸键的可获得性表现出可以促进增加氧的获得性，而在其他组织中过量的 ATP 也许可以被用于生长(Metcalfe，1984)。

Metcalfe(1984)认为 O_2 的摄入限制着鸡胚的生长和发育，这种限制作用存在于正常条件下，但在缺氧环境中这种生长限制作用会加重。相似地，也有人认为生长率的下降可以看做一种适应机制来使蛋壳内外的氧压力差降低到最小(Wangensteen 等，1974)。所以藏鸡和小型鸡在高原胚胎的生长速度减缓可以认为主要是由于环境缺氧导致的组织缺氧引起的。

关于高原适应鸟类的研究却发现，缺氧环境中孵化胚胎生长缓慢可能不是高原适应的唯一途径。Carey 等(1993)发现高原美洲瓣蹼鹬在海拔 4 150 m 孵化的雏鸟重与低地美洲瓣蹼鹬在海拔 150 m 孵化的雏鸟重没有显著性差异，并且在被研究个体中只有 2%的胚胎是无法生存的。因此，认为在低 O_2 分压条件下高原美洲瓣蹼鹬胚胎具有能维持生长的能力可能是因为具有包括可以促进氧的需要和利用的生理、细胞和生化的特殊能力。而在海拔 4 500 m 地区相似体重的高原银鸭的 V_{O_2} 甚至显著高于高原美洲瓣蹼鹬。Snyder 等(1982)发现，黑额黑雁和斑头雁在高海拔孵化的胚胎生长之间又存在不同。黑额黑雁在低氧分压时能够通过增加氧运输能力来维持生存，但胚胎生长会受到影响，而斑头雁胚胎的生长则表现为不受低氧的影响。说明在高原的土著鸟类通过特殊的发育机制来支持在低氧分压时的胚胎生长和发育。在 2 400 m 和 3 800 m 的角百灵(Horned Lark，*Eremophila alpestris*)胚胎也表现为孵化时间、孵化率、雏鸟重与低地的相同品种有相当的值(Drury，1961；Verbeek，1967)。Snyder 等(1982)还发现在缺氧孵化机中孵化的黑额黑雁的心脏重显著大，然而在维持生长和发育方面却没有表现出改善，这与藏鸡胚胎的心脏和肝脏重的结果相似。但同时 Snyder 等(1982)还发现高原适应的斑头雁胚胎的心脏重要显著低于加拿大雁胚胎的心脏重，并且在低氧孵化机中孵化并没有表现出受影响。对于鸡胚而言，Beattie 和 Smith(1975)发现在平原地区产蛋在 3 100 m 的高度孵化，最初孵化率只有 16%，经过在高海拔适应 6 代后孵化率升高到 56%，并将其称为高原适应系，并发现在低地孵化高原适应系比低地系的氧消耗率要低，但比低地系在高原要高。Wangensteen(1974)也认为发育中的鸡胚当暴露于低氧环境中时比很多鸟类更易受到影响。

藏鸡胚胎在高原孵化胚胎的生长速度虽然也低于藏鸡在低地孵化的结果，但明显高于小型鸡在高原孵化时胚胎的生长。这可能主要是由于藏鸡在高原孵化由于蛋壳通透性较低防止了水分和 CO_2 的过度散失，并因此有利于维持血液的酸碱状态；血红蛋白含量和血氧亲和力较高则有利于增加血液携带氧的能力，并且较高的静脉血二氧化碳分压，较高 2,3-DPG 含量和较低的 pH 值可以促进血红蛋白在组织中卸氧能力增强；最后胚胎生长缓慢有利于减轻胚胎组织与环境的压力差，并使胚胎生长能够维持到出雏。这些说明藏鸡胚胎生长对高原环境存在明显的适应性，其适应的机制可能与斑头雁和高原美洲瓣蹼鹬等高原适应鸟类存在一定的相似性。但藏鸡胚胎的生长却不能像高原野生适应鸟类胚胎那样不受高原低氧的影响。

参考文献

Ar A Rahn H. 1985. Pores in avian eggshells: gas conductance, gas exchange and embryonic growth rate. Respir. Physiol., 61: 1-20.

Bartels H, Bartels R, Rathschlag-schaefer A M, et al. 1979. Acclimatization of newborn rats and guineapigs to 3000 to 5000 m simulated altitudes. Respir. Physiol., 36: 375-389.

Beattie J, Smith A H. 1975. Metabolic adaptation of the chick embryo to chronic hypoxia. Am. J. Physiol. 228: 1346-1350.

Black C P, Snyder G K. 1980. Oxygen transport in the avian egg at high altitude. Amer. Zool., 20: 461-468.

Burton R R, Smith A H. 1969. Induction of cardiac hypertrophy and polycythemia in the developing chicken at high altitude. Federation Proc., 28: 1170-1177.

Carey C. 1980. Adaptation of the avian egg to high altitude. Am. Zool., 20: 449-459.

Carey C, Dunin-Borkowski O, Leon-Velarde F, et al. 1993. Blood gas, pH and hematology of montane and lowland coot embryos. Respir. Physiol., 93: 151-163.

Carey C, Leon-Velarde F, Castro G, et al. 1987. Shell conductance, daily water loss, and water content of Andean gull and Puna ibis eggs. J. Exp. Zool., suppl: 247-252.

Carey C, Leon-Velarde F, Dunin-Borkowski O, et al. 1989. Shell conductance, daily water loss, and water content of Puna teal eggs. Physiol. Zool., 62: 83-95.

Davis G J. 1955. Influence of oxygen concentration on hatchability and on selecting for hatchability. Poult. Sci., 34: 107-113.

Drury W H. 1961. Studies of the breeding biology of the horned lark, water pipit, Lapland largzpur and snow bunting on Bylot Island, Northwest Territories, Canada. Bird Banding, 31: 1-46.

Golde J, Borm P J, Wolfs M, et al. 1998. The effect of hyperoia on embryonica and organ mass in the developing chick embryo. Respir. Physiol., 113: 75-82.

Handrich Y, Girard H. 1985. Gas diffusive conductance of sea-level hen eggs incubation at 2900m altitude. Respir. Physiol., 60: 237-252.

Julian R J. 1987. The effect of increased sodium in the dringking water on right ventricular hypertrophy, right ventricular failure and ascites in broiler chickens. Avian Pathol., 16: 61-71.

Lasiewski R C, Dawson W R. 1967. A reexamination of the relationship between standard metabolic rate and body weight in birds. Condor, 69: 13-23.

Leon-Velarde F, Mejia O, Palacio J A, et al. 1997. Changes in whole blood oxygen affinity and eggshell permeability in high altitude chickens translocated to sea level. Comp. Biochem. Physiol. , 118B: 53-57.

Leon-Velarde F, Monge C. 2004. Avian embryos in hypoxic environments. Respir. Physiol. Neurobiol. , 141: 331-343.

McCutcheon I E, Metcalfe J, Metzenberg A B, et al. 1982. Organ growth in hyperoxic and hypoxic chick embryos. Respir. Physiol. , 50: 153-163.

McGuire M, Bradford A. 1999. Chronic intermittent hypoxia increases haematocrit and causes right ventricular hypertrophy in the rat. Respir. Physiol. , 117: 53-58.

Metcalfe J, Stock M K. Ingermann R. L. 1984. The effect of oxygen on growth and development of the chick embryo. In: Seymour R. S. (ed.), Respiration and metabolism of embryo vertebrates. London, 205-219.

Monge C, F. Leon-Velarde. 1991. Physiological adaptation to high attitude: oxygen transport in mammals and birds. Physiol. Rev. , 71(4): 1135-1172.

Piazza T, Lauzgn A M, Mortola J P. 1988. Time course of adaptation to hypoxia in newborn rats. Can. J. Physiol. Pharmacol. 66: 152-158.

Pietschmann M, Bartels H. 1985. Cellular hyperplasia and hypertrophy, capillary proliferation and myoglobin concentration in the heart of newborn and adult rats at high altitude. Respir. Physiol. , 59: 347-360.

Rahn H, Ledoux T, Paganelli C V, et al. 1982. Changes in eggshell conductance after transfer of hens from an altitude of 3800 to 1200m. J. Appl. Physiol. , 53: 1429-1431.

Romanoff A. 1967. Biochchemistry of the avian embryo. John Wiley & sons, New York.

Sekhon H S, Thurlbeck W M. 1996. Lung morphometric changes after exposure to hypobaria and/or hypoxia and undernutrition. Respir. Physiol, 106: 99-107.

Snyder G K, Black C P, Birchard G F. 1982. Respiratory properties of blood from embryos of highland vs. lowland geese. J. Appl. Physiol. , 53: 1432-1438.

Tazawa H, Hashimoto Y, Nakazawa S, et al. 1992. Metabolic responses of chicken embryos and hatchlings to altered O_2 environments. Respir. Physiol. , 88: 37-50.

Tullett S G. 1975. Regulation of avian eggshell porosity. J. Zool. , 177: 339-348.

Verbeek N A. 1967. Breeding biology and ecology of the horned lark in alpine tundra. Wilson Bull. , 79: 208-218.

Visschedijk A H J. 1985. Gas exchange and hatchability of chicken eggs incubated at simulated high altitude. J. Applied Physiol. , 58: 416-418.

Visschedijk A H J. 1991. Physics and physiology of incubation, Brit. Poult. Sci. , 32: 3-20.

Vleck D, Vleck C M, Hoyt D F. 1980. Metabolism of avian embryos: ontogeny of oxygen consumption in the Rhea and Emu, Physiol. Zool. , 53: 125-135.

Wangensteen O D, Rahn H, Burton R R, et al. 1974. Respiration gas exchange of high altitude adapted chick embryos. Respir. Physiol. , 21: 61-70.

Wideman R F, Erf G F. 2002. Intravenous micro-particle injection and pulmonary hypertension in broiler chickens：Cardio-pulmonary hemodynamic responses. Poult. Sci.，81：877-886.

陈颖，阮英茆，李莉，等．2003. 大鼠慢性缺氧性肺动脉高压中肺小动脉血红素氧合酶-1 与内皮型一氧化氮合酶的变化．中国循环杂志，18(1)：61-63.

谌澄光，李良鉴，李兴辉，等．2003. 江西宁都黄鸡肉质性状的研究．中国家禽，25(10)：7-9.

刘健华，梁礼成，金久善．2003. 缺氧、肺动脉高压、心脏功能与肉鸡腹水综合征的关系．中国兽医学报，23(5)：483-486.

阮宗海，陈华伟，魏春英，等．1997. 不同海拔高原鼠兔、大白鼠血红蛋白电泳及血液学对比观察．高原医学杂志，7(4)：18-22.

叶润蓉，曹伊凡，白琴华，等．1994b. 高原鼠兔主要脏器重量．伤害实验动物科学，14(2)：82-84.

叶绍辉，欧茶海，丁自柏，等．2000. 60 和 90 日龄笼养腾冲雪鸡屠宰性能分析．云南畜牧兽医，(1)：14-15.

第4章

藏鸡高原低氧适应性血液生理学基础

动物体内气体运输和交换都是以血液为介质进行的。当空气中的氧通过肺泡或胚胎尿囊绒毛膜的气体交换进入血液后，就会与红细胞中的血红蛋白(Hb)结合，随血液循环进入心脏。然后，心脏把血液输送到全身各个部分，血红蛋白中的 O_2 在机体组织中释放，同时机体中的 CO_2 进入血液形成 H_2CO_3，或与血红蛋白结合，再经血液循环被输送到肺脏或尿囊绒毛膜中与外界进行气体交换。所以，在动物体内红细胞和血红蛋白的性质及其运输过程是影响气体运输的关键因素。另外，肺脏或尿囊绒毛膜的气体交换、血液酸碱平衡等也会对气体运输产生影响。

从血液生理的角度讲，藏鸡在高原生长和孵化的适应性就在于其红细胞能够将更多的氧携带到肌体各部分组织中。这既涉及红细胞计数、红细胞压积、血红蛋白含量等血液学基本参数的改变，也将涉及血液 pH 值、HCO_3^- 浓度和 2,3-DPG 浓度等血红蛋白结合氧调控因素的适应性变化。

4.1　动物血液生理与氧气运输

4.1.1　血液对氧的运输能力

对于 O_2 和 CO_2 而言，溶解在血浆中的量很少，O_2 为 1.5%左右，CO_2 为 3.4%左右。而大部分气体是在血红蛋白的参与下通过化学结合的方式完成运输过程的。血液对氧气的运输能力主要由血液的结合氧能力和血液流动速度决定。Fick 的校正方程(公式 4.1)描述了这些因素的关系(Monge,1991)。

$$V_{O_2}=Q(C_{aO_2}-C_{vO_2}) \tag{4.1}$$

其中：V_{O_2} 为血液向组织释放氧的量；Q 为血流量；C_{aO_2} 和 C_{vO_2} 为动脉血和静脉血的氧含量；$Q\times C_{aO_2}$ 的结果是血液对氧的运输能力；C_{aO_2} 是血红蛋白含量和动脉血的氧饱和度(S_{aO_2})的函数。

$$C_{aO_2}=S_{aO_2}\times 1.34[Hb] \tag{4.2}$$

综合公式 4.1 和 4.2 可以看出在血液中运输氧的量主要决定于血红蛋白含量[Hb]、血氧饱和度(S_{aO_2})和血流量(Q)。

4.1.2 血红蛋白含量

血红蛋白是红细胞内的主要组成成分,也是红细胞完成其携带氧任务的主要功能性成分。由公式4.2可知动脉血中的氧含量由血氧饱和度和血红蛋白含量决定。生理学上将每100 mL血液中的Hb所能最大限度结合的O_2量,称为氧容量。氧容量的具体值可以按每100 mL血液中所含Hb的克数乘以每克Hb能够结合O_2的毫升数求得。这个值反映了血液中Hb所能结合O_2的极限,也反映了血液运O_2的极限。

血红蛋白在呼吸的气体的运输链中居于关键地位,它的许多性质都与其特殊的化学结构有关。Hb由1个珠蛋白(globin)和4个血红素(heme)结合而成。一般成年动物珠蛋白包括两条α链和两条β链,每条链都有1个血红素,每个血红素的中心又都有1个亚铁离子(Fe^{2+}),每个Fe^{2+}都可以结合一个O_2分子。这样每个Hb共可结合4个O_2分子,同时Hb的平均分子质量是64 500 u,因此计算出1 g血红蛋白的O_2容量是1.39 mL。不过,在实际上血液中1 g血红蛋白不能结合超过1.34 mL的O_2,这是由于血液中的Hb并不能完全与O_2发生结合,故得到的氧结合能力低于理论的值,因此公式4.2中的系数为1.34。

4.1.3 血氧亲和力

100 mL血液中血红蛋白(Hb)实际结合的O_2量称Hb的氧含量(血氧含量)。Hb氧含量与氧容量的比为Hb氧饱和度。

$$\text{Hb 氧饱和度} = \frac{\text{Hb 氧含量}}{\text{Hb 氧容量}} \times 100\% \tag{4.3}$$

Hb与O_2的完全结合,需要具有足够的氧分压,约20 kPa(150 mmHg),而正常血液中的氧分压根本达不到这种高度,其中,动脉血中的氧分压也只有约13 kPa(100 mmHg)(Freeman和Margaret, 1974)。在不同氧分压情况下,血液中的氧含量又是不同的:氧分压高时,Hb与O_2的结合增多,氧含量就大,氧饱和度就大;氧分压低时,Hb与O_2的结合减少,氧含量就少,氧饱和度就小。若以P_{O_2}值为横坐标,血氧饱和度为纵坐标作图,求得血液中HbO_2的O_2解离曲线,称为HbO_2解离曲线。如图4.1所示。

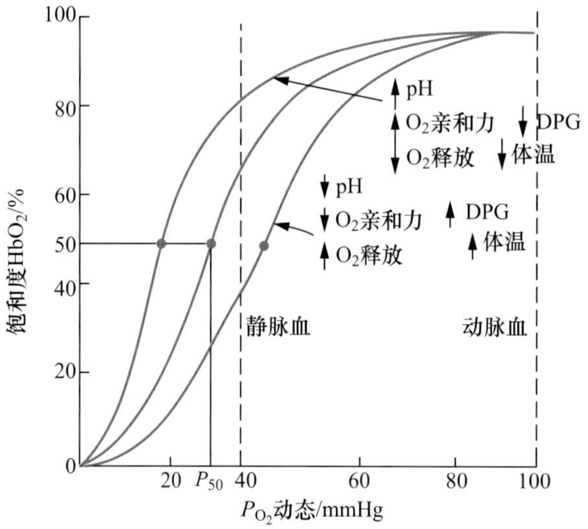

图4.1 正常动物血红蛋白氧解离曲线

在特定血液氧分压下的血红蛋白氧饱和度决定于血红蛋白对氧的亲和力(HbO_2亲和力)。HbO_2亲和力常常

用半饱和氧分压 P_{50} 表示，即一定温度、pH、离子浓度、Hb 浓度等条件下，血液中一半的 Hb 分子结合氧所需要的氧分压。它表明 Hb 对 O_2 的亲和力，P_{50} 低，说明血红蛋白在较低的 P_{O_2} 时就可达到 50%的饱和度，表示血氧亲和力高；反之亦然。另外，温度、pH 值和碱过量的效应都是相似的，它们对解离曲线的影响可以同时考虑，即氧解离曲线可由于氢离子浓度、CO_2 分压（P_{CO_2}）、温度、2,3-DPG 浓度等因素影响氧亲和力。当血液 pH 值由正常的 7.40 降至 7.20 时，Hb 与 O_2 的亲和力降低，氧解离曲线右移，释放 O_2 增加，pH 上升至 7.6 时，Hb 对 O_2 亲和力增加，曲线左移。这种因 pH 值改变而影响 Hb 携带 O_2 能力的现象称为 Bohr 效应。P_{CO_2} 对 O_2 运输的影响与 pH 作用相同，CO_2 可以直接与 Hb 分子的某些基团结合并解离出 H^+，也可以与 H_2O 结合形成 H_2CO_3 并解离出 H^+，增加了 H^+ 浓度，产生 Bohr 效应，影响 Hb 对 O_2 的亲和力，并通过影响 HbO_2 的生成与解离来影响 O_2 的运输。

4.1.4 血液流量

在机体组织中被交换的气体必须由血液流动带来和运走，因而 O_2 的摄取量 V_{O_2} 和 CO_2 的排出量 V_{CO_2} 均与机体血流量相关联。如果静脉和动脉的血液气体值被认为是恒定的，则血流量 Q 与 V_{O_2} 和 V_{CO_2} 成比例（公式 4.1）。因而公式 4.1 也可以解释为：O_2 分压和 CO_2 分压差等于机体组织气体交换量对血流量的比值（V_A/Q）。血流量 Q 主要与心输出量、血压、血液黏稠度等因素有关。

4.2 藏鸡胚胎期低氧适应血液生理基础

4.2.1 血液学参数

4.2.1.1 正常孵化

鸡胚在生长过程中，红细胞计数（*RBC*），血红蛋白浓度（Hb）和红细胞压积（Hct）一直保持上升趋势，即使在孵化的后半段也是如此。Macpherson 和 Deamer（1964）报道鸡胚红细胞计数从孵化第 8 天的 1×10^{12} 个/L，持续升高到出雏时的 2.7×10^{12}/L。上升的比率在第 15 天时比较缓慢，然后在第 18 天左右形成一个陡峰，在红细胞计数最高值时完全会超过 3×10^6 个/100 mL。红细胞压积与红细胞计数有相似的上升曲线，只是上升幅度更缓慢。在整个孵化期只是在 8～10 d 时略显不规则，其他时期都相当平滑。红细胞压积的变化常从孵化第 7 天接近 17%，出雏时升高到 30%。平均血红蛋白含量也随着孵化日龄的增加而增加，大约从孵化第 8 天的 4 g/100 mL 升高到出雏前的 9 g/100 mL（Freeman 和 Margare，1974）。

鸡胚发育过程中随着日龄的增加血红蛋白含量逐渐升高，亲和力也在发生着变化，并且其变化量是在所有脊椎动物中最大的。能明显观察到的 3 个阶段包括：a. 孵化第 4～8 天，P_{50} 由 5.07 kPa 升高到 6.93 kPa；b. 孵化第 8～18 天，P_{50} 由 6.67 kPa 逐渐下降到 4.00 kPa；c. 从啄壳到出壳，P_{50} 由 4.00 kPa 升高到 6.27 kPa（Baumann，1984）。虽然这样，在胚胎发育的后期胚胎可能还是处于缺氧状态。甚至有人认为，胚胎出壳的信号可能是由胚胎所处的成熟程度和缺氧状态来决定的。通常情况下，鸡胚 CAM 中的动脉血 $P_{a_{O_2}}$ 和 $P_{a_{CO_2}}$ 随着发育而发生变化，并与气室内气体的改变一致。总的来讲，$P_{a_{O_2}}$ 从孵化第 10 天的 10.67～12.00 kPa 下降到孵化第 19 天的 5.33～6.66 kPa，而同一阶段的 $P_{a_{CO_2}}$ 从 1.33 kPa 升高到 4.67～5.33 kPa(Baumann，1984)。尽管随着胚胎发育动脉血的 Po_2 一直在下降，但由于血红蛋白氧亲和力在增加，所以在孵化后期的动脉血氧饱和度一直保持较高的水平，大约 80%～90%。每当血红蛋白完成一次循环后，80%的氧会由血红蛋白中转移到组织中，所以 HbO_2 亲和力的调整具有关键性的作用。

4.2.1.2　**缺氧条件孵化**

当鸡蛋在缺氧环境孵化时，鸡胚的红细胞和血红蛋白都会增加(Burton 和 Smith，1969；Tazawa 等，1971)。在 3 800 m 孵化的 20 日龄鸡胚的平均红细胞压积(40.7%)要比平原的同日龄鸡胚(27.0%)显著高。通过在 1/4 的蛋壳表面覆盖不透气的物质来减少气体交换可以使 18 d 的胚胎(40.7%)产生比对照(36.7%)高的平均红细胞压积(Burton 和 Smith，1969)。Handrich 和 Girard(1985)在 2 900 m 测定的 Hct 和 Hb 的值与 150 m 测定值没有显著性差异，但经过体重标准化后它们表现出显著高的增加率，并认为红细胞生成可受到低压或常压引起的组织缺氧的刺激。红细胞压积和血红蛋白含量对缺氧的反应可在孵化的早期发生。Baumann 等(1983)通过测定从开始就孵化在 13.5%氧中的鸡蛋第 6～9 天的慢性缺氧胚胎的红细胞压积和血红蛋白含量，发现红细胞压积和血红蛋白含量在孵化的 6 d 与对照比没有差别，如果缺氧环境继续保持，血红蛋白含量会出现下降。缺氧孵化的胚胎趋向于更早发生血红蛋白向成年型的转变。鸡胚在发育的后期被观察到的对缺氧的反应是红细胞压积和血红蛋白含量都会增加。Tazawa(1971)发现减少蛋壳内外的气体交换会导致鸡胚在孵化第 14～18 天红细胞压积和血红蛋白含量都会比对照升高。相似的通过在整个孵化期降低蛋壳通透性的方式可以引起第 16 天胚胎红细胞压积和血红蛋白含量的变异加大，但对平均值影响不大(Nakazawa 和 Tazawa1988)。

在生理条件下，慢性接触低氧环境可通过刺激肝脏氧敏感细胞促进细胞生成素(EPO)等细胞因子的合成、分泌，调控骨髓干细胞对红细胞系的代偿性增殖和分化，提高血液的运氧能力，保证组织的氧供给。在低氧环境下，任何 EPO 含量和/或活性的改变都将直接影响 EPO 对骨髓干细胞增殖的正常调控。EPO 通过作用于其靶细胞上的 EPO 受体而发挥作用，它不仅能刺激骨髓多能干细胞向红细胞系列转化，促进红系原始细胞的增殖、缩短红细胞成熟时间，使骨髓中网织红细胞释放入血增加，而且可刺激 Hb 的合成，最终导致外周血红细胞数量的增加(黄益民等，2001)。

4.2.1.3　**藏鸡胚胎期的血液学参数**

通过在北京和西藏林芝两地分别孵化藏鸡和农大小型鸡两个品种的种蛋，研究藏鸡胚胎发育过程中血液生理的高原适应性。结果发现在高原孵化时，第 12、15 和 18 天藏鸡胚胎中的血红蛋白都显著高于农大小型鸡胚胎，在低地孵化时只有孵化第 12 天时藏鸡胚胎显著高于农大小型鸡胚胎，在孵化后期的两个阶段两者差异都不显著。同一品种不同海拔高度比较，表现为第 12 天时高原孵化胚胎与低地孵化胚胎的血红蛋白无显著性差异，但在孵化第 15 和 18 天时，高原孵化胚胎的血红蛋白显著高于各自在低地孵化胚胎的血红蛋白含量(表 4.1)。

就红细胞压积而言，在孵化第 9 天低地孵化胚胎的红细胞压积显著高于高原孵化组胚胎，但由于高原孵化胚胎红细胞压积随日龄的增长速度较快，在孵化第 12～18 天藏鸡高原胚胎都显著高于低地孵化胚胎。小型鸡在高原和低地孵化胚胎的红细胞压积也有类似的变化，即在

表 4.1 藏鸡和农大小型鸡在高原和低地孵化胚胎的血红蛋白含量 g/100 mL

孵化日龄/d	农大小型鸡		藏 鸡	
	高原	低地	高原	低地
12	5.84±0.29[b]	5.93±0.27[b]	6.00±0.25[a]	7.03±0.23[a]
15	8.80±0.23[b]	8.16±0.24[c]	9.83±0.24[a]	7.88±0.24[c]
18	9.84±0.24[b]	8.74±0.22[c]	10.81±0.24[a]	8.45±0.23[c]

注：同行右肩不同字母之间有显著性差异($P<0.05$)。样本数为 20。

孵化第 9 天时低地孵化胚胎红细胞压积显著高于高原孵化组胚胎，孵化第 12 天时两者差异不显著，到孵化第 15 和 18 天时高原孵化组胚胎红细胞压积显著高于低地孵化组胚胎。在低地孵化时藏鸡和农大小型鸡胚胎的红细胞压积一直表现为差异不显著。但在高原孵化时，藏鸡胚胎在孵化第 15 天红细胞压积显著高于小型鸡胚胎，而孵化第 9、12 天和 18 天两者差异均不显著(表 4.2)。

表 4.2 藏鸡和农大小型鸡在高原和低地孵化胚胎的红细胞压积 %

孵化日龄/d	小 型 鸡		藏 鸡	
	高原	低地	高原	低地
9	15.78±1.35[b]	20.58±0.93[a]	15.22±1.35[b]	22.53±0.93[a]
12	26.00±1.28[ab]	23.86±0.75[b]	28.50±1.28[a]	23.55±0.75[b]
15	33.90±1.28[b]	28.09±0.72[c]	39.20±1.28[a]	28.66±0.72[c]
18	37.90±1.28[a]	31.04±0.78[b]	40.30±1.28[a]	32.07±0.78[b]

注：同行右肩不同字母之间有显著性差异($P<0.05$)。样本数为 20。

红细胞计数表现为无论藏鸡还是农大小型鸡在高原孵化胚胎的红细胞计数都显著高于低地孵化胚胎，但无论在高原还是在低地孵化藏鸡与农大小型鸡胚胎红细胞计数的差异均不显著(表 4.3)。

表 4.3 藏鸡和小型鸡在高原和低地孵化胚胎的红细胞计数 万/mm³

孵化日龄/d	小 型 鸡		藏 鸡	
	高原	低地	高原	低地
9	1.49±0.21[a]	0.56±0.11[b]	1.06±0.16[a]	0.77±0.12[b]
12	1.80±0.13[a]	1.13±0.10[b]	1.57±0.11[a]	1.09±0.09[b]
15	1.90±0.11[a]	1.35±0.08[b]	1.83±0.09[a]	1.45±0.09[b]
18	2.01±0.12[a]	1.30±0.09[b]	2.14±0.12[a]	1.24±0.09[b]

注：同行右肩不同字母之间有显著性差异($P<0.05$)。样本数为 20。

血液 2,3-DPG 含量被认为是血红蛋白氧亲和力的重要基本调节因子，2,3-DPG 含量的增加可以提高血红蛋白结合氧的能力。在孵化第 12～18 天胚胎血液 2,3-DPG 含量主要表现为逐渐增加的趋势(表 4.4)。藏鸡除孵化第 18 天外，在高原孵化组胚胎的血液中2,3-DPG 含量高于低地孵组胚胎，但差异一直不显著($P>0.05$)。而小型鸡除孵化第 18 天外在高原孵化组胚胎的血液中 2,3-DPG 含量则表现为显著高于低地孵化组胚胎。无论在高原和低地孵化藏鸡胚胎的血液 2,3-DPG 含量也都表现为孵化第 12 天低于小型鸡胚胎，而孵化第 15 和 18 天高于小型鸡胚胎，但差异未达到显著水平（$P>0.05$）。

表 4.4 藏鸡和农大小型鸡在高原和低地孵化胚胎的 2,3-DPG 含量 %

孵化日龄/d	小型鸡		藏鸡	
	高原	低地	高原	低地
12	0.421±0.078[a]	0.167±0.087[b]	0.328±0.078[ab]	0.109±0.082[b]
15	1.099±0.082[a]	0.865±0.078[b]	1.103±0.078[a]	1.018±0.078[ab]
18	1.057±0.078[ab]	0.977±0.078[b]	1.221±0.078[a]	1.122±0.078[ab]

注：同行右肩不同字母之间有显著性差异（$P<0.05$）。样本数为 10。

在高原孵化的藏鸡胚胎主要表现为红细胞平均容积（MCV）、红细胞平均血红蛋白（MCH）高于农大小型鸡胚胎，而红细胞平均血红蛋白浓度（MCHC）在孵化第 12 和 15 天时低于农大小型鸡胚胎，但在孵化第 18 天高于农大小型鸡胚胎（表 4.5）。

表 4.5 藏鸡和农大小型鸡在高原和低地孵化 MCV、MCH 和 MCHC 的变化

孵化日龄/d		小型鸡		藏鸡	
		高原	低地	高原	低地
MCV/μm^3	12	144.44	211.15	181.53	216.06
	15	178.42	208.07	214.21	197.66
	18	188.56	238.77	188.32	258.63
MCH/pg	12	32.44	52.48	38.22	64.50
	15	46.32	60.44	53.72	54.34
	18	48.96	67.23	50.51	68.15
MCHC/(g/100 mL)	12	22.46	24.85	21.05	29.85
	15	25.96	29.05	25.08	27.49
	18	25.96	28.16	26.82	26.35

一般认为在高原孵化血红蛋白和红细胞压积同时都会增加，而且这种变化主要是由于红细胞增多引起的，同时单个红细胞体积会相对较小（Tazawa，1986）。藏鸡和小型鸡高原孵化胚胎的红细胞计数在孵化第 18 天分别比低地孵化组高 72.8%和 54.62%，而孵化第 18 天的红细胞压积分别比低地孵化组高 25.66%和 22.10%。说明在高原孵化时血红蛋白的升高主要是由于红细胞数增加引起的。同时红细胞的体积相对变小。由于红细胞体积较小，则表面积相对较大，有利于红细胞内血红蛋白的气体交换。同时较小体积的红细胞还有利于缓解因为数目增多造成的黏滞阻力的升高。

在高原孵化时藏鸡胚胎的血红蛋白含量显著高于小型鸡胚胎；红细胞压积也表现为藏鸡胚胎高于小型鸡胚胎，但没有达到统计意义上的显著水平；相反红细胞计数则主要表现为小型鸡高于藏鸡胚胎，只有孵化第 18 天藏鸡高于小型鸡胚胎，但差异均未达到显著水平。由表 4.5 可见，藏鸡高原孵化组胚胎在孵化 12 d 时 MCV 和 MCH 分别比小型鸡高原孵化胚胎高 46.19%和 61.78%，而 MCHC 仅比小型鸡高原孵化组高 10.64%。然后随着孵化日龄的增加这种差距逐渐缩小。这说明在孵化第 12 天藏鸡高原孵化胚胎的红细胞平均体积较大，红细胞平均血红蛋白含量较高，但红细胞计数相对而言较低。

藏鸡和小型鸡在高原孵化中血液学参数都会发生改变，但其改变方式却存在差异。小型鸡主要通过增加红细胞计数来提高血红蛋白含量，由此增加提高血液运输氧的能力。而藏鸡虽然血红蛋白含量和红细胞压积显著高于小型鸡，但其红细胞计数却低于小型鸡，说明藏鸡高原孵化胚胎的红细胞平均体积较大，红细胞平均血红蛋白含量较高。

在禽类胚胎期存在原始型胚胎红细胞和成熟型胚胎红细胞两个系列。原始型胚胎期红细胞在中胚层血岛细胞分化时的血管区形成。它们通过有丝分裂的形式在第5天左右以前一直以 5.2×10^4 个/h 的速度继续产生（Freeman 和 Margaret，1974）。之后则不再有原始型胚胎红细胞形成，取而代之的是成熟型胚胎红细胞的出现。成熟型胚胎红细胞在形态学上与原始型胚胎红细胞有明显区别，主要表现为体积相对较小（Macpherson 和 Deamer，1964）。随着成年红细胞数量的升高，细胞内平均血红蛋白含量开始下降，从第8天的每个红细胞内 10.8×10^8 个分子下降到第15天每个红细胞 4.5×10^8 个分子。因此说明成年期的红细胞比胚胎期的红细胞的血红蛋白含量少得多。而血液中的血红蛋白含量从第8天的4 g/mL 升高到出雏时9 g/mL（Freeman 和 Margaret，1974）。

Atherton 和 Timiras（1970）认为在高原孵化的鸡胚的成年红细胞和血红蛋白比低地孵化胚胎出现的时间晚24 h，而且认为在高原孵化高原习服组与低地组的结果相似。但 Baumann 等（1983）认为在高原孵化产于低地的鸡蛋表现为成年血红蛋白和胚胎的出现会提前12 h。在孵化第9～12天期间藏鸡和小型鸡胚胎的红细胞压积都有一个明显升高的过程，但在此期间藏鸡的红细胞计数低于小型鸡胚胎，两者的血红蛋白含量相似。这可能是由于小型鸡胚胎受低氧刺激，在孵化第9天左右出现成年红细胞的大量增加，但由于成年红细胞的体积相对较小，平均血红蛋白含量也较少，所以才出现了上述结果。在孵化12 d 以后，藏鸡胚胎的成年红细胞开始增多，结果导致在孵化第15天时藏鸡胚胎的红细胞计数与小型鸡胚胎相似，但红细胞压积和血红蛋白含量显著高于小型鸡胚胎。孵化第15天后胚胎期红细胞开始死亡，所以导致孵化第18天时藏鸡和小型鸡胚胎的红细胞压积趋于相近，而藏鸡胚胎的红细胞计数和血红蛋白含量都高于小型鸡胚胎。

胚胎期红细胞和成熟红细胞分别携带不同的血红蛋白，胚胎期红细胞主要携带的是胎儿血红蛋白，包括 HbP，HbP'，HbM 和 HbE；成熟型胚胎红细胞携带的是成年血红蛋白，包括 HbA 和 HbD（Baumann 等 1974）。一般认为胎儿血红蛋白对氧的亲和力比成年血红蛋白高（Hall，1934；Huisman，1964）。随着胚胎期红细胞的死亡，胚胎血红蛋白开始减少，到出雏后大部分鸟类只有很少的胚胎血红蛋白残留。表明藏鸡胚胎的胚胎期血红蛋白可能比小型鸡胚胎存在的时间长，因此可能存在藏鸡胚胎血红蛋白亲和力比小型鸡胚胎高的现象。荀潇（2005）通过改进的混合技术测定藏鸡和隐性白鸡第14天胚胎血液的血氧亲和力（pH＝7.4），藏鸡 P_{50} 是4.44 kPa，隐性白鸡 P_{50} 为4.71 kPa。结果显示藏鸡在第14天全血氧亲和力明显高于隐性白鸡。同时荀潇（2005）还在藏鸡胚胎中筛选到 α^D 链编码基因的一个突变位点[Met-32D(B13)-Leu]，而该突变位点使血氧亲和力更高。Hiebl（1986）认为，血红蛋白分子对高海拔低氧分压的呼吸适应应当考虑两个方面，一方面 Hb 分子对氧有高亲和力以保证即使在低氧分压的环境条件下，动脉血仍具有足够的氧饱和度，也就是 HbO_2 解离曲线需要左移；另一方面，这种对氧的高亲和力将会降低 Hb 在组织中的携氧能力，因此应存在一种机制降低 Hb 在组织中的亲和力，即 HbO_2 解离曲线需要右移。在高原和低地孵化藏鸡胚胎的血液中2,3-DPG 含量也都表现为高于小型鸡胚胎，但差异未达到显著水平，同时在高原孵化藏鸡的静脉氧分压高于小型鸡胚胎，pH 值低于小型鸡胚胎，这都有利于血红蛋白向组织中输氧。

4.2.1.4　藏鸡胚胎期的血气分析

在比较不同海拔下孵化藏鸡和小型鸡试验中发现，无论在低地还是高原，孵化第 9～18 天藏鸡和小型鸡胚胎的动脉血氧分压（$P_{a_{O_2}}$）都随着孵化日龄的增加一直呈下降的趋势。在低地孵化时，藏鸡胚胎的 $P_{a_{O_2}}$ 由孵化第 9 天的 15.51 kPa 下降到孵化第 18 天的 5.91 kPa，同时小型鸡胚胎的 $P_{a_{O_2}}$ 由孵化第 9 天的 16.33 kPa 下降到孵化第 18 天的 4.96 kPa，两者除孵化第 15 天外其他 3 个日龄差异均不显著。在高原孵化时，藏鸡胚胎的 $P_{a_{O_2}}$ 由孵化第 9 天的 13.66 kPa 下降到孵化第 18 天的 8.11 kPa，同时小型鸡胚胎的 $P_{a_{O_2}}$ 由孵化第 9 天的 13.49 kPa 下降到孵化第 18 天的 8.93 kPa，两者各日龄间差异均不显著。在孵化第 9、12 和 15 天时高原孵化的藏鸡和小型鸡胚胎 $P_{a_{O_2}}$ 都显著低于各自在低地孵化胚胎的结果。在孵化的第 18 天时藏鸡和小型鸡胚胎的 $P_{a_{O_2}}$ 都显著高于在低地孵化的结果（表 4.6）。

表 4.6　藏鸡和小型鸡胚胎在高原和低地孵化的尿囊绒毛膜动脉血 O_2 分压　　kPa

孵化日龄/d	小型鸡		藏鸡	
	高原	低地	高原	低地
9	13.49 ± 0.40^{b}(15)	16.33 ± 0.45^{a}(11)	13.66 ± 0.41^{b}(12)	15.51 ± 0.47^{a}(10)
12	11.74 ± 0.40^{b}(14)	14.50 ± 0.39^{a}(15)	11.58 ± 0.40^{b}(14)	14.54 ± 0.39^{a}(15)
15	10.25 ± 0.37^{bc}(16)	12.06 ± 0.39^{a}(16)	9.53 ± 0.37^{c}(16)	10.96 ± 0.37^{b}(15)
18	8.93 ± 0.45^{a}(11)	4.96 ± 0.43^{b}(12)	8.11 ± 0.34^{a}(19)	5.91 ± 0.43^{b}(13)

注：同行右肩不同字母之间有显著性差异（$P<0.05$）。括号内数字为样本数。

无论在低地还是高原，孵化第 9～18 天藏鸡和小型鸡胚胎的静脉血氧分压（$P_{v_{O_2}}$）都与 $P_{a_{O_2}}$ 有相同的变化趋势（表 4.7）。在低地孵化时，藏鸡胚胎的 $P_{v_{O_2}}$ 由孵化第 9 天的 8.28 kPa 下降到孵化第 18 天的 1.39 kPa，同时小型鸡胚胎的 $P_{v_{O_2}}$ 由孵化第 9 天的 8.27 kPa 下降到孵化第 18 天的 1.39 kPa，两者除孵化第 15 天外（$P<0.05$）其他 3 个日龄差异均不显著（$P>0.05$）。在高原孵化时，藏鸡胚胎的 $P_{v_{O_2}}$ 由孵化第 9 天的 6.24 kPa 下降到孵化第 18 天的 3.20 kPa，同时小型鸡胚胎的 $P_{v_{O_2}}$ 由孵化第 9 天的 6.25 kPa 下降到孵化第 18 天的 3.24 kPa，两者各日龄间差异均不显著（$P>0.05$）。在孵化第 9 天时在高原孵化的藏鸡 $P_{v_{O_2}}$ 显著低于在低地孵化的结果（$P<0.05$），在孵化 12 d 和 15 d 藏鸡在两地孵化的 $P_{v_{O_2}}$ 差异不显著，当孵化进行到 18 d 时（$P>0.05$），藏鸡在高原的孵化胚胎 $P_{v_{O_2}}$ 显著高于在低地孵化胚胎的 $P_{v_{O_2}}$（$P<0.05$）。小型鸡在高原和低地的孵化胚胎 $P_{v_{O_2}}$ 也有类似的变化趋势。

表 4.7　藏鸡和小型鸡胚胎在高原和低地孵化的尿囊绒毛膜静脉血 O_2 分压　　kPa

孵化日龄/d	小型鸡		藏鸡	
	高原	低地	高原	低地
9	6.25 ± 0.39^{b}	8.27 ± 0.43^{a}	6.24 ± 0.43^{b}	8.28 ± 0.41^{a}
12	3.41 ± 0.33^{b}	4.92 ± 0.35^{a}	4.33 ± 0.38^{ab}	5.09 ± 0.34^{a}
15	3.41 ± 0.34^{ab}	3.58 ± 0.32^{a}	3.50 ± 0.33^{ab}	2.67 ± 0.33^{b}
18	3.24 ± 0.32^{a}	1.39 ± 0.34^{b}	3.20 ± 0.27^{a}	1.39 ± 0.33^{b}

注：同行右肩不同字母之间有显著性差异（$P<0.05$）。样本数同表 4.6。

无论在低地还是高原，孵化第 9～18 天藏鸡和小型鸡胚胎的动脉血二氧化碳分压（$P_{a_{CO_2}}$）都随着孵化日龄的增加呈升高的趋势（表 4.8）。在低地孵化时，藏鸡胚胎的 $P_{a_{CO_2}}$ 由孵化第 9 天的 1.43 kPa 升高到孵化第 18 天的 5.39 kPa，同时小型鸡胚胎的 $P_{a_{CO_2}}$ 由孵化第 9 天的 1.30 kPa 升高到孵化第 18 天的 4.84 kPa。在高原孵化时，藏鸡胚胎的 $P_{a_{CO_2}}$ 由孵化第 9 天的 1.14 kPa 升高到孵化第 18 天的 3.05 kPa，同时小型鸡胚胎的 $P_{a_{CO_2}}$ 由孵化第 9 天的 1.00 kPa 升高到孵化第 18 天的 2.93 kPa。在孵化第 9 天时藏鸡和小型鸡胚胎在高原和低地孵化的 4 组 $P_{a_{CO_2}}$ 结果差异均不显著（$P>0.05$）；在孵化第 12、15 和 18 天时藏鸡和小型鸡的 $P_{a_{CO_2}}$ 都表现为在高原孵化的结果显著高于在低地孵化的结果（$P<0.05$）；而且在第 15 天无论高原和低地孵化藏鸡的 $P_{a_{CO_2}}$ 都显著高于小型鸡（$P<0.05$），但在第 12 和 18 天两者之间的差异并不显著（$P>0.05$）。

表 4.8 藏鸡和小型鸡胚胎在高原和低地孵化的尿囊绒毛膜动脉 CO_2 分压 kPa

孵化日龄/d	小型鸡		藏鸡	
	高原	低地	高原	低地
9	1.00±0.21	1.30±0.23	1.14±0.22	1.43±0.20
12	1.53±0.21[b]	2.76±0.20[a]	1.99±0.21[b]	3.02±0.20[a]
15	2.16±0.19[d]	4.39±0.20[b]	3.03±0.19[c]	5.67±0.19[a]
18	2.93±0.23[b]	4.84±0.23[a]	3.05±0.18[b]	5.39±0.23[a]

注：同行右肩不同字母之间有显著性差异（$P<0.05$）。样本数同表 4.6。

无论在低地还是高原，孵化第 9～18 天藏鸡和小型鸡胚胎的静脉血二氧化碳分压（$P_{v_{CO_2}}$）都与 $P_{a_{CO_2}}$ 有相似的变化趋势（表 4.9）。在低地孵化时，藏鸡胚胎的 $P_{v_{CO_2}}$ 由孵化第 9 天的 2.40 kPa 升高到孵化第 18 天的 8.66 kPa，同时小型鸡胚胎的 $P_{v_{CO_2}}$ 由孵化第 9 天的 2.41 kPa 升高到孵化第 18 天的 7.87 kPa。在高原孵化时，藏鸡胚胎的 $P_{v_{CO_2}}$ 由孵化第 9 天的 1.87 kPa 升高到孵化第 18 天的 5.87 kPa，同时小型鸡胚胎的 $P_{v_{CO_2}}$ 由孵化第 9 天的 1.58 kPa 升高到孵化第 18 天的 4.75 kPa。无论在高原和低地孵化除第 9 天藏鸡和小型鸡胚胎的 $P_{v_{CO_2}}$ 差异不显著（$P>0.05$）之外，其他 3 个日龄都表现为藏鸡胚胎的 $P_{v_{CO_2}}$ 显著高于小型鸡胚胎（$P<0.05$）。同时在孵化的第 9～18 天藏鸡和小型鸡胚胎的 $P_{v_{CO_2}}$ 主要都表现为在高原孵化的结果显著低于在低地孵化的结果（$P<0.05$）。

表 4.9 藏鸡和小型鸡胚胎在高原和低地孵化的尿囊绒毛膜静脉 CO_2 分压 kPa

孵化日龄/d	小型鸡		藏鸡	
	高原	低地	高原	低地
9	1.58±0.27[b]	2.41±0.29[a]	1.87±0.29[ab]	2.40±0.28[a]
12	2.52±0.22[d]	4.81±0.24[b]	3.60±0.25[c]	5.65±0.23[a]
15	3.98±0.23[d]	7.57±0.21[b]	4.93±0.22[c]	9.01±0.22[a]
18	4.75±0.21[d]	7.87±0.23[b]	5.87±0.18[c]	8.66±0.22[a]

注：同行右肩不同字母之间有显著性差异（$P<0.05$）。样本数同表 4.6。

鸡胚 CAM 血液 O_2 和 CO_2 分压主要由环境到血液之间扩散阻力以及胚胎的 O_2 消耗及 CO_2 产生量决定。尿囊绒毛膜内毛细血管直接与气室相接，因此气室氧分压将直接影响 $P_{a_{O_2}}$

和 $P_{a_{CO_2}}$ 的值。Tazawa 等(1983)根据气体扩散方程认为气室氧分压($P_{a_{O_2}}$)和二氧化碳分压($P_{a_{CO_2}}$)由胚胎的氧消耗 M_{O_2} 和二氧化碳产生量 M_{CO_2} 及蛋壳通透性(g)决定：

$$P_{a_{O_2}} = P_{I_{O_2}} - \frac{M_{O_2}}{g_{O_2}} \tag{4.4}$$

$$P_{a_{CO_2}} = \frac{M_{CO_2}}{g_{CO_2}} \tag{4.5}$$

随着胚胎的生长 O_2 消耗及 CO_2 产生量不断增加，而蛋壳通透性在整个孵化期变化并不大。因此 CAM 血液会表现为 P_{O_2} 下降，P_{CO_2} 升高的趋势。在高原孵化时环境氧分压($P_{I_{O_2}}$)降低，虽然由于空气稀薄可以使蛋壳对气体的双向扩散系数升高，并相应引起蛋壳通透性 g_{O_2} 的升高，但这并不能弥补 $P_{I_{O_2}}$ 的降低，因此在高原孵化时鸡胚的 $P_{a_{O_2}}$ 和 $P_{v_{O_2}}$ 都显著小于在低地孵化的结果。大气中的 CO_2 含量很小，所以当蛋壳对气体的双向扩散系数因高原空气稀薄而升高时(g_{CO_2} 也相应增高)，高原孵化胚胎 CAM 血液中的 $P_{a_{CO_2}}$ 和 $P_{v_{CO_2}}$ 则表现为显著低于低地孵化的结果。Tazawa 等(1983)认为高原孵化会导致胚胎代谢减弱，所以高原孵化胚胎血气低于低地孵化胚胎的结果可能会因此而减小差异。Piiper 等(1980)报道在低氧($P_{I_{O_2}}$ = 13.07 kPa)条件下孵化的第 16 天鸡胚的动静脉氧分压(6.00 和 2.67 kPa)和 CO_2 分压(3.81 和 4.41 kPa)都比在常氧($P_{I_{O_2}}$ =19.73 kPa)条件下孵化的同日龄的胚胎低($P_{a_{O_2}}$ 和 $P_{v_{O_2}}$ 分别为 9.47 和 3.20 kPa，$P_{a_{CO_2}}$ 和 $P_{v_{CO_2}}$ 分别为 4.35 和 5.57 kPa)。藏鸡和小型鸡都表现为在孵化第 9～15 天高原孵化胚胎的 $P_{a_{O_2}}$ 和 $P_{v_{O_2}}$ 显著低于低地孵化胚胎。但孵化第 18 天都表现为高原孵化胚胎显著高于低地孵化胚胎，这可能是高原孵化胚胎在孵化末期(孵化第 18 天)胚胎代谢受低氧环境的影响而出现明显降低，所以导致 $P_{a_{O_2}}$ 和 $P_{v_{O_2}}$ 高于低地孵化胚胎的结果。同样，藏鸡和小型鸡都表现为在孵化第 9～18 天高原孵化胚胎的 $P_{a_{CO_2}}$ 和 $P_{v_{CO_2}}$ 低于低地孵化胚胎。

高原孵化藏鸡胚胎的 $P_{a_{O_2}}$ 和 $P_{v_{O_2}}$ 在孵化第 9～18 天都低于小型鸡胚胎，但都没有达到统计上的显著性差异($P>0.05$)。Carey 等(1993)也发现在低地和高海拔(4 150 m)地区分别孵化野生秘鲁鹬胚胎，在所有胚胎重变化范围内(分别为 10.2～17.4 g 和 16.4～21.5 g)都表现为 $P_{a_{O_2}}$ 和 $P_{v_{O_2}}$ 都没有显著性差异。藏鸡胚胎的 $P_{a_{O_2}}$ 和 $P_{v_{O_2}}$ 较低可能与藏鸡的蛋壳通透性和尿囊绒毛膜血管密度较低有关，相反两者的差异不显著则可能是由于藏鸡在尿囊绒毛膜气体交换方面存在其他的高原适应机制，如 CAM 毛细血管壁与内壳膜间的厚度、血流速度等都会对其产生影响(Duncher，1978；Tazawa 和 Ono，1974)。在高原孵化藏鸡与小型鸡胚胎 $P_{a_{CO_2}}$ 表现为差异不显著，但 $P_{v_{CO_2}}$ 表现为藏鸡胚胎显著高于小型鸡。因为藏鸡胚胎与小型鸡胚胎比较 $P_{a_{CO_2}}$ 之间差异不显著，说明藏鸡胚胎 $P_{v_{CO_2}}$ 显著高于小型鸡胚胎可能不是单纯由于 g_{CO_2} 的影响，由于鸡胚的 CO_2 虽然也包括一部分利用蛋壳中的钙释放的少量 CO_2，但 CO_2 的产生主要还是来自于胚胎的代谢产物，因此可以认为藏鸡静脉血 CO_2 高于小型鸡主要是由藏鸡胚胎代谢的 CO_2 产生率较高引起。由于在高原孵化的藏鸡胚胎 $P_{a_{O_2}}$ 略低于小型鸡胚胎，而胚胎代谢产生的 CO_2 又高于小型鸡胚胎，说明藏鸡胚胎在血液对 O_2 的运输能力和/或胚胎代谢对氧的利用能力可能比小型鸡胚胎高(表 4.8，表 4.9)。

Carey 等(1993)发现在海拔 4 150 m 地区相似体重的高原银鸭(puna teal，*Anas vesicular puna*)的 V_{O_2} 显著高于秘鲁美洲瓣蹼鹬(coot，*Fulia americana peruviana*)。另外，秘鲁美洲

瓣蹼鹬胚胎的 V_{O_2} 在体重达到接近出壳时按抛物线的趋势下降，然而，高原银鸭胚胎的 V_{O_2} 在任何可以达到的体重范围内都是呈直线上升的。因此 Carey 等(1993)认为秘鲁美洲瓣蹼鹬胚胎能够减慢代谢直到达到这一品种标准体重。相反，高原银鸭胚胎的尿囊绒毛膜和内壳膜通透性($P_{a_{O_2}}$ — $P_{a_{O_2}}$ 通透性)随着孵化进程的进行表现明显上升，因此高原银鸭胚胎是通过增加 $P_{a_{O_2}}$ — $P_{a_{O_2}}$ 通透性来补偿高的 V_{O_2} 并避免了 $P_{a_{O_2}}$ 的显著下降。

胚胎组织氧分压应该是低于或等于静脉氧分压的。在高原孵化的藏鸡胚胎和小型鸡胚胎的静脉氧分压相似，胚胎血液和组织的氧分压不可能相互独立。但值得注意的是藏鸡胚胎在这些压力下能维持正常的生长和发育，而小型鸡在高原孵化后期却表现为胚胎生长减缓死亡率升高。同样，有报道称在海拔 3 800 m 地区饲养至少 15 年的白来航胚胎的雏鸡重和生长率也低于它们的低地群体，并且到孵化第 18 天时的死亡率接近 18%(Smith，1969)。而高原秘鲁美洲瓣蹼鹬胚胎与低地秘鲁美洲瓣蹼鹬胚胎的雏鸟重没有显著性差异，并且被研究个体中只有 2%的胚胎是无法生存的。因此，在这种低的组织氧分压条件下秘鲁美洲瓣蹼鹬胚胎具有的不仅能维持功能而且能维持生长的能力被认为是具有包括可以促进氧的需要和利用的生理、细胞和生化的特殊能力(Carey，1993)。藏鸡胚胎在高原孵化胚胎的生长速度虽然也低于藏鸡在低地孵化的结果，但明显高于小型鸡在高原的孵化结果，说明藏鸡胚胎在代谢方面可能也存在与高原野生鸟类相似的适应机制。

4.2.1.5 血液酸碱度

在孵化第 9 天时藏鸡胚胎在高原和低地孵化组之间以及两者各自与对照组胚胎之间的动脉血液 pH 值差异均不显著。一直到孵化第 15 天前随着孵化日龄的增加各组胚胎动脉血液 pH 值均表现为下降的趋势，孵化第 15～18 天低地孵化藏鸡胚胎动脉血液 pH 值略有升高。在低地孵化时藏鸡胚胎动脉血液 pH 值下降的较快，到孵化第 15 天时(pH＝7.51)显著低于在高原孵化的藏鸡胚胎和在两个海拔孵化的小型鸡胚胎。在高原孵化的藏鸡胚胎动脉血液 pH 值在孵化第 12 和 15 天都显著高于在低地孵化的藏鸡胚胎，但都显著低于在高原孵化的小型鸡胚胎；当孵化进行到第 18 天时类似的趋势还存在，但差异均不显著(表 4.10)。

表 4.10 藏鸡和小型鸡胚胎在高原和低地孵化的尿囊绒毛膜动脉血液 pH 值

孵化日龄/d	小型鸡		藏鸡	
	高原	低地	高原	低地
9	7.69±0.02 [a]	7.71±0.02 [a]	7.70±0.02 [a]	7.70±0.02 [a]
12	7.66±0.02 [a]	7.59±0.02 [b]	7.63±0.02 [a]	7.56±0.02 [b]
15	7.62±0.02 [a]	7.56±0.02 [b]	7.57±0.02 [b]	7.51±0.02 [c]
18	7.61±0.02 [a]	7.54±0.02 [b]	7.58±0.02 [ab]	7.55±0.02 [b]

注：同行右肩不同字母之间有显著性差异($P<0.05$)。样本数同表 4.6。

藏鸡胚胎静脉血液 pH 值也表现为在孵化第 9 天时高原和低地孵化组之间以及两者各自与对照组之间的差异均不显著。然后一直到孵化第 18 天时，随着孵化日龄的增加各组均表现为下降的趋势。在低地孵化时胚胎静脉血液 pH 值的下降较快，因此在孵化第 12～18 天藏鸡在高原孵化组的胚胎静脉血液 pH 值均高于在低地孵化组，其中只有孵化第 18 天时没有达到显著水平。对照品种小型鸡胚胎的同期静脉血液 pH 值也表现为高原孵化组均高于低地孵化组。藏鸡与小型鸡胚胎比较除在高原孵化第18天时小型鸡显著高于藏鸡外，其他各日龄无论在高原还是在低地孵化藏鸡与小型鸡的胚胎静脉血液pH值的差异均不显著(表4.11)。

表4.11 藏鸡和小型鸡胚胎在高原和低地孵化的尿囊绒毛膜静脉血液pH值

孵化日龄/d	小型鸡		藏鸡	
	高原	低地	高原	低地
9	7.53±0.62	7.56±0.68	7.51±0.68	7.54±0.65
12	7.46±0.51[a]	7.38±0.55[bc]	7.42±0.59[ab]	7.37±0.53[c]
15	7.46±0.53[a]	7.38±0.50b[c]	7.42±0.51[ab]	7.34±0.51[c]
18	7.43±0.50[a]	7.37±0.53[b]	7.38±0.43[b]	7.39±0.51[ab]

注：同行右肩不同字母之间有显著性差异($P<0.05$)。样本数同表4.6。

胚胎动脉血液[HCO_3^-]无论在高原和低地孵化时均表现为随着日龄增加而增大的趋势(表4.12)，而且主要表现为藏鸡在低地孵化组胚胎显著高于其他各组($P<0.05$)。藏鸡高原组胚胎动脉血液[HCO_3^-]除在孵化第15天显著高于小型鸡高原组外，其他各日龄两者差异均不显著。而藏鸡高原组胚胎动脉血液[HCO_3^-]与小型鸡低地组比较则表现为在孵化第9和15天差异不显著，而在孵化第12和18天时藏鸡显著低($P<0.05$)。

表4.12 藏鸡和小型鸡胚胎在高原和低地孵化的尿囊绒毛膜动脉血液[HCO_3^-] mmol/L

孵化日龄/d	小型鸡		藏鸡	
	高原	低地	高原	低地
9	8.86 ±0.84[b]	8.55 ±0.95[b]	10.38 ±0.88[b]	13.70 ±1.00[a]
12	13.71 ±0.84[b]	19.20 ±0.82[a]	15.64 ±0.84[b]	19.67 ±0.82[a]
15	16.19 ±0.79[c]	28.67 ±0.82[b]	19.63 ±0.79[b]	31.75 ±0.79[a]
18	21.00 ±0.95[b]	31.08 ±0.91[a]	20.26 ±0.73[b]	33.00 ±0.91[a]

注：同行右肩不同字母之间有显著性差异($P<0.05$)。样本数同表4.6。

胚胎静脉血液[HCO_3^-]的变化趋势与动脉血液相似，表现为随着日龄增加而增大，但在各组之间则主要表现为藏鸡低地组>小型鸡低地组>藏鸡高原组>小型鸡高原组胚胎的趋势，其中只有在孵化第9天时除藏鸡高原组胚胎、小型鸡低地和高原组胚胎之间以及孵化第18天时的藏鸡和小型鸡高原组胚胎之间的差异不显著之外，其他各组间差异均达到了显著水平(表4.13)。

表4.13 藏鸡和小型鸡胚胎在高原和低地孵化的尿囊绒毛膜静脉血液[HCO_3^-] mmol/L

孵化日龄/d	小型鸡		藏鸡	
	高原	低地	高原	低地
9	9.82±0.86[b]	9.78±0.95[b]	10.56±0.95[b]	14.60±0.90[a]
12	13.00±0.71[d]	19.14±0.76[b]	16.42±0.83[c]	21.93±0.74[a]
15	19.60±0.74[d]	30.94±0.69[b]	22.19±0.71[c]	33.88±0.71[a]
18	22.53±0.69[c]	31.27±0.74[b]	24.30±0.60[c]	36.69±0.71[a]

注：同行右肩不同字母之间有显著性差异($P<0.05$)。样本数同表4.6。

藏鸡在高原孵化的第12天时，其胚胎静脉血清的乳酸含量显著低于其他各组（表4.14），在孵化第15天时藏鸡高原组与低地组胚胎差异不显著（$P>0.05$），但两者都显著低于小型鸡高原和低地组（$P<0.05$）。而在孵化第12和15天其他各组胚胎间的比较，以及在孵化第18天时各组胚胎间的比较差异均不显著（$P>0.05$）。

表4.14 在高原和低地孵化的藏鸡和小型鸡胚胎的血清乳酸含量 mmol/L

孵化日龄/d	小型鸡		藏鸡	
	高原	低地	高原	低地
12	2.32±0.23[a]	2.25±0.22[a]	1.30±0.26[b]	2.44±0.20[a]
15	2.63±0.22[a]	2.44±0.19[a]	1.86±0.20[b]	2.31±0.20[ab]
18	1.51±0.21	1.61±0.20	1.39±0.20	1.78±0.20

注：同行右肩不同字母之间有显著性差异（$P<0.05$）。样本数同表4.6。

很多研究已证明鸡胚血液的酸碱状态会因为蛋壳通透性的变化而改变，这些试验包括：通过打开气室部位的蛋壳来增大气体扩散，或通过覆盖不通气物质来减少气体扩散。还可以通过用He或SF_6等不同密度的气体代替N_2来改变O_2和CO_2扩散系数。结果表明：通过增加扩散面积和暴露在He气中可以引发呼吸性碱中毒，而减少扩散面积和暴露在SF_6气体中可以引发酸中毒，另外向这些气体中加入CO_2气体可以加大胚胎的酸中毒（Paganelli等，1975）。

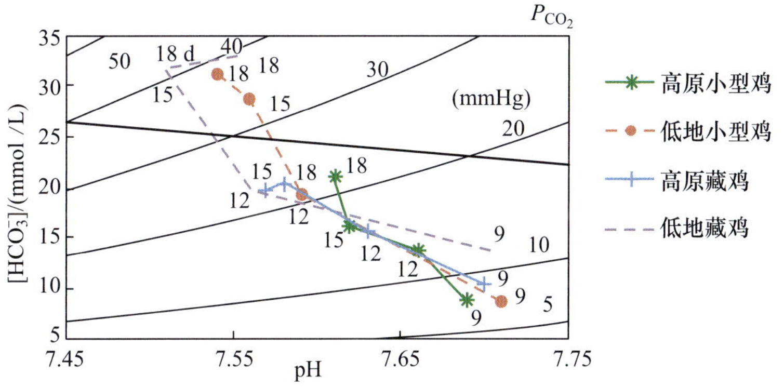

图4.2 藏鸡和小型鸡胚胎在高原和低地的动脉pH和[HCO_3^-]的二氧化碳等列线图

图中曲线为CO_2等值线，直线为Tazawa（1981）根据方程[HCO_3^-]=13.6～14.7pH鸡血液的酸碱平衡曲线

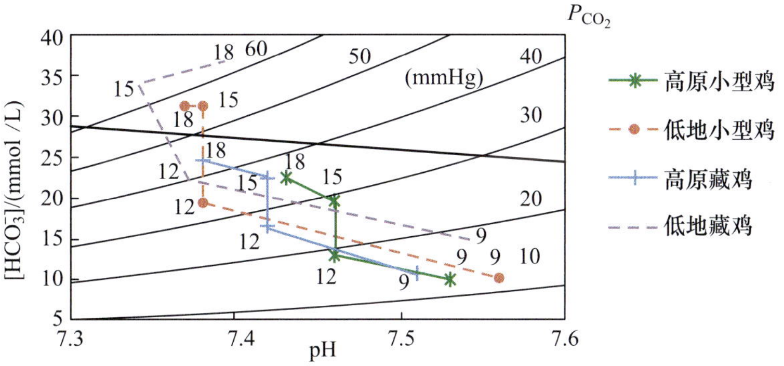

图4.3 藏鸡和小型鸡在高原和低地的静脉pH和[HCO_3^-]的二氧化碳等列线图

图中曲线为CO_2等值线，直线根据方程[HCO_3^-]=13.6～14.7pH（Tazawa，1981）计算的鸡血液的酸碱平衡曲线

鸡胚在发育过程中虽然释放到血液中的酸性代谢产物经常在变动，但血液的 pH 值保持相对稳定的变化模式才是保持机体细胞中正常代谢过程的重要先决条件。因为，所有参与新陈代谢的酶，其活性都与 pH 值有关。当 pH 值的改变偏离正常值时会使各种酶受到不同程度的影响，因而可引起新陈代谢过程的障碍。在酸碱状态的调节上，即在血液 pH 稳定的维持上，有许多因素参与作用。它包括血液的缓冲性质、气体交换和肾的排泄机制。在血液缓冲系统中最重要的就是碳酸氢盐缓冲系统，同时碳酸氢盐缓冲系统又与 CO_2 代谢和运输相关。如公式 4.6 所示，组织中扩散到血液中的 CO_2 溶解于血浆，在血浆中溶解的 CO_2 绝大部分扩散入红细胞内，其余大部分与红细胞内的水反应生成碳酸，碳酸又可解离成碳酸氢根和氢离子。反应迅速可逆，是在红细胞的碳酸酐酶催化下的反应，生成的碳酸氢根与 K^+ 结合，氢离子与 Hb 结合。而在 CAM，反应向左进行，因为气室内 P_{CO_2} 比静脉低，血浆溶解的 CO_2 扩散入气室，血浆 P_{CO_2} 随之下降，导致红细胞内的 HCO_3^- 与 H^+ 生成 H_2CO_3，再分解成 CO_2，扩散入血浆，这样就使得 CO_2 通过 CAM 排出体外：

$$CO_2 + H_2O \xrightleftharpoons{\text{碳酸酐酶}} H_2CO_3 \xrightleftharpoons{\text{碳酸酐酶}} HCO_3^- + H^+ \tag{4.6}$$

在高原孵化时空气稀薄会导致蛋壳通透性加大，因而 CO_2 扩散增加。公式 4.6 中的反应向左进行，使血液中的 H^+ 减少，pH 值升高。小型鸡的胚胎血液无论动脉血还是静脉血在孵化末期（18 d）都表现为高原孵化组显著高于低地孵化组，同时[HCO_3^-]高原孵化组也显著低于低地孵化组。但对于藏鸡虽然在孵化第 15 天时出现了 pH 值较高的现象，但到孵化末期（18 d）时动脉血和静脉血的 pH 值都与两组低地孵化的胚胎没有显著性差异。说明藏鸡在血液缓冲系统上可能存在某些适应高原的机制。

在高原孵化时藏鸡胚胎第 18 天时 $P_{a_{CO_2}}$ 与小型鸡胚胎无显著性差异，但 $P_{v_{CO_2}}$ 显著高于小型鸡。[HCO_3^-]在动脉血和静脉血中差异均不显著。小型鸡胚胎在孵化后期 P_{CO_2} 较低，而[HCO_3^-]浓度变化较小是呼吸性碱中毒的主要表现，说明藏鸡在高原孵化后期能维持与低地孵化胚胎相似的 pH 值状态与气体交换的调节有直接的关系（图 4.2 和图 4.3）。Carey 等（1993）报道秘鲁美洲瓣蹼鹬在高原（海拔 4 150 m）孵化的胚胎的 pH 值虽然没有达到显著水平，但表现为低于低地孵化的胚胎，同时还表现为[HCO_3^-]较低。Carey 等（1993）认为在高原孵化的秘鲁美洲瓣蹼鹬表现负的碱超（血液中缓冲碱含量主要为[HCO_3^-]低于正常缓冲碱的数值）可能是由于非挥发性酸（主要是乳酸）的增加引起的。在孵化后期由于氧的缺乏可能会使无氧代谢活动加强，所以乳酸产生增加，并可能会引起血液 pH 值的降低。藏鸡高原孵化组在孵化末期（第 18 天）乳酸含量与其他各组无显著性差异，而在孵化中期（第 9～12 天）乳酸含量显著低于其他各组，说明藏鸡在高原孵化时能维持与低地孵化相似的 pH 值可能与血液中的乳酸含量无直接关系。

藏鸡在高原孵化能维持与低地孵化胚胎相似的 pH 值，这可能是藏鸡适应高原的一个基础前提。首先参与并影响着生物代谢反应的所有酶都需要正常 pH 值环境才能完全发挥作用，小型鸡在高原孵化后期 pH 值较高可能是代谢受阻，生活力下降的原因之一。其次血红蛋白对 O_2 的亲和力受血液 pH 值的影响，当血液 pH 值较低时亲和力下降，有利于 O_2 的释放。藏鸡在高原孵化时在静脉血中的 pH 值较低的现象更加明显，说明这可能是调节血液运输 O_2 的能力的因素之一。

4.3　藏鸡生长期低氧适应的血液生理基础

4.3.1　动物生长期血液生理的低氧适应

4.3.1.1　红细胞(RBC)

红细胞的主要生理功能是运输 O_2 和 CO_2，并对机体产生的酸、碱物质起缓冲作用。红细胞数和血细胞容积受周龄、性别、激素、缺氧和其他因素影响，表 4.15 列出鸡正常红细胞数。

在低氧刺激下，动物由肾脏释放促红细胞生成素(EPO)，EPO 主要促进晚期红系祖细胞从静息期进入细胞增殖周期，加速其增殖，并向幼稚红细胞分化、促进血红蛋白合成，骨髓释放网织红细胞，使血液中成熟红细胞增加，从而增加载氧能力。Garcia 等(2000)报道组织缺氧诱导 EPO 增加的 48～72 h 后，网织细胞开始增加，1～2 周后红细胞数量增加。朱洪云(2002)对引入西藏东南部(3 000 m)的加利福尼亚兔、青紫蓝兔和中国白兔进行了血液生化指标研究，发现此 3 品种与低海拔新西兰白兔相比较，红细胞总数(RBC)、红细胞压积(Hct)、平均细胞体积(MCV)各有不同程度的增高。

表 4.15　鸡红细胞数常值　　100 万/mL

	雄性	雌性	未注性别
成年	3.8	3.0	
成年	3.32	2.72	
成年	3.26	2.72	
3 h			1.84
3 d			2.23
12 d			2.65
26 d			2.77
32～47 d			2.83
50 d			2.34
70 d			2.39
82 d			2.79

引自 Sturkie(1982)。

李晓滨等(1994)通过对迁居高原不同时期家兔红细胞扫描电镜的形态计量研究，发现高原低氧环境导致习服期(acclimatization period)动物红细胞不但数量增加，而且体积增大，并总结指出红细胞造血系统对低氧环境作用的反映和变化大致分为 3 个阶段：第一阶段(急性期，acute period)，在低氧和体内红细胞生成素(EPO)的共同作用下，骨髓出现大量造血干细胞的分裂增殖，此时红细胞的增生多表现在数量方面，如 RBC 计数、网织红细胞计数升高；第二阶段(习服期，acclimatization period)，在低氧持续作用下，加之激素水平、营养状况等多因素的影响下，红细胞在数量增加的同时，其体积增大越来越显著，表现为细胞体形大，内凹区不明显的细胞比例增多；第三阶段(适应期，adaptation period)，此期从世居高原的动物（如鼠兔）看出，表现为外周血 RBC 计数维持在较高的最佳水平，红细胞体积明显减小，代之以呼吸、心血管系统的结构与功能完善。强巴央宗等（2001）测定了湖北白猪和二花脸猪引进西藏高原低氧环境后的生理指标，发现低氧环境使猪的 RBC、Hb、Hct 等显著高于平原环境，并指出湖北白猪血液生成的代偿性作用优于二花脸猪，二者在高原低氧适应性上存在差异。

高原动物红细胞数量高、体积小，红细胞膜表面积大，气体的扩散量增多，红细胞内的 Hb 能充分地进行 O_2 和 CO_2 交换，有尽可能多的 Hb 参与摄氧、携氧和释氧，从而提高 Hb 利用率（叶润蓉等，1994）。这是动物长期的进化和自然选择中形成的遗传学特征。江家椿等（1991a，1991b，1992）测定了不同海拔的西藏牦牛、绵羊、山羊血液生理值，发现藏北那曲种群 RBC、Hct、血清总量均明显高于低海拔的藏南河谷种群，而红细胞容积较小。王勇（2001）研究报道，藏马鸡（一种生活在高原雪线附近的野生鸟类）的 RBC、Hb 和 Hct 显著高于蓝马鸡（一种生活在低海拔森林灌丛地区的野生鸟类），也超过家鸡正常值的上限，红细胞系统有较强的运输 O_2 的能力。

4.3.1.2 血红蛋白(Hb)

血红蛋白是血液内运送 O_2 的载体，将 O_2 由肺运送到组织，又将 CO_2 从组织运到肺部。所以血红蛋白增加有利于 O_2 运输。EPO 在促进红细胞生成的同时，也促进血红蛋白的生成，江家椿等（1991a，1991b，1992）发现藏北那曲的牦牛、绵羊、山羊的 Hb 均明显高于低海拔的藏南河谷种群，并发现变异血红蛋白（A_3）。高海拔种群 HbAA、HbAC 基因型频率和 Hb^A、Hb^C 基因频率显著高于低海拔种群，而 HbBB 基因型频率和 Hb^B 基因频率低于低海拔种群。但朱洪云（2002）报道引入西藏东南部（3 000 m）的加利福尼亚兔、青紫蓝兔和中国白兔的血红蛋白（Hb）、平均红细胞血红蛋白含量（MCH）、平均细胞血红蛋白浓度（MCHC）低于平原新西兰兔。

2，3-二磷酸甘油酸（2，3-DPG）是红细胞糖酵解中侧支循环的产物。2，3-DPG 浓度高低直接导致 Hb 的构象变化，从而影响 Hb 对 O_2 亲和性。因为脱氧 Hb 中各亚基间存在 8 个盐键，使 Hb 分子呈紧密型（taut 或 tenseform，T form），即 T 型，当氧合时（HbO_2），这些盐键可相继断裂，使 HbO_2 呈松弛型（relaxedform，R form），即 R 型，这种转变使 O_2 与 Hb 的结合表现为协同作用（coordination）。余海茹等（2000）比较了高原鼠兔和平原动物 Wistar 大鼠在 4 280 m 地区的反应，发现大鼠 2，3-DPG 浓度明显增加，其可能原因是海拔高度增加，缺氧加重，首先刺激周边化学感受器，引起肺通气过度，糖酵解的速度加快，2，3-DPG 的生成加速。2，3-DPG 的增加使氧解离曲线右移，增加血液在组织中释放氧的能力，以满足组织需要。但高原鼠兔 2，3-DPG 含量低于大鼠，P_{50} 低，血氧亲和力高，使机体保持较高的氧饱和度（SaO_2），从而使组织获得足够的氧气来满足需要。在鸟类红细胞内，主要是五磷肌醇影响血红蛋白与 O_2 的亲和力，当这些复合物在红细胞的浓度增高时，血红蛋白 O_2 亲和力降低，氧合血红蛋白解离曲线右移。León-Velarde 等（1997）研究发现高原型鸡（*Gallus gallus*）血氧亲和力高，将它从出生地（4 000 m）引入海平面地区，饲养 2 个月后、F_1 和 F_2 代的血色素氧亲和力逐渐下降。并指出亲和力下降可能是因为 Hb 的分子变构调节，当然也与 Hb 数量和血液磷酸浓度有关。Velarde 等（1991）报道，定居在 4 000 m 海拔 500 年历史的家鸡，获得了可稳定遗传的高血氧亲和力特征，再移居到海平面后，高亲和力可以保持 1 年以上，并且可以遗传给后代。

4.3.2 生长期藏鸡血液的生理适应

4.3.2.1 红细胞计数、红细胞压积和平均红细胞体积

1. 红细胞计数(RBC)

2004 年在北京和西藏林芝两地分别饲养藏鸡、低地品种及低地与藏鸡杂交群体来研究藏鸡血液生理的适应性。试验鸡根据试验地点分为 2 组:低海拔组(北京)和高海拔组(林芝);根据品种(组合)分为 5 组:藏鸡(T)、矮小隐性白(D)、寿光鸡(S)、藏鸡×矮小隐性白(TD)和藏鸡×寿光鸡(TS);根据试验鸡的年龄分为 4 组:0 日龄、2 周龄、6 周龄和 10 周龄。

低海拔鸡群血液平均 RBC 为 175.4 万/mL,高海拔为 266.2 万/mL,差异极显著。5 个群体中,藏鸡平均 RBC 最高,明显高于其他组,而其他组间差异不显著。同时,品种与海拔之间存在显著的互作关系,在低海拔环境中,各品种间 RBC 差异不显著;在高海拔环境中,各品种平均 RBC 均表现明显升高,其中藏鸡升至最高,与其他品种差异显著(表 4.16)。

表 4.16 不同海拔、不同品种鸡群红细胞计数 万/mL

环境	品种	0 日龄	2 周龄	6 周龄	10 周龄
低海拔	T	138.2±10.96	157.6±27.62	202.4±9.92	199.5±15.11
	D	153.5±18.42	169.0±17.62	188.6±14.86	199.5±16.70
	S	162.8±26.66	167.7±9.79	198.9±20.18	198.7±22.78
	TD	141.1±16.48	153.9±25.45	193.5±19.32	180.6±25.09
	TS	154.8±15.94	176.4±25.85	188.2±21.39	183.4±18.40
高海拔	T	303.0±9.32	299.2±21.70	346.5±27.30	326.7±34.59
	D	210.5±25.94	229.4±27.15	269.2±23.54	319.9±33.74
	S	206.1±31.36	208.9±34.51	244.2±31.03	298.0±24.92
	TD	235.0±35.82	237.7±36.62	256.2±27.81	338.8±31.11
	TS	214.2±25.62	225.2±28.46	258.7±28.30	295.9±30.35

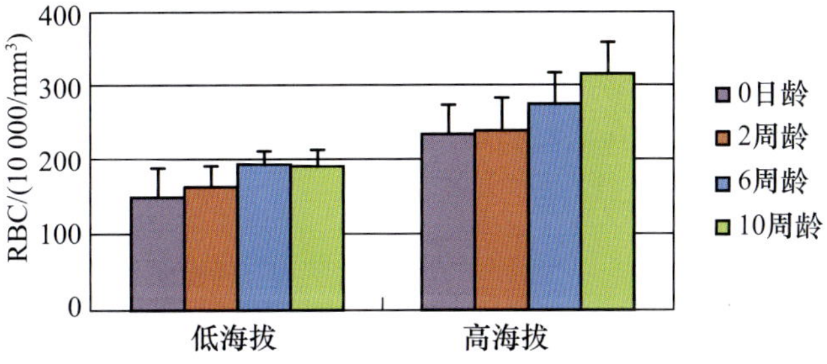

图 4.4 不同周龄鸡群红细胞数

品种与周龄间也存在显著的互作关系,即在 0 日龄、2 周龄和 6 周龄时,藏鸡平均 RBC 最高,与其他各品种差异极显著,而其他品种间差异不显著(图 4.4);在 10 周龄时,TS 的平均 RBC 稍低外,但各组间差异不显著。结果如图 4.5 所示。

图 4.6 为各品种在两个海拔环境中饲养时血液平均 RBC 随周龄的变化。在低海拔环境

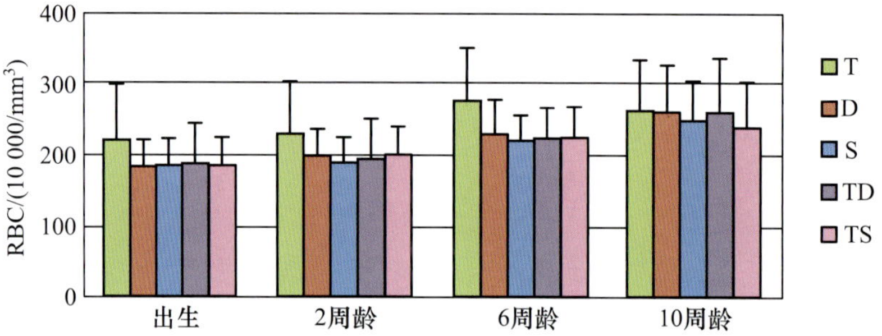

图 4.5　不同品种各周龄阶段红细胞数

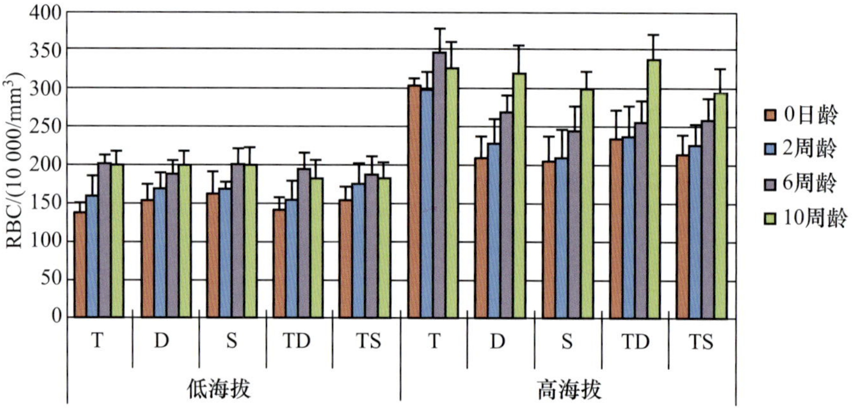

图 4.6　不同品种在两个海拔环境中红细胞数随周龄的变化

中，各品种鸡血液 RBC 随周龄逐渐升高，但除 D 外，6 周龄时已达较高水平，10 龄时 RBC 不再上升，与 6 周龄差异不显著。在高海拔环境中，鸡由于经历了胚胎期的缺氧适应，出生时各品种 RBC 均显著高于低海拔同品种出生时的 RBC；尤其是高海拔环境中的藏鸡，提高幅度很大；6 周龄时已达到了较高水平，10 龄时没有继续提高。但高海拔环境中的其他品种，除出生和 2 周龄 RBC 相差不大外，6 周龄均显著升高，10 周龄时继续升高，表现出明显的红细胞持续增加。

10 周龄鸡按性别分别统计，其红细胞计数见表 4.17。此时，海拔环境仍是影响 RBC 的主要因素，而性别对 10 周龄鸡 RBC 效应不显著($P>0.05$)，且性别与其他因素的互作效应也不明显($P>0.05$)。

表 4.17　不同海拔 10 周龄鸡群红细胞计数　　万/mL

海拔	性别	T	D	S	TD	TS
低海拔	F	202.6±21.35	202.2±19.59	209.2±23.08	189.4±13.85	183.6±15.47
	M	196.8±8.59	196.8±15.02	188.2±18.95	171.8±32.11	183.2±22.86
高海拔	F	338.2±42.14	321.7±54.10	279.0±9.54	351.8±26.40	290.7±21.73
	M	315.2±24.20	318.5±17.90	317.0±19.47	319.8±30.59	299.0±36.65

2. 红细胞压积(Hct)

高海拔环境中鸡群平均 Hct 为 36.93%,显著高于低海拔环境(表 4.18)。其中,藏鸡平均 Hct 最低,其后依次为 TD、TS、D 和 S,分别是 32.12%、32.74%、33.19%、34.27% 和 35.01%;T 与 TD 差异不显著,与 TS 差异显著,与两个低地鸡种 D 和 S 差异极显著。分析周龄对 Hct 的影响可见,出生和 2 周龄时鸡 Hct 均较低,差异不显著;6 周龄和 10 周龄时均较高,与出生和 2 周龄比较,差异极显著。

表 4.18 鸡在不同海拔的红细胞压积 %

海拔	品种	0 日龄	2 周龄	6 周龄	10 周龄
低海拔	T	26.06±1.62	27.02±2.58	32.57±3.21	30.27±1.99
	D	28.64±2.32	27.98±2.79	31.79±2.90	33.16±2.62
	S	29.96±3.75	28.9±2.03	34.66±3.15	33.47±2.69
	TD	28.55±1.65	26.38±2.78	31.11±1.33	30.03±1.44
	TS	27.96±1.99	28.46±2.28	32.53±1.81	30.63±2.24
高海拔	T	34.88±2.07	34.21±2.11	36.63±1.50	35.34±1.74
	D	33.64±2.93	37.66±1.88	38.08±2.61	43.24±2.90
	S	34.95±1.87	36.72±2.00	39.48±2.29	41.97±3.05
	TD	35.26±2.97	35.69±2.34	35.77±2.92	39.12±1.82
	TS	33.48±3.41	35.02±1.19	36.96±2.76	40.46±3.54

鸡 Hct 存在海拔与周龄的互作。分析显示,在低海拔组中 Hct 随周龄增加的趋势没有在高海拔组明显;高海拔环境中,鸡各周龄阶段 Hct 差异均极显著($P<0.01$),如图 4.7 所示。

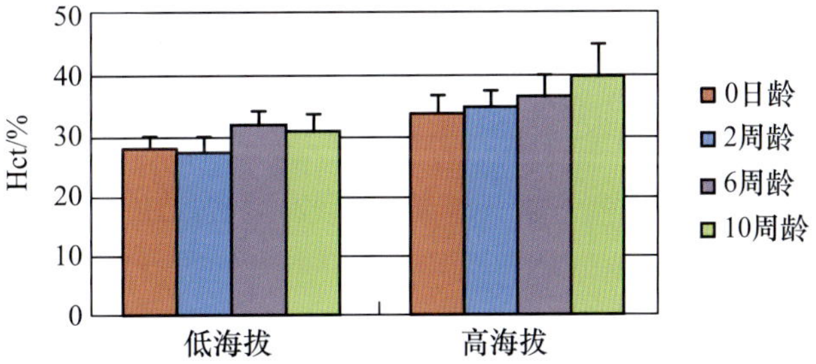

图 4.7 两个海拔环境中不同周龄鸡红细胞压积

分析品种和周龄的互作显示,在藏鸡品种内,6 周龄和 10 周龄时的 Hct 虽比出生和 2 周龄显著高($P<0.05$),但升高程度最小;其次是 2 个藏鸡杂交种 TD 和 TS;D 和 S 升高程度最大,差异达极显著水平,如图 4.8 所示。

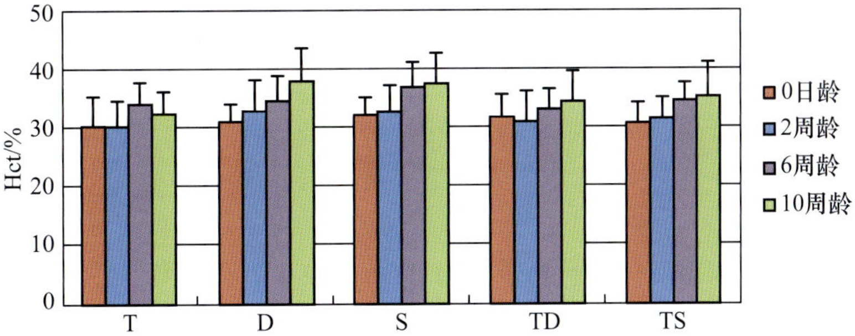

图 4.8 鸡红细胞压积随周龄的变化

由于海拔环境对品种和周龄的互作效应不明显，所以在两个海拔环境下，各品种鸡 Hct 随周龄的变化规律基本一致，图 4.9 表示两个海拔环境中各品种鸡 Hct 随周龄的变化。

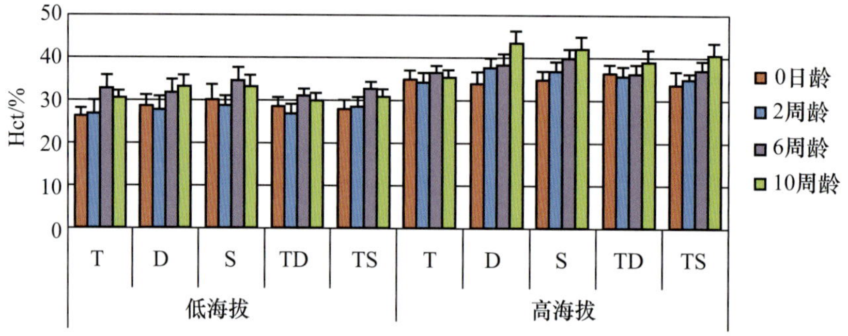

图 4.9　两个海拔环境中各品种鸡 Hct 的变化

10 周龄不同性别的鸡 Hct 值见表 4.19，方差分析说明海拔和品种及其他们之间的互作影响 10 周龄鸡群的 Hct（$P<0.05$），而性别以及性别与其他因素的互作效应均不显著（$P>0.05$）。

表 4.19　不同海拔 10 周龄鸡群红细胞压积　　%

海拔	性别	T	D	S	TD	TS
低海拔	F	30.02±1.94	32.60±2.27	33.32±2.77	31.02±1.07	30.66±1.59
	M	30.48±2.20	33.72±3.08	33.62±2.92	29.04±1.05	30.60±2.95
高海拔	F	35.62±1.19	42.91±3.00	41.89±3.93	39.38±1.83	39.99±1.84
	M	35.06±2.29	43.50±3.26	42.04±2.79	38.73±1.99	40.74±4.61

红细胞的功能是运输呼吸气体，高海拔低氧环境可以刺激红细胞增生，使血液载氧能力增加，从而适应高原低氧环境。Richalet 等（1994）指出，EPO 是组织低氧反应中控制红细胞生成的主要因子，在 EPO 升高后 48～72 h 可观察到网织红细胞的增加，1～2 周后可看到 RBC 的增加。高海拔孵化鸡的 RBC 表现高于低海拔，且出生时即可表现明显增加，这是由于鸡出生时已经经历了 21 d 孵化期的低氧刺激。高海拔环境中藏鸡 RBC 从出生至 10 周龄，一直都保持较高的水平；但其他品种 RBC 从出生至 10 周龄有逐渐增加的过程；可以说明藏鸡的 RBC 较高是遗传基础上对低氧的适应，而其他品种 RBC 增加，是机体对低氧环境的生理代偿性反应。这也说明了藏鸡对高海拔的遗传适应性。

高海拔环境中，藏鸡的 RBC 虽然最高，但红细胞压积却最低，红细胞平均体积最小。说明藏鸡红细胞增加的同时，减小了红细胞的体积，增加了红细胞总表面积，更有利于与氧气结合，同时也不至于引起由于红细胞增生带来的血液黏滞性增加。许多研究都报道了高海拔的动物或人通过增加红细胞数量、减小红细胞体积来适应高海拔低氧环境（江家椿等，1991a，1992；宋继志等，1994；Bunn 和 Poyton，1996）。马志军等（1995）报道，两个世居高原的土著兔形目动物高原鼠兔和灰尾兔红细胞直径与平原家兔相近，但明显小于移居高原的家兔，认为高原土著动物对高原低氧环境的适应机制之一是通过维持较高水平的红细胞数目，减小红细胞体积，从而增加红细胞膜对氧扩散的总表面积，降低血浆黏滞度，加速血液氧的运输来实现。但对 Hct

的报道并不一致，江家椿等(1991b，1992)报道，世居高海拔的藏北高原的那曲绵羊和山羊的Hct明显高于世居低海拔藏南山地的林芝绵羊和山羊；阮宗海等(1997)也报道高原鼠兔的Hct随海拔升高而增加；但Black和Tenney(1980)报道斑头雁从低地进入5 640 m的高海拔Hct没有明显变化。世居高原的藏鸡Hct高于低海拔环境鸡(包括低海拔生活的藏鸡)的Hct，但低于高海拔生活的其他品种鸡的Hct。

3. 血红蛋白(Hb)浓度

高海拔环境中鸡群血液平均Hb含量为10.35 g/100 mL，低海拔环境为9.55 g/100 mL，差异极显著(表4.20)。鸡群平均Hb在出生时较低，2、6、10周龄，随周龄增加，血液Hb含量逐渐升高，但出生、2周龄和6周龄间差异不显著，10周龄时鸡Hb最高，与前三个周龄阶段差异极显著。

比较分析海拔与周龄的互作显示，在低海拔环境中，10周龄鸡Hb最高，与出生、2周龄和6周龄差异极显著，而后3组之间差异不显著；在高海拔环境中，Hb随周龄增加一直升高，除2周龄和6周龄间差异未达显著水平外，其他各组间均差异显著(图4.10)。

比较分析品种和周龄的互作可知，在出生时，藏鸡Hb最高，与其他品种差异显著($P<0.05$)，其他组间差异不显著($P>0.05$)；2周龄和6周龄时，品种间Hb差异均不显著($P>0.05$)；10周龄时，TS鸡Hb最低，其他4个品种均较高，这4组间差异不显著($P>0.05$)。如图4.11所示。

表4.20 不同海拔鸡群血红蛋白浓度 g/100 mL

海拔	品种	出生	2周龄	6周龄	10周龄
低海拔	T	10.40±1.00	8.35±1.19	9.40±0.67	10.56±1.19
	D	8.35±1.22	9.73±1.29	8.31±1.01	11.31±0.65
	S	9.12±1.20	9.87±1.05	9.90±0.45	10.87±1.62
	TD	8.95±1.16	8.44±1.09	8.87±0.77	10.45±1.27
	TS	9.71±1.38	8.99±2.00	9.04±0.40	10.30±1.07
高海拔	T	10.70±1.27	9.44±1.00	10.23±1.68	11.68±1.43
	D	8.95±0.89	10.36±0.92	10.28±1.49	12.34±1.10
	S	8.47±0.78	10.55±1.06	10.35±1.46	12.20±0.53
	TD	9.81±1.44	9.78±1.32	10.15±0.78	12.11±0.88
	TS	8.83±1.22	9.80±1.03	10.21±1.04	10.94±1.96

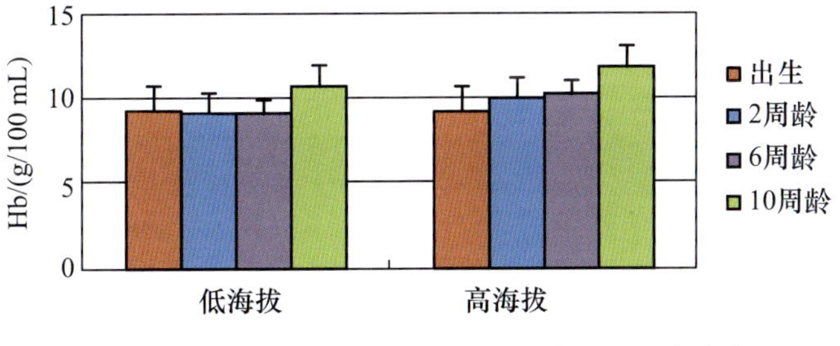

图4.10 两个海拔环境中不同周龄鸡血红蛋白浓度

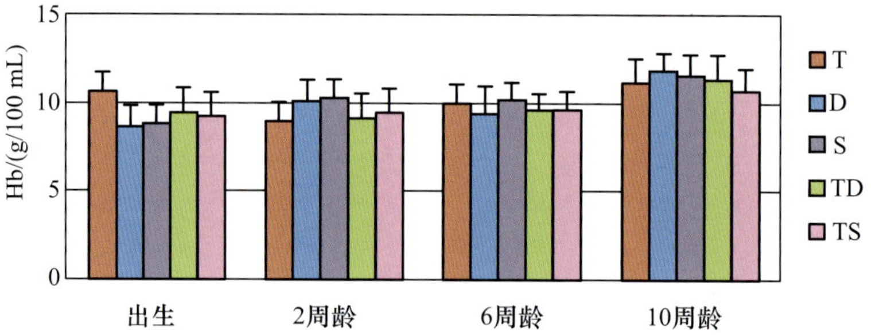

图 4.11 不同周龄鸡的血红蛋白浓度

表 4.21 不同海拔 10 周龄鸡群血红蛋白浓度 g/100 mL

海拔	性别	T	D	S	TD	TS
低海拔	F	10.20±1.09	11.24±0.83	11.68±1.70	10.80±1.44	10.34±1.24
	M	10.87±1.29	11.38±0.51	11.06±1.70	10.10±1.12	10.26±1.00
高海拔	F	11.56±1.28	12.40±0.66	12.20±1.56	12.20±0.72	9.73±2.40
	M	11.80±1.70	12.30±1.46	12.20±0.62	11.98±1.19	11.66±1.45

10 周龄不同性别的鸡血液 Hb 含量见表 4.21。方差分析显示，只有海拔影响 10 周龄鸡的 Hb 含量，而品种、性别以及因素间的互作效应均不显著。

血红蛋白是运输氧气的载体，进入高原的鸡血红蛋白浓度明显增加，这与 Black 和 Tenney(1980)和江家椿等(1991a,1992)报道一致，但也有报道认为高原动物血红蛋白并不随海拔升高而增加(Black 和 Tenney,1980;阮宗海等,1997)。高海拔藏鸡比低海拔生活的藏鸡血红蛋白有所增加，但增加程度小于其他品种。在高海拔环境中，藏鸡与其他品种的血红蛋白差别不明显，说明藏鸡对高海拔低氧的适应并不是从增加血红蛋白浓度上来实现的，可能是提高了血红蛋白输送氧气的能力和效率。进一步分析发现，藏鸡的红细胞平均血红蛋白含量低于其他品种，而红细胞平均血红蛋白浓度高于其他品种；可见藏鸡是通过将较少的血红蛋白分布到较小的红细胞中，提高了血红蛋白和红细胞运送氧的效率，达到对低氧环境的适应。

4. 平均红细胞体积(MCV)

如表 4.22 所示，鸡在低海拔环境中，平均 MCV 高，高海拔 MCV 低，差异极显著($P<0.000\ 1$)。分析品种间 MCV 差异可知，平均 MVC 从小到大依次是 T、TD、TS、D 和 S，分别为 140.5、159.2、160.8、162.2 和 170.3；其中 T 品种 MCV 最低，与其他组差异均极显著($P<0.000\ 1$)；TD、TS 和 D 三组差异不显著($P>0.05$)；S 的平均 MCV 最高，与其他品种差异均显著($P<0.01$)。平均 MCV 随周龄增长逐渐减小，各周龄阶段差异均显著($P<0.05$)。

表 4.22 不同海拔条件下鸡群平均红细胞体积 μm^3

海拔	品种	出生	2 周龄	6 周龄	10 周龄
低海拔	T	188.9±9.47	176.5±35.70	161.0±14.12	152.3±11.12
	D	187.8±14.52	166.3±15.33	170.3±27.29	167.2±18.60
	S	185.4±14.78	172.9±16.25	176.0±24.99	170.3±23.03
	TD	204.0±18.03	174.7±27.10	162.1±16.74	169.1±24.68
	TS	181.6±14.76	163.4±18.11	174.5±18.77	169.2±25.98

续表 4.22

海拔	品种	出生	2 周龄	6 周龄	10 周龄
高海拔	T	115.1±5.70	114.8±10.46	106.2±8.60	109.2±12.42
	D	161.7±22.26	165.5±14.51	142.4±16.33	136.5±17.34
	S	172.7±25.19	179.7±27.32	163.8±21.71	141.9±18.21
	TD	152.9±24.41	152.9±21.99	141.5±21.89	116.4±12.02
	TS	158.2±24.50	157.4±17.22	144.0±16.59	138.0±18.90

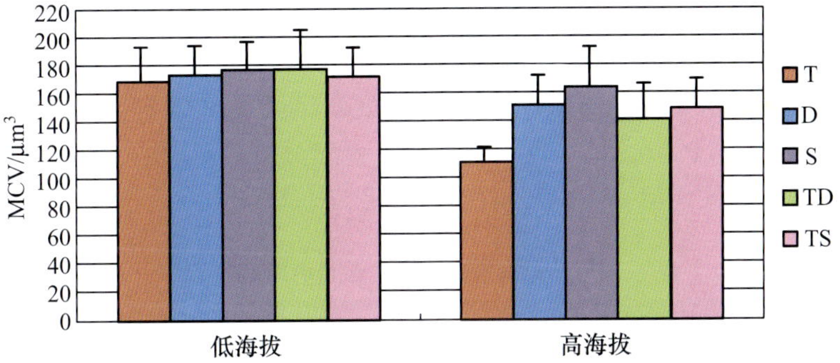

图 4.12 两个海拔环境中各品种平均红细胞体积

分析海拔与品种的互作影响发现，在低海拔环境中，虽然藏鸡 MCV 最小，但各品种间差异均不显著($P>0.05$)；在高海拔环境中，藏鸡 MCV 最小，与其他品种差异均极显著($P<0.0001$)。每个品种高海拔环境中平均 MCV 比低海拔都显著降低($P<0.05$)，其中藏鸡降低幅度最大，结果见图 4.12。

分析不同海拔环境中不同周龄鸡 MCV 的变化，结果可见在低海拔条件下，MCV 的显著降低主要发生在出生至 2 周龄($P<0.0001$)，6 周龄和 10 周龄虽有继续降低的趋势，但均与 2 周龄时 MCV 差异不显著($P>0.05$)。在高海拔环境中，出生与 2 周龄鸡 MCV 差异不显著，但 6 周龄时 MCV 显著减低($P<0.01$)，10 周龄时继续明显降低($P<0.05$)。如图 4.13 所示。

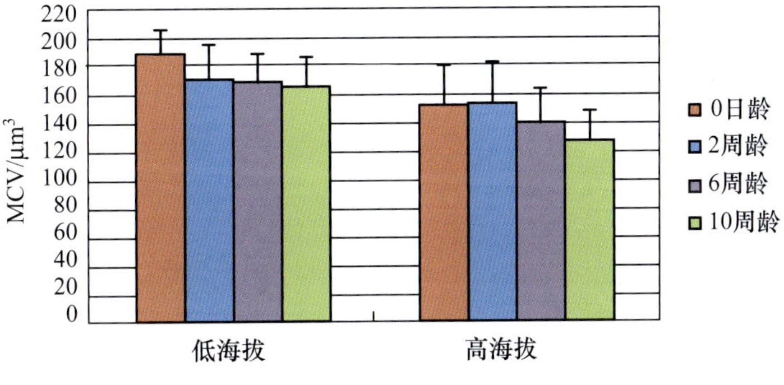

图 4.13 两个海拔环境中不同周龄鸡 MCV

表 4.23　不同海拔中 10 周龄鸡群平均红细胞体积

μm^3

海拔	性别	T	D	S	TD	TS
低海拔	F	149.2±14.38	161.8±10.40	160.7±22.20	164.3±10.19	167.6±11.01
	M	154.8±8.02	172.6±24.42	179.8±21.75	173.9±34.77	170.7±37.31
高海拔	F	106.6±13.92	135.8±24.50	150.5±18.47	112.6±10.47	137.9±7.47
	M	111.8±11.69	137.0±14.15	133.3±16.29	122.0±13.43	138.1±24.44

10 周龄不同性别鸡品种的 MCV 见表 4.23。方差分析结果表明，海拔和品种明显影响此周龄鸡的 MCV（$P<0.01$），性别以及因素间的互作效应均不显著（$P>0.05$）。

5. 红细胞平均血红蛋白（MCH）

如表 4.24 所示，低海拔环境中鸡平均 MCH 高，高海拔 MCH 低，差异显著（$P<0.0001$）。品种间差异分析显示，藏鸡平均 MCH 最低，与其他各品种差异显著（$P<0.05$），而其他品种间差异不显著（$P>0.05$）。周龄间 MCH 差异分析可见，出生时 MCH 最大，其后依次是 2 周龄、10 周龄和 6 周龄，各周龄阶段差异显著（$P<0.05$）。

表 4.24　不同海拔中鸡群红细胞平均血红蛋白

pg

海拔	品种	出生	2 周龄	6 周龄	10 周龄
低海拔	T	75.48±7.83	54.27±10.46	46.55±4.03	53.19±7.08
	D	54.92±8.90	58.13±9.29	44.42±6.93	57.17±6.96
	S	56.33±3.06	58.96±6.63	50.16±4.76	55.41±10.67
	TD	63.87±7.99	56.09±11.35	46.11±4.76	58.76±10.70
	TS	63.46±11.66	52.0±13.66	48.58±5.55	56.83±9.15
高海拔	T	35.36±4.48	31.58±2.80	29.53±4.24	36.02±5.15
	D	43.15±7.24	45.38±3.41	38.54±7.23	38.98±5.46
	S	41.68±5.60	51.68±9.47	42.87±7.48	41.23±4.46
	TD	42.72±9.55	41.56±5.42	40.15±6.15	36.04±4.48
	TS	41.99±8.87	44.33±8.54	39.76±4.99	37.21±7.24

海拔与品种之间存在明显的互作，在低海拔环境中，藏鸡 MCH 最高，但除与 D 差异显著外（$P<0.05$），与其他品种差异不显著（$P>0.05$）；在高海拔环境中，藏鸡 MCH 最低，与其他品种差异均显著（$P<0.001$）。如图 4.14 所示。

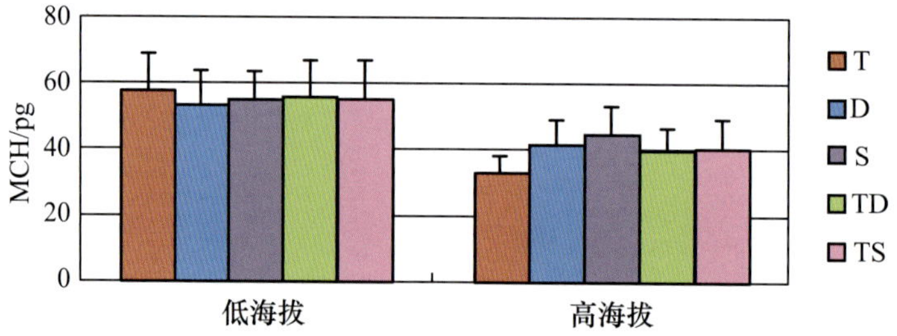

图 4.14　两海拔环境中不同品种鸡红细胞平均血红蛋白

在低海拔时，从出生到 2 周龄、6 周龄，MCH 明显在下降（$P<0.05$），但 10 龄 MCH 又回

升到与2周龄差异不显著的水平。在高海拔环境中，出生与2周龄时MCH差异不明显（$P>0.05$），6周龄和10周龄时略有下降，仅与2周龄时差异显著（$P<0.05$），与出生时差异不显著（$P>0.05$）。同周龄不同海拔环境的鸡MCH比较，均差异极显著（$P<0.0001$）。

分析比较品种和周龄间的互作发现，在出生时，藏鸡MCH最高，与低地鸡种D和S同周龄时的MCH相比显著较高（$P<0.05$）；2周龄时，藏鸡MCH却最低，又显著低于D和S（$P<0.001$）；6周龄时，藏鸡MCH仍最低，显著低于S和TS（$P<0.05$）；10周龄时，藏鸡MCH仍最低，但此时各品种差异均不显著（$P>0.05$）。如图4.15所示。

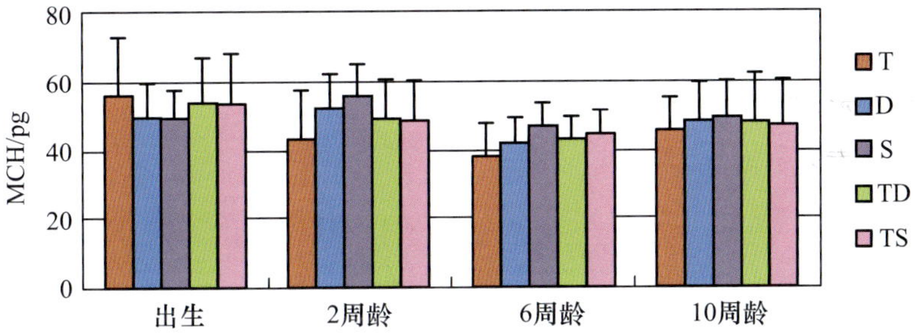

图4.15 不同周龄鸡群MCH品种间差异

试验鸡各品种在两个海拔环境中MCH随周龄的变化见图4.16。在低海拔环境中，出生时藏鸡MCH最高，其他周龄时藏鸡MCH多与其他品种差异不显著；但在高海拔环境中，4周龄时均是藏鸡MCH最低，尤其在出生、2周龄和6周龄时，藏鸡与其他品种差异均达到显著水平（$P<0.05$），10周龄时差异不显著（$P>0.05$）。

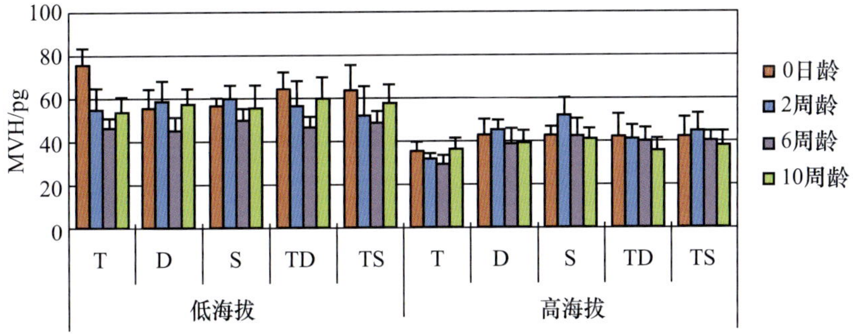

图4.16 两个海拔环境中各品种鸡红细胞平均血红蛋白的变化

10周龄不同性别鸡MCH见表4.25。方差分析显示，只有海拔因素明显影响其MCH（$P<0.0001$），品种和性别以及因素之间的互作效应均不显著（$P>0.05$）。

表4.25 不同海拔环境中10周龄鸡群红细胞平均血红蛋白和方差 pg

海拔	性别	T	D	S	TD	TS
低海拔	F	50.44±3.23	56.16±8.31	51.62±10.07	57.00±6.21	56.50±6.75
	M	55.49±8.83	58.18±6.11	59.20±10.89	60.52±14.54	57.16±11.94
高海拔	F	34.43±4.09	39.43±7.88	43.81±3.47	34.91±3.88	33.44±7.54
	M	37.61±6.06	38.64±4.23	38.66±4.22	37.74±5.35	39.47±6.81

6. 红细胞平均血红蛋白浓度(MCHC)

试验鸡红细胞平均血红蛋白浓度(MCHC)见表 4.26。低海拔鸡群平均 MCHC 高，而高海拔环境生长的鸡群平均 MCHC 低，差异极显著($P<0.0001$)。品种之间比较结果为，藏鸡 MCHC 明显高于其他品种($P<0.01$)，而其他组间差异不显著($P>0.05$)。不同周龄鸡平均 MCHC 差别表现是，10 周龄最高，与其他周龄差异显著($P<0.01$)；6 周龄最低，明显低于其他周龄($P<0.0001$)；出生和 2 周龄鸡 MCHC 中等，二者差异不显著($P>0.05$)。

表 4.26　不同海拔环境中鸡群红细胞平均血红蛋白浓度　g/100 mL

海拔	品种	出生	2 周龄	6 周龄	10 周龄
低海拔	T	39.88±2.36	30.91±3.00	29.02±2.45	35.05±4.83
	D	29.20±3.83	35.00±5.14	26.15±2.53	34.30±3.49
	S	30.44±1.31	34.17±3.00	28.71±1.99	32.44±3.70
	TD	31.31±3.18	32.13±4.05	28.58±3.00	34.81±3.97
	TS	34.85±5.19	31.77±7.55	27.86±1.72	33.62±2.30
高海拔	T	30.72±3.78	27.58±2.16	27.99±4.72	32.97±2.73
	D	26.62±1.75	27.46±1.24	26.90±2.62	28.56±2.02
	S	24.23±1.74	28.69±1.83	26.17±3.02	29.13±1.15
	TD	27.73±2.03	27.32±2.40	28.41±1.19	30.93±1.04
	TS	26.38±2.22	27.98±2.73	27.61±1.72	27.01±3.97

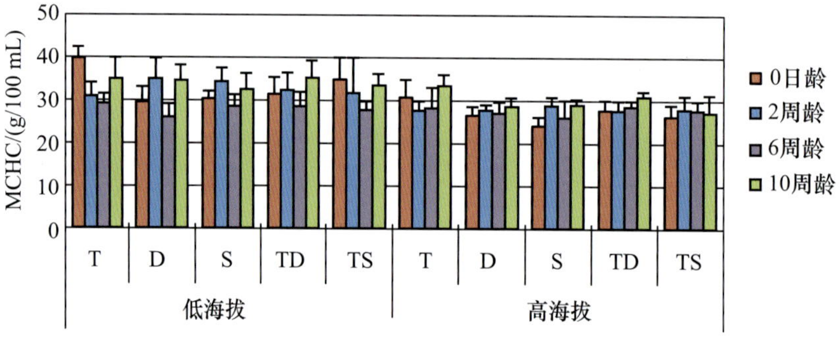

图 4.17　两个海拔环境中鸡红细胞平均血红蛋白浓度

图 4.17 表示不同品种鸡在两个海拔中 MCHC 随周龄的变化，在低海拔中，藏鸡出生时的 MCHC 与同海拔同周龄的其他品种比，明显较高($P<0.0001$)，10 周龄时，虽仍最高，但与其他品种比较差异不显著($P>0.05$)；在高海拔中，藏鸡出生和 10 周龄时均在同周龄不同品种中最高，差异均达显著水平($P<0.05$)。

表 4.27　不同海拔环境中 10 周龄鸡群红细胞平均血红蛋白浓度　g/100 mL

海拔	性别	T	D	S	TD	TS
低海拔	F	34.03±3.64	34.71±4.69	32.11±4.79	34.87±4.99	33.66±2.87
	M	35.91±5.84	33.90±2.23	32.77±2.74	34.75±3.26	33.57±1.90
高海拔	F	32.42±3.01	28.96±2.03	29.22±1.68	30.97±0.78	24.29±5.68
	M	33.52±2.64	28.26±2.27	29.04±0.67	30.87±1.48	28.64±1.63

10 周龄不同性别鸡的红细胞平均血红蛋白浓度见表 4.27。方差分析显示，只有海拔环境和品种影响其 MCHC 值($P<0.01$)，性别及因素间互作效应均不显著($P>0.05$)。

7. 血量、血浆容积和红细胞容积

表 4.28 各品种不同海拔环境中血液量 mL/kg

海拔	性别	T	D	S	TD	TS
低海拔	F	68.5±4.58	111.1±10.39	133.2±3.45	99.0±11.49	107.7±10.69
	M	86.8±2.45	140.3±8.08	151.4±7.29	116.3±7.64	121.8±6.36
高海拔	F	76.4±7.15	93.2±8.44	94.8±12.89	79.1±3.45	88.5±7.98
	M	90.3±8.48	112.4±15.9	116.6±14.57	111.6±11.00	104.2±8.72

如表 4.28 所示，低海拔鸡平均血量多，高海拔鸡平均血量少，差异极显著($P<0.000\ 1$)。分析血量品种间差异可知，藏鸡血量最低，为 80.5 mL/kg，与其他品种差异均极显著($P<0.000\ 1$)；其次为藏鸡杂交种 TD 和 TS，分别是 101.5 和 105.6 mL/kg，二者差异不显著($P>0.05$)，与其他品种差异显著($P<0.01$)；再次是 D，为 114.2 mL/kg；最高为 S，124.0 mL/kg；差异显著($P<0.01$)。公鸡和母鸡平均血量分别为 115.2 和 95.1 mL/kg，差异极显著($P<0.000\ 1$)。

海拔和品种互作分析得出，在低海拔环境中，藏鸡血量最低，其次是藏鸡杂种，再次是矮小隐性白，寿光鸡最高；在高海拔环境中大小顺序与低海拔相同，但出现了 TD、TS 和 D 差异不显著($P>0.05$)，D 和 S 差异不显著($P>0.05$)。这种变化是由于各品种高海拔时血量比低海拔时下降程度不同引起的；S 下降了 33.6 mL/kg，D 下降了 22.9 mL/kg，TS 下降了 18.4 mL/kg，TD 下降了 12.3 mL/kg，这些品种的血量下降均达到显著水平($P<0.01$)；但藏鸡却增加了 5.6 mL/kg，两种海拔条件下血量差异不显著($P>0.05$)。

表 4.29 两海拔环境中鸡血浆容积 mL/kg

海拔	性别	T	D	S	TD	TS
低海拔	F	48.0±4.59	74.8±6.45	88.8±5.08	68.0±8.07	74.3±6.38
	M	59.5±2.97	92.9±6.45	100.4±4.71	82.5±6.06	84.4±2.19
高海拔	F	50.1±4.70	50.6±3.90	55.7±9.73	48.6±2.85	53.1±7.73
	M	60.6±5.66	62.3±7.18	68.3±7.25	47.7±0.75	61.0±3.17

表 4.29 为各品种在两个海拔环境中血浆容积(以每千克体重所含血浆容积表示，mL/kg)的最小二乘均值和方差。多因素方差分析可知，海拔、品种、性别、海拔与品种的互作显著影响鸡血浆容积($P<0.000\ 1$)；其他因素影响效应不明显($P>0.05$)。

高海拔环境中的鸡血浆容积比低海拔的鸡显著低($P<0.000\ 1$)。品种间比较说明，藏鸡血浆容积最低，与其他品种差异均显著($P<0.001$)；其次是 TD，与其他组差异均显著($P<0.01$)；再次为 TS 和 D，二者间差异不显著($P>0.05$)，但与其他组差异显著($P<0.01$)；最高为 S，与其他组差异均显著($P<0.000\ 1$)。性别间血浆容积差异，明显表现为公鸡高于母鸡($P<0.000\ 1$)。

比较海拔与品种间的互作，在低海拔条件下，血浆容积由低到高的顺序是 T、TD、TS、D

和 S，各组间差异均显著（$P<0.01$）；但在高海拔环境中，血浆容积最低的为 TD，与其他各品种差异显著（$P<0.05$）；T、D 和 TS 的血浆容积较接近，三品种差异不显著（$P>0.05$）；血浆容积高的仍为 S，与除 TS 外的其他品种差异显著（$P<0.05$）。除藏鸡外，其他品种高海拔环境中血浆容积均比低海拔环境显著降低（$P<0.0001$），藏鸡血浆容积却略有上升，但差异不显著（$P>0.05$）。

各品种鸡血液红细胞容积（以每千克体重所含红细胞容积表示，mL/kg）最小二乘均值和方差见表 4.30。多因素方差分析可知，品种和性别是影响鸡红细胞容积的重要因素（$P<0.0001$），海拔以及海拔与品种的互作的影响效应也显著（$P<0.05$），其他因素及互作效应均不明显（$P>0.05$）。

表 4.30　不同海拔环境中鸡红细胞容积　　mL/kg

环境	性别	T	D	S	TD	TS
低海拔	F	20.5±0.65	36.3±5.06	44.4±3.43	31.0±3.68	33.4±4.75
	M	27.3±1.72	47.4±6.08	51.0±6.13	33.7±2.02	37.5±4.40
高海拔	F	26.3±2.46	42.6±4.56	39.1±3.62	30.4±1.86	36.9±5.22
	M	29.6±3.15	50.1±9.64	48.3±8.03	40.8±8.33	43.2±3.17

高海拔环境中鸡红细胞容积显著高于低海拔环境（$P<0.05$）。品种间比较结果是藏鸡红细胞容积最低，与其他品种差异极显著（$P<0.0001$）；其后由低到高依次为 TD、TS、D 和 S，D 和 S 间差异不显著（$P>0.05$），其他品种间差异显著（$P<0.05$）。鸡性别间红细胞容积差别明显表现为公鸡大于母鸡（$P<0.0001$）。

海拔与品种互作效应多重比较结果可见，在低海拔环境中，鸡红细胞容积由低到高分别是 T、TD、TS、D 和 S，品种间差异均显著（$P<0.05$）；在高海拔环境中，T 红细胞容积仍最低，但 TD 与 TS、D 与 S、TS 与 S 间差异不显著，其他品种间差异显著（$P<0.05$）；各品种高海拔环境红细胞容积比低海拔环境红细胞容积，除 S 外，均有上升趋势，但差异均不显著（$P>0.05$）。

各品种鸡在两个海拔环境中血量、红细胞容积和血浆容积见图 4.18。

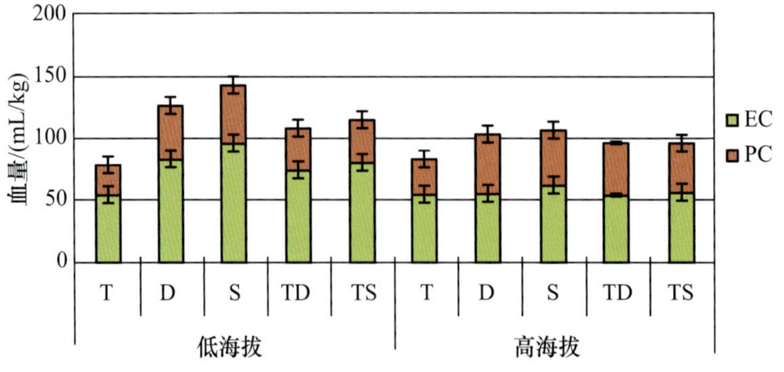

图 4.18　两海拔环境中不同品种鸡的血量、红细胞容积（EC）和血浆容积（PC）

江家椿等（1991b，1992）报道，世居高海拔的藏北高原的那曲绵羊和山羊的血量明显高于低海拔藏南山地的绵羊和山羊，其中红细胞容积增加是其主要原因。藏鸡无论生活在低海拔还是生活在高海拔，其血量、血浆容积和红细胞容积都小于其他品种，其原因目前还不清楚。

低地鸡种，包括藏鸡与低地鸡的杂交种，生活在高海拔比生活在低海拔10周龄的血量有明显的降低，且降低的原因是由血浆容积的减少所致，红细胞容积除寿光鸡外，其他品种还有所增加。这与朱洪云等(2001)报道结果不一致，他们在海拔3 000 m的西藏高原林芝地区测定了引入高原的加利福尼亚兔、中国白兔和青紫兰兔的血量，指出血量与低海拔家兔相比都有不同程度的增加，血量增加主要由血浆容积的增加所致。但是，藏鸡的血量在两个海拔环境中差别不明显，高海拔中血量还有增加的趋势；其中血浆容积和红细胞容积都有增加趋势。

4.3.2.2 **血气分析**

1. 静脉血pH值

试验鸡在不同海拔饲养时，血液pH值见表4.31。经多因素方差分析可知，海拔和品种显著影响鸡静脉血液pH值($P<0.001$)，周龄影响效应不显著($P>0.05$)；海拔与周龄、海拔与品种和周龄之间有明显的互作效应($P<0.05$)，而其他因素间效应不显著($P>0.05$)。

表4.31 不同海拔环境中鸡群静脉血液pH值

海拔	品种	出生	2周龄	6周龄	10周龄
低海拔	T	7.37±0.037 8	7.37±0.023 3	7.36±0.018 0	7.33±0.034 8
	D	7.35±0.032 7	7.38±0.027 0	7.37±0.015 0	7.34±0.058 0
	S	7.37±0.060 7	7.34±0.036 1	7.37±0.020 7	7.33±0.031 9
	TD	7.37±0.034 6	7.39±0.023 6	7.37±0.027 3	7.35±0.036 7
	TS	7.40±0.030 0	7.38±0.019 4	7.36±0.010 5	7.36±0.010 5
高海拔	T	7.38±0.020 4	7.39±0.042 2	7.41±0.029 2	7.40±0.033 3
	D	7.41±0.017 5	7.41±0.019 0	7.42±0.015 0	7.43±0.015 0
	S	7.41±0.018 2	7.41±0.014 8	7.41±0.025 5	7.41±0.019 6
	TD	7.41±0.016 3	7.39±0.024 2	7.43±0.044 0	7.42±0.055 5
	TS	7.42±0.016 4	7.41±0.017 6	7.43±0.022 6	7.45±0.048 4

在低海拔环境中，鸡平均静脉血pH值为7.36，在高海拔中为7.41，差异极显著($P<0.000 1$)。这可能是由于低压导致呼吸时CO_2呼出增加，引起轻微的低碳酸血，但pH值仍在正常范围内，未出现碱中毒症状。品种间比较分析结果可见，藏鸡静脉血pH最低，除S外与其他各品种差异显著($P<0.05$)；其中低海拔藏鸡静脉血pH值为7.36，高海拔为7.40。鸡群周龄对静脉血pH值影响不大，但在低海拔环境中，pH值随着周龄增加而下降，而在高海拔环境中，有上升趋势。

血液pH值代表血中氢离子浓度。血中碳酸氢盐缓冲对(HCO_3^-/H_2CO_3)对保持正常的血液酸碱度起着很重要的作用，缓冲对中的(HCO_3^-)由肾脏调节，H_2CO_3由肺脏调节，当二者比值保持在20∶1时，血液pH值为7.40。在低海拔环境中，鸡静脉血中溶有较多的CO_2，使缓冲对比值降低，平均pH值一般偏低；但在高海拔环境中，由于低压引起的气体扩散系数增加和低氧引起的呼吸量增加，均导致CO_2散失增加，从而增加缓冲对比值，增加血液pH值，严重时导致低碳酸血碱中毒。藏鸡是长期适应高海拔低压品种，呼吸系统已经形成了能够遗传的保护机制，限制CO_2过量散失，所以出现了在低海拔和高海拔均为血液pH值最低的品种。

2. 静脉血CO_2分压(P_{CO_2})

鸡在不同海拔环境中静脉血CO_2分压见表4.32。多因素方差分析显示，海拔、品种和周

龄均影响血液 P_{CO_2}，各因素间也存在互作效应。

表 4.32 不同海拔环境中鸡群静脉血 CO_2 分压均值 kPa

海拔	品种	出生	2 周龄	6 周龄	10 周龄
低海拔	T	5.39±0.97	5.43±0.43	5.53±0.38	5.61±0.47
	D	6.11±0.84	5.23±0.53	5.21±0.31	5.41±0.36
	S	5.22±0.18	5.17±0.42	5.28±0.35	5.45±0.30
	TD	5.41±0.38	5.17±0.48	5.21±0.35	5.43±0.28
	TS	4.96±0.67	5.11±0.59	5.59±0.24	5.35±0.35
高海拔	T	4.56±0.28	4.21±0.49	3.99±0.68	4.43±0.46
	D	3.98±0.28	3.74±0.58	3.47±0.36	3.36±0.41
	S	3.80±0.58	3.96±0.27	2.84±0.48	3.77±0.30
	TD	3.62±0.29	3.83±0.57	3.40±0.42	3.16±0.30
	TS	3.93±0.19	3.79±0.56	3.43±0.49	3.02±0.46

分析可见，生活在低海拔环境中的鸡静脉血平均 P_{CO_2} 为 5.36 kPa，而 2 900 m 海拔中为 3.76 kPa，差异极显著($P<0.000\ 1$)。分析品种之间 P_{CO_2} 的差异可见，藏鸡最高，与其他品种差异显著($P<0.000\ 1$)，其他品种间差异不显著($P>0.05$)。但分析海拔和品种间互作发现，在低海拔环境中，藏鸡 P_{CO_2} 并非最高，与其他品种差异不显著，而在高海拔环境中，藏鸡 P_{CO_2} 最高，与其他品种差异均达极显著水平($P<0.000\ 1$)；也可看出，藏鸡在高海拔环境中 P_{CO_2} 比低海拔下降不明显($P>0.05$)，而其他品种则有明显的降低($P<0.000\ 1$)。鸡静脉血平均 P_{CO_2} 在 6 周龄时最低，与其他周龄相比差异显著($P<0.05$)，也主要是在高海拔环境中才表现差异($P<0.01$)。各品种鸡在低海拔和高海拔环境中静脉血 P_{CO_2} 见图 4.19 所示。血 P_{CO_2} 是指血液中物理溶解的 CO_2 分子所产生的压力，可以反映酸碱平衡中的呼吸因素的指示。藏鸡在高海拔环境中，由于呼吸系统对高原低氧的适应能力强，所以 CO_2 未过多排出，P_{CO_2} 高，血液 pH 值低。

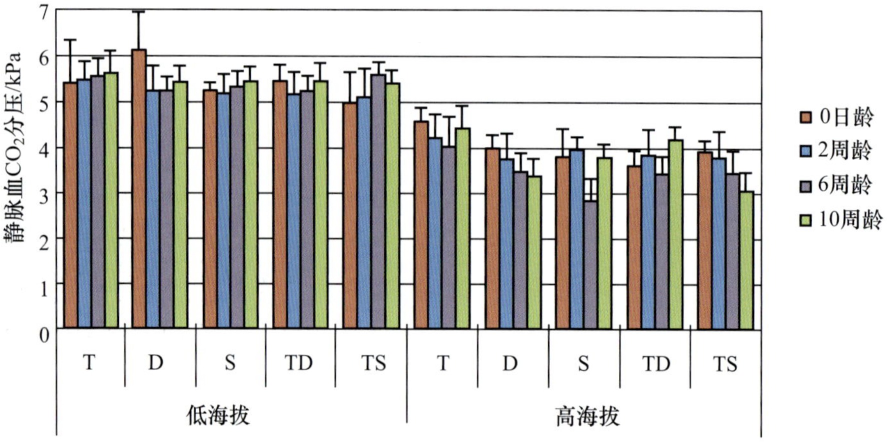

图 4.19 鸡在两海拔环境中静脉血 CO_2 分压

3. 静脉血 O_2 分压(P_{O_2})

试验鸡静脉血 P_{O_2} 平均值和方差见表 4.33。多因素方差分析显示，海拔和品种极显著影响鸡血液 P_{O_2} ($P<0.0001$)，周龄也有影响($P<0.05$)，且在海拔和周龄之间也存在明显的互作效应($P<0.01$)，其他因素间互作效应均不显著($P>0.05$)。

表 4.33 不同海拔环境中鸡群静脉血氧气分压 kPa

海拔	品种	出生	2 周龄	6 周龄	10 周龄
低海拔	T	6.96±0.48	6.18±0.81	6.61±0.72	6.70±0.66
	D	7.82±0.72	6.97±0.50	7.45±0.54	7.73±1.63
	S	7.39±0.73	6.88±0.49	7.05±0.66	7.49±0.47
	TD	6.67±0.54	6.68±0.66	7.51±0.40	7.25±0.80
	TS	7.49±0.68	7.11±0.80	7.17±0.54	7.55±0.42
高海拔	T	6.17±0.22	6.13±1.19	6.03±0.23	5.81±0.60
	D	7.20±0.63	7.02±0.60	6.70±0.48	6.84±0.55
	S	6.89±0.67	7.12±0.41	6.29±0.55	7.03±0.17
	TD	6.84±0.68	6.70±0.52	6.61±0.55	6.44±0.58
	TS	6.96±0.58	6.81±0.73	6.24±0.54	6.95±0.41

在低海拔环境中的鸡静脉血平均 P_{O_2} 为 7.13 kPa，高海拔为 6.64 kPa，差异极显著($P<0.0001$)。品种间比较分析显示，藏鸡平均 P_{O_2} 最低，为 6.21 kPa，无论在低海拔还是在高海拔均与其他品种差异显著($P<0.01$)。鸡群不同周龄血液 P_{O_2} 分析可知，2 周龄鸡平均 P_{O_2} 最低，但主要是在低海拔环境中才有明显表现($P<0.05$)。如图 4.20 所示。血 P_{O_2} 是指血液中物理溶解的氧分子所产生的压力。静脉氧分压可以部分反映血液在组织的携氧能力。藏鸡静脉 P_{O_2} 在两个海拔环境中都最低，可能是由于藏鸡血液 pH 低，降低了 Hb 和 O_2 的亲和力，表现较强的 Bohr 效应；另一方面，藏鸡血液 P_{CO_2} 高，CO_2 与 Hb 和水结合并释放 H^+，通过 Bohr 效应降低 Hb 与 O_2 的亲和力，使大量的 O_2 释放进入组织内。因此藏鸡的血液循环效率较高，这可能是其适应高原低氧环境的血液生理特征之一。

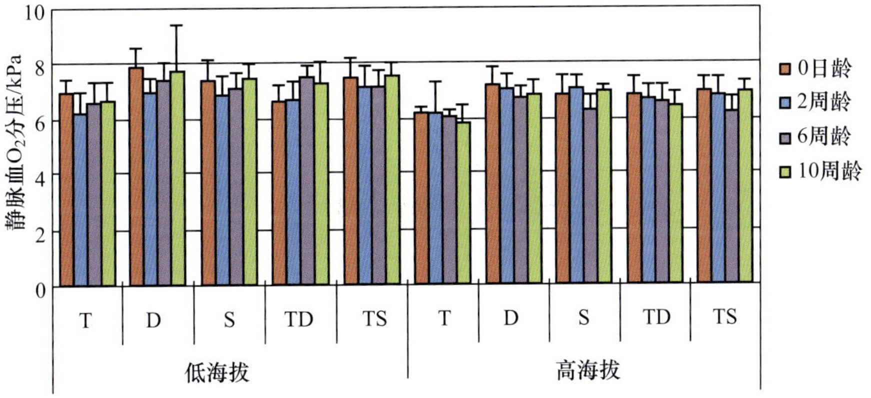

图 4.20 鸡静脉血液 O_2 分压

4. 动脉血氧分压(P_{O_2})

静脉血气分析主要用来分析血液酸碱平衡,反映身体酸碱代谢情况。动脉血液 P_{O_2} 可以用来分析血液循环运输氧能力。出生时鸡动脉血 P_{O_2} 测定值方差分析显示,海拔和品种效应均显著($P<0.05$)。如表 4.34 所示,高海拔环境中鸡动脉血 P_{O_2} 显著低于低海拔($P<0.001$)。藏鸡 P_{O_2} 在两个海拔环境中均最低,低海拔环境中为 12.73 kPa,显著低于 D 和 S($P<0.05$),与 TD 和 TS 差异未达显著水平($P>0.05$);在高海拔环境中为 11.06 kPa,与除 TD 外的其他品种差异显著($P<0.05$)。

表 4.34 不同海拔环境中鸡出生时动脉血氧气分压 kPa

海拔	T	D	S	TD	TS
低海拔	12.73±0.56	13.49±0.89	13.51±0.45	13.12±0.66	13.44±0.38
高海拔	11.06±0.46	11.73±0.68	11.76±0.69	11.64±0.56	11.80±0.72

10 周龄鸡动脉血 P_{O_2} 测定值方差分析可知,海拔和性别因素效应显著($P<0.01$),而品种因素及所有因素间互作效应均不显著($P>0.05$)。每个品种的动脉 P_{O_2} 在高海拔时均显著高于低海拔($P<0.000\ 1$)。无论在低海拔,还是在高海拔,藏鸡动脉血 P_{O_2} 均为最低,但差异不显著($P>0.05$)。如表 4.35 所示,每个品种 10 周龄时,公鸡动脉血 P_{O_2} 显著高于母鸡($P<0.01$)。比较品种内出生与 10 周龄动脉血 P_{O_2} 显示,10 周龄鸡 P_{O_2} 显著低于出生时 P_{O_2} ($P<0.05$)。

表 4.35 不同海拔环境中鸡 10 周龄时动脉血氧气分压 kPa

海拔	性别	T	D	S	TD	TS
低海拔	F	12.64±0.53	12.93±0.74	13.07±0.52	12.83±0.49	12.88±0.50
	M	12.84±0.46	13.44±0.68	13.23±1.04	13.28±0.91	13.36±0.40
高海拔	F	9.59±0.58	10.07±0.71	9.73±0.85	9.78±0.51	9.67±0.48
	M	9.93±0.76	10.43±0.83	10.67±0.85	10.50±0.30	9.82±0.49

藏鸡的静脉血 pH 值和 P_{CO_2} 在低海拔环境中与其他品种相同;但在高海拔环境中,藏鸡 pH 值最低,P_{CO_2} 最高。说明藏鸡在高海拔环境中,能减少 CO_2 的扩散,抗低碳酸血性能较强。其他品种在高海拔环境生活时,虽然没有出现明显的通气反应,但由于气压低,CO_2 扩散较快,使静脉血 pH 值升高,但均未超出正常范围,未见碱毒症的发生。

藏鸡静脉血 P_{O_2} 在低海拔时为 6.18~6.96 kPa,在高海拔时为 5.81~6.17 kPa,与其他品种比较均最低。藏鸡动脉血 P_{O_2} 在低海拔时为 12.64~12.73 kPa,在高海拔为 9.59~11.06 kPa,与其他品种相比也最低。P_{O_2} 为血液中溶解 O_2 所产生的压力,静脉血 P_{O_2} 与肺内气体环境氧分压差是驱动 O_2 扩散进入血液的动力。藏鸡静脉血 P_{O_2} 低,一方面说明血液组织卸载氧的能力强,另一方面说明在肺内驱动 O_2 进入血液的压力差大。进入肺毛细血管血液的 O_2 大多与血红蛋白结合,使氧合血红蛋白饱和度增加,同时动脉血 P_{O_2} 也升高。藏鸡动脉血 P_{O_2} 低,可以解释为藏鸡血红蛋白氧亲和能力较强;但在组织内,由于血液 pH 低、P_{CO_2} 高,Bohr 效应高,使高血氧亲和力的血红蛋白在组织能较好地卸载氧,从而达到高效率的运输 O_2。有研究报道,高海拔地方鸟类——斑头雁的血氧亲和力高,血液可以在低氧环境中摄取更多的氧，达到较高的血氧饱和度(Black 和 Tenney，1980)。Snyder 等(1982)也报道斑头雁比加拿大雁(低地栖息鸟类)血氧亲和力和 Bohr 效应高，而 Hill 系数、血液缓冲能力、红细胞2,3-DPG、血红蛋白浓度相似。在高海拔，高血氧亲和力能保证高的血氧含量，高的 Bohr 效应能保证在高亲和力的同时，组织保持高的氧分压。另外，藏鸡血红蛋白亲和力还可能与基因突变导致其肽链机构发生改变有关。

参考文献

Atherton R W, Timiras P S. 1970. Erythropoietic and somatic development in chicken embryos at high altitude (3800m). Am. J. Physiol. , 218: 75-79.

Baumann R, Haller E A. 1983. Choride distribution and intracellular pH of primitive red cells from chicken blood. Naunyn-Schmedeberg's Arch. of Pharm. , Suppl. 332R, 23.

Baumann R. 1984. Regulation of oxygen affinity of embryonic blood during hypoxic incubation. // Seymour R. S. (ed.), Respiration and metabolism of embryo vertebrates. London, 221-230.

Baumann R, Fischer J, Engelke M. 1987. Function properties of primitive and definitive red cells from chicken: oxygen-binding characteristics, pH and membrane potential, and response to hypoxia. J. Exp. Zool. , Suppl. 1:227-238.

Baumann R, Padeken S, Brilmyer E. H. 1983. Effects of hypoxia on oxygen affinity, hemoglobin pattern, and blood volume of early chicken embryos. Am. J. Physiol. ,244: R733-R741.

Black C P, Tenney S M. 1980. Oxygen transport during progressive hypoxia in high-altitude and sea-level waterfowl. Respir. Physiol. , 39: 217-239.

Bunn H F, Poyton R O. 1996. Oxygen sensing and molecular adaptation to hypoxia. Physiol. Rev. , 76: 839-885.

Burton R R, Smith A H. 1969. Induction of cardiac hypertrophy and polycythemia in the development chick at high altitude. Fed. Proc. , 28: 1170-1177.

Carey C, Dunin-Borkowski O, Leon-Velarde F, et al. 1993. Blood gas, pH and hematology of montane and lowland coot embryos. Respir. Physiol. , 93: 151-163.

Duncher H T. 1978. Development of the avian respiratory and circulatory systems. In: J. Piiper (ed.). Respiratory function in birds, adult and embryonic. Springer-Verlag, Berlin, 260-273.

Freeman B M, Margaret A V. 1974. Development of the avian embryo. London.

Garcia N, Hopkins S R, Powell F L. 2000. Effects of intermittent hypoxia on the isocapnic hypoxic ventilatory response and erythropoiesis in humans. Respir. Physiol. , 123: 39-49.

Hall F G. 1934. Hemoglobin function in the developing chick. J. Physiol. , 83: 222-228.

Handrich Y, Girard H. 1985. Gas diffusive conductance of sea-level hen eggs incubation at 2900m altitude. Respir. Physiol. , 60: 237-252.

Hiebl I D, Schneeganss D, Braunitzer G. 1987. High-altitude respiration of birds. The primary structures of the α-chain of the bar-headed goose (*Anser indicus*), the Greylag goose (*Anser anser*) and the Canada goose (*Branta canadensis*). Biol. Chem. Hoppe-Seyler., 368: 11-18.

Huisman T H, Schillhorn van veen J M, Dozy A M, et al. 1964. Studies on animal hemoglobin. Biochim. Biophys. Acta., 88: 352-366.

Leon-Velarde F, Monge C, Carey C. 1997. Physiological strategies of oxygen transport in high altitude bird embryos. Comp. Biochem. Physiol., 118A: 31-37.

Macpherson C R, Deamer J C. 1964. Some observation on normal erythrocyte dvelopment in the chick embryo. Poult. Sci., 43: 1587-1594.

Monge C, Leon-Velarde F. 1991. Physiological adaptation to high altitude: oxygen transport in mammals and birds. Physiol. Rev., 71: 1135-1172.

Nakazawa S, Tazawa H. 1988. Blood gases and hematologyical variables of chick embryos with widely altered shell conductance. Comp. Biochem. Physiol., 89A: 271-277.

Paganelli C V, Sotherland P R, Olszowka A J, et al. 1988. Regional differences in diffusive conductance/perfusion ratio in the shell of the hen's egg. Respir. Physiol., 71: 45-56.

Piiper J, Tazawa H, Ar A, et al. 1980. Analysis of chorioallantoic gas exchange in the chick embryo. Respir. Physiol., 39: 273-284.

Richalet J P, Souberbielle J C, Antezana A M, et al. 1994. Control of erythropoiesis in humans during prolonged exposure to the altitude of 6542 m. Am. J. Physiol., 266: R756-R764.

Snyder G K, Black C P, Birchard G F. 1982. Respiratory properties of blood from embryos of highland vs. lowland geese. J. Appl. Physiol. Respir. Environ. Exiercise Physiol., 53 (6): 1432-1438.

Tazawa H. 1971. Measurement of respiratory parameters in blood of chicken embryos. J. Appl. Physiol., 30: 17-20.

Tazawa H, Ono T. 1974. Microscopic observation of the chorioallantoic capillary bed of chicken embryo. Respir. Physiol., 20: 81-89.

Tazawa H. 1981. Compensation for diffusive respiratory disturbances of the acid-base balance in the chick embryo. Comp. Biochem. Physiol., 69A: 333-336.

Tazawa H, Visschedijk A H J., Piiper J. 1983. Blood gases and acid-base status in chiken embryos with naturally varying egg shell conductance Respiration Physiology. Respir. Physiol., 54: 137-144.

Velarde F L, Espinoza D, Monge C, et al. 1991. A genetic response to high altitude hypoxia: High hemoglobix-oxygen affinity in chicken (Gallus gallus) from the Peruvian Andes. C. R. Acad. Sci. III. 313(9): 401-406.

黄益民，刘艳霞，刘舒．2001. 高原红细胞增多症患者血清促红细胞生成素活性的观察．临床血液学杂志，14: 5-7.

江家椿，嘎玛仁增，何玛丽．1991a. 不同海拔高度西藏高原牦牛若干血液生理常值的比较．

畜牧兽医学报，22：20-26.
江家椿，何玛丽，嘎玛仁增，等．1992. 不同海拔高度西藏高原山羊若干血液生理特性的对比分析．西南农业学报，5：79-83.
江家椿，何玛丽，嘎玛仁增，等．1991b. 不同海拔高度西藏高原绵羊若干血液生理特性的对比分析．中国畜牧杂志，27：11-14.
李晓滨，马志军，王可，等．1994. 高原实验家兔红细胞扫描电镜形态计量研究．青海医学院学报，15：12-17.
马志军，王晋青，王可，等．1995. 高原鼠兔和灰尾兔红细胞的形态计量研究．兽类学报，15(3)：215-217.
强巴央宗，王萍，何玛丽，等．2001. 缺氧对良种瘦肉型种猪生理指标的影响．西藏农牧学院学报，(2)：23-25.
阮宗海，陈华伟，魏春英，等．1997. 不同海拔高原鼠兔、大白鼠血红蛋白电泳及血液学对比观察．高原医学杂志，7(4)：18-22.
佘海茹，格日力，陈秋红，等．1997. 高原鼠兔红细胞 2，3-二磷酸甘油酸含量的测定．高原医学杂志，7：38-40.
宋继志，洪大蓉，万美玲，等．1994. 高原低氧导致红细胞形态变化的扫描电镜观察．电子显微学报，(5)：413.
王勇．2001. 蓝马鸡和藏马鸡血液生理生化指标测定．畜牧与兽医，33(2)：31-32.
叶润蓉，曹伊凡，白琴华．1994. 高原鼠兔的血象及其与低氧适应的关系．中国实验动物学报，2：114-119.
张玉生，傅伟龙．1994. 动物生理学．北京：中国科学技术出版社，104-105.
朱洪云．2002. 藏东南地区三个家兔引入品种的血液生化指标测定．家畜生态，23：24-26.

第5章

藏鸡高原低氧适应组织学基础

动物对不同程度的低氧有不同的适应方式,所有这些适应性方式都必须通过相应组织、细胞的变化得以实现。通过对组织、细胞的研究一方面可以充分了解表型和生理适应性反应的产生机理;另一方面可以揭示一些在表型和生理水平无法度量到的适应性反应。组织、细胞的变化也是基因表达与调控的最直接表现。因此,高原低氧适应性也可能会表现在一些酶表达的变化,并进而影响特定组织、器官代谢和功能。

5.1 动物低氧适应相关组织学研究进展

5.1.1 血管组织

组织细胞与组织毛细血管血液之间的气体交换是指血液中的氧透过毛细血管壁进入细胞,最后进入线粒体被机体利用的过程。高原遗传适应动物和低地动物在血管组织方面有较明显的差异,主要表现为毛细血管密度、长度、表面积等方面的不同。Capen(1981)等运用体内显微镜观察低氧条件下肺毛细血管增加的情况,并测定了低氧刺激前后肺部一氧化碳的扩散能力,排除了其他因素对肺弥散能力的影响后,得出结论:低氧刺激使肺毛细血管增生,加大了气体交换的表面积,从而提高了肺的换气能力;Rovainen 和 Woolsey(1999)研究了长期低氧对裸鼠脑血管组织的影响,发现与低地对照组相比,低氧鼠的所有被研究脑组织的毛细血管长度或表面积都有明显的增加。

5.1.2 脏器组织

低地动物进入高原后,低氧刺激会引起肺动脉管收缩,从而加大了肺动脉压(pulmonary artery pressure, PAP),持续的 PAP 升高会导致右心室增生,严重的可能会导致充血性心力衰竭。

PAP的升高程度在物种间及物种内均有差异，高原遗传适应动物的PAP升高要低于低地动物，因为它的肺动脉管壁较薄，缺乏肌肉化，肺动脉管不收缩或收缩程度较小，所以它们的PAP正常或略有升高，这种差异在牦牛和普通牛上表现较为明显，普通牛肺动脉管的平滑肌发达，高原环境中的低氧刺激会使它产生较大的肺动脉管收缩反应，从而形成很高的肺动脉压，而牦牛生活在青藏高原，是典型的高原遗传适应动物，低氧条件下肺动脉管的收缩反应较小。郭胜祥等(1995)研究发现，与黄牛肺动脉相比，牦牛的肺动脉对缩血管物质的敏感性较低，而对舒血管物质的反应更明显。Durmowicz(1993)等发现，与普通牛相比，牦牛的肺动脉壁较薄，缺乏血管平滑肌，肺动脉管的内皮细胞很长、较宽且圆，这从生理上解释了牦牛较小的肺动脉管收缩反应，也暗示动物对高原的适应不仅应包括肺血管平滑肌数目的减少，也应包括血管内皮细胞结构和功能的改变。

肺脏的各种指标在高原遗传适应动物和同一低地动物之间也有差异。Pearson和Pearson(1976)测定了高原鼠(海拔4 660 m)和同种的低地鼠的呼吸膜超微结构，发现高原鼠的肺组织较大，肺总容量、毛细血管容量、呼吸膜厚度均没有差异，但高原鼠的肺泡数目较多而肺泡体积较小。

5.1.3 肌肉组织

在低氧状态下，动物的肌肉组织会发生响应的变化，具体表现在肌纤维横截面积降低，但毛细血管密度增加。Kayser(1991)等测定了夏尔巴人和瑞士低地人的股外侧肌的超微结构，发现夏尔巴人的肌纤维横截面积稍低于瑞士低地人，毛细血管密度明显大于瑞士低地人；Kayser(1996)等测定了藏族和尼泊尔低地人股外侧肌的超微结构和生化特点，发现藏族的肌纤维横截面积较低，线粒体密度较低，毛细血管数目与肌肉纤维数目的比值相同，但毛细血管密度值无明显差异；Snyder(1984)等分别检测了低氧和常氧下加拿大鹅和斑头鹅胚胎腓肠肌的毛细血管密度值，发现斑头鹅胚胎和低氧下的加拿大鹅胚胎的毛细血管密度较高，而常氧下的加拿大鹅胚胎的毛细血管密度较低，他们认为鸟类胚胎可以通过增加毛细血管密度来适应低氧环境。

5.1.4 高原低氧环境对禽类孵化和胚胎代谢的影响

成功的繁殖是动物对某一环境适应的主要标志，高原低氧除了影响成年动物生殖器官和生殖激素外，还影响胎儿的气体交换，使新生儿出生体重下降，死亡率增高。鸟类胚胎呼吸涉及呼吸器官、尿囊绒毛膜和外界环境，孵化时氧气主要通过蛋壳上的气孔系统进入气室，通过卵黄囊、尿囊绒毛膜渗透到毛细血管中进入血液循环。高原低氧对禽类蛋孵化和胚胎代谢的影响表现在几个指标的变化，主要有蛋壳气体传导力、孵化率、尿囊绒毛膜发育情况、胚胎血液氧结合能力、胚胎死亡率。

5.2 藏鸡胚胎尿囊绒毛膜血管密度

5.2.1 尿囊绒毛膜(CAM)

在发育的不同时期，鸡胚完成气体交换的方式不同。鸡胚发育开始于母体的输卵管中，这时气体交换量很小，通过母体输卵管内气体的直接扩散就能达到要求。当鸡蛋产出后，如存放于生理零点以下(28 ℃)，则胚胎处于相对稳定状态。此时，除了水分的流失外，基本上不存在气体交换。当鸡蛋开始孵化后，很快(33～42 h)就建立了血液循环系统，这时卵黄囊行使主要的气体交换作用。到了孵化的第4～5天，随着尿囊与绒毛膜的相遇而融合成一个功能性单位，即尿囊绒毛膜(CAM)。这层膜结构由绒毛膜(外胚层)、富含血管的中胚层和尿囊(内胚层)构成。这个高度发达的结构逐渐代替卵黄囊而成为鸡胚主要的呼吸器官，在孵化的大部分时期起到肺的作用。直到孵化的第19天左右，鸡胚冲破内壳膜，将头部深入气室内，开始肺呼吸，然后尿囊绒毛膜的呼吸作用逐渐减退。因此，鸡胚发育的大部分时间，气体交换都是以尿囊绒毛膜作为主要气体交换器官(Wagner-Amo，2003)。

鸡胚的尿囊绒毛膜在气体交换上的作用相当于成年动物的肺，其血液循环方式与成年动物存在一定的差异，主要表现为由气体交换器官CAM静脉(血管2)中流向心脏的氧化的动脉血在进入心脏前会与从胚胎组织静脉(血管4)中返回的静脉血混合之后才进入心脏。同样由心脏泵出的血液也被分为两部分其一流入胚胎组织动脉(血管3)，另一部分流入CAM动脉(血管1)用于气体交换。其中有大约16%的CAM动脉血与静脉血通过可能存在的动静脉血管分流而直接混合。因此鸡胚的CAM动脉为CAM毛细血管提供的是低氧、高二氧化碳的血液(生理上是“静脉血”)，但同时也作为动脉血通过背大动脉向胚体后部供氧。CAM毛细血管与通过蛋壳和壳膜的气体扩散结合来交换 O_2 和 CO_2 后，富含 O_2 的血液(动脉血)流入尿囊膜静脉。由于鸡胚的气体交换是CAM毛细血管中的血液和气室中的气体之间进行的，因此气体交换面积(主要决定于毛细血管密度)、血管壁厚度和血流速度等都会影响到胚胎环境的气体交换(图5.1)。

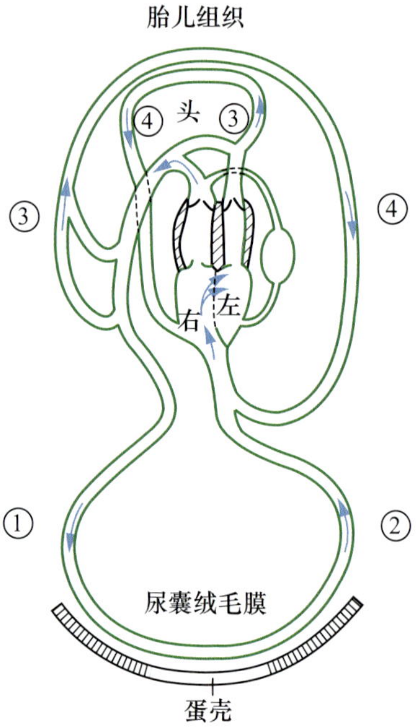

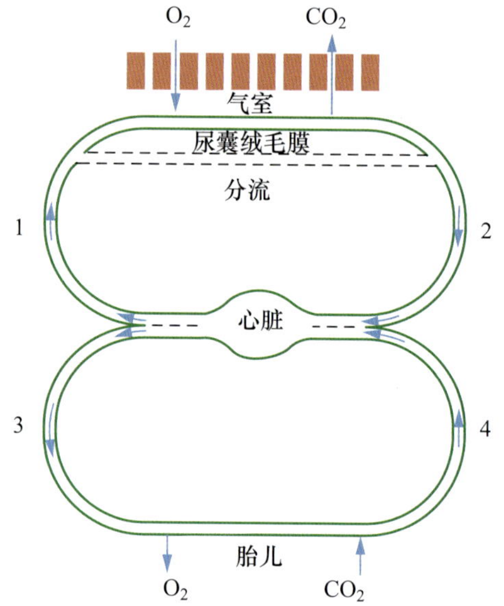

图5.1　孵化第18天鸡胚的血液循环

左：血液循环示意图；右：将左图上下翻转并简化后的形式(引自Olszowka，1988)

5.2.2 高原孵化尿囊绒毛膜血管密度

血管密度系数(vascular density index,VDI)是通过估计血管的数量和长度来量化血管生成。用血管密度系数 VDI 可评估在高原(林芝,2 900 m)孵化的藏鸡和和低地鸡(农大小型鸡)胚胎 CAM 的血液运输和气体交换能力(表 5.1)。具体地讲,是将一个画有 4 个同心圆(直径分别为 4、5、6 和 8 mm)薄塑料片覆盖在载玻片上,然后在 20× 解剖显微镜下数 CAM 上与 4 个同心圆(共计 72 mm)交叉的血管数。每个 CAM 数 3 个不相互交叉的面积平均后即为 VDI。该方法可计数和观察 10～15 μm 以上的血管。

表 5.1 在高海拔孵化胚胎尿囊绒毛膜的 VDI

品种	孵化日龄/d					
	9	12	15	16	17	18
小型鸡	30.85±2.24 (13)	44.13±2.86 (8)	48.89±2.69 (9)	49.00±2.55 (10)	53.29±3.05 (7)	53.71±3.05 (7)
藏鸡	23.33±3.30 (6)	44.30±2.55 (10)	44.67±2.69 (9)	46.80±3.61 (5)	46.17±3.30 (6)	49.38±2.86 (8)
小型鸡/藏鸡/%	132.23	99.62	109.45	104.70	115.42	108.77

注:括号中的数字为样本数。

结果发现在高原孵化时藏鸡和小型鸡尿囊绒毛膜上的血管密度随着胚胎的生长而逐渐增大(图 5.2)。但藏鸡与小型鸡比较在孵化第 9 天藏鸡胚胎尿囊绒毛膜血管的 VDI 比小型鸡胚胎低 32.23%。在孵化第 12 天时两者差异不大,藏鸡胚胎尿囊绒毛膜血管的 VDI 比小型鸡胚胎高 0.38%。在孵化末期(孵化第 15～18 天)藏鸡胚胎比小型鸡胚胎尿囊绒毛膜血管的 VDI 比小型鸡胚胎低 4.70%～15.42%。由图 5.2 还可以看出随着孵化日龄的增加小型鸡胚胎尿囊绒毛膜的毛细血管还表现出明显的弯曲现象。

环境缺氧会导致气室氧分压降低。由气室到 CAM 血液中氧摄入的主要阻力存在于内壳膜和 CAM 中,所以如果能够降低其阻力,就会形成防止胚胎组织缺氧的适应。这种适应主要表现为 CAM 毛细血管增多(Scheid 1982)。尿囊绒毛膜是在孵化的第 4～5 天尿囊与绒毛膜相融合形成的一个功能性单位。在 CAM 形成之后很快代替卵黄囊而成为鸡胚气体交换的主要呼吸器官,但 CAM 直到孵化第 12 天才将整个蛋包围,即所谓"合拢"。然后,一直到孵化的 19 d 左右,鸡胚冲破内壳膜,将头部深入气室内,开始肺呼吸,然后 CAM 的呼吸作用逐渐减退。因此,在孵化第 5～12 天是 CAM 发育的阶段,在这个时期中 CAM 上的血管密度随着胚胎的强度加大而逐渐增大。Wagner-Amos 和 Seymour (2003) 提出 CAM 相当于动物的肺,是鸡胚主要的气体交换器官,所以在一个球形(整蛋)水平上,CAM 的发育是适应并应和胚胎发育对氧的需求的。当气室内缺氧尤其是胚胎组织缺氧时,胚胎可能通过调控 CAM 的血管密度和气体交换能力等来加大气体交换量以降低胚胎组织缺氧。Dusseau 和 Hutchins(1988) 报道从第 7 天起在 15%的氧中孵化 3～7 d 的鸡蛋可以使尿囊绒毛膜毛细血管分布比在常氧中孵化的对照组增高 34%～41%。还有试验证明在 60%氧中从孵化第 8 天起鸡蛋表现有较低的一氧化碳扩散能力,说明在多氧条件下孵化 CAM 毛细血管表面积较小(Metcalfe 等,

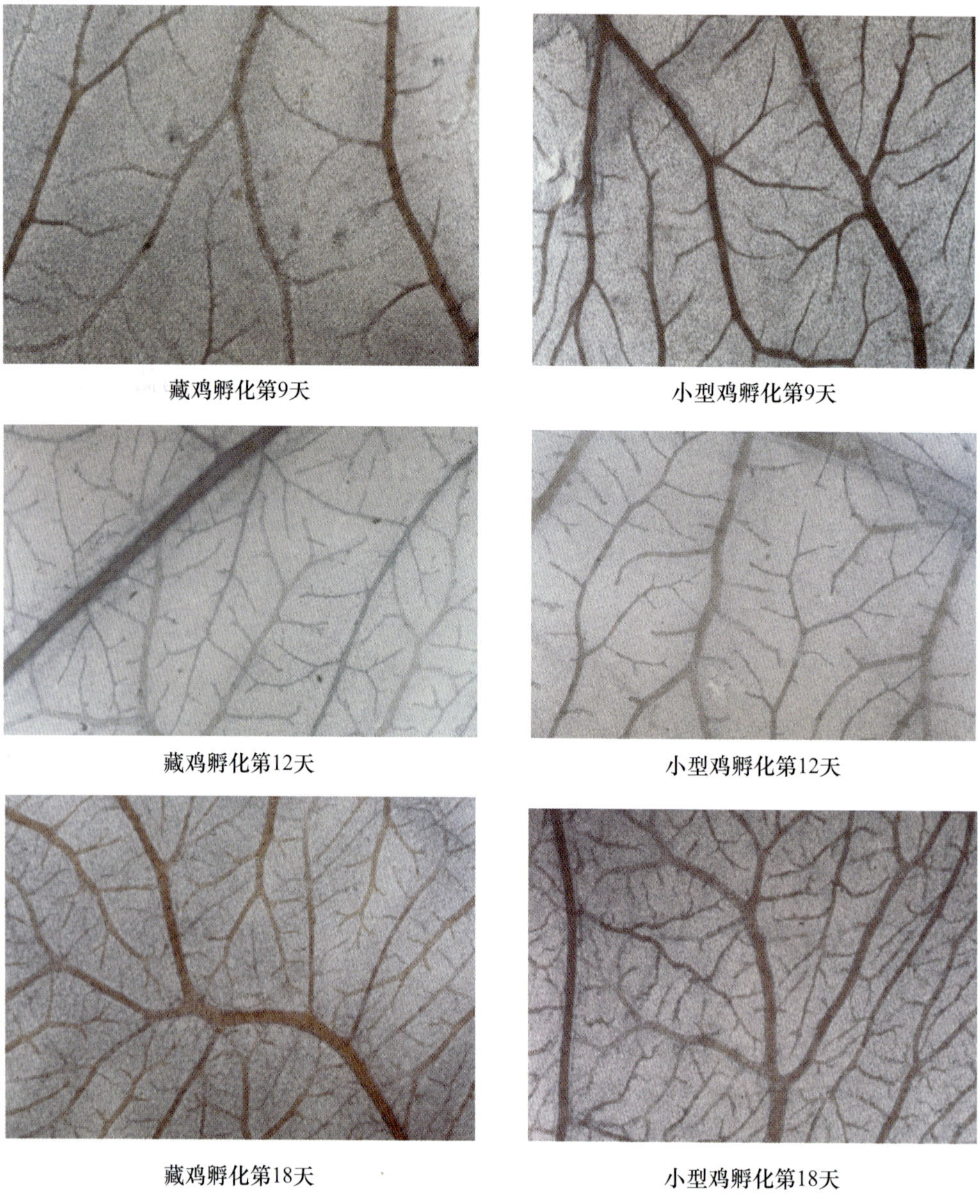

藏鸡孵化第9天　小型鸡孵化第9天

藏鸡孵化第12天　小型鸡孵化第12天

藏鸡孵化第18天　小型鸡孵化第18天

图 5.2　在高海拔孵化时不同胚龄的尿囊绒毛膜上的血管变化

1984)。Strick 和 Waycaster(1991)认为在不同氧水平中孵化的鸡蛋在孵化的 7～14 d CAM 血管分布与氧水平存在剂量关系的变化,即缺氧可以增加血管密度,多氧可以减少血管密度,并因此认为缺氧可以刺激血管生长,多氧可以抑制血管生长。

Birchard 和 Reiber(1993)认为 CAM 血管的生长与胚胎发育对氧的需求成比例,在缺氧环境中血管密度会增加。第 9 天时小型鸡胚胎尿囊绒毛膜的 VDI 比藏鸡胚胎高 32.23%,说明在高原孵化时小型鸡胚胎可能面临更强烈的缺氧应激。但通过对小型鸡和藏鸡的蛋壳通透性比较的结果却表明,藏鸡蛋壳通透性低于小型鸡。说明当藏鸡和小型鸡在相同海拔孵化时,所处的环境 O_2 分压相同,但由于藏鸡蛋壳对 O_2 的扩散阻力较大,藏鸡气室内的 O_2 将低于小型鸡。藏鸡胚胎 CAM 的血管密度低于小型鸡则表明藏鸡胚胎气室与血液间的 O_2 分压差低于小型鸡。其结果可能是藏鸡的血液中的 O_2 分压低于小型鸡。这样藏鸡胚胎要维持正常的代谢就要求胚胎血液有较强的携带氧的能力或胚胎有较强的利用氧的能力。

在孵化 12 d 藏鸡胚胎 CAM 血管密度与小型鸡胚胎差异不大，在孵化第 15 天以后藏鸡和小型鸡胚胎的 CAM 血管密度都趋于稳定。说明胚胎 CAM 血管生成在孵化第 15 天时已达到最大，进一步的刺激也无法使血管密度增加。Wagner-Amos 和 Seymour (2003)的试验也发现鸡胚 CAM 血管密度在孵化第 14 天时达到最大。藏鸡胚胎在孵化第 12 天时与小型鸡胚胎 CAM 血管密度接近可能是由于小型鸡胚胎受低氧刺激血管生成较早，所以当小型鸡胚胎血管密度增加有所减慢时，藏鸡胚胎的血管密度还处于增加状态。但随着藏鸡和小型鸡胚胎 CAM 血管密度都接近于饱和后，藏鸡胚胎尿囊绒毛膜 VDI 表现为比小型鸡低 10%左右。

5.3 藏鸡胚胎肝脏的适应性

5.3.1 藏鸡胚胎肝组织显微结构

肝脏是动物体内最大的消化腺，也是体内新陈代谢的中心站，是维持生命活动的一个必不可少的重要器官。在肝脏中发生的化学反应据估计有 500 种以上。肝脏的主要功能是进行糖的分解、糖原的贮存；参与蛋白质、脂肪、维生素、激素的代谢；解毒；分泌胆汁；吞噬、防御机能；制造凝血因子；调节血容量及水电解质平衡；产生热量等。肝脏在胚胎时期肝脏还有造血功能。

对高原孵化条件下农大小型鸡胚胎就肝脏的生长发育情况进行研究，发现农大小型鸡胚胎及肝脏的生长发育显著滞后于低地孵化的结果，表现在胚胎的早期形态发育、胚胎肝脏的肝索和血窦结构的成熟变化差异上(戚飞，2006)。以模拟高原环境的方式，将孵化机内的氧浓度控制在 13%，可研究藏鸡和寿光鸡在孵化 16 d 时肝脏组织的纤维结构的差异。藏鸡和寿光鸡常氧和低氧孵化鸡胚胎肝组织的 HE 染色切片结果见图 5.3 至图 5.6。由图中可以看出：①在常氧孵化条件下，藏鸡和寿光鸡肝组织切片着色较深，细胞数多，肝组织发育良好，二者组织形态基本无差别。②在低氧孵化条件下，与常氧孵化相比，藏鸡和寿光鸡肝组织切片着色均较浅，细胞数较少，寿光鸡变化尤为明显。

藏鸡和寿光鸡常氧和低氧孵化鸡胚胎肝组织的超薄切片和投射电镜观察结果见图 5.7 至图 5.10。由图中可以看出：①在常氧孵化条件下，藏鸡和寿光鸡肝组织线粒体大小均匀，基本成圆形或椭圆形，可清晰看见双层膜和嵴，且结构完整；内质网结构完整，核糖体附着良好，二者基本无差别。②在低氧孵化条件下，藏鸡和寿光鸡肝组织组织线粒体大小不均，出现线粒体肿胀、畸形(箭头)，可清晰看见双层膜破损，嵴(箭头)不完整或消失，寿光鸡嵴的变化要更明显一些；内质网出现断裂，核糖体脱落(箭头)。

说明在低氧孵化条件下，藏鸡和寿光鸡鸡胚肝组织发育在整体上要明显滞后于常氧孵化条件，这种滞后在寿光鸡上要更为明显。研究表明缺氧时间较长或氧分压较低时，超出了肝细胞的低氧耐受能力，肝细胞就会出现低氧损害性变化。线粒体是缺氧损害的靶标，缺氧主要中断线粒体呼吸链的递氢环节，导致线粒体的供能障碍来损伤细胞。肝细胞遭受轻微的缺氧损，形态上表现为颗粒变性，电镜下观察这些颗粒为肿胀的线粒体，恢复正常氧压后，损伤细胞的形态和功能可恢复(Paxian 等,2003)。持续长期的低氧刺激会对机体组织器官的亚细胞器超微结构造成损伤,颗粒变性可进一步发展为空泡变性,出现线粒体明显肿胀甚至破裂、内质网断裂、解体等变化,一般认为,空泡变性是颗粒变性的结果,但空泡变性容易发展为细胞的死亡(Valla,2003)。常氧时藏鸡和寿光鸡肝细胞的超微结构基本没有区别,低氧时藏鸡和寿光鸡的线粒体都出现了肿胀、畸形、嵴消失,内质网断裂、解体等现象,这种损伤可能导致细胞的发育受阻、病变、死亡。

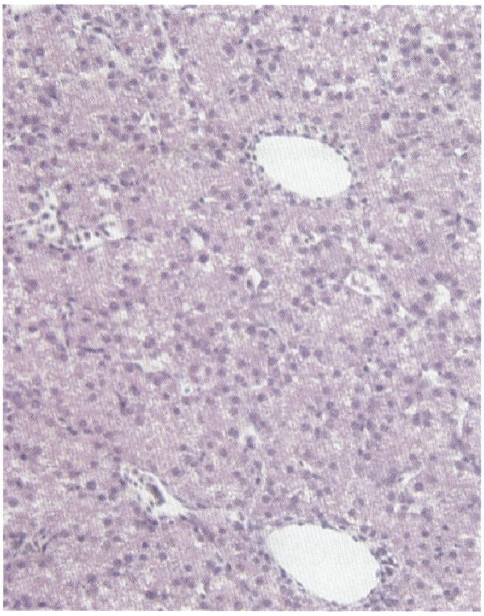

图 5.3　寿光鸡常氧孵化 16 d 胚胎肝脏组织 HE 染色切片

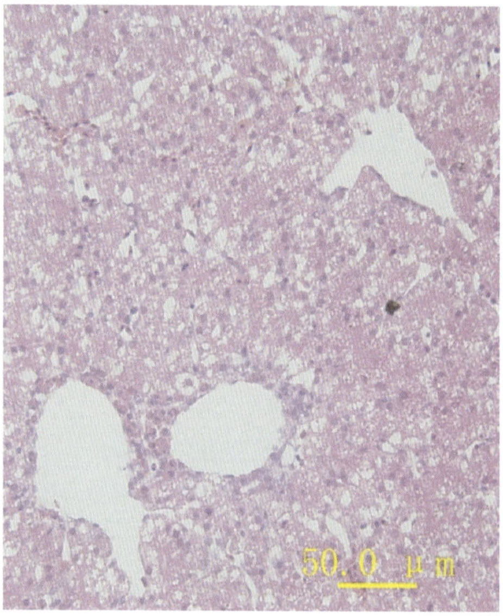

图 5.4　寿光鸡低氧孵化 16 d 胚胎肝脏组织 HE 染色切片

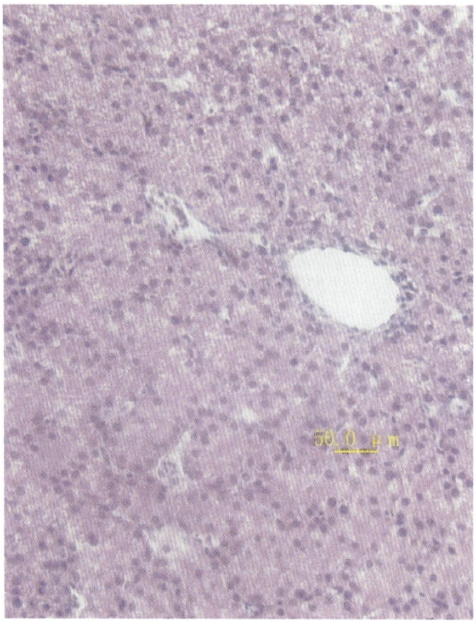

图 5.5　藏鸡常氧孵化 16 d 胚胎肝脏组织 HE 染色切片

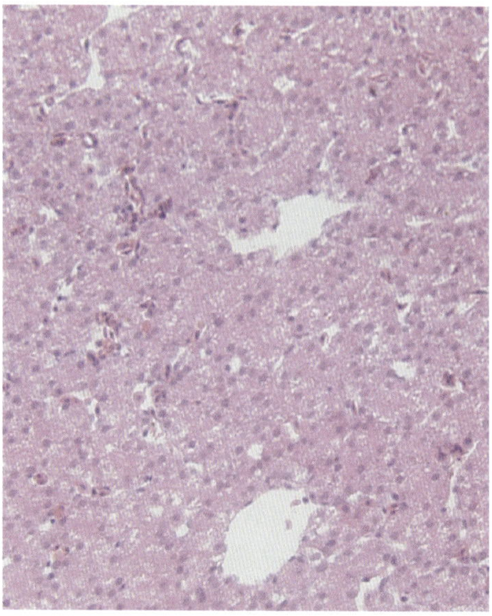

图 5.6　藏鸡低氧孵化 16 d 胚胎肝脏组织 HE 染色切片

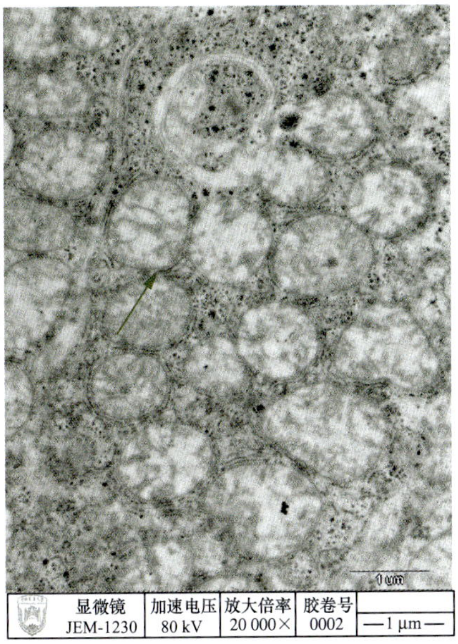

图 5.7 寿光鸡常氧 16 d 胚胎肝脏超微结构

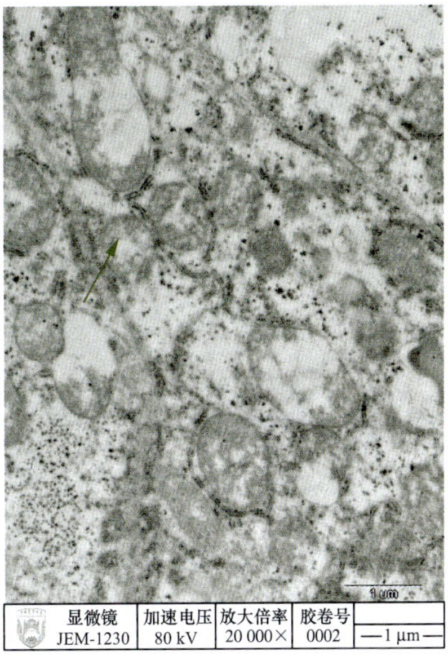

图 5.8 寿光鸡低氧 16 d 胚胎肝脏超微结构

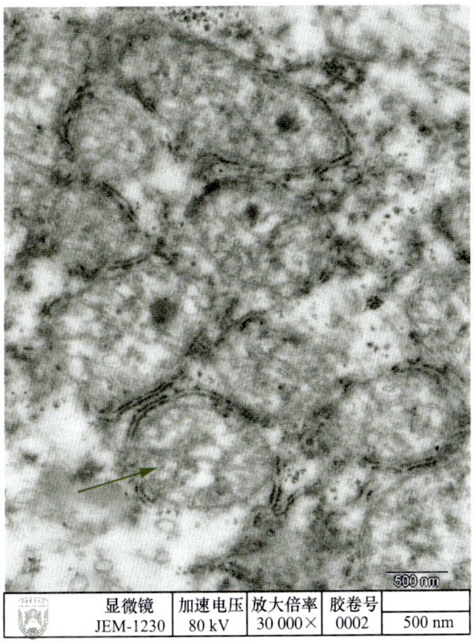

图 5.9 藏鸡常氧 16 d 胚胎肝脏超微结构

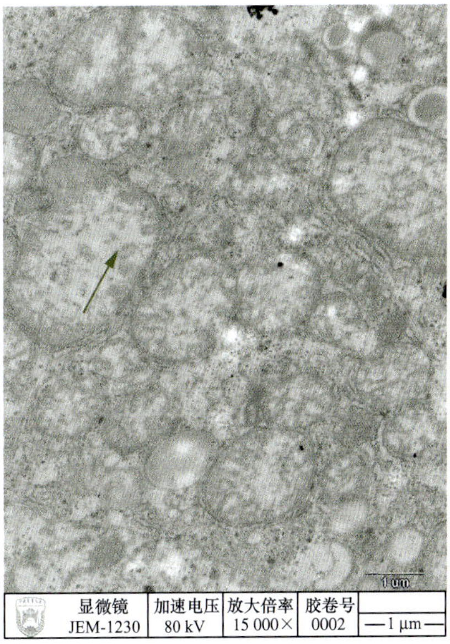

图 5.10 藏鸡低氧 16 d 胚胎肝脏超微结构

5.3.2 藏鸡胚胎肝功能的适应

在三羧酸循环过程中，琥珀酸脱氢酶是关键酶之一，其活性可以反映线粒体酶呼吸代谢水平。刘兵柱等(2002)研究发现人进入海拔 2 300 m 的高原地区 60 d 后，血液中乳酸(Lactic acid，LA)含量和乳酸脱氢酶活性明显升高($P<0.01$)，琥珀酸脱氢酶、黄嘌呤氧化酶、钠钾-ATP 酶的活性比刚进入时均明显下降($P<0.01$)；Harris 等(1970)报道，在海拔 4 380 m 环境中，高山动物荷兰猪、兔、狗的心肌与同种低地动物相比，乳酸脱氢酶活性无明显变化，但琥珀酸脱氢酶活性明显较高。这说明高原动物在高海拔缺氧时，由于依然具有较高的琥珀酸脱氢酶水平，故仍能保持旺盛的代谢活动，这种变化在高山牛、豚鼠、兔和狗等动物上也有表现，这些动物的心肌、骨骼肌、肝脏、肾脏等线粒体呼吸链上的琥珀酸脱氢酶活力在高海拔低氧时明显升高。

在脂肪酸氧化过程中，高原低氧适应动物的关键酶活性也与低地动物具有差异。Kayser (1996)等研究了藏族和尼泊尔低地人股外侧肌的生化特点，发现与尼泊尔低地人相比，藏族柠檬酸合成酶活性和 β-羟脂酰 COA 脱氢酶活性较低，而 L-乳酸脱氢酶和己糖激酶的活性无明显差异，β-羟脂酰 COA 脱氢酶的活性较低，可能与氧的节约有关，因为产生相同数量的 ATP，利用碳水化合物要比利用脂肪更省氧气，这更利于高原动物在低氧状态下的生存；当平原大鼠、豚鼠暴露到高海拔时，心脏和肝脏脂肪酸氧化能力受损，三磷酸甘油堆积，但青藏高原的高原鼠兔和美洲高山骆驼科动物表现出脂肪代谢旺盛，显示出高山动物对低氧的显著适应特征。

以模拟 13% 氧含量的方式比较藏鸡和寿光鸡肝功能的差异(表 5.2)。从总体上看，与常氧相比低氧状态下的寿光鸡和藏鸡在各项指标均有较大程度的变化，具体为：

表 5.2　藏鸡和寿光鸡在常氧和低氧孵化条件下肝功能各项指标

项　目	寿光鸡		藏鸡	
	常氧	低氧	常氧	低氧
谷丙转氨酶/(IU/L)	3.2±1.303 8	3.8±2.167 9	3.6± 1.140 2	4.2±1.095 4
谷草转氨酶/(IU/L)	21.8±1.095 4[a]	27.6±17.729[b]	18.6± 2.302 2[a]	18.8±4.604 3[a]
总胆红素/(μmol/L)	10.38±0.804 4[a]	16.34±1.112 5[b]	15.26± 1.107 8[b]	13.1±0.976 1[c]
直接胆红素/(μmol/L)	0.56±0.082 2[a]	0.92±0.148 5[b]	0.8± 0.133 4[b]	0.66±0.099 6a[b]
总胆汁酸/(μmol/L)	0.66±0.114[a]	1.14±0.114[b]	0.6± 0.158 1[a]	0.86±0.089 4[c]
碱性磷酸酶/(IU/L)	622.8±21.057[a]	1 244.6±34.522[b]	806± 22.986[c]	1 011±32.793[d]
谷氨酰转肽酶/(IU/L)	1.2±0.447 2	1.8±0.447 2	1.4± 0.547 7	1.8±0.447 2
肌酸激酶/(IU/L)	106±16.279	119.6±18.716	129.6± 25.442	116.2±15.023
葡萄糖/(μmol/L)	5.444±0.189 3	5.268±0.162 9	5.772± 0.191 5	5.394±0.148 2
肌酐/(μmol/L)	1.12±0.903 9[a]	4.7±0.972 1[b]	1.7± 0.308 2[a]	5.54±0.139 3[b]
乳酸脱氢酶/(IU/L)	207.2±14.342[a]	394.6±14.381[b]	199.8± 22.993[c]	237.8±25.034[d]

注：表中同行不同字母表示差异显著($P<0.05$)。

(1) 与常氧相比，低氧时寿光鸡与藏鸡的谷丙转氨酶都有所升高，但各组之间差异不显著。

(2) 低氧下，两鸡种的谷草转氨酶也都升高，寿光鸡组差异显著，其他各组差异不显著。

(3) 常氧下，藏鸡胆红素含量高于寿光鸡，二者差异显著；低氧下，寿光鸡总胆红素含量升高，达到差异显著，藏鸡胆红素含量降低，达到差异显著；低氧时，藏鸡胆红素含量低于寿光鸡，达到差异显著。

(4) 常氧下，藏鸡直接胆红素含量高于寿光鸡，二者差异显著；低氧下，寿光鸡直接总胆红素含量升高，达到差异显著，藏鸡直接胆红素含量降低，差异不但显著；低氧时，藏鸡直接胆红素含量低于寿光鸡，达到差异显著。

(5) 常氧组的总胆汁含量差异不显著；低氧下，两鸡种的总胆汁酸含量都升高，寿光鸡高于藏鸡，寿光鸡组、藏鸡组和低氧组均差异显著。

(6) 低氧下，两鸡种碱性磷酸酶含量都升高，寿光鸡升高的更为明显，各组均差异显著。

(7) 低氧下，两鸡种谷氨酰转肽酶含量都升高，但各组均差异不显著。

(8) 低氧下，寿光鸡肌酸激酶含量升高，而藏鸡含量降低，但各组均差异不显著。

(9) 低氧下，两鸡种葡萄糖含量都降低，但各组均差异不显著。

(10)低氧下，两鸡种肌酐含量都升高，常氧组、低氧组差异不显著，寿光鸡组和藏鸡组差异显著。

(11)低氧下，两鸡种乳酸脱氢酶含量都升高，寿光鸡升高更为明显，比藏鸡高很多，常氧组差异不显著，其他三组均差异显著。

肝脏是机体最大的解毒器官，谷丙转氨酶升高是肝功能出现问题的一个重要指标，肝脏受损害时谷草转氨酶在血清中的浓度也会升高。从测定的结果上看，低氧时寿光鸡这两个指标升高的幅度比藏鸡要大，肝功能受损害的程度可能也较大。

血清中胆红素大部分来源于衰老红细胞被破坏后产生出来的血红蛋白衍化而成，在肝内经过葡萄糖醛酸化的叫直接胆红素，未经醛酸化的叫间接胆红素。在产生肝脏疾病和胆道梗阻时，血清中的胆红素含量会升高，胆汁型肝硬化、胆道梗阻时，直接胆红素含量也会升高。低氧时，寿光鸡这两个指标的升高也说明低氧时寿光鸡的肝功能受到损害，但是，藏鸡这两个指标在低氧时却都出现了降低，其原因可能是藏鸡是低氧适应品种，常氧对其也是一种刺激，会对其肝功能产生不利影响，低氧时起反而回复较正常的水平，这也是藏鸡低氧肝功能好于寿光鸡的一个表现。

当肝细胞损害或肝内、外阻塞时，胆汁酸代谢就会出现异常，总胆汁酸含量就会升高。寿光鸡和藏鸡在低氧下，总胆汁酸的含量均有增加，说明低氧对两鸡种的肝功能产生了损害，寿光鸡低氧时总胆汁酸的量要显著高于藏鸡，说明低氧对寿光鸡肝造成的损害要明显高于藏鸡，也说明藏鸡低氧时的肝功能要好于寿光鸡。

碱性磷酸酶是广泛分布于肝脏、骨骼、肠、肾等组织经肝脏向胆外排出的一种酶，当肝脏出现病变或受到损伤时，肝细胞会过度制造碱性磷酸酶，造成血清中此酶含量的明显升高。低氧时藏鸡和寿光鸡碱性磷酸酶含量的升高也说明低氧造成了肝功能的损伤，寿光鸡低氧时此酶的量及升高的幅度要显著高于藏鸡，说明低氧对寿光鸡肝造成的损害要明显高于藏鸡，也说明藏鸡低氧时的肝功能要好于寿光鸡。

谷氨酰胺转肽酶参与谷胱甘肽的代谢，当肝细胞损伤或胆汁排出受阻时，血清中此酶的量会升高。虽然低氧时，两个鸡种该酶均出现了升高，但差异均不显著，说明低氧对孵化鸡胚此酶的影响比较小。

肌酸激酶是一个与细胞内能量运转、肌肉收缩、ATP 再生有直接关系的重要激酶，在机体发生病变包括肌肉萎缩和心肌梗塞时，血清中的肌酸激酶水平迅速升高。低氧时藏鸡和寿光鸡肌酸激酶的量没有发生显著变化，说明低氧对此酶的影响比较小。

肌酐是肌酸的代谢产物，通过肾小球过滤，随尿排除。肾功能不全时，肌酐在体内积蓄成为有害的毒素。低氧时寿光鸡和藏鸡肌酐含量显著性提高，说明低氧多肌酐代谢或肾功能产生了损伤，但藏鸡低氧和寿光鸡低氧差异不显著。

乳酸脱氢酶(LDH)是糖代谢中的主要酶类，广泛分布于动物的胞质液中。肝脏的LDH浓度最高，其次是骨骼肌、心脏、红细胞及肾脏。正常血清中含有LDH，但多数组织中的LDH活性比血清高，所以，即使少量的组织坏死也能使血清LDH活性增高。低氧时寿光鸡和藏鸡血浆乳酸脱氢酶活性升高也说明低氧可能造成了肝功能的损伤，但寿光鸡低氧时的量要显著高于藏鸡低氧，说明其损害程度要高于藏鸡，也说明低氧时藏鸡的肝功能要高于寿光鸡。

有研究报道，低氧环境可引起肝功能不全。低氧引起肝组织细胞损伤致肝功能改变的机制尚不完全清楚。其机理可能为：①低氧导致肾小球旁细胞大量分泌红细胞生成酶，此酶促使红细胞生成刺激素增加，加速红细胞产生和释放，从而血中胆红素代谢增加。由于肝细胞浊肿，肝脏处理胆红素能力下降，因而血中胆红素升高。②长期缺氧，导致肝内血管充血扩张，血液瘀滞，肝内微循环不畅，肝组织营养障碍，肝细胞膜通透性改变，ALT分泌增加。③肝脏微循环差，肝细胞营养不足，肝组织屏障减退，造成免疫功能低下，从而引起肝细胞受损致肝功能异常。

总体而言，低氧对藏鸡和寿光鸡孵化胚胎的机体功能产生了显著的影响。寿光鸡各项指标均出现不利于机体功能的变化，藏鸡低氧时，有的指标出现不利变化，有的指标发生了有利于机体功能的变化，但从整体上低氧对寿光鸡功能主要是肝功能的不利影响要大于藏鸡，藏鸡低氧时的心、肝、肾功能要好于寿光鸡。

5.3.3 藏鸡胚胎肝脏抗氧化能力的适应

高原地区空气稀薄，紫外线和宇宙射线照射量增加，可使生物体产生过多的自由基(FR)并消耗体内的抗氧化剂，从而发生自由基代谢紊乱，O^{2-}的产生和淬灭平衡失调，造成超氧化物歧化酶(SOD)的生物合成减少而消耗增加，导致红细胞和组织中SOD活性降低。而具备遗传适应的藏族人，对引起自由基代谢紊乱的理化因素具有较强的自身调节和平衡机制，面对高原恶劣的环境仍能正常生存和繁衍，保持体内自由基代谢相对平衡和稳定，这也可能是藏族人遗传适应基础的一种表现形式。张西洲等(2000)对比研究了海拔4 300 m世居藏族和移居汉族青年氧自由基代谢，发现藏族青年红细胞超氧化物歧化酶(RBC-SOD)、血浆谷胱甘肽过氧化物酶(GHS-Px)和维生素E(VE)含量高于汉族青年，红细胞压积(Hct)和丙二醛(MDA)低于汉族青年，这说明高原低氧遗传适应的藏族人具有较强的抗氧化能力，血液中含有较高水平的各种抗氧化酶及维生素，机体过氧化反应终产物MDA含量较少，对生物适应低氧状态有较好的保护作用。

以模拟13%氧含量的方式孵化，比较16 d藏鸡和寿光鸡胚胎肝脏丙二醛、总抗氧化能力、超氧化物歧化酶和谷胱甘肽过氧化物酶的差异。从表5.3中数据可以看出，藏鸡在低氧状态下血液MDA水平明显高于常氧状态($P<0.05$)，寿光鸡也表现出相同的趋势($P<0.05$)，并且寿光鸡的升高程度要大于藏鸡。这说明低氧刺激，可导致两种鸡体内过氧化反应的加强，致使反应终产物MDA含量上升。但因为藏鸡是高原遗传适应物种，对低氧的适应性要强于寿光鸡，表现在其血液中MDA含量的上升幅度低于寿光鸡。在常氧环境下，两个鸡种之间数据的差异不明显，在低氧环境下也表现出相同的情况。

表 5.3 藏鸡和寿光鸡孵化胚胎肝脏组织抗氧化各项指标

测定指标	寿光鸡		藏鸡	
	常氧	低氧	常氧	低氧
丙二醛/(nmol/L)	0.985 7±0.082 [b]	1.487 9±0.053 1[a]	1.016 3±0.157 2[b]	1.404 9±0.086 2[a]
总抗氧化能力/(IU/mg)	3.772±1.024[c]	4.646±0.732 4[b]	4.345±0.794 1[bc]	5.332±0.630 5[a]
超氧化物歧化酶/(IU/mg)	55.338±8.749 1[c]	65.519±7.616 3[b]	60.108±9.778 6[bc]	72.506±6.144 4[a]
谷胱甘肽过氧化物酶/(IU/mg)	85.651±12.08[b]	95.515±13.325 [ab]	84.234± 12.409 [b]	98.517±14.965 [a]

注:表中同行不同字母表示差异显著($P<0.05$)。

如表 5.3 所示,藏鸡在低氧状态下胚胎肝脏的总抗氧化能力显著高于常氧状态($P<0.05$),寿光鸡也表现出了相同的趋势($P<0.05$),这说明在低氧刺激下,两个鸡种机体能够及时调剂自身代谢,清理过多产生的氧自由基,显示出了比较高的总抗氧化能力。通过数据分析还发现,在低氧状态下,藏鸡的总抗氧化能力显著高于寿光鸡($P<0.05$),在常氧状态下则差异不显著($P>0.05$),这说明在低氧时,藏鸡有较强的适应能力,能够比寿光鸡更好地调节机体代谢,提高自身抗氧化能力,具备更强的低氧适应性,这与 MDA 指标的分析结果一致。

藏鸡在低氧状态下胚胎肝脏的 SOD 活力显著高于常氧状态($P<0.05$),寿光鸡也表现出了相同的趋势($P<0.05$),这说明在低氧刺激下,两个鸡种机体都能够调整自身代谢,产生较多的对氧自由基具有专一抑制作用的 SOD,清理过多产生的氧自由基,显示出了比较高的抗氧化能力,同时也从侧面说明了在低氧条件下,两个鸡种体内的氧自由基含量有所增加。通过数据分析还发现,在低氧状态下,藏鸡的 SOD 显著高于寿光鸡($P<0.05$),在常氧状态下则差异不显著($P>0.05$),仅从 SOD 这个指标可以说明,藏鸡有较强的适应能力,能够比寿光鸡更好地适应低氧环境,这与 MDA、TOC 两个指标的分析结果一致。

藏鸡胚胎肝脏的 GHS-Px 活力在低氧状态下显著高于常氧状态($P<0.05$),但寿光鸡则表现不明显($P>0.05$);在低氧状态下,藏鸡胚胎肝脏 GHS-Px 活力与寿光鸡差异不显著($P>0.05$),在常氧状态下亦如此。

对于低氧对抗氧化体系的影响,国内外的研究非常的广泛,但得到的结果却差异十分大。有报道指出,低氧刺激可能降低抗氧化酶活性,Shaul 等(1982)研究显示,急性低氧暴露降低大鼠红细胞 SOD 活力;Meerson(1985)等报道,在海拔 2 100 m 处持续低氧会降低大鼠心脏、肝脏和脑中 SOD 和 CAT 的活性。而另有很多报道认为,低氧刺激可以提高抗氧化酶活性;Murry(1986)报道低氧产生的自由基可激活抗氧化酶的活性,缺血缺氧预适应可上调抗氧化酶等基因的表达,从而预防因缺氧造成的损伤;Chen 等实验发现,慢性低氧(海拔 5 500 m) 4 周大鼠肾组织 SOD 活性和 SOD mRNA 表达增高。近年来,大量实验表明,间歇性暴露于适当低氧环境可激发机体的适应机制,进而产生有利的影响,张翼等(2000)研究发现,间歇性低氧大鼠于低压氧舱分别接受 28 d 和 42 d 相当于 5 000 m 高原的减压低氧处理,每天 6 h,28 d 间歇性低氧组在低氧处理后于常氧环境放置 1 周和 2 周,均出现心肌抗氧化能力明显增强,表现为心肌 SOD 升高,MDA 含量降低。翁锡全等(2007)实验发现,每天分别进行 1 h、

2 h 和间歇性低氧暴露的运动性贫血大鼠，3 周后血清 SOD、CAT 和 GPX 活性均升高，丙二醛含量均降低。产生这些不同结果的原因可能是低氧刺激的模式、低氧刺激浓度、低氧刺激时间、低氧刺激周期，以及不同组织器官等因素的不同。

脂质过氧化是指发生在多不饱和脂肪酸中的一系列自由基反应，主要损伤部位是生物膜和亚细胞器，肝脏是机体抗脂质过氧化损伤的中心器官。MDA 是脂质过氧化代谢的最终产物，其含量直接反应体内脂质过氧化的速率和强度，低氧时 MDA 含量的升高说明孵化胚胎肝脏组织的脂质过氧化水平的升高，但从数据上看低氧时寿光鸡的脂质过氧化程度要大于藏鸡。低氧时总抗氧化能力、超氧化物歧化酶活力和谷胱甘肽过氧化物酶活力的升高说明低氧能激活机体抗氧化酶活性，其原因可能是肝细胞中 GSH-PX 和 SOD 等大量表达，以催化脂质过氧化物(LPO)分解，防止 LPO 均裂和引发脂质过氧化的链式支链反应，是机体遭到急性缺氧后免受脂质过氧化损伤的重要防御机制，这种现象可能是机体代偿性适应变化，在低氧应激下机体自发调节相关基因的表达来提高机体的抗氧化能力。从数据上看，藏鸡的抗氧化能力要明显高于寿光鸡，这说明藏鸡抗氧化能力的提高除了一定的应激反应外，还能还有其遗传适应在起作用。

参考文献

Birchard G F, Reiber C L A. 1993. Comparison of avian and reptilian chorioallantoic vascular density. J. Exp. Biol. 178: 245-249.

Capen R L, Latham L P. 1981. Wagner W W. Diffusing capacity of the lung during hypoxia: role of capillary recruitment, J. Appl. Physiol., 50: 165-171.

ChenC F, Tsai S Y, Ma M C, et al. 2003. Hypoxic preconditioning enhances renal superoxide dismutase levels in rats. J. Physiol., 15: 552: 561-569.

Durmowicz A G S, Hofmeister T. K., Kadyraliev A. A., et al. 1993. Functional and structural adaptation of the yak pulmonary circulation to residence at high altitude. J. Appl. Physiol. 74: 2276-2285.

Dusseau J W, Hutchins P M. 1988. Hypoxi-induced angiogenesis in chick chorioallantoic membranes: a role for adenosine. Respir. Physiol., 71: 33-44.

Harris L S. 1970. Central neurohumoral systems involved with narcotic agonists and antagonists. Fedn. Proc., 29: 28-32.

Kayser B, Hoppeler H, Claassen H, et al. 1991. Muscle structure and performance capacity of Himalayan Sherpas. J. Appl. Physiol., 70: 1938-1942.

Kayser B, Hoppeler H, Desplanches D, et al. 1996. Muscle ultrastructure and biochemistry of lowland Tibetans. J. Appl. Physiol, 81: 419-425.

Meerson F Z, Arkhipenko I V, Rozhitskaia II, et al. 1992. Opposite effects on antioxidant enzymes of adaptation to continuous and intermittent hypoxia. Biull. Eksp. Biol. Med., 114: 14-15.

Metcalfe J, Stock M K, Ingermann R L. 1984. The effect of oxygen on growth and development of the chick embryo. In: Seymour R. S. (ed.), Respiration and metabolism of embryo vertebrates., London, 205-219.

Murry C E, Jennings R B, Reimer K A. 1986. Preconditioning with ischem ia: a delay of lethal cell injury in ischem ic myocardium. Circulation, 74: 1124-1136.

Olszowka A J, Tazawa H, Rahn H. 1988. A blood-gas nomogram of the chick fetus: blood flow distribution between chorioallantois and fetus. Respir. Physiol., 71: 315-330.

Paxian M M D, Rensing H M D, Geckeis K. B. S. 2003. Perflubron Emulsion in Prolonged Hemorrhagic Shock: Influence on Hepatocellular Energy Metabolism and Oxygen-dependent Gene Expression. Anesthesiology, 98: 1391-1399.

Scheid P. 1982. Respiration and control of breathing Ⅸ. Respiration of the avian embryo. In: D. S. Farner, et al. Avian biology. Ⅵ: 434-451.

Shaul P W, Wells L B, Horning K M. 1993. Acute and Prolonged Hypoxia Attenuate Endothelial Nitric Oxide Production in Rat Pulmonary Arteries by Different Mechanisms. Cardiovasc Pharmacol, 22: 819-824.

Snyder G K, Snyder R L, Byers S R. 1984. Effects of hypoxia on tissue capillarity in geese. Respir. Physiol. 58: 151-160.

Strick D M, Waycaster R L. 1991. Morphometric measurements of chorioallantoic membrane ascularity: effects of hypoxia and hyperoxia. Am. J. Physiol., 260: H1385-H1389.

Wagner-Amos K, Seymour R S. 2003. Effect of local shell conductance on the vascularisation of the chicken chorioallantoic membrane. Respir. Physiol. Neurobiol., 134: 155-167.

郭胜祥，刘永年，李景荣，等. 1995. 高原适应动物牦牛和普通黄牛肺血管反应性的比较研究. 中国病理生理杂志，11：230-233.

刘兵柱，张成友，谭家勋. 2002. 高原适应初期对人体部分代谢的影响. 高原医学杂志，12：12-14.

戚飞. 2006. 不同海拔孵化环境对鸡胚肝组织发育的影响. 北京：中国农业大学.

翁锡全，林洁如，林文韬，等. 2007. 低氧暴露对运动性贫血大鼠抗氧化能力的影响. 中国组织工程研究与临床康复，11：3357-3360.

张西洲，崔建华，陈占诗，等. 2000. 海拔 4300m 世居藏族和移居汉族青年氧自由基代谢对比研究. 高原医学杂志，10：9-11.

张翼，钟宁，朱海峰，等. 2000. 间歇性低氧处理大鼠心肌的抗心律失常与抗氧化效应. 生理学报，52：89-92.

第6章

藏鸡高原低氧适应能量代谢基础

葡萄糖是动物机体能量的重要来源，经过无氧酵解，1分子葡萄糖转变成2分子丙酮酸，并释放出2分子的ATP。在缺氧条件下，动物经糖酵解产生ATP供机体使用，同时利用乳酸脱氢酶催化丙酮酸形成大量乳酸累积在动物体内。在氧气充足条件下，无氧酵解产生的丙酮酸进入线粒体并转化成乙酰辅酶A。因此，体内乳酸的含量以及乳酸脱氢酶的活性可以反映机体的缺氧程度和对无氧酵解的依赖程度。线粒体是细胞有氧氧化的场所，它通过氧化磷酸化过程，消耗细胞总耗氧量的90%，为生命活动提供所需要的大部分能量。线粒体呼吸功能反映线粒体的结构完整性和线粒体的能量转化效率，直接关系线粒体对氧气的有效利用。

6.1 低氧对鸡心肌能量代谢相关指标的影响

6.1.1 心肌组织乳酸(LA)含量和乳酸脱氢酶(LDH)活性

低氧条件下，葡萄糖的无氧酵解会引起乳酸的积累。乳酸的积累主要是乳酸脱氢酶以NADH为辅酶催化丙酮酸产生的。比较藏鸡和低地鸡组织器官的乳酸含量和乳酸脱氢酶的活性能在一定程度上反映两者在无氧酵解上的差异。

本试验在北京和西藏林芝两地进行，北京试验地点在中国农业大学实验种鸡场，海拔100 m左右，代表低海拔气候环境；林芝试验地点在西藏大学西藏农牧学院教学实习牧场，该地海拔2 900 m左右，代表高海拔气候环境。试验鸡根据试验地点分为2组：低海拔组(北京)和高海拔组(林芝)；根据品种(组合)分为5组：藏鸡(T)、矮小隐性白(D)、寿光鸡(S)、藏鸡×矮小隐性白(TD)和藏鸡×寿光鸡(TS)；根据试验鸡的年龄分为4组：0日龄、2周龄、6周龄和10周龄。低海拔试验鸡群来自中国农业大学实验种鸡场。按照试验设计的品种进行人工授精，收集种蛋，同期进行人工孵化，出雏后各组雏鸡在同一饲养条件下笼养。饲养过程分三个阶段：0～4 周、5～8 周和 8 周以后，分别饲喂肉仔鸡颗粒料（ME12.12 MJ/kg，CP21％）、肉中鸡颗粒料（ME12.54 MJ/kg，CP20％）、肉大鸡颗粒料（ME13.17 MJ/kg，CP18％），自由采食，自由饮水。出雏后第 1 周保持 35 ℃左右，以后逐渐降低，4 周龄时降至 20 ℃，执行正常的免疫程序，实施规范的饲养管理。高海拔饲养鸡群藏鸡来自西藏农牧学院教学实习牧场，其他组鸡种蛋来自中国农业大学实验种鸡场。按照试验设计的品种进行人工授精，收集种蛋。北京收集的种蛋空运至西藏林芝，与林芝收集的藏鸡种蛋同期人工孵化。出雏后各组雏鸡在同一饲养条件下笼养。饲养管理过程与低海拔保持相同，免疫程序按西藏当地鸡场常规执行。

在雏鸡刚出雏和 2、6、10 周龄时，每个品种（组合）随机抽取 10 只，带到实验室，在实验室保持与当时饲养相同的温度环境，尽量避免鸡受冷、热、惊吓等刺激，逐只抽血、解剖进行生理测定。将鸡腹腔内注射 100 g/L 乌拉坦麻醉，每 100 g 体重 1 mL；然后打开胸腔，小心分离心脏，用吸水纸吸去血液后称重。准确称取心肌和肺组织约 2 g，按照重量体积比 1∶9 加生理盐水，在玻璃研磨器中仔细研磨，制备成 10％的组织匀浆，然后以 2 000 r/min 在离心机离心 5 min，取上清液，装入小离心管内，－20 ℃保存，待做下一步测定。在整个研磨离心过程中尽量保持低温环境，以免破坏了酶活性。LA 测定是以 NAD^+ 为氢受体，LDH 催化乳酸脱氢产生丙酮酸，使 NAD^+ 转化成 NADH，其中 PMS 递氢使 NBT 还原为紫色呈色物，呈色物的吸光度在 530 nm 时与乳酸含量线性关系，操作按试剂盒说明进行（南京建成生物制品有限公司）。LDH 测定是根据 LDH 能催化乳酸生成丙酮酸，丙酮酸与 2、4-二硝基苯肼反应生成丙酮酸二硝基苯腙，在碱性溶液中呈棕红色，通过比色可求出酶活力，操作按试剂盒说明进行。

数据采用最小二乘法分析海拔、品种（组合）、周龄三因素及其它们之间的互作对观察值的影响效应，并对各效应最小二乘均数进行多重比较。鸡群 10 周龄生理指标数据单独分析，去掉周龄因素，增加性别因素。全部资料均运用 SAS8.02 软件进行分析。最小二乘分析模型为：

$$y_{ijkh} = \mu + a_i + b_j + c_k + a_i * b_j + a_i * c_k + b_j * c_k + a_i * b_j * c_k + e_{ijkh}$$

其中：y_{ijkh} 为观察值；μ 为群体均值；a_i 为海拔因素第 i 水平的效应；b_j 为品种（组合）因素第 j 水平的效应；c_k 为周龄（或性别）因素第 k 水平的效应；$a_i * b_j$ 、$a_i * c_k$ 、$b_j * c_k$ 和 $a_i * b_j * c_k$ 表示因素间互作效应；e_{ijkh} 为随机误差。

在高海拔环境中，测定各品种鸡心肌组织乳酸含量见表 6.1。方差分析显示，品种对 LA 影响极显著（$P<0.0001$），而周龄以及品种与周龄的互作效应不显著（$P>0.05$）。品种间比较发现，藏鸡 LA 含量最低，与 D、S 和 TS 差异极显著（$P<0.01$），与 TD 差异显著（$P<0.05$）；在不同日龄时，藏鸡 LA 均最低，但差异略有不同。在不同海拔环境中，10 周龄鸡心肌 LA 含量见表 6.2。方差分析显示，海拔、品种以及海拔与品种之间互作效应显著（$P<0.01$），性别因素以及其他因素间互作效应不明显（$P>0.05$）。高海拔鸡心肌 LA 明显高于低海拔（$P<0.0001$）。藏鸡平均心肌 LA 含量最低，与其他品种差异显著（$P<0.05$），其他品种间差异不显著（$P>0.05$）。但在低海拔环境中藏鸡心肌 LA 与其他品种差异不显著，仅在高海拔环境中藏鸡 LA 才明显低于其他品种（$P<0.01$）。

在高海拔环境中，各品种鸡心肌 LDH 活力见表 6.3。方差分析显示品种、周龄以及互作效应均不明显，各组差异不显著（$P>0.05$）。在不同海拔环境中，10 周龄鸡心肌 LDH 活力见表 6.4。经方差分析可知，仅海拔因素明显影响鸡心肌 LDH 活力（$P<0.0001$），品种、性别以

及因素间互作效应均不显著($P>0.05$)。高海拔鸡平均心肌 LDH 活力明显比低海拔升高($P<0.0001$)。代谢调解理论认为,LDH 活性大小从根本上取决于机体细胞内氧分压的高低。当细胞内氧分压降低时,LDH 的合成加快,其活性增大;当细胞内供氧充足时,LDH 活性合成受到抑制。魏登邦和马建宾(2001)报道,高海拔环境中,高原鼢鼠比小白鼠心肌 LDH 活性低。本试验中,藏鸡心肌 LDH 在低海拔和高海拔环境中均最低,虽然未与其他各品种差异达显著水平,仍可看到藏鸡心肌较低的趋势。

本试验各品种在高海拔时血清乳酸均比低海拔有明显升高。这说明高海拔缺氧导致了鸡无氧代谢增加,乳酸在血中累积。但在心肌组织中,藏鸡乳酸含量没有增加,而其他品种却明显增加。这说明在心肌细胞内,高海拔缺氧没有使藏鸡无氧酵解增加,而是通过其他途径来实现能量平衡的。乳酸脱氢酶活性的结果和乳酸含量结果比较一致,只是藏鸡心肌乳酸脱氢酶活性有所增加,但其活性明显小于其他品种。这进一步说明了藏鸡心肌对无氧代谢的依赖程度小于其他品种。这也许是藏鸡适应高海拔环境的生理特征之一。但 Harris 等(1970)报道,在海拔 4 380 m 环境中,高山动物荷兰猪、兔、狗心肌与同种低地动物相比,LDH 活性无明显变化。李玉兰(2001)也报道引入高原子代大白鼠与高山动物高原鼠兔和根田鼠在中度和极度(8 000 m)低氧下,LDH 活性不受低氧的影响。

表 6.1　高海拔环境中鸡心肌组织乳酸含量　　mmol/g 蛋白质

品种	出生	2 周龄	6 周龄	10 周龄
T	0.80±0.11[a]	0.70±0.11[b]	0.81±0.16[a]	0.57±0.13[a]
D	0.95±0.20[a]	0.90±0.20[a]	1.00±0.15[a]	0.92±0.18[b]
S	0.86±0.16[a]	0.92±0.19[a]	0.85±0.16[a]	0.93±0.22[b]
TD	0.82±0.12[a]	0.84±0.15[ab]	0.85±0.25[a]	0.80±0.15[b]
TS	0.94±0.18[a]	0.84±0.19[ab]	0.88±0.17[a]	0.79±0.12[b]

注:同列内肩标无相同字母表示差异显著($P<0.05$)

表 6.2　不同海拔环境中 10 周龄鸡心肌乳酸含量　　mmol/g 蛋白质

环境	性别	T	D	S	TD	TS
低海拔	F	0.58±0.07	0.60±0.10	0.59±0.12	0.57±0.12	0.65±0.19
	M	0.62±0.12	0.61±0.13	0.63±0.14	0.65±0.15	0.62±0.11
高海拔	F	0.60±0.16	0.91±0.04	0.91±0.11	0.83±0.15	0.76±0.18
	M	0.53±0.09	0.93±0.24	0.96±0.40	0.76±0.16	0.80±0.08

表 6.3　高海拔环境中鸡心肌乳酸脱氢酶活力　　U/g 蛋白质

品种	出生	2 周龄	6 周龄	10 周龄
T	1 444.6±211.8	1 514.9±166.3	1 280.7±87.3	1 303.2±138.4
D	1 503.1±340.9	1 450.2±301.5	1 482.2±235.2	1 522.5±237.4
S	1 356.9±159.3	1 439.3±220.9	1 288.8±136.1	1 406.3±150.2
TD	1 492.5±294.2	1 401.5±174.1	1 449.9±237.4	1 430.8±163.8
TS	1 426.0±168.0	1 387.0±136.1	1 305.7±131.1	1 370.1±153.6

表 6.4 不同海拔环境中 10 周龄鸡心肌乳酸脱氢酶活力　　U/g 蛋白质

海拔	性别	T	D	S	TD	TS
低海拔	F	972.6±111.8	1 146.7±143.8	1 062.4±170.2	1 047.6±171.6	1 070.1±166.6
	M	949.3±170.4	1 044.2±111.7	1 116.7±277.5	988.8±225.4	1 035.9±210.7
高海拔	F	1 249.8±120.1	1 544.7±297.3	1 480.1±149.6	1 422.6±156.5	1 340.7±202.9
	M	1 356.5±188.6	1 505.8±230.1	1 295.6±167.6	1 443.2±198.2	1 387.7±140.3

6.1.2 琥珀酸脱氢酶(SDH)

琥珀酸脱氢酶是三羧酸循环中唯一镶嵌在线粒体内膜上的酶复合体,它与 FAD 通过共价键连接,是线粒体 FADH 呼吸链的入口,该酶的活性可以反映线粒体酶呼吸代谢水平。使用上述的心肌匀浆测定琥珀酸脱氢酶活性(SDH)。SDH 催化底物反应,FAD 是该反应的辅基,FAD 被还原成 FADH,该反应与 2,6-DPIP 的还原速度可以推算出 SDH 的活力,操作按试剂盒说明进行(南京建成生物制品有限公司),仪器为上海尤尼柯公司生产 UV2000 紫外可见分光光度计。数据分析与上述的 LDH 数据相同。

在高海拔环境中,鸡心肌 SDH 活力见表 6.5。方差分析显示,鸡心肌 SDH 活力受品种、周龄以及品种与周龄的互作影响显著($P<0.01$)。藏鸡平均 SDH 活力最高,与其他各品种差异均显著($P<0.000\ 1$),而其他品种间差异不显著($P>0.05$)。各周龄鸡平均 SDH 活力比较结果显示,藏鸡在各周龄阶段时,SDH 活力均最高,但出生时与其他品种差异不显著,2、6 和 10 周龄时,均显著高于其他品种($P<0.001$)。试验用各品种鸡在不同海拔环境中 10 周龄时心肌 SDH 活力见表 6.6。方差分析显示,海拔、品种和性别均明显影响 SDH 活力($P<0.001$),且海拔与品种互作效应显著($P<0.000\ 1$),其他因素间互作效应不明显($P>0.05$)。高海拔环境中鸡平均心肌 SDH 活力明显比低海拔升高($P<0.000\ 1$)。藏鸡心肌 SDH 活力明显高于其他品种($P<0.000\ 1$),但在低海拔环境中,藏鸡却是心肌 SDH 活力最低的品种,与 D 差异达显著水平($P<0.01$),与其他品种差异不显著;在高海拔环境环境中,藏鸡心肌 SDH 活力升至最高,与其他品种差异均极显著($P<0.000\ 1$)。

琥珀酸脱氢酶是三羧酸循环中的关键酶之一,其活性可以反映线粒体酶呼吸代谢水平。藏鸡在低海拔环境中,琥珀酸脱氢酶活性并不高,而是生长速度较快的矮小隐性白鸡该酶的活性较高。但在高海拔环境中,藏鸡心肌琥珀酸脱氢酶活力迅速增加,远远高于其他品种。这说明藏鸡在高海拔缺氧时,仍能保持旺盛的代谢活动,通过提高有氧代谢的效率,高效利用组织中的氧,达到对高海拔的适应。Harris 等(1970)也报道,在海拔 4 380 m 环境中,高山动物荷兰猪、兔、犬心肌与同种低地动物相比,SDH 活性显著提高。

表 6.5 高海拔环境中鸡心肌琥珀酸脱氢酶活力　　U/mg 蛋白质

品种	出生	2 周龄	6 周龄	10 周龄
T	25.10±4.94[a]	32.43±10.48[a]	41.48±9.00[a]	45.09±7.03[a]
D	21.25±4.71[a]	18.50±3.80[b]	29.21±6.34[b]	24.23±2.90[b]
S	20.15±6.04[a]	20.77±3.25[b]	28.10±6.70[bc]	23.50±2.87[b]

续表 6.5

品种	出生	2 周龄	6 周龄	10 周龄
TD	21.68±3.05[a]	20.61±4.74[b]	28.74±9.23b[c]	25.34±5.82[b]
TS	23.02±4.72[a]	18.89±3.42[b]	23.42±8.26[c]	25.59±6.20[b]

注：同列内肩标无相同字母表示差异显著($P<0.05$)

表 6.6 不同海拔环境中 10 周龄鸡心肌琥珀酸脱氢酶活力 U/mg 蛋白质

环境	性别	T	D	S	TD	TS
低海拔	F	19.30±1.93	25.36±4.30	19.28±1.37	21.00±0.92	20.68±2.11
	M	21.10±1.84	29.18±2.73	22.34±3.04	25.00±0.84	21.64±1.80
高海拔	F	40.48±4.30	22.60±4.47	21.67±1.98	22.33±3.93	24.43±7.91
	M	49.70±6.29	25.70±1.66	26.25±0.21	29.85±5.77	27.48±5.64

6.2 藏鸡胚胎低氧适应的线粒体呼吸功能

6.2.1 藏鸡与低地鸡胚胎的常氧和全期低氧模拟孵化

胚胎的死亡情况与后续试验中采样阶段的选择有关。采样时胚胎的死亡情况影响样品的代表性和数据的质量，因此有必要做一次全期低氧实验。

收集藏鸡和丝羽乌骨鸡种蛋，用高锰酸钾和甲醛对孵化器和种蛋进行消毒。全期孵化温度 37.8 ℃，湿度 60%，每 2 h 翻蛋一次，低氧模拟孵化的氧浓度为 13%。在孵化的第 19 天落盘，第 22 天出雏。出雏后打开未出雏的种蛋，确定白蛋和估计死胚蛋的胚胎死亡日龄并作记录。

用于低氧模拟孵化的藏鸡和丝羽乌骨鸡种蛋数分别为 144 枚和 204 枚，用于常氧孵化的种蛋数分别为藏鸡 180 枚，丝羽乌骨鸡 100 枚。从图 6.1 可以发现，在常氧孵化条件下，两种鸡胚的累计死亡分布曲线差异不明显；两种鸡胚的低氧和常氧累计死亡分布曲线均存在明显差异；在低氧孵化条件下，两种鸡胚的累计死亡分布曲线差异也较明显。从图 6.1 可知，在低氧孵化的第 17～20 天存在一个死亡高峰，该阶段死亡的胚胎数要占总死胚数的 1/2 以上（藏鸡占 75.7%，丝羽乌骨鸡占 52.1%）。即使在常氧条件下，该阶段的死亡率也要高于前 16 d 的总和。这一结果与张浩(2005)的研究结果相似。

本研究主要选择孵化第 16 天和第 20 天的胚胎采集样品。孵化第 16 天在胚胎死亡高峰之前，鸡胚累计死亡不多，样品具有一定的代表性，而且，由于低氧刺激的时间较长，两种鸡胚间损害程度的差异比较大，实验中可能会比较容易检测到这种差异。孵化第 20 天末采样，死亡高峰已过，特别是乌鸡胚胎绝大多数已经死亡，试验结果只是表明少数具有一定低氧孵化适应能力的乌鸡胚胎与藏鸡胚胎在孵化第 20 天时线粒体呼吸功能的不同，其结果可为研究低地鸡和藏鸡胚胎在低氧适应模式上的差异提供参考。

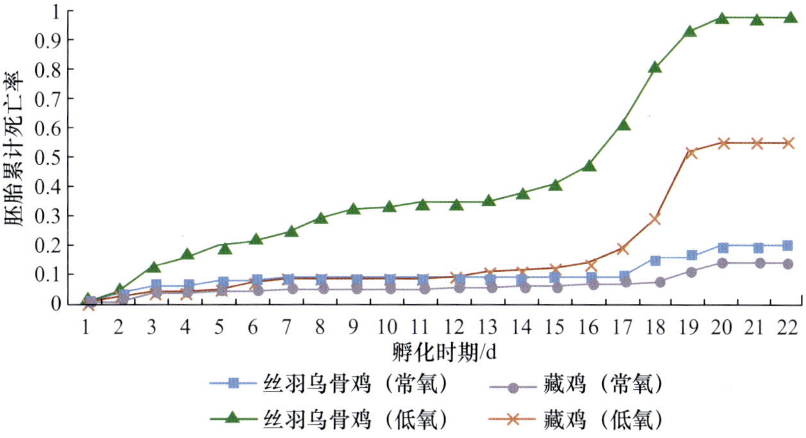

图 6.1 藏鸡和丝羽乌骨鸡常氧和低氧模拟孵化的胚胎累计死亡情况

6.2.2 线粒体呼吸功能

线粒体是细胞的“动力工厂”，它通过氧化磷酸化过程提供生命活动所需要的大部分能量。低氧会破坏线粒体的结构和功能，从而影响线粒体呼吸功能的相关指标。线粒体的呼吸控制率和磷氧比是线粒体呼吸功能的重要指标。呼吸控制率（respiratory control ratio，RCR）是线粒体态 3 呼吸（R3）和态 4 呼吸（R4）耗氧速率的比值，可用氧浓度曲线图 R3 和 R4 段的斜率比值来计算，它反映的是线粒体结构的完整程度和氧化磷酸化的偶联程度。磷氧比（ADP/O）是指线粒体每消耗一个原子氧所生成的 ATP 的分子数，它反映了线粒体的能量转化效率，可以用加入的 ADP 量和 R3 态前后的氧浓度差来计算。因此，线粒体呼吸功能的变化直接关系线粒体对氧气的有效利用，鸡胚常氧和低氧孵化条件下组织器官的线粒体呼吸控制率和磷氧比也可以反映鸡胚对低氧环境的适应能力。

6.2.2.1 鸡胚脑线粒体的呼吸控制率和磷氧比

采用 CLARK 氧电极法测定线粒体呼吸功能需要配置一系列的试剂，配置的主要试剂如下：

（1）匀浆缓冲液　225 mmol/L 甘露醇，75 mmol/L 蔗糖，1 mmol/L EDTA-K_2，0.2% BSA，50 mmol/L Tris-HCl，用盐酸和 KOH 调节 pH 值到 7.4。

（2）反应缓冲液　225 mmol/L 甘露醇，70 mmol/L 蔗糖，1 mmol/L EDTA-K_2，0.1% BSA，10 mmol/L 磷酸钾缓冲液，用磷酸和 KOH 调节 pH 值到 7.4。

（3）40 mmol/L ADP 溶液　称二磷酸腺苷二钠 0.507 g，用超纯水溶解并定容至 25 mL。

（4）0.4 mol/L 琥珀酸钠溶液　称琥珀酸二钠 1.62 g，用超纯水溶解并定容至 25 mL。

（5）谷氨酸钠（0.2 mol/L）＋苹果酸钠（0.2 mol/L）　称 3.38 g 谷氨酸钠和 3.56 g 苹果酸钠，用超纯水溶解并定容至 100 mL。

（6）NADH 脱氢酶复合体活性测定反应液　称 6.06 g Tris base，用 600 mL 超纯水溶解后用浓盐酸调 pH 值到 7.4，加入 0.03 g DCIP（2，6-二氯吲哚酚钠），溶解后用超纯水定容至 1 L。

(7) 14.1 mmol/L $NADH\text{-}Na_2$　将 250 mg $NADH\text{-}Na_2$ 用超纯水溶解后定容至 25 mL。

(8) 1.615 mmol/L 细胞色素 c 溶液　将 50 mg 细胞色素 c(马心)溶于 2.5 mL 水中。

(9) 10 mmol/L 磷酸缓冲液　称 1.361 g 磷酸二氢钾,用 600 mL 超纯水溶解后用 KOH 调 pH 值至 7.4 并定容到 1 L。

(10) 细胞色素 c 氧化酶活性测定反应液　将 12.33 g L-抗坏血酸用 10 mmol/L 磷酸缓冲液溶解并定容至 100 mL。

(11) 70 mmol/L TMPD 溶液　将 1.66 g 四甲基对苯二胺盐酸盐(TMPD)用 10 mmol/L 磷酸缓冲液溶解并定容至 100 mL。

(12) 琥珀酸-CoQ 还原酶活性测定反应液　称琥珀酸二钠 1.62 g,用 10 mmol/L 磷酸缓冲液溶解并定容至 100 mL。

收集藏鸡和丝羽乌骨鸡种蛋,用高锰酸钾和甲醛对孵化器和种蛋进行消毒。孵化条件同上。在孵化的第 8 天末,第 16 天末和第 20 天末采样。采样前预先将装样品的离心管至冰上冷却,采样后,样品冰浴保存。由于胚胎的组织器官较小,在第 8 天,取 7 个活鸡胚的全脑做一个样品;在第 16 天取 2 个活鸡胚的全脑做一个样品;在第 20 大取 1 个活鸡胚的全脑做一个样品。

参考杨莉(2002)所述的差速离心法制备线粒体,并有所改进,具体方法如下:

(1) 在冰浴条件下制备组织匀浆　将样品剪碎成糊状后,转入玻璃匀浆器,加入 0～4 ℃匀浆缓冲液,上下匀浆 6～10 次,将匀浆液倒入离心管内,用半量体积的匀浆缓冲液冲洗匀浆器,一并倒入离心管内。所用试剂和器械均预冷至 0～4 ℃,整个操作过程均在 0～4 ℃下进行。

(2) 按差速离心法制备线粒体　低温 2 ℃,3 500 r/min 离心 10 min,取上清液置冰上保存;用起始体积一半的匀浆缓冲液重新悬浮沉淀,低温 2 ℃,3 500 r/min 离心 10 min;取上清与前一次上清合并,3 500 r/min 低温 2 ℃离心 10 min。收集上清,12 650 r/min 低温 2 ℃离心 15 min,弃上清,加 1～2 mL 匀浆缓冲液悬浮,再次 12 650 r/min 低温 2 ℃离心 15 min。弃上清,加入 600 μL 反应缓冲液重悬沉淀。重悬液 300 μL 在 −20 ℃保存,用于线粒体酶活的测定;300 μL 在 0～4 ℃保存,立即用于线粒体呼吸功能的测定。

(3) 线粒体蛋白的定量　将样品稀释后用考马斯亮蓝总蛋白定量试剂盒(南京建成公司)定量线粒体蛋白。

测定的方法步骤如下:①提前 2 h 打开线粒体呼吸仪和可调式恒温水浴仪,将温度调到 25 ℃;②用氧气饱和溶液和新鲜的亚硫酸钠溶液校准氧电极;③用酒精擦洗反应室,并用去离子水冲洗干净;④在反应室中加入 400 μL 反应缓冲液和 100 μL 线粒体悬液,盖上盖子,打开电磁搅拌器平衡 3～5 min;⑤待稳定后,从微量加样孔加入外源底物谷氨酸钠(0.2 mol/L)+苹果酸钠(0.2 mol/L)5 μL 或 琥珀酸二钠(0.4 mol/L)5 μL,出现Ⅱ态;⑥记录 3～5 min 后,从微量加样孔加入 ADP(40 mmol/L)5 μL,出现Ⅲ态,待 ADP 完全消耗后线粒体呈现Ⅳ态;⑦计算呼吸控制率和磷氧比。

各组数据均用"平均值±标准差"表示。用 Excel. XP 的 t-检验过程和 SAS8.02 统计分析软件的双因素最小二乘分析过程进行数据的显著性检验,$P<0.05$ 为差异显著,$P<0.01$ 为差异极显著。最小二乘分析模型为:

$$y_{ijk}=\mu+breed_i+oxygen_j+breed_i\times oxygen_j+e_{ijk}$$

其中:y_{ijk} 为观察值;μ 为群体均值;$breed_i$ 为品种第 i 个水平的效应;$oxygen_j$ 为氧浓度第 j 个水平

的效应；$breed_i \times oxygen_j$ 为品种第 i 个水平和氧浓度第 j 个水平的互作效应；e_{ijk} 为随机误差。

各组线粒体呼吸控制率和磷氧比的测定结果见表 6.7 至表 6.10。在常氧孵化的第 8 天和第 16 天，两种鸡在胚胎脑线粒体呼吸功能的各个指标上差异不显著（$P>0.05$）。在常氧孵化的第 20 天，以谷氨酸＋苹果酸（与 NAD^+ 相连）为底物的呼吸控制率（RCR），丝羽乌骨鸡胚胎较藏鸡的要高且差异显著（$P<0.05$）；以琥珀酸（与 FAD 相连）为底物的呼吸控制率，丝羽乌骨鸡胚胎也较藏鸡的要高但差异不显著（$P=0.06$）。在常氧孵化的各个时期，两鸡种胚胎脑线粒体的磷氧比（ADP/O）相近，相互间差异不显著（$P>0.05$）。

在低氧孵化的第 8 天和第 16 天，以谷氨酸＋苹果酸为底物的呼吸控制率，藏鸡胚胎较丝羽乌骨鸡胚胎的要高且差异极显著或显著（第 8 天，$P<0.01$；第 16 天，$P<0.05$）；以琥珀酸为底物的呼吸控制率，两者差异不显著（第 8 天，$P=0.45$；第 16 天，$P=0.97$）。在低氧孵化的第 20 天，以谷氨酸＋苹果酸为底物的两种鸡胚的呼吸控制率差异极显著（$P<0.01$）；以琥珀酸为底物，两种鸡胚的呼吸控制率差异显著（$P<0.05$），且藏鸡胚胎的值均大于丝羽乌骨鸡胚胎，这与常氧孵化的结果相反。在低氧孵化的各个时期，两鸡种胚胎脑线粒体的磷氧比相近，相互间差异不显著（$P>0.05$）。

表 6.7 常氧孵化条件下藏鸡和丝羽乌骨鸡胚胎脑线粒体以谷氨酸＋苹果酸为底物的呼吸控制率和磷氧比

氧浓度	鸡种	孵化时期					
		孵化第 8 天（N=6）		孵化第 16 天（N=10）		孵化第 20 天（N=10）	
		RCR[1]	ADP/O[2]	RCR	ADP/O	RCR	ADP/O
常氧	藏鸡	2.09±0.69	2.54±0.14	3.70±0.57	2.68±0.25	3.79±0.22	2.60±0.28
	乌鸡	2.00±0.50	2.37±0.20	3.79±0.89	2.58±0.26	4.28±0.56*	2.69±0.20

注：[1] RCR：呼吸控制率；[2] ADP/O：磷氧比；* 表示同列数值差异显著（$P<0.05$）。

表 6.8 常氧孵化条件下藏鸡和丝羽乌骨鸡胚胎脑线粒体以琥珀酸为底物的呼吸控制率和磷氧比

氧浓度	鸡种	孵化时期			
		孵化第 16 天（N=10）		孵化第 20 天（N=10）	
		RCR	ADP/O	RCR	ADP/O
常氧	藏鸡	1.76±0.26	1.61±0.24	1.91±0.12	1.56±0.18
	乌鸡	1.78±0.18	1.69±0.10	2.04±0.18	1.57±0.10

表 6.9 低氧孵化条件下藏鸡和丝羽乌骨鸡胚胎脑线粒体以谷氨酸＋苹果酸为底物的呼吸控制率和磷氧比

氧浓度	鸡种	孵化时期					
		孵化第 8 天（N=7）		孵化第 16 天（N=10）		孵化第 20 天（N=10）	
		RCR	ADP/O	RCR	ADP/O	RCR	ADP/O
低氧	藏鸡	5.31±0.60**	2.93±0.34	5.87±0.72*	3.19±0.39	3.81±0.57**	2.70±0.18
	乌鸡	4.07±0.68	2.81±0.43	5.10±0.88	3.26±0.50	3.04±0.41	2.68±0.19

注：* 表示同列数值差异显著（$P<0.05$）；** 表示同列数值间差异极显著。

表 6.10 低氧孵化条件下藏鸡和丝羽乌骨鸡胚胎脑线粒体以琥珀酸为底物的呼吸控制率和磷氧比

氧浓度	鸡种	孵化时期					
		孵化第 8 天(N=7)		孵化第 16 天(N=10)		孵化第 20 天(N=10)	
		RCR	ADP/O	RCR	ADP/O	RCR	ADP/O
低氧	藏鸡	1.88±0.41	1.99±0.33	2.46±0.26	2.22±0.56	1.76±0.22*	1.54±0.17
	乌鸡	1.74±0.48	1.82±0.37	2.47±0.11	2.14±0.50	1.57±0.21	1.55±0.16

注：* 表示同列数值差异显著($P<0.05$)。

测定线粒体呼吸功能的操作过程对测定结果影响较大，尤其是从组织分离线粒体和线粒体分离出来后的保存情况。线粒体必须新鲜，从组织提取线粒体以后要尽快测完，否则会影响数据的准确性，这就决定了每次测定的样品不宜太多，各次实验的数据可能差别较大(由系统误差引起)。所以，在本研究中，除孵化第 8 天外(各组的样本数较少)，其他两个孵化时期的常氧组和低氧组都是分开测定的，在数据的显著性检验上用的是 t 检验，而没有用双因素方差分析。孵化第 8 天以谷氨酸＋苹果酸为底物的线粒体呼吸功能方差分析及多重比较见表 6.11，表 6.12。

呼吸控制率反映了线粒体电子传递过程和 ADP 磷酸化过程的偶联程度，磷氧比反映了线粒体的能量转化效率。与常氧孵化相比，低氧孵化使孵化第 8 天的胚胎线粒体呼吸控制率和磷氧比有了明显的提高(表 6.11 和表 6.12)，表明脑细胞线粒体的偶联程度和能量转换效率是受机体调控的，胚胎可以通过提高线粒体的呼吸功能来适应低氧环境。机体调节线粒体呼吸功能的方式较多，如调节质子漏、电子漏和解偶联蛋白以及质子滑扣等(Hinkle，2005)，这些调节方式可能是低地鸡种能适应一定海拔高度孵化的生理基础。

表 6.11 孵化第 8 天胚胎脑线粒体呼吸功能的方差分析表

功能指标	变异来源	自由度	平方和	均方	F 值	概率
RCR	品种	1	2.82	2.82	7.18	0.013 7
	氧浓度	1	44.63	44.63	113.48	<0.000 1
	品种×氧浓度	1	2.12	2.12	5.40	0.029 8
ADP/O	品种	1	0.15	0.15	1.48	0.235 1
	氧浓度	1	1.23	1.23	11.81	0.002 0
	品种×氧浓度	1	0.01	0.01	0.05	0.823 1

表 6.12 孵化第 8 天胚胎脑线粒体呼吸功能

功能指标	常氧孵化		低氧孵化	
	藏鸡(N=6)	丝羽乌骨鸡(N=6)	藏鸡(N=7)	丝羽乌骨鸡(N=7)
RCR	$2.09±0.69^{c}$	$2.00±0.50^{c}$	$5.31±0.60^{a}$	$4.07±0.68^{b}$
ADP/O	$2.54±0.14^{BC}$	$2.37±0.20^{C}$	$2.93±0.34^{A}$	$2.81±0.43^{AB}$

注：同一行中不同字母表示差异显著($P<0.05$)。

在低氧环境中，尽管藏鸡和低地鸡胚胎都能通过提高线粒体功能来适应环境，但两者还是不一样的。在低氧孵化的第 8 天和第 16 天，以谷氨酸＋苹果酸(与 NAD^+ 相连)为底物的呼吸控制率，藏鸡胚胎较丝羽乌骨鸡的要高且差异极显著或显著(第 8 天，$P<0.01$；第 16 天，$P<$

0.05，见表 6.8)；以琥珀酸(与 FAD 相连)为底物的呼吸控制率，两者差异不显著(第 8 天，$P=0.45$；第 16 天，$P=0.97$，见表 6.10)。由于两条呼吸链的差异主要在于 NADH 呼吸链有 NADH 脱氢酶复合体(复合体Ⅰ)但没有琥珀酸-CoQ 还原酶复合体(复合体Ⅱ)，而 $FADH_2$ 呼吸链有复合体Ⅱ却没有复合体Ⅰ，可以推测低氧模拟孵化第 8 天和第 16 天藏鸡和丝羽乌骨鸡胚胎脑线粒体呼吸控制率的差异可能与复合体Ⅰ有关。

在常氧孵化的第 20 天，藏鸡胚胎的呼吸控制率要低于丝羽乌骨鸡胚胎，这一现象可能是藏鸡胚胎生理调控的结果，这种生理调控可能包括提高解偶联蛋白的表达，增加线粒体内膜的质子漏以及增加质子滑扣等(Kadenbach，2003)。在低氧孵化的第 20 天，藏鸡胚胎的呼吸控制率要高于丝羽乌骨鸡胚胎，与常氧孵化正好相反。由于丝羽乌骨鸡是低地鸡种，长期的低氧孵化对丝羽乌骨鸡胚胎的损害更大，所以，在低氧孵化的第 20 天，藏鸡胚胎的呼吸控制率高于丝羽乌骨鸡胚胎是正常现象。

6.2.2.2 线粒体呼吸酶功能

线粒体的呼吸功能是通过线粒体呼吸酶来完成的，因此有必要测定这些呼吸酶的活性。在本实验中，我们测定和比较了藏鸡和丝羽乌骨鸡胚胎全脑中线粒体电子传递链的复合体Ⅰ、Ⅱ和Ⅳ的活性。测定前线粒体需反复冻溶三次，以破坏线粒体膜。测定的方法步骤如下：

(1) NADH-CoQ 还原酶(NADH 脱氢酶复合体，复合体Ⅰ)的活性测定

用紫外分光光度计测定酶活。用反应缓冲液稀释线粒体悬浮液至 250～400 μg/mL。在 5 mL 比色杯中加入 3 mL 活性测定反应液和 200 μL 线粒体稀释液(终浓度约 20 μg/mL)，然后加入 50 μL NADH-Na_2启动反应。颠倒混匀后监测 600 nm 吸光度的变化 6～10 min 并作记录。

(2) 琥珀酸-CoQ 还原酶(复合体Ⅱ)的活性测定

用线粒体呼吸仪测定酶活性。在反应室中加入 450 μL 活性测定反应液和 50 μL 线粒体悬液(蛋白终浓度约 1.0 mg/mL)，盖上盖子，打开电磁搅拌器平衡 3～5 min；待稳定后，从微量加样孔加入细胞色素 c 溶液 10 μL 启动反应。记录耗氧速度。

(3) 细胞色素 c 氧化酶(复合体Ⅳ)的活性测定

用线粒体呼吸仪测定酶活性。在反应室中加入细胞色素 c 氧化酶活性测定反应液480 μL 和线粒体悬液 20 μL(蛋白终浓度约 0.4 mg/mL)，盖上盖子，打开电磁搅拌器平衡 3～5 min；待稳定后，从微量加样孔加入细胞色素 c 溶液 5 μL，2～3 min 后加入 70 mmol/L TMPD 溶液 5 μL 启动反应。记录耗氧速度。

1. NADH 脱氢酶复合体(复合体Ⅰ)活性

NADH 脱氢酶活性见表 6.13、表 6.14 和图 6.2。

表 6.13 复合体Ⅰ活性方差分析表

孵化时期	变异来源	自由度	平方和	均方	F 值	概率
孵化第 16 天	品种	1	142.86	142.86	9.53	0.003 2
	氧浓度	1	320.09	320.09	21.36	<0.000 1
	品种×氧浓度	1	413.65	413.65	27.60	<0.000 1
孵化第 20 天	品种	1	4.15	4.15	0.24	0.626 6
	氧浓度	1	380.27	380.27	22.00	<0.000 1
	品种×氧浓度	1	8.93	8.93	0.52	0.475 9

表 6.14　藏鸡和丝羽乌骨鸡胚胎脑线粒体 NADH 脱氢酶复合体(复合体Ⅰ)的活性

[Ab/(min g 蛋白质)]

孵化时期	常氧孵化(21%)		低氧孵化(13%)	
	藏鸡(N=15)	丝羽乌骨鸡(N=15)	藏鸡(N=13)	丝羽乌骨鸡(N=13)
孵化第 16 天	26.60±2.96[b]	24.28±4.24[b]	25.92±4.20[b]	34.81±3.89[a]
孵化第 20 天	54.97±3.23[B]	54.67±2.32[B]	60.14±3.81[A]	61.71±6.87[A]

注:表中同行不同字母表示差异显著($P<0.05$)。

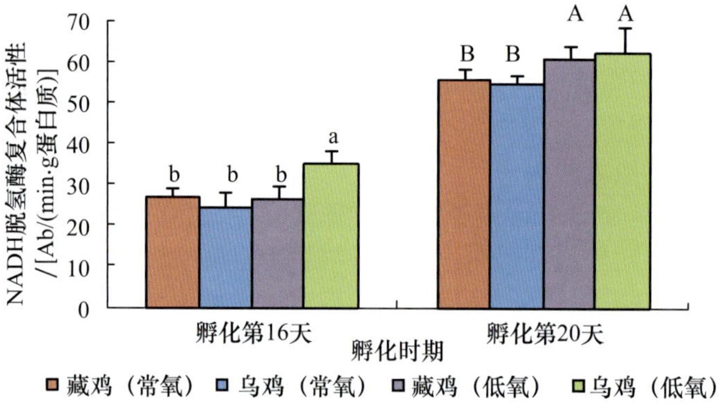

图 6.2　藏鸡和丝羽乌骨鸡胚胎脑线粒体 NADH 脱氢酶复合体(复合体Ⅰ)的活性

注:图中同期不同字母表示差异显著($P<0.05$)。

孵化第 20 天的胚胎,其复合体Ⅰ的活性要明显高于孵化第 16 天的胚胎。氧浓度对孵化第 16 天和第 20 天的胚胎复合体Ⅰ活性有极显著影响($P<0.01$,表 6.13)。与常氧孵化的同品种同一时期的对照组相比,低氧孵化第 20 天和第 16 天的丝羽乌骨鸡胚胎以及低氧孵化第 20 天的藏鸡胚胎,它们的复合体Ⅰ活性明显较高,且均为差异极显著($P<0.01$);但是,低氧孵化第 16 天藏鸡胚胎的复合体Ⅰ活性与常氧孵化的对照组相比,差异不显著($P=0.60$)(表 6.14,图 6.2)。品种和品种与氧浓度的互作对孵化第 16 天的胚胎复合体Ⅰ活性有极显著影响($P<0.01$,表 6.13)。在低氧孵化第 16 天,藏鸡和丝羽乌骨鸡胚胎的复合体Ⅰ活性差异极显著($P<0.01$),且丝羽乌骨鸡胚胎的值要大于藏鸡胚胎的值(表 6.14,图 6.2)。在常氧孵化第 16 天,藏鸡胚胎的复合体Ⅰ活性在数值上高于丝羽乌骨鸡胚胎,但两者差异不显著($P=0.14$)。品种和品种与氧浓度的互作对孵化第 20 天的胚胎复合体Ⅰ活性没有显著影响($P>0.05$,表 6.13、图 6.2)。

2. 琥珀酸-CoQ 还原酶复合体(复合体Ⅱ)活性

琥珀酸-CoQ 还原酶复合体活性见表 6.15、表 6.16 和图 6.3。

氧浓度、品种以及它们间的互作对孵化第 16 天的胚胎复合体Ⅱ活性没有显著影响($P>0.05$),品种和品种与氧浓度的互作对孵化第 20 天的胚胎复合体Ⅱ活性有极显著影响($P<0.01$,表 6.15、表 6.16)。在孵化的第 20 天,藏鸡(常氧)组与乌鸡(常氧)组的酶活存在显著差异($P<0.05$)且藏鸡(常氧)组大于乌鸡(常氧)组;藏鸡(低氧)组的酶活略低于乌鸡(低氧)组,但差异不显著($P=0.30$)。孵化第 20 天,乌鸡(常氧)组和乌鸡(低氧)组相比差异不显著($P>0.05$),但藏鸡(常氧)组的活性要高于藏鸡(低氧)组且差异显著($P<0.05$)(表 6.16、图 6.3)。

表 6.15 复合体Ⅱ活性方差分析表

孵化时期	变异来源	自由度	平方和	均方	*F* 值	概率
孵化第 16 天	品种	1	0.01	0.01	0.01	0.922 9
	氧浓度	1	0.15	0.15	0.18	0.677 8
	品种×氧浓度	1	1.44	1.44	1.70	0.199 4
孵化第 20 天	品种	1	1.75	1.75	2.56	0.116 1
	氧浓度	1	6.95	6.95	10.19	0.002 5
	品种×氧浓度	1	6.00	6.00	8.79	0.004 8

表 6.16 藏鸡和丝羽乌骨鸡胚胎脑线粒体复合体Ⅱ的活性

[μmolO_2/(min·g 蛋白质)]

孵化时期	常氧孵化(21%)		低氧孵化(13%)	
	藏鸡(*N*=12)	丝羽乌骨鸡(*N*=12)	藏鸡(*N*=12)	丝羽乌骨鸡(*N*=12)
孵化第 16 天	8.01±0.87	7.61±1.24	7.51±0.79	7.86±0.95
孵化第 20 天	8.30±0.87**	7.16±0.94	6.76±0.73	7.10±0.86

注：** 表示与同行其他数值相比均差异极显著(*P*<0.01)。

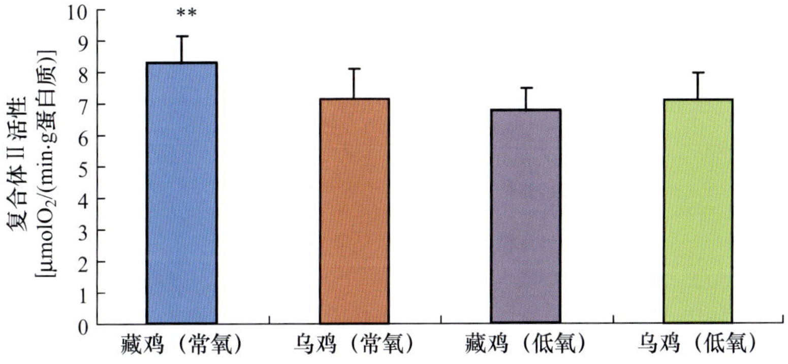

图 6.3 孵化第 20 天藏鸡和丝羽乌骨鸡胚胎脑线粒体复合体Ⅱ的活性

注：** 表示与其他各组相比均差异极显著(*P*<0.01)。

3. 细胞色素 C 氧化酶(复合体Ⅳ)活性

细胞色素 C 氧化 酶活性见表 6.17、表 6.18、图 6.4 和图 6.5。

表 6.17 复合体Ⅳ活性方差分析表

孵化时期	变异来源	自由度	平方和	均方	*F* 值	概率
孵化第 16 天	品种	1	500.72	500.72	2.15	0.150 2
	氧浓度	1	220.47	220.47	0.95	0.336 4
	品种×氧浓度	1	736.97	736.97	3.16	0.082 7
孵化第 20 天	品种	1	3 947.47	3 947.47	13.53	0.000 6
	氧浓度	1	7 253.02	7 253.02	24.86	<0.000 1
	品种×氧浓度	1	269.40	269.40	0.92	0.341 5

表 6.18 藏鸡和丝羽乌骨鸡胚胎脑线粒体细胞色素 c 氧化酶(复合体Ⅳ)的活性

孵化时期	常氧孵化(21%)		低氧孵化(13%)	
	藏鸡($N=12$)	丝羽乌骨鸡($N=12$)	藏鸡($N=12$)	丝羽乌骨鸡($N=12$)
孵化第 16 天	229.90 ± 14.74^{A}	214.30 ± 13.17^{B}	226.03 ± 15.83^{AB}	227.53 ± 16.84^{AB}
孵化第 20 天	268.07 ± 18.97^{a}	244.08 ± 11.40^{b}	237.32 ± 17.32^{bc}	223.27 ± 17.17^{c}

注:同一行中不同字母表示差异显著($P<0.05$)。

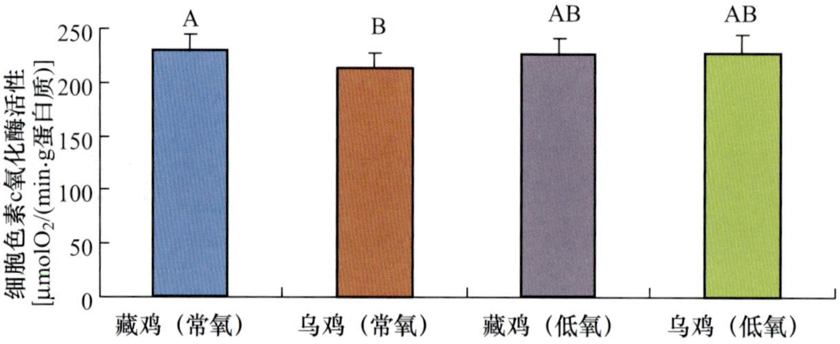

图 6.4 孵化第 16 天藏鸡和丝羽乌骨鸡胚胎脑线粒体细胞色素 c 氧化酶(复合体Ⅳ)的活性

注:图中不同字母表示差异显著($P<0.05$)。

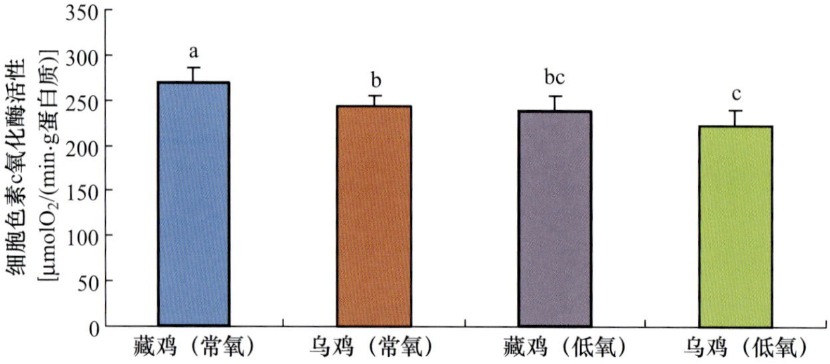

图 6.5 孵化第 20 天藏鸡和丝羽乌骨鸡胚胎脑线粒体细胞色素 c 氧化酶(复合体Ⅳ)的活性

注:图中不同字母表示差异显著($P<0.05$)。

品种和氧浓度对孵化第 16 天胚胎细胞色素 c 氧化酶活性没有显著影响。在 $P=0.05$ 的显著性水平下,品种与氧浓度的互作对孵化第 16 天胚胎细胞色素 c 氧化酶活性没有显著影响,但在 $P=0.10$ 的显著性水平下,对孵化第 16 天胚胎细胞色素 c 氧化酶活性有显著影响(表 6.17)。在孵化的第 16 天,藏鸡低氧组与藏鸡常氧组相比差异不显著,乌鸡低氧组与乌鸡常氧组相比差异不显著,藏鸡低氧组和乌鸡低氧组相比也差异不显著,但藏鸡常氧组和乌鸡常氧组相比差异显著($P<0.05$),且前者高于后者。

品种和氧浓度对孵化第 20 天胚胎细胞色素 c 氧化酶活性有极显著影响($P<0.01$,表 6.17)。在常氧孵化的第 20 天,藏鸡胚胎的细胞色素 c 氧化酶活性要高于乌鸡胚胎,且两者差异显著($P<0.05$)。在低氧孵化的第 20 天,藏鸡胚胎细胞色素 c 氧化酶活性在数值上仍大于丝羽乌骨鸡胚胎,虽在 $P=0.05$ 的显著性水平下差异不显著,但在 $P=0.10$ 的显著性水平下

差异显著。在孵化的第 20 天，与各自的常氧对照组相比，藏鸡低氧组和乌鸡低氧组均较小且差异显著($P<0.05$)。

在孵化的第 16 天，与乌鸡常氧组相比，乌鸡低氧组复合体 I 活性较高且差异极显著($P<0.01$)，乌鸡低氧组复合体 IV 的活性也较高，虽在 $P=0.05$ 的显著性水平下差异不显著，但在 $P=0.10$ 的显著性水平下差异显著，这表明丝羽乌骨鸡胚胎不仅可以通过提高线粒体呼吸链的偶联程度来提高氧化磷酸化效率从而适应低氧环境，而且还可以通过增强 NADH 呼吸链上相关酶的活性来提高质子化学梯度，增加 ATP 的生成。藏鸡胚胎与丝羽乌骨鸡胚胎的表现不同。在孵化的第 16 天，与藏鸡常氧组相比，藏鸡低氧组的各种酶活在数值上均稍低，但均为差异不显著($P>0.10$)，这表明藏鸡胚胎不通过这种方式来适应低氧环境。

在孵化的第 20 天，藏鸡常氧组与乌鸡常氧相比，复合体Ⅱ和复合体Ⅳ的酶活均较高，但复合体Ⅰ活性没有显著增加。复合体Ⅱ中的琥珀酸脱氢酶是线粒体三羧酸循环酶类的成员，它的活性较高表明藏鸡胚胎脑细胞的能量代谢较旺盛。这种现象在孵化的第 16 天也有体现，与乌鸡常氧相比，藏鸡常氧组复合体Ⅱ和复合体Ⅳ的酶活在数值上也均较高，而且复合体Ⅳ的酶活在 $P=0.05$ 的显著性水平下差异显著；复合体Ⅱ虽在 $P=0.05$ 的显著性水平下差异不显著，但在 $P=0.10$ 的显著性水平下也差异显著。能量代谢旺盛可能表示藏鸡胚胎在此阶段生长发育较快或者藏鸡胚胎发育良好，胎儿活动较大。

在孵化的第 20 天，与常氧对照组相比，藏鸡低氧和乌鸡低氧组的酶活变化基本一致。复合体Ⅰ活性均明显提高，复合体Ⅳ活性均明显下降，藏鸡胚胎复合体Ⅱ活性也下降明显，乌鸡胚胎复合体Ⅱ活性在数值上虽有下降，但基本无变化。藏鸡胚胎复合体Ⅱ活性低表明藏鸡胚胎在低氧条件下降低了有氧代谢，耗氧减少，细胞色素 c 氧化酶活性降低可能也反映了这种情况。丝羽乌骨鸡胚胎的细胞色素 c 氧化酶活性也下降，但引起下降的机制可能与藏鸡胚胎不同，因为丝羽乌骨鸡复合体Ⅱ活性与常氧相比变化不大，表明其能量代谢强度并未下降，引起细胞色素 c 氧化酶活性下降的原因可能是低氧抑制了该酶的活性。

参考文献

Harris P, Castillo Y, Gibson K, et al. 1970. Succinic and lactic dehydrogenase activity in myocardial homogenates from animals at high and low altitude. Mol. Cell Cardiol., 1: 189-193.

Hinkle P C. 2005. P/O ratios of mitochondrial oxidative phosphorylation. Biochimica et Biophysica Acta, 1706: 1-11.

Kadenbach B. 2003. Intrinsic and extrinsic uncoupling of oxidative phosphorylation. Biochimica et Biophysica Acta, 1604: 77-94.

李玉兰. 2001. 低氧对动物的骨骼肌 LDH 活性影响. 青海师范大学学报：自然科学版，(3): 80-82.

魏登邦，马建宾. 2001. 哺乳动物对高海拔低氧适应的分子机制研究进展. 青海大学学报：自然科学版，19(1): 15-18.

杨莉. 2002. 实验性癫痫动物脑线粒体功能的研究. 上海：复旦大学.

第7章

藏鸡低氧适应的珠蛋白分子机理

血红蛋白(Hb)、肌红蛋白(Mb)、细胞珠蛋白(Cygb)和神经珠蛋白(Ngb)作为氧的运输和储存载体，其含量和血氧亲和力一直是高原动物耐低氧研究的热点。本章在第一节主要概述了高原动物和民族低氧适应的珠蛋白分子基础。几个高原鸟类、西藏牦牛、安第斯山美洲驼、羊驼和鹿鼠血红蛋白都具有高的血氧亲和力(Perutz，1983；Weber 等，1988；Piccinini 等，1990；Zhang 等，1996；Weber 等，1993；Jessen 等，1991；Liang 等，2001；Abbasi 等，2002；Storz 等，2007)。安第斯人动脉血氧饱和度(SaO_2)低，血红蛋白浓度高；藏族人尽管动脉血氧饱和度不高，但血红蛋白浓度接近正常；而埃塞俄比亚人血红蛋白浓度正常，动脉血氧饱和度也正常(Beall 等，2002；Beall 等，2007)。鸡的血红蛋白包括 7 个类型：HbA、HbD、HbP、HbM、HbE、HbL 和 HbH。各类型亚基组成分别是 $\alpha_2^A\beta_2$、$\alpha_2^D\beta_2$、$\pi_2\rho_2$、$\alpha_2^D\varepsilon_2$、$\alpha_2^A\varepsilon_2$、$\alpha_2^D\beta_2^H$ 和 $\alpha_2^A\beta_2^H$。HbA、HbD 分别为成年个体主血红蛋白和次血红蛋白；HbP 和 HbM、HbE 分别是胚胎前期主血红蛋白和次血红蛋白；HbL 和 HbH 是胚胎后期次要蛋白。胚胎期红细胞有两种类型，在胚胎发育的早期是原始红细胞(primitive erythroid cells)，这时表达珠蛋白 ρ、ε、π、α^D 及 α^A；大约在胚胎表达的第 5 天，原始红细胞逐渐转变为定形红细胞(definitive erythroid cells)，主要胚胎珠蛋白 ρ 在第 6 天达到表达高峰，β^H 则在 17～22 d 表达(Landes 等，1982；Cirotto 等，1987)。可见鸡胚血红蛋白在不同的发育阶段其种类和数量都发生很大变化。本章第二节内容着重探讨藏鸡高原低氧适应的血红蛋白突变及其表达调控机制。

Ngb 和 Cygb 作为两种新发现的珠蛋白类型，在鸡上的研究很少，而在人和小鼠上已逐步成为一个新的研究热点，因此对这两个珠蛋白在鸡上的进一步研究尤为必要；另外，有关这两种新的珠蛋白类型在与高海拔低氧适应和鸡胚胎期有关的研究尚未见报道，所以对其的研究是很有意义的；Mb 作为一个经典的模式蛋白，尽管对其的研究已有数十年历史，但是对于在急性或慢性低氧刺激下调控肌红蛋白表达的遗传性因子目前仍不清楚，因此本章 7.3、7.4 和 7.5 主要分别探讨 Ngb、Cygb 和 Mb 等三个珠蛋白基因在 DNA 突变、mRNA 和蛋白水平的表达变化与藏鸡胚胎低氧遗传适应的关系。

7.1 高原民族和动物珠蛋白研究进展

7.1.1 珠蛋白家族成员

珠蛋白是一个含卟啉环的具有可逆结合-储存和运输氧的蛋白家族(图 7.1),一直以来都是高原动物耐低氧研究的热点,过去的研究一直集中于血液中的血红蛋白和肌肉中的肌红蛋白,并获得了大量的研究成果,近年来,两种新的珠蛋白家族成员——神经珠蛋白和细胞珠蛋白相继被发现,提供了珠蛋白低氧适应研究的新的切入点。

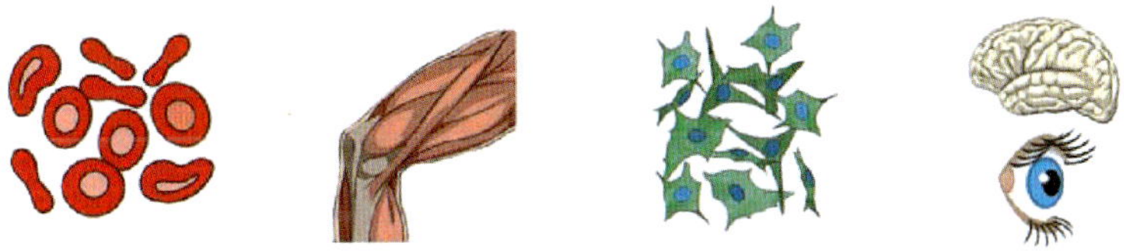

	血红蛋白	肌红蛋白	细胞珠蛋白	神经珠蛋白
表达位置	红细胞	骨骼肌 心脏 平滑肌	成纤维细胞系 肝星形细胞 中枢神经系统/周围神经系统	神经元(中枢神经系统/周围神经系统) 内分泌组织 鱼鳃
Fe-原子协同	5	5	6	6
氧亲和力 $P_{50}(O_2)$/Pa	3 466.4	133.3	133.3	133.3
基因定位(人)	α-cluster 16p13 β-cluster 11p15	22q13	14q24	17q25
连锁位点	α-83587 β-64162	4151	114757	58157

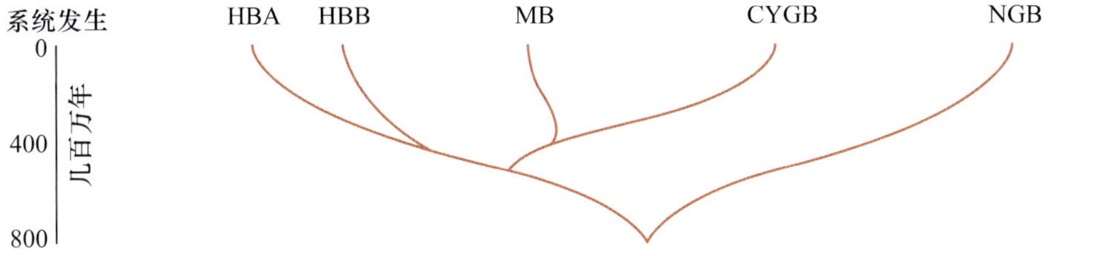

图 7.1 目前主要存在的四种珠蛋白及其特点(Hankeln 等,2005)

根据脊椎动物珠蛋白序列特征分析发现,Ngb 和 Hb 的"祖先蛋白"分化为两支,一支特异性分布于神经系统而进化成 Ngb,另一支则分布于全身而进化成 Hb、Cygb 和 Mb(Gillemans 等,2003)。

不同物种中神经珠蛋白的氨基酸序列保守程度大于血红蛋白和肌红蛋白。系统发生分析发现,脊椎动物神经珠蛋白和无脊椎动物的神经珠蛋白具有相同的进化祖先(Burmester 等,

2000)，它是一个在进化过程中高度保守的基因，可能与神经元的氧气供应有关(Zhang 等，2002)，例如人和鼠 Ngb 氨基酸序列分别具有 94%的同源性，而人和鼠 Hb、Mb 氨基酸序列同源性只有 77%和 85%(Burmester 等，2002)。但是 Ngb 与 Hb、Mb 氨基酸序列同源性却较低，分别低于 21%和 25%。携氧珠蛋白的保守氨基酸 PheCD1、HisE7 和 HisF8 结构在珠蛋白家族四个成员中都存在(Anja 等，2005；Sawai 等，2003)。目前对于珠蛋白家族的研究，发现的错义突变多集中于血红蛋白(Abbasi 等，2002；Gou 等，2005；Weber 等，1993)，在神经珠蛋白上仅见人和小鼠的重组突变体的研究(Fago 等，2004；Trandafir 等，2004)，而未见任何自然种群错义突变研究的报道，这可能与神经珠蛋白的发现时间较晚，且在人和鼠上主要集中于表达水平的研究有关。比较不同物种间的神经珠蛋白(图 7.2)，我们所发现两个突变都位于保守区，且在这两个位点只有鸡发生了突变，提示鸟类和哺乳类的神经珠蛋白基因具有不同的进化方式，Lys-2224(E4)-Asn 突变可能是藏鸡特有的。目前对藏鸡的起源与分化并不是很清楚，由于没有高原红色原鸡存在的报道，我们猜测 Lys-2224(E4)-Asn 突变可能是藏鸡从低地引进后发生的，高强度的低氧选择压力使该突变基因的频率随着海拔高度增加而增加，但在短短几千年时间内并没有完全使该突变基因趋于固定，因此从整个藏鸡群体来说该突变基因的频率并不是很高。但随着神经珠蛋白功能研究的深化，它与藏鸡低氧适应的关系将会得到进一步的阐明。

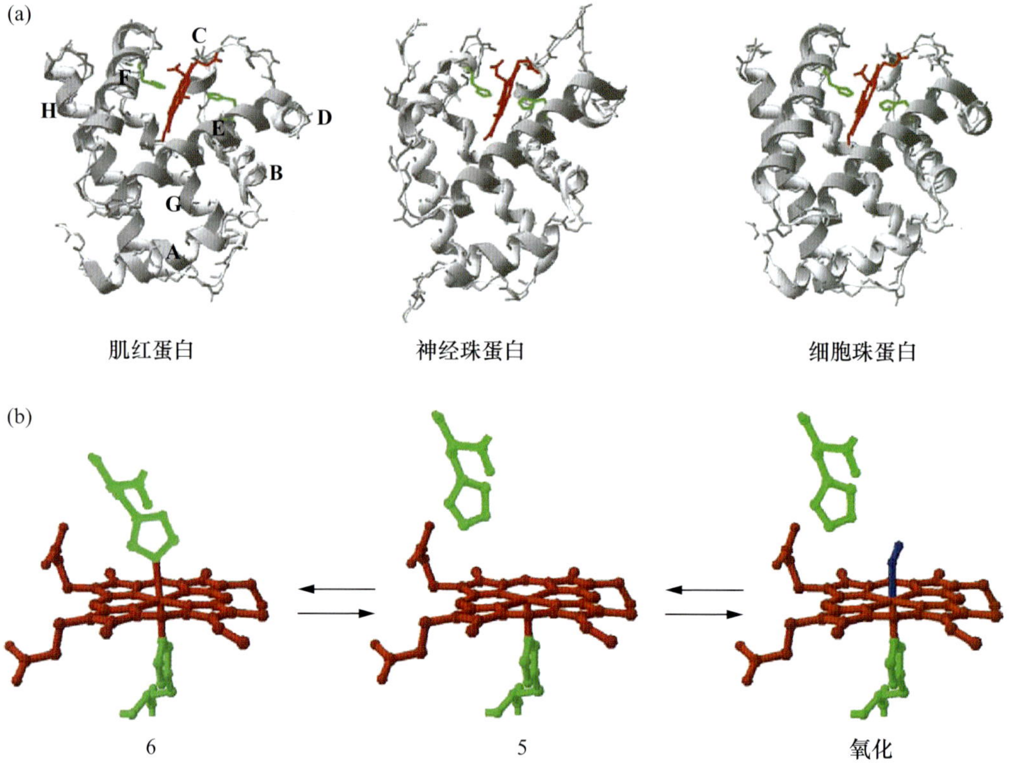

图 7.2 三种珠蛋白的结构(Burmester 等，2000)

(a) 为人的肌红蛋白、神经珠蛋白和细胞珠蛋白；(b) 为血红素的六氧合结构

哺乳动物的 Cygb 序列具有较高的保守性，小鼠和人的 Cygb 基因序列有 92.8%的同源性，蛋白序列有 95.3%的同源性。而哺乳动物与斑马鱼的 Cygb 蛋白序列只有 49%的同源

性。脊椎动物的 Cygb 蛋白质序列与 Hb 和 Mb 也只有 20%～25%的同源性。由于 Cygb 的蛋白序列在进化过程中没有插入序列，这使得决定蛋白质功能的三级结构没有发生很大的改变(Pesce 等，2002)。Mb 蛋白在各物种间存在较高的同源性，人、鼠、灰海豹和鸡等的 Mb 蛋白均为单一基因所编码，与其他珠蛋白基因不同，Mb 基因的内含子和 3′端非翻译序列较长(Weller 等，1986；Suzuki 等，1998)。本研究测定了鸡 Cygb 和 Mb 基因的所有外显子区，却并没有发现任何错义突变，揭示相对于鸡 Ngb 和 Hb 基因，鸡 Cygb 和 Mb 具有更高的保守性。

7.1.2 血红蛋白功能与低氧适应

所有血液细胞均起源于造血干细胞(hematopoietic stem cells)。人的红细胞的生成部位先后来自卵黄囊、肝脏和骨髓。红细胞是人体最先生成的血细胞。造血干细胞在爆式集落促增活性物质(burst promoting activity，BPA)的作用下向红系血细胞分化，较晚期的红系祖细胞 CFU-E(红细胞系集落形成单位)及幼稚红细胞在促红细胞生成素(EPO)的作用下逐渐分化、增殖，生成红细胞。第一代红细胞首先在卵黄囊的血岛中形成，被称为原始成红细胞(primitive erythroblast)。原始成红细胞进一步分化，胞浆中富含胚胎血红蛋白，变成为巨型有核的原始红细胞(primitive erythrocyte)。妊娠第 6 周以后的卵黄囊，以及此后的肝脏、脾脏等造血场所的原始成红细胞及原始红细胞生成停止，红系祖细胞分化生成定形成红细胞(definitive erythroblast)，在肝、脾、骨髓中，可进一步分化为成熟的红细胞。血红蛋白生物合成开始于早幼红细胞，终止于网织红细胞。在鸟类和哺乳动物等大多数脊椎动物中，α 簇珠蛋白基因簇和 β 珠蛋白基因簇是分离的，并处于不同的染色体上。哺乳动物珠蛋白基因簇染色体组织的一个总的特征是基因排列的 5′-3′顺序与从胚胎-胎儿-成年个体发育过程中基因表达顺序相一致。但在鸡中，珠蛋白的排列顺序并不和发育表达顺序一致。

7.1.2.1 红细胞生成的调控

1. 前期和后期造血干细胞(primitive and definitive hematopoietic cells)发生模式

在脊椎动物发育中，造血位点随着造血干细胞群的改变而改变。在哺乳动物发育中，造血位点依次是卵黄囊、胎儿肝脏、脾和成年骨髓。鸡并不用胎儿肝脏作为主要的造血器官，在骨髓形成之前都是在卵黄囊和肠系膜生成血细胞。可以看出造血干细胞能够迁移到一个新的部位并继续分化。

在上面的模式里，胚胎造血干细胞(P)从卵黄囊迁移到胎儿肝脏(D)。接着第二次转换出现，胎儿肝细胞迁移到骨髓。在下边的模式中，胚胎造血干细胞退出卵黄囊并程序化死亡。另一个不同的细胞群(D)从卵黄囊迁移到胚胎内背侧肠系膜(intra-embryonic dorsal mesentery)或胎儿肝脏变成定形细胞系(definitive pool)，一些肝脏定形细胞也能返回胚胎位点(Zon，1995)。

2. 卵黄囊造血

在早期胚胎发育中，胚外内脏皮层(Extra-embryonic splanchnoderm)包括内皮层(endodermalhe)和中皮层(mesodermal)两层，其中中皮层最后在卵黄囊产生血岛。早在发育的 2～4 体节，血红蛋白就开始表达。鸡的卵黄囊是在胚胎发育的前大部分时期的造血部位

(Romanoff 等,1960)。在发育的第 3～5 天,鸡胚造血位点在主动脉的腹壁(Dieterlen 等,1981;Dieterlen 等,1976;Miller,1913)。直到第 6～8 d,后期造血祖细胞(definitive hematopoietic progenitors)分布于间叶细胞(mesenchyme),后期造血主要发现在整个肠系膜(mesentery)和内脏器官周围,包括将变成胸管(thoracic duct)的背部区域。

3. 脊椎动物胚胎形成过程(embryogenesis)中造血细胞迁移途径

在原肠胚早期,受诱导的腹侧中胚叶细胞(induced ventral mesoderm)迁移到卵黄囊后侧位置。随着原肠胚发育进行,这些细胞要么继续迁移到卵黄囊上面,要么又返回到胚胎内的背部肠系膜(dorsal mesentery)。早期卵黄囊的绝大多数细胞都是形成血岛原始祖细胞(primitive progenitors)并最终进入血液循环。随着胎儿的发育成长,这些原始细胞程序化死亡。胎儿和成年血细胞来源于后期祖细胞,后期祖细胞可能和前期祖细胞同时迁移(colonized)到卵黄囊,也可能直接来源于背侧肠系膜造血细胞。背侧肠系膜造血细胞一条路径迁移到卵黄囊或胸腺,另一条路径是进入循环系统然后迁移开辟新的造血位点,比如胎儿肝脏。因此,从胚胎发育的前期到后期造血经历 3 次转换,第一次是卵黄囊原始细胞(primitive cells),第二次是卵黄囊后期细胞(definitive cells),它们可能和原始细胞同时迁移到卵黄囊,第三次是早期主动脉内侧(intraaortic)和后期主动脉旁侧(paraaortic)造血细胞。一些背侧肠系膜造血细胞在后期迁移到卵黄囊并形成又一次造血高峰。上述造血细胞的迁移方式在脊椎动物里是进化保守的(Leonard 等,1995)(图 7.3)。

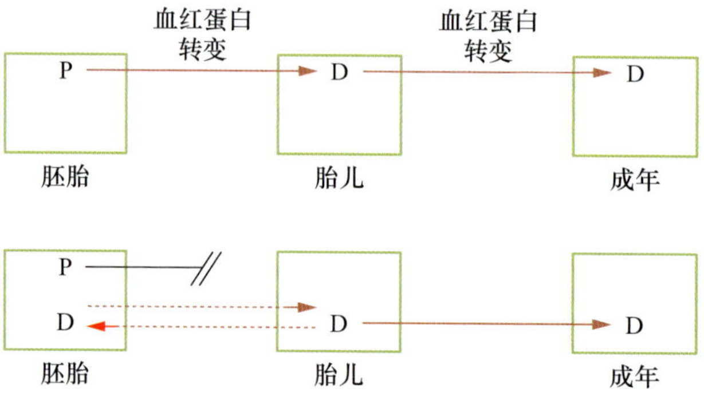

图 7.3　血红蛋白生成的两个模式(引自 Zon,1995)

P 代表原始细胞(primitive cells);D 代表定形细胞(definitive cells)

7.1.2.2　人类珠蛋白在发育过程中基因表达调控

人类珠蛋白基因的表达具有严格的组织特异性及发育阶段特异性,在发育过程中存在从胚胎-胎儿-成人的珠蛋白基因开关,因此是研究真核生物表达调控的很好模式。珠蛋白基因的表达调控是通过顺式反式调控元件以及 RNA 聚合酶 Ⅱ、一般转录因子和特定转录调节蛋白之间的相互作用实现的。这些转录调节蛋白包括广泛分布于不同细胞型的转录调节因子及红细胞特异的转录调节因子。

1. 反式作用因子和顺式作用元件

与红细胞特异基因活化相关的转录因子种类、结合元件以及细胞分布情况见表 7.1(Migliaccio 等,1996;Orkin,1992)。

表 7.1 人珠蛋白基因转录调控相关因子

转录因子	分类	结合位点	细胞分布
GATA-1	锌指(GATA 指)	(T/A)GATA(A/G)	祖细胞、红细胞、巨核细胞、肥大细胞、嗜伊红细胞、足细胞
GATA-2	锌指(GATA 指)	(T/A)GATA(A/G)	祖细胞、红细胞、巨核细胞、肥大细胞、脑细胞
NFE2	碱性亮氨酸拉链	(T/C) TGCTGA (C/G) TCA (T/C)	祖细胞、红细胞、巨核细胞、肥大细胞、髓样细胞
EKLF	锌指(Kruppel 指)	CCNCNCCCN	红细胞、巨核细胞、肥大细胞
FKLF	锌指(Kruppel 指)	CACCC 盒	红系细胞、内皮细胞
FKLF-2	锌指(Kruppel 指)	CACCC 盒	红系细胞、部分髓系和淋巴系细胞、肌细胞
SSP	CP2/谷穗	GGCGGCGGCTGGCTAGGG	NFE4 亚基分布于红细胞,CP2 亚基广泛分布
TAL-1/SCL	碱性螺旋-环螺旋	CANNTG(E 盒)	祖细胞、红细胞、巨核细胞、肥大细胞、脑细胞和内皮细胞
RBTN2	LIM 家族蛋白	尚未鉴别	红细胞、肥大细胞,发育过程中广泛分布
MYB	Myb 家族蛋白	(T/C)AAC(G/T)G	祖细胞
PU1	EST 结构域	GGAA	祖细胞、髓样细胞、B 淋巴细胞

2. 调控位点(LCR)

在研究人 β 珠蛋白基因簇及旁侧区域染色质结构的时候,在 ε 珠蛋白基因上游 6～23 kb 区域内发现 5 个红细胞特异和发育稳定的 DNase Ⅰ 高敏位点(hypersensitive site,HS)(图 7.4),这一区域从此引起人们注意(Forrester 等,1990;Tuan 等,1985)。这一区域内存在重要调节顺序的线索来源于几个除去了这一区域但保留了完整 β 珠蛋白基因的缺失突变体的鉴别(Stamatoyannopoulos 等,1994)。荷兰人$(\zeta\delta\beta)^0$地中海贫血症是因为缺失一段正常 β 基因上游 2.6 kb DNA 序列,导致保留的 β 基因不表达。后来发现的西班牙人$(\zeta\delta\beta)^0$地中海贫血症是由于缺失 ε 基因上游 8 kb DNA 片段,虽保留了完全的 β 基因簇及 HS1,但珠蛋白基因均不表达(Stamatoyannopoulos 等,1994)。1987 年,Grosveld 把此区域与 β 珠蛋白基因连接后,在转基因鼠中观察到 β 基因非整合位点的拷贝数依赖性表达。从而结论性地确定了这一 DNA

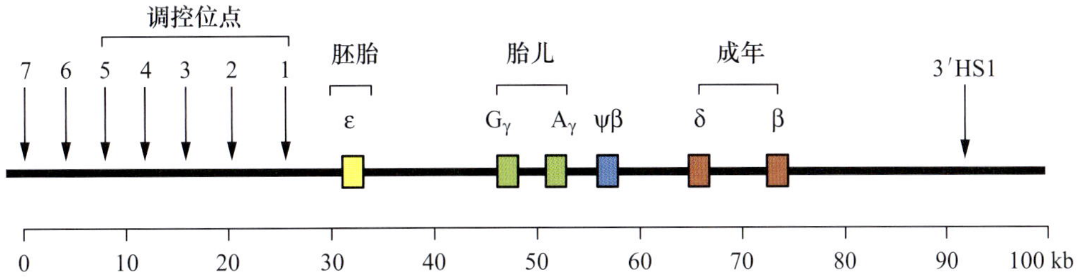

图 7.4 人的 β 簇珠蛋白基因构成(Forrester 等,1990)

区域作为β珠蛋白基因簇位点控制区(locus control region,LCR)的功能(Grosveld 等,1987)。

HS1-HS4 对 LCR 的功能都有贡献,其中 HS2、HS3 和 HS4 是 LCR 的活跃成分。与这些红细胞核染色质高敏感位点相应的 DNA 片段以及核心作用序列已经确定。在每个 HS 中均发现一个或多个 GATA-1 结合元件。在 HS4 中,两个方向相反的 GATA-1 结合位点对于高敏位点的形成是必需的(Lowrey 等,1992)。在 HS3 中有四个 GATA-1 结合位点。其中处于 -100 周围的两个位点对于最小 HS3 片段的 LCR 活力是必需的(Philipsen 等,1993)。NFE2 结合模体也在每个 HS 中发现。在 HS2,两个串联的模体间隔 10 bp,形成了在 DNA 双螺旋连续转折上的结合位点。瞬时转染和稳定转染测定均证明这些 NFE2 结合模体对于 HS2 诱导增强子活力是必需的。在转基因鼠中也证明结合到这些位点上的 NFE2 对于 HS2 的增强子活力是必需的(Caterina 等,1991;Liu 等,1992)。

3. 珠蛋白基因开关机制

(1) 竞争模型

通过转基因小鼠实验,证明从γ到β珠蛋白基因的开关机制为竞争性模型(Behringer 等,1998;Enver 等,1998)(图 7.5)。当γ和β珠蛋白基因与 LCR 单独连接时,各自的表达都是全期的,胎儿型珠蛋白在成年也表达,成年型珠蛋白在胚胎期也表达。但当两个基因和 LCR 都

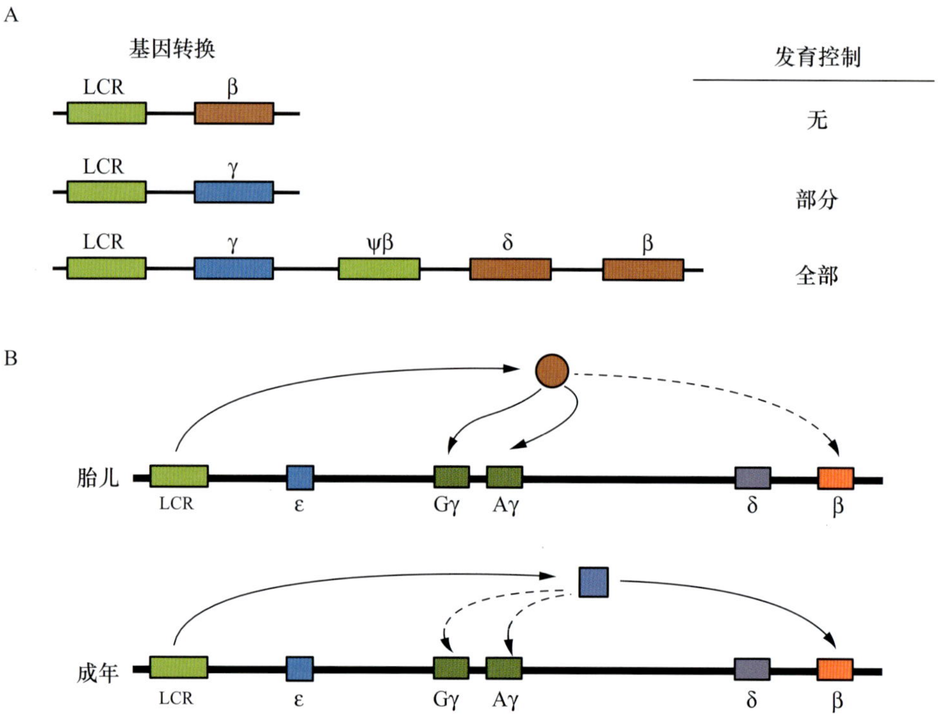

图 7.5 血红蛋白转换的竞争机制(Behringer 等,1998)

注:(A)图中显示了人血红蛋白从胎儿到成年转换的竞争机制,实验通过小鼠完成。当人的β和γ珠蛋白基因单独和 LCR 连在一起,发育失去调控,当两者按照染色体原来顺序连接到 LCR 这个调控元件时,γ基因只在胎儿期表达,β在成年期表达。这完全符合基因竞争模型。(B)胎儿和成年珠蛋白竞争和 LCR 相互作用。胎儿阶段存在有利于γ珠蛋白和 LCR 相互作用的环境,其时β珠蛋白基因沉默。成年阶段正好相反。大量证据表明β基因在胚胎期和胎儿期表达沉默正是依赖基因竞争表达原理。

连在一起，正常的珠蛋白发育调控得以恢复。γ 和 β 珠蛋白表达的阶段特异性决定于两者与 LCR 之间的竞争互作(Enver 等，1990)。在胎儿阶段，LCR 优先结合于 γ 基因，β 基因竞争性沉默表达，在成年期则相反。

(2) 自动沉默表达模型

珠蛋白基因只有当 LCR 存在时才能表达，而且局限在卵黄囊造血时期表达 (Raich 等，1990)(图 7.6)。ε 珠蛋白基因是自动沉默表达，不受别的基因影响，其转录关闭是自动沉默的。沉默元件涉及启动子、沉默子及相关转录因子复合体，当 ε 球蛋白基因与 LCR 结合受到抑制时，转录停止(Raich 等，1995；Filipe 等，1999；Tanimoto 等，2000；Tanabe 等，2002)。研究显示，γ 珠蛋白基因也受自动沉默机制调控，沉默子位于启动子上游从 −378～−730 bp 区域(Dillon 等，1991；Stamatoyannopoulos 等，1993)。

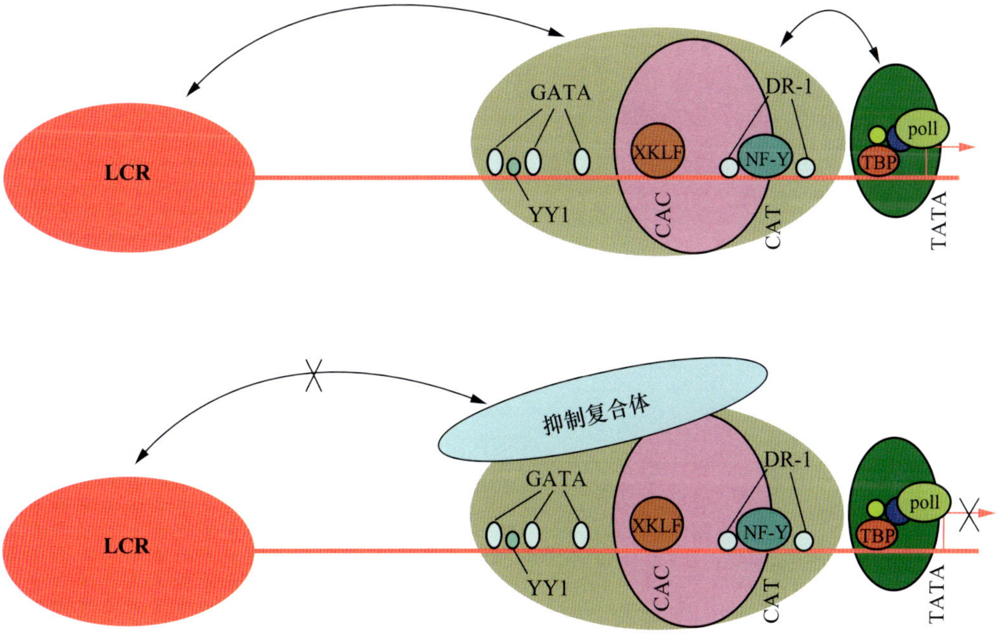

图 7.6 血红蛋白转换的自动沉默机制(Raich 等，1990)

注：所有的沉默表达序列都靠近调控元件。沉默表达是自动的，没有其他竞争基因。以上是 ε 珠蛋白基因自动沉默表达的示意图。结合在近端沉默序列和远端 ε 珠蛋白基因启动子的转录因子形成一个抑制复合体，阻止了基因和 LCR 互作，从而导致了 ε 珠蛋白基因转录终止。

7.1.2.3 鸡胚胎珠蛋白表达时空调控

在鸡上关于珠蛋白基因座调控机制的研究却愈见复杂，不断发现并鉴定的转录因子和调控元件，导致新的调控模式层出不穷，拓展了人们对基因调控表达的传统认识。由于 α 和 β 珠蛋白基因座不在同一条染色体上，且覆盖范围大小不同，涉及参与的调控序列与调控因子也各有差别，所以长期以来 α 和 β 珠蛋白基因座被分别作为不同的两种模式进行研究。

在鸡染色体上，α 基因座位于 14 号染色体，大概跨越 40 Kb 的 DNA 区域；β 珠蛋白基因座位于 1 号染色体，约跨越 25 Kb 的 DNA 区域(Recillas-Targa，2000；Recillas-Targa 和 Razin，2001；Harold，1982)。基因座内不同的珠蛋白基因间彼此首尾相连，构成复杂的连锁结构。当前在鸡染色体上已经发现并验证的共有七种珠蛋白亚基基因，其中 α 珠蛋白基因座内包括 3 种珠蛋白基因，分别是胚胎型珠蛋白基因 π、成年型珠蛋白基因 α^D 和 α^A；而 β 珠蛋白基因座内则包括四种珠蛋白基因，两种胚胎型珠蛋白基因 ρ 和 ε 及另外两种成年型珠蛋白基因 β^A 和 β^H。各个珠蛋白亚基的表达或抑制在胚胎发育不同时期受到严格的调控，胚胎型珠蛋白基因 π、ρ 和 ε 主要在鸡胚胎早期的原始红细胞(primitive erythroid cells)中大量表达，当鸡胚发育到第 6 天时，原始红细胞开始逐渐为定向红细胞(definitive erythroid cells)所取代，成年型珠蛋白基因 β^A 和 β^H 开始大量表达并逐渐取代 ρ 和 ε，而 α^D 和 α^A 这两种成年型珠蛋白基因的表达则在整个胚胎阶段都保持较高的水平(Marc Reitman，1995；Guerrero G，2006)。这七种珠蛋白亚基不同的组合构成了七种类型的血红蛋白，分别为 HbA、HbD、HbP、HbM、HbE、HbL 和 HbH，各类型亚基组成分别是 $\alpha_2^A\beta_2^A$、$\alpha_2^D\beta_2^A$、$\pi_2\rho_2$、$\alpha_2^D\varepsilon_2$、$\alpha_2^A\varepsilon_2$、$\alpha_2^D\beta_2^H$ 和 $\alpha_2^A\beta_2^H$。

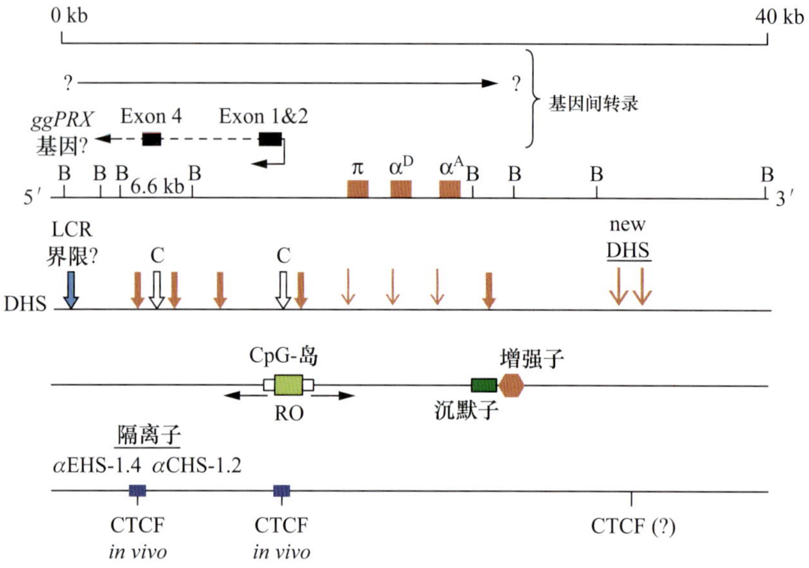

图 7.7　α 珠蛋白基因座结构及调控模型(Guerrero，2006)

尽管 α 和 β 珠蛋白基因座在序列大小和基因数目等方面有较大的差异，但对其序列信息分析后发现两者在序列构成上存在共同之处，即都发现了大量的 DNase Ⅰ酶高敏感位点(DNase Ⅰ Hypersensitive Site，DHS)序列，这些位点广泛的分布在 α 和 β 基因座的上游和下游序列，对于珠蛋白基因抑制与表达的调控和基因座染色体结构的维持有着重要意义。α 和 β 珠蛋白基因座调控模型如图 7.7 和图 7.8 所示。

目前对 β 基因座上的 DHS 研究最多也最为深入，其 5′端上游多个 DHS 串联在一起构成较大的调控区发挥功能作用，这一 DNA 区域被称为基因座控制区(Locus Control Region，LCR)，对 LCR 的关注最早来源于对地中海贫血症中 β 珠蛋白基因上游序列缺失与基因表达的研究，随后 Grosveld 等(1987)在转基因小鼠中观察到了 DHS 的重要性，从而将这段 DNA 区域定性为 β 珠蛋白基因座控制区。借助转基因小鼠对 DHS 的功能研究证明，单独的 DHS 或与其他调控元件的互作是珠蛋白基因特异表达和沉默的基础(Mason，1995)。鸡 β 基因座 LCR 内含有多个具有 DNase Ⅰ超敏位点的序列，目前鉴定出来的包括 DHS-1、DHS-2、DHS-3 和 DHS-4 等，分别位于 ρ 基因上游 1.6 kb，4.4 kb，6.4 kb 和 11 kb 区域，这些富含 DNase Ⅰ敏感位点的序列与珠蛋白基因表达和抑制的调控关系密切，同时也与珠蛋白基因座所在染色体

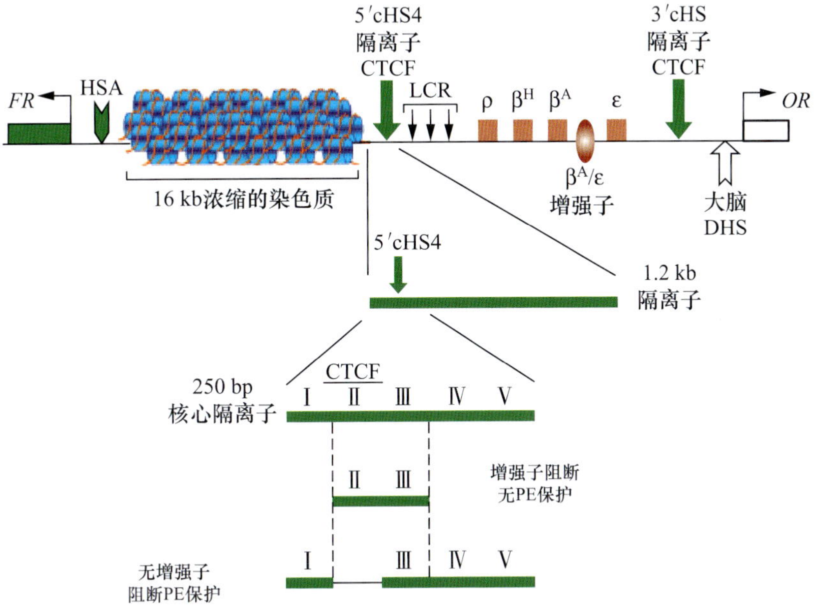

图 7.8 β珠蛋白基因座结构及调控模型(Guerrero,2006)

区域的组织特异性开放有关(Bulger 和 Groudine,1999;Dean,2006)。DHS1-3 在鸡胚发育阶段与红细胞内珠蛋白基因的表达转换有关,其中 DHS-2、DHS-3 还表现出明显的增强子效应,目前对于 DHS-2 的了解较为详细,Abruzzo 和 Reitman(1994)证明 DHS-2 的调控性依赖于转录因子 GATA-1 且与 Sp1 和 EKLF 等存在互作。DHS-4 具有绝缘子特性,主要作用表现在:能够阻断依赖于 CTCF 模式的增强子与启动区互作的功能;通过动员与组蛋白乙酰化或甲基化相关的蛋白保护 β 基因座不受染色体位置效应的影响从而保持活跃的染色体结构;阻断由 BGP 因子介导的 DNA 甲基化所导致的表观沉默(West,2004;Huang,2005)。通常情况下,LCR 在多种转录因子的参与下能够与启动子或增强子识别并形成一种 DNA 环状结构(Bulger 和 Groudine,1999;Chakalova,2005;West 和 Fraser,2005),这种灵活的 DNA 结构的改变使得 LCR 在珠蛋白基因的远端调控模式中发挥重要作用。在 α 基因座上游区域同样存在 DHS 序列,目前在 α 基因座 π 基因上游约 11 kb 的区域已经鉴定出三段 DHS 序列,其中两个具有绝缘子的特性,另一个则与沉默相关(Valadez-Graham,2004),但是否可被归属于 LCR 还有待进一步深入研究(Guerrero,2006)。对基因座 3′端 DHS 功能的研究目前较少,但现有结果表明其对珠蛋白基因座的调控作用同样不可忽视。

研究表明,另外一些增强区也发挥着重要作用,在 α 基因座 3′末端即 α^A 基因下游约 450 bp 的区域被鉴定出存在增强区序列(Recillas Targa,1993;Rincón-Arano,2005),通过与 YY1 及其相关结合因子的作用影响局部染色体结构(Rincón-Arano,2005)。在 β^A 与 ε 之间发现存在增强区序列(Reitman 和 Felsenfeld,1988),且证明其与 LCR 上的 DHS 间的相互作用决定了珠蛋白基因独立表达的模式(Reitman,1990;Abruzzo 和 Reitman,1994;Mason,1995)。此外,在鸡珠蛋白基因座的表达调控中还存在与 DNA 甲基化有关的表观遗传现象。Singal 等(2002a,b)证明 α 基因座上出现明显的甲基化特征,胚胎珠蛋白 π 基因的启动区的重甲基化与胚胎发育到第 8 天时 π 基因的沉默有关,而在此之前 π 基因是活跃表达的并且甲基化程度较低。总之,在鸡胚发育过程中，不同珠蛋白基因表达或抑制的调控机制极为复杂，还有待更加深入的研究。

此外，多种调控因子的参与是保证珠蛋白基因座调控元件发挥互作、增强和绝缘作用的必备条件，当前研究较多的主要包括GATA-1、GATA-2、EKLF、NF-E2和PU.1等，与红细胞成熟、珠蛋白基因座调控转换、组蛋白乙酰化调节和染色体构象重塑等有重要关联(Johnson，2001；Huo和Zhang，2005；Chervenak，2006)。

7.1.2.4 血红蛋白与低氧适应

1. 血红蛋白(Hb)含量和红细胞(RBC)数

红细胞数和血红蛋白增多是许多高原动物低氧适应的血液学特征。野牦牛、家牦牛、藏绵羊和藏山羊血液都具有高的红细胞数和血红蛋白浓度(蔡全林，1980)。

在10 000—20 000年前，藏族、安第斯人和埃塞俄比亚人就在3 500～4 500 m高海拔区域永久定居(Beall et al.，2007；Zhao et al.，2009；Moseley，2001；Aldenderfer，2003)。但高原民族安第斯人、藏族人和埃塞俄比亚人各有不同的低氧适应的血红蛋白机制(Beall等，2002；Beall et al.，2007)。安第斯人动脉血氧饱和度(SaO_2)低，血红蛋白浓度高；藏族人尽管动脉血氧饱和度不高，但血红蛋白浓度接近正常；而埃塞俄比亚人血红蛋白浓度正常，动脉血氧饱和度也正常。这些不同的低氧适应机制可以理解为高原祖先移居人群对低氧习服(acclimatization)产生的不良反应(maladaptation)经世代选择得到遗传钝化(Storz et al.，2010)。正如藏族人祖先最初移居高原，红细胞数和血红蛋白浓度代偿性升高，而过高红细胞数增加了血液粘稠度，阻碍血流通畅性，因此，藏族人经过上万年选择，高的血红蛋白浓度逐渐回归到正常生理范围。而安第斯高原民族因为定居高原时间短，仍具有高的血红蛋白浓度。

2. 低氧适应性突变

西藏牦牛的血红蛋白氧亲和力高，因其β链135处的丙氨酸被缬氨酸代替(Weber等，1988)。而南美安第斯山野生红褐色美洲驼、南美羊驼血红蛋白的高氧亲和力，是因天冬酰胺代替了β2(NA2)的组氨酸(Piccinini等，1990)。Storz等(2007)报道了分布于海平面到4 300米高山的鹿鼠(*Peromyscus maniculatus*)α珠蛋白存在两个功能突变，其突变频率随海拔升高而升高。

突变型血红蛋白造成血氧亲和力增高是许多高原鸟类适应高原低氧环境的重要分子机制。斑头雁(bar-headed goose，Anser indicus)是一种最典型的耐低氧鸟类。Perutz(1983)提出突变Pro-119α(H2)-Ala造成了斑头雁血红蛋白高的血氧亲和力，因为该突变是大氨基酸变为小氨基酸，造成了$\alpha_1\beta_1$界面两个碳原子大小的间隙，有利于提高T态结构氧亲和力，但对R态结构不发生变化。安第斯雁(Andean goose，Chloephaga melanoptera)生活在南美海拔5 000～6 000 m高原，其血红蛋白突变机制与斑头雁一致(Jessen等，1991)。Abbasi等(2002)发现凤头潜鸭(Tufted duck，*Aythya fuligula*)其深水耐低氧机制是因为血红蛋白Lys-α99-Arg突变提高了血氧亲和力。Lutfullah等(2005)又相继指出其HbD a^D34 Val、a^D38Gln及a^D94Asp可能也是低氧适应的原因之一。白头秃鹫(White-headed Vulture)和欧洲黑秃鹫(Black Vulture)HbD α^D链与β链氨基酸序列完全相同，因而出现自然界中不多见的四亚基相同的Hb，此种HbD比HbA具有更高的氧亲和力(Hiebl，1989)。

3. 低氧对珠蛋白表达的影响

珠蛋白家族是一类含卟啉环的具有可逆结合、储存和运输氧的蛋白，一直以来珠蛋白所发挥的作用都被视为是动物适应高海拔低氧环境时保证氧供给的重要环节，其中血红蛋白又是体内最重要的运氧珠蛋白载体，由 α 和 β 两种珠蛋白亚基构成的四聚体。通常认为低海拔动物进入高原或实验动物应激低氧时血液中红细胞数目会大量增生且血红蛋白含量明显上升(Samaja，2003)，但对珠蛋白 mRNA 的转录受低氧调节的机制了解却并不清晰，当前人们倾向于两种解释，一是 HIF-1 有可能激活了某个未知基因的表达，继而诱导珠蛋白基因的上调；二是 HIF-1 直接参与调控珠蛋白基因的表达，但目前为止还没有 HRE 位点在基因座上被找到并鉴定。当然也存在例外情况，Anja Roesner(2006)发现斑马鱼处于高度缺氧环境时，其血红蛋白的 α 和 β 亚基的 mRNA 转录表达水平显著下调，初步推测可能是为了对抗缺氧环境而采取重新调整能量利用的保护机制，因而减少不必要的转录。这一结果同时也表明珠蛋白基因转录和翻译层面的调控可能存在明显差别，这使得情况变得更加复杂。就胚胎发育而言，珠蛋白类型的转换与胚胎呼吸及气体运输在生理低氧下具有一致性，当环境氧浓度下调加剧体内低氧时，珠蛋白的表达水平也会随之发生变化。

对非脊椎动物血红蛋白受低氧调控的研究则相对较为清晰，水蚤在缺氧环境下能够将血红蛋白浓度升高 15～20 倍达到 1.7 g/100 mL，基本接近人血红蛋白正常含量的 1/10，而常氧环境时血红蛋白浓度则只有 0.1 g/100 mL，相差极为悬殊。Thomas(2004)发现并证明了水蚤珠蛋白基因启动区上的 HRE 元件，当受到低氧胁迫时，HIF 诱导珠蛋白基因的表达从而升高血红蛋白的浓度。

4. 最新高原民族全基因组扫描发现与血红蛋白相关的低氧正选择基因

最近，全基因组扫描(GWADS，a genome-wide allelic differentiation scan)和候选基因分析结果都表明低氧诱导因子(HIF)调控的信号通路相关基因在藏族群体最近受到强正选择。

首先在藏族人上发现低氧诱导因子 2α 亚基(EPAS1，HIF-2 α)、脯氨酸羟化酶 2(EGLN1，PHD2)和过氧化物酶体增殖活化受体 α(PPARA)三个基因的系列非编码 SNP，这些 SNP 与藏族人低的血红蛋白浓度强相关(Simonson 等，2010；Yi 等，2010；Beall 等，2010)。然而，可能因为各自采用的分析方式和分析样本不同，这些研究报道的主要候选基因结果很不一致。Simonson 等(2010)报道 EGLN1 和 PPARA 两基因受到正选择的单倍体型(haplotypes)与藏族人接近正常的血红蛋白浓度相关；而其他两篇报道(Beall 等，2010；Yi 等 2010)则揭示 EPAS1 为藏族人受到低氧正选择的基因。

Bigham 等(2009，2010)通过对安第斯人全基因组扫描发现脯氨酸羟化酶 2(EGLN1)、内皮素受体 A(ENDRA)、AMP 激活蛋白激酶 A1 催化亚基(PRKAA1)和一氧化氮合酶 2(NOS2)四个基因受到低氧正选择。ENDRA 是血管平滑肌表达的血管收缩因子，受内皮素-1(endothelin-1)调控(Arai 等，1990)。PRKAA1 编码一个异源三聚体酶，该酶属于古老的 5′-AMP 激活蛋白激酶基因家族，主要调控细胞 ATP 水平(Kemp 等，2003)，作为细胞能量感受器，PRKAA1 可以作为低氧能量代谢适应的切入点。而 NOS2 则是 NO 合成的关键酶，NO 是血管舒张因子，高的 NO 含量正是藏族人高血流速度产生的原因。

7.1.3 神经珠蛋白(Neuroglobin，Ngb)与低氧适应

2000 年德国科学家 Burmester 等从小鼠和人 cDNA 文库中发现了部分类似珠蛋白的序列，这些序列与已知的血红蛋白和肌红蛋白均不相同，由于这种新型的珠蛋白主要在神经组织内表达，因此称为神经珠蛋白。在 2004 年 Kugelstadt 等对鸡 Ngb 的研究表明，鸡 Ngb 基因

被定位于鸡 5 号染色体上，位于甘露糖基转移酶基因（pomt2）和一个未知功能的基因 duf221 之间，整个编码区序列长度为 483 bp，基因的全长为 2 323 bp，包括 3 个内含子，编码 160 个氨基酸，预测的分子质量为 18.0 ku，与哺乳动物的 Ngb 相比，显示序列平均的同源性为 70%，约有 88%的相同功能的氨基酸发生替换。作为一种呼吸蛋白，Ngb 主要在鸡的大脑和眼睛中表达，而在人和小鼠上，Ngb 也在内分泌组织表达。Ngb 拥有六配位脱氧含铁结构，它与氧的结合被认为同肌红蛋白相似，可能有助于神经元适应低氧环境，然而，直到现在 Ngb 是否受氧浓度的调控仍不清楚（Burmester 等，2004）。尽管 Ngb 的总浓度在哺乳动物的大脑中是较低的，但是在局部区域的浓度可能更高且对于细胞氧气供应能提供充足的保障。另外，神经珠蛋白在视网膜中有大量表达，几乎是脑中含量的 100 倍，这同肌红蛋白在肌肉中的含量相当，这一发现提示神经珠蛋白有可能为视网膜提供在生理状态下所需的氧气（Schmidt 等，2003）。

携氧动力学和热力学研究显示，神经珠蛋白与氧的亲和力高于血红蛋白低于肌红蛋白，但不易解离，提示其与配体有很高的亲和性。磁共振色谱分析表明，与氧或二氧化碳结合的脑红蛋白复合体和血红蛋白肌红蛋白相比更稳定（Couture 等，2001）；由于神经珠蛋白与氧有较高的亲和力，即使血氧浓度较低，仍能协助氧通过血脑屏障，提高脑细胞内的氧分压，促进氧向线粒体的扩散或直接介导氧向线粒体内的传递，增加代谢活跃的神经组织的供氧，促进 ATP 的产生，从而维持神经元的功能，在脑缺氧的适应性保护过程中起重要作用（任雪平和刘双喜，2005）。Trent 等（2002）根据亚铁血红素蛋白家族的功能相似性推测：Ngb 可以清除细胞内 NO 和氧原子，或者作为 NO、O_2 等气体配体的感受器，通过低氧信号转导途径调节下游基因的表达，从而使细胞适应氧浓度的变化。另外，由于 Ngb mRNA 在人体不同细胞组织中都有表达，并且不同的组织其表达水平不同，提示 Ngb 基因并不是神经系统所特有的，认为 Ngb 可能在机体较为广泛的区域中发挥着作用。

Reuss 等（2002）在用原位杂交研究成年小鼠和大鼠中 Ngb 的表达中，证实作为一种氧气供应蛋白的功能来说局部的 Ngb 浓度是充足的；Zhang 等（2002）克隆了人局部的 Ngb 基因 cDNA 全长并用原位杂交和免疫组化技术研究了大鼠局部的 Ngb 的组织表达情况，结果发现局部的 Ngb mRNA 在大鼠脑中广泛分布，包括大脑皮层、海马回、丘脑、下丘脑、嗅觉中枢和小脑，Ngb 蛋白的免疫活性细胞也广泛分布于成年大鼠脑中，其结果有力地支持了 Ngb 是一个在进化过程中高度保守的基因，它可能与神经元的氧气供应有关。Burmester（2004）及其同事的资料表明神经珠蛋白在人类大脑不同部位的表达与这些部位对缺血损伤的敏感性呈负相关，例如对皮质缺血造成损害的平均持续时间是 19.1 min，而对海马的损害平均持续时间是 12.7 min，而神经珠蛋白在皮质层的表达较海马中的表达高 4 倍。

大脑只占全身体积的 2%，但耗氧量却占全身的 20%。其能量主要通过葡萄糖的需要氧化所产生，此能量可维持跨越细胞膜的离子梯度，并促使肌动蛋白运输物质给整个神经细胞。我们有理由相信，在大脑这样一个高耗氧量的器官，氧气的传送不仅仅只依靠扩散来完成，应该有更加有效的方式来协助氧的运输。因此，神经珠蛋白的发现使我们对于氧的传送有了进一步的认识。

7.1.4 细胞珠蛋白（Cytoglobin，Cygb）与低氧适应

在 2002 年由德国科学家 Burmester 等发现，由于它可以在任何类型的人类组织中表达，因此被称为细胞珠蛋白。Kugelstadt 等在 2004 年研究表明，鸡 Cygb 的编码序列为 540 bp

(包括中止密码子),含 3 个外显子,定位于鸡 18 号染色体上,同人的 Cygb 基因一样,鸡的 Cygb 基因位于唾液酸转换酶和泛素-结合酶 E2-230 K 之间,两个内含子位于珠蛋白典型的 B12.2 和 G7.0 位置,Cygb 的氨基酸序列包含了 179 个氨基酸,分子质量为 20.5 ku,鸡和哺乳动物的 Cygb 有 76%的同源性,而在氨基酸上则有 90%的同源性。Cygb 在鸡的大脑、肌肉、眼睛、心脏、肝脏、脾脏均广泛表达。Cygb 在生理状态下主要以单体形式存在,拥有经典的"three-over-three"螺旋三明治折叠结构。同 Ngb 一样,外源性配体(包括 O_2、NO 和 CO 等双原子分子)在与 Cygb 结合之前,必须先与内源性配体 HisE7 竞争,且 HisE7 配体的解离为限速步骤。热动力学研究表明,Cygb 与 O_2 的结合率[$K_{on(L)}$]比 Ngb 低,而解离率[$K_{off(L)}$]与 Ngb 相似(Pesce 等,2002),说明 Cygb 与 O_2 的亲和力较 Ngb 低。

关于 Cygb 功能的假说主要有以下几种(Burmester 等,2002;Hankeln 等,2005;Pesce 等,2002):①携氧与贮氧功能。缺氧可以使 Cygb 表达上调,在缺氧条件下 Cygb 可能在细胞内持续、小量地为组织供氧并促进氧在线粒体中扩散(Schmidt 等,2004;Fordel 等,2004)。②氧感受器功能。Cygb 缺氧时表达上调且特定地表达在毛细血管周围,提示其可能具有氧感受器的作用(Kawada 等,2001)。此外,Cygb 在视网膜、外周神经和中枢神经细胞的胞质和胞核中均存在,亦表明 Cygb 可能作为氧感受器,在神经细胞胞质和胞核间起信号传递的作用(Schmidt 等,2005)。③活性氧基团和 NO 的解毒作用。Cygb 可作为清道夫,清除组织缺血后再灌注,再氧化时产生的活性氧基团和 NO。④酶样作用。Cygb 可能有 NADH 氧化酶作用,在半缺氧条件下促进糖酵解,产生 ATP 供能。此外,Cygb 也可能具有过氧化氢酶活性,在肝星形细胞中起过氧化物清除剂的作用。⑤酶促反应的氧传递系统,参与胶原合成。Cygb 不仅在正常内脏的成纤维细胞中表达,而且在纤维化损伤的胰腺、肾脏及有活性的成纤维样细胞、肌成纤维细胞中均有高水平的表达。Schmidt 等认为,Cygb 可能有双加氧酶脯氨酰-4-羟化酶活性,或者 Cygb 有把氧传递给脯氨酰-4-羟化酶而维持该酶活性的作用,从而使原胶原纤维脯氨酸羟基化,羟基化脯氨酸有稳定胶原三条螺旋单链的作用。⑥基因转录调控功能。Cygb 在细胞核中也有分布,提示它可能作为一种转录因子或转录因子复合体成员参与特定的基因转录调控(Geuens 等,2003)。

Schmindt 等(2004)在 9%氧浓度下 22 和 44 个小时检测成年鼠上 Cygb 的表达情况,结果显示鼠心脏和肝脏的 mRNA 表达水平受低氧调控;Fordel 等(2004)使用实时定量 PCR 研究了 Cygb 在体内和体外缺氧条件下的表达变化,结果证实了在所有组织上均受缺氧调控,发现 Cygb 启动子区域包含缺氧反应元件(HRE),并受缺氧诱导因子 1 调控。

7.1.5 肌红蛋白(Myoglobin,Mb)与低氧适应

Mb 是一个存在于细胞质的血红素蛋白,单独在心肌细胞和具有氧化特性的骨骼肌纤维中表达,它可以在低氧和缺氧时释放所储存的氧气,当肌肉活动增加时,它可以缓冲细胞内氧气浓度并有利于氧气扩散,且它也被认为可以清除含氮氧化物和活性氧(Ordway 等,2004;Wittenbery 等,2003),心肌和骨骼肌 Mb 含量的多少,直接影响肌肉细胞摄取氧的能力,从而影响动物在缺氧条件下的适应能力,导致在高海拔人类和其他物种的骨骼肌中肌红蛋白的浓度增加。尽管对于 Mb 的研究已有数十年历史,但是对于在急性或慢性低氧刺激下调控肌红蛋白表达的遗传性因子目前仍旧不清楚。

Mb 内部几乎都是非极性残基，外侧含极性和非极性两种残基，结构极为紧凑，内部很少空隙，血红素位于 Mb 分子的一个沟缝中，放在一个非极性的龛中，它可以保护 Fe^{2+} 不被氧化为 Fe^{3+}；其 Fe^{2+} 端与肽链 F8 位置的组氨酸残基相结合，氧在第六配位键位置上与 Mb 结合成为氧合 Mb，在脱氧的 Mb 中，该位置是空位。F7 位置的第二个组氨酸很靠近这个位置，邻接组氨酸增加血红素对 O_2 的亲和性，远侧组氨酸则借位阻限制 CO 的结合。第六配位位置附近的远侧组氨酸和其他残基也抑制血红素被氧化为高铁状态。肌红蛋白的功能只是把氧从肌细胞附近毛细血管的血液通过细胞膜运到肌细胞中，以 MbO_2 形式暂时贮氧，并可携带氧在肌肉中的运动，在肌肉急剧运动时把氧释放出来，以保障肌肉强烈代谢对氧的需要。肌红蛋白的含量随运动量的增加而增高，并与细胞色素氧化酶的含量成正比。

肌红蛋白可促进 O_2 通过肌纤维膜扩散到线粒体，这一过程依赖于胞液中氧合肌红蛋白的梯度。肌红蛋白介导的氧向线粒体的传递依赖于电子通过线粒体呼吸链的流动，这一过程加速氧化磷酸化过程，有利于 ATP 的产生。通过选择性地敲除肌红蛋白基因来研究其功能，以避免其他因素的影响，是一种更科学的方法。近年来，运用转基因和基因敲除的技术，有关 Mb 的表达与功能的研究又上了一个新的台阶，例如在缺乏肌红蛋白的小鼠上的研究表明缺乏肌红蛋白会增加许多缺氧诱导基因的表达（如 HIF-1、HIF-2、VEGF 和 NO 合成酶等等），这为研究肌肉中的细胞适应提供了分子基础（Grange 等，2001；Meeson 等，2001）。进一步的研究表明，肌红蛋白的丢失导致一系列代偿性反应，如毛细血管增生，冠状血流和冠状血流存储量增大，血细胞比容增高，由此加大从毛细血管到线粒体的氧分压梯度，缩短 O_2 扩散距离，说明肌红蛋白确实对正常心脏功能的维持及氧的扩散有重要的作用（Axel 等，1999）。

7.2 藏鸡血红蛋白珠蛋白基因突变及其表达调控

7.2.1 藏鸡成年和胚胎血红蛋白低氧适应性功能位点检测和验证

7.2.1.1 藏鸡 7 个成年和胚胎血红蛋白亚基基因 SNP 筛选

隐性白鸡（recessive white feather broiler，RWF）种蛋来源于中国农业大学种鸡场。藏鸡种蛋取自两个群体（饲养在中国农业大学种鸡场），一个为来自西藏不同海拔地区的混合群体，另一个为来自海拔 2 900 m 西藏林芝地区。

成年鸡个体采集血液或组织样品，均确保个体遗传背景清楚，其中 2 只藏鸡来自海拔 4 200 m 的西藏山南地区洛扎县，26 只藏鸡来自 3 600 m 海拔的西藏山南地区乃东县，24 只尼西鸡来自于 3 000 m 海拔的云南香格里拉县，22 只藏鸡来源于 2 900 m 海拔的西藏林芝地区。4 只高原雉鸡分别来自云南迪庆 3 000 m 海拔和四川阿坝 3 000 m 海拔。50 只广西三黄鸡和 50 只北京油鸡来自中国农大种鸡场。

根据鸡珠蛋白 α 簇序列（GenBank 登录号 AY016020）和 β 簇序列（GenBank 登录号 L17432）设计了 19 对引物，扩增全部 7 个亚基编码基因（共 21 个外显子）和部分调控区、内含子序列。引物序列如下：（A、D、P、B、R、E 和 H 分别代表 α^A、α^D、π、β、ρ、ε 和 β^H 等珠蛋白链引物）

A11：5′ggccagcacagcatataagg3′，A12：5′taaggcagggagggatagga3′；

A21：5′ccgagaccctggaaaggtag3′，A22：5′aaaaggagaggatgagcgag3′；

A31:5′caccccctcgctcatcctctcc3′,A32:5′catctcatttggctgctcgctgtc3′;
B11:5′acaaccacacgctaccctccaacc3′,B12:5′ctctcccacctccgaccctgaac3′;
B21:5′cacattgcgcattttga3′,B22:5′ccgagctgcacagggacaca3′;
D11:5′accgccgctccctgctctca3′,D12:5′tgccccctgccccaacc3′;
D21:5′agggcagggcagggcagcagt3′,D22:5′aggtcgaagtgggggaagtaggtc3′;
D31:5′ctgcgggtcctggggtcctca3′,D32:5′gctgcagcaatggtgtcttta3′;
P11:5′ggcccgctctcctcttcctc3′,P12:5′ttcatagcacgggtgtaactccag3′;
P21:5′taatataggaaacgtggtgtcagt3′,P22:5′atccagtctcaggttaaaaatcag3′;
P31:5′tagaggccacaggtcatttag3′,P32:5′aagccatttatctgtatttctca3′;
R11:5′gccgcctgttaagctggtcac3′,R12:5′agcgctgcctcctaaaactgc3′;
R21:5′gtgtgcttgtgtcccccgtctc3′,R22:5′actcccctcctgcttccctccttc3′;
R31:5′tgcttaccccattgctccccttc3′,R32:5′ctgcccccacatgtcccctga3′;
E11:5′caccccgaccacccccctcctg3′,E12:5′agcactgcctcctaaaactg3′;
E21:5′gtgtgcttgtgtcccccatcc3′,E22:5′cagcctcacaatcctttctccttc3′;
E31:5′ccaaaccggcaccctaaga3′,E32:5′ccccatacatcccccaaaacagac3′;
H11:5′tggccccacttcctactcatcg3′,H12:5′cgcctgcttgcatccctcctc3′;
H21:5′agccaggggaggggagaaatgaag3′,H22:5′agcccagcagaccccgaggatg3′。

通过测序检测序列的多态性。在检测的 7 个亚基基因中,只有珠蛋白链 β^H 和 α^D 出现了氨基酸突变(图 7.9、图 7.10)。藏鸡 β^H 链两个氨基酸突变是 Ile-55H(D6)-Leu 和 Ala-51H(D2)-Pro,其在 4 200 m 低氧孵化(样本数为 234 只)存活的 7 只隐性白鸡中没有检测到这两个突变。藏鸡 α^D 链存在一个氨基酸突变 Met-32D(B13)-Leu,同样在存活的 7 只隐性白鸡中没有检测到该突变。α^D 突变位点在不同海拔藏鸡群基因频率分布见表 3-3。另外在 50 只北京油鸡和 50 只广西三黄鸡中也没有检测到上述两条链突变。很明显,海拔升高,α^D 突变基因频率相应升高(表 7.2)。

表 7.2 不同海拔藏鸡群 α^D 基因突变频率分布

	AA	AC	CC	C 基因频率
林芝 2600	10	2	10	50.0%
尼西 3000	0	8	16	83.4%
拉萨 3600	2	1	23	90.4%
三南 4200	0	0	2	100%
2600-4200	7	3	18	69.6%

注:AA 表示平原型,CC 表示高原型,AC 表示杂合型

3 600 m 海拔以上,该突变位点趋于固定,频率大于 90.00%。而在一群来自从 2 600 m 到 4 200 m 不同海拔的混合群体中,突变基因频率处于中间值 69.6%。藏鸡 β^H 基因的两个突变在频率分布上并没有显示出其低氧耐受的优势。在检测的 10 只来自 3 000 m 海拔的藏鸡中,突变 Ile-55H(D6)-Leu 和 Ala-51H(D2)-Pro 发生的频率为 41.5%,而在 10 只来源于 3 600 m 海拔藏鸡中,其突变频率为 35.0%。我们也补充了一个不全面但很有意义的结果,发现 2 个来自云南迪庆 3 000 m 海拔和 2 个来自四川阿坝 3 000 m 海拔的高原雉鸡(*Phasianus colchicus*)个体中也存在 α^D 亚基 Met-32D(B13)-Leu 突变,突变位点是根据已报道的平原雉鸡

(ring-necked pheasant)序列设计(Braunitzer 等,1982)。而且 4 个个体中有两个突变纯合子和两个杂合子,突变频率高达 75%。

7.2.1.2 藏鸡 αD 亚基 Met-32D(B13)-Leu 位点的功能预测

为了充分利用蛋白质的一级序列信息来研究结构与功能之间的关系,很有必要利用已知蛋白质的结构信息对这些蛋白质的结构进行预测。虽然蛋白质序列繁多,但按其三维拓扑结构可归属于许多不同的折叠类型,这样的折叠类型估计有 500~700 个,在每一类中,各成员蛋白的三维结构类似,序列之间可能很相似,也可能不相似。若模建序列与模板序列的序列同源性在 40%以上,则它们的结构就可能属于同一折叠类型,可以用同源蛋白模建的方法预测其三维结构。若同源性小于 30%,可用蛋白质逆折叠方法把一个序列镶嵌入一结构已知的蛋白质中,给出模建序列的拓扑结构。

突变血红蛋白三级结构和四级结构预测在 SWISS-MODEL 蛋白预测服务器完成(Schwede 等,2003)(http://swissmodel.expasy.org)。蛋白结构阅读和分析由 Swiss-PdbViewer(v3.7)软件(http://www.expasy.org/spdbv)和 Insight Ⅱ(95.5)软件包 DS ViewerPro5.0 程序(http://www.accelrys.com/viewer)完成。同源预测采用的模板是鸡的氧合血红蛋白 HbD 的晶体结构(PDB 登录号:1 hbr)。

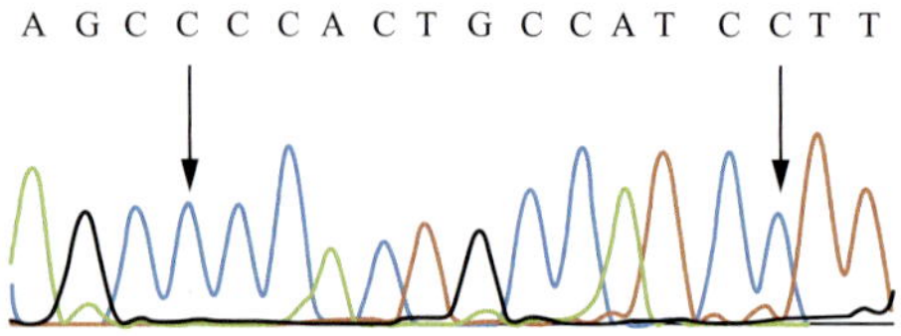

图 7.9 β^H 链碱基突变产生两个氨基酸突变

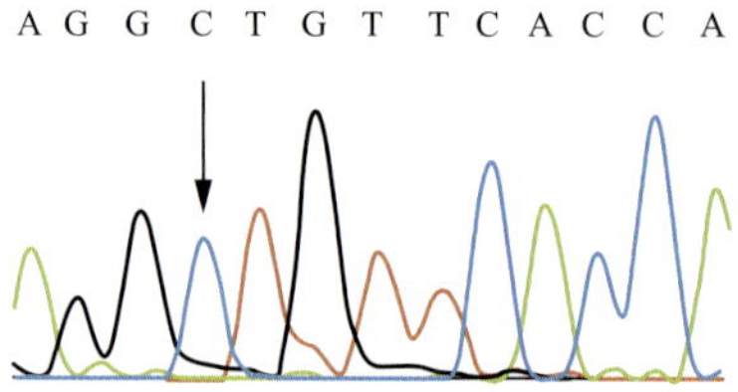

图 7.10 α^D 链碱基突变产生氨基酸突变 Met-32D(B13)-Leu

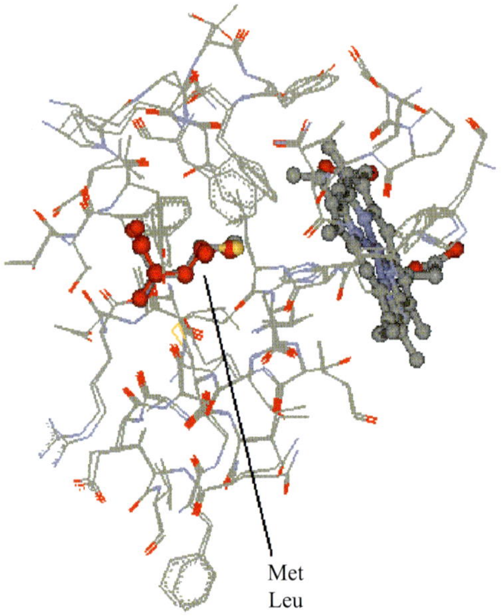

图 7.11 α^D 亚基突变位点 Met-32D(B13)-Leu 及其相邻氨基酸和血红素

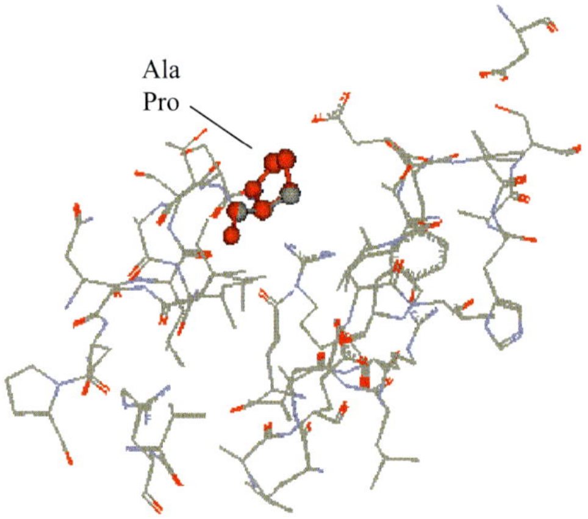

图 7.12 藏鸡 HbH β^H 亚基 Ala-51H(D2)-Pro 突变及其相邻氨基酸

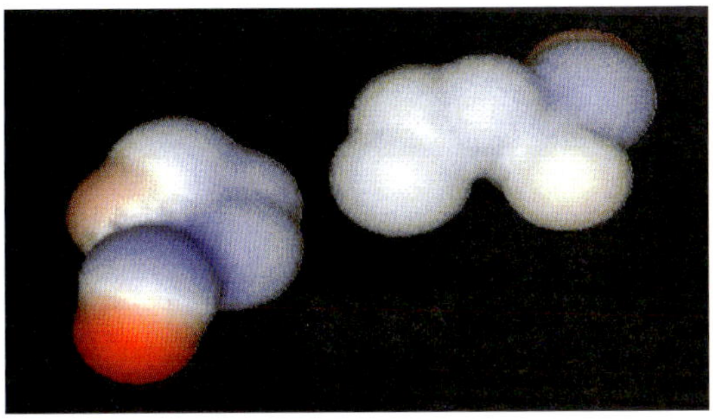

图 7.13 低地家鸡 HbH $\alpha_1\beta_1^H$ 范德华力接触位点(α119Pro+β^H55Ile)

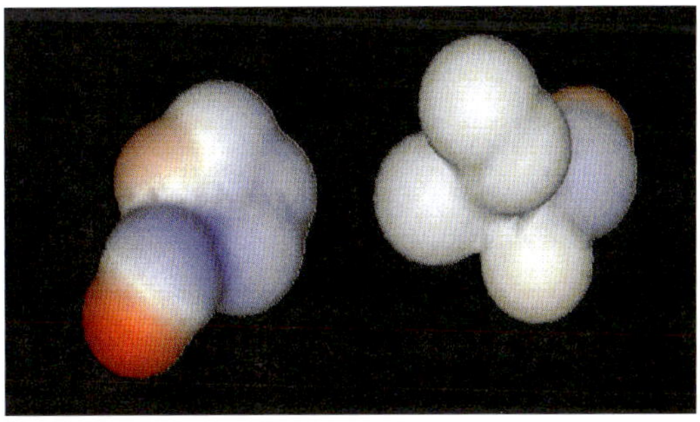

图 7.14 藏鸡 HbH $\alpha_1\beta_1^H$ 范德华力接触位点(α119Pro+β55Leu)

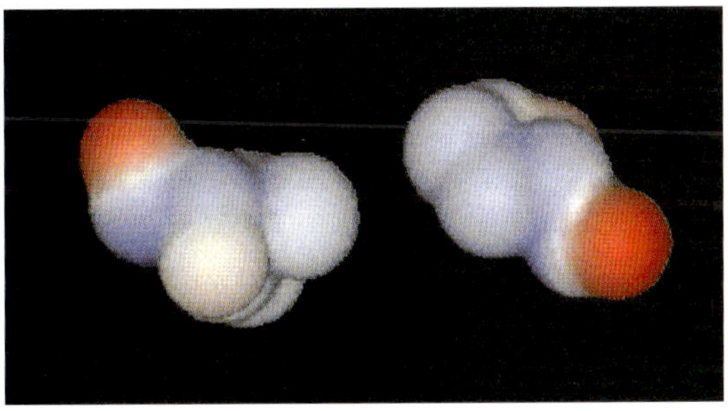

图 7.15 低地家鸡 HbL $\alpha_1^D\beta_1^H$ 范德华力接触位点(α^D119Pro+β55Ile)

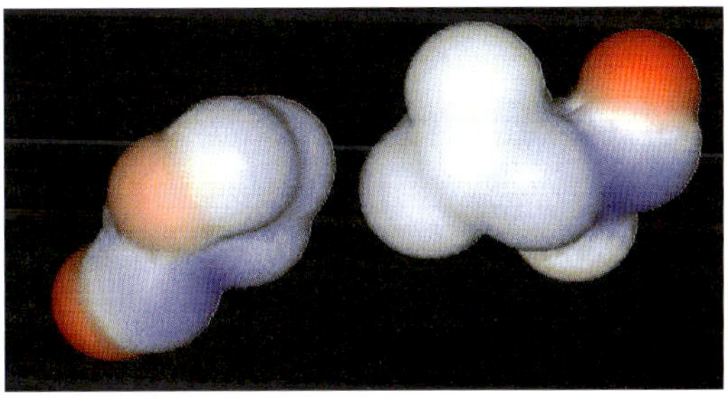

图 7.16 藏鸡 HbH $\alpha_1^D\beta_1^H$ 范德华力接触位点(α^D119Pro+β55Leu)

HbD、HbM 和 HbL 的 α^D 亚基突变位点 Met-32(B13)-Leu 发生在血红素疏水腔中。Met 具有柔性疏水侧链，但内含有极性硫原子，所以 Met 疏水性(1.90)比 Leu 疏水性(3.80)弱很多。推测该突变提供了更稳定更疏水的血红素疏水腔环境。Met 突变为 Leu 并没有造成该位点与相邻氨基酸和血红素发生氢键产生和丢失，也没有发生其他非键作用(图 7.11)。

HbL 和 HbH 的 β^H 亚基突变位点 Ile-55H(D6)-Leu 发生在 $\alpha1\beta1$ 接触面上，与该位点接触的是 α^D119Pro。用 Swiss-Pdb Viewer(v3.7)软件测定了接触位点两个氨基酸的距离，在 HbH 中，Ile 与 Pro 的距离是 4.69 Å($1\ Å=10^{-10}$ m)，Leu 与 Pro 的距离是 3.85 Å；在 HbL 中，Ile 与 Pro 的距离是 4.67 Å，Leu 与 Pro 的距离是 3.84 Å。图 7.12、图 7.13、图 7.14 和图 7.15 分别显示两个血红蛋白接触位点的两个氨基酸之间的距离，按照范德华力作用距离 4 Å 为限，该突变造成了很弱的范德华力作用。而与突变位点 Ile-55H(D6)-Leu 处于同一螺旋的突变 Ala-51H(D2)-Pro 发生在分子表面，但没有发生新的分子作用力变化(图 7.16)。

7.2.1.3 Met-32(B13)-Leu 突变的血氧亲和力验证

1. 血氧饱和度测定-混合技术(Mixing technique)

第 14 天胚胎(α^D 中后期大量表达)血液采自尿囊静脉，采血针为自制玻璃针，采血时间不超过 5 min，肝素钠抗凝。5 个藏鸡胚胎的血液混合作为血氧亲和力检测的样本池。成年个体血液均采自翅静脉。

表 7.3 藏鸡成年个体 P_{50}

个体	重复	pH	CO_2 /mmHg	P_{50} /mmHg	校正值 P_{50} /mmHg	校正后平均值 P_{50} /mmHg
Z1	1	8.25	1	22	63.30	59.7
	2	8.24	1	20	56.83	
	3	8.23	1	21	58.94	
Z2	1	8.41	1	16	56.17	57.6
	2	8.27	1	20	58.99	
Z3	1	8.49	1	18	69.80	69.8
	2	8.37	1	24	80.16	
	3	8.43	1	18	64.78	
	4	8.32	1	24	75.33	
	5	8.4	1	17	58.94	
Z4	1	8.31	1	18	55.80	54.2
	2	8.28	1	18	53.76	
	3	8.27	1	18	53.09	
Z6	1	8.45	1	15	55.34	56
	2	8.31	1	20	62.00	
	3	8.38	1	15	50.73	
Z7	1	8.16	2	18	46.30	45
	2	8.13	2	18	44.61	
	3	8.12	2	18	44.06	
Z8	1	8.28	2	19	56.74	56
	2	8.27	2	19	56.04	
	3	8.26	2	19	55.35	
Z9	1	8.21	2	14	38.32	35
	2	8.17	2	13	33.86	
	3	8.15	2	13	33.03	
	4	8.13	2	13	32.22	
Z10	1	8.09	2	20	47.16	47
	2	8.04	3	20	44.32	
	3	7.97	3	27	54.84	
	4	8.03	3	20	43.77	
Z11	1	8.27	1	16	47.19	47
	2	8.24	1	16	45.46	
	3	8.15	1	21	53.36	
	4	8.21	1	16	43.80	

续表 7.3

个体	重复	pH	CO_2 /mmHg	P_{50} /mmHg	校正值 P_{50} /mmHg	校正后平均值 P_{50} /mmHg
Z13	1	8.16	2	27	69.46	59.1
	2	8.22	2	19	52.66	
	3	8.2	2	19	51.37	
	4	8.11	2	26	62.85	
Z14	1	8.15	2	19	48.27	53.5
	2	8.04	3	25	55.40	
	3	8.03	3	26	56.90	
Z15	1	8.31	2	24	74.40	54.7
	2	8.2	2	18	48.67	
	3	8.19	2	18	48.06	
	4	8.18	2	18	47.47	
Z16	1	8.3	1	19	58.17	61.1
	2	8.28	1	19	56.74	
	3	8.18	2	26	68.57	
Z17	1	8.17	2	16	41.67	48.5
	2	8.1	3	22	52.53	
	3	8.08	3	22	51.24	
Z18	1	8.14	2	16	40.15	39.4
	2	8.12	2	16	39.16	
	3	8.11	2	16	38.68	
Z19	1	8.11	2	19	45.93	48.7
	2	8.04	3	26	57.62	
	3	8.11	2	19	45.93	
	4	8.1	2	19	45.36	
Z20	1	7.86	6	27	47.83	40.7
	2	7.93	5	20	38.65	
	3	7.92	5	20	38.17	
	4	7.92	5	20	38.17	

血液氧合曲线采用 Edwards 等(1965)提出的混合技术,并进行了改进。血液的气体平衡在自制的 microtonometer 中进行,平衡温度 41 ℃,高纯氧和高纯氮作为平衡气体。平衡时间根据气流大小一般控制在 15 min 左右。氧合血液和氧离血液按不同比例在 1 mL 注射器中混合。注射器抽吸的过程中要迅速,可以多抽点,再打出去以排除气泡。一个注射器中的氧合血液由针缓缓注入另一个氧离血液的注射器,针头从一开始就要浸入血液里,防止与空气接

触。最后吸取少量水银，上下颠倒混匀 30 s 左右。水银促进了血液混合，可以填充死角。混合后血液用 ABL555 血气分析仪同时检测 O_2、CO_2 和 pH 值。

表 7.4 隐性白鸡成年个体 P_{50}

个体	重复	pH	CO_2 /mmHg	P_{50} /mmHg	校正值 P_{50} /mmHg	校正平均值 P_{50} /mmHg
B1	1	8.39	1	18	61.64	61.1
	2	8.39	1	18	61.64	
	3	8.37	1	18	60.12	
B2	1	8.28	2	19	56.74	56.3
	2	8.28	2	19	56.74	
	3	8.26	2	19	55.35	

通过改进的混合技术测定藏鸡和隐性白鸡第 14 天胚胎血液的血氧亲和力，藏鸡样本池 P_{50}是 37.7 mmHg，隐性白鸡 P_{50}为 44.7 mmHg。因为藏鸡样本池不全是 α^D 亚基 Met-32D (B13)-Leu 突变型个体，可能该突变体纯合型 P_{50}会更低一点。藏鸡和隐性白鸡血氧亲和力 Hill 系数分别为：藏鸡的 Hill 系数为 1.43，隐性白鸡的 Hill 系数为 1.58。检测了 18 个藏鸡成年个体（50 周龄）的 P_{50}（表 7.3），藏鸡成年个体（50 周龄）总的 P_{50}平均值为 51.8 mmHg。这 18 个个体来自 2 600～4 200 m 海拔的混合群体，个体间 P_{50}值相差很大。隐性白鸡成年个体检测了两个个体（表 7.4），其 P_{50}值见表 7.3 至表 7.5。隐性白鸡成年个体总的 P_{50}平均值为 58.7 mmHg。胚胎第 14 天波尔（Bohr）系数为－0.45，成年鸡为－0.54（Reeves，1984）。

2. 氧解离曲线（OEC）的测定

取全血在 4 ℃下以 350×g 离心 5 min 除去血浆得到压积红细胞，用冰预冷的 Bis-Tris (pH 7.4)等渗溶液反复冲洗红细胞 3 次，除去残余血浆及脂类，之后取 30～50 μL 压积红细胞加入 4 mL 红细胞悬浮液（50 mmol/L Bis-Tris，140 mmol/L NaCl，pH 7.4）中，混匀后使用 HEMOX ANALYSER 测定氧解离曲线，并同时得到 P_{50}和 Hill 系数的数据。

为检测藏鸡与平原鸡的血红蛋白氧亲和性是否存在差别，通过绘制氧解离曲线的方法分别比较了胚胎 17 d、19 d 和 21 d（α^D 中后期大量表达）处理间及品种间的差别。藏鸡与平原鸡各自检测 5 个个体，结果表明藏鸡与平原鸡的血红蛋白受低氧影响其氧解离曲线表现出明显的区别（图 7.17）。在常氧环境下两鸡种各阶段的氧解离曲线基本重合，曲线外形和趋势均没有差别；在胚胎 17 d 藏鸡氧解离曲线趋势受低氧影响变化不明显，但低氧对平原鸡的曲线趋势则有较大影响，其整体明显向左平移，P_{50}值减小，表现为氧亲和力增强，且藏鸡比平原鸡左移；在胚胎 19 d 无论藏鸡还是平原鸡的氧解离曲线受低氧影响均向右平移，P_{50}值增大，表现为氧亲和力减弱，但两品种间氧亲和力存在差异，藏鸡的氧解离曲线相对左移，P_{50}值较小，表现出较强的氧亲和性；在胚胎 21 d 藏鸡与平原鸡的氧解离曲线相对常氧则再次向左平移，P_{50}值降低，表现出增强的氧亲和力，两品种间同样存在明显差异，藏鸡表现出较强的氧亲和力，如图 7.18 所示。

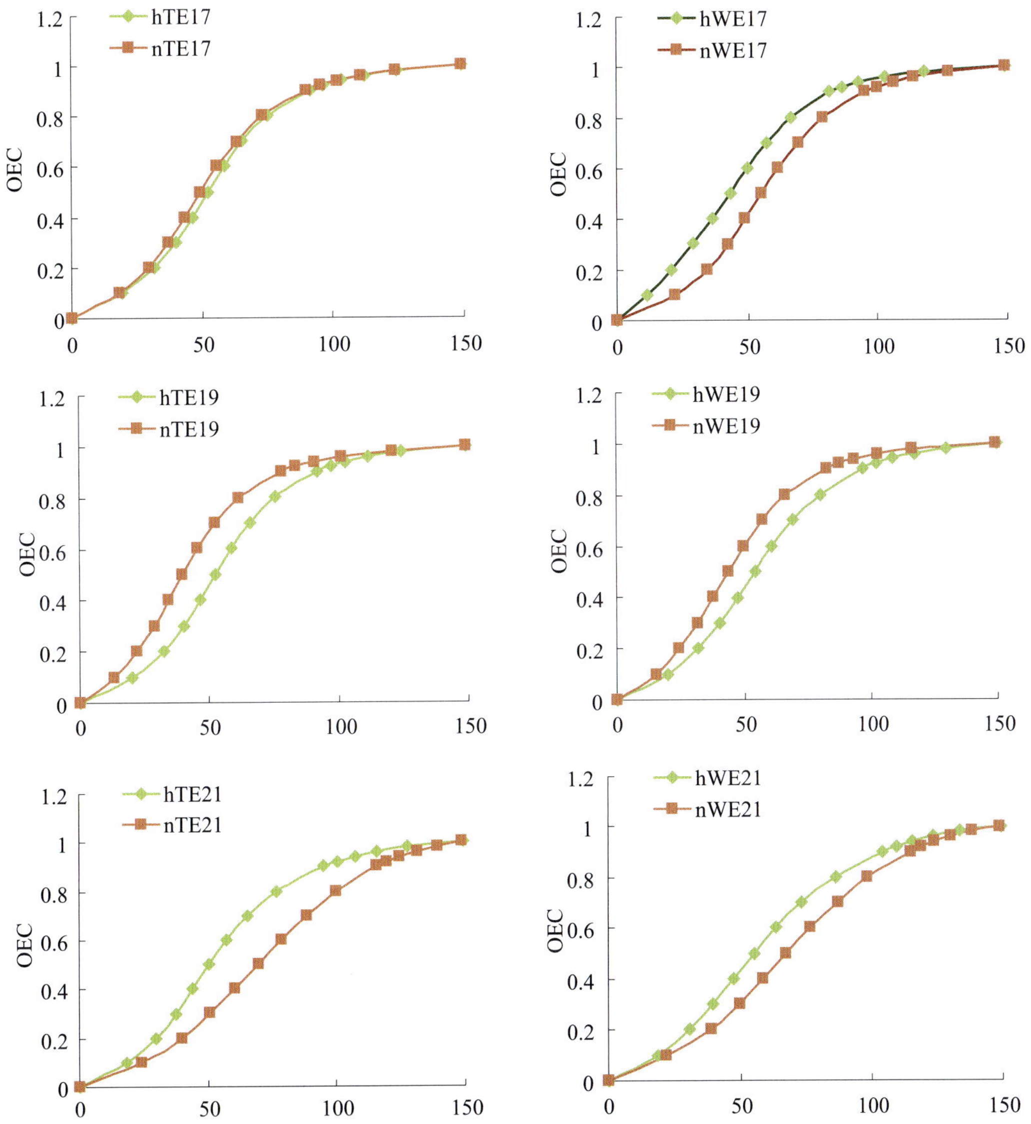

图 7.17 胚胎孵化第 17、19 和 21 天低氧对藏鸡与平原鸡红细胞氧解离曲线的影响

T 为藏鸡，W 为平原鸡；n 表示常氧，h 表示低氧；E 表示阶段

表 7.5 显示了测定的 P_{50} 平均值（血红蛋白半数饱和时的氧分压）和 Hill 系数平均值（衡量亚基间协同性）。如表所示，在胚胎 17 d 低氧藏鸡组的 P_{50} 值和 Hill 系数值基本没有受低氧影响，而低氧平原鸡对照组则表现为 P_{50} 和 Hill 系数值明显降低，与其他三组数值比较差异显著（$P<0.05$），表现出高氧亲和力。在胚胎 19 d 低氧藏鸡和平原鸡对照组的 P_{50} 值均高于常氧组（$P<0.05$），表现出下降的氧亲和力，但品种间比较均无差异；而 Hill 系数则表现为低氧藏鸡组增加，平原鸡对照组减少，两者差异显著（$P<0.05$）。在胚胎 21 d 低氧藏鸡和平原鸡对照组的 P_{50} 值相对常氧组均显著降低（$P<0.05$），表现出较高的氧亲和力，且藏鸡 P_{50} 值较平原鸡更低（$P<0.05$）；而 Hill 系数值在处理和品种间无显著差别，但低氧平原鸡对照组的值小于低氧藏鸡组（$P=0.09$）。

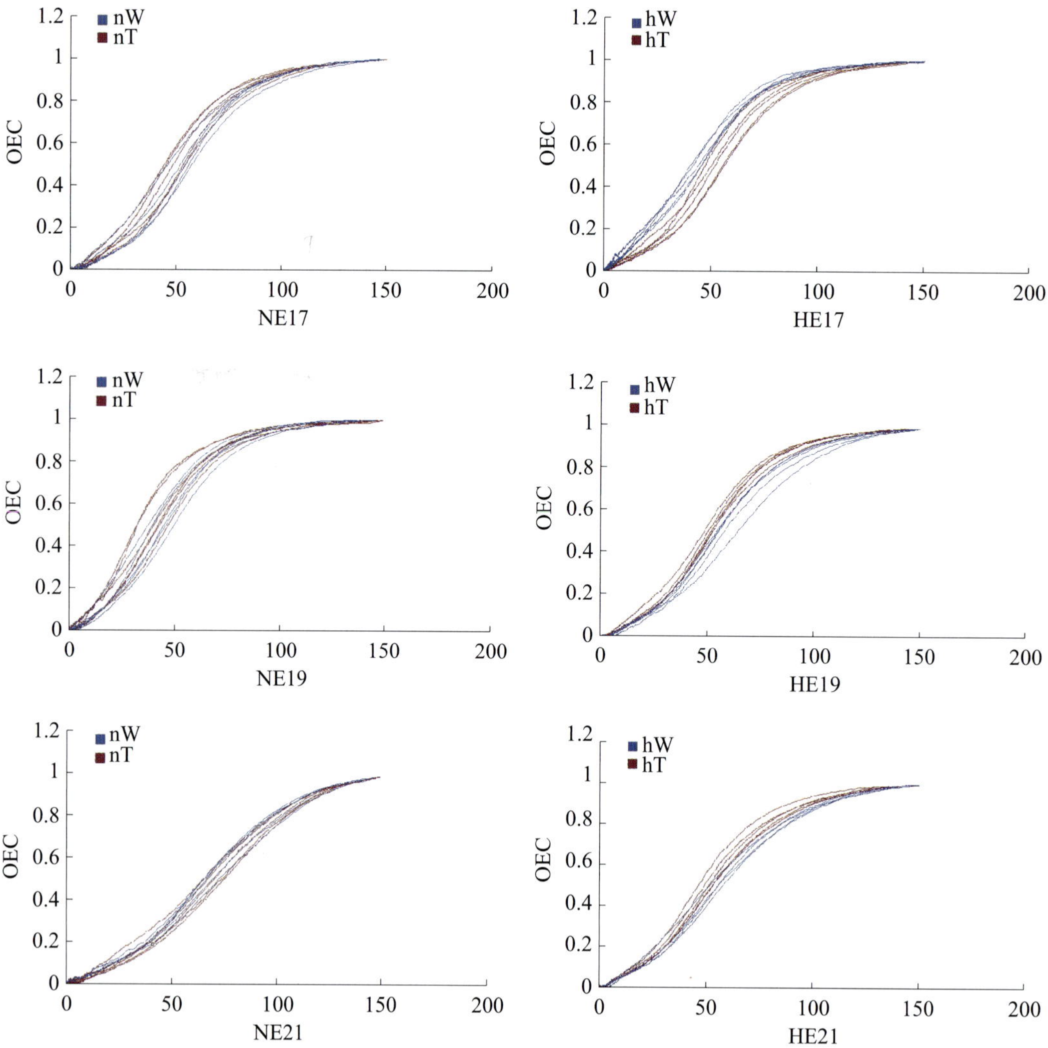

图 7.18 低氧和常氧下藏鸡与平原鸡在胚胎孵化第 17、19 和 21 天时红细胞的氧解离曲线

T 为藏鸡，W 为平原鸡；n 表示常氧，h 表示低氧

表 7.5 藏鸡与平原鸡血红蛋白氧亲和力(P_{50} value)与希尔系数(Hill Coefficient)

对照	P_{50}值/mmHg			Hill 系数		
	胚胎 17 d	胚胎 19 d	胚胎 21 d	胚胎 17 d	胚胎 19 d	胚胎 21 d
常氧藏鸡	49.42±4.63^{a}	41.00±5.38^{a}	69.77±4.22^{a}	3.00±0.22^{a}	2.79±0.23a	2.95±0.31^{a}
低氧藏鸡	52.21±3.76^{a}	52.42±1.83^{b}	50.11±2.81^{b}	3.23±0.28^{a}	3.29±0.07b	2.93±0.06^{a}
常氧平原鸡	53.38±4.59^{a}	43.39±4.73^{a}	67.27±3.09^{a}	3.19±0.49^{a}	2.60±0.33a	2.93±0.08^{a}
低氧平原鸡	43.29±2.33^{b}	55.84±5.71^{b}	54.68±2.61^{c}	2.29±0.22^{b}	3.06±0.17c	2.69±0.26^{a}

注：同列右肩不同字母之间表示有显著性差异($P<0.05$)，括号内数字为样本数。

3. Northern 杂交检测碳酸酐酶Ⅱ(CA Ⅱ)在红细胞内的表达

碳酸酐酶Ⅱ探针引物为 625 bp,序列如下:

上游:5-GGTTTGGCTGTCGTAGG-3

下游:5-AAATGTCAGTCGCAGTAAGTC-3

碳酸酐酶(Carbonic Anhydrase Ⅱ,CA Ⅱ)是红细胞内转运二氧化碳最主要的酶类,其催化二氧化碳转化的反应本身对调节红细胞内 pH 环境有重要意义,而血红蛋白的氧解离作用则受到玻尔效应影响。通过 Northern 杂交对胚胎中后期(E13,E17 和 E19 d)红细胞内碳酸酐酶Ⅱ的 mRNA 转录本检测发现,低氧孵化条件下的藏鸡与平原鸡碳酸酐酶Ⅱ转录水平均有被诱导上调的趋势,其中在胚胎 13 d 低氧诱导碳酸酐酶Ⅱ的 mRNA 提前表达;与平原鸡低氧组相比,藏鸡低氧组碳酸酐酶Ⅱ的 mRNA 的转录水平明显偏高,易受低氧诱导。

4. Met-32(B13)-Leu 突变的低氧孵化实验验证

低氧孵化的氧气浓度分别为 13.0%和 12.0%,其余条件正常(温度,37.8 ℃;湿度,60%;每 2 h 翻蛋一次)。低氧孵化期间不开箱照蛋,保证氧浓度稳定,21 d 后逐一打开死胚蛋壳鉴别死亡日龄。

根据胚胎呼吸系统发育呼吸的阶段特点,可大致分为 4 个阶段:1～3 d 为卵黄囊呼吸;4～8 d 是尿囊发育的第一阶段,胚胎由卵黄囊呼吸转化为尿囊呼吸;9～11 d 尿囊逐渐包围了卵黄、胚体和蛋白,尿囊血管已在小端吻合,是尿囊发育的第二阶段;12～17 d 照视胚蛋,全部为胎儿和卵黄的黑影,俗称“封门”,是尿囊发育的第三阶段;18～21 d 雏鸡由尿囊呼吸过渡到肺呼吸,进入尿囊发育的第四阶段。

表 7.6 4 200 m 及 4 500 m 全期低氧阶段死亡率和 21 d 孵化率

海拔	品种	1～3	4～8	9～11	12～17	18～21	孵化率
4 200 m	藏鸡	4/77	1/73	2/72	17/70	26/53	35.1%
	隐性白	14/234	40/220	32/180	66/148	75/82	3.0%
4 500 m	藏鸡	3/36	1/33	2/32	12/30	14/18	11.1%
	隐性白	11/171	104/160	36/56	19/20	1/1	0.0%

注:“/”上是死亡个数,“/”下是样本数

表 7.6 数据是藏鸡和隐性白鸡分别在 13% 和 12% 氧浓度(相当于 4 200 m 海拔和 4 500 m 海拔)下同时入孵得到的阶段死亡率和孵化率。卡方检验结果显示,海拔、品种及阶段 3 个因素内各水平间阶段存活率差异都极显著(χ^2 值分别为 43.51、71.12 和 151.92,$P<0.001$),结果表明,4 500 m 海拔存活率显著低于 4 200 m 海拔,藏鸡存活率显著高于隐性白鸡,越到后阶段,死亡率越高。海拔和品种间互作达到显著水平($\chi^2=4.41$,$P<0.05$),结果表明,海拔越高,隐性白鸡比藏鸡死亡幅度越大,低氧耐受能力相差更悬殊。品种和阶段间互作达到极显著水平($\chi^2=25.86$,$P<0.001$),结果表明,藏鸡 12 d 以后才大量死亡,而隐性白鸡在 4～11 d 即出现大量死亡,说明藏鸡耐低氧能力突出表现在 4～11 d。海拔和阶段互作也达到了极显著水平($\chi^2=18.06$,$P<0.001$),结果表明,海拔越高,阶段间死亡率逐步增加。对于孵化率,两个品种都随着海拔升高显著降低,同样的低氧环境下,藏鸡显著高于隐性白鸡。4 200 m 海拔氧浓度基本上是隐性白鸡孵化的下限,孵化率只有 3.0%,4 500 m 海拔氧浓度

使藏鸡也不能适应，孵化率只有11.1%。

利用已检测基因频率的藏鸡群体（表7.2），通过14.2%氧浓度和12.0%氧浓度两次低氧模拟孵化实验，发现C基因的基因频率为50%的群体（林芝藏鸡），孵化率为分别为60%和4.0%；C基因的基因频率为83%的群体（迪庆藏鸡），孵化率分别为75%和15%；C基因的基因频率为90%的群体（拉萨藏鸡），孵化率分别为87%和35%；而不含Met-32(B13)-Leu突变的隐性白群体在低氧孵化率仅分别为30%和0%。显然，海拔越高的藏鸡群体突变基因频率越高，孵化率越高。

7.2.2 藏鸡胚胎珠蛋白低氧适应性阶段表达谱

7.2.2.1 4 500 m低氧模拟下3～18 d胚胎mRNA荧光定量PCR结果

样品来自4 500 m模拟海拔低氧孵化的藏鸡和隐性白羽肉鸡鸡胚。3～8 d全胎样本包括尿囊绒毛膜并保证血液尽可能不流失，9～20 d期间血液样本用毛细管拉成的玻璃针在尿囊绒毛膜静脉穿刺采集。全胎样本全部研磨后再取适量样本消化，血液样本可以直接消化。总RNA提取使用Trizol试剂（Invitrogen公司），RNA沉淀后加RNase-free水溶解，−70 ℃保存。RNA样本用DNase Ⅰ（DNA-free，Ambion）纯化，然后用M-MLV（Promega）反转录成cDNA。

引物设计采用ABI PRISM 7000软件（Applied Biosystems）。根据鸡血红蛋白α簇序列（GenBank登录号AY016020）和β簇序列（GenBank登录号L17432）设计了全部7个珠蛋白亚基编码基因定量PCR引物。根据Genbank登录号分别为AB013746和XM_420327的序列设计HIF-1α和VHL定量引物。因为是研究氧有关基因表达，所以不以GAPDH基因和β-actin基因作为外参，而是以28SrRNA基因（GenBank登录号M59792）作为外参（Zhong等，1999）。引物设计如下：

αA：5′-TCCGCTGCTGACAAGAACAAC-3′；5′-GGGGGTAGGTGGTGAACATCC-3′；

αD：5′-CTGACTGCCGAGGACAAGAAGC3′；5′-AGGTCGAAGTGGGGGAAGTAGGTC-3′；

αPi：5′-CCAGCTATCCTCAGACGAAAACCT-3′；5′-TTGGCCAAAGCACCTCTAATGTC-3′；

βA：5′-TTTGGGGATGCTGTGAAGAAC-3′；5′-GGGCGGCCAGGACAATGATGA-3′；

βH：5′-TTGGGGAGGCTGTAAAGAA-3′；5′-GGGAGGCCAGGACGATGAT-3′；

ε：5′-TTGCACGTGGACCCCGAGAAC-3′；5′-GCAAATTGGCAGGCAGGAGTGAAA-3′；

ρ：5′-TTTGGGGAAGCCGTGAAGAAC-′；5′-CTGGCAGGTCGGGGTGAAGTC-3′；

HIF-1α：5′-CAGCAGCAGTAGAAGTTGTGATAG-3′；5′-AAATGTGTAACGAATGGGGAAGAT-3′；

VHL：5′-TGTCCGTAAGCATTTCTGTGTT-3′；5′-ATTCAAGGCATGTTCTGTGTAA-3′

28srRNA：5′-GGAGCCCCGGGGAGAGTTC-3′；5′-GGATTTTCACGGGCCAGCGAGAG-3′；

定量PCR采用SYBR green PCR Master Mix试剂盒（Applied Biosystems）。对各基因应用标准曲线法进行相对定量，标准曲线通过6个10倍梯度的cDNA稀释制成。反应体积25 μL，反应条件是先进行50 ℃ 2 min、95 ℃ 10 min两步骤，然后进行40个循环：95 ℃ 15 s、退火1 min（各基因温度不同）。每个样本反应重复3次。定量PCR反应在ABI PRISM 7900HT型实时检测扩增仪上进行扩增。

表 7.7 藏鸡和隐性白鸡 6 个珠蛋白链在 3～8 d 表达量

阶段	品种	α D	α Pi	α A	β A	ε	ρ
3	B	0.11	0.04	1.74	1.55	1.49	0.
	Z	1.70	2.17	60.37	2.55	3.92	0.
4	B	0.23	0.07	1.66	4.43	8.29	8.99
	Z	1.46	2.68	6.69	28.82	70.52	26.78
5	B	0.43	0.42	8.46	4.18	3.83	0.89
	Z	1.17	0.29	46.78	64.93	2.19	11.63
6	B	0.04	0.02	2.31	3.10	2.43	0.01
	Z	30.08	3.99	134.35	136.80	73.70	56.24
7	B	0.06	0.02	3.38	4.61	1.18	0.02
	Z	2.29	0.38	10.57	5.02	4.41	3.70
8	B	0.21	0.	6.72	29.70	0.97	1.64
	Z	0.79	0.03	9.40	35.12	0.17	3.92

注："0"代表痕量表达

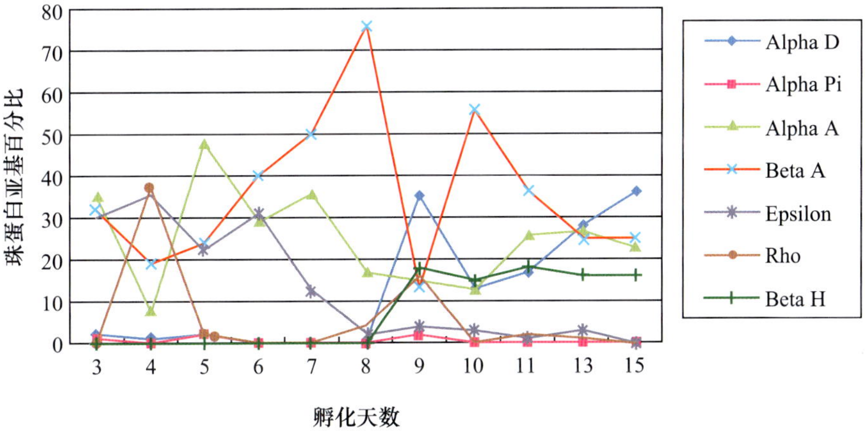

图 7.19 隐性白鸡 7 个珠蛋白阶段表达谱

鸡胚 3～8 d 6 个珠蛋白类型在 12.0%低氧(相当于 4 500 m 海拔)条件下标准化后表达量见表 7.7,"0"代表痕量表达。同一阶段藏鸡除了个别次要蛋白质外,各主要珠蛋白 α^A、β^A 及 ε 含量都比隐性白高,有的高达几十倍。由于两品种 9～18 d 血液样本只检测了部分阶段,所以不能作该期间品种间珠蛋白表达量阶段间比较。

7 个珠蛋白类型在同一阶段表达量直接用荧光数据作比较,不通过持家基因标准化。我们假定 7 个珠蛋白基因扩增效率一致(实验中尽量保证扩增条件最优化,扩增片段长度相近)。藏鸡和隐性白鸡每种类型珠蛋白 mRNA 在 3～20 d 表达量百分比分布见图 7.19 和图 7.20。结果显示,两品种成年期表达的 α^A 珠蛋白和 β^A 珠蛋白由于低氧诱导在胚胎前期 3～8 d 全胎

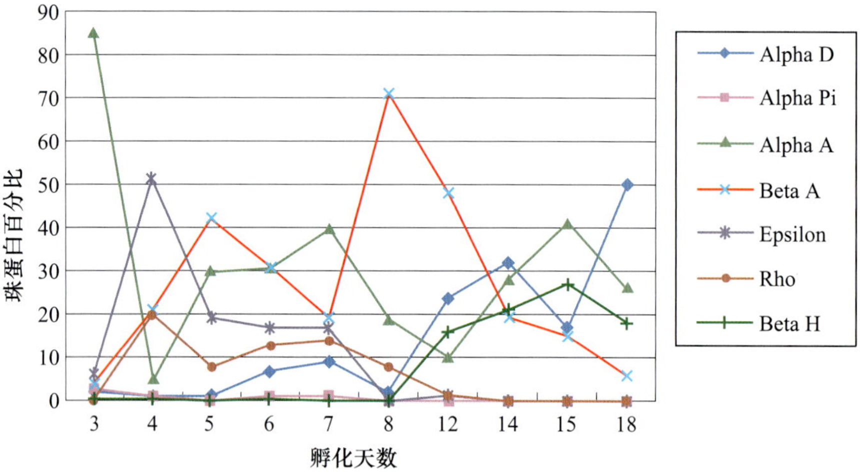

图 7.20　藏鸡 7 个珠蛋白阶段表达谱

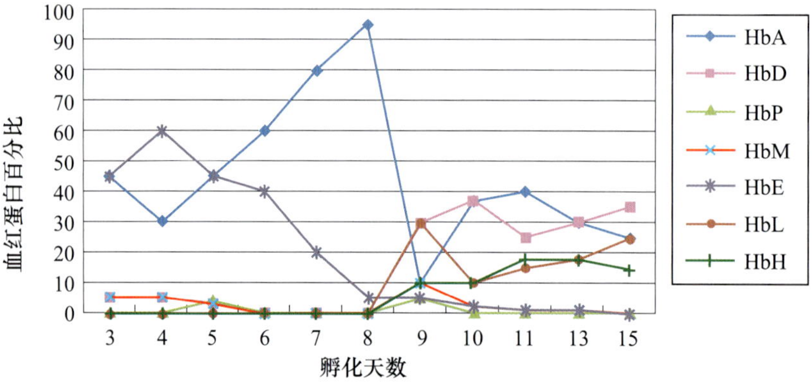

图 7.21　隐性白鸡 7 个血红蛋白阶段表达谱

样本中异常超量表达，而胚胎期表达的主要珠蛋白 π 和 ρ 在低氧诱导下成了次要蛋白，次要珠蛋白 ε 成了主要蛋白。在两品种 9～18 d 血液样本中，β^{H} 大量表达，α^{D} 表达量开始大幅增加，ε、π 和 ρ 仍有少量表达，α^{A} 和 β^{A} 仍然大量表达。

目前鸡血红蛋白只检测到 7 种类型（HbA、HbD、HbP、HbM、HbE、HbL 和 HbH），由于各珠蛋白转录效率和翻译效率相差很大，α 簇和 β 簇转录翻译都是基本独立的，两者在低氧条件下表达更可能出现一方过量，所以根据它们最低表达量的一方来确定各类型血红蛋白组成比例。低氧下藏鸡和隐性白鸡 7 种血红蛋白类型阶段组成分布见图 7.21 和图 7.22。在低氧诱导下，藏鸡和隐性白鸡胚胎血红蛋白出现颠倒性组成变化：在 3～8 d 全胚样本中，两个品种成年主要血红蛋白 HbA 成为主要蛋白；胚胎表达量最低的血红蛋白 HbE 超量表达也成为主要血红蛋白；原为胚胎主要蛋白 HbP 却少量表达；HbD 和 HbM 仍然少量表达。藏鸡比隐性白鸡 HbP 基因表达量成倍增加，在第 3、4、5 及 7 天 3～6 倍，第 8 天基本相当，第 6 天表达量相差达 50 倍。在 9～18 d 全血样本中，两品种 HbA、HbD、HbH 和 HbL 之间表达量相差不

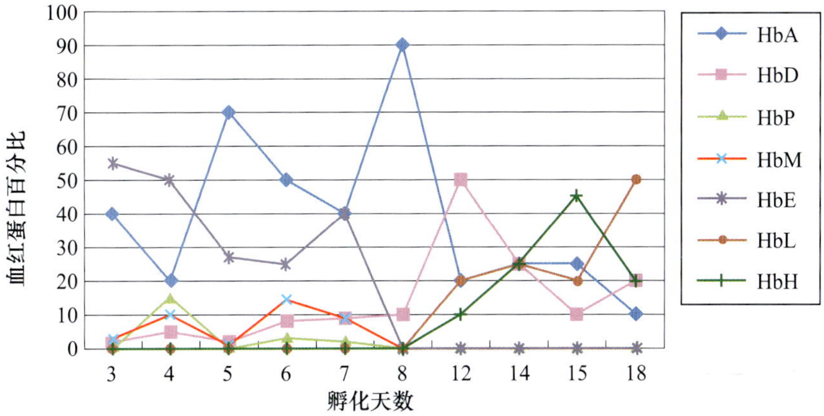

图 7.22 藏鸡 7 个血红蛋白阶段表达谱

大,两品种间各蛋白组成比例也不存在较大差异,都为主要血红蛋白类型;血红蛋白 HbE、HbM 仍然痕量表达。

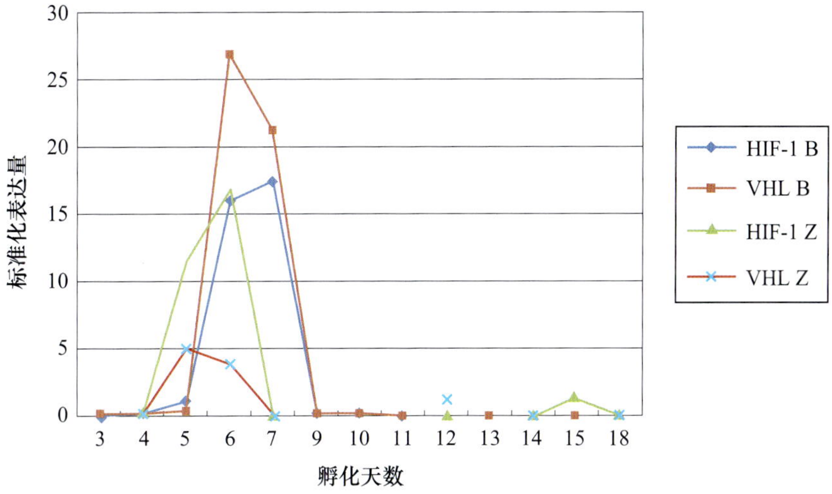

图 7.23 藏鸡(Z)和隐性白鸡(B)*HIF-1α* 和 *VHL* 阶段表达谱

图 7.23 纵坐标表示经过外参标准化的基因表达数据,横坐标表示孵化阶段(d)。*HIF-1α* 和 *VHL* 两个基因在低氧条件下全期都表达。*HIF-1α* 在藏鸡和隐性白鸡两品种的表达高峰分别是胚胎期第 5、6 和第 6、7 天。*VHL* 在藏鸡和隐性白鸡两品种的表达高峰分别也是第 5、6 天和第 6、7 天。藏鸡两个基因在表达高峰比隐性白鸡都提前一天。在 *HIF-1α* 的表达高峰,两品种表达量比较接近。

7.2.2.2 9~21 d 珠蛋白 mRNA 的荧光定量

上述 9~20 d 胚胎采样时期在两品种间不对应,为进一步验证低氧孵化时藏鸡与平原鸡红细胞珠蛋白 mRNA 转录水平的差异,通过荧光定量 PCR 技术对不同发育阶段的珠蛋白 mRNA 的转录表达进行了定量分析,实验中两鸡种各自检测了 8 个个体,构成有统计意义的小样本。

从 NCBI 中获得鸡 α 和 β 珠蛋白簇的序列(Genbank 登录号分别为 AY016020 和 L17432),应用 Oligo 6.0 软件设计目的基因的定量引物,序列在上海生工生物公司合成,引物的序列见表 7.8,所有引物序列均跨内含子设计,避免扩增基因组序列而出现假阳性。

表 7.8 目的基因的引物序列

目的基因	引 物 序 列	片段长度/bp	T_m/℃
α^D	5′-CTGACTGCCGAGGACAAGAAGC-3′ 5′-AGGTCGAAGTGGGGGAAGTAGGTC-3′	140	58
α^A	5′-TCCGCTGCTGACAAGAACAAC-3′ 5′-GGGGGTAGGTGGTGAACATCC-3′	120	58
β^A	5′-TTTGGGGATGCTGTGAAGAAC-3′ 5′-GGGCGGCCAGGACAATGATGA-3′	140	58
β^H	5′-TTGGGGAGGCTGTAAAGAA-3′ 5′-GGGAGGCCAGGACGATGAT-3′	138	58
π	5′-CCAGCTATCCTCAGACGAAAACCT-3′ 5′-TTGGCCAAAGCACCTCTAATGTC-3′	145	58
ε	5′-TTGCACGTGGACCCCGAGAAC-3′ 5′-GCAAATTGGCAGGCAGGAGTGAAA-3′	101	58
ρ	5′-TTTGGGGAAGCCGTGAAGAAC-3′ 5′-CTGGCAGGTCGGGGTGAAGTC-3′	172	58
Hprt	5′-CAACCTTGACTGGAAAGAATGT-3′ 5′-CAACAAAGTCTGGCCGATAT-3′	171	58
28S rRNA	5′-GGAGCCCCGGGGAGAGTTC-3′ 5′-GGATTTTCACGGGCCAGCGAGAG-3′	141	58

实时荧光定量 PCR 对样品的 cDNA 和阴性对照进行扩增,内标基因为 Hprt 基因(次黄嘌呤磷酸核糖转移酶,hypoxanthine phospho-ribosyl transferase)。每个样品、阴性对照、标准曲线及内标基因各做 3 个重复。以目的基因与内标基因定量的比值作为目的基因的相对表达量。

品种间珠蛋白 mRNA 的转录水平在胚胎 19 d 表现出明显的差异(图 7.24 至图 7.28),而另外 3 种胚胎珠蛋白 π、ρ 和 ε 亚基的 mRNA 转录水平则相差悬殊,在胚胎后期表达极低。

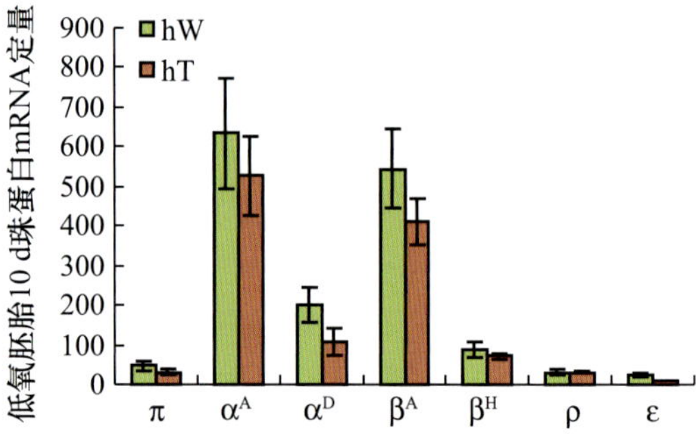

图 7.24 低氧下藏鸡与平原鸡胚胎 10 d 红细胞 π、α^A、α^D、β^A、β^H、ρ 和 ε 珠蛋白 mRNA 的表达

7.2.2.3 9～21 d 珠蛋白 Northern 杂交

应用 oligo 6.0 设计目的基因引物(表 7.9),以 cDNA 为模板扩增探针模板序列,产物切胶回收并测序验证,保存在−20 ℃。同位素标记应用随机引物法在延伸链中随机掺入 α-^{32}P dCTP。

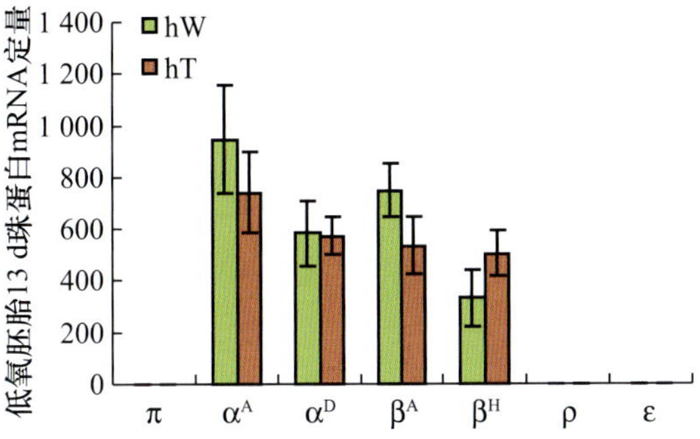

图 7.25　低氧下藏鸡与平原鸡胚胎 13 d 红细胞珠蛋白 π、α^A、α^D、β^A、β^H、ρ 和 εmRNA 的表达

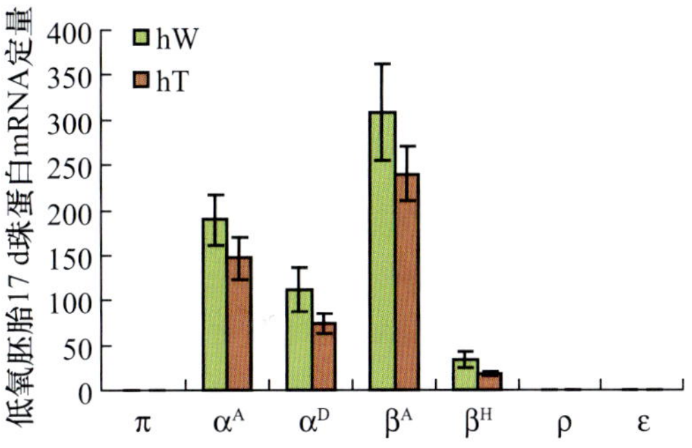

图 7.26　低氧下藏鸡与平原鸡胚胎 17 d 红细胞 π、αA、αD、βA、βH、ρ 和 ε 珠蛋白 mRNA 的表达

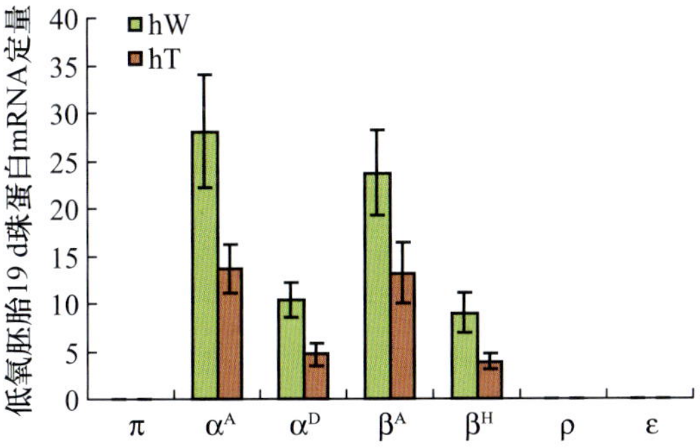

图 7.27　低氧下藏鸡与平原鸡胚胎 19 d 红细胞 π、αA、αD、βA、βH、ρ 和 ε 珠蛋白 mRNA 的表达

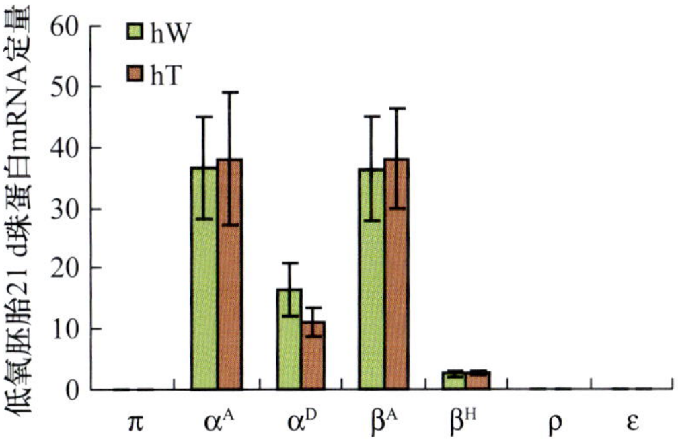

图 7.28　低氧下藏鸡与平原鸡胚胎 21 d 红细胞 π、αA、αD、βA、βH、ρ 和 ε 珠蛋白 mRNA 的表达

表 7.9　目的基因的引物序列

目的基因	引　物　序　列	片段长度/bp	T_m/℃
α^A	5′-ATGGTGCTGTCCGCTGCT-3′ 5′- CGGTACTTGGCGGTCA-3′	468	50～60
α^D	5′-ATGCTGACTGCCGAGGACAAG-3′ 5′-GCACAGCAGACACGGCAGACA-3′	361	55～60
β^A	5′-CACGGGAGCAAGAGCC-3′ 5′-TCAGCTCCGGAGCATTTC-3′	455	50～60
β^H	5′-GGGAAGCCCAAAGCAAGCC-3′ 5′-AGACCCCGAGGATGCCA-3′	460	50～60
18s rRNA	5′-GCCCTATCAACTTTCGATGGT-3′ 5′-CGCCACTTGTCCCTCTAAGA-3′	1 120	50～60

胚胎中后期珠蛋白的表达主要以 α^A、α^D、β^A 和 β^H 为主，两鸡品种各取 3 个个体组成混合样品，按照胚胎发育不同时期的呼吸特征分别在胚胎 10 d、13 d、17 d、19 d 和 21 d(分别为 E10、E13、E17、E19 和 E21)检测红细胞内珠蛋白 mRNA 的转录水平，其中以 18S rRNA 的含

量作为内参照标准化各珠蛋白 mRNA 的表达水平，如图 7.29 所示。Northern 杂交结果表明：从胚胎发育第 10 天到 21 天这一过程中，无论低氧还是常氧孵化环境下四种成年型珠蛋白 mRNA 的转录水平均是呈递降趋势；对比不同氧浓度处理间发现在低氧孵化过程中，α^A 和 β^A 两个珠蛋白亚基 mRNA 转录被明显诱导上调表达，与之相比，α^D 和 β^H 亚基的转录水平则相对平稳，无明显上调趋势，与常氧下表达基本相符；比较藏鸡与平原鸡品种间珠蛋白转录水平时发现，在胚胎后期 19～21 d 这一阶段藏鸡红细胞内珠蛋白 mRNA 转录本的表达水平明显低于平原鸡，而在常氧下两品种间则没有明显差别。

为了进一步了解高海拔适应的藏鸡与平原鸡种胚胎受低氧影响引起红细胞内珠蛋白转录水平改变的情况，又分别检测了胚胎 10 d、13 d、17 d、19 d 和 21 d 血液中红细胞内珠蛋白的转录水平，藏鸡和平原鸡分别检测了 8 个个体，以 18S rRNA 的含量作为内参照标准化各珠蛋白 mRNA 的表达水平，如图 7.30 至图 7.34 所示。

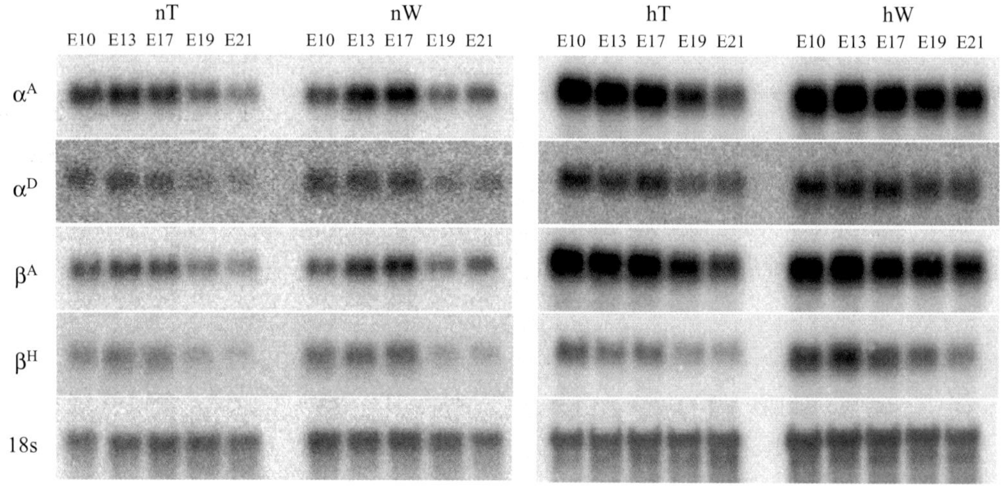

图 7.29　低氧和常氧下红细胞内 α^A、α^D、β^A 和 β^H 珠蛋白 mRNA 在藏鸡和平原鸡不同胚胎阶段的表达

（T 为藏鸡，W 为平原鸡；n 为常氧，h 为低氧）

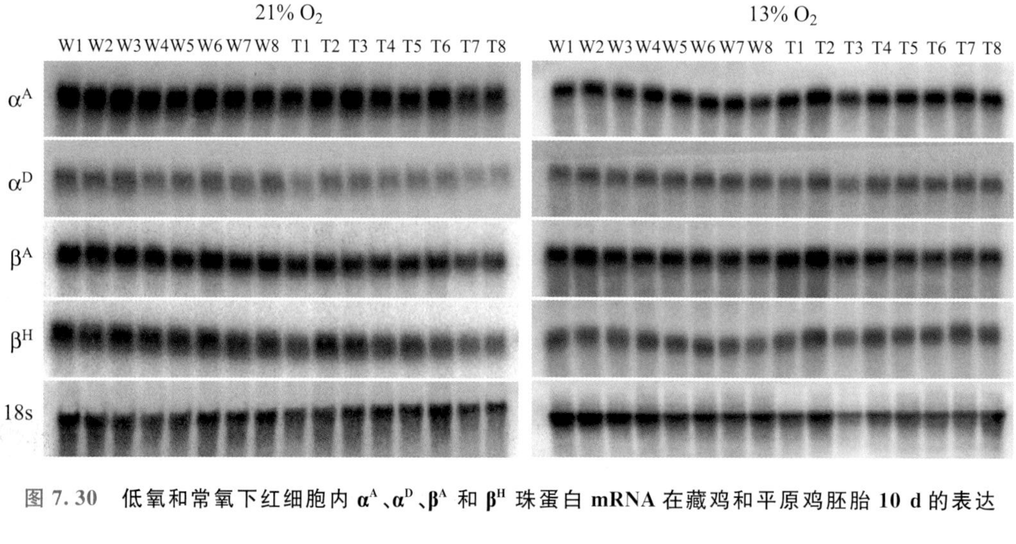

图 7.30　低氧和常氧下红细胞内 α^A、α^D、β^A 和 β^H 珠蛋白 mRNA 在藏鸡和平原鸡胚胎 10 d 的表达

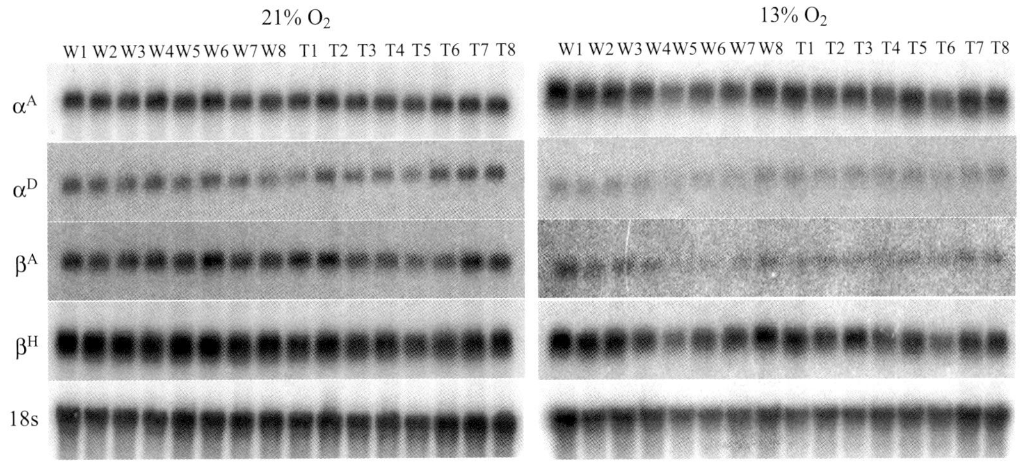

图 7.31 低氧和常氧下红细胞内 α^A、α^D、β^A 和 β^H 珠蛋白 mRNA 在藏鸡和平原鸡胚胎 13 d 的表达

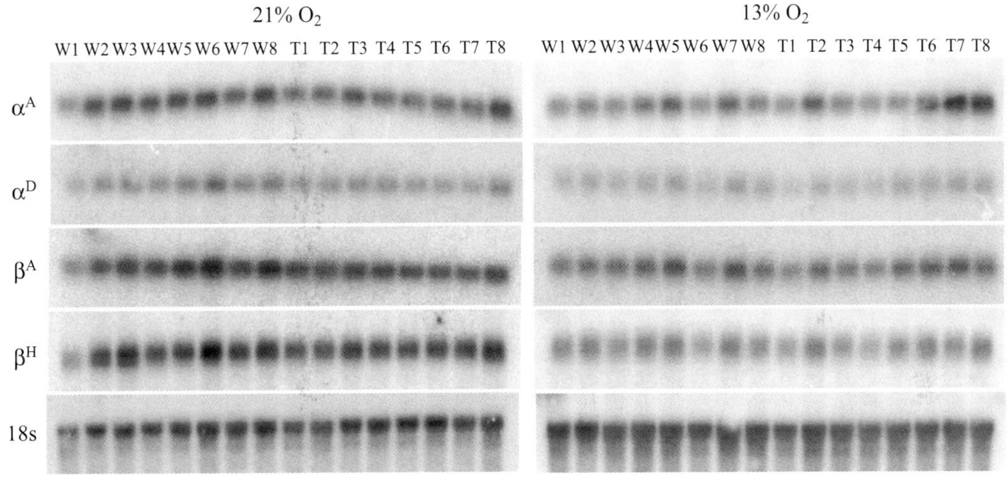

图 7.32 低氧和常氧下红细胞内 α^A、α^D、β^A 和 β^H 珠蛋白 mRNA 在藏鸡和平原鸡胚胎 17 d 的表达

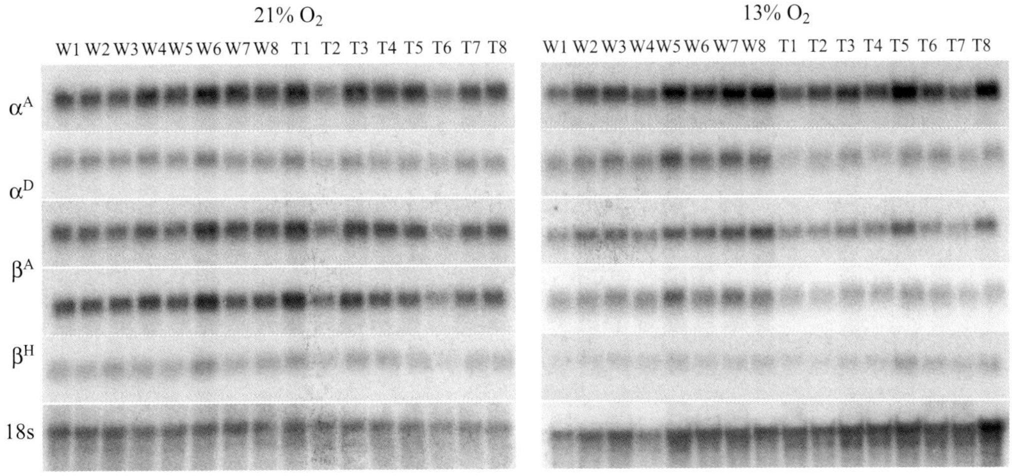

图 7.33 低氧和常氧下红细胞内 α^A、α^D、β^A、β^H 和 ε 珠蛋白 mRNA 在藏鸡和平原鸡胚胎 19 d 的表达

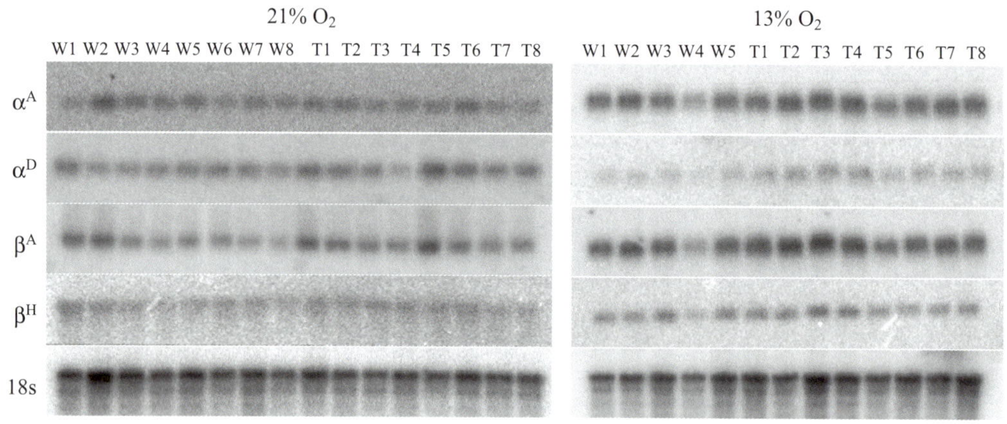

图 7.34 低氧和常氧下红细胞内 α^A、α^D、β^A 和 β^H 珠蛋白 mRNA 在藏鸡和平原鸡胚胎 21 d 的表达

Northern 杂交信号的定量结果表明：在胚胎发育第 10 天，藏鸡与平原鸡珠蛋白 mRNA 转录本水平在低氧下未发现显著差异（$P>0.05$），但在常氧下平原鸡珠蛋白转录本有相对较高的趋势，比较杂交信号发现差异显著（$P<0.05$），如图 7.35 和图 7.36 所示；在胚胎 13 d 和 17 d 无论在低氧还是常氧孵化环境下藏鸡与平原鸡红细胞内珠蛋白 mRNA 转录水平均未发现明显差异，品种间不存在显著差异（$P>0.05$），如图 7.37 至 7.40 所示；在低氧胚胎第 19 天检测到藏鸡 α^A、α^D、β^A 和 β^H 等四种主要珠蛋白 mRNA 转录本表达偏低，其杂交信号与平原鸡有显著差异（$P<0.05$），但作为对照的胚胎珠蛋白 ε 亚基在品种间则没有差别，在常氧孵化条件

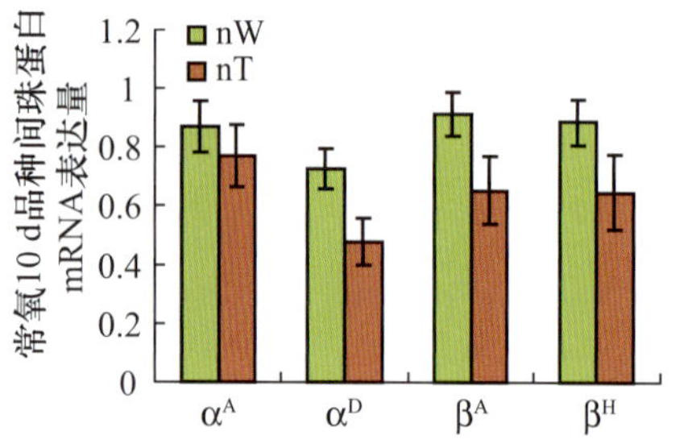

图 7.35 常氧下红细胞内 α^A、α^D、β^A、β^H 珠蛋白 mRNA 在藏鸡和平原鸡胚胎第 10 天的定量

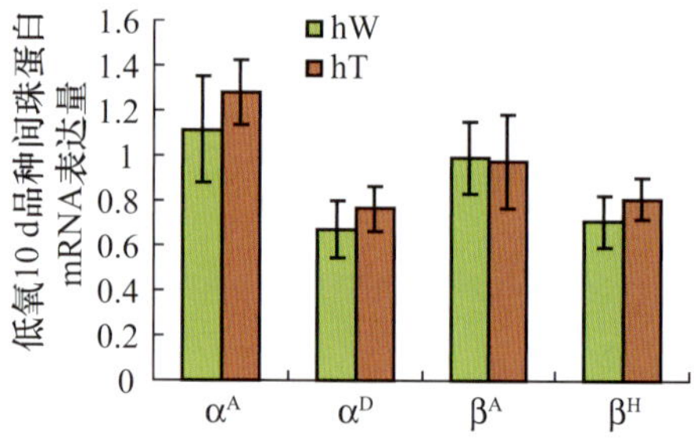

图 7.36 低氧下红细胞内 α^A、α^D、β^A、β^H 珠蛋白 mRNA 在藏鸡和平原鸡胚胎第 10 天的定量

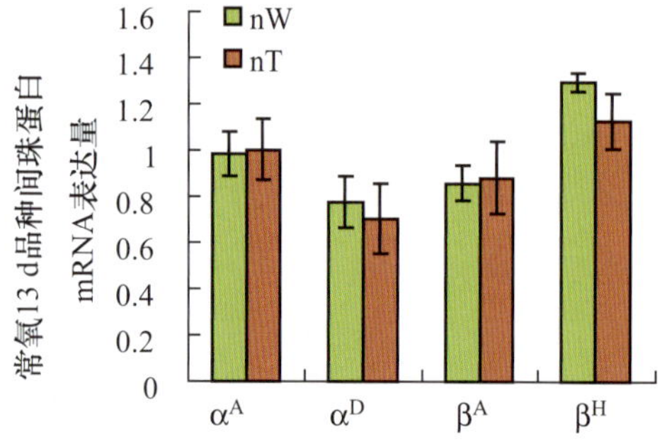

图 7.37 常氧下红细胞内 α^A、α^D、β^A 和 β^H 珠蛋白 mRNA 在藏鸡和平原鸡胚胎第 13 天的定量

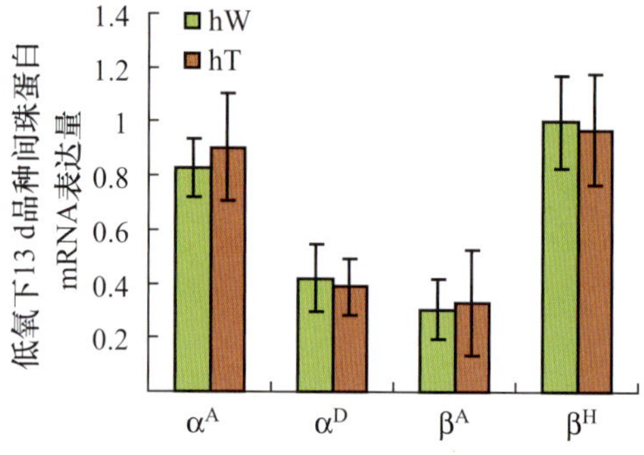

图 7.38 低氧下红细胞内 α^A、α^D、β^A 和 β^H 珠蛋白 mRNA 在藏鸡和平原鸡胚胎第 13 天的定量

下两品种间的珠蛋白 mRNA 转录水平同样没有发现显著差异（$P>0.05$），如图 7.41 和图 7.42 所示，这一结果与表达谱相符；在胚胎 21 d 无论是在低氧还是常氧孵化条件下品种间 mRNA 转录水平均 2 未检测到明显差异（$P>0.05$），如图 7.43 和图 7.44 所示。四种主要珠蛋白 α^A、α^D、β^A 和 β^H 亚基低氧样品 Northern 杂交检测结果与 mRNA 的转录水平基本相符。

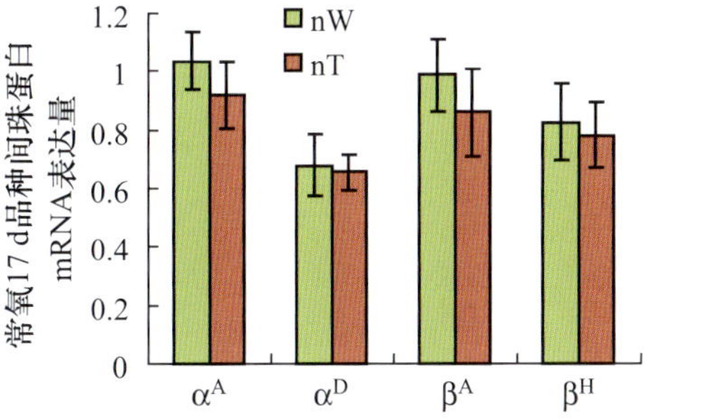

图 7.39　常氧下红细胞内 α^A、α^D、β^A 和 β^H 珠蛋白 mRNA 在藏鸡和平原鸡胚胎第 17 天的定量

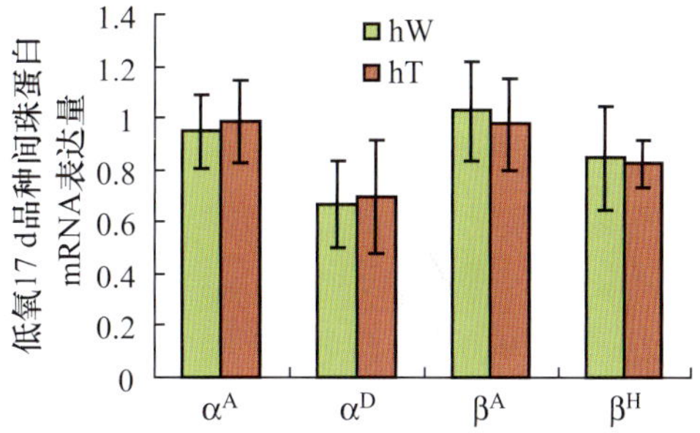

图 7.40　低氧下红细胞内 α^A、α^D、β^A 和 β^H 珠蛋白 mRNA 在藏鸡和平原鸡胚胎第 17 天的定量

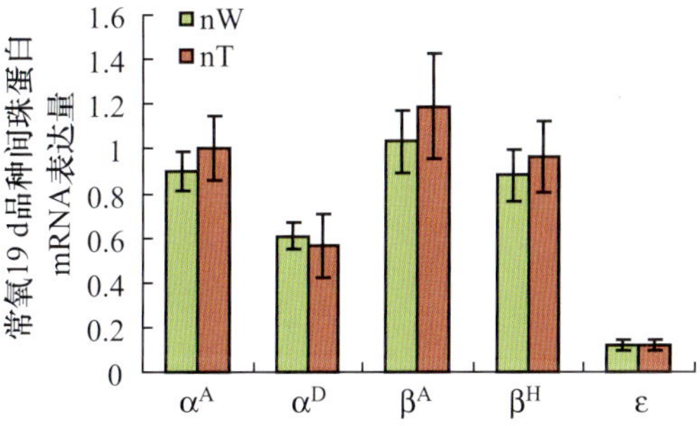

图 7.41　常氧下红细胞内 α^A、α^D、β^A、β^H 和 ε 珠蛋白 mRNA 在藏鸡和平原鸡胚胎第 19 天的定量

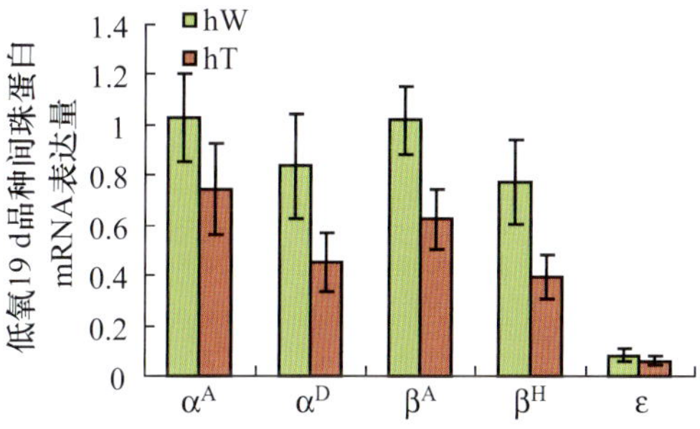

图 7.42　低氧下红细胞内 α^A、α^D、β^A、β^H 和 ε 珠蛋白 mRNA 在藏鸡和平原鸡胚胎第 19 天的定量

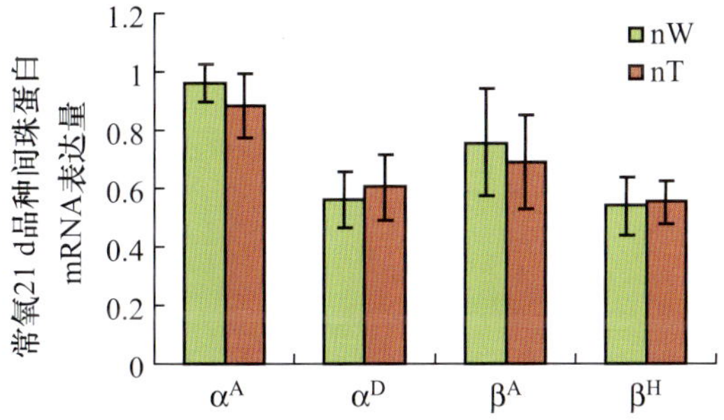

图 7.43　常氧下红细胞内 α^A、α^D、β^A、和 β^H 珠蛋白 mRNA 在藏鸡和平原鸡胚胎第 21 天的定量

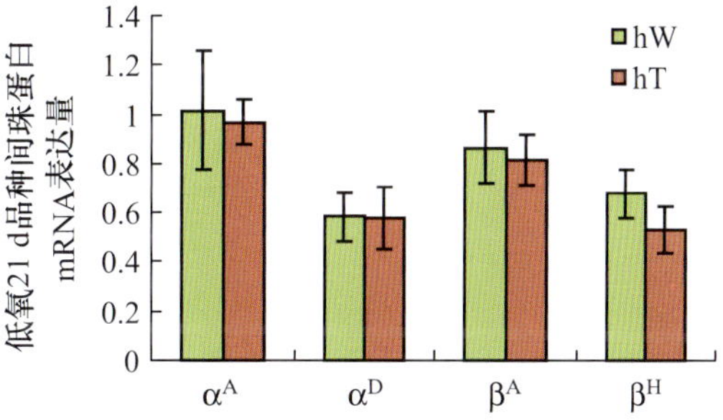

图 7.44　低氧下红细胞内 α^A、α^D、β^A 和 β^H 珠蛋白 mRNA 在藏鸡和平原鸡胚胎第 21 天的定量

7.2.2.4　9～20 d 珠蛋白蛋白水平检测

1. Western 杂交

提取胚胎血液总蛋白，总蛋白浓度用 BradFord 法进行定量（表 7.10）。

表 7.10 总蛋白含量测定

项目	空白管	标准管	测定管
蒸馏水/mL	0.05	—	—
0.615 g/L 标准液/mL	—	0.05	—
样品/mL	—	—	0.05
考马斯亮蓝显色剂/mL	3.0	3.0	3.0

参照分子克隆实验指南的方法配制 12%的分离胶(Sambrook 和 Russell,2002),以 30%丙烯酰胺存储液为母液。按 Bio-RAD 产品说明书装好制胶板,加入分离胶(使梳子到胶面的距离约 1 cm),胶面上加一层水,室温放置约 30 min,待胶充分聚合后吸干水,加入配好的 5%浓缩胶,装上梳子,室温放置约 30 min 使胶充分聚合,于 4 ℃放置 2 h 后拔出梳子即可加样进行电泳。上样时保持各样品的总蛋白量相等(50 μg)。在同一个电泳槽中同时进行两块胶的 PAGE 电泳,一块胶用考马斯亮蓝 R-250 染色,另一块胶用于 Western 杂交。另外通过 T-iton-Urea 电泳分离珠蛋白亚基。

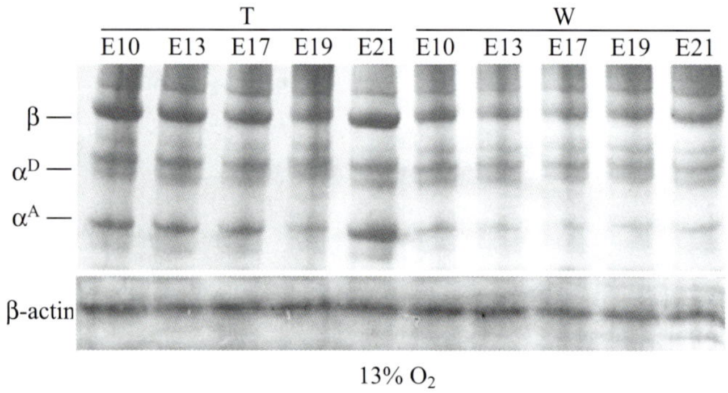

图 7.45 低氧下藏鸡和平原鸡胚胎不同发育时期红细胞内珠蛋白分离

(T 为藏鸡,W 为平原鸡;表达时期为 10 d、13 d、17 d、19 d 和 21 d)

在 mRNA 转录水平上藏鸡与平原鸡胚胎间珠蛋白的表达存在差异,但最终与氧结合的血红蛋白是由珠蛋白亚基组装而成,因此进一步检测了低氧下红细胞内珠蛋白翻译水平是否存在差异。因为珠蛋白是碱性蛋白,故采用阴极电泳方法进行分离,β-actin 做为内参照标准化蛋白上样量,结果显示:模拟 13%氧浓度孵化时,不同胚胎发育阶段(E10-E21)藏鸡胚胎红细胞内成年型珠蛋白含量相对于平原鸡被明显诱导增加,与血液中血红蛋白含量的变化趋势基本相符,如图 7.45 所示;检测胚胎 19 d 发现珠蛋白含量在品种间均受低氧影响增加,且藏鸡珠蛋白表达量高于平原鸡,达到差异显著水平($P<0.05$),如图 7.46 和图 7.47 所示。此外,发现蛋白翻译水平在品种间的差异与 mRNA 转录本水平存在不一致的情况。

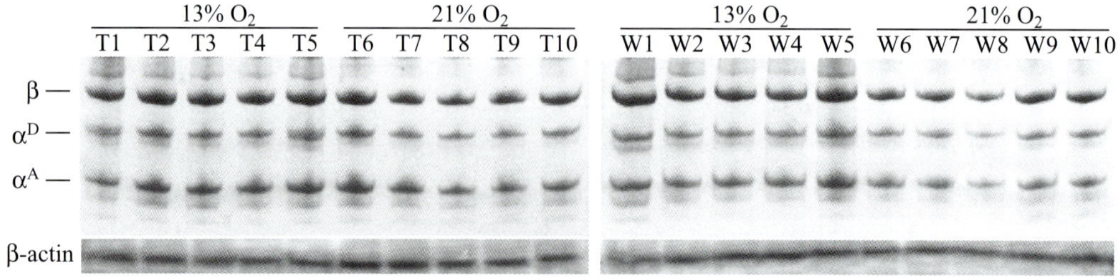

图 7.46 藏鸡和平原鸡胚胎 19 d 红细胞内珠蛋白分离

(T 为藏鸡,W 为平原鸡;T1-T5 为低氧组藏鸡,T6-T10 为常氧组藏鸡,W1-W5 为低氧组平原鸡,W6-W10 为常氧组平原鸡)

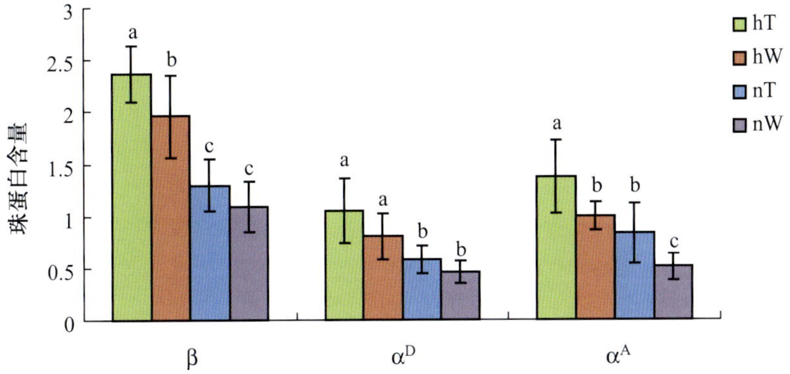

图 7.47 藏鸡和平原鸡胚胎 19 d 红细胞内珠蛋白定量分析

[h:低氧；n:常氧；T:藏鸡；W:平原鸡，不同字母之间表示有显著性差异($P<0.05$)]

7.2.2.5 红细胞数和血红蛋白浓度测定

抽取胚胎血，使用 1 mL 肝素钠(2 EU/mL)抗凝的注射器从胚外血管及心脏抽取血液，从气室处敲开蛋壳，用小镊子轻轻揭开内壳膜，找到血管，以 1 mL 注射器针头插入血管即可抽出血液。红细胞计数采样常规计数板方法，红细胞压积(Hct)采用毛细管法，血红蛋白含量[Hb]采用氰化高铁法。

1. 红蛋白浓度

胚胎生长发育所需的氧由血液运输并释放于组织内供细胞代谢进行基本的生命活动，而血红蛋白是最重要的运氧载体，表 7.11 显示了不同氧浓度下藏鸡和平原鸡对照组在品种间血红蛋白含量的变化趋势。结果显示从孵化第 10 天到第 21 天无论是在低氧还是在常氧下藏鸡和平原鸡对照组胚胎的血红蛋白含量都呈增加趋势，且低氧下血红蛋白含量在胚胎第 17 天达到最高，在此之后其含量有所下降；不同处理下发现除在低氧时胚胎第 10 天血红蛋白含量相对较低($P<0.05$)，在胚胎第 21 天时平原鸡血红蛋白含量与常氧对照不显著外($P>0.05$)，其余各阶段均显著高于常氧下血液中血红蛋白含量；进行品种间比较时发现，常氧孵化时藏鸡组与平原鸡对照组胚胎各阶段的血红蛋白含量无显著差异($P>0.05$)，而低氧孵化时藏鸡组的胚胎第 17～21 天各阶段血红蛋白含量则显著高于平原鸡对照组($P<0.05$)。

表 7.11 低氧和常氧孵化时不同阶段藏鸡与平原鸡胚胎红细胞内血红蛋白含量

处理	品种	血红蛋白含量(g/100 mL)				
		10 d	13 d	17 d	19 d	21 d
低氧(13%)	藏鸡	5.320 ± 0.383^{a} ($n=15$)	9.547 ± 0.640^{a} ($n=15$)	17.417 ± 0.633^{a} ($n=15$)	15.347 ± 0.313^{a} ($n=15$)	14.317 ± 0.780^{a} ($n=15$)
	平原鸡	5.004 ± 0.343^{a} ($n=15$)	8.936 ± 0.652^{a} ($n=15$)	13.969 ± 0.683^{b} ($n=15$)	13.072 ± 0.424^{b} ($n=15$)	10.450 ± 0.557^{b} ($n=10$)
常氧(21%)	藏鸡	7.384 ± 0.512^{b} ($n=15$)	9.594 ± 0.474^{a} ($n=15$)	9.794 ± 0.461^{c} ($n=15$)	9.952 ± 0.510^{c} ($n=15$)	10.132 ± 0.605^{b} ($n=15$)
	平原鸡	6.766 ± 0.324^{c} ($n=15$)	9.158 ± 0.342^{a} ($n=15$)	9.895 ± 0.615^{c} ($n=15$)	10.044 ± 0.734^{c} ($n=15$)	11.511 ± 0.329^{b} ($n=15$)

注：同列右肩不同字母之间表示有显著性差异($P<0.05$)，括号内数字为样本数。

2. 红细胞压积

表 7.12 结果显示胚胎红细胞压积在孵化第 10～21 天在品种间和处理间的差异，无论是低氧还是常氧孵化过程中藏鸡和平原鸡对照组的红细胞压积一直呈增加的趋势，且在胚胎第 17～19 天达到相对稳定。正常孵化时藏鸡与平原鸡的红细胞压积组间不存在显著差异($P>0.05$)；低氧孵化过程中平原鸡的红细胞压积除在胚胎 17 d 表现出显著升高外($P<0.05$)，在胚胎其余各阶段与常氧对照组相比同样没有显著差异($P>0.05$)，但低氧藏鸡组的红细胞压积则在胚胎 17～21 d 明显升高且在品种和处理间与其他三组比较均存在显著差异($P<0.05$)。

表 7.12　低氧和常氧孵化时不同阶段藏鸡和平原鸡胚胎红细胞压积

处理	品种	红细胞压积/%				
		10 d	13 d	17 d	19 d	21 d
低氧(13%)	藏鸡	19.059±1.697[a] (n=15)	22.370±3.519[a] (n=15)	32.095±3.068[a] (n=15)	33.759±3.441[a] (n=15)	28.664±3.087[a] (n=15)
	平原鸡	21.271±2.542[a] (n=15)	20.978±2.825[a] (n=15)	29.180±3.408[b] (n=15)	27.545±3.413[b] (n=15)	25.813±2.049[b] (n=10)
常氧(21%)	藏鸡	19.487±1.264[b] (n=15)	22.467±2.250[a] (n=15)	27.670±2.762[c] (n=15)	28.721±2.673[c] (n=15)	25.455±2.825[b] (n=15)
	平原鸡	21.694±2.319[c] (n=15)	22.759±2.503[a] (n=15)	27.932±2.426[c] (n=15)	27.916±3.353[c] (n=15)	26.376±1.690[b] (n=15)

注：同列右肩不同字母之间表示有显著性差异($P<0.05$)，括号内数字为样本数。

3. 红细胞计数

表 7.13 结果显示了藏鸡与平原鸡对照组在低氧和常氧孵化第 17 天、19 天和 21 天鸡胎血液中红细胞计数的变化趋势。在胚胎第 17 天低氧组藏鸡红细胞计数比平原鸡明显增加($P<0.05$)，但低氧组计数平均值比常氧组较低，且平原鸡的红细胞计数明显偏低；在胚胎第 19 天低氧组红细胞计数显著高于常氧组，且藏鸡极显著高于平原鸡对照($P<0.01$)，而第 21 天品种间则无明显差别；常氧处理组藏鸡与平原鸡在品种间不存在显著差异($P>0.05$)。

表 7.13　低氧和常氧孵化时不同阶段藏鸡和平原鸡胚胎红细胞计数

处理	品种	红细胞计数(万/mm^3)		
		17 d	19 d	21 d
低氧(13%)	藏鸡	2.387±0.319a (n=15)	3.261±0.329a (n=15)	2.440±0.263a (n=15)
	平原鸡	2.090±0.205b (n=15)	2.754±0.319b (n=15)	2.345±0.336a (n=10)
常氧(21%)	藏鸡	2.521±0.254a (n=15)	2.203±0.199c (n=15)	2.270±0.238a (n=15)
	平原鸡	2.454±0.328a (n=15)	2.283±0.339c (n=15)	2.396±0.318a (n=15)

注：同列右肩不同字母之间表示有显著性差异($P<0.05$)，括号内数字为样本数。

7.2.2.6 成年和胚胎珠蛋白氧亲和力与低氧表达时序

1. 珠蛋白功能位点

根据人的有机磷结合位点、Bohr 效应位点和亚基接触位点，列出了鸡 7 个链相关位点以及已报道的几个鸟类 α^A 珠蛋白和 β^A 珠蛋白相关位点(图 7.48、图 7.49)。图 7.49 展示了以下 13 种鸟的 α^A 珠蛋白和 β^A 珠蛋白可能的功能位点：斑头雁(Bar-headed Goose，*Anser indicus*)；黑翅草雁(Andean Goose，*Chloephaga melanoptera*)；灰雁(Graylag Goose，*Anser anser*)；疣鼻栖鸭(Muscovy Duck，*Cairina moschata*)；赤颈鸭(Eurasian Wigeon，*Anas Penelope*)；原鸽(Rock Dove，*Columba livia*)；家鸡(chicken，*Gallus gallus gallus*)；雉鸡(Ring-necked Pheasant，*Phasianus colchicus colchicus*)；红嘴鸥(Black-headed Gull，*Larus ridibundus*)；白秃鹫(White-headed Vulture，*Trigonoceps occipitalis*)；秃鹫(European Black Vulture，*Aegypius monachus*)；皇企鹅(Emperor Penguin，*Aptenodytes forsteri*)；冠企鹅(Rockhopper Penguin，*Eudyptes crestatus*)。

7 个珠蛋白之间 Bohr 效应位点和 DPG 结合位点的变异在 13 个物种鸟之间不存在，相应位点是相当保守的。7 个珠蛋白只有 $\alpha_1\beta_1$ 接触位点 α34、α35、α103 和 β128、β55 位置在 13 个物种鸟之间是变异的，并产生了结构功能影响(Atiya 等，2002；Liang 等，2001)。

```
alpha-A   VLSAADKNNV KGIFTKIAGH AEEYGAETLE RMFTTYPPTK TYFPHFDLSH   [ 50]
alpha-D   M.T.E..KLI QQAWE.A.S. Q..F...A.T ......Q... .........P   [ 50]
alpha-Pi  A.TQ.E.AA. TT.WA.V.TQ I.SI.L.S.. .L.AS..Q.. .......V.Q   [ 50]

alpha-A   GSAQIKGHGK KVVAALIEAA NHIDDIAGTL SKLSDLHAHK LRVDPVNFKL   [100]
alpha-D   ..D.VR.... ..LG..GN.V KNV.NLSQAM AE..N...YN ..........   [100]
alpha-Pi  ..V.LR...S ..LN.IG..V KN....R.A. A...E...YI ..........   [100]

alpha-A   LGQCFLVVVA IHHPAALTPE VHASLDKFLC AVGTVLTAKY R   [141]
alpha-D   .S..IQ..L. V.MGKDY... ...AF....S ..SA..AE.. .   [141]
alpha-Pi  .SH.I.CS.. ARY.SDF... ...AW....S SISS...E.. .   [141]

beta      VHWTAEEKQL ITGLWGKVNV AECGAEALAR LLIVYPWTQR FFASFGNLSS   [ 50]
epsilon   ...S...... ..SV.S.... E......... .......... ..........   [ 50]
rho       ...S...... ..SV.S.... E......... .......... DN........   [ 50]
betaH     .......... .......... .......... .......... ..........   [ 50]

beta      PTAILGNPMV RAHGKKVLTS FGDAVKNLDN IKNTFSQLSE LHCDKLHVDP   [100]
epsilon   ....M...R. .........S. ..E....... ...YAK.... ..........   [100]
rho       ....I...K. .........S. ..E....... ...YAK.... ...E......   [100]
betaH     A...I..... .........S. ..E....... ..KS.A...K ..........   [100]

beta      ENFRLLGDIL IIVLAAHFSK DFTPECQAAW QKLVRVVAHA LARKYH   [146]
epsilon   .......... .....S..AR ....A..F.. ....N..... ......   [146]
rho       .......N.. .........T. ....T...V. ....S..... ..Y...   [146]
betaH     .......... .....S.... .....AS.... ..M....... ..HE..   [146]
```

Bohr　DPG　$\alpha^A_1\beta^A_2$　$\alpha^A_1\beta^A_1$

图 7.48 鸡有机磷结合位点、Bohr 效应位点和亚基接触位点

```
Bar-headed Goose         VLSAADKTNV KGVFSKISGH AEEYGAETLE RMFTAYPQTK TYFPHFDLQH  [ 50]
Andean Goose             .......A.. .......G.. .DD....... ...I...... ........H.  [ 50]
Graylag Goose            .......... .......G.. .......... .......... ..........  [ 50]
Muscovy Duck             .......... .......G.. .......... ...I...... ..........  [ 50]
Eurasian Wigeon          .......... .......G.. .......... ...I...... ........S.  [ 50]
Chicken                  .......N.. ..I.T..A.. .......... ....T..P.. ........S.  [ 50]
Ring-necked Pheasant     .......N.. ..I.T..A.. .......A.. ...IT..S.. ........S.  [ 50]
Black-headed Gull        ...GS..... ....G..G.. .......... ...AT..... ..........  [ 50]
White-headed Vulture     ....N..... .T..T..T.. ..D....... ...IT..P.. ........H.  [ 50]
European Black Vulture   ....N..... .T..T..T.. ..D....... ...IT..P.. ........H.  [ 50]
Emperor Penguin          ....N..S.. .SI.....S. .......... ....T..... ........H.  [ 50]
Rockhopper Penguin       ....N..S.. ........S. .......... ....T..... ........H.  [ 50]
Rock Dove                ....N..S.. .A..A..G.Q .GDL.G.A.. .L.IT..... ........S.  [ 50]

Bar-headed Goose         GSAQIKAHGK KVVAALVEAV NHIDDIAGAL SKLSDLHAQK LRVDPVNFKF  [100]
Andean Goose             .......... ..A....... ......T... .......... ..........  [100]
Graylag Goose            .......... ..A....... .......... .......... ..........  [100]
Muscovy Duck             .......... ..A....... .......... .......... ..........  [100]
Eurasian Wigeon          .......... ..A....... .......... .......... ..........  [100]
Chicken                  ......G... ......I..A ........T. ........H. .........L  [100]
Ring-necked Pheasant     ......G... ......I... ......T.T. ........H. .........L  [100]
Black-headed Gull        ....V..... ..A......A .......... .......... .........L  [100]
White-headed Vulture     .......... ...G..I... .......... .......... .........L  [100]
European Black Vulture   .......... ...G..I... .......... .......... .........L  [100]
Emperor Penguin          ....V..... ..A...I..A .......... ........E. .........L  [100]
Rockhopper Penguin       ....V..... ..AT..M..A .......... .......... .........L  [100]
Rock Dove                ......G... ..AE.....A .......... .......... .........L  [100]

Bar-headed Goose         LGHCFLVVVA IHHPSALTAE VHASLDKFLC AVGTVLTAKYR            [141]
Andean Goose             .......... ....A...P. ........M. ...A.......            [141]
Graylag Goose            .......... ........P. .......... ...........            [141]
Muscovy Duck             .......... ....A...P. ........M. ...A.......            [141]
Eurasian Wigeon          .......... ....A...P. .......... ...A.......            [141]
Chicken                  ..Q....... ....A...P. .......... ...........            [141]
Ring-necked Pheasant     ..Q....... ........P. .......... ...........            [141]
Black-headed Gull        ..Q....... .....V..P. .......... ...N.......            [141]
White-headed Vulture     ..Q....... .....V..P. .......... ...N..S....            [141]
European Black Vulture   ..Q....... .....V..P. .......... ...N.......            [141]
Emperor Penguin          ..Q..M.... ........P. I......... ...N...S...            [141]
Rockhopper Penguin       ..Q.....M. ........P. .......... ...N...S...            [141]
Rock Dove                .......... V.F..L..P. ........VL ...........            [141]
```

Bohr　　DPG　　$\alpha^{A}{}_{1}\beta^{A}{}_{2}$　　$\alpha^{A}{}_{1}\beta^{A}{}_{1}$

(a) α^{A}

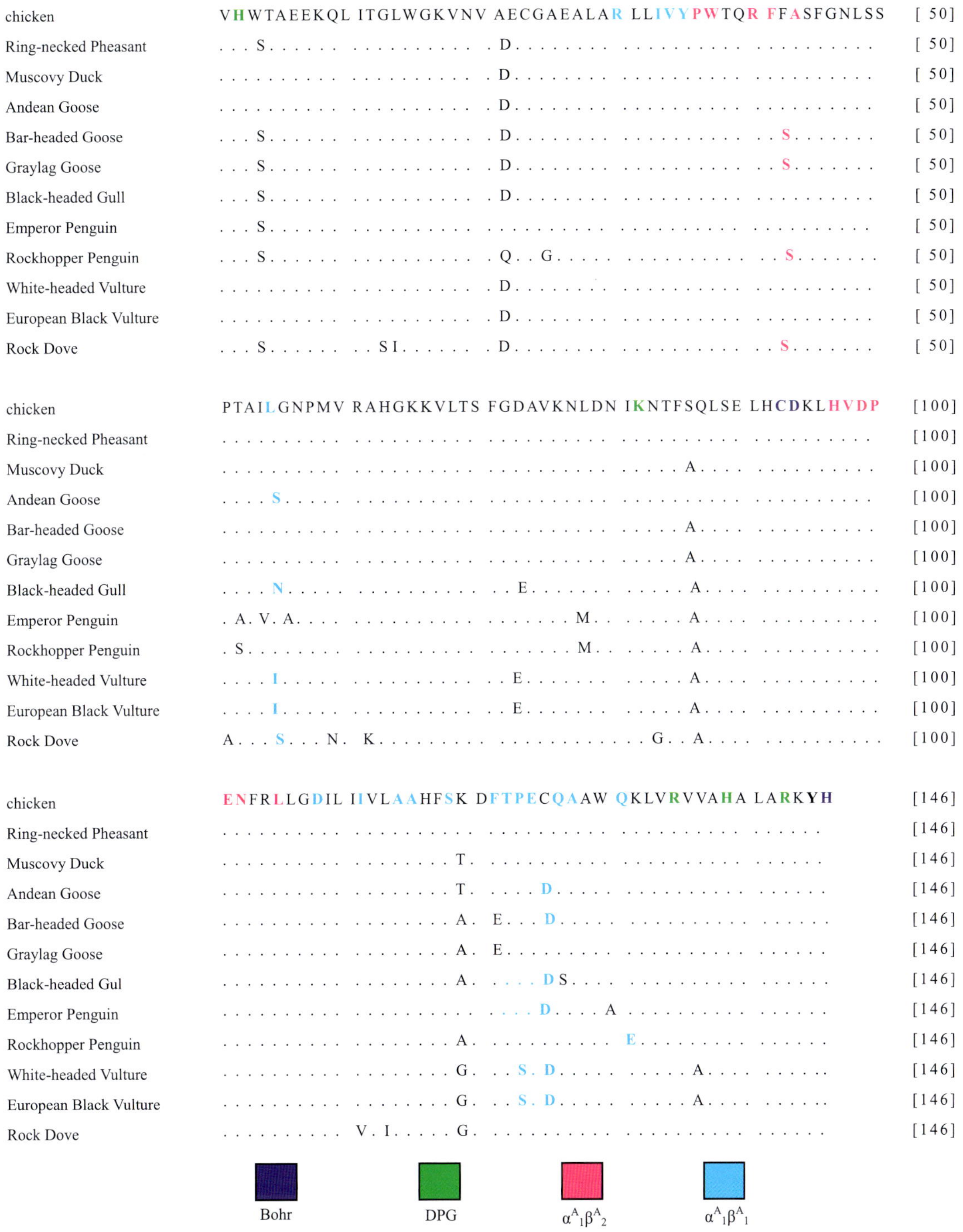

(b) β^A

图 7.49　13 个鸟类珠蛋白有机磷结合位点、Bohr 效应位点和亚基接触位点

2. Bohr 效应相关变异位点

预测了 7 个血红蛋白存在变异的 Bohr 位点相关氨基酸残基(图 7.50 至图 7.53)。HbP Gluρ94＋Hisρ146 Bohr 位点与 HbD AspA94＋HisβA146 Bohr 位点相比,两者在氧合态盐键断裂。HbP Gluρ94 比 HbD AspβA94 稍大,但它们所带的电荷却没什么差别,两者与自身链的 Hisρ146 盐键作用相当。HbA、HbH、HbL、HbM 及 HbE 与 HbD 在该位点氨基酸残基相同。结构预测显示即使在氧合态结构,三个血红蛋白各自的两个氨基酸残基之间都具有氢键,α_1 氮端氨基 α_2 碳端羧基相距都达 9.0 Å(图 7.54 至图 7.59)。说明鸡的血红蛋白在该位置对 Bohr 效应影响很小。由于与 141Arg 发生作用的三个 α 氮端氨基酸都是不带电的氨基酸残基,分别具有不同 α 亚基氮端氨基酸的三个蛋白质 HbD、HbA 及 HbP 在该 Bohr 位点($\alpha_1$1Val/Ala/Val＋$\alpha_2$141Arg)不存在结合和释放 H^+ 功能差异。HbH、HbL、HbM 及 HbE 结果与上述血红蛋白相似,结构图省略。

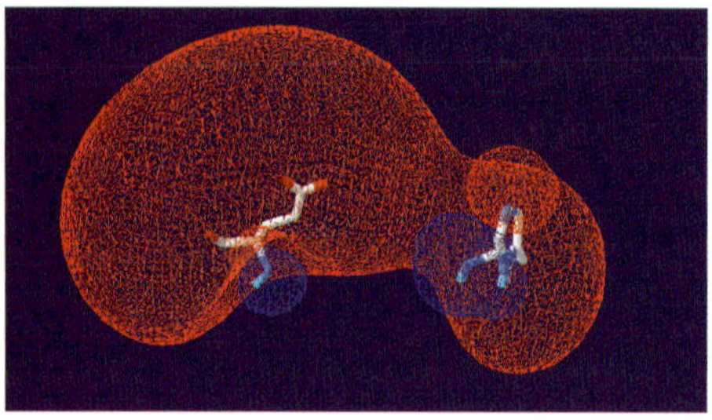

图 7.50 HbP Gluρ94＋Hisρ146 Bohr 位点(左)

图 7.51 HbP Gluρ94＋Hisρ146 Bohr 位点(右)

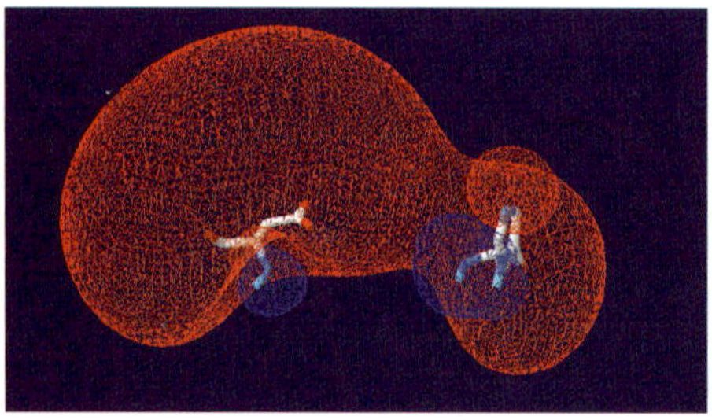

图 7.52 HbD Aspβ^{A}94＋Hisβ^{A}146 Bohr 位点(左)

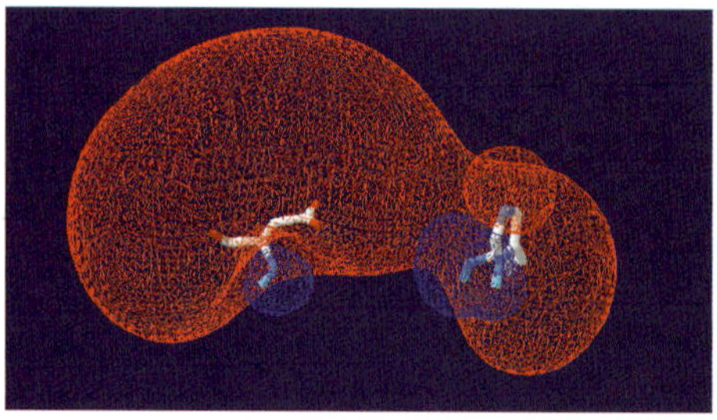

图 7.53 HbD Aspβ^{A}94＋Hisβ^{A}146 Bohr 位点(右)

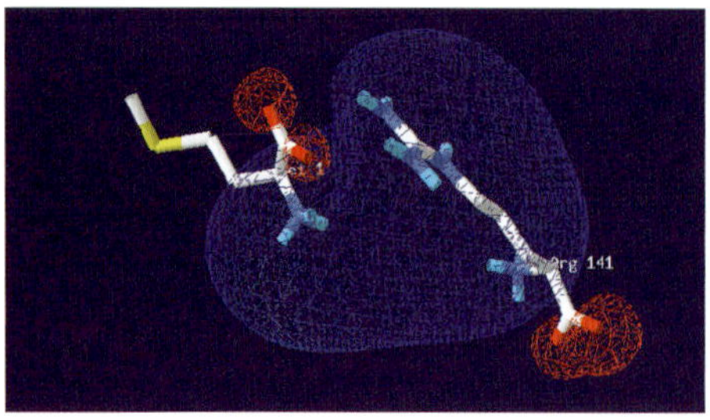

图 7.54 HbD α^D 氮端 Met 与另一链碳端 141Arg 之间的电子密度(左)

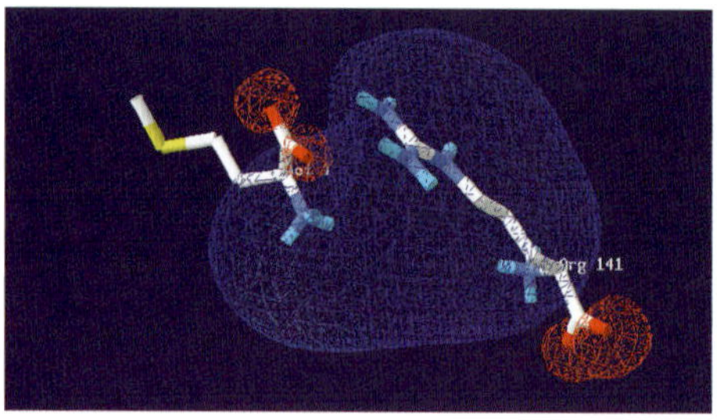

图 7.55 HbD α^D 氮端 Met 与另一链碳端 141Arg 之间电子密度(右)

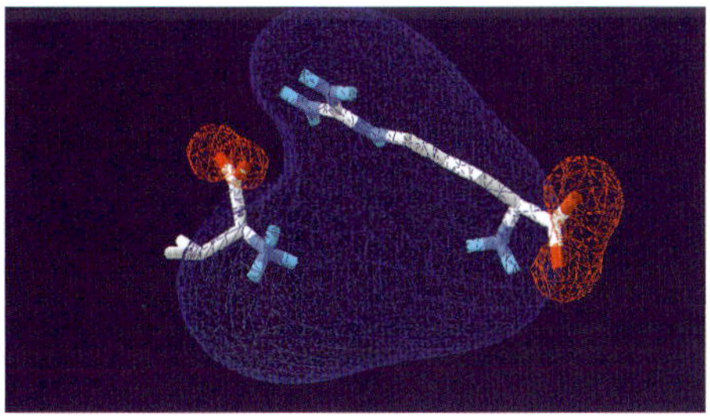

图 7.56 HbA α^A Val 氮端与另一链碳端 141Arg 之间的电子密度(左)

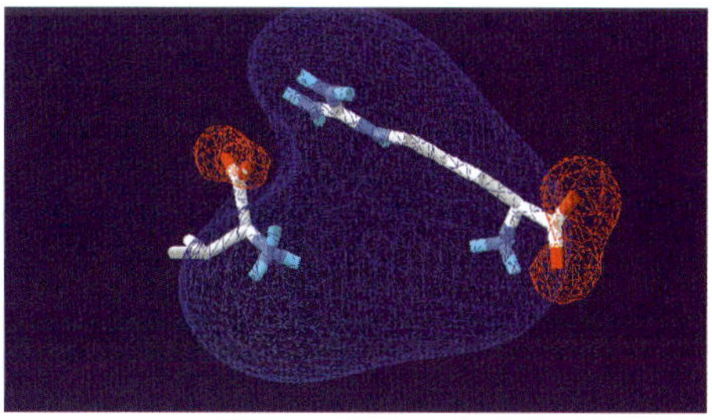

图 7.57 HbA α^A 氮端 Val 与另一链碳端 141Arg 之间电子密度(右)

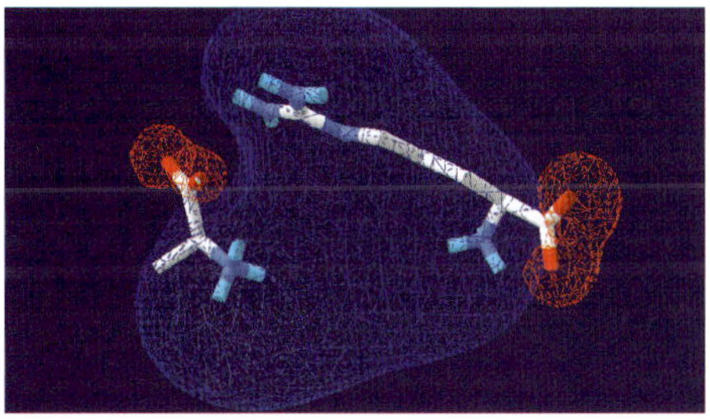

图 7.58 HbP π 氮端 Ala 与另一链碳端 141Arg 之间的电子密度(左)

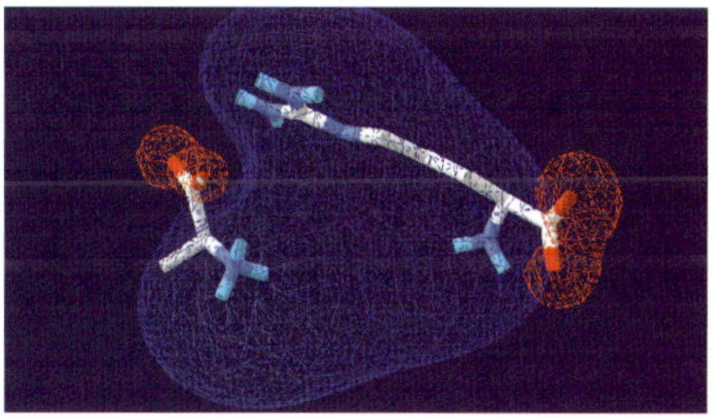

图 7.59 HbP π 氮端 Ala 与另一链碳端 141Arg 之间的电子密度(右)

3. 有机磷结合位点

与 HbD DPG 结合位点 β^A143Arg 和 β^A135Arg 对照,HbP DPG 结合位点电子密度图显示变异 Arg-ρ143-Tyr 和 Arg-ρ135-Ser 减弱了 DPG 结合位点周围的正电性。因为这两个变异都是带正电的 Arg 被不带电的 Tyr 和 Ser 替换了。而同样是正电和被替换的 HbE DPG 结合位点变异 Arg-ε135-Asn 对该位点的正电性影响却不明显,说明这个位点似乎不是很重要(图 7.60 至图 7.65)。HbA、HbM、HbH 和 HbL 分别与以上 3 种血红蛋白一致,结构图省略。

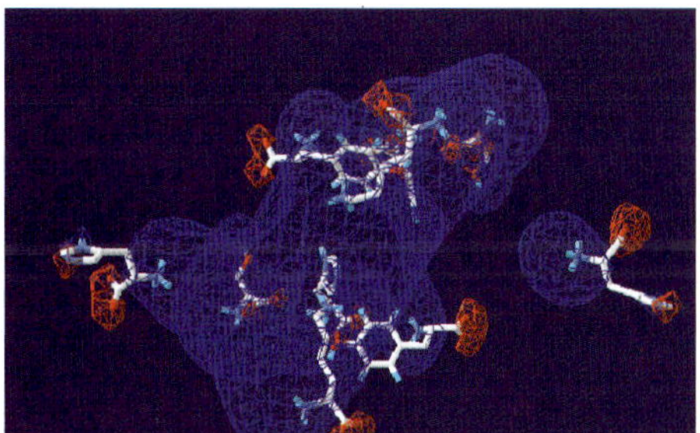

图 7.60 HbP DPG 结合位点电子密度图(左),包括独特位点 ρ143Tyr 和 ρ135Ser

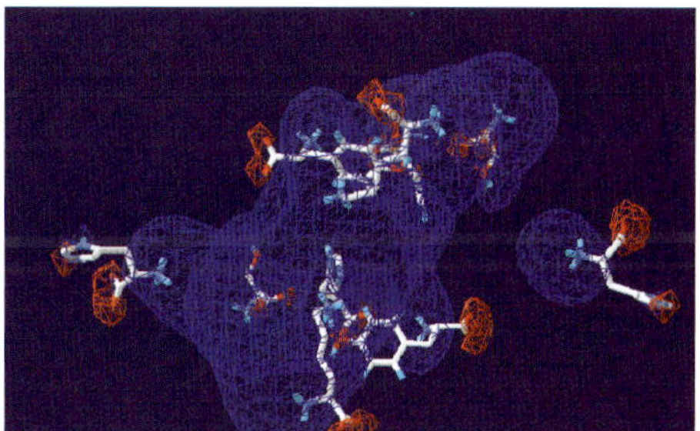

图 7.61 HbP DPG 结合位点电子密度图(右),包括独特位点 ρ143Tyr 和 ρ135Ser

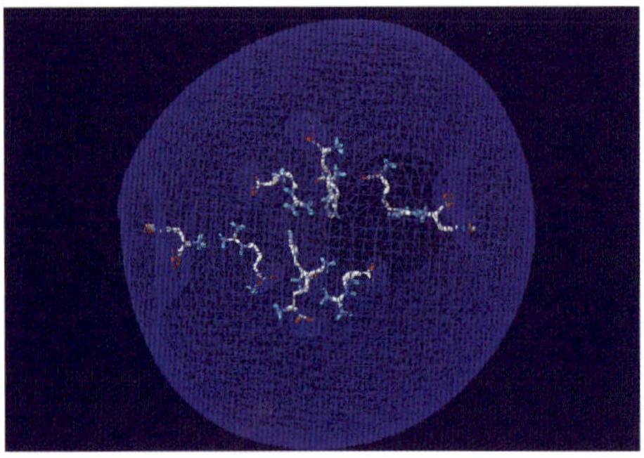

图 7.62　HbD DPG 结合位点电子密度图(左)，包括独特位点 β^{A}143Arg 和 β^{A}135Arg

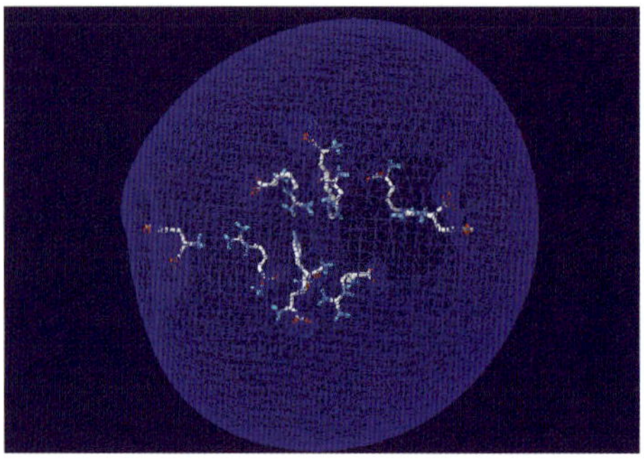

图 7.63　HbD DPG 结合位点电子密度图(右)，包括独特位点 β^{A}143Arg 和 β^{A}135Arg

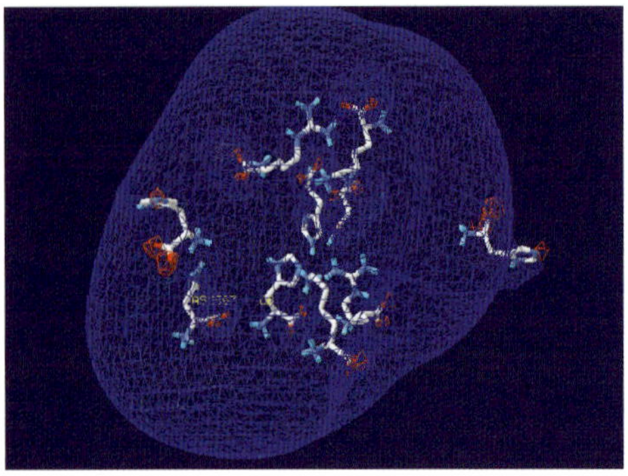

图 7.64　HbE DPG 结合位点及电子密度图（左），包括独特位点 ε135Asn

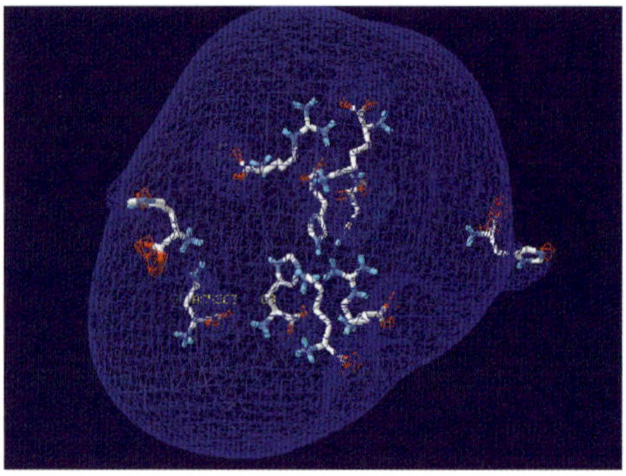

图 7.65　HbE DPG 结合位点及电子密度图（右），包括独特位点 ε135Asn

4. αβ 亚基间接触面

对 7 个血红蛋白所有存在变异氨基酸残基亚基接触位点进行了结构预测(表 7.14 至表 7.15，图 7.66 至图 7.79)，发现 HbE $\alpha_1^A\varepsilon_1$ 范德华力接触位点(α^A34Thr＋ε128Phe)、$\alpha_1^A\varepsilon_1$ 范德华力接触位点(α^A35Thr＋ε128Phe) 以及 $\alpha_1^A\varepsilon_1$ 范德华力接触位点(α^A119Pro＋ε55Met)形成强的范德华力作用，HbM 也同样，但 HbA、HbH、HbL 与 HbD 4 个蛋白在这 3 个位点只有较弱的范德华力作用。HbP 在范德华力 $\pi_1\rho_1$ 接触位点(π34Ala＋ρ124Pro)、(π35Ser＋ρ128Ala＋ρ127Gln＋ρ131Gln)、($\pi_1$107Cys＋$\rho_1$115Ala)及($\pi_1$119Pro 与 $\rho_1$55Ile)氨基酸残基之间的距离超过了 4 Å，丢失了范德华力作用。原因是上述位点存在大氨基酸与小氨基酸的差异，支链氨基酸与非支链氨基酸的差异。另外，HbP 接触位点 $\pi_1$103His 与 $\rho_1$131Gln 氢键丢失，HbD 及其他血红蛋白在该接触位点 α_1^D103Gln 与 $\beta_1$131Gln 间形成氢键。HbM 与 HbE，HbA、HbH、HbL 与 HbD 在检测变异范德华力接触位点的结构分别一致，预测距离结果见表 7.14 和表 7.15，相应结构图省略。

表 7.14 $\alpha_1\beta_1$ 范德华力接触位点氨基酸残基的变异及其结构距离变化

10^{-10} m

α_1	β_1	$\alpha^A\beta^A$			$\alpha^D\beta^A$			$\alpha^A\varepsilon$			$\alpha^A\beta^H$			$\alpha^D\beta^H$			$\alpha^D\varepsilon$			$\pi\rho$		
	265		PRO	3.56		PRO	3.61		PRO	3.57		PRO	3.57		PRO	3.58		PRO	3.57		PRO	4.22
34	266	THR	GLU	4.1	THR	GLU	4.25	THR	ALA	4.09	THR	ALA	4.08	THR	ALA	4.07	THR	ALA	4.09	ALA	THR	5.15
	269		ALA	3.84		ALA	3.83		PHE	2.79		ALA	3.87		ALA	3.86		PHE	2.8		ALA	3.84
	268		GLN	3.72		GLN	3.47		GLN	3.72		GLN	3.72		GLN	3.72		GLN	3.71		GLN	4.18
35	269	THR	ALA	3.56	THR	ALA	3.5	THR	PHE	2.95	THR	ALA	3.53	THR	ALA	3.53	THR	PHE	2.96	SER	ALA	4.16
	272		GLN	3.5		GLN	3.59		GLN	3.49		GLN	3.5		GLN	3.5		GLN	3.49		GLN	4.9
103	249	GLN	ASP	H	GLN	ASP	H	GLN	ASP	H	GLN	ASP	H	GLN	ASP	H	GLN	ASP	H	HIS	ASN	H
	272		GLN	H		GLN	H		GLN	H		GLN	H		GLN	H		GLN	H		GLN	3.19
	253		ILE	4.45		ILE	4.44		ILE	4.93		ILE	4.91		ILE	4.89		ILE	4.45		ILE	4.91
107	256	VAL	ALA	3.92	VAL	ALA	3.9	VAL	ALA	3.94	VAL	ALA	3.93	VAL	ALA	3.93	VAL	ALA	3.94	CYS	ALA	4.02
	268		GLN	3.7		GLN	3.88		GLN	3.73		GLN	3.7		GLN	3.7		GLN	3.73		GLN	3.52
111	256	ILE	ALA	3.89	VAL	ALA	3.79	ILE	ALA	3.8	ILE	ALA	3.59	VAL	ALA	3.65	VAL	ALA	3.23	ALA	ALA	3.61
	260		SER	2.74		SER	2.61		ALA	3.19		SER	2.74		SER	2.78		ALA	3.26		THR	2.68
114	257	PRO	ALA	3.36	GLY	ALA	3.42	PRO	SER	3.36	PRO	SER	3.39	GLY	SER	3.38	GLY	SER	3.4	PRO	ALA	3.4
117	171	LEU	ARG	H	TYR	ARG	H	LEU	ARG	H	LEU	ARG	H	TYR	ARG	H	TYR	ARG	H	PHE	ARG	H
	257		ALA	5.28		ALA	5.06		SER	5.07		SER	5.09		SER	5.31		SER	5.31		ALA	5.18

注：1 Å=10^{-10} m。

续表 7.14

β_1	α_1	$\alpha^A\beta^A$			$\alpha^D\beta^A$			$\alpha^A\varepsilon$			$\alpha^A\beta^H$			$\alpha^D\beta^H$			$\alpha^D\varepsilon$			$\pi\rho$		
196	119	LEU	PRO	3.98	LEU	PRO	3.88	MET	PRO	3.26	ILE	PRO	4.68	ILE	PRO	4.67	MET	PRO	3.32	ILE	PRO	4.68
249	103	ASP	GLN	H	ASP	GLN	H	ASP	GLN	H	ASP	GLN	H	ASP	GLN	H	ASP	GLN	H	ASN	HIS	H
257	110	ALA	ALA	3.37	ALA	ALA	3.42	ALA	ALA	3.34	SER	ALA	3.34	SER	ALA	3.33	SER	ALA	3.34	ALA	ALA	3.88
257	114	ALA	PRO	3.78	ALA	GLY	4.02	ALA	PRO	3.36	SER	PRO	3.39	SER	GLY	3.38	SER	GLY	3.4	ALA	PRO	3.37
257	117	ALA	LEU	5.17	ALA	TYR	5.06	ALA	LEU	5.07	SER	LEU	5.09	SER	TYR	5.09	SER	TYR	5.09	ALA	PHE	5.18
260	111	SER	ILE	2.74	SER	VAL	2.61	ALA	ILE	3.19	SER	ILE	2.74	SER	VAL	2.78	ALA	VAL	3.23	ALA	THR	2.66
266	34	GLU	THR	4.1	GLU	SER	4.4	ALA	THR	4.24	ALA	THR	4.08	ALA	THR	4.07	ALA	THR	4.09	THR	ALA	5.15
269	34	ALA	THR	3.87	ALA	THR	3.83	PHE	THE	2.79	ALA	THR	3.87	ALA	THR	3.86	PHE	THR	3.09	ALA	ALA	3.84
269	35	ALA	THR	3.75	ALA	THR	3.65	PHE	THE	3.09	ALA	THR	3.75	ALA	THR	3.53	PHE	THR	2.96	ALA	SER	3.85

表 7.15 **$\alpha_1\beta_2$ 范德华力接触位点氨基酸残基的变异及其结构距离变化** 10^{-10} m

α_1	β_2	$\alpha^A\beta^A$			$\alpha^D\beta^A$			$\alpha^A\varepsilon$			$\alpha^A\beta^H$			$\alpha^D\beta^H$			$\alpha^D\varepsilon$			$\pi\rho$		
38	527	PRO	ASP	6.29	GLN	ASP	4.22	PRO	ASP	6.3	PRO	ASP	6.29	GLN	ASP	4.87	GLN	ASP	4.87	GLN	ASP	4.86
38	528	PRO	PRO	7.91	GLN	PRO	7.02	PRO	PRO	7.13	PRO	PRO	7.91	GLN	PRP	7.03	GLN	PRP	7.03	GLN	PRP	7.03
β_2	α_1	$\alpha^A\beta^A$			$\alpha^D\beta^A$			$\alpha^A\varepsilon$			$\alpha^A\beta^H$			$\alpha^D\beta^H$			$\alpha^D\varepsilon$			$\pi\rho$		
92	471	ARG	ALA	9.05	ARG	ALA	8.73	ARG	ALA	8.69	ARG	ALA	9.69	ARG	ALA	8.68	ARG	ALA	8.69	ARG	ASP	8.68

注："H"代表氢键。

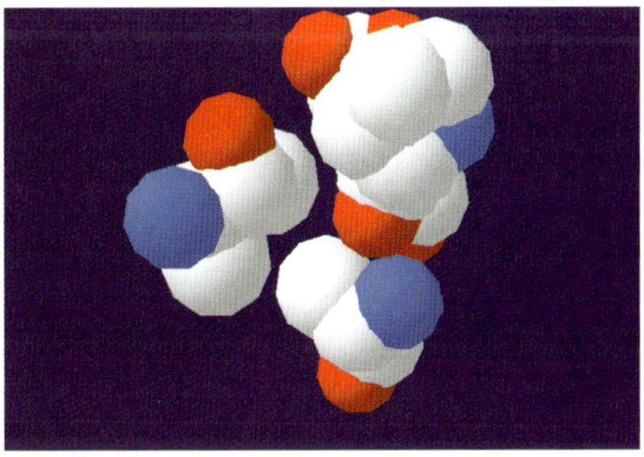

图 7.66　HbD $\alpha_1^D\beta_1^A$ 范德华力接触位点(α^D34Thr+β^A128Ala),存在微弱范德华力接触

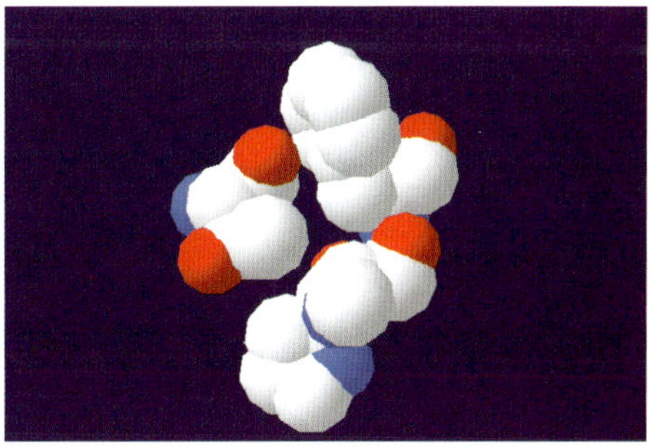

图 7.67　HbE $\alpha_1^A\varepsilon_1$ 范德华力接触位点(α^A34Thr+ε128Phe),形成一个较强的范德华力接触点

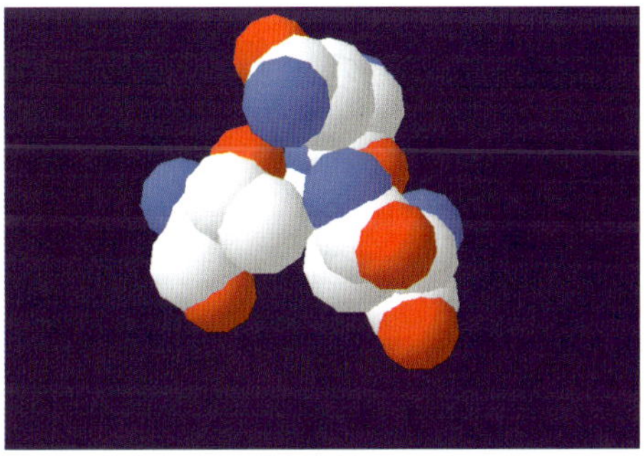

图 7.68　HbD $\alpha_1^D\beta_1^A$ 范德华力接触位点(α^D35Thr+β^A 128Ala+β^A 127Gln+β^A 131Gln),存在范德华力作用

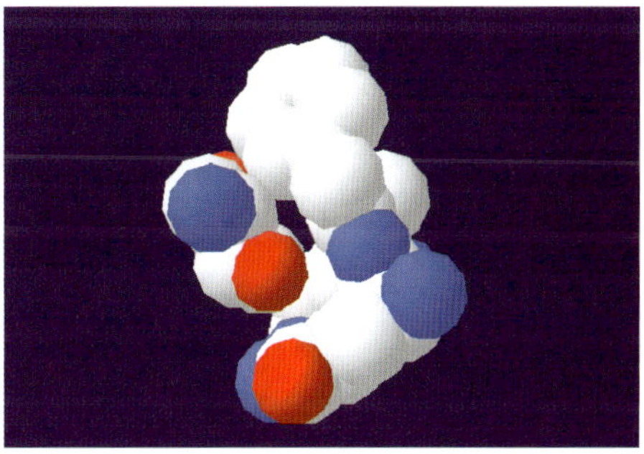

图 7.69　HbE $\alpha_1^A\varepsilon_1$ 范德华力接触位点(α^A35Thr+ε128Phe+ε127Gln+ε131Gln),存在范德华力作用

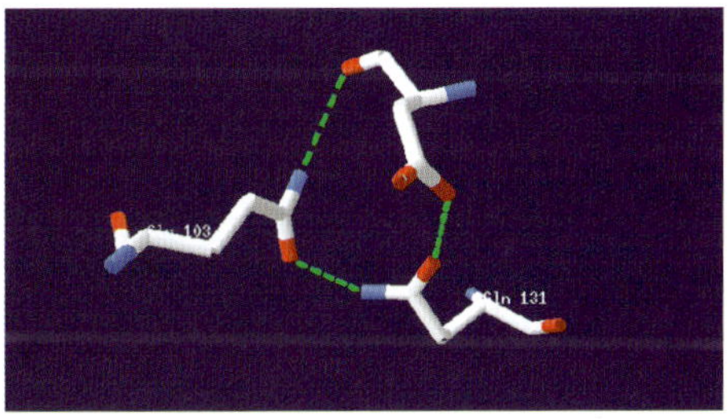

图 7.70　HbD 变异 α_1^D103Gln 与 β_1^A131Gln 间形成氢键

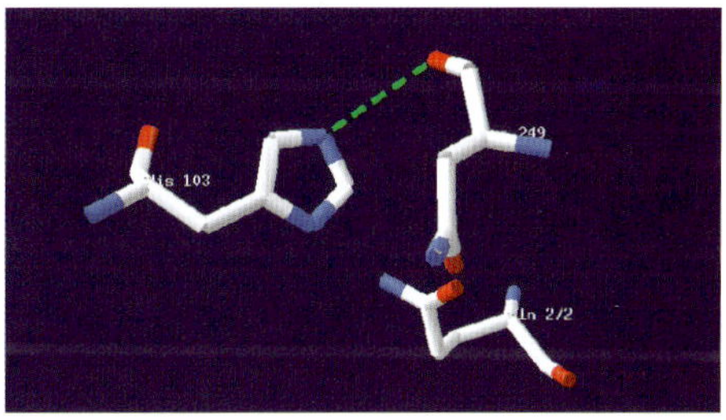

图 7.71　HbP $\pi_1$103His 与 $\rho_1$131Gln 氢键丢失

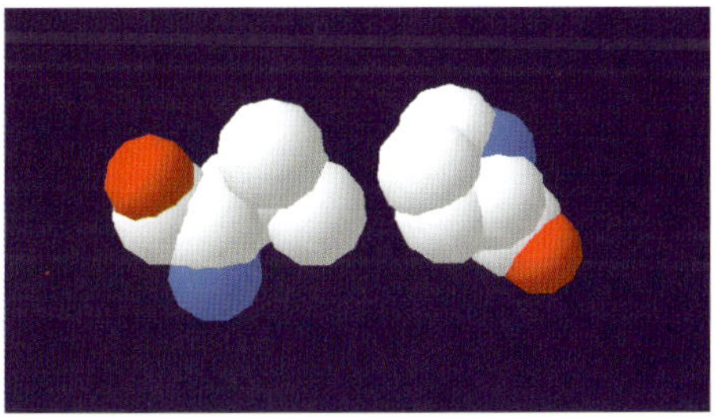

图 7.72　HbD α_1^D119Pro 与 β_1^A55Leu 存在较弱的间隙

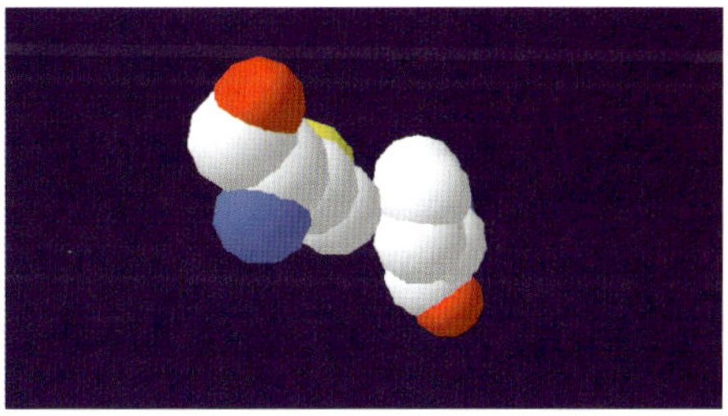

图 7.73　HbE $\alpha_1^A\varepsilon_1$ 范德华力接触位点(α^A119Pro+ε55Met),形成一个范德华力接触点

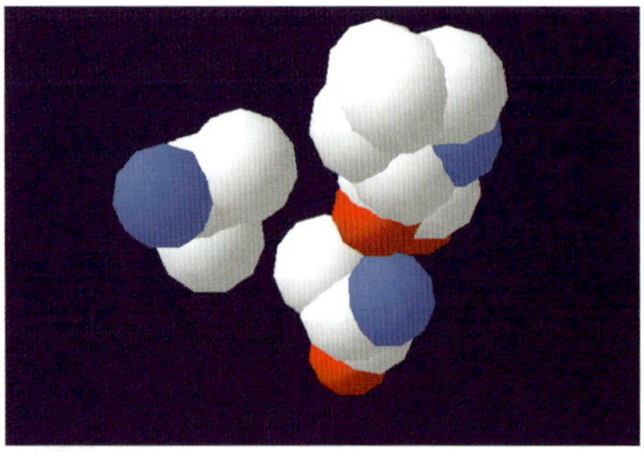

图 7.74　HbP$\pi_1\rho_1$ 范德华力接触位点(π34Thr＋ρ128Ala),不存在范德华力接触

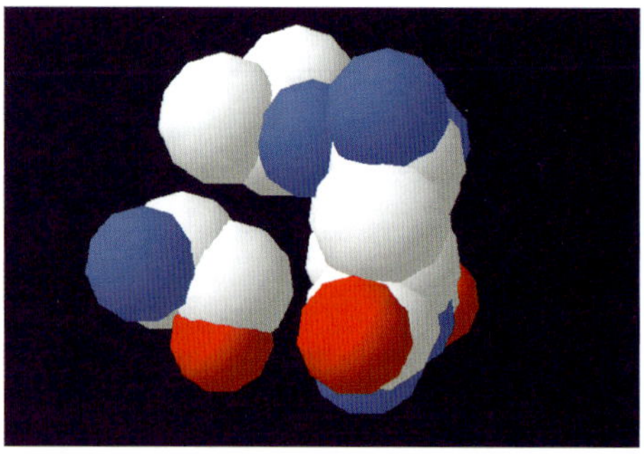

图 7.75　HbP$\pi_1\rho_1$ 范德华力接触位点(π35Thr＋ρ128Ala＋ρ127Gln＋ρ131Gln),不存在范德华力接触

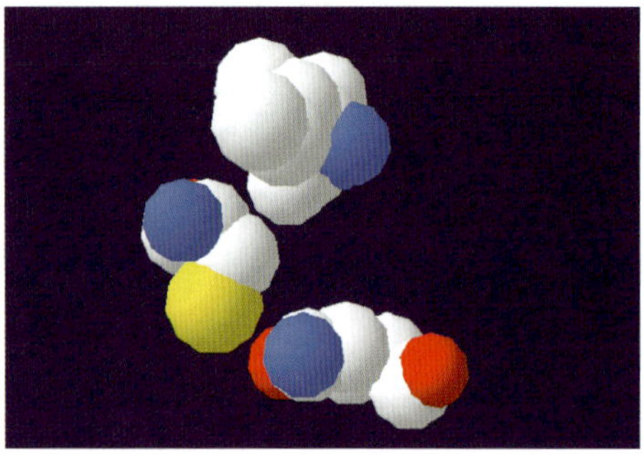

图 7.76　HbP $\pi_1$107Cys 与 $\rho_1$115Ala 不存在范德华力接触

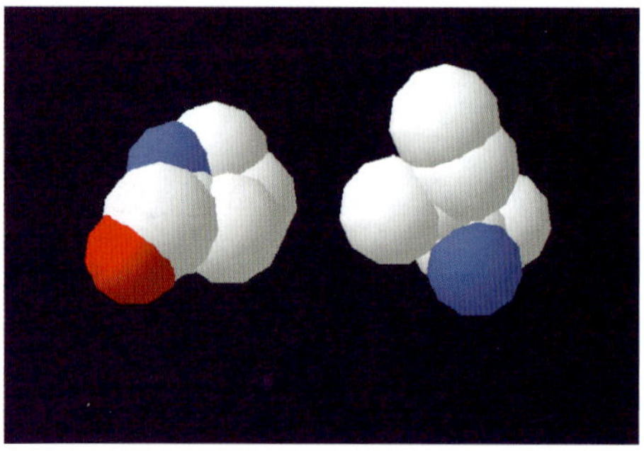

图 7.77　HbP $\pi_1$119Pro 与 $\rho_1$55Ile 范德华力接触丢失

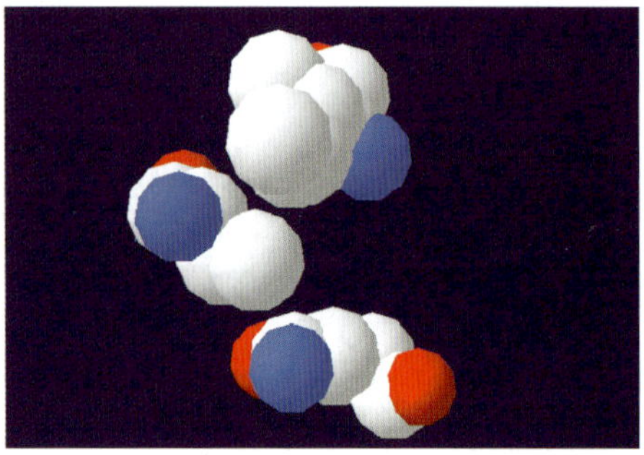

图 7.78　HbD α_1^D107Val 与 $\beta_1$115Ala 存在较小范德华力作用

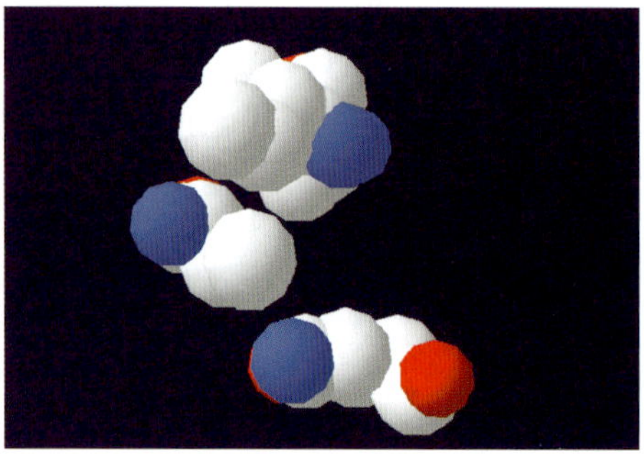

图 7.79　HbE α_1^A107 Val 与 $\varepsilon_1$115Ala 存在较小范德华力作用

7.2.3　藏鸡血红蛋白低氧适应的分子机制

7.2.3.1　低氧适应性高亲和力突变 Met-32D(B13)-Leu

突变型血红蛋白造成其血氧亲和力增高是许多高原物种适应高原低氧环境的重要分子机制。斑头雁(bar-headed goose,*Anser indicus*)是一种最典型的耐低氧鸟类。这种鸟能够在海

拔 4 000～6 000 m 孵化传代，在秋天它们能飞跃珠穆朗玛峰迁徙到印度孟加拉海湾过冬。Perutz(1983)提出突变 Pro-119α(H2)-Ala 造成了斑头雁血红蛋白高的血氧亲和力，因为该突变是大氨基酸变为小氨基酸，造成了 $\alpha_1\beta_1$ 界面两个碳原子大小的间隙，有利于提高 T 态结构氧亲和力，但对 R 态结构不发生变化。Jessen(1991)和 Webers(1993)等验证了这两个突变位点，他们把这两个突变位点分别引入到人的血红蛋白表达载体中，发现突变后的人血红蛋白也具有高的氧亲和力(Weber 等，1993；Jessen，1991)。Zhang(1996)和 Liang(2001)等通过检测斑头雁血红蛋白氧合及氧离四级结构，分别从蛋白结构和变构机制上证实了 Perutz 的观点。安第斯雁(Andean goose，*Chloephaga melanoptera*)生活在南美海拔 5 000～6 000 m 高原，其血红蛋白也显示高的血氧亲和力。Jessen 等(1991)认为 Leu-55β(D6)-Ser 突变造成了该血红蛋白 $\alpha_1\beta_1$ 界面两个碳原子大小的间隙，突变机制与斑头雁一致。凤头潜鸭(Tufted duck，*Aythya fuligula*)生活于开阔水面，可潜至 15 m 深觅食水底生物。Abbasi 等(2002) 发现其深水耐低氧呼吸是因为血红蛋白 Lys-α99-Arg 突变形成了其独有的 α99Arg-β101Glu 亚基间接触点和一个复杂的盐桥网络 α99Arg-β101Glu-β104Arg-β108Asp，从而通过稳定 R 态结构提高了血氧亲和力。Lutfullah 等(2005)又相继指出其 HbD α^D34Val、α^D38Gln 及 α^D94Asp 可能也是低氧耐受的原因之一。白头秃鹫(White-headed Vulture)和欧洲黑秃鹫(Black Vulture) HbD α^D 链与 β 链氨基酸序列完全相同，因而出现自然界中不多见的四亚基相同的 Hb(Hiebl，1989)。此时 HbD 比 HbA 具有更高的氧亲和力。HbD 的氧亲和力并不总是高于 HbA。与欧洲黑秃鹫相比，白头秃鹫 α^A 链中只有一个位置突变。其 α^A137 位为 Ser 而不是 Thr。秃鹫对低氧环境的生理生化适应机制具有和雁类不同的分子模式。α 链 34 到 38 位残基的改变影响 Hb 分子的氧亲和力(该段序列又称为呼吸盒)。α34 位 Thr 降低氧亲和力，而 Ile 增加氧亲和力。在 α38 位，Pro 降低而 Thr 或 Glu 增加氧亲和力(Hiebl，1987)。α^A 链和 α^D 链具有不同的氧亲和力时，该种秃鹫常具有超常的低氧适应能力。

我们对鸡血红蛋白 7 个亚基的所有编码序列进行多态分析，筛选到 α^D 链编码基因的一个突变位点(Met-32D(B13)-Leu)。该突变位点在 3 个平原地方鸡品种都未检测到，却在藏鸡中高频率存在，而且在不同海拔藏鸡中，随着海拔升高其频率增加，更重要的是孵化率也增加。有理由相信突变(Met-32D(B13)-Leu)是一低氧功能突变。为了验证低氧功能性突变，我们提供了以下证据链：

1. 突变型高亲和力蛋白结构

鸡的 HbD 的晶体衍射四级结构已经报道(Knapp，1999)。该突变位点位于血红素疏水腔中，处于 B 螺旋 13 号位置。结构同源预测显示，Met 突变为 Leu 并没有造成氢键、盐键以及范德华力大小的变化，但疏水性增强。疏水腔是保证血红素稳定的重要环境，Leu 替代 Met 提供了更疏水的环境，血红素更稳定，血氧亲和力更高。该突变基因是低氧适应有利基因，这与该基因频率的海拔分布以及不同基因频率群体孵化率分析的结果一致。而 β^H 链发现的两个突变位点 Ile-55H(D6)-Leu 和 Ala-51H(D2)-Pro 并没有显示高海拔高频率分布，而且同源预测也显示突变 Ile-55H(D6)-Leu 不但无有利于高亲和力结构功能变化，反倒造成了很弱的范德华力作用，可能相对降低了氧亲和力，但作用很有限。

2. 高亲和力生理

血红蛋白实际结合氧(氧含量)与血红蛋白理论结合氧(氧容量)的比值即为血氧饱和度。血氧饱和度达到 50%时需要的血气即为 P_{50}。高原民族安第斯人、藏族人和埃塞俄比亚人各有不同的高原低氧适应的血红蛋白机制。Cynthia 等(2002)概括为 3 种方式。安第斯人动脉血氧含量低,血红蛋白浓度升高;藏族人尽管动脉血氧不足,静脉血红蛋白浓度接近正常;埃塞俄比亚人静脉血红蛋白浓度正常,动脉血氧饱和度正常。红细胞和血红蛋白适应高原低氧条件机制不同,进化方式是不一样的。鸟类血红蛋白的氧亲和力相对较低,而同一种鸟的血红蛋白 P_{50} 值的变化很大,这种现象在家禽中尤其突出(Lutz,1980)。鸟类的 P_{50} 值与体重之间没有明显相关性。

高原安第斯鸡(P_{50} = 29 mmHg)从 4 000 m 运到海平面饲养两代,结果发现血氧亲和力降低。血氧亲和力检测用混合技术,温度 41 ℃,pH 值 7.5,海平面 Bohr 效应 −0.38,高海拔 Bohr 效应 −0.51,Hill n 值 3.58(Velarde 等,1997)。

一方面,采用混合技术,不需要制定氧离曲线来估计 P_{50},而是可以通过等体积完全氧合血液和完全氧离血液混合,直接检测混合血液的氧分压即为 P_{50}。通过改进的混合技术测定藏鸡和隐性白鸡第 14 天胚胎血液的血氧亲和力(pH=7.4),藏鸡 P_{50} 是 37.7 mmHg,隐性白鸡 P_{50} 为 44.7 mmHg。结果显示藏鸡在第 14 天全血氧亲和力明显高于隐性白鸡。藏鸡成年个体(50 周龄)P_{50} 为 51.8 mmHg,隐性白鸡成年个体(50 周龄)P_{50} 值为 58.7 mmHg。在来自 2 600~4 200 m 海拔的成年藏鸡混合群体中,18 个个体间 P_{50} 值相差很大,这说明突变(Met-32D(B13)-Leu)可能造成了群体 P_{50} 的变异,该突变是以一定基因频率存在的。α^D 珠蛋白唯一突变 Met-32D(B13)-Leu 可能是藏鸡血氧亲和力高的原因。同安第斯鸡测定结果相比,P_{50} 和 Hill 系数都相差很大,但与其他大多数文献相符(Baumann,1984;Reeves,1984),也许藏鸡与安第斯鸡在低氧适应上存在不同的机制。安第斯鸡在高原上只生存了不到 500 年,低氧条件下可能只是习服,还未完全适应。

另一方面,我们以红细胞作为基本测量单位,也采用了通过测定氧解离曲线(OEC)的方法检测胚胎 17 d、19 d 和 21 d 血氧亲和力。在胚胎 17 d 两鸡种对低氧的敏感程度明显不同,平原鸡血氧亲和力明显上升而藏鸡的氧亲和力与常氧下无差别的现象表明藏鸡体内缺氧程度较低;比较 Hill 系数均值的差别,发现藏鸡的平均值为 3.23,而平原鸡的平均值仅为 2.29,表明平原鸡血红蛋白的亚基协同性偏弱,尽管血氧亲和力升高,但释放氧到组织中的效率低,从氧解离曲线外形也可看出没有明显的"S"型特征,而藏鸡虽然 P_{50} 平均值有所上升,但血红蛋白的协同性较好,氧的释放效率较高,因而生长代谢存在优势。在胚胎 19 d 时无论藏鸡还是平原鸡在低氧下氧解离曲线均向右平移,P_{50} 平均值均升高,氧亲和力均下降的现象表明此时结合氧释放到组织中的效率似乎是更为重要的环节,或许与这一阶段胚胎生长增重迅速对氧需求量的增加有关;但品种间比较则显示低氧下藏鸡表现出一定的优势,其 P_{50} 平均值相对于 17 d 变化不大,低于平原鸡的平均值,但差异不显著($P>0.05$);而 Hill 系数均值却仍保持原有水平且高于平原鸡的值,有显著性差异,此时藏鸡的血红蛋白既表现出较高的氧亲和力,也表现出了较强的协同性,说明此阶段藏鸡血红蛋白结合与释放氧的能力是最优化的,能够缓解体内缺氧状况。在第 21 天鸡胚外啄后出雏前两鸡种在低氧下的血氧亲和力均增强,但藏鸡有明显的优势,血红蛋白的协同性在品种间则没有差别,此时鸡胚发育基本已完成,增重不会再继续增加,对耗氧的需求相对减少,所以氧解离曲线向左平移,氧亲和力又逐渐增强。整体看来低氧下藏鸡血红蛋白与氧的亲和力在不同阶段变化不大,不如平原鸡敏感,两鸡种的差别更多表现在相对的血氧亲和力及氧解离能力上,结合血红蛋白氧饱和度及亚基协同性两种因素考虑,可以推测藏鸡的血红蛋白可能更利于将结合氧释放到组织中供有氧代谢使用,这也是其血液系统对高原低氧环境适应的一个重要方面。

我们 mRNA 定量和蛋白定量结果显示藏鸡和隐性白鸡在胚胎第 14 天 HbD 和 HbL 表达量接近这时期胚胎总蛋白表达量的一半。血红蛋白低氧适应不只是由于序列出现氨基酸替代导致氧亲和力增强的结果，血红蛋白与氧的亲和性受到多种因素影响，最主要的包括氨基酸替代、细胞代谢产物如 2，3-DPG 及代谢产生的玻尔效应等，而代谢的影响可能较大。

我们前面的结果也显示除 HbP 具有较低的有机磷结合能力，其他几个中后期表达的珠蛋白与有机磷结合能力相似。在胚胎发育的早期有机磷变构因子主要是 ATP，而在后期主要是变构作用较弱的 DPG 以适应后期更加缺氧的环境（Bartlett 等，1976；Baumann 等，1982；Baumann 等，1983）。魏泽辉（2005）测定了胚胎后期 12 d、15 d 及 18 d 红细胞里 DPG 含量，结果显示，在平原上藏鸡和小型鸡在后期 DPG 含量相当。所以我们也可以排除 DPG 含量和结合力大小的影响。

玻尔效应是另一个影响氧解离的重要因素，正常孵化的鸡胚胎随着发育的进行，代谢产生的二氧化碳在血液中的含量逐渐增高及其他生理状态的改变都会导致血液的 pH 值逐渐降低（Tazawa，1980），而 pH 值的改变则会明显影响血红蛋白的氧亲和性。魏泽辉（2005）对藏鸡与平原鸡血液 pH 值进行测定发现，低氧下无论是动脉血还是静脉血藏鸡的 pH 值均明显偏低，与平原鸡对照相比更接近于常氧孵化条件下的血液 pH 值，尤其表现在胚胎发育后期。众所周知，大多数参与细胞代谢的酶类都只有在一定的 pH 值范围内才具有活性，否则有可能会引起新陈代谢过程的障碍，因而尽管在鸡胚胎发育过程中大量由代谢产生的酸性物质被不断的释放到血液中，但血液 pH 值却基本保持恒定，避免了对红细胞正常的功能造成影响，而维持 pH 值相对稳定的变化模式则是保持细胞正常生命活动及代谢的必要条件。在低氧胚胎发育后期，藏鸡保持了较强的生长代谢能力，血液中代谢生成的二氧化碳含量相对升高，从而维持了 pH 值的稳定，仅使其较小幅度偏离了正常孵化时的 pH 值，藏鸡的血红蛋白易于向组织中释放结合氧的现象可能与此有关，因为保持相对较低的血液 pH 值更有利于氧的释放，因而低氧孵化环境下藏鸡与平原鸡胚胎动静脉血液 pH 值存在差异的现象进一步将血红蛋白氧亲和能力的改变与胚胎生长代谢状况联系在一起。

藏鸡胚胎在低氧环境下孵化能够保持与常氧环境下孵化相似的血液 pH 值可能是藏鸡低氧适应的一个前提基础，但这种状态又是如何维持的呢？在血液缓冲系统中最重要的就是碳酸氢盐缓冲系统，同时碳酸氢盐缓冲系统又与二氧化碳代谢和运输相关。组织中扩散到血中的二氧化碳溶解于血浆中，在血浆中溶解的二氧化碳绝大部分扩散入红细胞内，其余大部分与红细胞内的水反应生成碳酸，碳酸又可解离成碳酸氢根和氢离子。该反应迅速可逆，由红细胞内的碳酸酐酶Ⅱ催化，生成的碳酸氢根与钾离子结合，氢离子与血红蛋白结合。而在呼吸器官内，反应向左进行，因为气室内二氧化碳分压比静脉低，血浆溶解的二氧化碳扩散入气室，血浆二氧化碳分压随之下降，导致红细胞内的碳酸氢根离子与氢离子生成碳酸，再分解成二氧化碳，扩散入血浆，这样就使得二氧化碳通过呼吸器官排出体外，在这一过程中碳酸酐酶Ⅱ发挥了重要的作用。据报道红细胞内碳酸酐酶Ⅱ mRNA 的表达量和活性均是随胚胎发育而逐渐升高，在胚胎早期含量极低，当鸡胚发育至 15 d 时其 mRNA 转录本水平达到最高，之后又逐渐下降（Bruns，1973；Baumann R，1986；Stefanie 和 Rosemarie，2001），其变化趋势与珠蛋白和血红蛋白的表达相似。由此我们推测在红细胞内碳酸酐酶Ⅱ（CAII）在催化氧和碳酸氢根离子交换过程中对红细胞内 pH 微环境的调节作用可能会对血红蛋白释放结合氧有重要影响，并且可能是藏鸡与平原鸡红细胞氧解离能力差异的原因。胚胎 13 d、17 d 和 19 d 红细胞内碳酸酐酶Ⅱ mRNA 转录检测证明低氧下碳酸酐酶Ⅱ的表达被诱导，明显上调，这与 Stefanie 和 Rosemarie(2001)以鸡胚为材料证明碳酸酐酶Ⅱ可被低氧诱导上调的实验结果一致；对比品种间低氧下藏鸡碳酸酐酶Ⅱ的 mRNA 表达比平原鸡明显较高，但常氧下无明显差别。本实验未对碳酸酐酶Ⅱ的蛋白表达及活性进行测定，但推测其 mRNA 被低氧诱导表达增加的目的是为在氧运输与氧代谢间建立了一定的联系，一方面促进了氧释放到深层组织中供给代谢，另一方面缓解了代谢可能会引起的血液高碳酸症，提高了内呼吸效率。

因此，藏鸡和隐性白鸡在胚胎血氧亲和力差异可能是 α^D 珠蛋白结构突变造成的。在鸡成年期，HbD 含量约为 25%，藏鸡较低的 P_{50} 同样显示 α^D 珠蛋白唯一突变 Met-32D(B13)-Leu 提高了 HbD 氧亲和力和血液氧亲和力。但我们同样要重视藏鸡胚胎红细胞内较高的碳酸酐酶Ⅱ的 mRNA 水平可能在调节血红蛋白氧亲和力方面起到重要作用，有可能与低氧适应有关。

3. Met-32D(B13)-Leu 突变的来源

比较目前已测定的 60 多个不同种属生物(从八目曼到人)的 Hb 氨基酸顺序，发现绝大多数位点的氨基酸残基变异较大，但有 9 个位点的氨基酸残基是非常保守的(F8His、E7His、CD1Phe、F4Leu、B6Gly、C2Pro、HC2Tyr、H10Lys)。在人的血红蛋白立体结构报道后，就能很好理解协同效应和氨基酸变化产生的空间变化。研究显示脊椎动物血红蛋白在进化过程中其氧合态和脱氧态并没有发生大的三级和四级结构变化，种间绝大多数氨基酸突变都是中性的。适应性功能突变往往只是 1～5 个关键位置氨基酸替换 (Perutz,1983)。

家鸡起源于红色原鸡(*Gallus gallus*)，但各品种亚种分化和家养驯化时间和地点都还没有定论(Darwin,1896；Fumihtto 等,1996；Fumihtto 等,1994；West 等,1988；程光潮等,1996；王文等,1994)。目前还不能确定藏鸡是低地家鸡引进的还是高原红色原鸡直接家养驯化而来的。我们的数据显示 α^D 亚基 Met-32D(B13)-Leu 突变频率呈现明显的海拔分布变化，从 50.0%～91.1%，而 3 个土著低地鸡品种都未检测到该突变，提示低地鸡品种可能突变基因频率极低或者不存在。如果藏鸡是从低地家鸡引进的，假定低地鸡祖先群在引进前该突变以一定平衡频率存在，很难解释该突变会因漂变而消失，所以我们可以认为平原鸡引进后才发生突变，经过低氧选择突变基因逐渐固定下来。如果藏鸡是高原红色原鸡亚种直接驯化培育而来，亚种祖先群已经具备高频率该突变基因，那么现在藏鸡自然遗传下来该基因，但遗憾的是目前还没有报道过有高原红色原鸡的存在，也可能高原红色原鸡已经灭绝了。因此，α^D 亚基 Met-32D(B13)-Leu 突变发生的时间和地点要待藏鸡起源搞清楚以后才能确定。可能的解释是藏鸡从低地引进后发生了突变 Met-32D(B13)-Leu，高强度的低氧选择压力在短短几千年时间内就让该突变基因趋于固定。

但 α^D 亚基低氧功能突变 Met-32D(B13)-Leu 并非是藏鸡特有的，我们也补充了一个不全面但有意义的结果，发现 2 个来自云南迪庆 3 000 m 海拔和 2 个来自四川阿坝 3 000 m 海拔的高原雉鸡(*Phasianus colchicus*)个体中也存在 α^D 亚基 Met-32D(B13)-Leu 突变，突变位点是根据已报道的平原雉鸡(ring-necked pheasant)序列比对的(Braunitzer 等,1982)。而且突变频率高达 75%。低地雉鸡和高地雉鸡属于不同的亚种，亚种间出现和藏鸡与低地鸡相同的突变和相似的突变频率，这一结果如扩大样本加以证实，那将有力支持藏鸡高原起源观点。

藏鸡和低地鸡之间的低氧突变是在种内发生的，α^D 亚基 Met-32D(B13)-Leu 突变经历时间短，还没有完全固定。斑头雁和灰雁低氧突变位点是种间发生的，其发生的时间大概在 9 Mbp～15 Mbp 之间。但还没有种间低氧突变存在突变频率随海拔不同分布的报道，估计低氧突变已经早在那些高原物种群体内完全固定。因此，对于类似人和家养动物这样在种内存在高原亚群和平原亚群的物种，由于低氧突变基因的频率还没完全固定，必须以群体为基础，搞清突变基因频率的海拔分布。

7.2.3.2 3～8 d 胚胎中成年型 HbA 提前超量表达是藏鸡和平原鸡低氧共同反应

胚胎期红细胞有两种类型（Bruns 等，1973），在胚胎发育的早期是原始红系红细胞(primitive erythroid cells)，这时仅表达胚胎珠蛋白 ρ、ε、π、α^D 及 α^A。大约在胚胎表达的第 5 天，原始红细胞逐渐转变为定形红细胞(definitive erythroid cells)，这期间既表达胚胎珠蛋白又表达成年珠蛋白，直到 14 d 才完全转变为后期定形红细胞，后期表达 β、β^H、α^A 和 α^D。通过核体外转录和 westernblot 杂交的方法对 5～12 d 鸡胚血液样品进行胚胎和胎儿 β 簇珠蛋白定量检测（Landes 等，1982），发现胎儿期 β 和 β^H 珠蛋白在第 5 天就有少量表达，随后表达量逐渐增加，胚胎期 ρ 和 ε 珠蛋白在第 6 d 达到表达高峰，但到 12 d 仍有表达。鸡胚血红蛋白含量和组成大致情况是（Brown 等，1974；Romanoff 等，1960）：在胚胎血红蛋白期（1～5 d），HbP：HbE：HbM 为 7∶2∶1；在成年血红蛋白期（9～21），HbA：HbD 为 3∶1；5～9 d 为胚胎期血红蛋白和成年血红蛋白转变期；HbH 和 HbL 为 7～22 d 次要蛋白（Cirotto 等，1987）。

我们从 mRNA 水平利用荧光 PCR 定量技术检测了相当于 4 500 m 海拔低氧诱导下的藏鸡和隐性白鸡血红蛋白的阶段表达谱，阶段以孵化天数计。定量结果发现，在采用的存活藏鸡和隐性白鸡的 3～8 d 全胎样品中除 α^D 珠蛋白表达量没有大的变化外，其余 5 个珠蛋白发生了颠倒性表达变化。两品种成年类型主要珠蛋白 α^A 和 β^A 由于低氧诱导在胚胎前期 3～8 d 全胎样品中异常超量表达成为主要珠蛋白，而胚胎型主要珠蛋白 π 和 ρ 在低氧诱导下成了次要珠蛋白，次要珠蛋白 ε 成了主要蛋白。在两品种 9～18 d 血液样本中，β^H 大量表达，α^D 表达量开始增加，ε、π 和 ρ 仍有少量表达，α^A 和 β^A 仍然大量表达。其中 α^D 和 α^A 表达量相当，β^H 和 β^A 表达量相当。与常氧 9～18 d 相比，低氧诱导次要珠蛋白 α^D 和 β^H 表达量增加。很明显，低氧诱导成年型珠蛋白提前表达，次要蛋白超量表达，这是低氧孵化阶段存活的藏鸡和隐性白鸡个体耐低氧的共同分子机制。另外，我们的结果显示胚胎型珠蛋白 ε、π 和 ρ 在鸡胚直到 18 d 都有少量表达，但据报道血红蛋白 HbP 在第 9 天几乎检测不到，也许它们的 mRNA 并没有被有效翻译（Brown 等，1974；Ronanoff 等，1960；Cirotto 等，1987；Chapman 等，1979）。

在低氧诱导下，藏鸡和隐性白鸡胚胎的血红蛋白出现颠倒性组成变化：在 3～8 d 全胚样本中，两个品种成年主要血红蛋白 HbA 成为胚胎主要蛋白；胚胎少量表达的血红蛋白 HbE 超量表达也成为主要血红蛋白；原为胚胎主要蛋白 HbP 却少量表达；HbD 和 HbM 仍然少量表达。那么在低氧 3～8 dHbA 和 HbE 代替 HbP 成为主要血红蛋白，能说明 HbA 和 HbE 更适应低氧环境吗？我们主要从血红蛋白功能分析。

1. Bohr 效应与血红蛋白功能

鸟类血红蛋白的玻尔效应与哺乳动物也很相似。与哺乳动物不同的是，CO_2 对鸟类血红蛋白氧亲和力的降低量极小（Lutz 等，1980），个别种属的血红蛋白受 CO_2 影响氧亲和力甚至可能增加。这与鸟类的飞翔活动有关，当空气进入鸟的后肺时，P_{CO_2} 下降至零，这时如果像哺乳动物一样，CO_2 浓度的降低使血红蛋白氧亲和力增加，那么向组织输氧的进程将会受阻。

CO_2 的运输：与红细胞化学结合的 CO_2 是体内运输 CO_2 的主要形式。CO_2 与红细胞有两种化学结合方式：碳酸氢盐和氨甲酸血红蛋白。组织中扩散到血中的 CO_2 溶解于血浆中，在血浆中溶解的 CO_2 绝大部分扩散入红细胞内，其中大部分与红细胞内的水分应生成碳酸，碳酸又可解离成碳酸氢根和氢离子。反应迅速且可逆，是在红细胞的碳酸酐酶催化下的反应，生成的碳酸氢根与钾离子结合，氢离子与 Hb 结合。而在肺部，反应向左进行，因为肺泡内 P_{CO_2} 比静脉低，血浆溶解的 CO_2 扩散入肺泡，血浆 P_{CO_2} 随之下降，导致红细胞内的 HCO_3^- 与 H^+ 生成 H_2CO_3，再分解为 CO_2，扩散入血浆，这样就使得 CO_2 通过肺泡排出体外。进入红细胞内的 CO_2，还有一部分与 Hb 的氨基结合生成氨基甲酸血红蛋白。这一反应无需酶的催化，迅速、可逆，在组织中反应向右侧进行，在肺部反应向左进行，由 Hb 的氧合作用调节，即 O_2 与 Hb 的结合将促使 CO_2 释放。Chritian Bohr（1904）发现 P_{CO_2} 对血红蛋白运输氧的功能有影响，即 P_{CO_2} 升高时，Hb 对 O_2 的亲和力下降，使氧解离曲线右移，此外，介质 pH 降低时也可使 Hb 对 O_2 的亲和力下降，氧解离曲线右移，均称为 Bohr 效应。

Bohr 效应主要是由于血红蛋白氧合时某些基团的 pK_a 值改变而可释出 H^+ 所致。根据 Hb 末端及侧链各基团的 pK_a 值推测，参与 Bohr 效应的有关基团应是末端氨基、组氨酸及半胱氨酸残基的侧链，它们的 pK_a 值近于 7，稍有变动即可能改变其对 H^+ 的结合力。已经证明，血红蛋白 β 链 C 端组氨酸（β146His）发挥了主要作用。在脱氧血红蛋白中，此组氨酸残基与自身肽链 FG 角中 94 位天冬氨基酸残基靠近，甚至形成盐键，局部的负电荷使组氨酸咪唑基对 H^+ 亲和力加强，pK_a 升高，达到 8 左右。但在氧合血红蛋白中，由于氧合作用而盐键断裂，以致此组氨酸残基游离，对 H^+ 的亲和力降低，pK_a 值降低到 6.5 左右，在生理 pH 条件下即可释放出 H^+。Bohr 效应中约有 50％的 H^+ 是由此组氨酸残基释放的。α 链氮末端缬氨酸的氨基在血红蛋白与 O_2 结合时也发生类似的变化，由于构象改变，使其与另一条 α 链碳端精氨酸的羧基所形成的盐键破坏，以致末端氨基游离，结合 H^+ 能力减弱，也可释出 H^+。此种作用约占总 Bohr 效应的 25％。此外 α 链中 122 位组氨酸残基对 Bohr 效应也可提供一定量的 H^+。CO_2 直接与血红蛋白亚基氨基末端结合形成氨基甲酸血红蛋白，在生理情况下仅占总运输量的 10％而已。脱氧血红蛋白对 CO_2 的亲和力比氧合血红蛋白高，或许由于 T 态与 R 态血红蛋白中氨基末端的环境不同所致。此外，Cl^- 能与 T 态血红蛋白的 α 链氨基末端缬氨酸氨基结合或与 β 亚基赖氨酸残基 EF6（82）结合而升高其 pK_a 值，影响 H^+ 的释放，对 Bohr 效应也有重要影响（Weatherall，1976；Kilmartin 等，1980； Perutz 等，1980）。

上述两个主要 Bohr 效应位点在鸡 7 个血红蛋白存在变异，结构预测显示，HbP 与其他 6 个血蛋白相比存在变异 His-ρ94-Glu，其中 Glu 比 His 稍大，但它们所带的电荷却没什么差别，不存在 Bohr 效应差异。Bohr 效应位点（$\alpha_1$1Ala/Val/Met＋$\alpha_2$141Arg）3 个 α 氮端氨基酸 Val、Met 和 Ala 都是不带电的氨基酸残基，7 个血红蛋白在该位点也不存在结合和释放 H^+ 功能差异。因此两个重要的 Bohr 位点在 7 个类型血红蛋白间虽然存在变异，但这些变异没有造成各血红蛋白间 Bohr 效应结构功能变化，鸡的所有 7 个血红蛋白在 Bohr 效应上功能相近。

值得注意的是，Bohr 位点（$\alpha_1$1Ala/Val/Met＋$\alpha_2$141Arg）存在的变异虽然没有功能变化，但这两个位点在我们预测的氧合态结构中依然保持氢键联系，α_1 氮端氨基和 α_2 碳端羧基相距却都达 9.0 Å，这使得在 R 态时，结合在组氨酸残基咪唑基和精氨酸残基胍基上的质子不容易电离释放，可能减弱了鸡 Bohr 效应。

2. 有机磷结合位点

1967 年 Reinhold Benesch 与 Ruth Benesch 发现，红细胞中 2，3-DPG 对血红蛋白的氧合

作用有很大的影响，无 2,3-DPG 时，血红蛋白对氧的亲和力强，P_{50} 近 0.13 kPa(1 mmHg)，近于肌红蛋白，在组织中几乎不能释放氧。当血红蛋白与 2,3-DPG 结合后则降低其氧的亲和力，P_{50} 增大至 3.5 kPa(26 mmHg)。

血红蛋白与氧结合时，通过变构，使两条 β 链的 H 螺旋相互靠近，中心空穴变小，具有排斥 2,3-DPG 的作用，同时两条 β 链末端氨基之间距离变大，不再和 2,3-BPG 的磷酸基团形成盐键，从而大大降低了对 2,3-DPG 的结合常数。2,3-DPG 是糖在红细胞内酵解的特殊产物，酵解增强时，如高原缺氧，心肺功能不全，或贫血时，均可使 2,3-DPG 产生增加，则血红蛋白的氧解离曲线右移，即使供氧不足，也可增强氧合血红蛋白释放的氧量而维持了组织的需要，固有重要的生理意义。从结构分析得知，2,3-DPG 结合在 T 态血红蛋白分子四聚体的中心空穴中，与两条 β 链的正电荷基团，即 1 位(NA1)缬氨酸残基的氨基、2 位(NA2)组氨酸残基的咪唑基、92 位(EF6)赖氨酸残基的侧链氨基以及 143 位(H21)组氨酸残基的咪唑基相互作用，构成盐键，使其构象稳定于紧张型的 T 态，从而降低了血红蛋白对氧的亲和力(Arnone,1972)(图 7.80)。

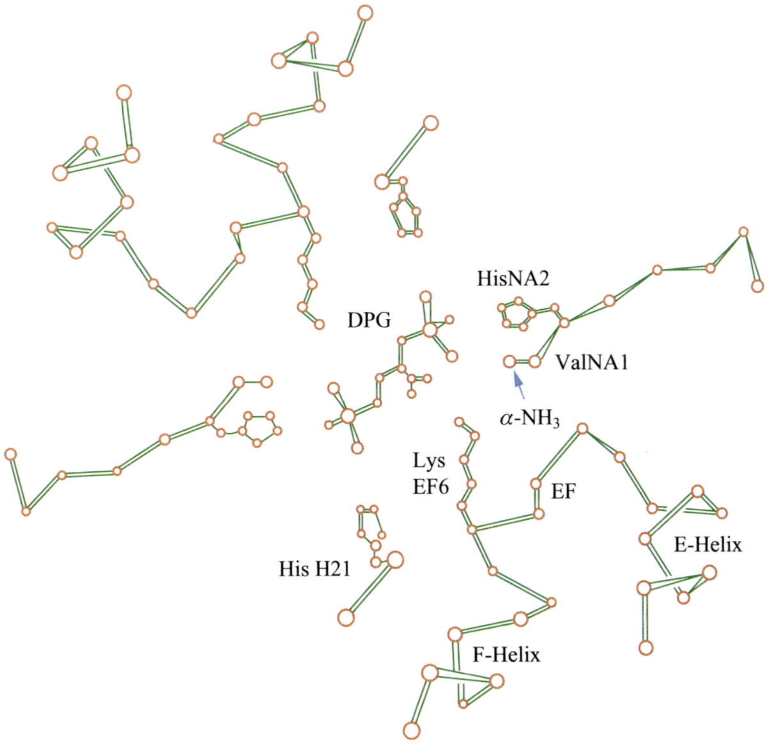

图 7.80　人的脱氧血红蛋白两 β 链 DPG 结合位点。在氧合结构中 α 氨基移走，EF 片段靠近，DPG 结合位点丢失(Arnone,1972)

怀孕时胎儿体内的胎儿血红蛋白(HbF)以两条 γ 链代替成人 HbA 的两条 β 链，对氧有较高的亲和力，以利于从母体获得足够的氧，但在无 2,3-DPG 时，HbF 的氧亲和力甚至低于 HbA，由于 2,3-DPG 的别构效应，在体内却有更强的增加氧亲和力的作用，归根到底是 γ 链结构与 β 链不同所致。这主要是 HbF 的 γ 链 143 位由不带电荷的丝氨酸残基取代了 HbAβ 链中 143 位带正电荷的组氨酸残基，以致降低了 HbAβ 结合 2,3-DPG 的能力，故易由 T 型变构为 R 型，从而增强对氧的亲和力，使胎儿能从母血获得更多的氧供应（Stryer 等，1995；Runn 等，1986）。

鸟类与其他脊椎动物一样，它的红细胞中有机磷的组成在发育过程中发生显著变化。在胎儿期，红细胞中主要有 DPG；孵化前后，ATP 逐渐增加；孵化 1 周左右，ATP 成为最丰富的有机磷酸；此后，IPP 逐渐占据优势。通常情况下，鸟类血红蛋白对有机磷酸的反应顺序是：DPG＜ATP＜ITP＜IPP＜IHP，其中与肌醇多磷酸的作用可因 β-肽链 H13 Ala-Arg 和 H17 Asn-His 的替换而加强。这两个变异位点较远，不能结合到有机磷分子，但带正电有助于增加结合能（Takei et al. 1975；Oberthur et al. 1980；Oberthur et al. 1981；Braunitzer and Godovac 1982）。

很有趣的是，鸡的胚胎 HbP ρ 珠蛋白与 β^A 和 ε 相比存在变异 Arg-ρ143-Tyr，与 β^H 相比存在变异 His -β^H143-Tyr，前者是带正电荷的 Arg 被 Tyr 替代，这与人的胚胎血红蛋白 HbF 变异 His-γ143-Ser 相似。与 HbD DPG 结合位 β^A143Arg 和 β^A135Arg 对照，HbP DPG 结合位点电子密度图显示变异 Arg-ρ143-Tyr 和 Arg-ρ-135Ser 减弱了 DPG 结合位点周围的正电性。因为这两个变异都是带正电的 Arg 被不带电的 Tyr 和 Ser 替换了。而同样是带正电和被替换的 HbE DPG 结合位点变异 Arg-ε135-Asn 对该位点的正电性影响却不明显，说明这个位点似乎不是很重要。因此，结构预测显示，和人 HbF 相似，可能主要因为 Arg-ρ143-Tyr 存在，HbP 比其他六个血红蛋白难结合有机磷，所以具有更高的血氧亲和力。

3. 亚基接触位点变异与功能

在正常人血红蛋白（HbA）分子中，相同肽链如 $\alpha_1\alpha_2$ 及 $\beta_1\beta_2$ 的接触很少。但不同肽链如 $\alpha_1\beta_1$（或 $\alpha_2\beta_2$）及 $\alpha_1\beta_2$（或 $\alpha_2\beta_1$）的接触是最重要的。$\alpha_1\beta_1$ 的接触位点范围较广，α_1 链中有 16 个氨基酸与 β_1 链中 17 个氨基酸接触。当血红蛋白与氧结合时移动很少（不到 0.1 nm），因此 $\alpha_1\beta_1$ 接触与脱氧状态时相同。$\alpha_1\beta_2$ 的接触稍少，在氧合血红蛋白中，α_1 链中有 15 个氨基酸与 β_2 链中 16 个氨基酸接触。在血红蛋白与氧结合时，$\alpha_1\beta_2$ 间的移动距离较多（0.7 nm）。这种构象的改变有利于氧的摄取和正常地释放。

依照人血红蛋白亚基间接触位点，在鸡上找到对应的接触面上的氨基酸残基，并对 7 个血红蛋白所有存在变异氨基酸残基的亚基接触位点进行了结构预测，发现 HbE αA1ε1 范德华力接触位点（αA34Thr＋ε128Phe）、（αA35Thr＋ε128Phe）以及（αA119Pro＋ε55Met）形成强的范德华力作用，HbM 也同样，但 HbA、HbH、HbL 与 HbD 4 个蛋白在这 3 个位点只有较弱的范德华力作用。HbP 在范德华力 π1ρ1 接触位点（π34Ala＋ρ124Pro）、（π35Ser＋ρ128Ala＋ρ127Gln＋ρ131Gln）、（π1107Cys＋ρ1115Ala）及（π1119Pro 与 ρ155Ile）氨基酸残基之间的距离超过了 4 Å，丢失了范德华力作用。原因是上述位点存在大氨基酸与小氨基酸的差异，支链氨基酸与非支链氨基酸的差异。另外，HbP 接触位点 π1103His 与 ρ1131Gln 氢键丢失，而其他血红蛋白在该接触位点 αD 1103Gln 与 β1131Gln 间形成氢键。很明显，HbP 具有更松弛的 T 态，比其他血红蛋白拥有更高的氧亲和力。

4. 极端低氧下低的氧亲和力珠蛋白更适应

结构预测总的结果是：在鸡的 7 个血红蛋白中，HbP 具有最高的血氧亲和力，HbM 和 HbE 血氧亲和力最低，其他血红蛋白 HbD、HbA、HbL 及 HbH 血氧亲和力相近。而所有 7 个血红蛋白 Bohr 效应相近，没有显著差别。

在鸡胚正常发育期间，4～8 d 的血氧亲和力是很低的，P_{50} 从 38 mmHg 增加到 52 mmHg；

8～18 d 血氧亲和力又升高，P_{50}从 52 mmHg 降到 30 mmHg；最后血氧亲和力又开始降低，P_{50}从 30 mmHg 增加到成年的 47 mmHg(Reeves，1984)，而 ATP 含量在 4～16 d 迅速降低(Baumann，1983)。该结果可能的解释是 HbM 和 HbE 的表达量与 HbP 表达量的比值在增加。鸡胚动脉血氧从第 9 天 97 Torr(相当于 12.9 kPa)(Tazawa 等，1971)逐渐降到第 19 天 52 Torr(相当于 6.9 kPa)(Freeman 等，1970)，但胚胎动脉血氧饱和度仍然维持在 80%～90%的高水平(Tazawa 等，1977)。虽然正常胚胎发育本身就都处于低氧状态，但不难看出鸡胚从 9 d 起前阶段比后阶段有更宽松的氧环境。资料报道第 4 天卵黄囊动脉血的血氧为 64 mmHg(8.5 kPa)，第 6 天为 81 mmHg(10.8 kPa)(Meuer 等，1988)。4～8 d 胚胎处于氧气相对较宽松条件下，代谢产物 ATP 浓度保持很高的水平(不是为了调节血氧亲和力被动生成的)，自身具有高氧亲和力的 HbP 由于对 ATP 亲和力较低所以仍然具有较高的氧亲和力，而 HbM 和 HbE 自身氧亲和力很低，又由于高的 ATP 亲和力，从而具有很高的卸载氧能力。因此，在 4～8 d 轻度低氧下，高氧亲和力 HbP 与低氧亲和力 HbM 和 HbE 都能较好适应，并相互补充，协同进化，血液在高的 ATP 浓度下展现相对后期较低的氧亲和力。而从第 8 天起，低氧环境愈渐恶劣，中度氧亲和力的胎儿和成年血红蛋白 HbA、HbD、HbL 及 HbH 相继表达成为中后期主要蛋白质。这段时期氧亲和力增加是由于 ATP 浓度降低。

而在低氧下(13.5%)，血氧亲和力和 ATP 浓度随发育阶段变化趋势与常氧相似，但前者比常氧下高，后者比常氧下低(Baumann 等，1983)。从而也说明从第 9 天起，增加的血氧亲和力很可能是由降低的 ATP 浓度调控的。

我们珠蛋白定量结果显示，在低氧(12%O_2)条件下，两品种 3～8 d 胚胎 HbE 超量表达，HbA 提前表达，HbP 抑制表达。这完全颠倒了常氧下的表达谱。合理的解释是：12%O_2 低氧条件对胚胎发育来说是十分恶劣的，藏鸡孵化率仅为 11.1%，隐性白鸡则为零。在这样极端的低氧条件下，HbP 作为氧亲和力最高的血红蛋白类型，在 $\alpha_1\beta_1$ 接触位点有 6 处发生范德华力丢失，1 处发生氢键破坏，又具有较低的 ATP 亲和力结构，其氧亲和力太高而不能有效地在组织释放氧，所以表达受到了全面抑制；HbE 则突显其低氧亲和力的优势，其氧亲和力最低；提前大量表达的 HbA 则纯粹是为了增加血红蛋白量。而在第 9 天后，与常氧相比，没有特殊的表达谱，HbA、HbD、HbL 及 HbH 之间构成变化不大，只是 HbL 和 HbH 存在提前超量表达现象，可能达到增加总血红蛋白量作用。

低氧孵化(12.0%O_2)结果表明，4200 m 海拔氧浓度基本上是隐性白鸡孵化的下限，孵化率只有 3.0%，而藏鸡仍能达到 35.0%，藏鸡 12 d 以后才大量死亡，而隐性白鸡在 4～8 d 即出现大量死亡，说明藏鸡耐低氧能力在 4～8 d 表现更突出。这更进一步证明 3～8 d 低氧诱导的反常表达谱正是低氧孵化阶段存活的藏鸡和隐性白鸡个体耐低氧的重要分子机制。

另外，我们可以再回头考虑 α^D 亚基 Met-32D(B13)-Leu 突变的作用。α^D 链在 12%O_2 低氧条件下，藏鸡比隐性白鸡在绝对数量上成倍超出，但在 3～8 d 表达只占总珠蛋白的 1 个百分点左右，该突变对全血氧亲和力影响并不大。但从低氧第 9 d 起，α^D 链逐渐增加到 40%左右，HbD 和 HbL 也占总量 50%左右，两品种很接近。而且在成年个体中，HbD 也占 25%左右，因此，藏鸡 α^D 亚基 Met-32D(B13)-Leu 突变在胚胎 3～8 d 并没发挥耐低氧优势，作为低氧功能突变位点主要在成年期和胚胎中后期起作用。

5. 低氧诱导胚胎和胎儿珠蛋白基因开关机制

早期有关造血机制研究曾提出具有吸引力的发育模式，该模式认为胎儿和成年的造血干细胞来源于早期卵黄囊胚胎造血干细胞（the original embryonic blood cells）。其中卵黄囊干细胞迁移到胎儿造血位点（比如肝脏）并启动胎儿分化程序。因而胎儿和成年的分化程序取决于转录调控，可能受环境影响很大（Moore 等，1970）。但后来的研究更趋向另一个新的模型。该模型认为胚胎型红细胞和胎儿型红细胞是不同类型的血细胞。胚胎型红细胞（embryonic erythrocytes）体积大、有核并有大量的细胞质，而胎儿和成年型血细胞（fetal-adult blood cells）则不同。胚胎造血干细胞主要分布在红系细胞群（erythroid lineage）。胎儿和成年造血干细胞在胚胎造血干细胞分化期间一直处于 G_0 期，一旦需要，就及时激活分化。胚胎型、胎儿型和成年型造血干细胞分别合成不同的珠蛋白。这样，胚胎型（primitive）和胎儿成年型（definitive）造血干细胞在发育早期来源是不同的，前者在后者分化是经历程序化死亡，仅仅后期造血祖细胞负责胎儿和成年的造血功能。很明显，珠蛋白的转换是因为细胞群的改变而不是转录调控引起的（Dieterlen 等，1981；Dieterlen 等，1976；Maeno 等，1985；Maeno 等，1985；Turpen 等，1981）。

多数证据都显示鸡珠蛋白转换机制符合一个迁移模型（clonal model）（Nikinmaa 等，1990）。在这个模型里，胚胎和成年珠蛋白来源于不同的细胞系，每个细胞系都程序化启动表达一个或一组特异珠蛋白基因。鸡胚存在两个细胞系，原始红细胞系（primitive lineage cells）主要存在发育的 3～6 d，定形红细胞系（definitive lineage cells）主要存在发育 7 d 以后。

鸡 β 簇珠蛋白基因在原始及定形红细胞基因开关是遵从“启动子竞争”模式（Choi 等，1988）。鸡的 β 珠蛋白基因启动子以及 ε 珠蛋白和 β 珠蛋白的增强子都位于两个基因之间，它们都包括珠蛋白基因共同的调控元件（Choi 等，1988；Hesse 等，1986；Lieber 等，1987；Nickol 等，1988）。β 珠蛋白基因包含有本身特有的调控位点。后期细胞系中 β 珠蛋白基因不仅依靠增强子作用，还依赖一个阶段选择元件 SSE（Choi 等，1988），其位于启动子上（－39 bp，AAGAGGAGGGG）。SSE 与广泛转录因子 Sp1 结合，也与 β 阶段特异性表达调控因子 NFE4 结合（Evans 等，1990；Gallarda，1989—）。但是也有研究表明鸡 ε 珠蛋白基因在转基因鼠发育过程中自主沉默，因而与上述模型不一致（Foley 等，1994）。也许启动子竞争模式和自主沉默模式在鸡上都起作用。

ε 珠蛋白基因启动子包括结合 *GATA*-1 因子的 *TATA* 框（－30）、*SP*1 结合元件（－54）以及 *SP*1 与 *EKLF* 相关因子共同结合元件 CACCC（－120～－128）（Mason 等，1996）。Minkoa 等（2003）通过原位杂交检测了鸡胚卵黄囊红细胞生成的有关调控因子的表达谱，证实 *GATA*-1、*GATA*-2、*SCL*/tal-1 和 Lmo2 都参与调控红系分化。Mark 等（1993）在早期鸡胚，*GATA* 家族成员呈现特异的时空表达谱。在原始红细胞中（primitive erythroid lineage），ε 珠蛋白与 *GATA*-1 同步表达，而在定形红细胞（definitive erythroid cells），*GATA*-3 积聚并大量表达 β 珠蛋白。β 珠蛋白基因需要阶段特异表达因子 NFE4 激活该基因在定形细胞中的表达（Gallarda 等，1989）。ρ 珠蛋白基因胚胎早期特异表达的机制也得到初步揭示（Mark 等，1992）。通过对原始红细胞 ρ 珠蛋白瞬时表达测定，结果显示在翻译起始位置上游紧邻区的一段长 456 bp 区域调控该基因细胞特异表达和阶段特异表达。发现广泛转录因子 *Sp*1 和特异造血因子 *GATA*-1 都是原始红细胞重要的转录因子，它们表达量是在定形红细胞中表达量的 10 倍。Mark 等（1992）认为这两个转录因子浓度差异正是 ρ 珠蛋白基因特异表达的限制因素。ρ珠蛋白基因启动子具有细胞特异表达的全部信息，反式作用因子依靠浓度变化控制其表达(Minie 等，1992)。原始红细胞系存在 3 个 *GATA*-1 结合位点，可以结合大量 *GATA*-1 蛋白因子，而转录因子 *Sp*1 和 *Y* 结合到顺式元件 *Sp*1 和 *Y* 上并互相结合作用，抑制 *NF*1 因子结合到 *NF*1 元件上，促进 π 珠蛋白基因表达。相比之下，在后期定形细胞中，SP1 蛋白和 Y 蛋白数量降低，其结合位点附近 *NF*1 结合增加，从而抑制了 π 珠蛋白基因表达。此时 *GATA*-1 因子数量也减少(Joseph 等，1993)。因此可以推定调控因子数量的变化促使两个细胞系珠蛋白转换的发生和控制珠蛋白开关。

Baumann 分析了低氧(13.5%O_2)鸡胚胚胎血红蛋白和成年血红蛋白之间转换特点，发现低氧条件下，由于定形红细胞早熟，两者之间的转换提前。我们的定量结果显示，在 12%O_2 低氧条件下，HbA 是在第 3 天就由早熟定形红细胞提前转录，而 HbE 应该是原始红细胞低氧诱导超量表达出来的，HbP 则是超低抑制表达。目前还不能剖析清楚低氧条件下珠蛋白激活和沉默表达的调控机制，但我们可以从以上转录因子为突破口，测定分析它们在低氧下的特异表达，逐步探讨 7 个珠蛋白众多转录因子的复杂调控关系。

HIF-1α 和 pVHL 是低氧诱导的调控因子，在正常氧分压条件下迅速降解，而在低氧条件下保持稳定，与 HIF-1β 亚基(HIF-1β 亚基不受氧压力影响稳定存在)形成二聚体 HIF-1。HIF-1 接着结合到低氧应答元件 HERE，通过 5 条途径激活系列基因表达(EPO；VEGF；NOS/HO-1-血管舒张；糖酵解酶；TH-儿茶酚胺合成)(Wang 等，1995；Bunn，1996；Semenza，2000)。EPO 则是红细胞分化生成的重要因子。

鼹形鼠属(*Spalax*)是一类耐低氧的模式动物，它们整个一生的时间都是在地下生活的，其洞穴氧浓度在下雨后只有 7%，在实验条件下，其在 3%的氧浓度下也能生存 14 h，但一般老鼠只能生存 2～4 h(shams 等，2004)。对地下盲鼹鼠和大白鼠的 *EPO* 基因 mRNA 定量结果显示，在常氧下，两个物种都产生少量 *EPO*；在 6%氧浓度低氧 4 h，鼹鼠表达水平是大鼠 3 倍，大鼠在这时也达到最高；在 10%的氧浓度低氧 24 h，鼹鼠表达水平是大鼠高峰时 6 倍，鼹鼠此时达到表达最高峰。对 *HIF*-1 基因定量结果显示，常氧下鼹鼠比大鼠高两倍；在 3%氧浓度低氧 4 h，鼹鼠表达水平是常氧 2 倍，而大鼠表达水平不受氧浓度变化；在 6%氧浓度 10 h，大鼠死亡，而生活在洪水浸泡下的厚实土层下的 Spalax galili 比生活在稀松土层下的 Spalax judaei *HIF*-1 表达量高。由此看出基因 *EPO* 和 *HIF*-1 的低氧特异表达是地下盲鼹鼠低氧适应的分子基础，其地下低氧适应性进化大约发生在 4 000 万年前。

我们检测了 12%低氧条件下 *HIF*-1α 和 *pVHL* 在藏鸡和隐性白鸡 3～8 d 全胚和 9～20 d 全血样品中的表达谱。低氧条件下，*HIF*-1α 和 *VHL* 两个基因在低氧条件下全期都表达。*HIF*-1α 和 *pVHL* 在藏鸡和隐性白鸡两品种的表达高峰集中在 5～7 d。藏鸡两个基因在表达高峰比隐性白鸡都提前 1 d。在 *HIF*-1α 的表达高峰，两品种表达量比较接近。在 9 d 后的表达都很少，我们认为主要是因为 9 d 以后的样本是全血，表达被限定在血液里，而且时间越往后，非成熟红细胞迅速减少，因此红细胞 *HIF*-1α 量很少。9 d 前后因为样本不同，所以不作阶段间深入比较。但在 9 d 后没有表达高峰这一点是肯定的。

很明显，从表达高峰时间上看，*HIF*-1α 应该直接参与了 3～8 d 红细胞提前转换和珠蛋白低氧开关机制的调控，可能与 *EPO*、*GATA*-1、*GATA*-2、*SP*1、*Y*、*NF*1 及 *NFE*4 等转录因子相互作用，但具体的调控机制还不清楚。

另外，在常氧条件下，*pVHL* 被证实结合到 *HIF*-1α 的氧降解域（ODD），通过泛素酶体途径使 *HIF*-1α 迅速降解。这步特殊的反应需要脯氨酰羟化酶（prolyl hydroxylases，PH）的羟化修饰（Ivan 等，2001；Jaakkola 等，2001）。而在低氧期间，*HIF*-1α 脯氨酸不被羟基化，从而不被降解。鸡 *VHL* 基因还没有报道，我们利用物种间保守的 mRNA 序列设计了定量引物。结果显示，在 *VHL* 基因和 *HIF*-1α 基因在 3～8 d 共同超量表达；而在低氧条件下 *HIF*-1α 不再发生脯氨酰羟基化，可以和 *pVHL* 共存。

7.2.3.3 高血红蛋白量是藏鸡胚胎低氧适应的重要机制

因为 12%低氧对鸡胚发育是极端恶劣的，低氧诱导的特异表达谱仍然不能满足鸡胚发育的需要。我们的定量结果显示，鸡胚 3～8 d 6 个珠蛋白类型在 12.0%低氧条件下，同一阶段藏鸡除了个别次要蛋白质外，其中藏鸡比隐性白鸡总血红蛋白表达量成倍增加，在第 3、4、5 及 7 天为 3～6 倍，第 8 天基本相当。

鸟胚氧消耗（VO_2）增长是与胚胎血液载氧能力分不开的（Tazawa et al.，1971；Temple and Metcalfe，1970）。高海拔（4 200 m）白尾雷鸟（white-tailed ptarmigan，*Lagopus leucurus*）胚胎红细胞压积（hematocrits）在所有发育阶段都显著高于海平面雷鸟（Carey 等，1997）。4 200 米海拔高原美洲瓣蹼鹬（American Coot，*Fulica americana*）胚胎也呈现比低地瓣蹼鹬高的血红蛋白浓度和红细胞压积，而且这两个指标在高海拔和低海拔黑鸭都随胚胎发育体重增加而增加（Carey et al.，1993）。高海拔脊椎动物成年个体很少表现出红细胞增多现象，但高海拔鸟类胚胎一致表现出红细胞数量增加，并在各发育阶段都呈现。而且血红蛋白浓度和缓冲能力（buffering capacity，$\Delta logPCO_2/\Delta pH$）也是高海拔鸟类胚胎低氧适应的重要机制（Tazawa，1986）。

从 9～20 d mRNA 定量结果来看，无论藏鸡还是平原鸡种的血红蛋白在低氧和常氧下都表现出了不同的表达模式并且在两品种间也存在表达模式的差异。首先从孵化氧浓度处理来看，低氧处理组内无论藏鸡还是平原鸡胚胎表达的四种主要珠蛋白 mRNA 转录水平相对常氧处理组均被明显的被诱导上调，其中 α^A 和 β^A 珠蛋白亚基 mRNA 转录水平最高，构成了亚基 mRNA 的大部分，比例远高于 α^D 和 β^H 亚基 mRNA 水平；而在常氧孵化条件下，不同发育阶段四种珠蛋白亚基 mRNA 转录本的则比例基本类似，除了 α^D 亚基比例略低。由此可见低氧对珠蛋白的诱导效应是鸡胚发育共有特点，而上调的 mRNA 转录水平是血液中血红蛋白含量增加的前提基础，这一结果表明低氧下血红蛋白的增加可能主要是 α^A 和 β^A 珠蛋白亚基贡献的结果。其次从低氧孵化过程中珠蛋白表达的品种间差异来看，在胚胎 19 d 的藏鸡组红细胞内四种主要珠蛋白 α^A、α^D、β^A 和 β^H 亚基的 mRNA 转录水平明显低于平原鸡对照组，品种间差异显著，但在随后的胚胎 21 d 阶段两品种间却没有检测到差异。定量 PCR 与 Northern 杂交结果相符。

由于血红蛋白是最终的运氧载体，转录水平只是其中一个调控表达的层面，因此有必要进一步对红细胞内珠蛋白亚基的表达进行了分析。珠蛋白属于碱性蛋白类，因此参照 Rovera（1978）、Alter（1981）和 Gerolamo（1984）在文献中进行珠蛋白分离的方法，检测了胚胎 19 d 两鸡种在低氧和常氧孵化条件下珠蛋白的表达分离，结果显示鸡胚红细胞内的珠蛋白含量受低氧诱导增加，且藏鸡胚胎珠蛋白的含量明显高于平原鸡，主要表现在 β 和 α^A 亚基的含量上。对低氧下两品种胚胎不同发育阶段的检测也与之相符。结合珠蛋白 mRNA 转录及血红蛋白含量的测定结果，基本可以确定低氧发育过程中藏鸡红细胞内珠蛋白亚基的表达可能受到转录后调控机制的影响，且珠蛋白翻译效率相对较高。

从上述实验结果来看，如果藏鸡在低氧发育过程中珠蛋白的表达模式与低氧适应存在关联，那么一些关键性的问题不得不加以考虑：①藏鸡胚胎后期珠蛋白 mRNA 水平低于平原鸡的原因？②珠蛋白转录水平下降而蛋白水平上升的原因？这两个问题根本原因在于：3～8 d 胚胎红细胞核是有功能的，血红蛋白来源即是红细胞核转录的 mRNA；而 17 d、19 d 和 21 d 红细胞可能有更大比例产生于肝脏和骨髓，为成熟红细胞，只有血红蛋白却不转录 mRNA，所以荧光定量 PCR 结果和 Northern 杂交结果一致，但与蛋白检测结果不一致。因此我们仅从蛋白定量结果看胚红细胞内的珠蛋白含量受低氧诱导增加，且藏鸡胚胎珠蛋白的含量明显高于平原鸡，这与 3～8 d mRNA 定量结果一致。

由此，低氧条件下，藏鸡胚胎具有比平原鸡更高的血红蛋白量是藏鸡低氧适应的重要机制。

7.3 藏鸡神经珠蛋白(Ngb)基因突变及其表达调控

7.3.1 Ngb 基因 SNP 检测

实验用鸡为白来航鸡(33 只)、隐性白鸡(48 只)、寿光鸡(33 只)、丝羽乌骨鸡(34 只)(以上 4 个鸡品种均来源于中国农业大学种鸡场)、林芝藏鸡(西藏，海拔 2 600 m，32 只)、山南藏鸡(西藏，海拔 3 600 m，36 只)、日喀则藏鸡(西藏，海拔 3 850 m，34 只)7 个群体。于翅下静脉采血，ACD 抗凝剂进行抗凝。抗凝血用来提取基因组 DNA，寻找候选基因的 SNP。

从 NCBI 中分别查出鸡 Ngb 基因的 mRNA 序列(序列号：NM_001031551)，然后在 UCSC 网站(网址：http://genome.ucsc.edu)的鸡基因组数据库中进行比对，根据比对序列向该基因的 5′近端调控区的上游寻找 1.0 kb 的远端调控区，Ngb 基因的基因组序列包括 4 个外显子、3 个内含子。利用软件 Oligo 6.31 设计引物(表 7.16)。

表 7.16　Ngb 基因的测序引物序列

引物编号	片段位置	引　物　序　列	产物/bp	T_m/℃
P1	5′ 上游调控区	5′ GGCCTCACCTTGACTGTCTC 3′ 5′ CACCTGGAGAAGAGGACGAC 3′	673	65
P2	1，2，3，4 外显子	5′ ATGGAGAGCGGGATGCTGTCTCG 3′ 5′ TTAGTCCCCCTCCGGGAGGACCT 3′	483	66

对确定出的 SNP 进行检测，引物信息如表 7.17 所示。其中 P2 和 P3 是扩增 Ngb 基因第四外显子中两个错义突变的引物，根据测序检测到的突变碱基位置，在 P2 人为地将反义链引物的 3′末端碱基 C 变为 G(粗斜体)来创造 *Eco*RⅠ(G/AATTC)的限制性内切酶位点，而在 P3 人为地将反义链引物的 3′末端碱基 C 变为 A 来创造 *Alu*Ⅰ(AG/CT)的限制性内切酶位点。

表 7.17　检测 SNP 的引物信息

编号	用途	引物（5′-3′顺序）	扩增位置	退火温度/℃	大小/bp
P1	SSCP	F：TCTTATAGCCCACCCTTGGATA R：TCAGGGTAATTAACGGCTGAAC	5′ 调控区	64	136
P2	GRS-PCR	F：TGCGGGAGTGAGGGAAGGGGTCTGCCTG R：ACATCCGGGCTGAAGGCAGCACCCAGGGA	第 4 外显子	65	137
P3	GRS-PCR	F：TGGCGAGTCCCTGCTGTACATGCTGG R：TCGCTGCATGGCTTTCACCACCGAGC	第 4 外显子	64	112

利用 *Eco*RⅠ、*Alu*Ⅰ、*Hae*Ⅲ和 *Hae*Ⅱ内切酶对引物 P2、P3 的各个鸡品种的 PCR 产物进行酶切，酶切产物在 4%琼脂糖凝胶中电泳，溴化乙啶染色分型。

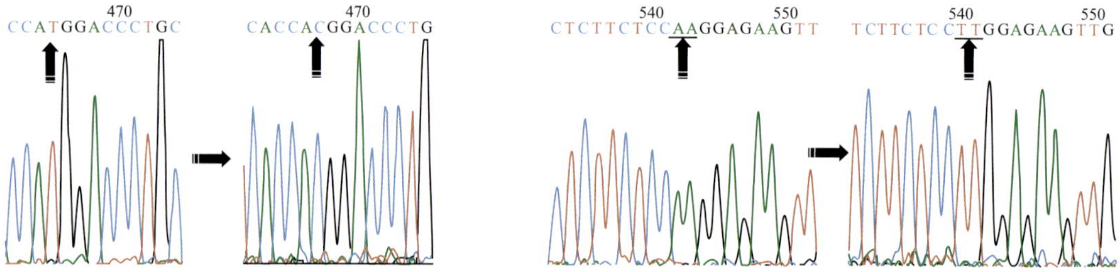

图 7.81　Ngb 基因 5′调控区的 SNP

表 7.18　Ngb 基因 5′ 调控区的突变频率分析

突变位点	等位基因	藏鸡 (n=55)	寿光鸡 (n=33)	丝羽乌骨鸡 (n=35)	白来航鸡 (n=34)	隐性白鸡 (n=48)
−408	T	0.38	0.14	0.11	0.52	0.44
	C	0.62	0.86	0.89	0.48	0.56
−335	A	0.22	0.09	0	0.82	0.73
	T	0.78	0.91	1	0.18	0.27
−334	A	0.22	0.09	0	0.82	0.73
	T	0.78	0.91	1	0.18	0.27

在 Ngb 基因上游调控区 1 kb 的序列中，共发现了三个 SNP(图 7.81 和表 7.18)，其中在上游 335 位置和 334 位置的两个突变是连在一起的，在藏鸡、丝羽乌骨鸡和寿光鸡等三个中国地方鸡品种的突变频率要远远高于白来航和隐性白两个外来品种。

Ngb 基因的预测结果如表 7.19 所示，上游 334 位的突变未引起任何变化，而上游 335 位碱基的突变引起了预测结果的变化，多了一个嗅觉神经转录因子(OLF)结合位点。

表 7.19 Ngb 基因 5′调控区上游 335 位碱基突变后可能的转录因子结合位点

转录因子名称	正/反链	结合序列
Alpha (1)-fetoprotein transcription factor (FTF), liver receptor homologue-1 (LRH-1)	(−)	tatcCAAGggtgg
Olfactory neuron-specific factor	(+)	ctcttcTCCTtggagaagttggg
Winged helix protein, involved in hair keratinization and thymus epithelium differentiation	(−)	cggACGCgttc
B-cell-specific activator protein	(+)	gcgtccGACAaggctgcgttccgccccgc

利用测序技术检测 Ngb 基因所有外显子序列，测序结果与网上序列进行比对，发现在其编码区共存在 4 个突变，其中有两个是错义突变(图 7.82)。

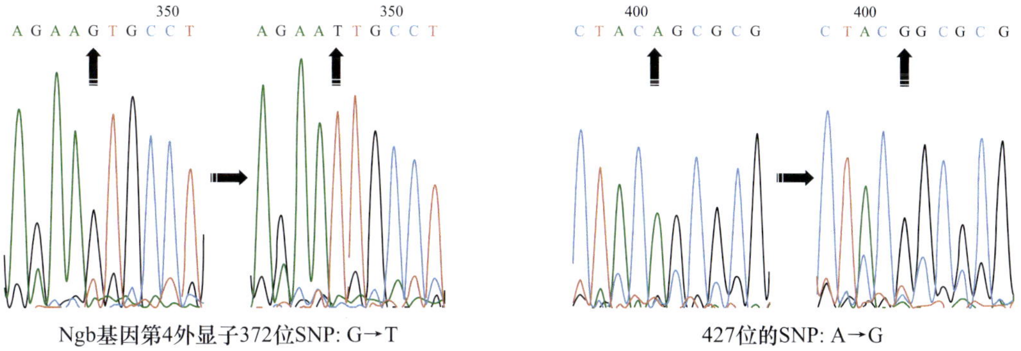

图 7.82 Ngb 基因外显子错义突变的 SNP

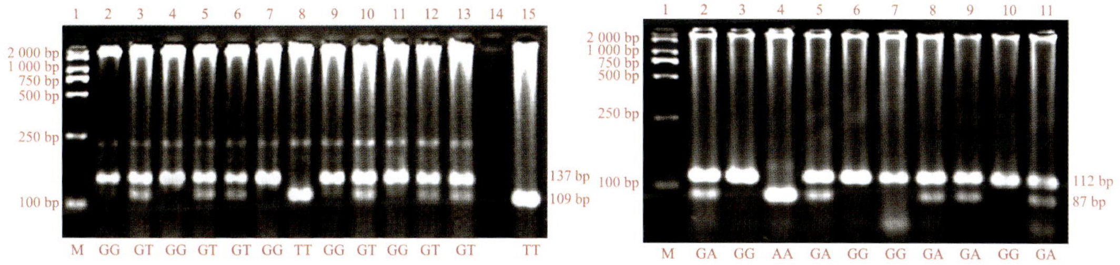

图 7.83 创造性内切酶法分析 Lys-2224(E4)-Asn(左)和 Ser-2279(E4)-Gly(右)突变位点的电泳图谱

首次发现的两个突变位点的创造性内切酶法分型结果如图 7.83 所示，Lys-2224(E4)-Asn 突变可分为 GG(137 bp)，TT(109 bp+28 bp)和 GT(137 bp+109 bp+28 bp)三种基因型(28 bp 的条带在目前的电泳条件下未能显示)，而 Ser-2279(E4)-Gly 突变则相应为 GG(112 bp)，AA(87 bp+25 bp)和 GA(112 bp+87 bp+25 bp)三种基因型(同理 25 bp 的条带也未能显示在电泳图谱中)。

表 7.20 列出了不同鸡品种中突变基因的频率。其中 Lys-2224(E4)-Asn 突变仅在藏鸡中检测到，经 χ^2 检验，3 个藏鸡群体在此突变上的基因型频率分布均符合 Hardy-Weinberg 平衡定律，日喀则藏鸡的基因频率显著高于林芝藏鸡($\chi^2 = 4.72, P < 0.05$)。通过不同物种间神经

珠蛋白的序列比对(图 7.84),发现鸡的神经珠蛋白序列与其他物种的同源性在 65%~75%之间,本研究检测到的两个错义突变均位于保守区域。

表 7.20　不同鸡品种中突变基因频率分布

突变位点	氨基酸位置	等位基因	编码氨基酸	林芝藏鸡 (n=32)	山南藏鸡 (n=36)	日喀则藏鸡 (n=34)	寿光鸡 (n=33)	丝羽乌骨鸡 (n=34)	白来航鸡 (n=33)	隐性白鸡 (n=48)
2224	124	G	Lys	0.77	0.61	0.59	1	1	1	1
		T	Asn	0.23	0.39	0.41	0	0	0	0
			AA	0.63	0.39	0.35	1	1	1	1
			BB	0.09	0.17	0.24	0	0	0	0
			AB	0.28	0.44	0.41	0	0	0	0
2279	143	A	Ser	0.47	0.42	0.40	0.53	0.50	1	0.65
		G	Gly	0.53	0.58	0.60	0.47	0.50	0	0.35
			AA	0.32	0.25	0.21	0.39	0.35	1	0.56
			BB	0.42	0.42	0.41	0.30	0.35	0	0.15
			AB	0.26	0.33	0.38	0.30	0.30	0	0.29

图 7.84　不同物种神经珠蛋白的序列比对图谱(箭头为氨基酸突变位置)

分析所筛选到的两个错义突变的单倍型和二倍型(表 7.21),两个突变共发现 4 种单倍型,单倍型 TG 的频率在藏鸡群体里随海拔高度的升高而增高,与之对应的二倍型 TTGG 有相同的变化趋势,在单倍型 TG 的频率上日喀则藏鸡要高于林芝藏鸡(χ^2= 4.35,P<0.05)。

表 7.21　藏鸡神经珠蛋白基因突变的单倍型和二倍型频率

	E2224	E2279	林芝藏鸡 (2 600 m,n=32)	山南藏鸡 (3 600 m,n=36)	日喀则藏鸡 (3 850 m,n=34)
单倍型频率	G	A	44.04	34.27	33.61
	G	G	32.52	28.23	25.21
	T	A	2.83	7.39	4.62
	T	G	20.61	30.11	36.56

续表 7.21

E2224	E2279	林芝藏鸡 (2 600 m, n=32)	山南藏鸡 (3 600 m, n=36)	日喀则藏鸡 (3 850 m, n=34)
二倍型频率	GGAA	31.25	19.44	14.71
	GGGG	21.88	13.89	11.76
	GGAG	9.38	8.33	8.82
	GTGG	9.38	16.67	14.71
	GTAA	3.13	5.56	5.88
	GTAG	15.63	22.22	26.47
	TTGG	6.25	13.89	17.65
	TTGA	3.13	0	0

种蛋孵化结果显示 170 枚种蛋的受精率为 74.12%，在 13%的氧浓度下孵化率为 35.71%，对活胚与死胚的突变检测结果见表 7.22，经 χ^2 检验，活胚中 TG 单倍型的频率极显著高于死胚($P<0.001$)，GA 单倍型的频率则显著低于死胚($P<0.001$)，二倍型中频率较高的为 GTAG，TTGG 和 GTGG，死胚中频率较高的则是 GGAA，GGAG 和 GTAG 3 种二倍型。

表 7.22 低氧模拟孵化的藏鸡活胚与死胚的神经珠蛋白基因的突变频率分析

项目			活胚		死胚	
			个体数	频率/%	个体数	频率/%
等位基因频率	G	Lys	45	57.78	81	78.40
	T	Asn		42.22		21.60
	A	Ser		35.56		40.74
	G	Gly		64.44		59.26
单倍型频率	G	G	27	29.47	43	26.69
	G	A	25	28.30	83	51.09
	T	G	31	34.97	27	16.52
	T	A	7	7.25	9	5.70
二倍型频率	GGAA		3	6.67	23	28.40
	GGGG		5	11.11	10	12.35
	GGAG		6	13.33	16	19.75
	GTGG		7	15.56	5	6.17
	GTAA		3	6.67	6	7.41
	GTAG		14	31.11	18	22.22
	TTGG		7	15.56	3	3.70

尽管大脑只占人体质量的 2%，但其消耗着人体 20%的可供氧气，且神经细胞对缺氧非常敏感，如果大脑组织局部短暂缺氧，将导致神经细胞死亡和功能丧失，这时贮存在 Ngb 中的氧

可以及时帮助维持神经功能。Ngb 高的氧亲和性可以协助氧气通过血脑屏障，并且在神经组织代谢过程中增加氧的运输、储存和供应。

本实验采用克隆测序与创造性酶切位点方法来研究神经珠蛋白基因在藏鸡中的突变。藏鸡可以在 4 000 m 海拔以上生存，而多数的隐性白鸡和寿光鸡都无法在海拔 2 900 m 以上生存(张浩等，2005)。我们所用 5 个实验鸡品种中仅在藏鸡中检测到有 Lys-2224(E4)-Asn 突变，其突变频率随海拔高度的增高而升高，揭示此突变可能与藏鸡有极强的低氧适应特性有关。Ser-2279(E4)-Gly 突变在藏鸡，寿光鸡和丝羽乌骨鸡上的突变频率都比较接近，并且高于白来航和隐性白 2 个外来鸡品种，这可能与不同的人工选育方向有关，也从侧面说明本地品种与外来品种的血缘关系较远。进一步对不同海拔藏鸡群体分析两个突变的单倍型和二倍型，其中频率最高的单倍型是 GA，频率最低的单倍型是 TA，检测到的 4 种单倍型在所有的藏鸡中共出现 8 种二倍型，二倍型 GGAA 和 GTAG 的频率均较高，在所有检测到的二倍型中占主导地位，其他的二倍型频率都在 0%～21.88%之间。因其他鸡品种只存在一个氨基酸突变，故只存在 2 种单倍型和 3 种二倍型。藏鸡的单倍型 TG 及相应二倍型 TTGG 频率随着海拔高度的增高而升高，而单倍型 GA 和相应的二倍型 GGAA 则表现出相反的趋势。我们又分析了低氧模拟孵化的藏鸡群体的基因分布情况，在活胚与死胚中差异较大的单倍型为 TG 和 GA，相应的二倍型是 TTGG 和 GGAA，此结果揭示了不同海拔群体的藏鸡 Ngb 基因突变频率的分布趋势。上述结果表明 Lys-2224(E4)-Asn 可能是一个低氧功能突变，单倍型 TG 是藏鸡低氧适应的神经珠蛋白主要单倍型之一，二倍型 TTGG 可以作为一个较好的藏鸡低氧适应的分子候选标记。

7.3.2 Ngb 基因的 mRNA 表达分析

利用收集藏鸡，隐性白鸡的种蛋分别进行低氧孵化(模拟海拔 4 000 m，氧浓度 13%)和常氧孵化(氧浓度 21%)，采取 10 d、17 d、18 d、20 d 胚胎的大脑、心脏和肝脏组织迅速投入液氮，低温保存。样品用于抽提组织总蛋白及提取总 RNA。另外，再收集一批藏鸡、丝羽乌骨鸡和寿光鸡种蛋也进行低氧孵化和常氧孵化，同时采取 16 d 和 20 d 胚胎的心脏组织，称重后迅速匀浆，用于肌红蛋白含量测定和总蛋白提取。

应用 Oligo 6.0 软件设计目的基因引物，序列在上海英骏生物公司合成，引物序列见表 7.23。

表 7.23 Ngb 基因的引物序列

基因	登录号	引物序列	扩增片段
Ngb	NM_001031551	5′ CGTCCTCTTCTCCAGGTTGTT 3′ 5′ ATCAATCACCAGCATCACCTT 3′	145 bp
28 Sr RNA	M59792	5′ GGAGCCCCGGGGAGAGTTC 3′ 5′ GGATTTTCACGGGCCAGCGAGAG 3′	140 bp

不同时期 Ngb 基因的 mRNA 在藏鸡和隐性白鸡脑组织中表达量的差异见表 7.24 和图

7.85，所用方法为 ANOVA 方差分析法。除了第 10 天之外，在第 17、18 和 20 天三个孵化后期阶段品种和氧浓度间都存在极显著的互作，在四个发育时期中，常氧下隐性白鸡 Ngb 的表达量要高于藏鸡，尤其是在后期（$P<0.001$），而在低氧下两个鸡品种 Ngb 的表达量都下调以适应低氧环境，藏鸡的 Ngb 基因表达的下降程度远低于隐性白鸡。

表 7.24 不同氧浓度下 Ngb mRNA 在藏鸡和隐性白鸡胚胎脑组织的表达

孵化阶段	氧浓度	*N*	藏鸡	隐性白鸡	*P* 值 (B)
10 d	常氧 (21%)	8	2.45±0.27	3.05±0.28	$P<0.05$
	低氧 (13%)	8	0.48±0.05	0.47±0.05	$P>0.05$
	P 值 (O)		$P<0.001$	$P<0.001$	
	B×O (*F*/*P*)	32		2.45/0.13	
17 d	常氧 (21%)	8	4.21±0.17	11.51±1.12	$P<0.001$
	低氧 (13%)	8	1.87±0.18	1.62±0.14	$P>0.05$
	P 值 (O)		$P<0.01$	$P<0.001$	
	B×O (*F*/*P*)	32		37.35/0.001	
18 d	常氧 (21%)	9	7.98±0.50	13.51±1.25	$P<0.001$
	低氧 (13%)	9	2.81±0.26	2.29±0.24	$P>0.05$
	P 值 (O)		$P<0.001$	$P<0.001$	
	B×O (*F*/*P*)	36		18.74/0.001	
20 d	常氧 (21%)	8	10.47±1.11	18.71±1.88	$P<0.001$
	低氧 (13%)	8	4.42±0.52	1.14±0.14	$P<0.05$
	P 值 (O)		$P<0.001$	$P<0.001$	
	B×O (*F*/*P*)	32		26.08/0.001	

表中数值以平均值±标准误显示，每个数值均取原始值乘以 1 000 后的校正值；B 代表品种，O 代表氧气浓度。

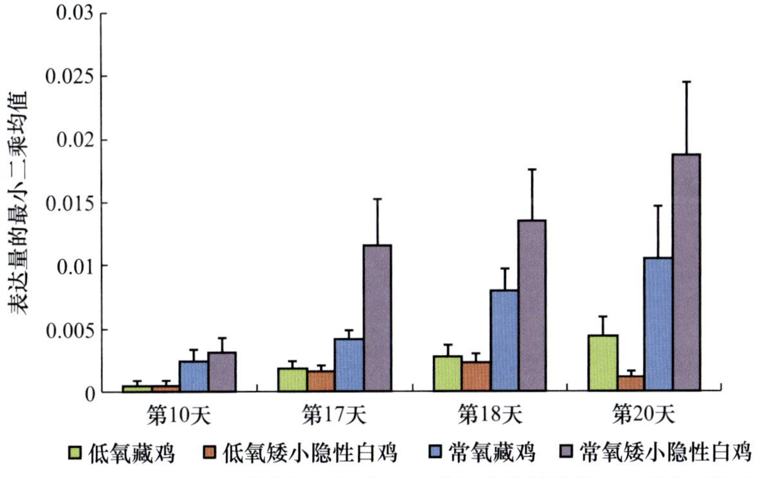

图 7.85 不同品种鸡胚胎的脑组织内 Ngb 基因表达量的最小二乘分析结果

除了第10天之外，在第17、18和20天三个孵化后期阶段品种和氧浓度间都存在极显著的互作，这可能与孵化后期胚胎死亡率较高，常氧下高表达Ngb的隐性白鸡中在严重缺氧的环境下Ngb表达偏低有关。由于鸡胚胎死亡主要在晚期18～21 d(佘永新等，2001；荀潇等，2005)，此时胚胎气室愈来愈大，胎儿的活动较多，特别是头部活动最为频繁，且尿囊呼吸转换为肺呼吸，胚蛋中的水分损失较快，此时需氧量也逐步增大。Sun等(2001)的研究表明在小鼠体外的神经细胞缺氧时Ngb基因的表达增加，并认为在缺血缺氧损伤中Ngb基因的表达能提高神经细胞存活，Shang等(2006)的研究也发现缺氧缺血性脑损伤时脑组织中Ngb基因的表达显著升高，而在低氧(10%)的大鼠大脑皮层中，Ngb基因在mRNA和蛋白水平上的表达都升高(Li等，2006)。但是Mammen等(2002)的研究却表明在低氧(10%)14 d之后的小鼠脑组织中并没有发现Ngb基因mRNA表达的升高。本实验结果表明，在4个发育时期，常氧条件下隐性白鸡Ngb的表达量要高于藏鸡，尤其是在后期，而在低氧下两个鸡品种Ngb的表达量都下调以适应低氧环境，藏鸡的Ngb基因表达的下降程度远低于隐性白鸡。说明在胚胎发育的关键期，Ngb基因在藏鸡更高的表达可能是其机体获得并利用更多氧的途径之一，并以此来维持机体的新陈代谢，满足胚胎发育的需要。

7.4 藏鸡细胞珠蛋白(Cygb)基因突变及其表达调控

7.4.1 Cygb基因SNP的检测

利用软件Oligo 6.31设计引物。引物序列见表7.25。

表7.25 Cygb基因的测序引物序列

引物编号	片段位置	引物序列	产物/bp	T_m/℃
P3	5′上游调控区	5′ AGGATGGTTTGGAGGAGAAATAC 3′ 5′ TAAACAGCGTGGAGGAAATAGAG 3′	630	60
P4	5′上游调控区及第一外显子	5′ GCGGTATTCTCCCTTCTTCC 3′ 5′ CTGTCATTCATCGCGTTCC 3′	895	62
P5	第二和第三外显子	5′ TAGCCTGCAGATGAAACCTACA 3′ 5′ GAGAACAGAGCAGGGTGGATT 3′	1 150	63

表7.26为SNP检测引物。在P3人为地将反义链引物的3′末端碱基C变为A(粗斜体)来创造*Alu*Ⅰ(AG/CT)的限制性内切酶位点；P4则是检测Cygb基因上游822～819碱基缺失的引物，P5是检测Cygb基因上游730碱基突变的引物，其扩增片段已具有*Hae*Ⅲ酶切(GG/CC)位点，无需人为创造酶切位点。

表 7.26 检测 Cygb 基因 SNP 的引物信息

编号	用途	引物（5′-3′顺序）	扩增位置	退火温度/℃	大小/bp
P4		F：AGCAGGGCTCAGCTACACTCCAT	5′调控区	65	233
		R：TAGAGGGGGATGGGAGAAGCAGT			
P5	RFLP	F：TCTGCCTGCCCATCCATCCGACT	5′调控区	63	94
		R：AGTGGGGGATCCCGGCAGAGGG			

利用 *Eco*RⅠ、*Alu*Ⅰ、*Hae*Ⅲ和 *Hae*Ⅱ内切酶对引物 P3、P5 的各个鸡品种的 PCR 产物进行酶切，酶切产物在 4%琼脂糖凝胶中电泳，溴化乙啶染色分型。

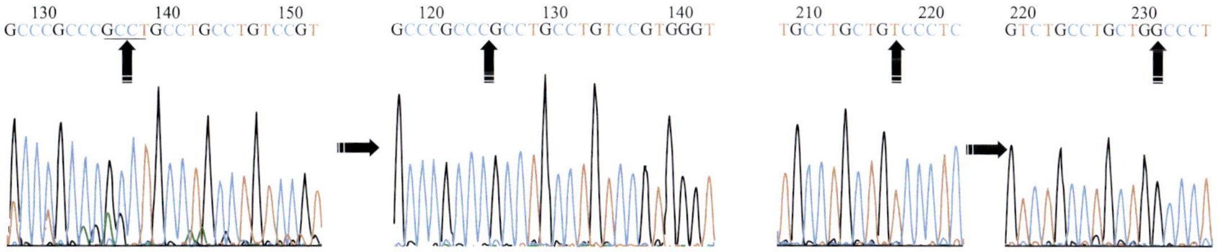

图 7.86 Cygb 基因 5′调控区的 SNP

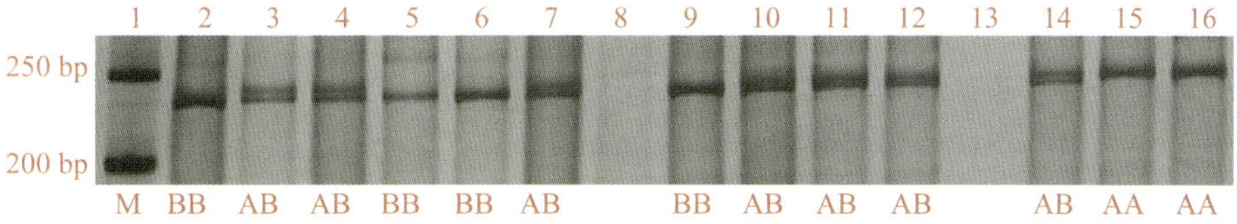

图 7.87 —822—819 的 GCCT 缺失的 16%聚丙烯酰胺凝胶电泳图谱

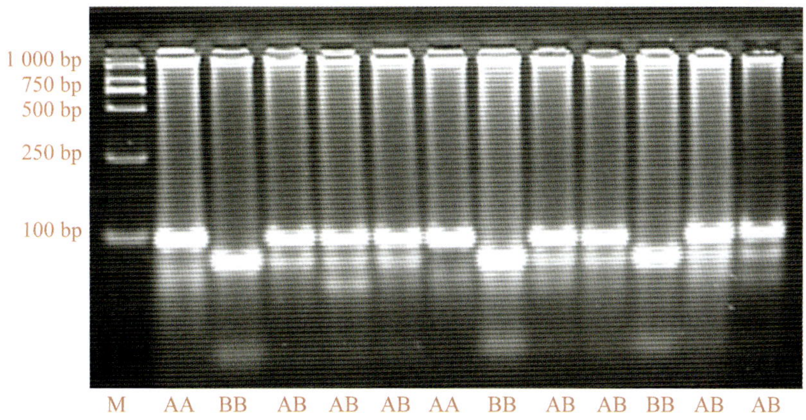

图 7.88 Cygb 基因 5′调控区-730 位突变的电泳图谱

表 7.27　Cygb 基因 5′调控区的突变及缺失情况分析

	突变位置	突变碱基	藏鸡 (n=55)	寿光鸡 (n=33)	丝羽乌骨鸡 (n=34)	白来航鸡 (n=33)	隐性白鸡 (n=48)
5′调控区	−822—819	GCCT	0.29	0.70	0.90	0.44	0.83
		—	0.71	0.30	0.10	0.56	0.17
		AA	0.11	0.52	0.79	0.24	0.66
		BB	0.51	0.12	0	0.36	0
		AB	0.38	0.36	0.21	0.40	0.34
	−730	T	0.69	0.24	0.03	0.23	0.18
		G	0.31	0.76	0.97	0.77	0.82
		TT	0.55	0.12	0	0.03	0
		GG	0.16	0.61	0.94	0.58	0.65
		TG	0.29	0.27	0.06	0.39	0.35

对 Cygb 基因 5′上游近 1 kb 的区域进行测序(图 7.86 至图 7.88 和表 7.27),在 819～822 bp处发现了 GCCT 等 4 个碱基的缺失,缺失频率以藏鸡最高,白来航鸡次之,其余三个鸡品种均较低。另外在上游 730 bp 处 T→G,藏鸡的突变频率远低于其他四个低地鸡品种。

Cygb 基因上游调控区突变的预测结果如表 7.28 所示,在上游 819～822 bp 位碱基缺失后没有引起了预测结果的变化,而在上游第 730 位碱基突变后则多了一个螺旋环螺旋 DNA 结合蛋白(HAND2)的结合位点。

表 7.28　Cygb 基因 5′调控区上游 730 位碱基突变后可能的转录因子结合位点

转录因子名称	正/反链	结合序列
PTF1 binding sites are bipartite with an E-box and a TC-box (RBP-J/L) spaced one helical turn apart	(+)	cccaCCTGtctgtctgcctgc
Heterodimers of the bHLH transcription factors HAND2 (Thing2) and E12	(−)	cagaggGCCAgcagg
B-cell-specific activator protein	(−)	gggagaAGCAgtggggatcccggcagag
NF-kappaB	(+)	ccGGGAtccccca

7.4.2　Cygb 基因定量表达

7.4.2.1　Cygb 基因 mRNA 在脑组织中的表达

采用 Oligo 6.0 软件设计目的基因引物,引物序列见表 7.29。

表 7.29　Cygb 基因的引物序列

基因	登录号	引物序列	扩增片段
Cygb	NM_001008789	5′ CATCAACACTGTGGTGGAGAAC 3′ 5′ CGGTGAGCTTCTTAAAGTAGACG 3′	122 bp
28 SrRNA	M59792	5′ GGAGCCCCGGGGAGAGTTC 3′ 5′ GGATTTTCACGGGCCAGCGAGAG 3′	140 bp

表 7.30 和图 7.89 显示了 Cygb mRNA 在大脑组织中的表达情况，可以看出常氧下藏鸡和隐性白鸡脑组织内 Cygb mRNA 水平没有显著差异，低氧下藏鸡和隐性白鸡在 4 个阶段脑组织内 Cygb 的表达量均下降，但在第 10 天、18 天和 20 天，藏鸡的 Cygb 表达量显著高于隐性白鸡。

表 7.30 不同氧浓度下 Cygb mRNA 在藏鸡和隐性白鸡胚胎脑组织的表达

孵化阶段	氧浓度	*N*	藏鸡	隐性白鸡	*P* 值 (B)
10 d	常氧 (21%)	10	10.12±1.10	8.57±0.16	$P>0.05$
	低氧 (13%)	10	2.76±0.33	0.84±0.08	$P<0.01$
	P 值 (O)		$P<0.001$	$P<0.001$	
	B×O (*F*/*P*)	40		0.11/0.75	
17 d	常氧 (21%)	10	6.07±0.64	7.54±0.84	$P>0.05$
	低氧 (13%)	10	3.72±0.34	3.13±0.36	$P>0.05$
	P 值 (O)		$P<0.01$	$P<0.001$	
	B×O (*F*/*P*)	40		3.12/0.09	
18 d	常氧 (21%)	10	13.05±1.80	12.23±1.43	$P>0.05$
	低氧 (13%)	10	4.12±0.44	1.03±0.05	$P<0.001$
	P 值 (O)		$P<0.001$	$P<0.001$	
	B×O (*F*/*P*)	40		0.94/0.34	
20 d	常氧 (21%)	10	18.61±1.75	15.68±1.10	$P>0.05$
	低氧 (13%)	10	5.14±0.39	0.74±0.06	$P<0.01$
	P 值 (O)		$P<0.001$	$P<0.001$	
	B×O (*F*/*P*)	40		0.49/0.48	

表中数值以平均值±标准误显示，每个数值均取原始值乘于 100 后的校正值。

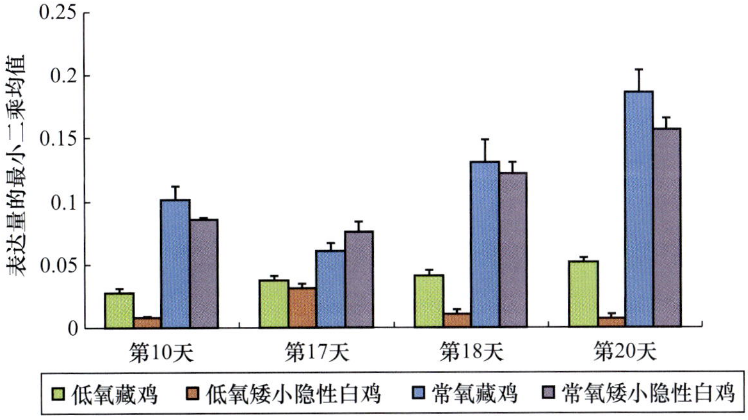

图 7.89 Cygb 基因在胚胎大脑组织内表达量的最小二乘分析结果

7.4.2.2 Cygb 基因 mRNA 在肝脏组织中的表达结果

如表 7.31 和图 7.90 所示，在胚胎发育的后期(18 d 和 20 d)Cygb 的表达要显著高于前期，常氧条件下藏鸡 Cygb 的表达显著高于隐性白鸡，低氧下两者并无显著差异，在各个时期低氧下 Cygb 的表达均上调，但藏鸡上调的程度没有隐性白鸡高，尤其到 18 d 和 20 d 时，藏鸡上调的程度要远低于隐性白鸡。

表 7.31 不同氧浓度下 Cygb mRNA 在藏鸡和隐性白鸡胚胎肝脏组织的表达

孵化阶段	氧浓度	N	藏鸡	隐性白鸡	P 值 (B)
10 d	常氧 (21%)	10	14.08±1.71	8.72±1.71	P<0.05
	低氧 (13%)	10	27.83±1.71	24.58±1.71	P>0.05
	P 值 (O)		P<0.001	P<0.001	
	B×O (F/P)	40		0.38/0.54	
17 d	常氧 (21%)	10	9.96±1.47	5.34±1.47	P<0.05
	低氧 (13%)	10	19.06±1.47	17.18±1.47	P>0.05
	P 值 (O)		P<0.001	P<0.001	
	B×O (F/P)	40		0.86/0.36	
17 d	常氧 (21%)	10	37.64±3.24	20.88±3.24	P<0.001
	低氧 (13%)	10	52.41±3.24	44.40±3.24	P>0.05
	P 值 (O)		P<0.01	P<0.001	
	B×O (F/P)	40		1.82/0.19	
17 d	常氧 (21%)	10	34.95±3.21	21.01±3.21	P<0.01
	低氧 (13%)	10	45.72±3.21	42.59±3.21	P>0.05
	P 值 (O)		P<0.05	P<0.001	
	B×O (F/P)	40		2.83/0.10	

表中数值以平均值±标准误显示，每个数值均取原始值乘于 100 后的校正值。

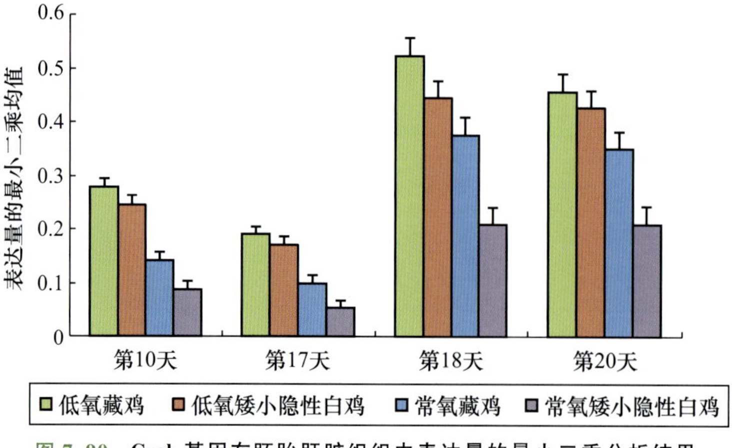

图 7.90 Cygb 基因在胚胎肝脏组织内表达量的最小二乘分析结果

7.4.3　Cygb 蛋白 Western blot 定量

以 cDNA 为模板，扩增 Cygb 基因的全部编码区序列（第五节 Mb 基因同），表 7.32 中斜体下划线部分为酶切位点序列，GAATTC 为 *Eco*R Ⅰ酶切位点，而 CTCGAG 则为 *Xho* Ⅰ酶切位点。

表 7.32　扩增目的基因的引物信息

目的基因	引物序列	SIZE/bp	T_m/℃
Cygb	F：5′- CGC*GAATTC*ATGGAGAAAGTCCAGGGTGAAATGG -3′ R：5′- TAT*CTCGAG*TCACAGCGTGGCACTGGGGTA -3′	558	63
Mb	F：5′- TAT*GAATTC*ATGGGGCTCAGCGACCAGGAG -3′ R：5′- GCG*CTCGAG*CTAACCCTGGAAACCAAACTC -3′	483	65

原核重组表达载体的构建将目的基因片段克隆至 pGEX-4T-1 表达载体（图 7.91）。

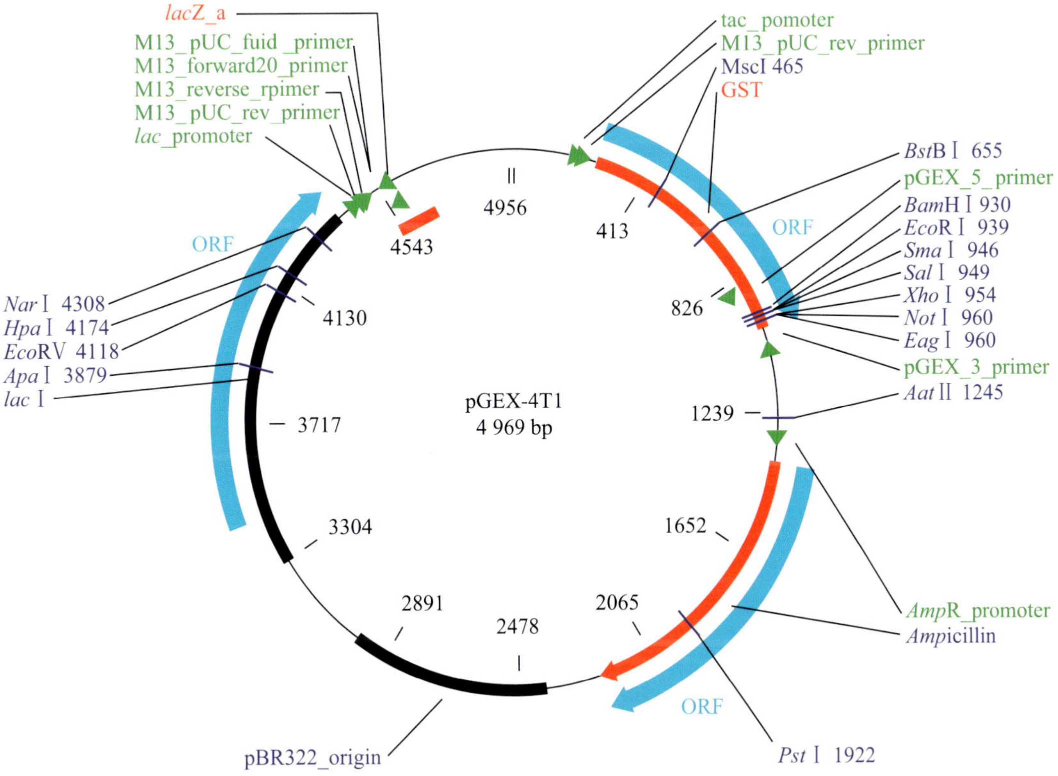

图 7.91　pGEX-4T-1 重组表达载体示意图

以上述表达蛋白制备兔抗鸡 Cygb 和 Mb 抗血清，利用纯化好的蛋白包被抗原，ELISA 实验检测抗血清效价，结果证明抗血清效价达到了 5 万倍以上，可以用于后续实验/反应。

ELISA 实验结果见图 7.92。

图 7.92　ELISA 检测兔抗鸡 Cygb 抗血清效价
(1～4 列为 Cygb 抗血清,5～6 列为阴性对照)

以兔抗鸡 Cygb 抗血清为一抗,山羊抗兔 IgG 为二抗进行 Western Blot 分析(图 7.93 和图 7.94),结果与 mRNA 表达水平类似,常氧下藏鸡和隐性白鸡脑组织内 Cygb 蛋白水平上没有显著差异,尽管低氧下两个鸡品种的 Cygb 的蛋白表达水平均下调,但藏鸡下调的程度明显低于隐性白鸡。

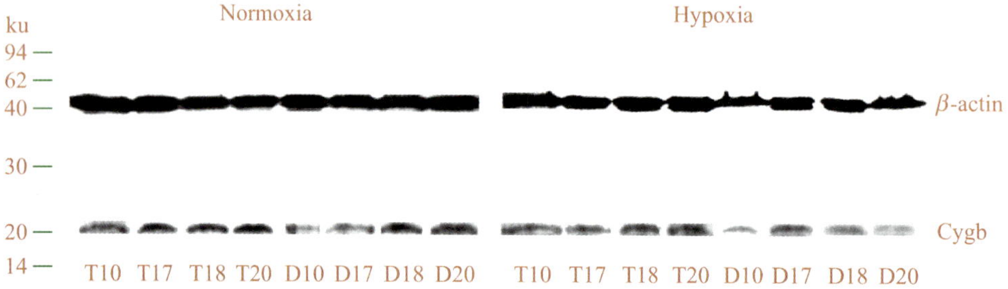

图 7.93　Cygb 蛋白在胚胎脑组织的 Western blot 表达
(左图为常氧条件,右图为低氧条件,T 代表藏鸡,D 代表隐性白鸡)

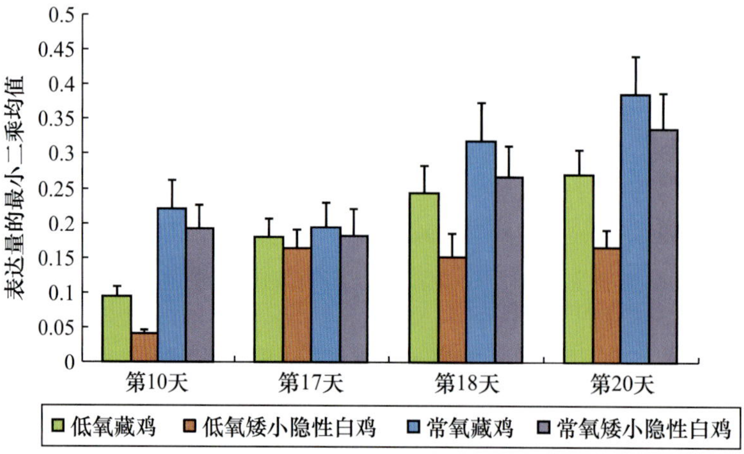

图 7.94　Cygb 蛋白在胚胎大脑组织内表达量

如图 7.95 和图 7.96 所示，常氧下藏鸡 Cygb 的表达显著高于隐性白鸡，在各个时期低氧下 Cygb 的表达均上调，但藏鸡上调的程度要低于隐性白鸡。

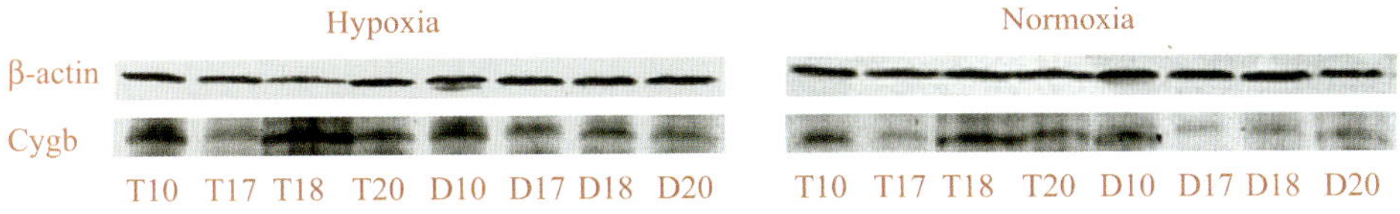

图 7.95 Cygb 蛋白在胚胎肝脏组织的 Western blot 表达

（左图为低氧条件，右图为常氧条件；T 为藏鸡，D 为隐性白鸡；表达时期为 10 d，17 d，18 d 和 20 d）

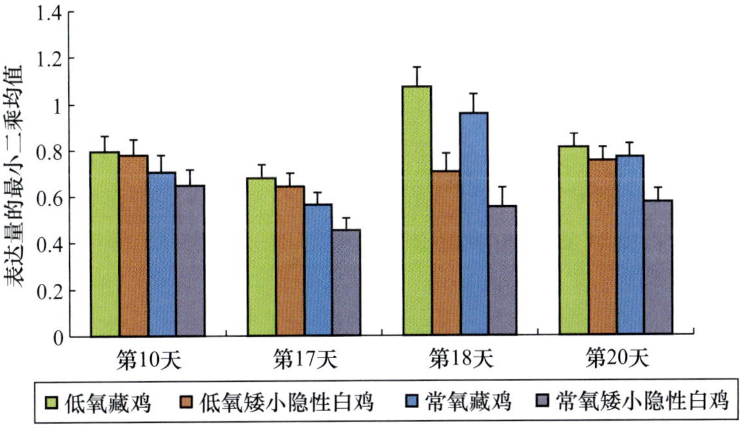

图 7.96 Cygb 蛋白在胚胎肝脏组织内表达量

7.4.4 Cygb 蛋白免疫组化定量

7.4.4.1 Cygb 在脑组织内表达

用自制的兔抗鸡血清进行免疫组化实验。

如图 7.97 所示，Cygb 主要存在于鸡胚胎大脑组织神经细胞的细胞核（箭头 1）和细胞质（箭头 2）中，也在一些神经胶质细胞（箭头 3）中表达，第 10 天的表达较弱，第 18 天和第 20 天有高表达。在低氧环境下藏鸡均比隐性白鸡表达量高。

7.4.4.2 Cygb 在肝脏组织里的蛋白表达

鸡胚胎肝脏组织的形态如图 7.98 所示，肝小叶界限不明显，肝细胞呈锥形或多边形，细胞核大而圆（箭头 1），细胞质（箭头 2）中含有许多大小不等的颗粒和微小的脂滴，箭头 3 所示为血管，箭头 4 为肝小叶内的间质细胞，Cygb 在肝脏组织中主要分布于肝小叶内间质细胞中（图 7.99 各图的箭头所示位置）。图 7.99 所示为孵化第 18 天和 20 天的图谱，Cygb 主要在细胞质中表达，而在细胞核中没有分布。两个鸡品种在各个时期低氧下的表达要高于常氧条件下表达水平。

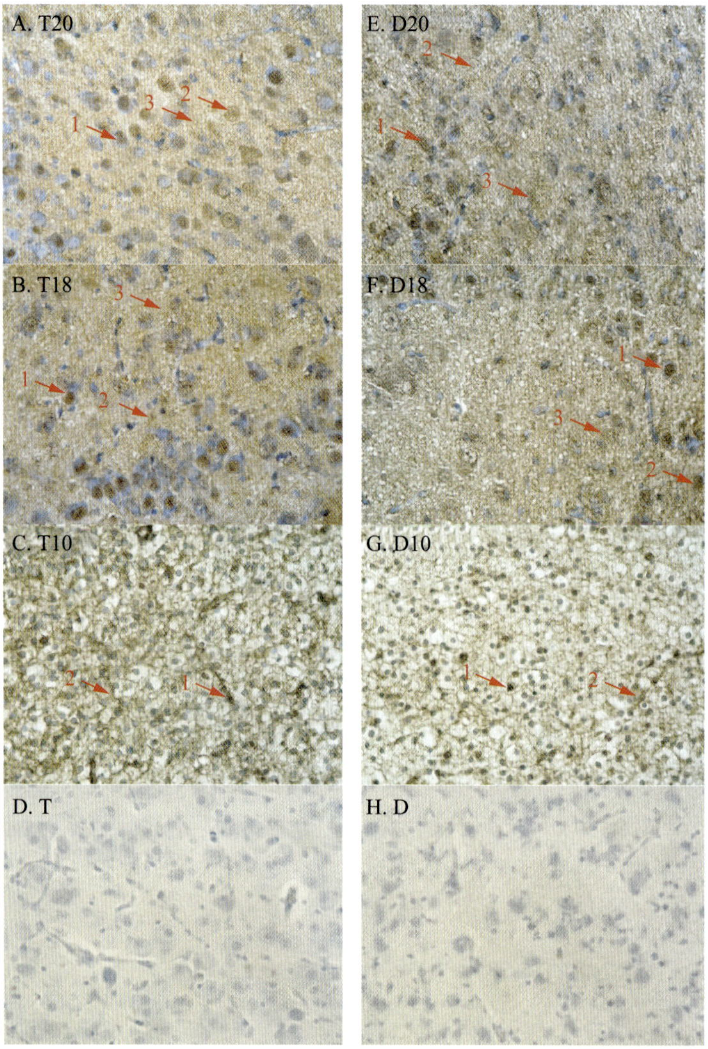

图 7.97 鸡 Cygb 多克隆抗体在脑组织中表达的免疫组化分析

(C 和 G 图为 20×,其余各图图片均为 40×;时期为低氧第 10 天、18 天和 20 天;
左边 A,B,C,D 图为藏鸡表达图谱,右边 E,F,G,H 为隐性白鸡表达图谱;其中 D,H 为阴性对照)

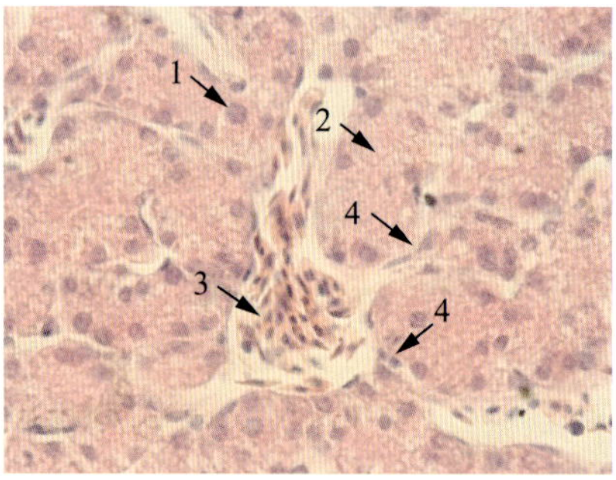

图 7.98 肝脏组织的 HE 染色(40×)

图 7.99 Cygb 蛋白在胚胎肝脏组织的表达(40×)

A,B,C,D(40×)分别为藏鸡低氧 20 d,常氧 20 d,低氧 18 d 和常氧 18 d;a,b,c,d(40×)为隐性白鸡低氧 20 d,常氧 20 d,低氧 18 d 和常氧 18 d;E,e(40×)各为两个鸡种的阴性对照

7.4.5 藏鸡 Cygb 基因低氧适应性表达机制

7.4.5.1 胚胎大脑组织

尽管珠蛋白家族是一类在功能、结构、遗传和进化研究得最为透彻的蛋白家族,但 Cygb 作为一种新发现的珠蛋白,它在动物新陈代谢中所扮演的角色仍旧不清楚。在鸡胚胎脑组织,因新陈代谢产生的持续低氧会造成神经元发育出现严重紊乱(Lee 等,2001)。Schimidt 等(2004)发现在 9%低氧浓度下 Cygb 的表达在小鼠上是上调的,Fordel 等(2004)也得出类似的结果,新近的研究却发现 10%氧浓度下大鼠大脑皮层里没有发现任何 Cygb 的 mRNA 或蛋白水平的表达差异(Li 等,2006)。我们的结果显示在鸡胚胎脑组织的不同发育阶段,Cygb 无论

在 mRNA 水平还是蛋白水平的表达量在低氧下都下调了，这似乎与其他人的研究结果不太一致。具体的原因尚不清楚，可能是由于每项研究的实验动物、发育阶段和所用氧浓度均不相同所造成。Cygb 可能在代谢途径和脑损伤的需氧中扮演着重要角色（Mammen 等，2006），一方面它可能提供氧气进行酶联反应，另一方面它可能参与神经细胞的活性氧信号途径（Fordel 等，2007；Schmidt 等，2005；Weber 等，2004）。

常氧条件下藏鸡和隐性白鸡脑组织的 Cygb 在 mRNA 和蛋白表达水平上都没有显著差异，说明低氧下两个鸡品种 Cygb 的表达差异是由低氧环境造成的。在孵化第 10 天，尿囊包围了整个胚蛋并形成了尿囊循环，此时更多的氧通过尿囊静脉中的血液向机体输送，使得胚胎的代谢和发育水平都提高了。我们的结果显示低氧下藏鸡 Cygb 的 mRNA 和蛋白表达都显著高于隐性白鸡，说明藏鸡在此时期可以通过上调 Cygb 的表达来适应低氧环境。Monge 等（1991）的研究发现鸡胚胎的死亡主要出现在孵化中的第一个星期和 18 d 之后的时期，张浩（2005）也揭示低氧下鸡胚的第二阶段的死亡高峰出现在孵化第 17.20 到 17.68 天左右。藏鸡在第 18 天和 20 天时 Cygb 的 mRNA 和蛋白表达量都要高于隐性白鸡，显示出藏鸡更好的低氧适应能力，与常氧水平相比，藏鸡在这两个阶段的表达量要低一些，这可能与藏鸡降低了其代谢活动来适应低氧环境有关，而降低组织中氧的消耗量，从而形成较低的代谢率可能是高原动物对低氧环境的另一种适应方式。对于隐性白鸡来讲，这两个阶段 Cygb 在低氧下的表达要远低于常氧，尤其是在 mRNA 水平，这个结果暗示严重的低氧压力可能超过了其脑细胞的承受能力，已经对其造成了严重的损伤。

Cygb 是一种主要存在于纤维原细胞的细胞质蛋白，在小鼠的一些外围和中枢神经的细胞质和细胞核中也有 Cygb 的存在（Geuens 等，2003；Schmidt 等，2004）。我们的结果证实 Cygb 存在于鸡胚胎大脑组织神经元的细胞质和细胞核中，在 18 d 和 20 d 有着更强的表达。在低氧环境下，藏鸡高表达的 Cygb 可能更有利于氧气扩散到线粒体呼吸链中。

7.4.5.2 **胚胎肝脏组织**

肝脏是动物体内最大的消化腺，参与多种物质的合成、储存、代谢和转化，是体内新陈代谢的中心站，同时肝脏内含有多种功能性细胞，肝脏的血流量极为丰富，约占心输出量的 1/4，特别在鸟类的胚胎发育过程中，肝脏是最重要的胚胎造血器官，在孵化第 7 天即已参与造血。肝脏具有双重的血液供应，血液从门静脉和肝动脉到中央静脉沿着肝窦细胞的耗氧代谢过程中形成了明显的氧分压梯度。正常氧分压下，肝脏的代谢随肝窦内氧分压梯度变化呈区带性差异，而缺氧时其代谢的差异性就表现得更为突出，并随之出现肝细胞的功能和形态异常（李斌等，2006）。戚飞（2006）的研究表明高原孵化条件下，农大小型鸡胚胎及肝脏的生长发育显著滞后于低地孵化的结果，表现在胚胎的早期形态发育、肝脏的肝索和血窦结构的成熟变化差异。

Cygb 有跟 Mb 相似的携氧和储氧功能，并在 Mb 不表达的组织中起作用（Trent 和 Hargrove，2002）。*Cygb* 同时也可能是一种 O_2 感受器，通过这种感受器感受 O_2 浓度从而调节蛋白活性。*Cygb* 还可能作为过氧化氢酶，在肝星形细胞中起过氧化物清除剂和抗纤维化的作用（Kawada 等，2001）。由于 *Cygb* 不但在正常内脏的成纤维细胞中专一地表达，而且在纤维化损伤的内脏中均有 *Cygb* 的高表达，揭示 *Cygb* 参与胶原形成的过程（Nakatani 等，2004）。

我们的结果发现常氧下藏鸡 *Cygb* 的表达显著高于隐性白鸡，在各个时期肝脏组织内低氧下 Cygb 的表达均上调，这与 Fordel 等（2004）和 Schmidt 等（2004）的结果是一致的。但藏鸡上调的程度要低于隐性白鸡，尤其到 18 d 和 20 d 时。而在亚细胞水平上 *Cygb* 主要在肝脏细胞质中表达,在细胞核中没有分布,其中主要在肝小叶内间质细胞中表达,而 Nakatani 等(2004)和 Schmidt 等(2004)的结果证实 *Cygb* 可以在肝小叶内间质中的内皮细胞、巨噬细胞以及肝星状细胞表达。而肝星状细胞的激活是肝纤维化发生的中心环节,激活后的肝星状细胞进一步转化为成肌纤维细胞,后者可大量合成细胞外基质蛋白(即胶原、非胶原糖蛋白、蛋白多糖及弹性蛋白),而细胞外基质蛋白的大量沉积最终导致了肝纤维化的形成,从而形成慢性肝病乃至肝硬化或肝癌,造成了肝脏损伤。我们的结果显示低氧下 *Cygb* 的表达升高,尤其在孵化第 18 天和 20 天,Xu 等(2006)的研究表明 *Cygb* 可通过清除体内过剩的自由基保护肝脏抵抗纤维化过程,且 *Cygb* 可在一些缺氧条件下提高细胞抗氧化损伤能力(Stagner 等,2005),而 Nakatani 等(2004)则证实 *Cygb* 在器官纤维化时表达升高。因此我们猜测严重低氧环境可能会造成不同程度的肝损伤,从而引起 *Cygb* 的高表达,但其调控的机制还须进一步证实。作为一个候选因子,*Cygb* 可能会在研究藏鸡胚胎低氧适应方面给我们提供一个新的切入点。

7.5 藏鸡肌红蛋白(Mb)基因突变及其表达调控

7.5.1 Mb 基因 SNP 检测

PCR 引物如表 7.33 所示。

表 7.33 Mb 基因的测序引物序列

引物编号	片段位置	引物序列	产物/bp	T_m/℃
P6	5′ 上游调控区	5′ TCAGCACCTCAGCTTGTTTG 3′ 5′ ACTCAGCATTCCGTGGTCTC 3′	946	61
P7	1,2,3 外显子	5′ ATGGGGCTCAGCGACCAGGAGT 3′ 5′ CTAACCCTGGAAACCAAACTCC 3′	465	65

P6 为扩增 Mb 基因上游 646 位碱基突变的引物(表 7.34),人为地将反义链引物的 3′末端碱基 A 变为 G(粗斜体)来创造 HaeⅡ(RGCGC/Y)的限制性内切酶位点。

表 7.34 检测 SNP 的引物信息

编号	用途	引物(5′-3′顺序)	扩增位置	退火温度/℃	大小/bp
P6	GRS-PCR	F:TTGGCCACCCTGCCTACCCAAGCTT R:CATGGGTGTGATTTGGGGGC***G***C	5′ 调控区	60	149

利用创造性酶切位点检测 Mb 基因的调控区和所有外显子区,对测序结果进行序列比对分析,其结果如图 7.100 和图 7.101 所示。发现调控区上游第 686 位碱基在各个品种间存在多态,其中在藏鸡上的突变率达到 44%,而在寿光鸡、丝羽乌骨鸡和隐性白鸡上的突变率均较低,甚至为零(表 7.35)。

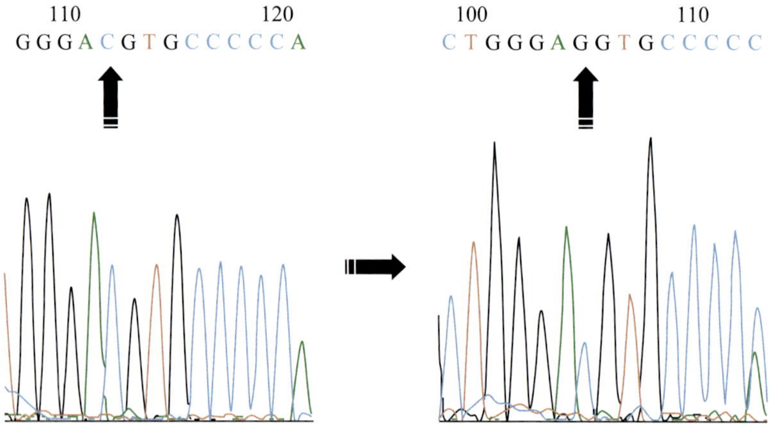

图 7.100　Mb 基因 5′调控区的 SNP

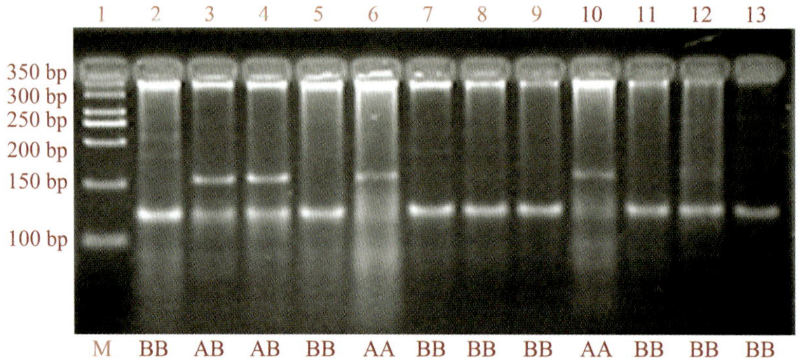

图 7.101　鸡肌红蛋白 5′调控区 646 位突变位点的电泳图谱

表 7.35　不同鸡品种突变频率分析

突变位置	突变碱基	藏鸡 (n=54)	寿光鸡 (n=34)	丝羽乌骨鸡 (n=30)	隐性白鸡 (n=27)
−646	C	0.56	1	0.95	0.89
	G	0.44	0	0.05	0.11
	AA	0.30	0	0	0
	BB	0.40	1	0.90	0.78
	AB	0.30	0	0.10	0.22

Mb 基因的预测结果如表 7.36 所示，在上游第 646 位碱基的突变引起了预测结果的变化，减少了一个肿瘤抑制因子 P53 和激活转录因子(ATF 6)。

表 7.36　Mb 基因 5′调控区上游 646 位碱基突变后可能的转录因子结合位点

转录因子名称	正/反链	结合序列
POZ/zinc finger protein, transcriptional repressor, translocations observed in diffuse large cell lymphoma	(+)	cagtcctTAGAaaggct
Tumor suppressor p53 (5′ half site)	(+)	ttagaaaggctgggaCGTGcccc

续表 7.36

转录因子名称	正/反链	结合序列
Activating transcription factor 6, member of b-zip family, induced by ER stress	(+)	aggctggGACGtgcccccaaa
CP2	(+)	ggCTGGgacgtgcccccaa
Zinc finger transcription factor GLI1	(−)	ggcacctCCCAgcct
Drosophila hairy and enhancer of split homologue 1 (HES-1)	(−)	ggggCACGtcccagc
Drosophila hairy and enhancer of split homologue 1 (HES-1)	(+)	ctgggacGTGCcccc

7.5.2 Mb 基因定量表达

定量引物的序列见表 7.37。

表 7.37 Mb 基因的引物序列

基因	登录号	引物序列	扩增片段
Mb	AB073325	5′ GAAAAGTGGAGGCCGACAT 3′ 5′ TCAGATCTTCAGAGCCCTTCA 3′	141 bp
28S rRNA	M59792	5′ GGAGCCCCGGGGAGAGTTC 3′ 5′ GGATTTTCACGGGCCAGCGAGAG 3′	140 bp

利用实时荧光定量 PCR 对 Mb 基因的 mRNA 表达进行检测(表 7.38 和图 7.102)。在两个孵化时期的氧浓度与品种间的互作均不显著,孵化 16 d 和 20 d 时,常氧下三个鸡品种均不存在显著差异,低氧下藏鸡和寿光鸡的 mRNA 表达水平存在显著差异;比较各品种低氧和常氧下表达水平的差异,寿光鸡和丝羽乌骨鸡均存在显著差异,而在第 20 天时,三个品种在低氧和常氧条件下都存在极显著差异($P<0.01$)。

表 7.38 肌红蛋白基因在鸡胚胎心脏组织内的表达水平

		藏鸡($n=10$)	寿光鸡($n=10$)	丝羽乌骨鸡($n=10$)
16 d	低氧	13.70 ± 1.47^{b}	19.23 ± 1.47^{a}	17.38 ± 1.47^{ab}
	常氧	11.69 ± 1.47	13.76 ± 1.47	12.96 ± 1.47
		$P>0.05$	$P<0.05$	$P<0.05$
	氧浓度×品种(F/P)		0.73/0.49	
20 d	低氧	9.24 ± 0.83^{b}	13.06 ± 0.83^{a}	10.95 ± 0.83^{ab}
	常氧	6.32 ± 0.83^{b}	8.83 ± 0.83^{a}	7.52 ± 0.83^{ab}
		$P<0.05$	$P<0.001$	$P<0.01$
	氧浓度×品种(F/P)		0.32/0.73	

注:同行右肩不同字母之间有显著差异($P<0.05$)。

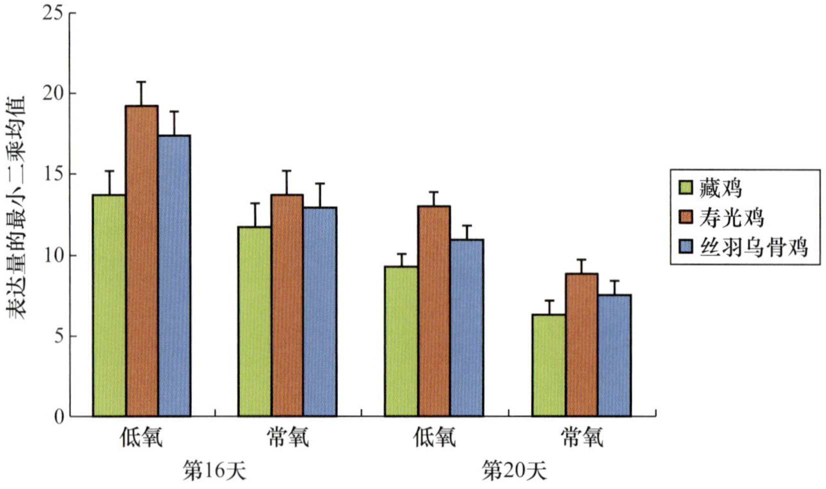

图 7.102 Mb 基因在心脏组织内表达量

7.5.3 Mb 基因蛋白定量表达

方法同第四节，ELISA 试验检测抗血清效价，结果证明抗血清效价达到了 2 万倍以上，其试验结果见图 7.103。

鸡 Mb 的 Western 杂交采用自制的兔抗鸡 Mb 抗血清作为一抗，稀释倍数为 1∶2 000。二抗采用辣根过氧化物酶标记的山羊抗兔抗血清，稀释倍数为 1∶5 000，实验中采用了预染蛋白 Marker 来监控蛋白电泳及蛋白转印过程。Western 杂交结果显示，Mb 蛋白的分子量为 17 ku（图 7.104），内标为鸡 β-actin 蛋白。

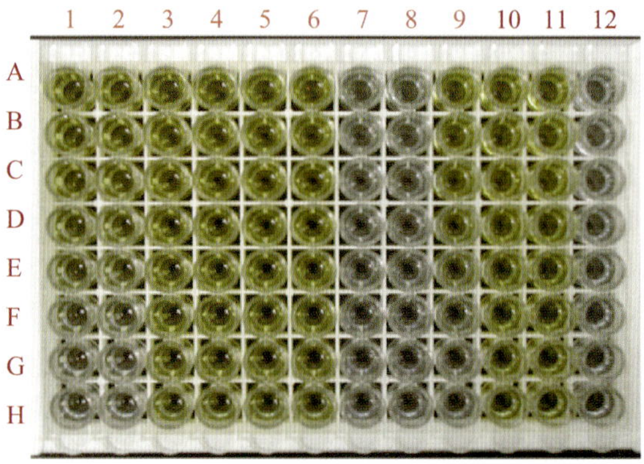

图 7.103 ELISA 检测兔抗鸡 Mb 抗血清效价（1～6 列为 Mb 抗血清，7～8 列为阴性对照）

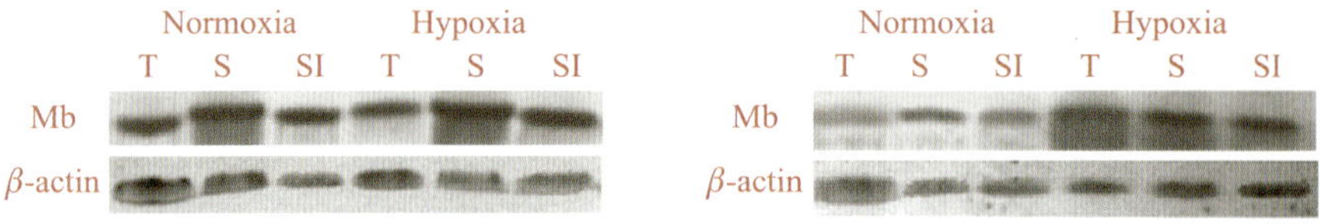

图 7.104 鸡 Mb 基因 Western Blot 结果

左图为孵化第 16 天图谱；右图为孵化第 20 天图谱；T 代表藏鸡，S 代表寿光鸡，SI 代表丝羽乌骨鸡

如图 7.105 所示，Mb 蛋白的表达量在不同时期和不同鸡品种的心脏中呈动态变化。低氧下三个鸡品种 Mb 的表达量均高于常氧，在 16 d 和 20 d 时，低氧下藏鸡和寿光鸡均存在显

著差异，而在常氧条件下 3 个鸡品种都没有显著差异。

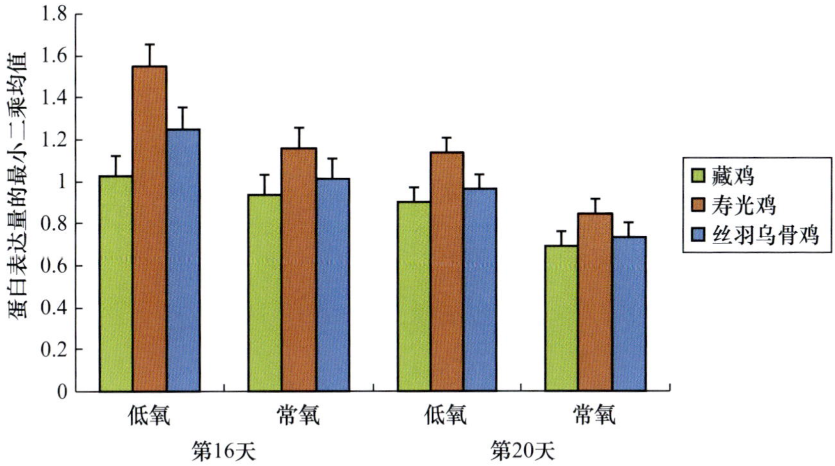

图 7.105　Mb 蛋白在鸡胚胎大脑组织内表达量

7.5.4　心脏肌红蛋白含量

三个鸡品种在低氧和常氧下肌红蛋白含量测定如表 7.39 和图 7.106 所示。在两个孵化时期的氧浓度与品种间的互作均不显著，藏鸡胚胎在孵化 16 d 和 20 d 的肌红蛋白含量均低于寿光鸡和丝羽乌骨鸡，其中常氧下三个鸡品种均不存在显著差异，而在低氧下藏鸡的肌红蛋白含量显著低于寿光鸡；比较各品种低氧和常氧下肌红蛋白含量的差异，在孵化第 20 天时三个品种低氧下的含量都较高，和常氧对比都存在极显著差异。

表 7.39　各鸡种不同氧浓度下肌红蛋白含量

		藏鸡(n=16)	寿光鸡(n=10)	丝羽乌骨鸡(n=10)
16 d	低氧	430.030 6±14.920 0^{b}	486.002 9±19.453 2^{a}	467.723 7±19.453 2^{ab}
	常氧	402.115 1±14.920 0	440.845 1±19.453 2	425.909 7±19.453 2
		$P>0.05$	$P>0.05$	$P>0.05$
	氧浓度×品种(F/P)		0.16/0.85	
20 d	低氧	385.153 0±12.667 3^{b}	431.829 8±16.994 9^{a}	416.680 3±16.994 9^{ab}
	常氧	308.321 9±12.667 3	318.201 5±16.994 9	331.682 4±16.994 9
		$P<0.001$	$P<0.001$	$P<0.001$
	氧浓度×品种(F/P)		0.77/0.47	

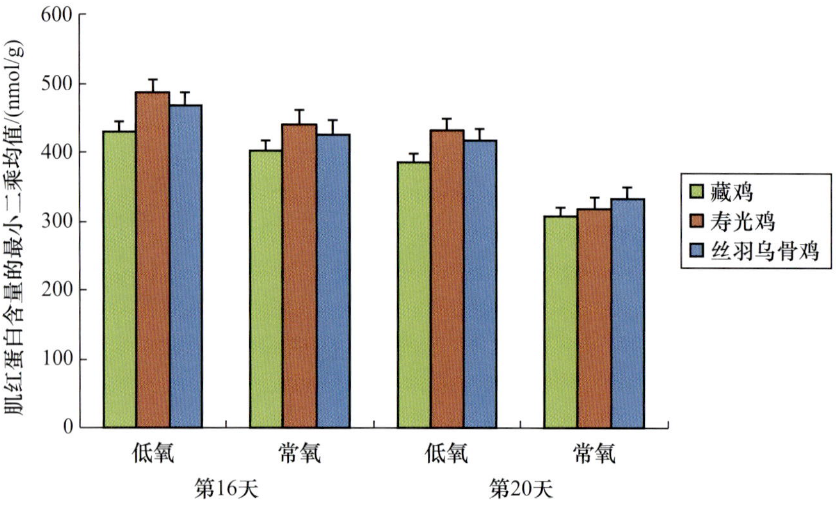

图 7.106　不同氧浓度下不同鸡品种肌红蛋白含量

7.5.5　藏鸡 Mb 基因低氧适应性表达机制

肌红蛋白是肌肉细胞中一种具有传递和贮存氧功能的蛋白质，是肌细胞和心肌细胞浆中的呼吸色素，它在心脏中有利于氧气从红细胞向线粒体的扩散，并有助于细胞储氧和氧化磷酸化提供能量，是反映肌肉组织和心肌受损的血清标记物。高原运动后肌红蛋白升高，是心脏在持续低氧环境下一种代偿性增加反应，有益于改善组织氧弥散率，是低氧生理适应机制的一个重要环节。心肌是摄氧率最高的组织，同时也是耗氧量最多的组织。因此，测定心肌氧耗量可以作为判断心肌能量代谢的指标，而且心肌细胞需要更多的 Mb 来维持氧的摄取。Canty 等(1987)发现当高铁元素取代了肌红蛋白的血红素时，并不影响常氧下的心肌收缩过程，而低氧状态下的心肌收缩力却明显下降。Taylor 等(1986)的大鼠心脏灌流实验表明肌红蛋白水平低的心脏在低氧状态下，其高能磷酸化合物的排空速率大大加快，即便是心肌细胞处于高氧浓度悬液中，肌红蛋白介导的氧弥散作用也失去了效应。

柴旦等(1997)对体外培养的乳鼠心肌细胞在低氧环境(11%)培养 12、24 和 48 h 后，心肌 Mb 含量均增加，分别为常氧对照组的(117.8±6.1)%(无显著差异)、(174.2±4.7)%和(265.1±22.1)%(均显著升高)。陈铭等(1998)测定结果表明，低氧 4 周后，大鼠心肌 Mb 极显著高于常氧组($P<0.01$)，Lurman 等(2007)认为高的线粒体能量代谢需求可能是导致心脏肌红蛋白浓度升高的原因之一。我们的结果显示在孵化 16 d 和 20 d 时，常氧下三个鸡品种的肌红蛋白含量均不存在显著差异，而在低氧下藏鸡和寿光鸡存在显著差异；比较各品种低氧和常氧条件下肌红蛋白含量的差异，在 20 天时三个品种低氧条件下的肌红蛋白含量都极显著高于常氧水平。

Roesner 等(2006)研究了斑马鱼低氧下 Mb 的表达情况，结果发现在心脏 Mb 的 mRNA 和蛋白表达水平都适度地增加。在低氧环境中，不断增长的氧气需求使得肌红蛋白表达水平上调(Hoppeler and Vogt，2001)，Vogt 等(2001)也发现在高强度低氧训练下，Mb mRNA 表达水平升高。我们的结果证实孵化 16 d 和 20 d 时，低氧下藏鸡和寿光鸡的 mRNA 和蛋白表达水平存在显著差异；比较各品种低氧和常氧下表达水平的差异，16 d 时寿光鸡和丝羽乌骨鸡中 Mb 的 mRNA 表达水平均显著升高，而在蛋白水平上仅寿光鸡的表达有明显升高；20 d 时三个品种的 Mb 在 mRNA 和蛋白水平上均上调表达，说明 20 d 时心脏的缺氧程度要远高于 16 d。到孵化第 20 天，胚胎完全用肺呼吸，此时的耗氧量急剧增大。低氧下各鸡品种 Mb 的表达均上调，相对于寿光和丝羽乌骨鸡，藏鸡的表达上调程度较小，其机制可能是在低氧条件下机体最大限度地摄取和利用有限的氧，以一种低氧耗状态完成正常的生理功能。

参考文献

Abbasi A, Lutfullah G. 2002. Molecular basis of bird respiration: primary hemoglobin structure component from Tufted Duck (Aythya fuligula, Anseriformes)-role of α99Arg in formation of a complex salt bridge network. Biochem Biophys Res Commun, 291: 176-184.

Abruzzo L V, Reitman M. 1994. Enhancer activity of upstream hypersensitive site 2 of the chicken β-globin cluster is mediated by GATA sites. J. Biol. Chem, 269: 32563-32571.

Aldenderfer M. 2003. Moving up in the world. Am. Sci., 91: 542-549.

Alter B. P. 1981. Gel electrophoretic separation of globin chains. Prog. Clin. Biol. Res., 60: 157-175.

Ama P. M H, Simoneau J A, Boulay M R, et al. 1986. Skeletal muscle characteristics in sedentary black and Caucasian males. J. Appl. Physiol., 61: 1758-1761.

Amato J, Giaccia, M. 2004. Celeste Simon and Randall Johnson. The biology of hypoxia: the role of oxygen sensing in development, normal function, and disease. Genes & Dev., 18: 2183-2194.

Amrolia P J, Rananurthy L, Saluja D. 1997. The activation domain of the enhancer binding protein P45 NF-E2 interacts with TAF IL130 and mediates long-range activation of the α- and β-globin gene loci in an erythroid cell line. Proc. Natl. Acad. Sci., USA, 94: 10051-10059.

Anja R, Christine F, Thomas H, et al. 2005. A globin gene of ancient evolutionary origin in lower vertebrates: evidence for two distinct globin families in animals. Mol. Biol. Evol., 22: 12 -20.

Anne-Claude Gingras, Brian Raught, Nahum Sonenberg. 2001. Regulation of translation initiation by FRAP/mTOR. Genes & Dev., 15: 807-812.

Arai H, Hori S, Aramori I, et al. 1990. Cloning and expression of a cDNA encoding an endothelin receptor. Nature, 348: 730-732.

Arnone A. 1972. X-ray diffraction study of binding 2, 3-diphosphoglycerate to human deoxyhaemoglobin. Nature, 237: 146-149.

Arsham A M, Howell J J, Simon M C. 2003. A novel hypoxia-inducible factor-independent hypoxic response regulating mammalian target of rapamycin and its targets. J. Biol. Chem.,

278: 29655-29660.

Axel G, Ulrich F, Klaus Z, et al. 1999. Disruption of myoglobin in mice induces multiple compensatory mechanisms. Proc. Nat. Acad. Sci., USA, 96:10495-10500.

Bartlett G R, Borgese T A. 1976. Phosphate compounds in red cells of the chicken and duck embryo. Comp. Biochem. Physiol. A., 55: 207-210, 1976.

Baumann R, Haller E A, Schöning U, et al. 1986. Hypoxic incubation leads to concerted changes in carbonic anhydrase activity and 2, 3-DPG-concentration of chick embryo red cells. Dev Biol., 116: 548-551.

Baumann R, Padeken S, Haller E A., et al. 1983. Effects of hypoxia on oxygen affinity, hemoglobin pattern, and blood volume of early chicken embryos. Am. J. Physiol. Regul. Integr. Comp. Physiol., 244: 733-741.

Baumann R, Padeken S, Haller E A. 1982. Functional properties of embryonic chicken hemoglobin. J. Appl. Physiol., 53:1439-1448.

Beall C M, Brittenham G M, Strohl K P, et al. 1998. Hemoglobin concentration of high-altitude Tibetaoms and Bolivian Agamara. Am. J. Phys. Anthropol., 106: 385-400.

Beall C M, Cavalleri G L, Deng L, et al. 2010. Natural selection on EPAS1 (HIF2alpha) associated with low hemoglobin concentration in Tibetan highlanders. Proc. Natl. Acad. Sci., USA, 107: 11459-11464.

Beall C M, Decker M J, Brittenham G M, et al. 2002. An Ethiopian pattern of human adaptation to high-altitude hypoxia. Proc. Natl. Acad. Sci., USA, 99: 17215-17218.

Beall C M, Goldstein M C. 1987. Hemoglobin concentration of pastoral nomads permanently resident at 4,850-5,450 meters in Tibet. Am. J. Phys. Anthropol, 73: 433-438.

Beall C M, Lsakowski D, Strohl K P, et al. 2001. Pulmonary nitric oxide in mountain dwellers. Nature, 414: 411-412.

Beall C M, M C Goldstein, the Tibetan Academy of Social Sciences. 1987. Hemoglobin concentration of pastoral nomads permanently resident at 4,850-5,450 meters in Tibet. Am. J. Phys. Anthropol., 73: 433-438.

Beall C M. 2007. Two routes to functional adaptation: Tibetan and Andean high-altitude natives. Proc. Natl. Acad. Sci., USA, 104, Suppl 1: 8655-8660.

Beattie J, Smith A H. 1975. Metabolic adaptation of the chick embryo to chronic hypoxia. Am. J. Physiol., 228: 1346-1350.

Behringer R R, Ryan T M, Palmiter R D, et al. 1998. Human gamma to beta-globin gene switching in transgenic mice. Genes & Dev., 4: 380-390.

Bergeron M, et al. 2000. Role of hypoxia-inducible factor-1 in hypoxia-induced ischemic tolerance in neonatal rat brain. Ann. Neurol., 48: 285-296.

Bergeron M, Yu A Y, Solway K E, et al. 1999. Induction of hypoxia-inducible factor-1 (HIF-1) and its target genes following focal ischaemia in rat brain. Eur. J. Neurosci., 11: 4159-4170.

Berkenbosch J W, Baribeau J, Perreault T. 2000. Decreased synthesis and vasodilation to nitric oxide in piglets with hypoxiainduced pulmonary hypertension. Am. J. Physiol., 278: L276-L283.

Bigham A W, Mao X, Mei R, et al. 2009. Identifying positive selection candidate loci for high-altitude adaptation in Andean populations. Hum. Geno., 4: 79-90.

Bigham A W, Pinto D, Mao X, et al. 2010. Identifying signatures of natural selection in Tibetan and Andean populations using dense genome scan data. PLoS. Genet., 6: e1001116.

Braunitzer G, Godovac J, Hemoglobins XLV. 1982. The amino acid sequence of pheasant (Phasianus colchicus colchicus) hemoglobins. J. Hoppe-Seyler's Z. Physiol. Chem., 363: 229-238.

Brown J L, Ingram M V. 1974. Structural studies on chick embryonic hemoglobins. J. Biol. Chem., 249: 3960-3972.

Bruick R K, McKnight S L. 2001. A conserved family of prolyl-4-hydroxylases that modify HIF. Science, 294: 1337-1340.

Bruns C H O, Ingram V M. 1973. The erythroid cell and hemoglobins of the chick embryo. Philos. Trans. R. Soc. Lond. B. Biol. Sci., 266: 255-305.

Bryant Villeponteau, Gregory M, Landes S, et al. 1982. The Chicken β Globin Gene Region. J. Biol. Chem., 257: 11015-11023.

Bulger M, Groudine M. 1999. Looping versus linking: toward a model for long-distance gene activation. Genes & Dev., 13: 2465-2477.

Bunn H F, Poyton R O. 1996. Oxygen sensing and molecular adaptation to hypoxia. Physiol. Rev., 76: 839-85.

Bunn, H F, Forget B G, Ranney H M. 1977. Human hemoglobins. Philadelphia: The W. B. Saunders Co.

Burmester S, Hankeln T. 2004. Neuroglobin: A respiratory protein of the nervous system. News Physiol. Sci., 19: 110-113.

Burmester T, Ebner B, Weich B, et al. 2002. Cytoglobin: a novel globin type ubiquitously expressed in vertebrate tissues. Mol. Biol. Evol., 19: 416-421.

Burmester T, Weich B, Reinhardt S, et al. 2000. A vertebrate globin expressed in the brain. Nature, 407: 520-523.

Busch T, Bartsch P, Pappert D, et al. 2001. Hypoxia Decreases Exhaled Nitric Oxide in Mountaineers Susceptible to High-Altitude Pulmonary Edema. Am. J. Respir. Crit. Care. Med., 163: 368-373.

Canty A, Driedzic W R. 1987. Evidence that myoglobin does not support heart performance at maximal levels of oxygen demand. J. Exp. Biol., 128: 469-473.

Carey C, Dunin-Borkowski O, Leon-Velarde F, et al. 1993. Blood gas, pH and hematology of montane and lowland coot embryos. Respir. Physiol., 93: 151-163.

Carey C, Leon-Velarde F, Dunin-Borkowski O, et al. 1989. Shell conductance, daily water loss, and water content of Puna teal eggs. Physiol. Zool., 62: 83-95.

Carey C, Martin C. 1997. Physiological ecology of incubation of ptarmigan eggs at high and low altitudes. Wildlife Biol., 3: 211-218.

Caterina J J, Ryan I M, Pawhk K M, et al. 1991. Human β globin locus control region: analysis of the 5′DNase Ⅰ hypersensitive site HS2 in transgenic mice. Proc. Natl. Acad. Sci., USA, 88: 1626-1630.

Chakalova L, Debrand E, Mitchell J A, et al. 2000. Replication and transcription: shaping the landscape of the genome. Nat. Rev. Genet., 6: 669-677.

Chandel N S, Schumacker P T. 2000. Cellular oxygen sensing by mitochondria: old questions, new insight. J. Appl. Physiol., 88: 1880-1889.

Chandel N, Maltepe E, Goldwasser E, et al. 1998. Mitochondrial reactive oxygen species trigger hypoxia-induced transcription. Proc. Natl. Acad. Sci., 95: 11715-11720.

Chapman B S, Tobin A J. 1979. Distribution of developmentally regulated hemoglobins in embryonic erythroid populations. Dev. Biol., 69: 375-387.

Chervenak A P, Basu P, Shin M, et al. 2006. Identification, characterization and expression pattern of the chicken EKLF gene. Dev. Dyn., 235: 1933-1940.

Choi O R, Engel J D. 1988. Developmental regulation of β-globin gene switching. Cell, 55: 17-26.

Chung S W, Wong S C, Clarke B J, et al. 1984. Human embryonic ζ-globin chains in adult patients with α-thalassemia. Proc. Natl. Acad. Sci., USA, 81: 6188-6191.

Cirotto C, Panara F, Arangi I. 1987. The minor haemoglobins of primitive and definitive erythrocytes of the chicken embryo: Evidence for haemoglobin L. Dev., 101: 805-813.

Cockman M E, et al. 2006. Posttranslational hydroxylation of ankyrin repeats in IkB proteins by the hypoxia-inducible factor (HIF) asparaginyl hydroxylase, factor inhibiting HIF (FIH). Proc. Natl. Acad. Sci., USA, 103: 14767-14772.

Cockman M E. 2000. HIF-α binding and ubiquitylation by the von Hippel-Lindau tumor suppressor protein. J. Biol. Chem., 275: 25733-25741.

Couture M, Burmester T, Hankeln T, et al. 2001. The heme environment of mouse neuroglnhin: evidence for the presence of two conforrrmtiorm of the heme pocket. J. Biol. Chem., 276: 36377-36382.

Croddley M, Merika M, Orkin S. 1995. Self-association of the erythroid transcription factor GATA-1 mediated by its zine finger domains. Mol. Cell. Biol., 15: 2448-2456.

Cynthia M Beall. 2007. Two routes to functional adaptation: Tibetan and Andean high-altitude natives. Proc. Natl. Acad. Sci., 104: 8655-8660.

Dang C V, Semenza G L. 1999. Oncogenic alterations of metabolism. Trends. Biochem. Sci., 24: 68-72.

Darwin C. 1896. The variation of animals and plants under domestication. 2nd ed. New York: Appleton and company.

Dean A. 2006. On a chromosome far, far away: LCRs and gene expression. Trends. Genet., 22: 38-45.

Dieterlen L F, Beaupain D, Martin C. 1976. Origin of erythropoietic stem cells in avian development: Shift from the yolk sac to an intraembryonic site. Ann. Immunol. , Paris, 127: 857.

Dieterlen L F, Martin C. 1981. Diffuse intraembryonic hemopoiesis in normal and chimeric avian development. Dev. Biol. , 88: 180.

Dillon N, Grosveld F. 1991. Human gamma-globin genes silenced independently of other genes in the beta-globin locus. Nature, 350: 252-254.

Droma Y, Hanaoka M, Basnyat B, et al. 2006. Genetic contributeon of the endothelial nitric oxide synthase gene to high altitude adaptation in sherpas. High. Alt. Med. Biol. , 7: 209-220.

Duplain H, Sartori C, Lepori M, et al. 2000. Exhaled Nitric Oxide in High-Altitude Pulmonary Edema. Role in the Regulation of Pulmonary Vascular Tone and Evidence for a Role against Inflammation. Am. J. Resp. Crit. Care. Med. , 162: 221-224.

Duranteau J, Chandel N S, Kulisz A, et al. 1998. Intracellular signaling by reactive oxygen species during hypoxia in cardiomyocytes. J. Biol. Chem. , 273: 11619-11624.

Dusseau J W, Hutchins P M. 1988. Hypoxi-induced angiogenesis in chick chorioallantoic membranes: a role for adenosine. Respir. Physiol. , 71: 33-44.

Ebert B J, Gleadle J M O, Rourke J F, et al. 1996. Isoenzyme-specific regulation of genes involved in energy metabolism by hypoxia: similarities with the regulation of erythropoietin. Biochem. J. , 313: 809-814.

Ebert B L, Firth J D, Ratcliffe P J. 1995. Hypoxia and mitochondrial inhibitors regulate expression of glucose transporter 1 via distinct cis-acting sequences. J. Biol. Chem. , 270: 29083-29089.

Edwards M J, Martin R J. 1965. Mixing technique for the o-ygen-hemoglobin equilibrium and Bohr effect. J. Appl. Physiol. , 21: 1898-1902.

Enver T, Raich N, Ebens A J, et al. 1990. Developmental regulation of human fetal-toadult globin gene switching in transgenic mice. Nature, 344: 309-313.

Erzurum S C, Ghosh S, Janocha A J, et al. 2007. Higher blood flow and circulating NO products offset high-altitude hypoxia among Tibetans. Proc. Natl. Acad. Sci. , USA, 104: 17593-17598.

Erzurum S C, Ghosh S, Janocha A, et al. 2007. Higher blood flow and circulating NO products offset high-altitude hypoxia among Tibetans. Proc. Natl. Acad. Sci. , 104: 17593-17598.

Evans T, Felsenfeld G, Reitman M. 1990. Control of globin gene transcription. Ann. Rev. Cell Biol. , 6: 95-124.

Fago A, Hundahl C, Dewilde S, et al. 2004. Allosteric regulation and temperature dependence of oxygen binding in human neuroglobin and cytoglobin. Molecular mechanisms and physiological significance. J. Biol. Chem. , 279: 44417-44426.

Farache G, Razin S V, Rzeszowska W, et al. 1990. Mapping of Structural and

Transcription-Related Matrix Attachment Sites in the α-Globin Gene Domain of Avian Erythroblasts and Erythrocytes. Mol. Cell. Bio. , 10: 5349-5358.

Faraci F M, Kilgore Jr D L, Fedde M R. 1984a. Oxygen delivery to the heart and brain during hypoxia: Pekin duck vs. bar-headed goose. Am. J. Physiol. Regul. Integr. Comp. Physiol. , 247: R69-R75.

Fike C D, Kaplowitz M R, Thomas C J, et al. 1998. Chronic hypoxia decreases nitric oxide production and endothelial nitric oxide synthase in newborn pig lungs. Am. J. Physiol. 274: L517-L526.

Filipe A, Li Q, Deveaux S, et al. 1999. Regulation of embryonic/fetal globin genes by nuclear hormone receptors: a novel perspective on hemoglobin switching. EMBO. J. , 18: 687-697.

Firth J D, Ebert B L, Pugh C W, et al. 1994. Oxygen regulated control elements in the phosphoglycerate kinase 1 and lactate dehydrogenase A genes: similarities with the erythropoietin 39 enhancer. Proc. Natl. Acad. Sci. , USA, 91: 6496-6500.

Firth J D, Ebert B L, Ratcliffe P J. 1995. Hypoxic regulation of lactate dehydrogenase. A. J. Biol. Chem. , 270:21021-21027.

Foley K P, Pruzina S, Winick J D, et al. 1994. The chicken β/ε-globin enhancer directs autonomously regulated, high-level expression of the chicken ε-globin gene in transgenic mice. Proc. Natl. Acad. Sci. , USA, 91: 7252-7256.

Fordel E, Geuens E, Dewilde S, et al. 2004. Cytoglobin expression is upregulated in all tissues upon hypoxia: an in vitro and in vivo study by quantitative real-time PCR. Biochem Biophys Res. Commun. , 319: 342-348.

Fordel E, Geuens E, Dewilde S, et al. 2004. Hypoxia/Ischemia and the regulation of neuroglobin and cytoglobin expression. IUBMB Life, 56: 681-687.

Fordel E, Thijs L, Moens L, et al. 2007. Neuroglobin and cytoglobin expression in mice. Evidence for a correlation with reactive oxygen species scavenging. FEBS. J. , 274: 1312-1317.

Forrester W C, Epner E, Driscoll M C, et al. 1990. A deletion of the human β-globin locus activation region (LAR) causes a major alteration in chromatin structure and replication across the entire β-globin locus. Genes & Dev. , 4: 1637-1649.

Forsythe J A, Jiang B H, Iyer N V, et al. 1996. Activation of vascular endothelial growth factor gene transcription by hypoxia-inducible factor 1. Mol. Cell Biol. , 16:4604-4613.

Francis D W, Bernier P E, Hutto D C. 1967. The effect of altitude on the hatchability of chicken eggs. In: North M. O. Physical conditions in incubation(1947). Poult. Sci. , 46: 1384-1389.

Francis D W, Bernier P E, Hutto D C. 1967. The effect of altitude on the hatchability of chicken eggs. Poult. Sci. , 46: 1384-1389.

Freeman B M, Misson B H. 1970. pH, Po_2 and Pco_2 of blood from the foetus and neonate of Gallus domesticus. Physiol. , 33: 763-772.

Fumihtto A, Miyake T, Takada M, et al. 1994. One subspecies of the red junglefowl (Gallus gallus gallus) suffices as the matriarchic ancestor for all domestic breeds. Proc. Natl. Acad. Sci., USA, 91: 12505-12509.

Fumihtto A, Takada M, Sumi S, et al. 1996. Monophyletic origin and unique dispersal patterns of domestic fowls. Proc. Natl. Acad. Sci., USA, 93: 6792-6795.

Gallarda J L, Foley K P, Zhuoying Y, et al. 1989. The globing stage selector element factor is erythroid-specific promoter/enhancer binding protein NF-E4. Genes & Dev., 3: 1845-1859.

Garcia N, Hopkins S R, Powell F L. 2000. Effects of intermittent hypoxia on the isocapnic hypoxic ventilatory response and erythropoiesis in humans. Respir. Physiol., 123: 39-49.

Ge R L, Chen Q H, Wang L H, et al. 1994. igh exercise performance and lower VO_2max in Tibetan than Han residents at 4700 m altitude. J. Appl. Physiol., 77: 684-691.

Gerolamo lanfranchi, Stig Linder, Nils Ringertz. 1984. Globin synthesis in heterokaryons formed between chick erythrocytes and human K562 cells or rat 16 myoblasts. J. cell. Sci., 66: 309-319.

Geuens E, Brouns I, Flamez D, et al. 2003. A globin in the nucleus. J. Biol. Chem., 278: 30417-30420.

Gillemans N, McMorrow T, Tewari R, et al. 2003. Functional and comparative analysis of globin loci in pufferfish and humans. Blood, 101: 2842-2849.

Gou X, Li N, Lian L, et al. 2005. Hypoxia adaptation and hemoglobin mutation in Tibetan chick embryo. Sci. China C. Life. Sci., 48: 616-623.

Gow A J, Luchsinger B P, Pawloski J R, et al. 1999. The oxyhemoglobin reaction of nitric oxide. Proc. Natl. Acad. Sci., USA, 96: 9027-9032.

Gow A J, Stamler J S. 1998. Reactions between nitric oxide and haemoglobin under physiological conditions. Nature, 391: 169-173.

Grange R W, Meeson A P, Chin E, et al. 2001. Function and molecular adaptations in skeletal muscle of myoglobin-mutant mice. Am. J. Physiol. Cell Physiol., 281: C1487-C1494.

Gregory M Landes, Harold G Martinson. 1982. Transcriptional properties of chick embryonic erythroid nuclei in vitro. J. Biol. Chem., 25: 11002-11007.

Grosveld F, Assendelft G B, Greaves D R, et al. 1987. Position independent, high-level expression of the human globin gene in transgenic mice. Cell, 51: 975-985.

Groves B M, Droma T, Sutton J R, et al. 1993. Minimal hypoxic pulmonary hypertension in normal Tibetans at 3,658 m. J. Appl. Physiol., 74: 312-318.

Guerrero G. 2007. Globin genes transcriptional switching, chromatin structure and linked lessons to epigenetics in cancer: A comparative overview. Comp. Boichem. Physiol. Part A, 147:750-760.

Guo S, Savolainen P, Su J, et al. 2006. Origin of mitochondrial DNA diversity of domestic yaks. BMC Evol. Bio., 6: 73-86.

Handrich Y, Girard H. 1985. Gas diffusive conductance of sea-level hen eggs incubation at 2900 m altitude. Resp. Physiol. , 60: 237-252.

Hankeln T, Ebner B, Fuchs C, et al. 2005. Neuroglobin and cytoglobin in search of their role in the vertebrate globin family. J. Inorg. Biochem. , 99: 110-119.

Heacock C S, Sutherland R M. 1990. Enhanced synthesis of stress proteins caused by hypoxia and relation to altered cell growth and metabolism. Br. J. Cancer. , 62: 217-225.

Hecht F, Jones R T, Koler R D. 1967. Newborn infants with Hb Portland 1, an indicator of α-chain deficiency. Ann. Hum. Genet. , 31: 215-218.

Hesse J E, Nickol J M, Lieber M R, et al. 1986. Regulated gene expression in transfected primary chicken erythrocytes. Proc. Natl. Acad. Sci. , USA, 83: 4312-4316.

Hiebl I D, Schneeganss D, Braunitzer G. 1987. High-altitude respiration of birds. The primary structures of the α-chain of the bar-headed goose (Anser indicus), the Greylag goose (Anser anser) and the Canada goose (Branta canadensis). Biol. Chem. Hoppe-Seyler. , 368: 11-18.

Hiebl I, Weber R E, Schneeganss D, et al. 1989. H-gh-altitude respiration of falconiformes. The primary structures and functional properties of the major and minor hemoglobin components of the adult White-Headed Vulture (Trigonoceps occipitalis, Aegypiinae). J. Chem. Hoppe-Seyler, 370: 699-706.

Hochachka P W, Rupert J L, Monge C. 1999. Adaptation and conservation of physiological systems in the evolution of human hypoxia tolerance. Comp. Bioch. Physiol. A. Physiol. , 124: 1-17.

Hoit B D, Dalton N D, Erzurum S C, et al. 2005. Nitric oxide and cardio-pulmonary hemodynamics in Tibetan highlanders. J. Appl. Physiol. , 99: 1796-1801.

Holden J E, Stone C K, Clark C M, et al. 1995. Enhanced cardiac metabolism of plasma glucose in high-altitude natives: adaptation against chronic hypoxia. J. Appl. Physiol. , 79: 222-228.

Hoppeler H, Vogt M, Weibel E, et al. 2003. Response of skeletal muscle mitochondria to hypoxia. Exp. Physiol. , 88: 109-119.

Hoppeler H, Vogt M. 2001. Muscle tissue adaptations to hypoxia. J. Exp. Biol. , 204: 3133-3139.

Hu X, Bulger M, Roach J N, et al. 2003. Promoters of the murine embryonic-like globin genes Ey and h1 do not compete for interaction with the-globin locus control region. Proc. Natl. Acad. Sci. , USA, 100: 1111-1115.

Huang L E, Bunn H F. 2003. Hypoxia-inducible factor and its biomedical relevance. J. Biol. Chem. , 278: 19575-19578.

Huang S, Litt M, Felsenfeld G. 2005. Methylation of histone H4 by arginine methyltransferase PRMT1 is essential in vivo for many subsequent histone modifications. Genes & Dev. , 19: 1885-1893.

Huo X, Zhang J. 2005. Important roles of reversible acetylation in the function of hematopoietic transcription factors. J. Cell. Mol. Med. , 9: 103-112.

Hurtado A, Dill D B. 1964. Adaptation to the Environment. Am. Physiol. Soc. , Washington, S4: 843-859.

Ivan M, Kondo K, Yang H, et al. 2001. HIFα targeted for VHL mediated destruction by proline hydroxylation: implications for O_2 sensing. Sci. , 292: 464-468.

Iwai K, et al. 1999. Identification of the von Hippel-Lindau tumorsuppressor protein as part of an active E3 ubiquitin ligase complex. Proc. Natl. Acad. Sci. , USA, 96: 12436-12441.

Jaakkola P, Mole D R, Tian Y M, et al. 1991. Adaptation of bird haemoglobin to high altitudes: demonstration of molecular mechanism by protein engineering. Proc. Natl. Acad. Sci. , USA, 88: 6519-6522.

Jaakkola P, Mole D R, Tian Y M, et al. 2001. Targeting of HIF-to the von Hippel Lindau ubiquitylation complex by O_2-regulated prolyl hydroxylation. Sci. , 292: 468-472.

Jane S M, Neinhuis A W, Cunningham J M. 1995. Hemoglobin switching in man and chicken is mediated by a heterometric complex between the ubiquitous transcription factor CP2 and a developmentally specific protein. EMBO. J. , 14: 97-105.

Jeong J W, Bae M K, Ahn M Y, et al. 2002. Regulation and destabilization of HIF-1α by ARD1-mediated acetylation. Cell, 111: 709-720.

Jessen T H, Weber R E, Fermi G. 1991. Adaptation of bird haemoglobin to high altitudes: demonsration of molecular mechanism by protein engineering. Proc. Natl. Acad. Sci. , USA, 88: 6519-6522.

Jia L, Bonaventura C, Bonaventura J, et al. 1996. S-nitrosohaemoglobin: a dynamic activity of blood involved in vascular control. Nature, 380: 221-226.

Johnson K D, Christensen H M, Zhao B, et al. 2001. Distinct mechanisms control RNA polymeraseII recruitment to a tissue-specific locus control region and a downstream promoter. Mol. Cell. , 8: 465-471.

Kaelin W G. 2005. Proline hydroxylation and gene expression. Annu. Rev. Biochem. , 74: 115-128.

Kamuzora H, Lehmann H. 1975. Human embryonic haemoglobins including a comparison by homology of the human 4 and a chains. Nature, 256: 511-513.

Kawada N, Kristensen D B, Asahina K, et al. 2001. Characterization of a stellate cell activation-associated protein (STAP) with peroxidase activity found in rat hepatic stellate cells . J. Biol. Chem. , 276: 25318-25323.

Kayser B, Hoppeler H, Desplanches D, et al. 1996. Muscle ultrastructure and biochemistry of lowland Tibetans. J. Appl. Physiol. , 81: 419-425.

Kemp B E, Stapleton D, Campbell D J, et al. 2003. AMP-activated protein kinase, super metabolic regulator. Biochem. Soc. Trans. , 31: 162-168.

Kibel A, Iliopoulos O, DeCaprio J A, et al. 1995. Binding of the von Hippel-Lindau tumor suppressor protein to Elongin B and C. Science, 269: 1444-1446.

Kilmartin J V, Fogg J H, Perutz M F. 1980. Role of C-terminal histidine in alkaline Bohr effect of human haemoglobin. Biochemistry, 19: 3189-3193.

Kister Jean, Wajcman Henri. 2003. Oxygen equilibrium measurements of human red blood cells. Methods in molecular medicine, 82: 49-64.

Knapp J E, Oliveira M A, Xie Q, et al. 1999. The structural and functional analysis of the hemoglobin D. component from chicken. J. Biol. Chem. , 274: 6411-6420.

Knezetic J A, Felsenfeld G. 1993. Mechanism of Developmental Regulation of απ, the Chicken Embryonic α-Globin Gene. Mol. Cell. Bio. , 4632-4639.

Koizumi T, Ruan Z, Sakai A, et al. 2004. Contribution of nitric oxide in pulmonary hemodynamics in sheep adapted to high altitude. Respir. Physiol. Neurobiol. , 140: 189-196.

Koumenis C, Naczki C, Koritzinsky M, et al. 2002. Regulation of protein synthesis by hypoxia via activation of the endoplasmic reticulum kinase PERK and phosphorylation of the translation initiation factor eIF2α. Mol. Cell. Biol. , 22: 7405-7416.

Kugelstadt D, Haberkamp M, Hankeln T, et al. 2004. Neuroglobin, cytoglobin, and a novel, eye-specific globin from chicken. Biochemical and Biophysical Communications, 325: 719-725.

Landes M G, Villeponteau B, Pribyl M T, et al. 1982. Hemoglobin switching in chickens is the switch initiated post-transcriptionally. J. Biol. Chem. , 257: 11008-11014.

Lando D, Peet D J, Whelan D A, et al. 2002. Asparagine hydroxylation of the HIF transactivtion domain a hypoxic switch . Science, 295: 858-861.

Lauer J, Shen C K J, Maniatis T. 1980. The chromosomal arrangement of human a-like globin genes: sequence homology and a globin gene deletions. Cell, 20: 119-130.

Leder A, Daugherty C, Whitney B, et al. 1997. Mouse ζ- and α-Globin Genes: Embryonic Survival, α-Thalassemia, and Genetic Background Effects. Blood, 90: 1275-1282.

Leder A, Kuo A, Shen M M, et al. 1992. In situ hybridization reveals co-expression of embryonic and adult globin genes in the earliest murine erythrocyte progenitors. Development, 116: 1041-1049.

Lee C, Kim D W, Jeon G S, et al. 2001. Cerebellar alterations induced by chronic hypoxia: an immunohistochemical study using a chick embryonic model. Brain Res. , 901: 271-276.

Lee P J, Jiang B H, Chin B Y, et al. 1997. Hypoxia-inducible factor-1 mediates transcriptional activation of the heme oxygenase-1 gene in response to hypoxia. J. Biol. Chem. , 272(78):5375-5381.

Leonard M W, Lim K C, Engel J D. 1993. Expression of the chicken GATA factor family during early erythroid development and differentiation. Development, 119: 519-531.

Leon-Velarde F, Monge C, Carey C. 1997. Physiological strategies of oxygen transport in high altitude bird embryos. Comp. Biochem. Physiol. , 118A: 31-37.

Leon-Velarde F, Monge C. 2004. Avian embryos in hypoxic environments. Respir. Physiol. Neurobiol. , 141:331-343.

Levine B D, Stray-Gundersen J. 2001. The effects of altitude training are mediated primarily by acclimatization, rather than by hypoxic exercise. Adv. Exp. Med. Biol., 502: 75-88.

Lewis W, Taylor G, Owcar K. 1964. The gas environment of the chick embryo in relation to its development and hatchability. Poult. Sci., 43: 98-106.

Li H, Ren Y, Guo S, et al. 2009. The protein level of hypoxia-inducible Factor-1α is increased in the plateau pika (Ochotona curzoniaeo inhabiting high Altitudes. Journal of experimental Zoology, 311A: 134-141.

Li R C, Lee S K, Pouranfar F, et al. 2006. Hypoxia differentially regulates the expression of neuroglobin and cytoglobin in rat brain. Brain Res., 1096: 173-179.

Liang Y H, Hua Z Q, Liang X, et al. 2001. The crystal structure of bar-headed goose hemoglobin in deoxy form: the allosteric mechanism of a hemoglobin species with high oxygen affinity. J. Mol. Biol., 313: 123-137.

Lieber M R, Hesse J E, Nickol J M, et al. 1987. The mechanism of osmotic transfection of avian embryonic erythrocytes: analysis of a system for studying developmental gene expression. J. Cell Biol., 105: 1055-1065.

Liebhaber S A, Wang Z, Cash F E, et al. 1996. Developmental Silencing of the Embryonic ζ-Globin Gene: Concerted Action of the Promoter and the 39-Flanking Region Combined with Stage-Specific Silencing by the Transcribed Segment. Mol. Cell. Bio., 16: 2637-2646.

Lipton S A. 2001. Nitric oxide and respiration. Nature, 413: 118-121.

Liu D, Chang J C, Moi P, et al. 1992. Dissection of the enhancer activity of β globin 5′ DNase Ⅰ hypersensitive site HS2 in transgenic mice. Proc. Natl. Acad. Sci., USA, 89: 3899-3903.

Lowrey C H, Bodine D M, Niehhuis A W. 1992. Mechanism of DNase Ⅰ hypersensitive site formation within the human globin locus control region. Proc. Natl. Acad. Sci., USA, 89: 1143-1147.

Luciano H Apponi, Seth M Kelly, Michelle T. Harreman, et al. 2007. An Interaction between Two RNA Binding Proteins, Nab2 and Pub1, Links mRNA Processing/Export and mRNA Stability. Mol. Cell. Biol., 27: 6569-6579.

Lurman G J, Koschnick N, Pörtner H O, et al. 2007. Molecular characterisation and expression of Atlantic cod (Gadus morhua) myoglobin from two populations held at two different acclimaiton temperatures. Comp. Biochem. Physiol. A. Mol. Inteqr. Physiol., 148: 681-689.

Lutfullah G, Ali S A, Abbasi A. 2005. Molecular mechanism of high altitude respiration: primary structure of a minor hemoglobin component from Tufted duck (Aythya fuligula, Anseriformes). Biochem. Biophy. Res. Commun., 326: 123-130.

Lutz P L. 1980. On the oxygen affinity of bird blood. Am. Zool., 20: 187.

Maeno M, Tochinai S, Katagiri C. 1985. Differential participation of ventral and dorsolateral mesoderms in the hemopoiesis of Xenopus, as revealed in diploid-triploid or interspecific chimeras. Dev. Biol., 110: 503.

Maeno M, Todate A, Katagiri C H. 1985. The localization of precursor cells for larval and adult hemopoietic cells of Xenopus laevis in two regions of embryos. Dev. Growth. Differ.，27：137.

Magalhães J，Ascensão A，Soares J M C，et al. 2005. Acute and severe hypobaric hypoxia increases oxidative stress and impairs mitochondrial function in mouse skeletal muscle. J. Appl. Physiol.，99：1247-1253.

Mahon P C，Hirota K，Semenza G I，et al. 2001. Flit-1：a novel pmtein that interacts with HIF-1α transcriptional activity. Genes & Dev.，15：2675-2686.

Makino Y，Cao R，Svensson K，et al. 2001. Inhibitory PAS domain protein is a negative regulator of hypoxia-inducible gene expression. Nature，414：550-554.

Mammen P P，Shelton J M，Goetsch S C，et al. 2002. Neuroglobin，a novel member of the globin family，is expressed in focal regions of the brain. J. Histochem Cytochem，50：1591-1598.

Mammen P P，Shelton J M，Ye Q，et al. 2006. Cytoglobin is a stress-responsive hemoprotein expressed in the developing and adult brain. J. Histochem Cytochem，54：1349-1361.

Masao Saitoh，Nicholas Pullen，Paul Brennan，et al. 2002. Regulation of an Activated S6 Kinase 1 Variant Reveals a Novel Mammalian Target of Rapamycin Phosphorylation Site. J. Biol. Chem.，277：20104-20112.

Mason M M，Grasso J A，Gavrilova O，et al. 1996. Identification of Functional Elements of the Chicken ε-Globin Promoter Involved in Stage-specific Interaction with the β/ε Enhancer. J. Biol. Chem.，271：25459-25467.

Mason M M，Lee E，Westphal H，Reitman M. 1995. Expression of the chicken β-globin gene cluster in mice：correct developmental expression and distribution control. Mol. Cell Biol.，15：407-414.

Maxwell P H，W iesener M S，Chang G W，et al. 1999. The tumour suppressor protein VHL targets hypoxia-inducible factors for oxygen-dependent proteolysis. Nature，399：271-275.

McCutcheon I E，Metcalfe J，Metzenberg A B，et al. 1982. Organ growth in hyperoxic and hypoxic chick embryos. Respir. Physiol.，50：153-163.

McMahon T J，Ahearn G S，Moya M P，et al. 2005. A nitric oxide processing defect of red blood cells created by hypoxia：Deficiency of S-nitrosohemoglobin in pulmonary hypertension. Proc. Natl. Acad. Sci.，USA，102：14801-14806.

McMahon T J，Moon R E，Carraway M S，et al. 2002. Nitric oxide in the human respiratory cycle. Nature Medicine，8：711-717.

McMahon，T J，Stone，A E，Bonaventura J，et al. 2000. Functional coupling of oxygen binding and vasoactivity in S-nitrosohemoglobin. J. Biol. Chem.，275：16738-16745.

Meeson A P，Radford N，Shelton J M，et al. 2001. Adaptation mechanisms that preserve cardiac function in mice without myoglobin. Circ. Res.，88：713-720.

Metcalfe J，Stock M K，Ingermann R L. 1984. The effect of oxygen on growth and development of the chick embryo. //Seymour R. S.（ed.），Respiration and metabolism of embryo vertebrates. London:205-219.

Meuer H J, Baumann R. 1988. Oxygen pressure in intra-and extraembryonic blood vessels of early chick embryo. Respir. Physiol. , 71: 331-41.

Migliaccio A R, Vannucchi A M, Migliaccio G, et al. 1996. Molecular control of erythroid differentiation. Int. J. Hematol. , 64: 1-29.

Minie M E, Kimural T, Felsenfeld G. 1992. The developmental switch in embryonic ρ-globin expression is correlated with erythroid lineage-specific differences in transcription factor levels. Development, 115: 1149-1164.

Minkoa K, Bollerota K, Drevona C, et al. 2003. From mesoderm to blood islands: patterns of key molecules during yolk sac erythropoiesis. Gene. Expr. Patterns, 3: 261-272.

Moncada S, Palmer R M, Higgs E A. 1991. Nitric oxide: physiology, pathophysiology, and pharmacology. Pharmacol. Rev. , 43: 109-142.

Monge C C, Leon-Velarde F. 1991. Physiological adaptation to high altitude: oxygen transport in mammals and birds. Physiol. Rev. , 71: 1135-1172.

Monge C, Leon-Velarde F. 1991. Physiological adaptation to high altitude: oxygen transport in mammals and birds. Physiol. Rev. , 71: 1135-1172.

Montgomery H M, Marshall R, Hemingway H, et al. 1997. Human gene for physical performance. Nature, 393: 221-222.

Moore L G, Zamudio S, Zhuang J, et al. 2002. Analysis of the myoglobin gene in Tibetans living at high altitude. High. Alt. Med. Biol. , 3: 39-47.

Moore L G. 2001. Human genetic adaptation to high altitude. High. Alt. Med. Biol. , 2: 257-279

Moore M A, Metcalf D. 1970. Ontogeny of the haemopoietic system: Yolk sac origin of in vivo and in vitro colony forming cells in the developing mouse embryo. Br. J. Haematol. , 18: 279.

Moret P R. 1971/1972. Myocardial metabolic changes in chronic hypoxia. Cardiol. , 56: 161-172.

Morpurgo G, Arese P, Bosia A, et al. 1976. Sherpas Living Permanently at High Altitude: A New Pattern of Adaptation. PNAS. 73: 747-751.

Morpurgo G, Arese P, Bosia A, et al. 1976. Sherpas living permanently at high altitude: A new pattern of adaptation. Proc. Nat. Acad. Sci. , USA, 73: 747-751.

Moseley M. 2001. The Incas and their Ancestors. Thames and Hudson, London, UK.

Nakatani K, Okuyama H, Shimahara Y, et al. 2004. Cytoglobin/STAP, its unique localization in splanchnic fibroblast like cells and function in organ fibrogenesis. Lab. Invest, 84: 91-101.

Nickol J M, Felsenfeld G. 1988. Bidirectional control of the chicken β and ε globin genes by a shared enhancer. Proc. Natl. Acad. Sci. , USA, 85: 2548-2552.

Nikinmaa M. 1990. Vertebrate Red Blood Cells: Adaptations of Function to Respiratory Requirements. Springer-Verlag, New York.

Oberthur W, Braunitzer G, Kalas S. 1981. Untersuchungen am Hemoglobin der Graugans (Anser unser). Hoppe-Seyler's Z. Physiol. Chem., 362: 1101-1112.

Oberthur W, Voelter W, Braunitzeg R. 1980. Die Sequenz der Hamoglobine von Streifengans (Anser indicus) and Strauss (Struthio camelus): Inositolpentaphosphat als Modulator der Evolutionsgeschwindigkeit: Die uberraschende Sequenz α63(E12) Valin. Hoppe-Seyler's Z. Physiol. Chem., 361: 969-975.

Ohh M. 2002. Ubiquitination of hypoxia-inducible factor requires direct binding to the β-domain of the von Hippel-Lindau protein. Nature Cell Biol., 423-427.

Oosthuyse B, Moons L, Storkebaum E, et al. 2001. Deletion of the hypoxiaresponse element in the vascular endothelial growth factor promoter causes motor neuron degeneration. Nat. Genet., 28: 131-138.

Opie L H. 1969. Metabolism of the heart in health and disease. II. Am. Heart. J., 77(3): 383-410.

Ordway G A, Garry D J. 2004. Myglobin: an essential hemoprotein in striated musle. J. Exp. Bio., 207: 3441-3446

Orkin S H. 1992. GATA-binding transcription factors in hematopoietic cells. Blood, 80: 575-581.

Padron J, Peiro C, Cercas E, et al. 2000. Enhancement of S-nitrosylation in glycosylated hemoglobin. Biochem. Biophys. Res. Commun., 271: 217-221.

Paradies G, Petrosillo G, Pistolese M, et al. 1999. Lipid peroxidation and alterations to oxidative metabolism in mitochondria isolated from rat heart subjected to ischemia and reperfusion. Free Radic. Biol. Med., 27: 42-50.

Pause A, et al. 1997. The von Hippel-Lindau tumor-suppressor gene product forms a stable complex with human CUL-2, a member of the Cdc53 family of proteins. Proc. Natl. Acad. Sci., USA, 94: 2156-2161.

Pawloski J R, Hess D T, Stamler J S. 2001. Export by red blood cells of nitric oxide bioactivity. Nature, 409: 622-626.

Peng Y, Yang Z, Zhang H, et al. 2011. Genetic variations in Tibetan populations and high altitude adaptation at the Himalayas. Mol. Biol. Evol., 28(2):1075-1081.

Perutz M F, Fermi G, Shih T B. 1984. Structure of Deoxyhemoglobin Cowtown [His HC3 (146) β → Leu]: Origin of the Alkaline Bohr Effect and Electrostatic Interactions in Hemoglobin. Proc. Natl. Acad. Sci., 81: 4781-4784.

Perutz M F, Imak I. 1980. Regulation of oxygen affinity of mammalian haemo-globins. J. Mol. Biol., 136: 183-191.

Perutz M F. 1983. Species adaptation in a protein molecule. Mol. Biol. Evol., 1: 1-28.

Pesce A, Bolognesi M, Bocedi A, et al. 2002. Neuroglobin and cytoglobin. Fresh blood for the verterbrate globin family. EMBO Rep., 3: 1146-1151.

Peschle C, Mavilio F, Care A, et al. 1985. Haemoglobin switching in human embryos: asynchrony of ζ and ε switches in primitive and definitive erythropoietic lineage. Nature,

313: 235-238.

Peschle C, Migliaccio A. R, Migliaccio G, et al. 1984. Embryonic-fetal Hb switch in humans: studies on erythroid bursts generated by embryonic progenitors from yolk sac and liver. Proc. Natl. Acad. Sci., USA, 81: 2416-2420.

Philipsen S, Pruzina S, Grosveld F. 1993. The minimal requirements for activity in transgenic mice of hypersensitive site 3 of the β globin locus control region. EMBO J., 12: 1077-1085.

Piccinini M, Kleinschmidt T, Jurgens K D, et al. 1990. Primary structure and oxygen-binding properties of the hemoglobin from guanaco (Lama guanacoe, Tylopoda). Biol. Chem. Hoppe-Seyler., 371: 641-648.

Powell F L, Dwinell M R, Aaron E A. 2000. Measuring ventilatory acclimatization to hypoxia: comparative aspects. Respir. Physiol., 122: 271-284.

Raich N, Clegg C H, Grofti J, et al. 1995. Stamatoyannopoulos G. GATA1 and YY1 are developmental repressors of the human ε-globin gene. EMBO J., 14: 801-809.

Raich N, Enver T, Nakamoto B, et al. 1990. Papayannopoulou T. h., Stamatoyannopoulos G. Autonomous developmental control of human embryonic globin gene switching in transgenic mice. Science, 50: 1147-1149.

Ramachandran N, Root P, Jaing X, et al. 2001. Mechanism of transfer of NO from extracellular S-nitrosothiols into the cytosol by cell-surface protein disulfide isomerase. Proc. Natl. Acad. Sci., USA, 98: 9539-9544.

Ramirez G, Bittle P A, Rosen R, et al. 1999. High altitude living: genetic environmental adaptation. Aviat Space Environ Med., 70: 73-81.

Ratcliffe P J, O'Rourke J F, Maxwell P H, et al. 1998. Oxygen sensing, hypoxia-inducible factor-1 and the regulation of mammalian gene expression. J. Exp. Biol., 201: 1153-1162.

Recillas Targa F, De Moura Gallo C. V, Huesca M, et al. 1993. Silencer and enhancer elements located at the 3′-side of the chicken and duck α-globin-encoding gene domains. Gene, 129: 229-237.

Recillas-Targa F, Razin S V. 2001. Chromatin domains and regulation of gene expression: familiar and enigmatic clusters of chicken globin genes. Crit. Rev. Eukaryot. Gene. Expr., 11: 227-242.

Recillas-Targa F. 2000. The chicken α- and β-globin gene domains and their chromatin organization. Cell Mol. Biol. Lett., 5: 451-467.

Reitman M, Felsenfeld G. 1988. Mutational analysis of the chicken β-globin enhancer reveals two positive-acting domains. Proc. Natl. Acad. Sci., 85: 6267-6271.

Reitman M, Lee E, Westphal H, et al. 1990. Site-independent expression of the chicken βA-globin gene in transgenic mice. Nature, 348: 749-752.

Reuss S, Reinhardt S S, Weich B, et al. 2002. Expression analysis of neuroglobin mRNA in rodent tissues. Neuroscience, 115(3): 645-656.

Rincón-Arano H, Valadez-Graham V, Guerrero G, et al. 2005. YY1 and GATA-1 interaction

modulate the chicken 3′-side α-globin enhancer activity. J. Mol. Biol. , 349: 961-975.
Rocha S. 2007. Gene regulation under low oxygen: holding your breath for transcription. Trends in Biochemical Sciences, 32: 389-397.
Roesner A, Hankeln T, Burmester T. 2006. Hypoxia induces a complex response of globin expression in zebrafish (Danio rerio). J. Exp. Bio. , 209: 2129-2137.
Rogers H, Yu X, Wen J, et al. 2008. Hypoxia alters progression of the erythroid program. Exp. Hematol. , 36: 17-27.
Romanoff A L, Macmillan N Y. 1960. The Avian Embryo. New York.
Rovainen C, Woolsey T A. 1999. Increased brain capillaries in chronic hypoxia. J. Appl. Physiol. , 86: 1211-1219.
Rovera G, Magarian C, Borun T W. 1978. Resolution of hemoglobin subunits by electrophoresis in acid urea polyacrylamide gels containing Triton X-100. Analyt. Biochem. , 85: 506-518.
Ruan Z, Koizumi T, Sakai A, et al. 2005. Comparison of cardiopulmonary response to endogenous nitric oxide inhibition in pigs inhabited at three levels of altitude. Eur. J. Appl. Physiol. , 94: 93-96.
Runn H F, Forget B G. 1986. Hemoglobin: molecular, genetic and clinical aspects. Philadelphia: W. B. Saunders Company.
Rupert J L, Devine D V, Monsolve M V, et al. 1999. B-Fibrinogen allele frequencies in high altitude natives. Am. J. Physical. Anthropol. , 109: 181-186.
Ryan H E, Lo J, Johnson R S. 1998. HIF-1α is required for solid tumor formation and embryonic vascularization. EMBO J. , 17: 3005-3015.
Samaja M, Crespi T, Guazzi M, et al. 2003. Oxygen transport in blood at high altitude: role of the hemoglobin-oxygen affinity and impact of the phenomena related to hemoglobin allosterism and red cellfunction. Eur. J. Appl. Physiol. , 90: 351-359.
Sambrook J, Russell D W. 2002. Molecular Cloning: A Laboratory Mannal [M]. 3rd ed. Cold Spring Harbor Laboratory Press.
Santos D L, Moreno A J, Leino R L, et al. 2002. Carvedilol protects against doxorubicin-induced mitochondrial cardiomyopathy. Toxicol. Appl. Pharmacol. , 185: 218-227.
Sato M, Severinghaus J W, Bickler P. 1994. Time course of augmentation and depression of hypoxic ventilatory responses at altitude. J. Appl. Physiol. , 77: 313-316.
Sawai H, Kawada N, Yoshizato K, et al. 2003. Characterization of the heme environmental structure of cytoglobin, a fourth globin in humans. Biochem, 42: 5133-5142.
Schild L, Huppelsberg J, Kahlert S, et al. 2003. Brain mitochondria are primed by moderate Ca^{2+} rise upon hypoxia/reoxygenation for functional breakdown and morphological disintegration. J. Biol. Chem. , 278: 25454-25460.
Schmidt M, Gerlach F, Avivi A, et al. 2004. Cytoglobin is a respiratory protein in connective tissue and neurons, which is up-regulated by hypoxia. J. Bio. Chem. , 279: 8063-8069.
Schmidt M, Giessl A, Laufs T, et al. 2003. How does the eye breathe? Evidence for

neuroglobin-mediated oxygen supply in the mammalian retina. J. Bio. Chem., 8: 1932-1935.

Schmidt M, Laufs T, Reuss S, et al. 2005. Divergent distribution of cytoglobin and neuroglobin in the murine eye. Neurosci. Lett., 374: 207-211.

Schroedl C, McClintock D S, Budinger G R, et al. 2002. Hypoxic but not anoxic stabilization of HIF-1a requires mitochondrial reactive oxygen species. Am. J. Physiol. Lung Cell. Mol. Physiol., 283: L922-L931.

Schumacker P T. 2003. Current paradigms in cellular oxygen sensing. Adv. Exp. Med. Biol., 543: 57-71.

Schwede T, Kopp J, Guex N, et al. 2003. SWISS-MODEL: an automated protein homology modeling server. Nucleic. Acids. Res., 31: 3381-3385.

Semenza G L, Wang G L. 1992. A nuclear factor induced by hypoxia via de novo protein synthesie binds to the human erythropoietin gene enhancer at a site required for transcriptional activation. Mol. Cell. Biol., 12: 5447-5454.

Semenza G L, Jiang B. H, Leung S. W, et al. 1996. Hypoxia response elements in the aldolase A, enolase 1, and lactate dehydrogenase A gene promoters contain essential binding sites for hypoxiainducible factor 1. J. Biol. Chem., 271: 32529-32537.

Semenza G L, Roth P. H, Fang, H. M, et al. 1994. Transcriptional regulation of genes encoding glycolytic enzymes by hypoxia-inducible factor 1. J. Biol. Chem., 269: 23757-23763.

Semenza G L. 1999. Perspectives on oxygen sensing. Cell, 98: 281-284.

Semenza G L. 1999. Regulation of mammalian O_2 homeostasis by hypoxia-inducible factor 1. Annu. Rev. Cell. Dev. Biol., 15: 551-578.

Semenza G L. 2000. HIF-1 and human disease: one highly involved factor. Genes & Dev., 14: 1983-1991.

Semenza G L. 2000. HIF-1: mediator of physiological and pathophysiological responses to hypoxia. J. Appl. Physiol., 88: 1474-1480.

Semenza G L. 2001. Hypoxia-inducible factor 1: oxygen homeostasis and disease pathophysiology. Trends Mol. Med., 7: 345-350.

Semenza G L. 2004. O_2-regulated gene expression: transcriptional control of cardiorespiratory physiology by HIF-1. J. Appl. Physiol., 96: 1173-1177.

Shams I, Avivi A, Nevo E. 2004. Hypoxic stress tolerance of the blind subterranean mole rat: expression of erythropoietin and hypoxia-inducible factor 1 alpha. Proc. Natl. Acad. Sci., USA, 101: 9698-9703.

Shang A, Zhou D, Wang L, et al. 2006. Increased neuroglobin levels in the cerebral cortex and serum after ischemia-reperfusion insults. Brain Res., 1078: 219-226.

Simonson T S, Yang Y, Huff C D, et al. 2010. Genetic evidence for high - altitude adaptation in Tibet. Science, 329: 72-75.

Singal R, van Wert J M, Ferdinand Jr L. 2002b. Methylation of α-type embryonic globin gene

$\alpha\pi$ represses transcription in primary erythroid cells. Blood, 100: 4217-4222.

Singal R, Wang S Z, Sargent T, et al. 2002a. Methylation of promoter proximal-transcribed sequences of an embryonic globin gene inhibits transcription in primary erythroid cells and promotes formation of a cell-type-specific methyl cytosine binding complex. J. Biol. Chem., 277: 1897-1905.

Snyder G K, Black C P, Birchard G F, et al. 1982. Respiratory properties of blood from embryos of highland vs. lowland geese. J. Appl. Physiol., 53: 1432-1438.

Snyder G K, Byers R L, Kayar S R. 1984. Effects of hypoxia on tissue capillarity in geese. Respir. Physiol., 58: 151-160.

Soutiere S E, Tankersley C G. 2001. Challenges implicit to gene discovery research in the control of ventilation during hypoxia. High. Alt. Med. Biol., 2: 191-200.

Srinivas V, Leshchinsky I, Sang N, et al. 2001. Oxygen sensing and HIF-1 activation does not require an active mitochondrial respiratory chain electron-transfer pathway. J. Biol. Chem., 276: 21995-21998.

Stagner J L, Parthawarathy S N, Wyler K, et al. 2005. Protection from ischemic cell death by the induction of cytoglobin. Transplant Proc., 37: 3452-3453.

Stamatoyannopoulos G, Josephson B, Zhang J W, et al. 1993. Developmental regulation of human γ-globin genes in transgenic mice. Mol. Cell. Biol., 13: 7636-7644.

Stamatoyannopoulos G, Nienuis A W, Majerus P J, et al. 1994. Hemoglobin switching. In: The Molecular Basis of Blood Diseases. 2nd ed. Philadelphia: Saunders, 107-156.

Stefanie Dragon, Rosemarie Baumann. 2001. Erythroid carbonic anhydrase and hsp70 expression in chick embryonic development: role of cAMP and hypoxia. Am. J. Physiol. Regulatory Integrative Comp. Physiol., 280: R870-R878.

Storz J F, Sabatino S J, Hoffmann F G, et al. 2007. The molecular basis of high altitude adaptation in Deer Mice. PLOS Gene, 3: 0448-0459.

Storz J F. 2010. Genes for high altitudes. Science, 329: 40-41.

Stryer L. 1995. Biochemistry. 4th ed. New York: W H Freeman and Company, 154-175.

Suiping Zhou, John S Olson, Marian Fabian, et al. 2006. Biochemical Fates of α Hemoglobin Bound to α Hemoglobin-stabilizing Protein AHSP. J. Biol. Chem., 281: 32611-32618.

Sun Y J, Jin K L, Mao X O, et al. 2001. Neuroglobin is up-regulated by and protects neurons from hypoxic-ischemic injury. PNAS, 98: 15306-15311.

Suziki T, Imai K. 1998. Evolution of myoglobin. Cell. Mol. Life. Sci., 54: 979-1004.

Suzuki K, Kizaki T, Hitomi Y, et al. 2003. Genetic variation in hypoxia-inducible factor 1 alpha and its possible association with high altitude adaptation in Sherpas. Med. Hypotheses, 61: 385-389.

Takei H, Ota Y, Wu K, et al. 1975. Amino acid sequence of the a-chain of chicken AI hemoglobin. J. Biochem., 77: 1345.

Tanabe O, Katsuoka F, Campbell A D, et al. 2002. An embryonic/fetal beta type globin gene repressor contains a nuclear receptor TR2/TR4 heterodimer. EMBO. J., 21:

3434-3442.

Tanimoto K, Liu Q, Grosveld F, et al. 2000. Context dependent EKLF responsiveness defines the developmental specificity of the human epsilon-globin in erythroid cells of YAC transgenic mice. Genes & Dev., 14: 2778-2794.

Taylor D J, Matthews P W, Radda G K. 1986. Myoglobin-dependent oxidative metabolism in the hypoxic rat heart. Respir. Physiol., 63: 275-283.

Tazawa H, Mikami T, Yashimoto C. 1971. Respiratory properties of chicken embryonic blood during development. Respir. Physiol., 13: 160-170.

Tazawa H, Ono T, Mochizuki M. 1977. Oxygen analyses of chicken embryo blood. Respir. Physiol., 31: 203-215.

Tazawa H. 1971. Measurement of respiratory parameters in blood of chicken embryo. J. Appl. Physiol., 30: 17-20.

Tazawa H. 1986. Acid-base equilibrium in birds and eggs. In: Heisler N. (Ed.) Acid-Base Regulation in Animals. Elseiver Science, Amsterdam, 203-233.

Temple G, Metcalfe J. 1970. The effects of increased incubator oxygen tensions on capillary development in the chick chorioallantois. Respir. Physiol., 9: 216-233.

Thomas A Gorr, Joshua D Cahn, Hideo Yamagata, et al. 2004. Hypoxia-induced Synthesis of Hemoglobin in the Crustacean Daphnia magna Is Hypoxia-inducible Factor-dependent. J. Biol. Chem., 279: 36038-36047.

Thompson R T. 1952. Incubation at high altitude. The effects of wind, barometric pressure and humidity on foetal mortality in the hen's egg. Poult. Sci., 31: 497-509.

Tischer E, Mitchell R, Hartman T, et al. 1991. The human gene for vascular endothelial growth factor: multiple protein forms are encoded through alternative exon splicing. J. Biol. Chem., 266: 11947-11954.

Trandafir F, Van Doorslaer S, Dewilde S, et al. 2004. Temperature dependence of NO binding modes in human neuroglobin. BBA, 1702: 153-161.

Trent J T, Hargrove M S A. 2002. Ubiquitously expressed human hexa2 coordinate hemoglobin. J. Biol. Chem., 277: 19538-19545.

Tsuda K, Kimura K, Nishio I, et al. 2000. Nitric oxide improves membrane fluidity of erythrocytes in essential hypertension: an electron paramagnetic resonance investigation. Biochem. Biophys. Res. Commun., 275: 946-954.

Tuan D, Solomon W, Li Q, et al. 1985. The "β-like-globin" gene domain in human erythroid cells. Proc. Natl. Acad. Sci., USA, 82: 6384.

Turpen J B, Knudson C M, Hoefen P S. 1981. The early ontogeny of hematopoietic cells studied by grafting cytogenetically labeled tissue anlagen: Localization of a prospective stem cell compartment. Dev. Biol., 85: 99.

Ueno H, Manning J M J. 1992. The functional, oxygen-linked chloride binding sites of hemog lobin are contigunous within a channel in the central cavity. Protein Chem, 11: 177-185.

Valadez-Graham V, Razin S V, Recillas-Targa F. 2004. CTCF-dependent enhancer blockers at the upstream region of the chicken α-globin domain. Nucleic. Acids. Res., 32: 1354-1362.

Vaux E, Metzen E, Yeates K, et al. 2001. Regulation of hypoxia-inducible factor is preserved in the absence of a functioning mitochondrial respiratory chain. Blood, 98: 296-302.

Velarde L F, Mejia O, Palacios A J, et al. 1997. Changes in whole blood oxygen affinity and eggshell permeability in high altitude chickens translocated to sea level. Comp. Biochem. Physiol., 118: 53-57.

Visschedijk A H J, Ar A, Rahn H. 1987. The independent effects of atmospheric pressure and oxygen partial pressure on gas exchange of the chicken embryo. Respir. Physiol., 39: 33-44.

Visschedijk A H J. 1980. Effects of barometric pressure and abnormal gas mixtures on gaseous exchange by the avian embryo. Am. Zool., 20: 469-476.

Visschedijk A H J. 1985. Gaseous exchange and hatchability of chicken eggs incubated at simulated high altitude. J. Appl. Physiol., 58: 416-418.

Vogt M, Puntschart A, Geiser J, et al. 2001. Molecular adaptations in human skeletal muscle to enduring training under simulated hypoxic conditions. J. Appl. Physiol., 91: 173-182.

Wang D P, Li H G, Li Y J, et al. 2006. Hypoxia-inducible factor 1α Cdna cloning and its Mrna and protein tissue specific expression in domestic yak (Bos grunniens) from Qinghai-Tibetan plateau. Biochemical and Biophysical. Research Comm., 348: 310-319.

Wang G L, Jian B H, Rue E A, et al. 1995. Hypoxia inducible factor 1 is a basic-helix-loop-helix PAS heterodimer regulated by cellular oxygen tension. Proc. Natl. Acad. Sci., USA, 92: 5510-5514.

Wang G L, Semenza G L. 1995. Purification and characterization of hypoxia-inducible factor 1. J. Biol. Chem., 270: 1230-1237.

Wang X, Li W, Williams M, et al. 2001. Regulation of elongation factor 2 kinase by p90 (RSK1) and p70 S6 kinase. EMBO J., 20: 4370-4379.

Wangensteen O D, Rahn H, Burton R R, et al. 1974. Respiration gas exchange of high altitude adapted chick embryos. Respir. Physiol., 21: 61-70.

Weatherall D J, Clegg J B. 1981. The thalassemia syndromes. 3rd ed. Oxford: Blackwell Scientific Publications Ltd..

Weatherall D J. 1976. Haemoglobin: structure, function and synthesis. Brit: Med. Bull., 32.

Weber R E, Fago A. 2004. Functional adaptation and its molecular basis in vertebrate hemoglobins, neuroglobins and cytoglobins. Respir. Physiol. Neurobiol, 144: 141-159.

Weber R E, Jessen T H, Malte H, et al. 1993. Mutant haemoglobins (α119-Ala and β55-Ser): functions related to high-altitude respiration in geese. J. Appl. Physiol., 75: 26467-2655.

Weil J V, Byrne-Quinn E, Sodal I E, et al. 1971. Acquired attenuation of chemoreceptor function in chronically hypoxic man at high altitude. J. Clin. Invest. , 50: 186-195.

Weller P A, Price M, Isenberg H, et al. 1986. Myoglobin expression: Early induction and subsequent modulation of myoglobin and myoglobin mRNA during myogenesis. Mol. Cell. Bio. , 4539-4547.

Wenger R H, Kvietikoval I, Roifs A, et al. 1997. Hypoxia-inducible factor1α is regulated at the post mRNA level. Kidney Int. , 51(2):560-563.

West A G, Fraser P. 2005. Remote control of gene transcription. Hum. Mol. Genet. , 14: R101-R111.

West A G, Huang S, Gaszner M, et al. 2004. Recruitment of histone modifications by USF proteins at a vertebrate barrier element. Mol. Cell, 16: 453-463.

West B, Zhou B X. 1988. Did chickens go north? New evidence for domestication. J. archaeol. Sci. , 15: 515-533.

Wiener C M, Booth G, Semenza G L. 1996. In vivo expression of mRNAs encoding hypoxia-inducible factor 1. Bio. Biop. Res. Commun. , 225: 485-488.

Wiesener M S, Maxwell P H. 2003. HIF and oxygen sensing: as imponant to life as the air we breathe? Ann. Med. , 35: 183-190.

Wilkins M R, Aldashev A, Morrell N W. 2002. Nitric oxide, phosphodiesterase inhibition, and adaptation to hypoxic conditions. Lancet, 359: 1539-1540.

Winslow R M, Chapman K W, Gibson C C, et al. 1989. Different hematologic responses to hypoxia in Sherpas and Quechua Indians. J. Appl. Physiol. , 66: 1561-1569.

Winslow R M, Chapman K W, Gibson C C, et al. 1989. J. Appl. Physiol. , 66: 1561-1569.

Wittenberg J B, Wittenberg B A. 2003. Myoglobin function reassessed. J. Exp. Biol. , 206: 2011-2020.

Wystub S, Ebner B, Fuchs C, et al. 2004. Interspecies comparison of neuroglobin, cytoglobin and myoglobin: sequence evolution and candidate regulatory elements. Cytogenet Genome Res. , 105: 65-78.

Xu R, Harrison P M, Chen M, et al. 2006. Cytoglobin overexpression protects against damage-induced fibrosis. Mol. Ther. , 13: 1093-1100.

Yagi M, Gelinas R, Elder J T, et al. 1986. Chromatin Structure and Developmental Expression of the Human α-Globin Cluste. Mol. Cell Bio. , 6: 1108-1116.

Yi X, Liang Y, Huerta-Sanchez E, et al. 2010. Sequencing of 50 human exomes reveals adaptation to high altitude. Science, 329: 75-78.

Yong Jiang, Xiang-Sheng Xu, Eric J Russell. 2006. A Nucleolin-Binding 3′ Untranslated Region Element Stabilizes β-Globin mRNA In Vivo. Mol. Cell Biol. , 26: 2419-2429.

Yu H X, Yang B Y. 1997. Morphological measurement of yak heart and its adaptation to plateau hypoxia. In: Yang R. Z. Han X. T. Yak production in central Asian highlands. Xining: Qinghai Peopls's Publishing house, 264-266.

Zhang C G, Wang C L, Deng M Y, et al. 2002. Full-length cDNA cloning of human neuroglobin and tissue expression of rat neuroglobin. Bio. Biophys. Res. Commun.，290：1411-1419.

Zhang J，Hua Z Q，Jeremy R H，et al. 1996. The crystal structure of a high oxygen affinity species of haemoglobin (bar-headed goose haemoglobin in the oxy form). J. Mol. Biol.，255：484-493.

Zhao M，Kong Q P，Wang H W，et al. 2009. Mitochondrial genome evidence reveals successful Late Paleolithic settlement on the Tibetan Plateau. Proc. Natl. Acad. Sci.，USA，106：21230-21235.

Zhong H，Simons J W. 1999. Direct comparison of GAPDH，β-actin，cyclophilin，and 28S rRNA as internal standards for quantifying RNA levels under hypoxia. Biochem. Biophy. Res. Commun.，259：523-526.

Zhuang J，Droma T，Sun S，et al. 1993. Hypoxic ventilatory responsiveness in Tibetan compared with Han residents of 3,658 m. J. Appl. Physiol.，74：303-311.

Zon L I. 1995. Developmental Biology of Hematopoiesis. Blood，86：2876-2891.

鲍海港. 2007. 藏鸡 mtDNA 变异和胚胎线粒体呼吸功能与其低氧遗传适应的关系：[博士学位论文]. 北京：中国农业大学.

蔡立，李孔亮，雷焕章. 2005. 中国牦牛类型划分考察报告. 中国草食动物，专刊：244-245.

蔡全林. 1980. 西藏绵羊、山羊、黄牛、牦牛生理指标测定. 中国兽医杂志，2：44-46.

柴旦，周兆年. 1997. 急性低氧对体外培养乳鼠心肌细胞肌红蛋白的影响. 生理学报，49(5)：497-503.

陈铭，杨欣，周兆年. 1998. 心肌肌红蛋白含量的生化测定方法. 中国应用生理学杂志，14(3)：283-284.

陈秋红，刘凤云. 2003. 高原鼠兔低氧适应机制的研究概况. 动物学杂志，38：109-114.

格日力，陈秋红，和伦高娃，等. 1994. 中高海拔地区藏族低氧通气反应的特征. 中华结核和呼吸杂志，17(6)：364-366.

苟潇. 2005. 藏鸡胚胎低氧适应的血红蛋白分子机制：[博士学位论文]. 北京：中国农业大学.

李斌，张培建，王红鲜，等. 2006. 肝脏的氧代谢及与缺氧诱导因子 1 表达的关系. 国际外科学杂志，33(1)：19-22.

李梅. 2008. 藏鸡胚胎表型特征及其高原适应性的差异表达研究：[博士学位论文]. 北京：中国农业大学.

刘兵柱，张成友，谭家勋，等. 2002. 高原适应初期对人体部分代谢的影响. 高原医学杂志，12(3)：12-14.

龙天厚，等. 1989. 中国一些地方猪种的抗逆性. //许振英. 中国地方猪种种质特性. 农业出版社，323-334.

马兰，格日力. 2007. 高原鼠兔低氧适应分子机制的研究进展. 生理科学进展，38 (2)：143-146.

牟信兵，高钰琪，刘福玉. 2005. 高原世居藏族及移居汉族缺氧性肺动脉增压反应的对比观察. 西南国防医药，15(5)：482-484.

戚飞. 2006. 不同海拔孵化环境对鸡胚肝组织发育的影响：[硕士学位论文]. 北京：中国农业

大学.
强巴央宗.2005.藏鸡饲养实用技术手册.北京：中国农业科学技术出版社.
任雪平，刘双喜.2005.一类新携氧球蛋白—脑红蛋白.生命的化学，25(3):224-226.
佘海茹，格日力，陈秋红，等.1997.高原鼠兔红细胞2,3-二磷酸甘油酸含量的测定.高原医学杂志，7：38-40.
佘永新，吴德宽.1995.西藏高原藏鸡血液生化指标的测定及其对低氧环境适应机理的探讨.中国兽医科技，25(7)：47-48.
王存芳，吴常信，李宁.2007.鸡缺氧诱导因子-1α基因的差异表达与低氧适应性.遗传，29(1)：75-80.
王存芳.2005.藏鸡资源群体的建立及其低氧适应性的分子机制研究：[博士学位论文].北京：中国农业大学.
王文，兰宏，刘爱华，等.1994.家鸡和原鸡的亲缘关系研究.动物学研究，15：45-61.
王晓勤，王占刚，陈秋缸.2001.高原鼠兔肺动脉压与NO的变化.高原医学杂志，11(1)：2-5.
魏登邦，马建宾.2001.哺乳动物对高海拔低氧适应的分子机制研究进展.青海大学学报(自然科学版)，19(1)：15-18.
魏泽辉.2005.藏鸡在高原孵化胚胎气体交换及生长发育特点：[博士学位论文].北京：中国农业大学.
吴天一.2005.我国高原医学研究进展(热烈祝贺中华医学会成立九十周年).高原医学杂志，15(1)：1-8.
徐旺生.1994.西藏原始农业初探.古今农业，18-22.
张浩，吴常信，强巴央宗，等.2005.高海拔地区鸡胚发育关键因素研究.中国家禽，27(8)：8-10.
张浩，吴常信，强巴央宗，等.2005.高海拔孵化鸡胚死亡曲线分析.中国农业大学学报，10(4)：109-114.
张浩.2005.藏鸡高原低氧适应生理机制及其杂交利用研究:[博士学位论文].北京:中国农业大学.
张立凡.2007.藏鸡胚胎低氧适应的肌红蛋白、神经及细胞珠蛋白的分子机制研究：[博士学位论文].北京：中国农业大学.
周兆年，王利华，袁锋.1992.长期居住海平面后藏族经受急性减压低氧时的心泵和呼吸功能.科学通报，(3)：269-271.
朱洪云.2002.藏东南地区三个家兔引入品种的血液生化指标测定.家畜生态，23：24-26.

第8章

藏鸡血管因子低氧适应分子机理

高海拔低氧环境对动物最显著的影响是引起肺动脉压升高。低氧和快速生长促使心脏血液输出量增加，以满足组织代谢对氧的需求。右心室必须保持较高的肺动脉压以推动必要的血液从心脏输出进入肺脏，肺组织血管不足或血流阻力不适当的升高，即引起肺动脉高压(Wideman 和 Erf, 2002)。肺动脉压的升高，在血液动力学上表现为右心室压力负荷增大，长期的右心压力负荷增大将导致右心肥厚(兽胸病)和腹水综合征。所以，研究高海拔土著动物肺毛细血管结构和造成血管生成、收缩与舒张相关的血管因子机制，从分子水平揭示其不易发生肺动脉高压的机理，是研究高海拔低氧适应的关键突破口。动物的血管因子很多，调节着血管的新生、重构、舒张和收缩，与氧气运输密切相关，在动物低氧适应和低氧反应中发挥着重要作用。

8.1 动物低氧反应和适应的血管因子研究进展

8.1.1 血管内皮生长因子

血管内皮生长因子(VEGF)又叫血管通透因子(VPF)或血管调理素(vasculotropin)，属生长因子中血小板衍化生长因子家族，它是内皮细胞的特异性有丝分裂原，具有增加微静脉、小静脉的通透性，促进血管内皮细胞分裂、增殖，使细胞质钙聚集以及诱导血管生成等作用。1989 年，Tischer 等首先从牛垂体滤泡星状细胞培养液中分离和纯化出 VEGF，它特异性的作用于血管内皮细胞，促进内皮细胞分裂、增殖、增生、转移，以及增加血管通透性，并强烈地刺激新血管的生成，对维持血管的正常状态和完整性发挥中心作用(Tischer 等，1989；Leung 等，1989)。

VEGF 是关键的血管生长调节剂，从空间、时间、数量的不同角度敏感地调节血管生长(Risau, 1997)。Ulger 等(2000)在体外胚胎培养过程中去除 VEGF，则胚胎发育迟缓甚至停止；再加入 VEGF 后，胚胎发育恢复正常并见心血管形成。这表明 VEGF 在胚胎发育过程中，通过促进血管生长而调节各组织器官乃至整个胚胎的正常发育。在此过程中，VEGF 基因表达的各个环节起着至关重要的作用。VEGF 基因是低氧敏感基因之一，当组织缺氧时，HIF-1α 促进 VEGF mRNA 的表达增加(Liu 等，2002)。这种上调作用对于提高机体对低氧环境的适应具重要意义(Goldberg 等，1994)。但低氧肺组织中的 VEGF 增加会引起内皮细胞的增生、肥大、迁移，微血管通透性增加，使血管重建，从而导致肺动脉高压、右心室增生。

VEGF 是 HIF-1 介导转录活化因子的靶基因之一，在 VEGF 基因的上游转录调控区存在低氧反应元件(HRE)，在低氧中与 HIF-1 结合，通过转录 VEGF 基因而刺激血管新生。研究表明，在低氧中 VEGF mRNA 表达与 HIF-1α mRNA 具有同步变化的关系，说明在低氧中 HIF-1α 表达增强能促进 VEGF 基因转录，增强 VEGF mRNA 的稳定性，上调其基因的表达，促进血管的生成。在膀胱癌细胞中研究发现，HIF-1α 表达和 VEGF 表达呈显著正相关，VEGF 随 HIF-1α 表达增高而增高。随着膀胱癌分期分级的提高，VEGF 蛋白免疫染色明显增强。HIF-1 诱导 VEGF 转录活性增强和表达增加在肿瘤细胞的能量代谢、新生血管生成中起重要作用。

8.1.2　一氧化氮

Turcker 等(1975)报道，动物对慢性低氧的敏感性主要取决于肺小动脉中膜平滑肌含量的多少，肺动脉平滑肌含量多，则对慢性低氧表现敏感，否则相反。Endo 等(2001)研究报道低氧不但使肺动脉阻力增加，而且会使肺静脉阻力也增加，其原因可能是因为血管间平滑肌敏感收缩导致。Furchgott 等(1980)发现乙酰胆碱和缓激肽能刺激血管内皮细胞产生一种血管内皮舒张因子(EDRF)。Palmer 等(1987)证明 EDRF 就是一氧化氮(NO)。

NO 与血红蛋白(Hb)β 亚单位中半胱氨酸的硫醇基(巯基)或其他含巯基化合物相结合，形成亚硝基硫醇(SNOs)，使 NO 在细胞间传递中发挥生理作用(McMahon 等，2000)。SNOs 对动物呼吸过程中的三个环节具有调控作用(Lipton，2001)：①Hb 在肺部的氧合作用；②将氧输送到组织内的转运；③在脑部对呼吸中枢的调控作用。Hb 的经典功能——向组织输送氧是通过其结构中 Cys93 与 NO 相结合，有利于 Hb 形成高血氧亲和力的 R 态，而游离的亚硝基有利于低亲和力的 T 态(Daniel 等，2004)。因此，NO 能增加 Hb 的氧合，改善氧气向组织运送(Beall 等，2001)，且 Hb 的这一特有的结构与功能，在所有哺乳类与鸟类等均呈高度保守性(Pawloski，2001)。

NO 对神经系统、免疫系统、心血管系统的调节以及运动时骨骼肌血流量、氧摄取和葡萄糖转运均起着重要的调节作用。正常情况下，心肌组织中的 NO 是由内皮型 NO 合酶(eNOS)催化合成的，以调节冠脉循环、心率及心肌收缩性。eNOS 是 NO 合成的限速酶，二者存在着必然的依存关系。一氧化氮(NO)是一种简单小分子物质，类似自由基，具有广泛的生物学作用，包括松弛血管平滑肌、调节血小板凝集、神经传导、细胞毒性作用以及免疫功能等(Leeman，1995)。在正常肺循环中，NO 使血管扩张，避免血小板黏附，控制平滑肌生长，影响胞外基质的组成(Adnot 等，1995)。低氧暴露，使内皮细胞遭到破坏，血管收缩因子增加，导致血管重建和不可逆的肺动脉高压。高山动物在低氧的诱导下，NO 含量增加，可以活化可溶性的含血红素的鸟苷酸环化酶，使血管平滑肌和血小板中的 cGMP 水平增加，促进血管平滑肌松弛(Garthwaite 等，1988)，组织毛细血管持久性扩张，减小外周阻力，加速血液循环，改善组织获氧能力。Pariente(2004)也指出外源性 NO 可以作为血管扩张物，能治疗组织缺氧引起的肺动脉高压，改善动脉摄氧能力，有利于动物对高原低氧环境的适应。Koizumi 等(2004)通过向饲养在不同海拔的藏绵羊体内注射非选择性 NOS 抑制剂 Nw-nitro-L-argine(NLA，20 mg/kg)，证明了藏绵羊内源性 NO 产生增加，可以调节肺动脉高压，是其适应高海拔(3 750 m)的机制之一。

NO 由 *L*-精氨酸和 O_2 在一氧化氮合酶(NOS)及其辅助因子作用下生成的。NO 很不稳定，在组织内半衰期仅数秒钟(Kazuo 等，1993)。NOS 作为 NO 生成关键的限速因子，对其生物学功能的发挥起着重要作用。NOS 是多功能氧化还原酶系，有 3 种同功酶：神经元型(nNOS，Ⅰ型)、内皮型(eNOS，Ⅲ型)和诱导型(iNOS，Ⅱ型)。迄今，三种 NOS 已在多种动物和人上分子克隆成功(Bredt 等，1991；Lamas 等，1992；Xie 等，1992)，为在分子生物学水平研究 NOS 提供了可靠的基础。

目前，人们已经获得了人(Janssens 等，1992)、鼠(Marsden 等，1992)和猪(Zhang 等，1997)eNOS cDNA 全序列，编码的蛋白质约 133 ku。eNOS 虽然是结构型表达的酶，但在生理和病理条件下，受一些生物物理、化学和激素的调节(Li 等，2002)。eNOS 在正常情况下就存在，生成少量 NO，维持机体正常生理功能，敲除 eNOS 基因的小鼠会导致肺动脉高压，而吸入 NO 可以得到缓解(Steudel 等 1998)；而转入 eNOS 基因的转基因鼠不仅可以抑制由低氧引起的肺动脉压增高，也可以抑制由低氧引起的肺小血管结构重建(Ozaki 等，2001)。Thompson 等(1998)报道，猪胚胎期心脏中 eNOS mRNA 表达高于母体心脏，且这种表达受低氧诱导因子 1(HIF1)调节。近几年研究发现人 eNOS 基因存在多态性，在第 4 内含子上的串联重复序列(VNTR)呈多态性，可能与糖尿病的发生有关(Degen 等，2001)。在第 7 外显子上的 894 位碱基 G 突变成 T (G894T)，导致相应蛋白产物第 298 位上的谷氨酸被替换成天冬氨酸(G1u298Asp)，该突变与高血压发病有关(Jachymova 等，2001)。

iNOS 为诱导表达基因。低氧时，HIF1 可以诱导 iNOS 的表达，发挥扩张血管作用(Smenza，2000)。对 iNOS 的调节主要是在转录水平上，但在转录后、翻译和翻译后水平也可通过影响蛋白稳定性、二聚体化、磷酸化、协同因子以及可利用的底物来调节(Aktan，2004；Kleinert 等，2004)。同时，iNOS 的表达也能抑制 HIF1 活性，构成一个负反馈环(Yin 等，2000)。Shirato 等(1998)克隆了几内亚猪 iNOS 基因的 mRNA，全长 3 447 bp，编码 1 149 个氨基酸残基；Northern blot 分析显示 iNOS 基因在猪肺中表达。

低氧可以影响 eNOS 和 iNOS 的表达，改变 NOS 产生 NO 的速度，从而影响血管的收缩和功能。增加 eNOS 活性可以改变心脏血管对低氧反应的适应性，提高血液流入量(Thompson 等，2004)。林红等(1997)报道低氧可能使 eNOS 活性降低，导致肺血管收缩反应增强，肺动脉压升高；但低氧还能诱导肺血管内皮和平滑肌细胞 iNOS 表达和活性增加，在缺氧性肺血管收缩反应和结构重组中起到一定的调节作用，从而限制肺动脉压的过度升高。Shi 等(2000)报道慢性低氧可以增加心肌 iNOS 活性。谢印芝等(2000)也指出动物经低氧习服后，NOS 活性明显改善。王晓勤等(2001)报道高原鼠兔血清 NOS 活性和 NO 含量比移居高海拔 30 d 的大鼠高。我国著名低氧生理专家吴天一(2005)指出，在海拔 3 780 m，高原鼠兔血清 NOS 活性高于 Wistar 大鼠。本实验室在藏鸡高原低氧适应性研究中，发现藏鸡和其他鸡种在低氧刺激下肺组织 NOS 活性明显增加；尤其是藏鸡，无论在低海拔还是在高海拔，

NOS活力均比低地品种高(张浩等,2005)。Beall等(2001)对藏族人(4 200 m)、玻利维亚Aymara印第安人(3 900 m)及美国平原人进行对比研究,发现藏族和Aymara人呼出气的NO含量比平原人均增高。可见高原适应中NO产生量的增加是远隔重洋的两个高原适应人群的共同进化的遗传机制,表明了NO对低氧应激下生命的重要性。

8.1.3 血管紧张素

血管紧张素Ⅱ(Ang Ⅱ)是由其前体血管紧张素(Ang Ⅰ)通过血管紧张素转化酶(ACE)作用生成,这种ACE激活作用主要发生在肺脏的血管内皮,也同样出现在其他血管床的内皮以及其他组织,包括心肌、冠状动脉、肾脏。

肺血管内皮细胞腔面存在血管紧张素转化酶,可将10肽的Ang Ⅰ羧基末端的两个氨基酸切掉,变为8肽的Ang Ⅱ,以旁分泌的方式作用于血管平滑肌细胞。血管局部也产生Ang Ⅱ,并以自分泌方式作用于血管平滑肌细胞或经过旁分泌方式影响内皮细胞的功能。缺氧可促进Ang Ⅱ的释放,导致肺血管收缩反应增强。Berkov(1974)指出,离体大鼠肺的灌注液中必须有Ang Ⅱ的存在,当达到2%低氧时才能产生血管收缩,缺氧引起肺血管收缩的程度与灌注液中Ang Ⅱ的含量成正比。Molteni等(1974)发现小白鼠慢性缺氧两周,血浆血管紧张素含量和血清中血管紧张素Ⅰ转化酶活性升高。Milledge(1984)测得高原人血清中血管紧张素Ⅰ转化酶活性下降,高原适应性好的人比适应性差者血管紧张素Ⅰ转化酶活性下降更明显,说明血管紧张素Ⅰ转化酶活性下降是一种适应性反应。Ang Ⅱ除直接作用于肺血管外,还通过刺激肾上腺能神经末梢增加Ne的释放,间接调节肺血管张力。肺血管内皮细胞为产生前列环素(PGI_2)的主要场所,Ang Ⅱ作用于Ang Ⅱ受体后可激活肺血管内皮细胞,释放具有舒张作用的PGI_2,对Ang Ⅱ缩血管效应起负反馈调节作用。

Ang Ⅱ不仅是强烈的肺血管收缩剂,而且还具有较强的促进细胞分裂增生的能力。Ang Ⅱ具有生长因子作用,可以刺激血管平滑肌细胞增殖(Geisterfer等,1988)、肥大(Gibbons等,1992)和基质蛋白合成(Scott等,1990),引起心脏和血管增生肥大,形成重构而影响生理功能。如影响心肌细胞收缩、传导组织的传导、成纤维细胞的生长、冠状动脉阻力、冠状动脉内皮细胞释放血管活性肽、交感神经末梢去甲肾上腺素的释放等。

肾素-血管紧张素系统(RAS)作为一个经典的循环内分泌系统,传统认为其在调节水盐代谢、维持体液平衡方面发挥重要作用。ACE是RAS的关键酶,主要功能是转化生成RAS的主要血管活性物质Ang Ⅱ。ACE还是一种激肽酶(Kininase Ⅱ),可以将激肽释放酶-激肽释放系统(KK-KS)生成的缓激肽(BK)及其他神经肽水解为无活性的片段。BK不仅是重要的内源性舒血管物质,还是一种细胞生长的负调节因子,起着抗增殖的作用(Farby等,1993)。人类ACE基因存在多态性,有2个等位基因,等位基因间在内含子16上发生了长287 bp片段的插入或缺失,分别命为Ⅰ型和D型。有报道发现高原低氧环境下Ⅰ等位基因与维持动脉血氧饱和度稳定有密切关系(Woods等,2002)。Montgomery等(1997)研究发现,Ⅰ型基因在33优秀登山运动员中占显著优势,这些运动员都登上了7 000 m高度,其中登上8 000 m或更高的人中没有检测到D的纯合型。因此,Ⅰ基因被称为"gene for performance"。Hochachka等(1999)在盖丘亚族人中检测了Ⅰ型等位基因频率,发现其值是高加索人群的两倍。因为D、Ⅰ型基因在非编码区内,所以被作为与功能基因连锁的分子标记。

8.1.4 内皮素

内皮素(ET)是迄今所知体内最强的缩血管物质,具有促血管平滑肌及内皮增殖的作用,从而引起血管壁的超微结构改变(Takahashi 等,2001)。低氧等因素可刺激血管内皮细胞 ET 的 mRNA 表达及合成释放。ET 对血管具有强烈而持久的收缩作用,其中 ET-1 起着主要作用。此外,ET-1 作为一种强烈的促进细胞增殖的启动及推动生长因子,可使肺血管平滑肌增生肥厚,促进血管壁的增生和狭窄,因此 ET-1 在低氧性肺动脉高压(HPH)和血管重建中起重要作用。

低氧时 HIF-1 结合于 ET 基因 DNA 的反义链相应结合位点上,促使 ET 生成增多,ET 与血管平滑肌上特异性受体(ETA)结合,通过磷酸肌醇途径介导的钙依赖性过程,有胞内 Ca^{2+} 动员,胞外 Ca^{2+} 内流和 Na^{+}/Ca^{2+} 交换等钙信号机制的参与,还可使膜去极化,激活 Ca^{2+} 通道,使胞外 Ca^{2+} 跨膜内流,引起肺血管平滑肌强烈收缩。急性低氧时由于内皮细胞的形态学发生改变,使其膜通透性增加或破裂,ET-1 大量释放入血,使血浆中 ET-1 升高。ET-1 不仅是一种强烈的缩血管因子,也是一种强大的平滑肌细胞分裂剂,可成倍的提高血管平滑肌细胞的增殖速度,促进成纤维细胞及心肌细胞的增生,将 10.9 mol/L 的 ET 加入平滑肌细胞的培养液中 4 d,可使细胞数增加 2 倍,DNA 合成增加 7 倍(Hirata 等,1989)。

8.2 藏鸡诱导型一氧化氮合酶基因功能突变及表达分析

8.2.1 藏鸡 iNOS 基因 SNP 筛选

Lin 等(1996)首次克隆了鸡巨噬细胞 iNOS 的 cDNA,仅有一个开放阅读框,编码 1 136 个氨基酸残基,预测蛋白质分子量为 130 Ku。鸡的 NOS 蛋白质序列与鼠和人表现 66.6%和 70.4%同源性,与鼠脑神经性 NOS(nNOS)表现 54.2%同源性,与牛内皮细胞的 eNOS 表现 48.7%的同源性。Northern 杂交分析鸡 iNOS mRNA 约 4.5 kb,与哺乳动物大小相似。分析鸡 iNOS 基因 5′侧翼 3.2 kb 序列可知,在转录起始位点上游 30 bp 处有一个假定的 TATA box。

从 NCBI 中下载鸡 iNOS 基因的 mRNA 序列(序列号:NM_204961),全长为 4 418 bp。在 UCSC 网站(网址:http://genome.ucsc.edu)的鸡基因组数据库中进行比对。发现 iNOS 基因在 Chr19:8 731 687~8 750 861 范围内,反向,约 19.2 kb,包括 28 个外显子、27 个内含子;根据比对序列向 5′调控区上游延伸 2.0 kb,利用软件 Primer Primer 5.0 和 Oligo 6.31 对基因序列设计 10 对引物,覆盖了基因 mRNA 和 5′调控区,相邻引物扩增区有 100~200 bp 的重叠(图 8.1)。每对引物预计产物长度 800 bp 左右(表 8.1)。

引物 iNOS P1~iNOS P6 以藏鸡胚胎 CAM 组织 cDNA 为模板,分别进行 PCR 扩增,扩增片段经切胶回收后测序,每对引物测定 8 个藏鸡个体,正向和反向引物双向测定,用 DNASTAR 拼接,并用 DNAMAN 将藏鸡序列与下载的 iNOS 基因 mRNA 序列进行比对。结果发现藏鸡 iNOS 外显子区共有 5 个高频突变,分别是在 iNOS P1 扩增区内一个突变 865T→A,在 iNOS P2 扩增序列内一个突变 1 431G→C,在 iNOS P3 扩增片段内一个突变 1 795G→T,在 iNOS P4 和 iNOS P5 扩增区内一个突变 2 851 G→C,在 iNOS P6 扩增片段内

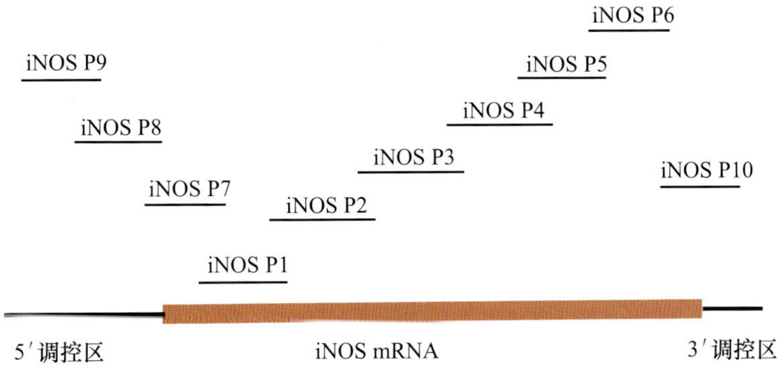

图 8.1 鸡 iNOS 基因序列扫描引物图示

一个突变 3801 插入 C。分析这 5 个突变可知，865T→A 为无义突变，1431G→C 为错义突变 Ser→Thr，1795G→T 为错义突变 Leu→Phe，2851G→C 为错义突变 Arg→Ser，3801 在 3′非翻译区。为了确定以上 5 个突变是否为藏鸡的特有突变，首先将藏鸡的突变序列片段在 NCBI 上比对鸡 EST，结果藏鸡 iNOS P1 扩增片段找到多条同源的鸡 EST 序列，突变型 A 较常见；iNOS P2 扩增片段找到 1 个同源 EST，1431 为突变型 C；iNOS P3 扩增片段找到许多同源 EST，但未见突变型 T；iNOS P4 和 P5 扩增片段可找到许多同源的鸡 EST，突变型 C 在多个 EST 序列中出现；iNOS P6 扩增片段也可找到许多同源的鸡 EST，突变型插入 C 在多个 EST 中出现。然后将藏鸡的突变序列在 UCSC 上比对鸡基因组，发现突变型 865A、1431C、3801 插入 C 均与鸡基因组序列相同，只有 1797T 与报道的鸡基因组序列不同。为了进一步确认 1795T 是藏鸡的特异突变，又采用同样的方法扩增了 8 只矮小隐性白鸡的 iNOS 基因同源片段，用 DNAMAN 比对。结果发现 1795T 在矮小隐性白鸡 iNOS 基因中也高频出现。通过以上分析比对，初步表明藏鸡 iNOS 基因外显子区并无特异的高频突变的碱基位点。

表 8.1 iNOS 基因的测序引物序列

引物编号	方向	引 物 序 列	产物/bp	T_m/℃
iNOS P1	F	5′ AACTTCATCCCCCAACCAG 3′	948	60
	R	5′ AACTCCACACTTGCAGGGTC 3′		
iNOS P2	F	5′ GGTATTTGATGCTCGTGATTGT 3′	805	63
	R	5′ CTGGTGGAACACGGGAGTTA 3′		
iNOS P3	F	5′ ATAAATGTGGCTGTGCTTCA 3′	1 010	66
	R	5′ AGAATGGTAACACGACTGGAT 3′		
iNOS P4	F	5′ TGAACTCAATGGTCAAGAAG 3′	788	62
	R	5′ GATGAATCTCTCTGGGTGTC 3′		
iNOS P5	F	5′ GCTATTGGGCAAGCGAGAA 3′	842	64
	R	5′ ATCCCTGGCCATGCGTACA 3′		
iNOS P6	F	5′ GGCAGCAGCGTCTCTATGA 3′	932	62
	R	5′ CACCACCATCCACTTACTTG 3′		

续表 8.1

引物编号	方向	引物序列	产物/bp	T_m/℃
iNOS P7	F	5′ ATTCTTTATGGAAGTCGCAG 3′	896	63
	R	5′ GCATTAGCCAGAGAAAACAA 3′		
iNOS P8	F	5′ ACTGTGCTCACTCTTCTTAG 3′	918	54
	R	5′ TAGCAAACTGAGACAGAGAG 3′		
iNOS P9	F	5′ ACAACTTTTAGATGTTTTCAA 3′	934	55
	R	5′ CTTGTTTTGCTAATCTCTGG 3′		
iNOS P10	F	5′ TTGCTATTGCTGGAAGTGAT 3′	884	63
	R	5′ TCTTTGCTTAAGGGGAGAGT 3′		

用引物 iNOS P7～iNOS P10 以藏鸡 DNA 为模板，测定的藏鸡和寿光鸡序列与 NCBI 下载的鸡基因组相应片段比对。结果可见藏鸡 iNOS 基因的第 2 内含子内有 1 个 T→G 的高频率突变；但寿光鸡该位点也有一定频率的突变。藏鸡 iNOS 基因的第 1 外显子内有 40 C→G 突变，但寿光鸡该突变也存在。藏鸡 iNOS 基因 5′调控区-171 位点有 G→A 突变，但寿光鸡该位点也有较高频率的突变。藏鸡 iNOS 基因 5′调控区-870 位点有 C→T 高频率突变，而寿光鸡该位点也有突变，只是突变频率可能较低。藏鸡 iNOS 基因 5′调控区－1422 位点有 A→C 突变，而寿光鸡该位点均无突变。藏鸡 DNA 的 iNOS P10 扩增片段序列与基因组比对，未见明显的高频率突变位点。因此，iNOS 基因只有 5′调控区－870 C→T 和－1422A→C 突变有可能是藏鸡特异的突变。将含有突变位点的一段序列在 vector NTI 8.0 软件上分析限制性内切酶位点。结果发现，当－870 位点为 C 时，有 Xho Ⅰ内切酶位点，T 替代后该内切酶位点消失。当－1422 位点为 A 时，有 Bsm Ⅰ内切酶位点，C 替代后该内切酶位点消失。因此，可以用 PCR-RFLP 技术来进一步检测这 2 个位点突变基因型，扩大群体数量，分析基因频率。

8.2.2 藏鸡 iNOS 基因 SNP 检测

对确定的待检测藏鸡特异 SNP，在基因组序列上设计引物 iNOS P11 和 iNOS P12(表 8.2)，扩增产物片段应该包含待检的 SNP 位点。将预计产物序列在 DNAMAN 和 Vector NTI 8.0 进行酶切位点分析，iNOS P11 和 iNOS P12 引物扩增产物分别用 *Xho* Ⅰ和 *Bsm* Ⅰ内切酶酶切。运用 POPGEN3.2 软件(http://www.ualberta.ca/～fyeh)计算是否符合 Hardy-Weinberg 平衡定律，而单倍型频率的计算使用 PHASE 2.1 版本(http://www.stat.washington.edu/stephens/home.html)，等位基因频率及单倍型频率比较用 χ^2 检验(SAS 8.02，SAS Inc，US)。

表 8.2 检测 SNP 的引物信息

编号	方向	引物(5′→3′顺序)	扩增位置	退火温度/℃	大小/bp
iNOS P11	F	5′ TGATGAAGGTGGAACTACTGAG 3′	5′ 调控区	55	380
	R	5′ AAAGTGGCAGATGAAAAGACA 3′			
iNOS P12	F	5′ AACAGAGACCTGAGTTTTCTATA 3′	5′ 调控区	58	152
	R	5′ TTCTTACATTTAGGACACTTTCA 3′			

表 8.3 iNOS 基因 5′ 调控区的 SNP 突变频率分析

品种	N	−870 位点 SNP 频率/%			−1422 位点 SNP 频率/%			单倍型频率/%	
		CC	CT	TT	AA	AC	CC	CA	TC
北京藏鸡	58	24.1	48.3	27.6	24.1	48.3	27.6	48.3	51.7
林芝藏鸡	60	21.7	51.6	26.7	21.7	51.6	26.7	47.5	52.5
拉萨藏鸡	40	12.5	52.5	35.0	12.5	52.5	35.0	38.8	61.2
山南藏鸡	40	20.0	42.5	37.5	20.0	42.5	37.5	41.3	58.7
日喀则藏鸡	40	12.5	35.0	52.5	12.5	35.0	52.5	30.0	70.0
尼西藏鸡	22	13.6	50.0	36.4	13.6	50.0	36.4	38.6	61.4
寿光鸡	40	82.5	12.5	5.0	82.5	12.5	5.0	88.8	11.2
北京油鸡	30	86.7	10.0	3.3	86.7	10.0	3.3	91.7	8.3
丝羽乌骨鸡	30	100	0	0	100	0	0	100	0
白来航鸡	30	100	0	0	100	0	0	100	0
矮小隐性白	30	100	0	0	100	0	0	100	0

采用 PCR-RFLP 技术对几个藏鸡群体和低地鸡群的 iNOS 基因 5′调控区 −870C→T 和 −1422A→C 2 个 SNP 位点进行基因分型，结果见表 8.3。2 个位点在各群体中突变频率相同，在同一个体内也同时发生，说明 2 个突变紧密连锁，来源也可能相同，因此 2 个 SNP 位点只有 2 个单倍型。各类群藏鸡的突变基因型和突变单倍型频率均较高，寿光鸡和北京油鸡有低的突变基因型和单倍型频率，而丝羽乌骨鸡、白来航鸡和矮小隐性白鸡未出现突变基因。

各组鸡群单倍型频率见图 8.2。明显可见突变单倍型 TC 频率藏鸡群体明显高于低地鸡群，不同地区的藏鸡群频率也存在差别，其中日喀则藏鸡 TC 频率最高，为 70.0%；其次为尼西藏鸡和拉萨藏鸡，分别为 61.4% 和 61.2%。日喀则海拔 3 700 m，尼西海拔 3 500 m，拉萨海拔 3 650 m，山南海拔 3 600 m，林芝海拔 2 900 m，低地鸡均认为生长在海拔 100 m 环境。图 8.2 中标出了各组鸡长期生活环境的海拔高度（北京藏鸡未标），可以看出不同地区藏鸡的突变单倍型 TC 频率与海拔有一定的关系，5 个地区藏鸡 TC 频率与海拔相关分析发现，相关系数 0.811 5，但相关性未达显著水平（$P=0.095\ 4$）。

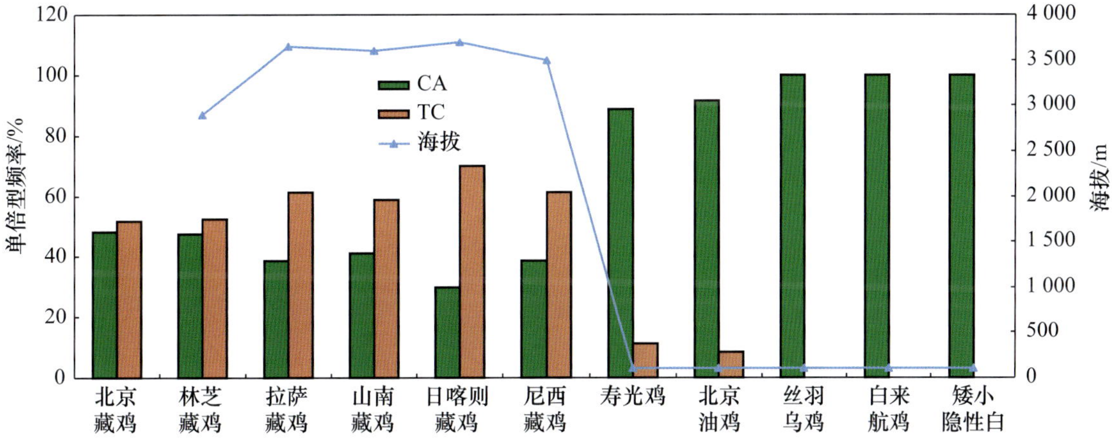

图 8.2 各组鸡 iNOS 基因 5′调控区单倍型频率及其与海拔的相关性

采集模拟低氧孵化（13% O_2）时活雏和死胚组织样，提取个体总 DNA，分析 iNOS 基因 5′调控区 2 个 SNP 位点基因型，单倍型和二倍型频率见表 8.4 和图 8.3。入孵种蛋来源北京藏鸡群，结果发现活雏比死胚 CA/CA 频率低，TC/TC 频率高，而杂合型频率相近；卡方分析显示活雏和死胚二倍型分布频率差异显著（$P<0.05$）。单倍型频率也可看出活雏的突变型 TC 频率升高。此结果说明，藏鸡 iNOS 基因 5′调控区的该 2 个 SNP 与低氧适应性能有一定关系。北京饲养的藏鸡来源于 3 000 m 左右的藏鸡群体，该 SNP 可能基因型分布可能已经平衡在 3 000 m 左右的低氧水平。低氧模拟孵化氧浓度为 13%，相当于 4 000 m 左右海拔的氧分压，这样的低氧对于该藏鸡可能会打破原来平衡，使有利突变频率增加。

表 8.4 藏鸡低氧孵化活雏和死胚间 iNOS 基因 SNP 比较

类别	N	二倍型频率/%			单倍型频率/%	
		CA/CA	CA/TC	TC/TC	CA	TC
北京藏鸡	58	24.1	48.3	27.6	48.3	51.7
藏鸡活雏	38	15.8	47.4	36.8	39.5	60.5
藏鸡死胚	34	26.5	52.9	20.6	52.9	47.1

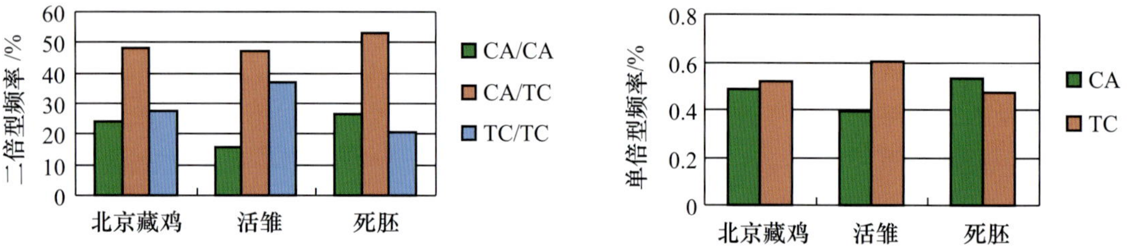

图 8.3 藏鸡低氧孵化活雏和死胚间的 iNOS 基因 SNP 二倍型(A)和单倍型(B)频率比较

8.2.3 低氧对鸡 iNOS 基因表达的影响

低氧时，低氧诱导因子 1（HIF-1）可以诱导 iNOS 的表达，发挥扩张血管的作用（Smenza，2000），同时 iNOS 表达产生的 NO 又对 HIF-1 基因表达有副反馈调节作用（Yin 等，2000）。iNOS 的表达调控主要在转录水平上，但在转录后、翻译和翻译后水平可通过影响蛋白稳定性、二聚体、磷酸化、协同因子结合以及可利用的底物氧和 *L*-精氨酸来调节（Aktan，2004；Kleinert 等，2004）。Hussain 等（1998）证明鸡的 iNOS 基因是在转录水平上调节的。

表 8.5 基因定量表达的引物序列

基因	编号	方向	引物（5′→3′顺序）	退火温度/℃	大小/bp
iNOS	iNOS P13	F	5′ CCTGGGCAGCCTAAAGTCTA 3′	56	154
		R	5′ CAAGCATCCTCTTCAAAGTCTG 3′		
HPRT	HPRT P1	F	5′ CAACCTTGACTGGAAAGAATGT 3′	56	171
		R	5′ CAACAAAGTCTGGCCGATAT 3′		
28S rRNA	28S P1	F	5′ GGAGCCCCGGGGAGAGTTC 3′	56	140
		R	5′ GGATTTTCACGGGCCAGCGAGAG 3′		

为了研究鸡 iNOS 基因定量表达，以次黄嘌呤鸟嘌呤磷酸核糖转移酶（HPRT）（登录号：AJ132697）为内标基因，并以 28S rRNA 基因（登录号：M59792）绘制标准曲线。应用 Primer Primer 5.0 和 Oligo 6.0 软件设计目的基因的引物，引物的序列见表 8.5。实时荧光定量 PCR 反应在 ABI 7900 序列扩增仪中进行，每个样品、阴性对照、标准曲线及内标基因各做 3 个重复。以目的基因与内标基因的比值作为目的基因的表达量。

藏鸡和矮小隐性白鸡在常氧和低氧环境中孵化，不同胚胎期尿囊绒毛膜（CAM）组织中 iNOS 基因 mRNA 表达量见表 8.6。ANOVA 分析可知，藏鸡和矮小隐性白低氧孵化时 iNOS 基因表达均比常氧是明显增加。品种之间比较发现，在常氧孵化时，藏鸡与矮小隐性白 iNOS 基因表达差异不显著（$P>0.05$）；低氧孵化时，除了 6 日龄胚外均表现藏鸡高于矮小隐性白鸡。图 8.4 可以看出，在鸡胚发育时，CAM 中 iNOS 基因表达在第 6 天和第 19 天时低，中间阶段表达量升高；尤其在低氧环境中，可能由于低氧的刺激，第 10、13 和 17 天 CAM 中 iNOS 表达持续增加。此外，可能由于第 19 天胚胎 CAM 组织呼吸功能已经失去，因此基因表达迅速下降。

表 8.6 不同氧浓度下 iNOS mRNA 在藏鸡和矮小隐性白鸡 CAM 组织的表达

胚胎期	氧浓度	N	Real-time quantitive PCR		
			藏鸡	矮小隐性白鸡	*P* 值 (B)
6 d	Normoxia (21%)	8	2.69±0.57	2.84±0.78	$P=0.74$
	Hypoxia (13%)	8	5.16±0.34	4.34±0.97	$P=0.08$
	P value (O)		$P<0.001$	$P<0.01$	
	B×O (*F*/*P*)	32		2.05/0.163 1	
10 d	Normoxia (21%)	8	2.90±0.64	3.12±0.62	$P=0.64$
	Hypoxia (13%)	8	7.89±0.92	6.09±1.27	$P<0.001$
	P value (O)		$P<0.001$	$P<0.001$	
	B×O (*F*/*P*)	32		9.90/0.003 9	
13 d	Normoxia (21%)	8	3.40±0.62	3.52±0.68	$P=0.73$
	Hypoxia (13%)	8	9.56±1.33	6.41±0.77	$P<0.001$
	P value (O)		$P<0.000\ 1$	$P<0.000\ 1$	
	B×O (*F*/*P*)	36		26.63/<0.000 1	
17 d	Normoxia (21%)	8	3.05±0.57	2.97±0.46	$P=0.87$
	Hypoxia (13%)	8	10.17±1.67	6.89±0.95	$P<0.000\ 1$
	P value (O)		$P<0.000\ 1$	$P<0.000\ 1$	
	B×O (*F*/*P*)	32		19.30/0.000 1	
19 d	Normoxia (21%)	8	1.36±0.32	1.30±0.33	$P=0.89$
	Hypoxia (13%)	8	5.21±1.37	2.80±0.81	$P<0.000\ 1$
	P value (O)		$P<0.000\ 1$	$P<0.01$	
	B×O (*F*/*P*)	32		16.00/0.000 4	

表中数值以平均值±标准差显示；B 代表品种，O 代表氧气浓度。

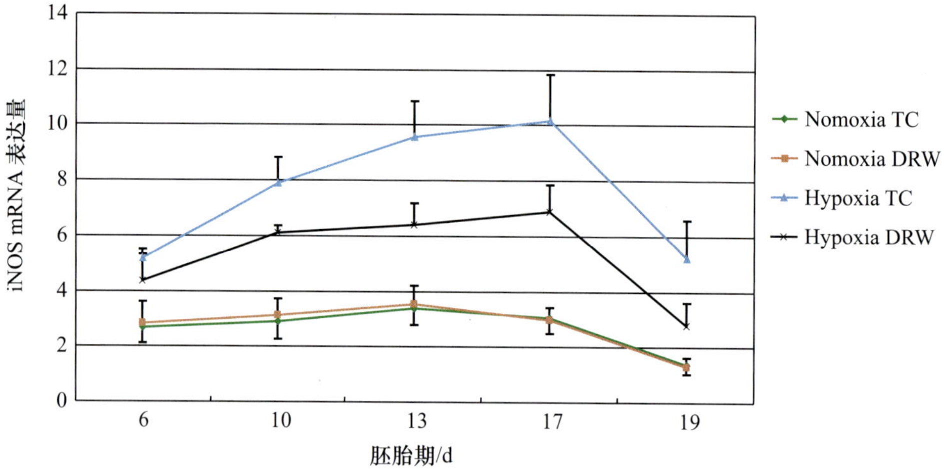

图 8.4 不同品种鸡胚胎 CAM 组织 iNOS 基因表达

注:TC=藏鸡,DRW=矮小隐性白鸡

8.2.4 iNOS 酶活性

用 10%的肺组织匀浆测定,稀释成 1%匀浆后用考马斯亮蓝法测定匀浆蛋白含量。NOS 催化 L-Arg 和分子氧反应,生成 NO,NO 与亲和性物质生成有色化合物,在 530 nm 波长下,测定吸光度,根据吸光度的大小测出 NOS 活性。NOS 主要有 2 种类型:即结构型(cNOS)和诱导型(iNOS)。cNOS 主要存在神经元和内皮细胞内,依赖钙离子;iNOS 主要存在巨噬细胞内,不依赖钙;根绝此原理可以分型。藏鸡和矮小隐性白鸡 CAM 组织 iNOS 活力见表 8.7 和图 8.5。iNOS 是 NOS 中的一个分型,在正常生理状态下,iNOS 表达较少,只占总 NOS 的很小一部分。在常氧孵化环境中,藏鸡和矮小隐性白表现差异不显著($P>0.05$)。但在低氧孵化环境中,除第 6 天和第 19 天外,藏鸡酶活力均高于矮小隐性白。这说明了藏鸡的 iNOS 酶活力受低氧影响明显,可以迅速增加,以适应低氧环境。

表 8.7 不同氧浓度下藏鸡和矮小隐性白鸡胚胎 CAM 组织 iNOS 活力

孵化阶段	氧浓度	*N*	iNOS 酶活力/(U/mgprot)		
			藏鸡	矮小隐性白鸡	*P* 值 (B)
6 d	Normoxia (21%)	8	0.074 2±0.013 3	0.084 0±0.013 0	*P*=0.335 6
	Hypoxia (13%)	8	0.082 4±0.011 9	0.084 0±0.020 0	*P*=0.870 6
	P value (O)		*P*=0.421 3	*P*=0.997 4	
	B×O (*F*/*P*)	32		0.45/0.509 4	
10 d	Normoxia (21%)	8	0.097 2±0.013 6	0.070 4±0.017 9	*P*<0.01
	Hypoxia (13%)	8	0.161 8±0.028 1	0.125 3±0.029 0	*P*<0.001
	P value (O)		*P*<0.000 1	*P*<0.000 1	
	B×O (*F*/*P*)	32		0.26/0.612 4	

续表 8.7

孵化阶段	氧浓度	N	iNOS 酶活力/(U/mgprot)		
			藏鸡	矮小隐性白鸡	*P* 值 (B)
13 d	Normoxia (21%)	8	0.111 0±0.011 5	0.107 9±0.014 3	*P*=0.762 2
	Hypoxia (13%)	8	0.256 9±0.035 5	0.143 9±0.019 3	*P*<0.000 1
	P value (O)		*P*<0.000 1	*P*<0.001	
	B×O (*F*/*P*)	36		36.83/<0.000 1	
17 d	Normoxia (21%)	8	0.103 3±0.006 5	0.083 7±0.009 0	*P*=0.056 6
	Hypoxia (13%)	8	0.182 5±0.017 5	0.153 9±0.014 9	*P*<0.01
	P value (O)		*P*<0.000 1	*P*<0.000 1	
	B×O (*F*/*P*)	32		0.75/0.397 4	
19 d	Normoxia (21%)	8	0.051 7±0.015 3	0.049 1±0.012 9	*P*=0.798 6
	Hypoxia (13%)	8	0.062 3±0.009 5	0.071 2±0.007 7	*P*=0.384 2
	P value (O)		*P*=0.298 0	*P*=0.031 9	
	B×O (*F*/*P*)	32		1.44/0.244 6	

表中数值以平均值±标准差显示;B 代表品种,O 代表氧气浓度。

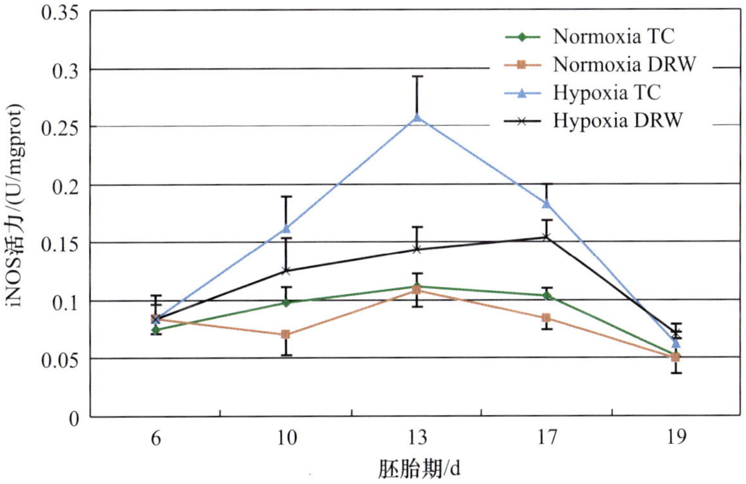

图 8.5 不同品种鸡胚胎 CAM 组织 iNOS 酶活力

注:TC=藏鸡,DRW=矮小隐性白鸡

矮小隐性白鸡在 13% 低氧孵化条件下,不同时期的胚胎 CAM 组织中 iNOS 活力均比常氧孵化升高,尤其是 10、13、17 日龄胚胎增加程度较大。藏鸡是高海拔适应鸡种,在常氧环境中,iNOS 活力均与矮小隐性白鸡差异不大;但在低氧孵化条件下,iNOS 活力较大程度的升高,显著高于低地鸡种,这可能是藏鸡胚胎能够适应低氧环境的原因之一。Garthwaite 等(1988)曾报道高山动物 iNOS 在低氧的诱导下,NO 产生量增加,可以活化可溶性的含血红素的鸟苷酸环化酶，使血管平滑肌和血小板中的 cGMP 水平增加，促进血管平滑肌松弛，组织毛细血管持久性扩张，减小外周阻力，加速血液循环，改善组织获氧能力。

8.3 藏鸡内皮型一氧化氮合酶基因克隆及表达

8.3.1 鸡 eNOS 基因克隆

目前已经克隆了人(Janssens 等，1992)、鼠(Marsden 等，1992)、牛(Sessa 等，1992)和猪(Zhang 等，1997)eNOS cDNA 全序列，编码的蛋白质约 133 ku，人与其他物种 cDNA 同源性约 90%，编码氨基酸序列的同源性约 94%。近几年研究发现人 eNOS 基因存在多态性，其中有 2 个多态性位点可能与疾病关系密切。第一个多态性位点为位于第 4 内含子上 27 bp 的串联重复序列(VNTR)，根据重复次数不同有两种等位基因，重复 4 次为 a 等位基因，重复 5 次为 b 等位基因，该突变可能与糖尿病的发生有关(Degen 等，2001)。另一个多态性位点在第 7 外显子上，由于 894 位碱基 G 突变成 T (G894T)，导致相应蛋白产物第 298 位上的谷氨酸被替换成天冬氨酸(G1u298Asp)，突变前后的等位基因分别称 G、T 等位基因，该突变与高血压发病有关(Jachymova 等，2001)。

目前，尚无鸡 eNOS 基因序列的报道，在 NCBI 上只有人、小鼠、大鼠、猪、牛、犬、黑猩猩等哺乳动物的 mRNA 序列，在这些物种共有的保守区设计了 6 对引物，涵盖了 eNOS mRNA 大部分序列，有的引物在 NADPH-R 和 NADPH-A 辅基结合区。但 6 对引物均未从鸡 CAM 组织 cDNA 样品中扩增出目的条带，说明鸡的 eNOS 基因 mRNA 序列可能与哺乳动物同源性不高。

用人、小鼠、大鼠、猪、牛、犬、黑猩猩的 eNOS 基因 mRNA 序列在 NCBI 上分别比对鸡 EST 序列。几种哺乳动物比对结果比较一致。再用人、小鼠、大鼠、猪、牛、犬、黑猩猩的 eNOS 基因蛋白序列在 NCBI 上分别比对鸡 EST，几种哺乳动物的比对结果也比较一致。对以上可能是鸡 eNOS 基因 mRNA 片段的 EST 序列在 NCBI 比对，确定不是鸡已知的其他基因序列，去除了几条鸡 iNOS 和 nNOS 基因片段的 EST。用 DNASTAR 软件拼接 EST，结果获得 3 条片段：contig 1，532 bp，与人 eNOS 基因 mRNA 序列 717～1 248 bp 同源，74.1%同源性；contig 2，594 bp，与人 eNOS 基因 mRNA 序列 1 799～2 392 bp 同源，70.0%同源性；contig 3，1 095 bp，与人 eNOS 基因 mRNA 序列 2 825～3 925 bp 同源，60.0%同源性。

分别在 contig 1、contig 2 和 contig 3 上设计的引物 eNOS P1、eNOS P2、eNOS P3 和 eNOS P4(表 8.8)，同时 eNOS P1 正向与 eNOS P2 反向组成一对引物 eNOS P1-2，eNOS P2 正向与 eNOS P4 反向组成一对引物 eNOS P2-4。引物位置见图 8.6。以鸡胚胎尿囊绒毛膜(CAM)组织 cDNA 为模板进行 PCR 扩增，产物电泳图见图 8.7。可以看出 4 对引物分别扩增出约 250 bp、430 bp、680 bp 和 600 bp 的片段，均为预计片段的长度。

表 8.8 eNOS 基因的测序引物序列

引物编号	方向	引 物 序 列	产物
eNOS P1	F	5′ CAAACTGCAGGTGTTCGATG 3′	270
	R	5′ GCTCGGTGATGTCGACGTT 3′	
eNOS P2	F	5′ AAGCTGATGGGGCACATGAT 3′	437
	R	5′ CCCAACCCGAAGACAGAGAA 3′	
eNOS P3	F	5′ CAGCCCCGCTATTACTCCGT 3′	680
	R	5′ AGCCCAAAGATGTCCTCGTG 3′	
eNOS P4	F	5′ CTCCTTCCTGGACATCACG 3′	592
	R	5′ CTGCGCCTCCTCCATCT 3′	

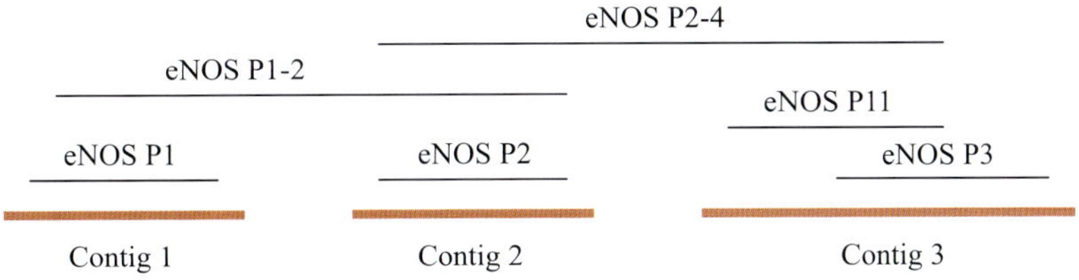

图 8.6 鸡 eNOS 基因片段扩增引物图示

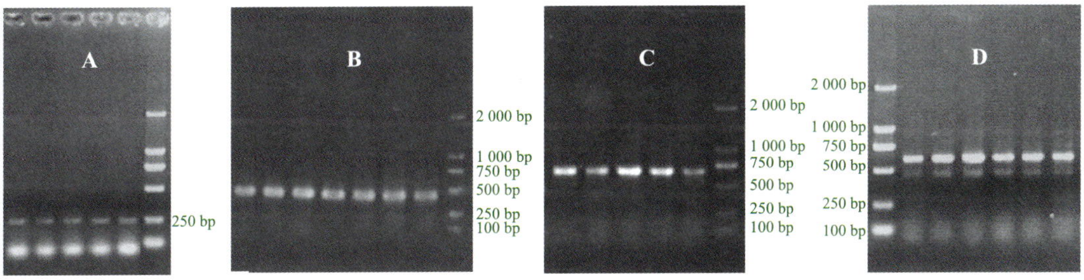

图 8.7 引物 eNOS P1(A)、eNOS P2(B)、eNOS P3(C)和 eNOS P4(D)扩增产物电泳图

将以上 4 对引物扩增产物胶回收,与 pMD18T 载体连接,转化到 DH5α 感受态细胞中,筛选白色菌落并做划线培养,菌体 PCR 确定插入目的片段的单菌落,接菌、摇菌,提取质粒、测序,经 DNAMAN 序列比对,与对应的 contig 1、contig 2 和 contig 3 片段一致。

eNOS P1-2 和 eNOS P2-4 对鸡胚胎 CAM 组织 cDNA 进行 PCR 扩增,产物电泳图见图 8.8。eNOS P1-2 PCR 产物约 1 600 bp,eNOS P2-4 PCR 产物约 1 700 bp,与预计片段长度一致。将该产物胶回收,与 pMD18T 载体连接,转化到 DH5α 感受态细胞中,筛选白色菌落并做划线培养,菌体 PCR 确定插入目的片段的单菌落,接菌、摇菌,提取质粒、双向测序。经 DNAMAN 比对和 DNASTAR 拼接,将 contig 1、contig 2 和 contig 3 拼接成一条片段:contig 4,3 208 bp。

用 DNAMAN 软件比对 contig 4 碱基序列与人、小鼠、大鼠、猪、牛和犬 eNOS 基因 mRNA 同源性。比对结果发现,contig 4 与人、小鼠、大鼠、猪、牛、犬和黑猩猩 eNOS 基因 mRNA 同源性分别为 62.1%、55.1%、56.5%、60.9%、60.7%、59.4%和 46.4%。此 8 个物种序列系统发生树见图 8.9。鸡 eNOS 基因片段 contig 4 单独分支。

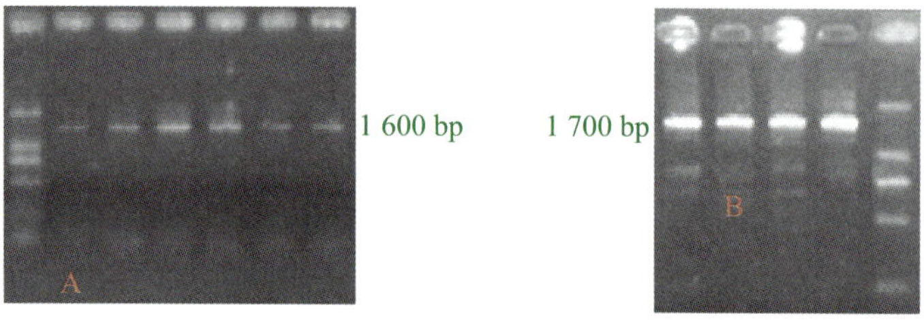

图 8.8　引物 eNOS P1-2(A)和 eNOS P2-4(B)扩增产物电泳图

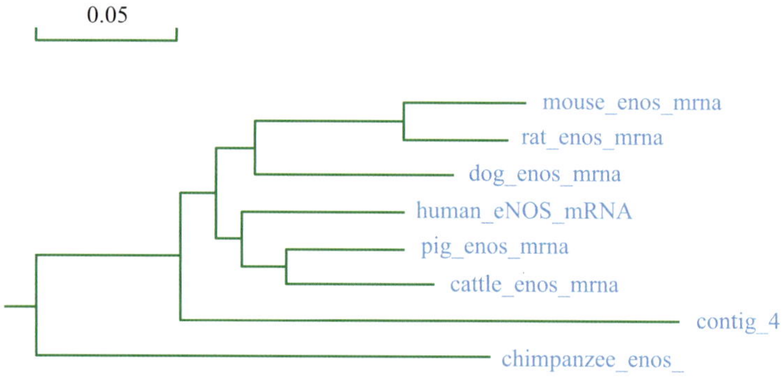

图 8.9　contig 4 与哺乳动物 eNOS 基因 mRNA 序列系统发生树

contig 4 片段 3 208 bp，通过与人 eNOS mRNA 编码区比对，发现以第 3 个碱基开始组成密码子翻译，倒数第 14-12 个碱基为终止密码子，翻译蛋白序列 1 064 个 AA，与人 eNOS 蛋白序列相比，只在 N 端少 142 个 AA 残基。用 DNAMAN 软件比对 contig 4 翻译的氨基酸序列与人、小鼠、大鼠、猪、牛和犬 eNOS 基因编码的氨基酸序列同源性。结果发现，contig 4 与人、小鼠、大鼠、猪、牛、犬和黑猩猩 eNOS 基因蛋白质 AA 序列同源性分别为 71.0%、69.8%、69.8%、69.6%、69.5%、70.4%和 55.8%。此 8 个物种 AA 序列系统发生树见图 8.10。可见鸡 eNOS AA 单独成组，人和黑猩猩聚在同一直系同源组内，大鼠和小鼠聚在同一直系同源组内，猪和牛先聚在同一组内，然后又和犬聚在同一直系同源组内。

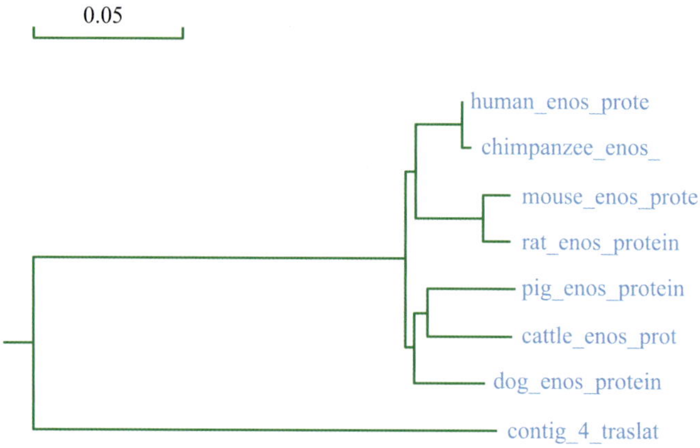

图 8.10　contig 4 蛋白序列与哺乳动物 eNOS AA 序列系统发生树

为了确定鸡 eNOS 基因片段 contig 4 序列在鸡基因组上的位置，在 NCBI 和 UCSC 网站上分别比对鸡的基因组。在 NCBI 的鸡基因组数据库中，只找到 3 段序列一致的基因组片段和 1 段同源性高的片段。UCSC 比对发现在 15 号染色体上有跨 8.6 kb 区域的同源片段，同源性为 85.5%；但片段为预测编码鸡 nNOS 基因的区域。由于 eNOS 与 nNOS 基因有一定的同源性(DNAMAN 比对发现 contig 4 与鸡 nNOS 和 iNOS mRNA 同源性分别为 45.4% 和 29.1%)，因此把同源性较高的部分比对了出来。只有 3 个基因组片段是编码 contig 4 的编码序列，但这 3 个片段都为未知染色体位置的基因组序列片段。因此，通过基因组比对方法，暂时还不能将鸡 eNOS 染色体定位，需做进一步的研究。

8.3.2 低氧对 eNOS 基因 mRNA 表达的影响

eNOS 虽然是结构型表达的酶，但在生理和病理条件下，受一些生物物理、化学和激素的调节(Grassi 等，2005)。生长因子(如转移生长因子-β、纤维细胞生长因子、VEGF、血小板生长因子)、激素(如雌激素、胰岛素、血管紧缩素Ⅱ、内皮素-1)和其他化合物(如 lysophosphatidylcholine)能上调 eNOS 表达；另一方面，cytokine tumor necrosis factor-α、细菌脂多糖能下调 eNOS 的表达。eNOS 的表达调控包括转录和转录后调控机制，调控信号途径也包括调节 eNOS 活性和 mRNA 稳定性(Li 等，2002)。eNOS 在正常情况下就存在，生成少量 NO，维持机体正常生理功能，敲除 eNOS 基因的小鼠会导致肺动脉高压，而吸入 NO 可以得到缓解(Steudel 等 1998)；而转入 eNOS 基因的转基因鼠不仅可以抑制由低氧引起的肺动脉压增高，也可以抑制由低氧引起的肺小血管结构重建(Ozaki 等，2001)。

我们对 eNOS 基因进行实时荧光定量分析，以 3-磷酸甘油醛脱氢酶(GAPDH)为内标基因，以 28SrRNA 绘制标准曲线，引物分别为 eNOS P5、GADPH 和 28S(表 8.9)。以目的基因与内标基因的比值作为目的基因的表达量，由于 GAPDH 表达量高，把比值乘以 1 000 作为目的基因的表达量。

表 8.9 基因定量的引物序列

引物名称	Gene Bank 登录号	方向	引 物 顺 序	产物大小/bp
eNOS P5		F	CGGGAACCCCCAAGACCTA	244
		R	AGCCCAAAGATGTCCTCGTG	
GAPDH	NM_204305	F	CTTTCCGTGTGCCAACCC	108
		R	CATCAGCAGCAGCCTTCACTAC	
28S	59792	F	GGAGCCCCGGGGAGAGTTC 3′	140
		R	GGATTTTCACGGGCCAGCGAGAG	

鸡 eNOS 基因定量 PCR 结果见表 8.10。藏鸡和矮小鸡低氧孵化时 eNOS 基因表达均比常氧孵化有增加的趋势。品种之间比较发现，在常氧孵化时，藏鸡与矮小鸡 eNOS 基因表达差异均不显著($P>0.05$)；低氧孵化时，藏鸡均高于矮小鸡。在鸡胚发育不同时期，eNOS 基因从第 6 天至第 19 天表达持续增加。尤其第 19 天胚胎，除低氧孵化的矮小鸡外，其他组均表现异常增加。正常发育的鸡胚，在第 19 天已经内啄，由 CAM 呼吸向肺呼吸转变，CAM 功能消退，

细胞的生命活动开始减弱，组织总 RNA 和持家基因 mRNA 浓度降低。本实验中也发现正常发育第 19 天鸡胚 CAM 组织提取出来的 RNA 浓度较低，定量 PCR 中内标基因的 *Ct* 值也较高，因此出现了 eNOS 基因表达量异常增加的假象。低氧孵化的矮小鸡，由于低氧延迟了胚胎的发育，19 d 时 CAM 功能可能还没有减退，因此 eNOS 基因表达没有异常增加。

表 8.10　不同氧浓度下 eNOS 基因在藏鸡和矮小鸡 CAM 组织的表达

胚胎期	氧浓度	N	定量 PCR		
			藏鸡(TC)	矮小鸡 (DC)	*P* 值 (B)
6 d	常氧(21%)	8	14.81±1.77	11.85±0.97	0.123 5
	低氧(13%)	8	25.33±0.96	12.46±1.49	<0.000 1
	P 值(O)		<0.000 1	0.754 1	
	B×O (*F*/*P*)	32		13.44/0.002 5	
10 d	常氧(21%)	8	44.23±3.43	37.35±3.72	0.206 4
	低氧(13%)	8	69.47±5.59	46.31±2.20	0.001 4
	P 值(O)		0.000 4	0.086 3	
	B×O (*F*/*P*)	32		4.35/0.055 7	
13 d	常氧(21%)	8	48.84±3.30	46.06±2.69	0.487 3
	低氧(13%)	8	63.34±3.09	49.73±1.89	0.003 1
	P 值(O)		0.001 9	0.363 0	
	B×O(*F*/*P*)	36		3.82/0.068 2	
17 d	常氧(21%)	8	70.15±2.27	64.26±4.16	0.465 0
	低氧(13%)	8	94.17±7.29	50.29±2.01	<0.000 1
	P 值(O)		0.006 1	0.081 8	
	B×O(*F*/*P*)	32		13.01/0.002 9	
19 d	常氧(21%)	8	277.85±18.61	304.00±25.95	0.305 7
	低氧(13%)	8	261.00±18.60	65.32±2.28	<0.000 1
	P 值(O)		0.502 9	<0.000 1	
	B×O(*F*/*P*)	32		41.32/<0.000 1	

注：数值以平均值±标准误表示；B、O 分别代表品种和氧浓度因素。

eNOS 是机体重要的结构型基因，在各种组织中广泛表达，发挥重要的生理作用。在生理和病理条件下，受一些生物物理、化学和激素的调节（Grassi 等，2005）。孔炜等（2002）报道慢性缺氧使培养的猪肺动脉内皮细胞 eNOS 基因 mRNA 表达明显增加。Thompson 等（2004）报道几内亚猪胎儿低氧 eNOS 表达增加，从而抑制颈动脉收缩。张建新等（2005）也报道大鼠脑缺血后 eNOS 基因 mRNA 表达增强。但也有低氧暴露会抑制组织 eNOS 基因表达的报道（高文祥等，2005；石姝梅等，2008）。藏鸡和低地矮小鸡低氧条件孵化与常氧相比，胚胎 CAM 组织 eNOS 基因表达均增加，说明藏鸡和低地鸡 eNOS 基因可能存在共同低氧反应调节机制，但藏鸡增加程度更大，致使在低氧孵化过程中 eNOS 表达量明显高于矮小鸡。藏鸡是我国青藏高原特有的原始小型地方鸡种，长期生活在高海拔低氧环境，在组织、细胞及分子水平的适应能力达到较高水平，具有了独特的稳定适应机制。与低地鸡种相比，藏鸡的遗传基础颇具特色，即使将其引进到低海拔地区饲养和繁殖数代后，种蛋在高海拔孵化性能仍远高于低地鸡

(张浩等,2005)。藏鸡和低地鸡 eNOS 基因表达对低氧条件反应存在差别,这说明 eNOS 可能是低氧适应相关的重要基因之一,其调控表达方式及低氧适应遗传机制待进一步研究。

8.3.3 低氧对鸡胚胎尿囊绒毛膜 NOS 酶活力的影响

低氧可能使 NOS 活性降低,导致肺血管收缩反应增强,肺动脉压升高;低氧还可能诱导肺血管内皮和平滑肌细胞 iNOS 活性增加,在缺氧性肺血管收缩反应和结构重建中起到一定的调节作用,从而限制肺动脉压的过度升高(林红等,1997)。Beall 等(2000)对比了我国藏族(4 200 m)、玻利维亚 Aymara 印第安人(3 900 m)及美国平原人,发现藏族和 Aymara 人呼出气的 NO 含量比平原人均增高。可见高原适应中 NO 产生量的增加是远隔重洋的两个高原适应人群的共同进化的遗传机制。我国著名低氧生理专家吴天一院士指出(2005),在海拔 3 780 m,高原鼠兔和 Wistar 大鼠的血清也出现了高-低的反应。

表 8.11 不同氧浓度下藏鸡和矮小隐性白鸡胚胎 CAM 组织总 NOS 酶活力

胚胎期	氧浓度	N	总 NOS 酶活力/(U/mgprot)		
			藏鸡	矮小隐性白鸡	*P* 值 (B)
6 d	Normoxia (21%)	8	0.90±0.09	0.94±0.13	*P*=0.655 3
	Hypoxia (13%)	8	1.25±0.31	1.02±0.13	*P*<0.01
	P value (O)		*P*<0.000 1	*P*=0.311 4	
	B×O (*F*/*P*)	32		5.20/0.033 8	
10 d	Normoxia (21%)	8	1.39±0.08	1.44±0.12	*P*=0.556 4
	Hypoxia (13%)	8	2.11±0.15	1.76±0.16	*P*<0.001
	P value (O)		*P*<0.000 1	*P*<0.001	
	B×O (*F*/*P*)	32		13.93/0.001 3	
13 d	Normoxia (21%)	8	1.67±0.14	1.65±0.12	*P*=0.807 6
	Hypoxia (13%)	8	2.55±0.30	2.15±0.13	*P*<0.000 1
	P value (O)		*P*<0.000 1	*P*<0.000 1	
	B×O (*F*/*P*)	36		6.13/0.022 4	
17 d	Normoxia (21%)	8	0.77±0.09	0.77±0.12	*P*=0.951 4
	Hypoxia (13%)	8	1.60±0.16	1.21±0.08	*P*<0.000 1
	P value (O)		*P*<0.000 1	*P*<0.000 1	
	B×O (*F*/*P*)	32		16.96/0.000 5	
19 d	Normoxia (21%)	8	0.48±0.09	0.50±0.08	*P*=0.823 3
	Hypoxia (13%)	8	0.77±0.09	0.91±0.18	*P*=0.083 2
	P value (O)		*P*<0.001	*P*<0.000 1	
	B×O (*F*/*P*)	32		1.69/0.208 8	

表中数值以平均值±标准差显示;B 代表品种,O 代表氧气浓度。

我们采集的 6、10、13、17、19 d 胚胎尿囊绒毛膜(CAM),按照重量体积比 1∶9 加生理盐水,在玻璃研磨器中仔细研磨,制备成 10%的组织匀浆,然后以 2 000 r/min 在离心机离心 5 min,取上清液,装入小离心管内,−20 ℃保存。用 10%的组织匀浆测定,稀释成 1%匀浆后用考马斯亮兰法测定匀浆蛋白含量。NOS催化L-Arg和分子氧反应，生成NO，NO与亲和性物质生成有色化合物，在530 nm波长下，测定吸光度，根据吸光度的大小测出NOS活性。操作方法按试剂盒说明进行（南京建成生物制品有限公司），仪器为上海尤尼柯公司生产UV2000紫外可见分光光度计。

藏鸡和矮小隐性白鸡CAM组织总NOS活力见表8.11。在氧气浓度改变时，总NOS酶活力在常氧孵化环境中，藏鸡和矮小隐性白表现差异不显著（$P>0.05$）。但在低氧孵化环境中，除第6天和第19天外，藏鸡酶活力均高于矮小隐性白。这说明了藏鸡的NOS酶活力受低氧影响明显，可以迅速增加，以适应低氧环境。

8.4 藏鸡血管内皮因子基因表达与调控

8.4.1 藏鸡血管内皮生长因子基因SNP筛选

血管内皮生长因子（VEGF）又叫血管通透因子（VPF）或血管调理素（vasculotropin），具有增加微静脉、小静脉的通透性，促进血管内皮细胞分裂、增殖，使细胞质钙聚集以及诱导血管生成等作用，是关键的血管生长调节剂，从空间、时间、数量的不同角度调节血管生长（Risau等，1997）。Ulger等在体外胚胎培养过程中去除VEGF，则胚胎发育迟缓甚至停止；再加入VEGF后，胚胎发育恢复正常并见心血管形成（Ulger等，2000），这表明VEGF在胚胎发育过程中，通过促进血管生长而调节各组织器官乃至整个胚胎的正常发育，在此过程中，VEGF的表达对发育的各个环节起着至关重要的作用。VEGF是低氧敏感基因之一，当组织缺氧时，HIF-1α促进VEGF的表达上调（Liu等，2002），这种上调作用对于提高机体适应低氧环境具有重要意义（Goldberg，1994）。但低氧肺组织VEGF的增加会引起内皮细胞的增生、肥大、迁移，微血管通透性增加，使血管重建，从而导致肺动脉高压、右心室增生。

Flamme等（1995）首次报道了鸡VEGF A基因序列，全长715 bp，编码的蛋白216个AA。从NCBI Genebank下载鸡VEGF A基因mRNA序列（登录号：NM_205042），然后在UCSC网站（网址：http://genome.ucsc.edu）的鸡基因组数据库中进行比对。VEGF A基因在Chr3：31888801-31909717范围内，反向，约10.9 kb，全基因组序列包括8个外显子、7个内含子。内含子较大，序列较长，为了测定藏鸡该基因外显子序列，应用Primer Primer 5.0和Oligo 6.0软件在VEGF A mRNA上设计引物VEGF P1，F：5′ TGA ACT TTC TGC TCA CTT GGA 3′，R：5′ CGA GAA ATC AGG CTC CAG AA 3′。该对引物扩增产物为基因的了7～706 bp的序列，基本包括了全部的mRNA序列。用VEGF P1引物对藏鸡和矮小隐性白鸡胚胎CAM组织mRNA进行RT-PCR，PCR产物经琼脂糖胶回收后测序。共测出13个个体的鸡VEGF基因序列，其中5只矮小隐性白鸡和8只藏鸡。用DNAMAN软件比对这些序列与NCBI中鸡VEGF A基因mRNA序列比对。结果显示藏鸡和矮小隐性白鸡的mRNA序列比报道的VEGF缺失了72 bp的一段序列，正好是该基因的整个第6外显子。但藏鸡与矮小隐性白之间VEGF基因序列，无差别的SNP位点。这说明VEGF基因编码区在鸡品种之间是相当保守的，藏鸡VEGF基因对低氧环境的适应不是通过编码区碱基突变而达到的。

8.4.2 VEGF基因的定量表达

用 Primer Primer 5.0 和 Oligo 6.0 软件设计鸡 VEGF、内标基因 3-磷酸甘油醛脱氢酶(GAPDH)和标准曲线基因 28SrRNA 引物,引物信息见表 8.12。

表 8.12 基因定量的引物序列

引物名称	Gene Bank 登录号	方向	引物顺序	产物大小/bp
VEGF	NM_205042	Forward	AAGCCCAACGAAGTTATCAA	215
		Reverse	GGAAGCCCAACGAAGTTATC	
GAPDH	NM_204305	Forward	CTTTCCGTGTGCCAACCC	108
		Reverse	CATCAGCAGCAGCCTTCACTAC	
28SrRNA	M59792	Forward	GGAGCCCCGGGGAGAGTTC 3′	140
		Reverse	GGATTTTCACGGGCCAGCGAGAG	

藏鸡和矮小隐性白鸡在常氧和低氧环境中孵化,不同胚胎期尿囊绒毛膜(CAM)组织中 VEGF 基因 mRNA 表达量见表 8.13 和图 8.11。ANOVA 分析可知,氧气浓度、品种和胚胎时期均是影响 VEGF 表达的显著因素($P<0.0001$)。在常氧环境中,藏鸡 CAM 组织 VEGF 表达略高于矮小隐性白鸡,在 10 和 17 日龄时差异未达显著水平($P>0.005$)。但在低氧环境中,藏鸡表达量明显低于矮小隐性白鸡($P<0.0001$)。可以看出,低氧刺激使藏鸡和矮小隐性白鸡 CAM 组织 VEGF 基因表达均上调,但矮小隐性白鸡对低氧比较敏感,上调程度明显大于藏鸡。

表 8.13 不同氧浓度下 VEGF A mRNA 在藏鸡和矮小隐性白鸡 CAM 组织的表达

胚胎期	氧浓度	N	Real-time quantitive PCR		
			藏鸡	矮小隐性白鸡	*P* 值 (B)
第 6 天	Normoxia (21%)	8	8.53±0.96	6.92±1.08	$P<0.05$
	Hypoxia (13%)	8	10.76±1.91	14.54±2.97	$P<0.0001$
	P value (O)		$P<0.0001$	$P<0.0001$	
第 10 天	Normoxia (21%)	8	15.37±2.87	14.47±2.12	$P=0.32$
	Hypoxia (13%)	8	19.53±3.22	24.24±3.77	$P<0.0001$
	P value (O)		$P<0.0001$	$P<0.0001$	
第 17 天	Normoxia (21%)	8	14.05±2.37	13.27±2.49	$P=0.87$
	Hypoxia (13%)	8	23.32±4.54	29.33±4.79	$P<0.001$
	P value (O)		$P<0.0001$	$P<0.0001$	

表中数值以平均值±标准差显示;B代表品种,O代表氧气浓度。

血管内皮生长因子(VEGF)自发现以来,对其性质、作用等进行了广泛深入的研究。动物实验证实它是一种多功能生长子和特异性血管生长因子,具有特异性促血管内皮细胞分裂,在

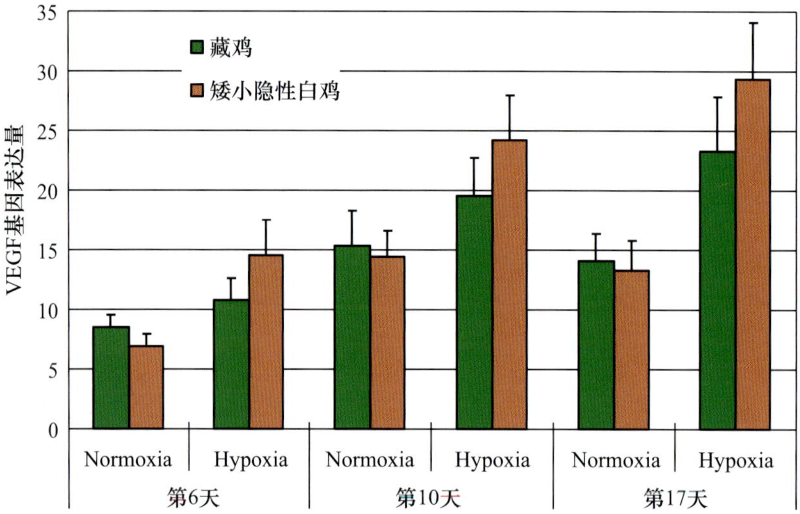

图 8.11 VEGF 基因在胚胎尿囊绒毛膜组织中表达量

血管生成中起着关键作用(Ferrara, 2001)。VEGF 能增加血管尤其是微小血管的渗透性,使血浆大分子外渗。通过与血管内皮细胞表面的特异性受体结合而明显促进成纤维细胞、血管内皮细胞生长,合成和分泌胶原等细胞外基质,并能强烈促进新血管形成是主要的血管发生蛋白(Hlatky 等,1996)。

缺血缺氧是 VEGF 基因表达的强烈诱导因素,是生理条件下和病理生理适应过程中血管生长的主要调节因子(Goldberg 等,1994)。低氧诱导因子 1(HIF-1)能上调 VEGF 基因表达(Jin 等,2000),增加 VEGF 蛋白分泌,促进血管生成,增加血流量,这也是高海拔土著动物低氧适应的机制之一(Hochachka 等,1999)。Avivi 等(1999,2005)报道,盲鼹鼠许多组织内 VEGF 表达量和血管密度较高,缩短了氧气扩散距离,达到对低氧环境的适应。

低氧应激引起 VEGF 升高,高原居住半年后,机体通过自我调节,已逐步适应高原低氧环境,机体尽可能地保持组织氧化作用,最大限度地运用可利用的氧,产生尽可能多的能量,来维持机体生命活动,VEGF 含量较初入高原时降低非常显著,但仍明显高于平原对照,表明经过半年习服后有可能使生理机能由顺应相转入适应相阶段(崔建华等,2000)。藏鸡是适应高原生活环境的原始小型品种,在长期进化过程中,形成了独特的适应高原低氧环境的机制。藏鸡移居平原地区后,相对"高氧"的环境可能使其生理达到了新的平衡。在常氧孵化环境中,藏鸡胚胎 CAM 组织 VEGF 表达量略高于矮小隐性白鸡,但 10 日龄和 17 日龄胚胎差异未达显著水平。这可能是因为藏鸡在常氧环境中生理水平已向"高氧"变化的表现。低氧环境孵化对矮小隐性白鸡是一种应激,刺激 VEGF 表达量增加;而藏鸡本身具有适应低氧环境的能力,对低氧刺激表现相对不敏感,因此 VEGF 表达量上升程度小于矮小隐性白鸡。

慢性低氧会导致成年动物肺动脉高压(HPH),在肺动脉高压形成过程中肺血管血清 VEGF 水平升高,提示 VEGF 可能参与 HPH 肺血管重建的形成过程(Li 等,2004)。低氧能损害肺血管,使肺血管收缩反应增强和肺血管构形重建,而这其中主要是内皮细胞的过度增生和水肿以及微血管通透性增加导致肺动脉中肌层的增厚和超微结构的改变。VEGF 作为一种内皮细胞的生长因子和通透性因子在此过程中起重要的介导作用,引起内皮细胞的增生、肥大、迁移，微血管通透性增加使血管重建，从而导致肺动脉高压。因此，低氧环境中，VEGF 过多的表达，不利于对低氧环境的适应。矮小隐性白鸡 VEGF 低氧表达增加可能存在这种现象，CAM 可能会出现血管异常增生现象，不利于胚胎的发育和存活。藏鸡在低氧环境中 CAM 组织中 VEGF 基因表达表现一定程度的增加，有利于血管形成，利于胚胎发育和存活，表现对低氧环境的适应。

参考文献

Adnot S, Raffestin B, Eddahibi S. 1995. NO in the Lung. Respir. Physiol., 101: 109-120.

Aktan F. 2004. iNOS-mediated nitric oxide production and its regulation. Life Sci., 75: 639-653.

Avivi A, Resnick M B, Nevo E, et al. 1999. Adaptive hypoxic tolerance in the subterranean mole rat Spalax ehrenbergi: the role of vascular endothelial growth factor. FEBS Lett., 452(3): 133-140.

Avivi A, Shams I, Joel A, et al. 2005. Increased blood vessel density provides the mole rat physiological tolerance to its hypoxic subterranean habitat. FASEB J., 19 (10): 1314-1316.

Beall C M. 2000. Tibetan and Andean patterns of adaptation to high-altitude hypoxia. Hum. Biol., 72(1): 201-28.

Beall M C, Laskowski D, Strohl K P, et al. 2001. Pulmonary nitric oxide in mountain dwellers. Nature, 414: 411-412.

Berkov S. 1974. Hypoxic pulmonary vasoconstriction in the rat: The necessary role of angiotensin II. Circ. Res., 35: 256-261.

Bredt D S, Hwang P M., Glatt C E, et al. 1991. Cloned and expressed nitric oxide synthase structurally resembles cytochrome P-450 reductase. Nature, 351: 714.

Daniel B, Kim-Shapiro. 2004. Hemoglobin-nitric oxide cooperativity: Is NO the third respiratory ligand? Free Radical Biology & Medicine, 36(4): 402-412.

Degen B, Schmidt S, Ritz E. 2001. A polymorphism in the gene forthe endothelial nitric oxide synthase and diabetic nephropathy. Nephrol. Dial. Transplant, 16: 185.

Endo M, Hata M, Saiki Y, et al. 2001. Hypoxia and cold stress on pulmonary venous obstruction. Pediatr. Cardiol., 22: 292-296.

Farby R D, Carretero O A, Ho K L, et al. 1993. Role of kinins and nitric oxide in the effects of angiotensinconverting enzyme inhibitors on neointima formation. Circ. Res., 72: 1202-1210.

Ferrara N. 2001. Role of vascular endothelial growth factor in regulation of physiological angiogenesis. Am. J. Physiol., 280, C1358-C1366.

Furchgott R F, Zawadzki J V. 1980. The obligatory role of endothlial cells in the relaxation of arterial smooth muscle by acetycholine. Nature, 288: 373.

Garthwaite J, Charles S I, Chess-Williams R. 1988. Endothelium-derived relaxing factor release on activation of NMDA receptors suggests as inter cellar message in brain. Natrue, 336: 385.

Geistenfer A, Deach M J, Owens G K. 1988. Ang Ⅱ induces hypertrophy, not hypeiplasia, of cultured rat aortic smooth muscle cells. Circ. Res., 62: 749-756.

Gibbons G H, Pratt R E, Dzau V J. 1992. Vascular smooth muscle cell hypertrophy us hypeiplasia: autocrine transfornating growth factor-βexpression determines growth response to angiotensin II. J. Clin. Invest., 90: 456-461.

Goldberg M A, Schneider T J. 1994. Smiliarities between the oxygen-sensing mechanisms regulating the expression of vascular endothelial growth factor and erythropoietin. J. Biol. Chem., 269: 4355-4361.

Grassi B, Hogan M C, Kelley K M, et al. 2005. Effects of nitric oxide synthase inhibition by L-NAME on oxygen uptake kinetics in isolated canine muscle in situ. J. Physiol., 568(3): 1021-1033.

Hirata Y, Takeuchi I, Hijhstein S, et al. 1989. Endothlin is a patent mitogen for rat vascular smooth muscle cells. Atherosclerosis, 78: 225-230.

Hlatky L, Hahnfeldt P, Tsionou C, et al. 1996. Hypoxia is a strong inducer of vascular endothelial growth factor mRNA expression in the heart. Br. J. Cancer., 74(Suppl): 151.

Hochachka P W, Rupert J L, Monge C C. 1999. Adaptation and conservation of physiological systems in the evolution of human hypoxia tolerance. Comparative Biochemistry and Physiology Part A., 124: 1-17.

Hussain I, Qureshi M A. 1998. The expression and regulation of inducible nitric oxide synthase gene differ in macrophages from chickens of different background. Vet. Immunol. Immunopathol., 61: 317-329.

Jachymova M, Horky K, Bultas J, et al. 2001. Association of the Glu298 Asp poly morphism in the endothelial nitric oxide synthase gene with essential hypertension resistant to conventional therapy. Biochem. Biophys. Res. Commun., 284: 426.

Janssens S P, Shimouchi A, Quertermous T, et al. 1992. Cloning and expression of a cDNA encoding human endothelium-derived relaxing factor/nitric oxide synthase. J. Biol. Chem., 267: 14519-14522.

Jin K L, Mao X O, Nagyama T, et al. 2000. Induction of vascular endothelial growth factor and hypoxia-inducible factor-1α by global ischemia in rat brain. Neuro. sci., 99(03): 577-585.

Kazuo K, Yukio H, Taihei I, et al. 1993. Induction of nitric oxide synthase gene by interlukin in vascular smooth muscle cells. Hypertension, 22: 34.

Kleinert H, Pautz A, Linker K, et al. 2004. Regrlation of the expression of inducible nitric oxide synthase. European Journal of Pharmacology, 500: 255-266.

Koizumi T, Ruan Z, Sakai A, et al. 2004. Contribution of nitric oxide to adaptation of Tibetan sheep to high altitude. Respiratory Physiology & Neurobiology, 140: 189-196.

Lamas S, Marden P A, Li G K, et al. 1992. Endothelial nitric oxide synthase: molecular cloning and characterization of a distinct constitutive enzyme isoform. Proc. Natl. Acad. Sci., 89(14): 6348-6352.

Leeman M, Naeije R. 1995. Nitric oxide and hypoxic pulmonary hypertension. Eur. Respir. J., 8: 513-514.

Leung D W, Cachiance G, Kuang W J, et al. 1989. Vascular endothelial growth factor risasecreted angiogenic mitogen. Science, 246: 1306-1309.

Li H, Wallerath T, Forstermann U. 2002. Physiological mechanisms regulating the expression of endothelial-type NO synthase. Nitric. Oxide, 7: 132-147.

Li Q F, Dai A G. 2004. Hypoxia-inducible factor-1 alpha regulates the role of vascular endothelial growth factor on pulmonary arteries of rats with hypoxia-induced pulmonary hypertension. Chin. Med. J., 117(7): 1023-1028.

Liu L X, Lu H, Luo Y, et al. 2002. Stabilization of vascular endothelial growth factor mRNA by hypoxia inducible factor 1. Biochem Biophys Res. Commun., 291(4): 908-914.

Lipton S A. 2001. Nitric oxide and respiration. Nature, 413: 118-121.

Marsden P A, Schappert K T, Chen H S, et al. 1992. Molecular cloning and characterization of human endothelial nitric oxide synthase. FEBS Lett., 307: 287-293.

McMahon T J, Stone A E, Bonaventura J, et al. 2000. Functional coupling of oxygen binding and vasoactivity in S-nitrosohemoglobin. J. Biol. Chem., 275: 16738-16745.

Milledge J S. 1984. ngiotensin converting enzyme and hypoxia. Bull. Eur. Physiopathol Respir, 20(6): 481-485.

Molteni A, Zakhenm R M, Mullis K B. 1974. The effect of chronic alveolar hypoxia on lung and serum angiotensin I converting enzyme activity. Proc. Soc. Exp. Biol. Med., 147(1): 263-265.

Montgomery H M, Marshall R, Hemingway H, et al. 1997. Human gene for physical performance. Nature, 393: 221-222.

Ozaki M, Kawashima S, Yamashita T, et al. 2001. Reduced hypoxia pulmonary vascular remodeling by nitric oxide from the endothelium. Hypertension, 37: 322-327.

Palmer R M, Ferrige A G, Moncada S. 1987. Nitric oxide release account fox thebiologial activiting of endothelium-derived relaxing factor. Nature, 327: 524.

Pariente R. Nitric oxide. 2004. EMC- Pneumologie, 1: 37-39.

Pawloski J R, Hess D T, Stamler J S. 2001. Export by red blood cellsof nitric oxide bioactivity. Nature, 409: 622-626.

Risau W. 1997. Mechanisms of angiongenesis. Nature, 386(6626): 671-674.

Scott B T, Hahn W A, Resink T J. 1990. Modulation of extracellular matrix by angiotensin II stimulated glycoconjagate synthesis and growth in vascular smooth muscle cell. J. Cardiovasc Pharmacol, 16: S36-S41.

Sessa W C, Harrison J K, Barber C M, et al. 1992. Molecular cloning and expression of a cDNA encoding endothelial cell nitric oxide synthase. J. Biol. Chen., 267: 15274-15276.

Shi Y, Pritchard K A, Jr, et al. 2000. Chronic myocardial hypoxia increases nitric oxide synthase and decreases caveolin-3. Frr. Radical. Biol. Med. , 29: 695-703.

Shirato M, Sakamoto T, Uchida Y, et al. 1998. Molecular cloning and characterization of Ca^{2+}-dependent inducible nitric oxide synthase from guinea - pig lung. Biochem. J. , 333: 795-799.

Smenza G L. 2000. Surviving ischemia: adaptive responses mediated by hypoxia-inducible factor. J. Clin. Invest. , 106: 809-812.

Steudel W, Scherrer-Crosbie M, Bloch K D, et al. 1998. Sustained pulmonary hypertension and right ventricular hypertrophy after chronic hypoxia in mice with congenital deficiency of nitric oxide synthase 3. J. Clin. Invest. , 101: 2468-2477.

Takahashi H, Soma S, Muramatsu M, et al. 2001. Upregulation of ET-1 and its receptors and remodeling in small pulmonary veins under hypoxic conditions. Am. J. Physiol. Lung. Cell Mol. Physiol. , 280: 1104-1114.

Thompson L P, Aguan K, Zhou H. 2004. Chronic Hypoxia Inhibits Contraction of Fetal Arteries by Increased Endothelium-Derived Nitric Oxide and Prostaglandin Synthesis. J. Soc. Gyn. Invest, 11: 511-520.

Tischer E, Gospodarowicz D, Mitchell R, et al. 1989. Vascular endothelial growth factor: a new member of the platelet-de-rived growth factor gene family. Biochem Biophys Res. Commun. , 165: 1198-1206.

Ulger H, Karabulut A K, Pratten M K. 2000. The growth promoting effects of bFGF, PD-ECGF and VEGF on cultured postimplantation rat embryos deprived of serum fractions. J. Anat. , 197(Pt 2): 207-219.

Wideman R F, Erf G F. 2002. Intravenous micro-particle injection and pulmonary hypertension in broiler chickens: Cardio-pulmonary hemodynamic responses. Poult. Sci. , 81: 877-886.

Woods D R, Pollard A J, Collier D J, et al. 2002. Insertion/deletion polymorphism of the angiotensin I -converting enzyme gene and arterial oxygen saturation at high altitude. Am. J. Respir. Crit. Care. Med. , 166: 362-366.

Xie Q W, Cho H J, Calaycay J, et al. 1992. Cloning and Characterization of inducible nitric oxide synthase from mouse macrophages. Science, 256: 225.

Yin J H, Yang D I, Ku G, et al. 2000. iNos expressing inhibits hypoxia-inducible factor -1 acitivity. Biochemical and Biophysical Research Communication, 279: 30-34.

Zhang J, Patel J M, Block E R. 1997. Molecular cloning, characterization and expression of a nitric synthase from porcine pulmonary artery endothelial cells. Comp. Biochem. Physiol. , 116: 485-491.

崔建华，张西洲，周新梅，等. 2000. 高原低氧血清肌红蛋白及乳酸代谢的变化. 西北国防医学杂志，21: 246-247.

高文祥，高钰琪，李素芝，等. 2005. 缺氧对高原藏族、汉族人脐静脉内皮细胞 VEGF、iNOS 和 eNOS mRNA 表达影响的比较. 中国病理生理杂志，21(5) : 844- 848.

孔炜，王迪浔. 2002. 慢性缺氧对肺动脉内皮细胞Ⅲ型一氧化氮合酶 mRNA 表达的影响. 中国病理生理杂志，18(3)：262-264.

林红，蔡英年. 1997. 低氧对大鼠肺组织一氧化氮合酶分布及活性的影响. 中国医学科学院学报，19(2)：110-115.

石姝梅，徐刚，吴华碧，等. 2008. 内皮型一氧化氮合酶基因敲除小鼠心肌细胞对苯福林诱导的过度增殖反应. 中国组织工程研究与临床修复，12(15)：2922-2925.

王晓勤，王占刚，陈秋红，等. 2001. 慢性缺氧大鼠肺血管结构与一氧化氮的变化. 高原医学杂志，11(2)：5-8.

吴天一. 2005. 我国高原医学研究进展(热烈祝贺中华医学会成立九十周年). 高原医学杂志，15(1)：1-8.

谢印芝，杨曦明，马子敏，等. 2000. 低氧大鼠脑、肺组织 NO、NOS 变化及其机理研究. 高原医学杂志，10(1)：4-6.

张建新，张会欣，李兰芳，等. 2005. 大鼠局灶性脑缺血后一氧化氮合酶基因表达的变化. 中国生理学会应用生理学专业委员会暨《中国应用生理学杂志》二十周年纪念大会和学术讨论会论文集.

第9章

藏鸡能量代谢相关酶基因低氧适应

人或哺乳动物由平原进入高原后，组织和血液中乳酸浓度增大，表现出低氧下无氧酵解作用增强。而高原人锻炼时，血中乳酸堆积低于平原人。高山羊驼左心室肌的乳酸脱氢酶活性比平原牛明显降低。我们前期的研究也表明藏鸡和低地鸡在糖酵解和有氧氧化的相关生理指标上也存在差异。醛缩酶和磷酸甘油酸激酶是糖酵解中的重要酶类；NADH 脱氢酶复合体是线粒体中最大的呼吸链酶蛋白复合体，对线粒体的氧化磷酸化功能有重要影响。这些酶的变异有可能影响鸡的低氧适应性能。

9.1 葡萄糖代谢途径中系列酶的生理功能

9.1.1 糖酵解途径中系列酶的生理功能

动物体内的葡萄糖是细胞的主要能源物质，其分解供能需要经过一系列的化学反应过程，如图 9.1 所示。这样，葡萄糖经有氧氧化或无氧酵解释放 ATP 来供给机体使用。

葡萄糖分解形成 2 分子丙酮酸并提供能量的过程称为糖酵解作用(glycolysis)，在无氧条件下，葡萄糖继续酵解最后生成乳酸，同时，NAD^+ 被再生出来。其生物学意义在于，它可在不需要氧供应的条件下产生 ATP。糖酵解过程共有 10 步反应，全部在细胞胞液中进行，每步反应都有相应的酶的催化，包括已糖激酶(hexokinase，HK)、磷酸果糖激酶(phosphofructokinase，PFK)、醛缩酶(aldolase，ALD)、磷酸甘油醛脱氢酶(glyceraldehyde phosphate dehydrogenase，GAPDH)、磷酸甘油酸激酶(phosphoglycerate kinase，PGK)、烯醇化酶(enolase，ENO)、丙酮酸激酶(pyruvate kinase，PK)。糖酵解过程有三个反应步骤是基本上不可逆的，催化这三步反应的酶是 HK、PFK 和 PK，其中 PFK 催化的反应是糖酵解的限速反应。糖酵解作用能在无氧条件下继续进行，必须有使 NADH 再被氧化为 NAD^+ 的途径，丙酮酸在无氧条件下生成乳酸的去路解决了 NAD 再生的问题，催化丙酮酸形成乳酸的酶就是乳酸脱氢酶(lactate

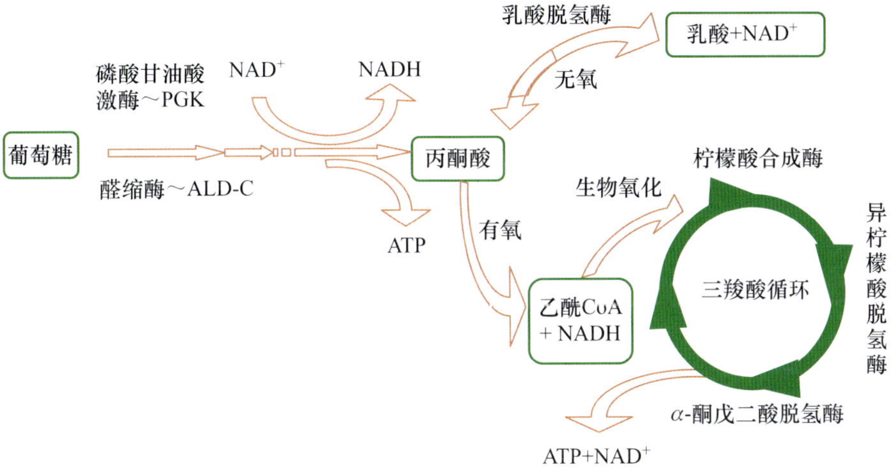

图 9.1　葡萄糖代谢途径示意图

dehydrogenase，LDH)。LDH 作为机体能量转换的重要通道糖酵解的主要酶，是与组织细胞能量代谢过程密切相关的酶，在能量代谢中起着重要的生理功能。

编码参与糖酵解过程中酶的基因几乎在所有动物机体细胞都表达，它们对低氧时保持细胞 ATP 的生成具有重要意义。醛缩酶作用于酵解过程的第二阶段，催化一分子的果糖-1，6-二磷酸生成两个三碳分子的磷酸丙糖，醛缩酶有 A、B、C 三种构型，醛缩酶 C 主要在大脑组织中表达，醛缩酶 A 主要在骨骼肌内表达。磷酸甘油酸激酶(PGK)作用于 1，3-二磷酸甘油酸的高能磷酸基转移给 ADP 的过程，此过程释放出 ATP，PGK 基因主要在骨骼肌内表达。

9.1.2　有氧氧化途径中部分酶的生理功能

在有氧条件下，葡萄糖经酵解生成的丙酮酸氧化脱羧生成乙酰 CoA，乙酰 CoA 最终进入柠檬酸循环被完全氧化分解，同时释放能量。ATP 的需要决定了柠檬酸循环的速率。丙酮酸脱氢酶及循环中的柠檬酸合成酶、异柠檬酸脱氢酶和 α-酮戊二酸脱氢酶是循环的重要控制点。丙酮酸形成乙酰 CoA 是一个关键性的不可逆步骤。葡萄糖完全氧化产生的 $NADH+H^+$ 在电子传递链中被 O_2 氧化，释放出能量，NAD^+ 得到再生。由此，分子态氧参与生物有机体的氧化还原反应，作为线粒体产生能量的终末电子受体发挥作用。

电子传递链由位于线粒体内膜的复合体Ⅰ、复合体Ⅱ、复合体Ⅲ、细胞色素 c 和复合体Ⅳ组成，从 NADH 将电子传递给复合体Ⅰ或 $FADH_2$ 将电子传递给复合体Ⅱ就开始了电子在电子传递链中的传递过程。NADH 脱氢酶复合体，也就是复合体Ⅰ，是呼吸链酶蛋白复合体中最大的一个，它是线粒体电子传递链的主要入口。线粒体中来自各种渠道的 $NADH+H^+$(主要来自三羧酸循环)可以通过该复合体将电子传递给辅酶 Q，同时伴随着质子从线粒体基质侧向膜间隙的转移，与电子传递链中的其他复合体共同维持线粒体内膜两侧的质子梯度。质子梯度是有氧呼吸产生 ATP 的重要基础。因此，复合体Ⅰ传递电子的效率以及电子传递与质子泵的耦联程度可能会影响机体对氧气的利用数量和效率。

9.2 藏鸡甘油酸激酶基因和醛缩酶-C 基因突变及其表达

9.2.1 甘油酸激酶(PGK)基因和醛缩酶-C(ALD-C)基因的 SNP 多态性

1. PGK 基因和 ALD-C 基因的 SNP 多态性检测

选择藏鸡、白来航和寿光鸡各 15 只，翅下静脉采血，ACD 抗凝。用酚仿法提取基因组 DNA。从 NCBI 中查出鸡 PGK 基因的 mRNA 序列(序列号 GI:560037)，然后在 UCSC 网站(网址:http://genome.ucsc.edu)的鸡基因组数据库中进行比对。根据比对序列向 5′近端调控区的上游延伸 1.3 kb 的远端调控区，从而得到鸡 PGK 基因的全基因组序列。PGK 基因全基因组序列包括 11 个外显子、10 个内含子，利用软件 Oligo 6.31 对 PGK 基因序列设计 9 对引物(表 9.1)，覆盖了 PGK 基因的所有外显子、5′调控区、3′非翻译区及大部分内含子。从 NCBI 中下载鸡 ALD-C 基因的 mRNA 序列(序列号 GI:999391)，采用与 PGK 基因相同的比对方法，获得鸡 ALD-C 基因的全基因组序列。ALD-C 基因的全基因组序列约 3 kb，包括 6 个外显子、5 个内含子，利用软件 Oligo 6.31 对 ALD-C 基因的全序列设计 5 对引物(表 9.2)。PCR 产物在扩增后切胶回收，用 377 型测序仪测序，利用软件 Chromas、DNAMAN、DNASTAR 进行序列的比对，寻找 ALD-C 基因的 SNP。

表 9.1 PGK 基因的测序引物序列

基因	引物编号	片段位置	引物序列	产物/bp	T_m/℃
PGK 基因	P1	5′UTR	5′ ATT CCT GGG GTC CTT CAT TC 3′; 5′ CCC TTT CAT TTC CAG TCT CAT C 3′	1 301	56.7
	P2	exon1 and intron1	5′ GAT GAG ACT GGA AAT GAA AGG GG 3′; 5′ CAC GGC ACA GGG GAC TAA CTC 3′	797	63.5
	P3	exon2 and intron2	5′ CTG CCG TGT GTA GGG AAA GTT 3′; 5′ ATG GTA GCG TGG CAG GTA TTG 3′	552	50
	P4	exon3 and exon4	5′ GGG AAT AGG TTA GGT TAG CAC 3′; 5′ ACA AAG GCT CTC TGG TTC TCT 3′	889	54.4
	P5	exon5 and exon6	5′ GAC ACG CAC AGG ATG AAC AG 3′; 5′ TTG AAC AAA GCC AGA AGA ACT C 3′	740	54
	P6	exon7	5′ ATC TGT GTT GTG AGT TTG GGT 3′; 5′ TAT GTG GGG AAA GTA AAA GAA G 3′	864	52.5
	P7	exon8	5′ GCT TCT TTT ACT TTC CCC ACA T 3′; 5′ GTG CTC CCT GTT ACT TTT TCT A 3′	261	52.8
	P8	exon9 and10	5′ GCT TCT GGC ACA TCT CTA TTC 3′; 5′ GGT GGG AGT GGC AGT CTA TG 3′	1 033	53.7
	P9	exon11 and 3′UTR	5′ TGG GGA TTT TGT TTG TTT CTG T3′; 5′ AAG TGA CGG AAA TGC CTG CT 3′	510	53.5

表 9.2 ALD-C 基因的测序引物序列

基因	引物编号	片段位置	引物序列	产物/bp	T_m/℃
ALD-C 基因	A1	5′UTR and exon1	5′ CTT CAG GCT TGT ATG GTC TT 3′; 5′ TGA CTT CGT TTC CCC TAT T 3′	1257	52.1
	A2	intron1 and exon2 intron2 and exon3	5′ ATT TCT GAG CAT CTT CCA CCT TG 3′; 5′ CCT GCC CCA AGA AGT ACA CC 3′	997	56.1
	A3	exon3 and intron3 and exon4	5′ GGA ACA GCA GCA GGA ACA GTG 3′; 5′ AGA CTG CCT TGT TTT TCC TTC GT 3′	764	55
	A4	exon4 and intron4 and exon5	5′ CAC CAA GCC ATT CTA ACG A 3′; 5′ TGT ATC CTA TCC TCT CAG TGA A 3′	1054	53.7
	A5	intron5 and exon 6 and 3′UTR	5′ TCA GCC AGT TTA TCA AGT CC 3′; 5′ CAA GAA GAA CAC ACA CTG GA 3′	1335	53.5

测序分析结果表明 PGK 基因的碱基突变率在品种间较高，品种间碱基突变率达 80%以上的 SNP 如图 9.2 和表 9.3 所示。从表中可以看出，PGK 基因有四个 SNP 在藏鸡的碱基突变率达 85%以上，而在两个低地品种白来航和寿光鸡中碱基突变率都非常低，甚至为零。由此，本文称这四个 SNP 为藏鸡特有的 SNP。

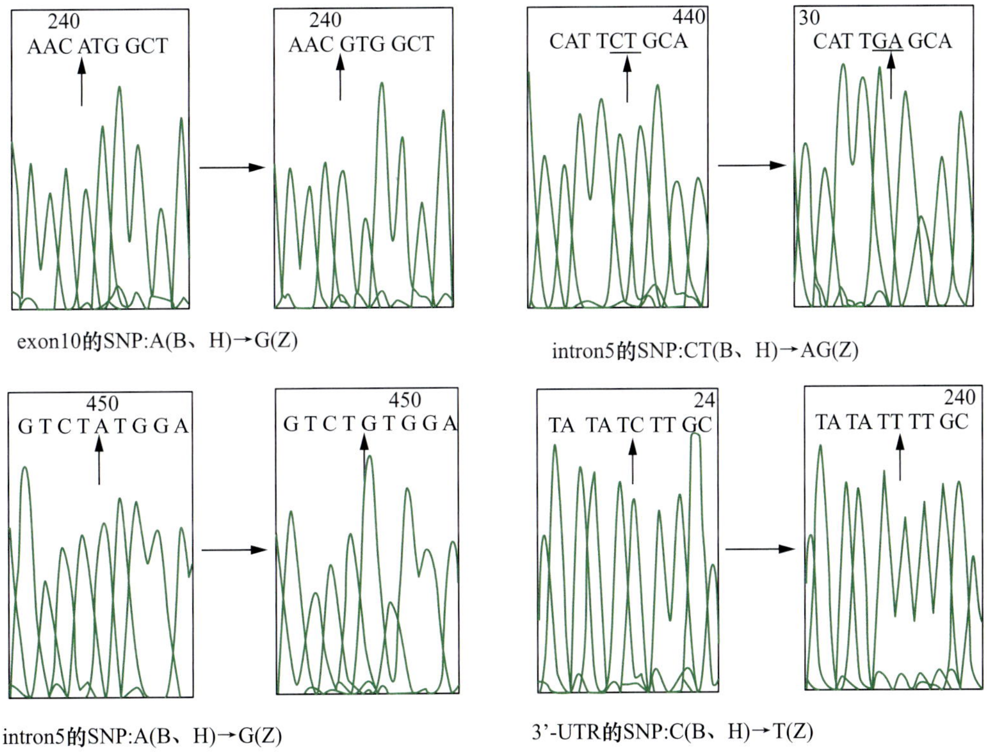

图 9.2 藏鸡特有的 PGK 基因的 SNP

B:白来航;H:寿光鸡 Z:藏鸡。

表 9.3 PGK 基因上 SNP 位点的基因频率和基因型频率

SNP 位置	品种	突变碱基	突变位点基因频率/%		基因型频率/%		
			A	B	AA	BB	AB
exon10 上第 59 位碱基	藏鸡	G	88.8	11.2	85.7	7.9	6.3
	白来航鸡	A	14.8	85.2	8.7	78.2	13.1
	寿光鸡	A	4.3	95.7	4.3	95.7	0
intron5 上第 35、36 个碱基	藏鸡	GA	86.7	13.3	86.7	0	13.3
	白来航鸡	CT	0	100	0	100	0
	寿光鸡	CT	0	100	0	100	0
intron5 上第 23 个碱基	藏鸡	G	86.7	13.3	86.7	0	13.3
	白来航鸡	A	0	100	0	100	0
	寿光鸡	A	0	100	0	100	0
3′UTR 上第 157 个碱基	藏鸡	T	85.7	14.3	85.7	14.3	0
	白来航鸡	C	8.6	91.4	8.6	91.4	0
	寿光鸡	C	0	100	0	86.7	13.3

表 9.4 ALD-C 基因 SNP 位点的基因频率和基因型频率

SNP 位置	品种	突变碱基	突变位点基因频率/%		基因型频率/%		
			C	D	CC	DD	CD
5′UTR 区内－698 位碱基	藏鸡	G	80	20	80	20	0
	白来航鸡	A	0	100	0	100	0
	寿光鸡	A	19.7	80.3	19.7	80.3	0
intron4 上第 546 个碱基	藏鸡	A	86.2	13.8	79.3	6.9	13.7
	白来航鸡	G	4.7	95.3	0	90.6	9.4
	寿光鸡	G	0	100	0	100	0

采取与 PGK 基因相同的研究方法，对 ALD-C 基因的全序列进行测序，通过测序结果比对分析，发现了 ALD-C 基因中有两个 SNP 在藏鸡的突变率较高，达到了 80% 以上，这两个 SNP 分别位于 5′UTR 区和内含子 4 区，如表 9.4 所示，SNP 位点的测序结果见图 9.3。

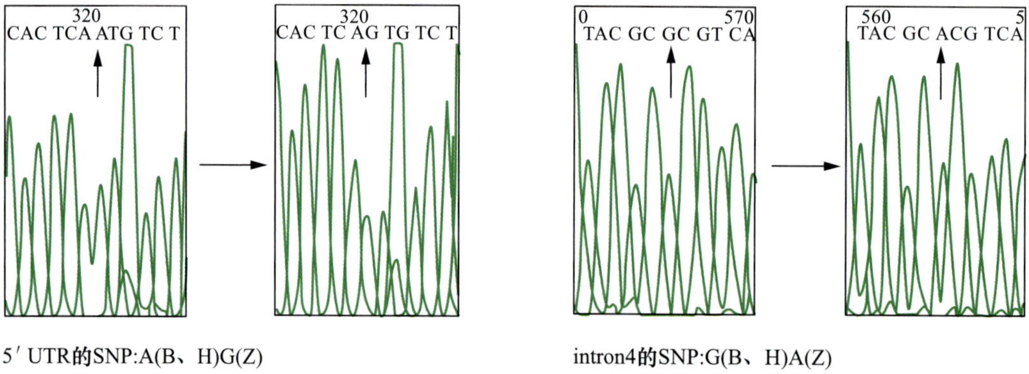

图 9.3 藏鸡特有的 ALD-C 基因的 SNP

2. SNP与转录因子结合的预测

在网上(http://www.genomatix.de)用软件MatInspector预测突变和未突变的DNA序列中可能的转录因子结合位点。PGK基因和ALD-C基因的预测结果分别列于表9.5和表9.6。结果显示,PGK基因外显子10上第59位碱基和ALD-C基因内含子4上第546位碱基的突变引起了预测结果的变化,具有HIF-1的结合位点,即含有缺氧应答元件。

表9.5 PGK基因外显子10上第59位碱基突变后可能的转录因子结合位点

转录因子名称	结合序列
TGA1A	tattggtgACGTgcgtacacc
Activating transcription factor 6, member of b-zip family, induced by ER stress	tattggtGACGtgcgtacacc
Rice transcription activation-1 (RITA), basic leucin zipper protein, highly expressed during seed development	tgtacgcACGTcaccaa
X-box-binding protein 1	ggtgACGTgcgtaca
Recognition site for BZIP transcription factors that belong to the group of Opaque-2 like proteins	attggtgACGTgcgtac
Hypoxia inducible factor, bHLH/PAS protein family	gtacgcACGTcacca

表9.6 ALD-C基因内含子4第546位碱基突变后可能的转录因子结合位点

转录因子名称	结合序列
Aryl hydrocarbon/dioxin	gttcttcctgGCGTggatgcctt
Hypoxia inducible factor, bHLH/PAS protein family	gtactaACGTGcgta
X-box-binding protein 1	gctaACGTgcgtaac
v-Myb, AMV v-myb	gctAACGtgcg

9.2.2 SNP与转录因子结合的验证

PGK基因外显子10和ALD-C基因内含子4上的碱基突变后与缺氧应答元件的核心序列相一致。网上预测结果说明这两个突变位点能够与低氧诱导因子-1相结合。本实验采用凝胶阻滞(gel-shift)实验检测了突变序列和未突变序列与低氧孵化藏鸡、白来航鸡和寿光鸡的胚胎肌肉细胞核抽提物的结合物。

收集藏鸡、白来航和寿光鸡种蛋分别进行低氧孵化和常氧孵化。低氧孵化在自动化低氧模拟孵化机内进行,孵化机内温度37.8℃,相对湿度60%,二氧化碳浓度不高于0.5%,氧气浓度为14%。常氧孵化在普通孵化机内进行,孵化机内温度37.8℃,相对湿度60%,氧气浓度为21%。为检测PGK基因外显子10第59位和ALD-C基因内含子4第546位碱基的突变是否造成了低氧诱导因子-1的结合位点,选择了低氧孵化的藏鸡、白来航和寿光鸡胚胎(孵化10 d、17 d、19 d、21 d的胚胎)肌肉组织提取核抽提物,合成了含有突变碱基和未突变碱基的30个碱基的两条反向互补的寡核苷酸序列(表9.7)。

表 9.7 PGK 和 ALD-C 基因的包含突变位点的寡核苷酸序列

基因	PGK 基因	ALD-C 基因
突变位置	exon10 上第 59 位碱基	intron4
突变碱基	A→G	G→A
包含突变碱基的寡核苷酸序列	正 5′TGGAGGTCACGATTGCACCGATTGAAATAG3′ 反 5′CTATTTCAATCGGTGCAATCGTGACCTCCA3	正 5′CACCAGGGTGTACGCACGTCACCAATAAAC3′ 反 5′GTTTATTGGTGACGTGCGTACACCCTGGTG3′
包含未突变碱基的寡核苷酸序列	正 5′TGGAGGTCACGATTGTACCGATTGAAATAG3′ 反 5′CTATTTCAATCGGTACAATCGTGACCTCCA3′	正 5′CACCAGGGTGTACGCGCGTCACCAATAAAC3′ 反 5′GTTTATTGGTGACGCGCGTACACCCTGGTG3′

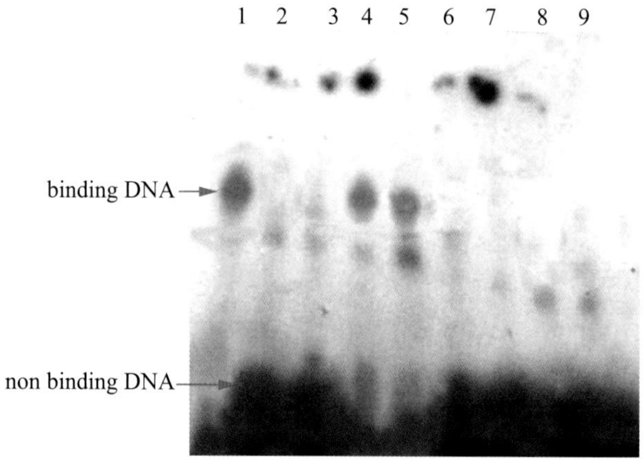

图 9.4 PGK 基因外显子 10 中 SNP 的凝胶阻滞结果

1、4、5：低氧孵化藏鸡、白来航、寿光鸡的核抽提物与突变序列的结合物，有被阻滞的带；2、3、6：常氧孵化藏鸡、白来航、寿光鸡的核抽提物与突变序列的结合物；7、8、9：低氧孵化藏鸡、白来航和寿光鸡的核抽提物与未突变序列的结合物。

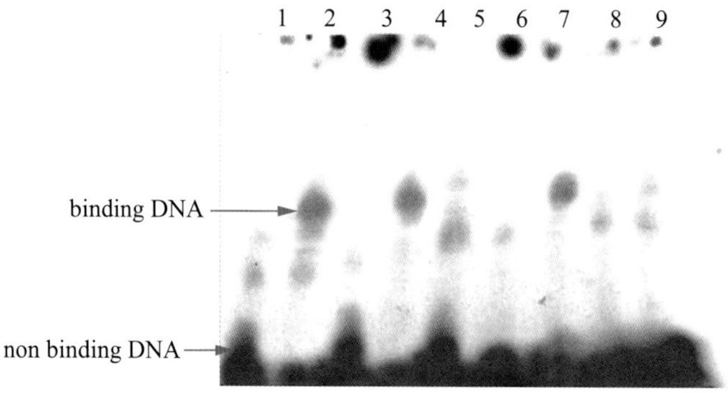

图 9.5 ALD-C 基因内含子 4 中 SNP 的凝胶阻滞结果

2、4、7：低氧孵化藏鸡、白来航和寿光鸡的核抽提物与突变序列的结合物，有被阻滞的带；1、3、5：常氧孵化白来航、寿光鸡和藏鸡的核抽提物与突变序列的结合物；6、8、9：低氧孵化藏鸡、白来航和寿光鸡的核抽提物与未突变序列的结合物。

凝胶阻滞实验结果见图 9.4 和图 9.5。低氧孵化的藏鸡、白来航鸡、寿光鸡的胚胎肌肉细胞核抽提物与突变序列产生了结合信号，而未突变序列没有和核抽提物结合。常氧孵化的藏鸡、白来航和寿光鸡的核抽提物与已突变序列也没有结合信号。此结果验证了藏鸡的 PGK 基因和 ALD-C 基因含有缺氧应答元件的保守序列，低氧诱导因子与突变序列的的结合可能会影响处于低氧环境下的鸡体内 PGK 和 ALD-C 基因的表达水平，表明糖酵解酶编码基因的表达与动物的低氧适应有密切关系。

9.2.3 PGK 基因和 ALD-C 基因在骨骼肌和大脑组织中的表达

凝胶阻滞实验的结果表明 PGK 基因外显子 10 第 59 位和 ALD-C 基因内含子 4 第 546 位碱基的突变造成了新的蛋白质结合位点。因此，有必要研究这两个 SNP 对 PGK 基因和 ALD-C 基因表达的影响。

表 9.8 目的基因的引物和探针序列

基因	登录号	引物序列	探针序列	扩增片段
PGK	L37101	5′ ATTGGCAACTCGCTGTTTG 3′ 5′ GATGAAGTCAACTGGCAAGGTAA 3′	5′TTCACACCGTTCTT CTCTGCCTTGGC3′	105 bp
ALD-C	S78291	5′ CTC AAC GCC ATC AAC ACA 3′ 5′ CAC GCT TGA CGA ACT CCT 3′	5′CCTCACCTTCTC CTATGGGCGGGC3′	145 bp
GAPDH	NM204305	5′ CTTTCCGTGTGCCAACCC 3′ 5′ CATCAGCAGCAGCCTTCACTAC 3′	5′TCTCTGTTGTTGA CCTGACCTGCCGT3′	108 bp
28SrRNA	M59792	5′ TCTATTCTT TATGAAGGGCCG 3′ 5′ ATTTTCACGGCCAGCGAGAC 3′	5′ CGCCTTGGAAAG CGTCGCGGTTCCG 3′	120 bp

低氧孵化和常氧孵化均在农业部畜禽遗传育种重点开放实验室进行。低氧孵化在自动化低氧模拟孵化机内进行，孵化机内温度 37.8 ℃，相对湿度 60%，二氧化碳浓度不高于 0.5%，氧气浓度为 14%。常氧孵化在普通孵化机内进行，孵化机内温度 37.8 ℃，相对湿度 60%，氧气浓度为 21%。收集藏鸡、白来航和寿光鸡种蛋分别进行低氧孵化和常氧孵化，采取 10 d、17 d、19 d、21 d 胚胎的骨骼肌、大脑组织迅速投入液氮，低温保存。采集的样品尽量保证不同时期内为同胞，用 Trizol 提取总 RNA，用 *DNAse* Ⅰ 纯化。利用合适的限制性内切酶检测藏鸡、白来航和寿光鸡胚胎的基因型。PGK 基因的 SNP 位点的上下游引物为：5′ ATG CTG TGC GAA GTG GAA TAC 3′和 5′ GGT GGG AGT GGC AGT CTA TG 3′。ALD-C 基因的 SNP 位点的上下游引物为：5′ TTG GCA GGG AGG TGA TTA G 3′和 5′ AGA TGA GGA TGA AGG GCA GTA′ 3 分别使用 *Nla* Ⅲ 和 *Hha* Ⅰ 内切酶进行分型。采取 TaqMan 荧光定量 RT-PCR 技术对 PGK 和 ALD-C 基因在骨骼肌和大脑组织中的表达进行研究。探针和引物的序列见表 9.8。

针对于每个目的基因及内标基因，每次反应中，每个样本重复三次，最后取平均值。每个样本的相对表达量的值等于目的基因表达量均值除以内标基因的表达量均值。不同处理样本之间的表达差异用 SAS 8.02 统计分析软件进行分析，对每个目的基因而言，首先分析低氧条件下死胚和发育正常的胚胎在骨骼肌和大脑组织的表达；然后再分析孵化机氧浓度、品种、基因型、发育时期四个因素对目的基因表达量的效应值。统计分析模型：

$$y_{ijk}=\mu+O_i+C_j+O_i\times C_j+e_{ijk}$$

$$y_{ijklm}=\mu+O_i+B_j+G_k+P_l+O_i\times B_j+O_i\times G_k+O_i\times P_l+B_j\times G_k+B_j\times P_l+G_k\times P_l+e_{ijklm}$$

其中，O：氧浓度，C：胚胎存活状态，B：品种，G：基因型，P：发育时期，e：残差效应；统计分析过程采用 GLM 过程进行最小二乘分析，$P>0.05$ 没有显著性效应值，$P<0.05$ 时显著性效应，$P<0.01$ 时有极显著效应值。

1. PGK 基因在胚胎骨骼肌组织中的表达

(1) 低氧孵化的死胚和发育正常胚胎的骨骼肌内 PGK 基因表达量

PGK 基因在低氧条件下胚胎骨骼肌内的表达量列于表 9.10。对低氧孵化死胚和活胚的骨骼肌组织中 PGK 基因的表达量进行最小二乘分析，结果见表 9.9，图 9.6 更直观地表示了最小二乘分析结果。由表 9.9 可以看出，品种与胚胎存活的状态对低氧条件下骨骼肌内 PGK 基因的表达量都有极显著的效应值。

表 9.9　PGK 基因在藏鸡和白来航的死胚、活胚骨骼肌组织内表达量的最小二乘分析结果

	DF	*SS*	*MS*	*F* 值	$P_r>F$
品种	1	773.01	773.01	5.4	0.024 8
胚胎存活	1	2 774.94	2 774.94	19.37	<0.000 1
品种×胚胎存活	1	38.02	38.02	0.27	0.609

表 9.10　PGK 基因在藏鸡和白来航的死胚和活胚骨骼肌组织内的表达量

品种	胚胎存活	样本数	平均值	标准差
藏鸡	活胚	12	2.470 3[a]	0.164 3
	死胚	9	0.674 3[b]	0.042 8
白来航	活胚	8	1.913 1[a]	0.210 8
	死胚	20	0.491 9[b]	0.034 2

图 9.6 显示，无论藏鸡还是白来航，发育时期的胚胎经低氧处理后，已死胚胎的骨骼肌内 PGK 基因表达水平较低，发育正常的胚胎的骨骼肌内 PGK 基因的表达是死胚的 4 倍，其差异

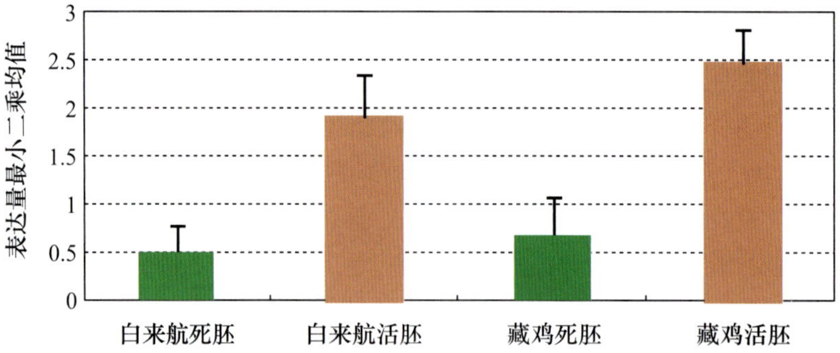

图 9.6　PGK 基因在藏鸡和白来航的死胚和活胚骨骼肌组织内的表达量比较

达到极显著水平($P<0.01$)。藏鸡胚胎的骨骼肌内 PGK 基因的表达量稍微高于白来航鸡胚胎的骨骼肌,但差异不显著。经低氧孵化后的死胚与发育正常胚胎的比较说明 PGK 基因的表达确实受孵化机内空气中氧浓度的影响。

(2) 四个因素对胚胎骨骼肌内 PGK 基因表达量的最小二乘效应

表 9.11 胚胎骨骼肌内 PGK 基因的表达量

品种	氧浓度	发育时期/d	基因型	样本数	平均值	标准差
白来航	常氧	21	AA	1	0.528 2	—
			BB	6	0.550 9	0.023 969
		19	AA	1	1.413 5	—
			BB	6	0.948 8	0.362 13
		17	AB	2	0.466 1	0.339 29
		10	AB	1	0.593 4	—
			BB	6	0.244 3	0.049 636
	低氧	21	AB	1	0.682 8	—
			BB	2	0.224 1	2.380 89
		19	AA	1	1.173 0	—
			AB	1	0.278 4	—
			BB	6	0.214 1	0.022 705
		17	AA	2	0.519 2	0.121 02
			AB	1	0.341 2	—
			BB	6	0.047 7	0.039 277
		10	AA	1	0.312 5	—
			AB	1	0.767 2	—
			BB	6	0.340 1	0.453 42
藏鸡	常氧	21	AA	6	0.928 6	0.264 59
			AB	1	0.371 0	—
		19	AA	6	0.772 7	0.250 77
			BB	1	0.235 7	—
		17	AA	8	1.189 4	0.260 44
			BB	1	0.735 2	—
		10	AA	8	1.610 4	0.918 18
			BB	1	1.555 9	—
	低氧	21	AA	6	2.042 2	1.958 44
		19	AA	6	0.682 5	0.536 94
		17	AA	6	0.207 6	0.151 41
			AB	3	0.101 1	0.047 054
			BB	1	0.933 8	—
		10	AA	8	1.721 5	0.646 45
			BB	1	0.484 1	—

续表 9.11

品种	氧浓度	发育时期/d	基因型	样本数	平均值	标准差
寿光鸡	常氧	21	BB	6	0.300 0	0.181 95
		19	BB	6	0.102 9	0.172 94
		17	BB	6	1.124 0	0.343 48
		10	AA	1	0.378 6	—
			BB	3	0.304	0.019 67
	低氧	21	BB	6	1.518 8	1.214 88
		19	BB	6	0.272 1	0.197 41
		17	BB	6	0.528 6	0.391 15
		10	AA	1	2.514 1	—
			BB	6	1.494 7	0.257 39

在前面分析的基础上，进一步分析孵化机氧浓度、品种、基因型和发育时期四个因素十二个水平对胚胎骨骼肌内 PGK 基因表达量的影响，各因素的不同水平下样本的 PGK 基因表达量列于表 9.11，最小二乘分析结果见表 9.12。结果表明，孵化机氧浓度、发育时期、基因型以及氧浓度与发育时期的互作对因变量 PGK 基因的表达量均有极显著性的最小二乘效应值。

表 9.12　四个因素对胚胎骨骼肌内 PGK 基因表达量的最小二乘效应分析

项　目	*DF*	*SS*	*MS*	*F* 值	$P_r>F$
品种	2	2.188 7	1.094 4	1.69	0.187 5
氧浓度	1	8.024 7	8.024 7	12.38	0.000 5
发育时期	3	36.450 4	12.150 1	18.74	0.000 1
基因型	2	10.098 4	5.049 2	7.79	0.000 6
品种×氧浓度	2	0.834 9	0.417 4	0.64	0.526 3
品种×发育时期	6	4.043 1	0.673 9	1.04	0.400 8
品种×基因型	4	3.420 2	0.855	1.32	0.264 1
氧浓度×发育时期	3	21.859 3	10.619 8	16.38	<0.000 1
氧浓度×基因型	2	0.444 4	0.222 2	0.34	0.710 2
发育时期×基因型	6	13.715 7	2.285 9	3.53	0.094

图 9.7 表示了四个因素对 PGK 基因表达量的最小二乘分析结果。相对于常氧对照而言，低氧处理组鸡胚的骨骼肌内 PGK 基因表达是对照组鸡胚的 1.3 倍，明显高于对照组水平。品种之间相比较，藏鸡胚胎的骨骼肌内 PGK 基因的表达量稍高于白来航和寿光鸡这两个低地品种，统计学上差异不显著($P>0.05$)。在鸡胚的整个发育阶段，常氧组鸡胚的四个发育时期 PGK 基因的表达量没有显著性的差异($P>0.05$)，而低氧组的四个发育时期 PGK 基因表达量出现了显著性的差异($P<0.05$)，其中 21 d 明显高于其他 3 个时期，差异极显著($P<0.01$)；胚胎发育 10 d PGK 基因的表达显著高于 19 d 和 17 d 的胚胎，19 d 和 17 d 时 PGK 基因的表达量几乎没有差异。在四个发育时期中，所有低氧处理组 PGK 基因的表达均明显高于常氧组。不同基因型对 PGK 基因的表达具有显著性的影响，基因型 AA 高于基因型 AB 和 BB，达到统计学上的极显著水平($P<0.01$)，基因型 AB 和 BB 没有显著性的差异($P>0.05$)。

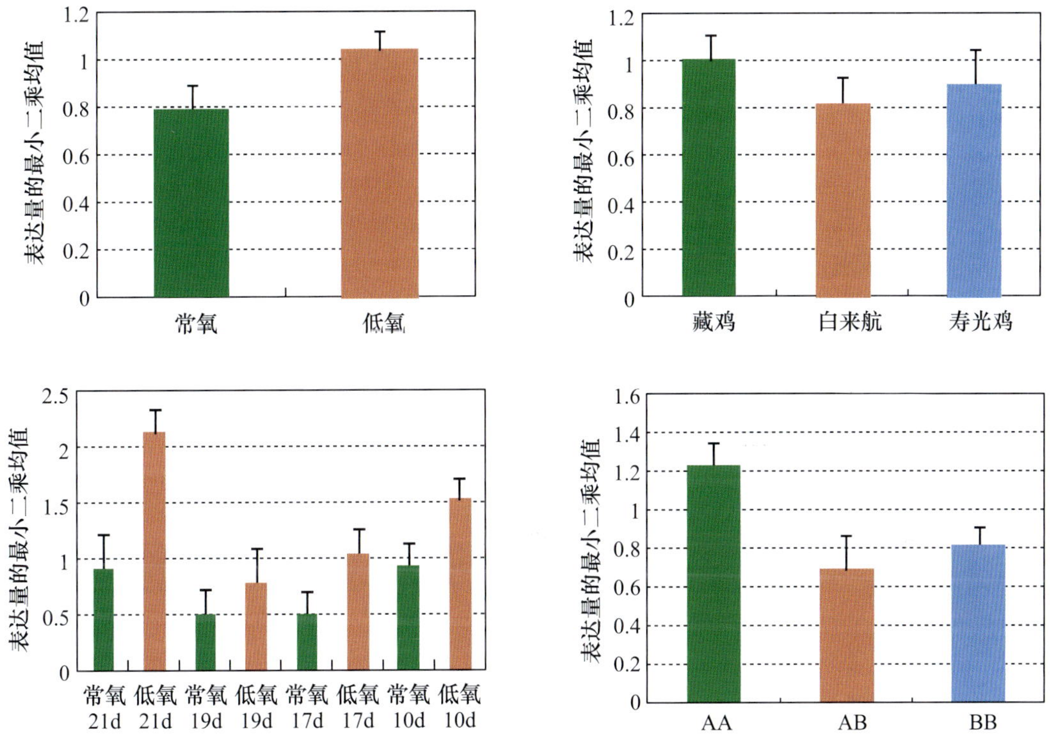

图 9.7 四个因素不同水平下 PGK 基因在骨骼肌内表达量的差异比较

2. 醛缩酶 C(ALD-C)基因在胚胎大脑组织的表达

(1) 低氧孵化的死胚和发育正常胚胎的大脑组织内 ALD-C 基因的表达量

低氧孵化条件下胚胎大脑组织内 ALD-C 基因的表达量列于表 9.13;对低氧孵化的死胚和活胚大脑组织中 ALD-C 基因的表达量进行最小二乘分析,结果见表 9.14;柱状图 9.8 更明确地显示了分析结果。由表 9.14 可以看出,低氧孵化条件下死胚和发育正常胚胎的大脑组织内 ALD-C 基因的表达量差异极显著($P<0.01$)。

表 9.13 胚胎大脑组织内 ALD-C 基因的表达量

品种	胚胎存活	样本数	平均值	标准差
藏鸡	活胚	12	8.000 9[a]	5.668 1
	死胚	8	0.721 1[b]	0.754 5
白来航	活胚	9	11.293 3[a]	5.160 7
	死胚	18	1.733 1[b]	2.933 3

表 9.14 胚胎大脑组织内 ALD-C 基因的最小二乘分析结果

Source	*DF*	*SS*	*MS*	*F* Value	$P_r>F$
品种	1	49.407 5	49.407 5	2.96	0.092 3
胚胎存活	1	756.228 6	756.228 6	45.37	<0.000 1
品种×胚胎存活	1	13.865 9	13.865 9	0.83	0.366 8

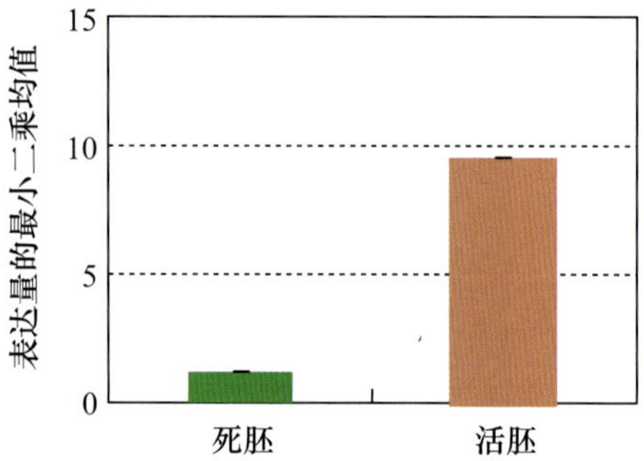

图 9.8　ALD-C 基因在死胚和活胚的大脑中表达量的比较

图 9.8 表明，无论藏鸡还是白来航，发育时期的胚胎经低氧处理后，已死胚胎的大脑内 ALD-C 基因表达水平非常低，发育正常胚胎的大脑 ALD-C 基因的表达是死胚的 8 倍，差异达到了极显著水平（$P<0.01$）。

（2）四个因素对胚胎大脑组织 ALD-C 基因表达量的最小二乘效应

各因素的不同水平下样本的 ALD-C 基因表达量列于表 9.15，最小二乘分析结果见表 9.16。结果表明，孵化机氧浓度、发育时期以及发育时期分别与品种、氧浓度的互作对 ALD-C 基因的表达量具有显著性的效应值。

表 9.15　胚胎大脑组织内 ALD-C 基因的表达量

品种	氧浓度	发育时期/d	基因型	样本数	平均值	标准差
白来航	常氧	21	CD	2	0.794 2	0.785 4
			DD	3	0.199 6	0.008 3
		19	DD	6	0.093 2	0.021 2
		17	DD	6	0.195 6	0.023 9
		10	DD	6	0.133 2	0.102 6
	低氧	21	DD	9	2.456 8	0.247 1
		19	DD	6	6.751 6	0.183 2
		17	CC	3	2.372 7	0.452 5
			CD	3	1.711 8	0.353 6
			DD	6	2.528 1	0.961 7
		10	DD	6	1.987 7	0.157 9
藏鸡	常氧	21	CC	5	4.415 9	0.874 2
			CD	1	3.038 3	—
		19	CC	4	0.250 3	0.165 3
			CD	1	0.077 1	—
		17	CC	3	2.483 0	0.803 3
			CD	1	0.094 3	—
		10	CC	6	0.074 0	0.027 5
			CD	3	0.345 2	0.405 7
	低氧	21	CC	9	8.652 1	0.591 8
			CD	1	1.032 3	—
		19	CC	6	4.458 0	0.432 5
			CD	1	1.413 9	—
		17	CC	4	3.222 7	0.298 3
			CD	1	3.655 3	—
			DD	1	4.502 6	—

续表 9.15

品种	氧浓度	发育时期/d	基因型	样本数	平均值	标准差
	低氧	10	CC	4	1.230 7	0.103 8
			CD	1	2.476 3	—
			DD	1	0.310 6	—
寿光鸡	常氧	21	DD	5	0.389 5	0.139 1
		19	DD	6	0.196 5	0.141 7
		17	DD	6	0.072 3	0.028 5
		10	DD	6	0.471 6	0.460 7
	低氧	21	DD	6	5.625 0	1.019 7
		19	DD	6	4.489 3	0.272 1
		17	DD	6	1.897 2	0.920 0
		10	DD	6	2.091 8	0.806 0

表 9.16　ALD-C 基因表达量的最小二乘分析结果

	DF	*SS*	*MS*	*F* Value	$P_r>F$
品种	2	3.903 6	1.951 8	0.6	0.547 9
氧浓度	1	445.322 9	445.322 9	137.73	<0.000 1
发育时期	3	211.643 5	70.547 8	21.82	<0.000 1
基因型	2	7.058 5	3.529 2	1.09	0.337 8
品种×氧浓度	2	0.881 2	0.440 6	0.27	0.602 1
品种×发育时期	6	83.744 6	20.936 1	6.47	<0.000 1
品种×基因型	2	0.778 0	0.389 0	0.12	0.886 7
氧浓度×时期	3	88.204 0	29.401 3	9.09	<0.000 1
氧浓度×基因型	2	2.612 9	1.306 5	0.81	0.369 8
时期×基因型	4	30.375 5	7.593 9	2.35	0.055 9

图 9.9 表示的是四个因素不同水平下 ALD-C 基因在胚胎大脑内表达量的差异。与正常对照相比较，低氧处理的鸡胚大脑内 ALD-C 基因表达明显升高，是对照组鸡胚的 8 倍，差异极显著（$P<0.01$）。藏鸡胚胎的大脑内 ALD-C 基因的表达高于白来航和寿光鸡，但没有显著性的差异（$P>0.05$）。

在胚胎发育的四个时期内，常氧组中 ALD-C 基因的表达水平没有显著性的差异（$P>0.05$），而低氧处理组胚胎的大脑内 ALD-C 基因的表达量显著升高了；21 d 和 19 d 胚胎的大脑内 ALD-C 基因的表达量明显高于 17 d 和 10 d 的胚胎，统计学检验差异极显著（$P<0.01$）。三种基因型 CC、CD、DD 在三个品种、两个处理组以及四个发育时期的分组中不均衡分布，从图中可以看出，基因型 CC 的 ALD-C 基因表达比基因型 CD 和 DD 高，其表达水平未达到显著性的差异（$P>0.05$）。

3. 醛缩酶 C(ALD-C)基因在胚胎骨骼肌中的表达

(1) 低氧孵化的死胚和发育正常胚胎的骨骼肌内 ALD-C 基因的表达量

低氧孵化的藏鸡和白来航鸡的活胚、死胚骨骼肌内 ALD-C 基因的表达量列于表 9.17，进

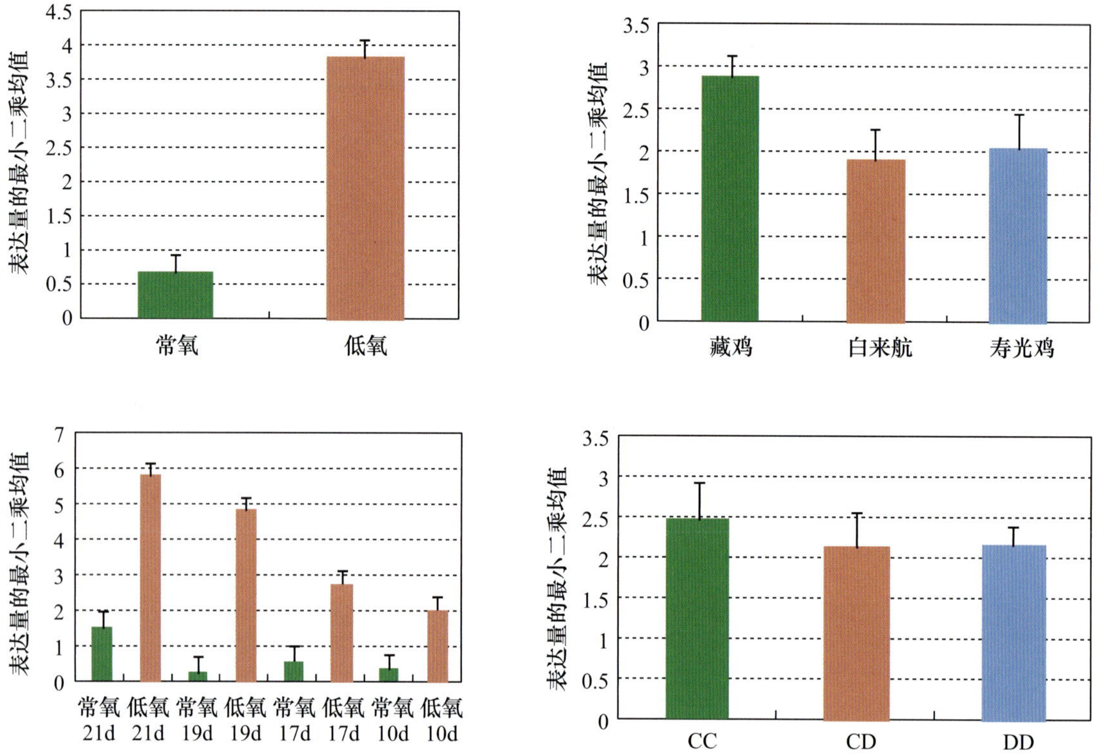

图 9.9　不同水平下 ALD-C 基因在胚胎大脑组织内表达量的差异比较

行最小二乘分析的结果列于表 9.18，各因素不同水平对骨骼肌内 ALD-C 基因表达量的效应值用图 9.10 表示。结果表明，品种和胚胎的存活状态对基因的表达量均没有显著性的效应值。两个因素之间的互作对基因表达量也没有显著性的效应值。由图 9.10 可以看出，藏鸡活胚的骨骼肌内 ALD-C 基因的表达量显著高于藏鸡死胚、白来航的死胚和活胚，藏鸡死胚和白来航的死胚、活胚的骨骼肌内 AL-C 基因的表达量比较接近，没有显著性的差异($P>0.05$)。

表 9.17　低氧孵化条件下活胚和死胚骨骼肌内 ALD-C 基因的表达量

品种	胚胎存活	样本数	平均值	标准差
藏鸡	活胚	12	0.163 5[a]	0.230 7
	死胚	9	0.052 4[b]	0.047 2
白来航	活胚	6	0.048 6[b]	0.035 8
	死胚	15	0.068 9[b]	0.056 9

表 9.18　低氧孵化条件下活胚和死胚骨骼肌内 ALD-C 基因表达量的最小二乘分析结果

	DF	*SS*	*MS*	*F* Value	$P_r>F$
品种	1	0.009 458	0.009 458 35	0.51	0.481 2
胚胎存活	1	0.007 331	0.007 331 36	0.39	0.534 9
品种×胚胎存活	1	0.064 658	0.064 657 64	3.46	0.070 6

(2) 四个因素对胚胎骨骼肌内 ALD-C 基因表达量的最小二乘效应

胚胎骨骼肌内 ALD-C 基因的表达量列于表 9.19,利用线性模型 GLM 过程分析孵化机氧浓度、品种、基因型、发育时期四个因素对骨骼肌内 ALD-C 基因的表达量进行最小二乘分析,结果见表 9.20。表 9.20 说明,孵化机氧浓度、基因型以及孵化机氧浓度和发育时期的互作对基因表达量具有显著性的效应值。每个因素对 ALD-C 基因表达量的影响见图 9.11,由图 9.11 可知,低氧孵化的鸡胚骨骼肌内 ALD-C 基因的表达量显著高于常氧对照,是对照鸡胚骨骼肌内 ALD-C 基因表达量的 4 倍;三个品种藏鸡、白来航和寿光鸡之间相比较,藏鸡鸡胚骨骼肌内 ALD-C 基因的表达量稍高于白来航和寿光鸡,但统计学上没有显著性的差异($P>0.05$);基因型 CC 鸡胚的骨骼肌内 ALD-C 基因的表达水平显著高于基因型 CD 和 DD($P<0.05$)。

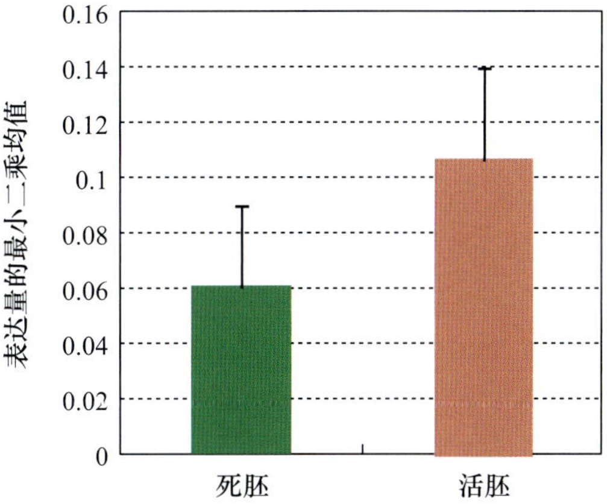

图 9.10 ALD-C 基因在死胚和活胚的骨骼肌中表达量的比较

表 9.19 胚胎骨骼肌内 ALD-C 基因的表达量

品种	氧浓度	发育时期/d	基因型	样本数	平均值	标准差
白来航	常氧	21	CD	3	0.125 2	0.077 3
			DD	3	0.178 2	0.064 0
		19	DD	6	0.457 1	0.248 8
		17	DD	6	1.008 7	0.503 4
		10	DD	8	0.208 5	0.080 8
	低氧	21	DD	6	0.485 6	0.358 4
		19	DD	9	1.571 4	1.680 9
		17	CD	3	0.082 6	0.027 9
			DD	7	0.893 2	0.445 5
		10	DD	7	1.094 2	0.594 3
藏鸡	常氧	21	CC	9	0.414 9	0.298 2
			CD	2	0.800 4	0.359 3
		19	CC	6	0.415 7	0.271 7
			CD	1	0.110 5	—
		17	CC	10	1.914 7	2.522 2
			CD	1	0.432 7	—
		10	CC	6	0.429 1	0.375 4
			CD	1	0.173 2	—
	低氧	21	CC	9	2.024 7	0.550 8
		19	CC	11	3.133 7	2.684 8

续表 9.19

品种	氧浓度	发育时期/d	基因型	样本数	平均值	标准差
寿光鸡	常氧	17	CC	7	2.046 0	1.057 2
			DD	3	0.127 6	0.067 3
		10	CC	9	6.048 9	1.362 2
			CD	3	4.556 1	1.089 3
		21	DD	6	0.053 1	0.018 1
		19	DD	6	0.070 1	0.048 1
		17	DD	6	0.637 7	0.182 3
		10	DD	4	0.240 0	0.047 8
	低氧	21	DD	6	1.969 9	1.239 8
		19	DD	6	0.451 3	0.150 7
		17	DD	6	0.866 5	0.637 5
		10	DD	8	0.976 8	0.586 8

本实验中经低氧孵化后死亡的胚胎骨骼肌内 PGK 基因的表达量明显低于活胚骨骼肌内 PGK 基因的表达水平，活胚 PGK 基因的表达量高出死胚 3 倍左右；同时进行低氧和常氧孵化对照，低氧孵化胚胎的骨骼肌内 PGK 基因的表达量明显高于常氧对照，统计学分析，差异显著（$P<0.05$）。对死胚和活胚大脑组织内 ALD-C 基因表达量的统计学检验结果表明，致死胚胎和活胚的大脑内 ALD-C 基因在表量上差异极为显著（$P<0.01$），发育正常胚胎的大脑内 ALD-C 基因的表达量是死胚的 8 倍。因此，可以推断，降低孵化期内孵化机的氧浓度，可以导致胚胎死亡率升高，机体缺氧是导致鸡胚胎死亡的主要原因之一；同时说明了鸡胚胎体内糖酵解酶 PGK 和 ALD-C 编码基因的表达与动物机体的低氧适应性有密切关系。

表 9.20　骨骼肌内 ALD-C 基因表达量的最小二乘分析结果

项　目	*DF*	Type Ⅲ SS	Mean Square	*F* Value	$P_r>F$
品种	2	1.939 8	0.969 9	0.70	0.495 5
孵化机氧浓度	1	52.934 1	52.934 1	38.47	<0.000 1
发育时期	3	4.794 9	1.598 3	1.16	0.325 9
基因型	2	7.702 7	3.851 4	2.80	0.043 5
品种×氧浓度	1	0.976 2	0.976 2	0.71	0.400 7
品种×发育时期	3	10.376 8	3.458 9	2.51	0.060 0
品种×基因型	1	3.522 9	3.522 9	2.56	0.111 3
氧浓度×发育时期	3	33.191 6	11.063 9	8.04	<0.000 1
氧浓度×基因型	1	0.653 5	0.653 5	0.47	0.491 6
发育时期×基因型	3	9.187 0	3.062 3	2.23	0.086 8

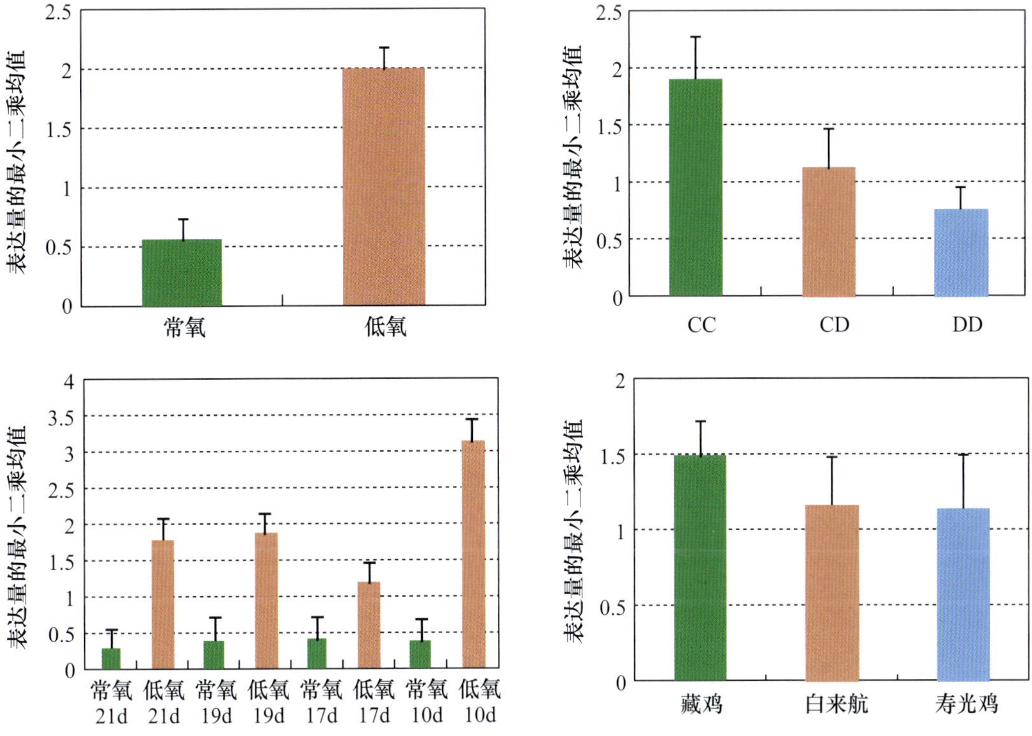

图 9.11 ALD-C 基因在胚胎骨骼肌内表达量的比较

9.3 藏鸡 NADH 脱氢酶基因的功能突变及其表达

9.3.1 ND5 基因 C1627A 突变与胚胎表型

NADH 脱氢酶复合体,也叫复合体Ⅰ,是线粒体 NADH 电子传递链的第一个酶蛋白复合体,它具有传递电子、质子泵和产生活性氧的功能。该复合体有许多亚基组成,其中 ND5 等 7 个亚基由线粒体基因组编码,而 NDUFS1 等 30 多个亚基由核基因编码,且 NDUFS1 是这些核基因亚基中最大的一个。以前研究结果表明(见第六章),藏鸡和丝羽乌骨鸡胚胎脑线粒体呼吸功能上的差异可能与 NADH 脱氢酶复合体有关。藏鸡线粒体基因组全序列的测定结果表明(见第 10 章),在 9 个藏鸡特有的错义突变中,有 7 个是 NADH 脱氢酶复合体 5 个线粒体亚基基因上的突变。在这 7 个错义突变中频率稍高的有 3 个(14368G→A、9259G→A 和 4572G→A),较高的只有一个,即 ND5 基因 C1627A 突变(14707C→A)。其突变等位基因型(A)频率约 0.6。因此,有必要对该突变与胚胎表型的相关性进行研究。

9.3.1.1 鸡胚基因型的确定

采集藏鸡和丝羽乌骨鸡母鸡血样,用高盐法提取血液总 DNA;设计引物,扩增目的片段,用创造性酶切法确定母鸡基因型,从而根据 mtDNA 母系遗传的原理确定鸡胚基因型(Berlin and Ellegren,2001)。设计的引物序列为:5′-CGAATTAGCCCCTCAATCCGTCTA-3′;5′-

CGAATGTTGGGTGCCATTAGTTTAT-3′。为了引入 *Acc*I 的酶切位点，已在上游引物中人为引入了两个碱基的替换，即将上游引物的 3′末端由 5′-AATCCTCCTA-3′人为改变成 5′-AATCCGTCTA-3′，这样在 PCR 产物中，上游引物序列就会与野生型藏鸡引物后序列的第一个碱基 C 形成 *Acc* Ⅰ 内切酶的酶切位点（GTCTAC）但不会与突变型藏鸡引物后序列的第一个碱基 A 形成酶切位点。

9.3.1.2 ND5 基因 C1627A 突变与胚胎表型

鸡胚的孵化、采样、线粒体呼吸功能和呼吸酶活性的测定方法与第六章相同。除孵化率外，各组数据均用平均值±标准差表示。用 Excel. XP 的 *t*-检验过程和 SAS8.02 统计分析软件的双因素最小二乘分析过程进行数据的显著性检验。最小二乘分析模型为：

$$y_{ijk}=\mu+geno_i+oxygen_j+geno_i\times oxygen_j+e_{ijk}$$

其中，y_{ijk} 为观察值；μ 为群体均值；$geno_i$ 为基因型第 i 个水平的效应；$oxygen_j$ 为氧浓度第 j 个水平的效应；$geno_i\times oxygen_j$ 为基因型第 i 个水平和氧浓度第 j 个水平的互作效应；e_{ijk} 为随机误差。

1. 不同基因型藏鸡胚胎脑线粒体呼吸功能

藏鸡胚胎脑线粒体呼吸功能见表 9.21、表 9.22 和图 9.12。基因型与氧浓度的互作对孵化第 16 天以谷氨酸＋苹果酸为底物的 RCR 有显著影响（$P<0.05$），基因型和氧浓度对它没有显著影响（表 9.21）。常氧孵化第 16 天，AA、CC 基因型胚胎以谷氨酸＋苹果酸为底物的 RCR 差异不显著（$P=0.45$）；低氧孵化第 16 天，AA 基因型（突变型）藏鸡胚胎的 RCR 值大于 CC 基因型（野生型）藏鸡胚胎且差异显著（$P<0.05$）。氧浓度对孵化第 16 天以琥珀酸为底物的 RCR 有显著影响（$P<0.05$），但基因型和基因型与氧浓度的互作对它没有显著影响。从表 9.22 可知，与各自的常氧对照组相比，AA 型低氧组和 CC 型低氧组的值都较小，而且 AA 型常氧组与 AA 型低氧组相比差异显著（$P<0.05$）。基因型和基因型与氧浓度的互作对孵化第 16 天以谷氨酸＋苹果酸为底物的 ADP/O 没有显著影响；氧浓度虽在 $P=0.05$ 的显著性水平下对孵化第 16 天以谷氨酸＋苹果酸为底物的 ADP/O 没有显著影响，但在 $P=0.10$ 的显著性水平下有显著影响。经多重比较后可以发现，与各自的常氧对照组相比，AA 型低氧组和 CC 型低氧组的值都较大，而且 AA 型常氧组与 AA 型低氧组相比差异显著（$P<0.05$）。基因型、氧浓度和基因型与氧浓度的互作对孵化第 16 天以琥珀酸为底物的 ADP/O 没有显著影响。低氧孵化第 20 天，AA 型胚胎的以谷氨酸＋苹果酸为底物的呼吸控制率和磷氧比均大于 CC 型胚胎，且均为差异极显著（$P<0.01$，图 9.12）。

表 9.21 孵化第 16 天不同基因型藏鸡胚胎脑线粒体呼吸功能的方差分析表

功能指标	底物	变异来源	自由度	平方和	均方	*F* 值	概率
呼吸控制率（RCR）	谷氨酸＋苹果酸	基因型	1	0.169	0.169	1.93	0.174 3
		氧浓度	1	0.053	0.053	0.61	0.440 8
		基因型×氧浓度	1	0.557	0.557	6.38	0.016 9
	琥珀酸	基因型	1	0.018	0.018	0.71	0.404 4
		氧浓度	1	0.150	0.150	5.93	0.020 6
		基因型×氧浓度	1	0.011	0.011	0.42	0.519 4

续表 9.21

功能指标	底物	变异来源	自由度	平方和	均方	*F* 值	概率
磷氧比(ADP/O)	谷氨酸+苹果酸	基因型	1	0.009	0.009	1.07	0.310 0
		氧浓度	1	0.032	0.032	3.65	0.065 4
		基因型×氧浓度	1	0.016	0.016	1.75	0.195 2
	琥珀酸	基因型	1	0.012	0.012	2.01	0.166 3
		氧浓度	1	0.001	0.001	0.09	0.769 6
		基因型×氧浓度	1	0.003	0.003	0.45	0.506 3

表 9.22 孵化第 16 天不同基因型藏鸡胚胎脑线粒体的呼吸控制率和磷氧比

氧浓度	基因型	NADH 呼吸链(*N*=10)(以谷氨酸+苹果酸为底物)		$FADH_2$ 呼吸链(*N*=10)(以琥珀酸为底物)	
		RCR	ADP/O	RCR	ADP/O
常氧	A	4.18 ± 0.34^{ab}	2.78 ± 0.11^{b}	2.10 ± 0.19^{a}	1.96 ± 0.08
	C	4.30 ± 0.23^{a}	2.79 ± 0.08^{b}	2.02 ± 0.14^{ab}	1.91 ± 0.06
低氧	A	4.36 ± 0.33^{a}	2.89 ± 0.09^{a}	1.93 ± 0.16^{b}	1.94 ± 0.09
	C	3.96 ± 0.27^{b}	2.81 ± 0.09^{ab}	1.92 ± 0.15^{b}	1.92 ± 0.08

注:同一列不同字母表示差异显著($P<0.05$)。

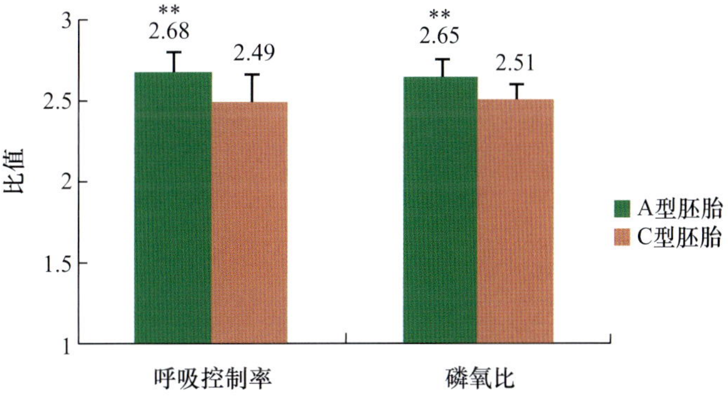

图 9.12 低氧孵化第 20 天不同基因型藏鸡胚胎脑线粒体以谷氨酸+苹果酸为底物的呼吸控制率和磷氧比

以上结果与第 6 章的结果相符合,可以认为藏鸡内、鸡种间线粒体功能的差异与 ND5 基因 C1627A 突变有重要关联,即该突变提高了胚胎脑线粒体的呼吸控制率。呼吸控制率是反映线粒体偶联程度和氧化磷酸化效率的指标,实验结果表明,在低氧孵化条件下,AA 基因型藏鸡胚胎脑线粒体具有更高的偶联程度和氧化磷酸化效率。ADP/O 也能反映线粒体的氧化磷酸化效率,但不如 RCR 灵敏。在低氧孵化的第 16 天和第 20 天,NADH 呼吸链上的 ADP/O,A 基因型藏鸡胚胎的值大于 CC 基因型胚胎,且分别在 $P=0.10$ 和 $P=0.01$ 的显著性水平下差异显著和差异极显著,这也表明了 AA 基因型藏鸡胚胎脑线粒体具有更高的氧化磷酸化效率。

与第 6 章的实验结果相比较,常氧浓度下的各项指标均偏高,低氧浓度下的各项指标均偏低,这可能与实验时的不同具体情况有关。影响脑线粒体呼吸功能数据的因素较多,具体的可能有公母鸡的饲养条件和身体状况、公母鸡的饲养周龄、种蛋储存时间、孵化条件(如氧浓度,不同的孵化器等)、采样时间、试剂的配制、仪器的偏差和操作过程等。引起这两次实验结果在具体数值上不同的部分可能原因如表 9.23 所示。

表 9.23 影响线粒体呼吸功能测定的部分因素

	母鸡周龄	种蛋储存时间/d	孵化条件	实验过程
第一次实验	35～37	2～5	旧孵化器，氧浓度可能偏低	低氧组和常氧组分开成 2 次进行测定
第二次实验	60～62	2～15	新孵化器，氧浓度可能偏高	低氧组和常氧组同一天完成

2. 不同基因型藏鸡胚胎脑线粒体呼吸酶活性的测定

(1) NADH 脱氢酶复合体(复合体Ⅰ)活性

NADH 脱氢酶复合体(复合体Ⅰ)活性见表 9.24、表 9.25 和图 9.13。

表 9.24 复合体Ⅰ活性方差分析表

孵化时期/d	变异来源	自由度	平方和	均方	*F* 值	概率
孵化第 16 天	基因型	1	34.050	34.050	3.41	0.073 7
	氧浓度	1	3.487	3.487	0.35	0.558 5
	基因型×氧浓度	1	101.636	101.636	10.18	0.003 1
孵化第 20 天	基因型	1	57.684	57.684	4.93	0.034 4
	氧浓度	1	197.757	197.757	16.89	0.000 3
	基因型×氧浓度	1	3.117	3.117	0.27	0.609 8

表 9.25 不同基因型藏鸡胚胎脑线粒体复合体Ⅰ的活性[OD/(min · g 蛋白质)]

氧浓度	基因型	孵化第 16 d(*N*=10)	孵化第 20 d(*N*=10)
常氧	AA	27.26 ± 3.18^{A}	56.87 ± 3.33^{bc}
	CC	25.83 ± 2.72^{AB}	53.55 ± 2.47^{c}
低氧	AA	23.25 ± 3.73^{B}	61.23 ± 2.86^{a}
	CC	28.59 ± 2.75^{A}	59.16 ± 4.42^{ab}

注：表中同列不同字母表示差异显著($P<0.05$)。

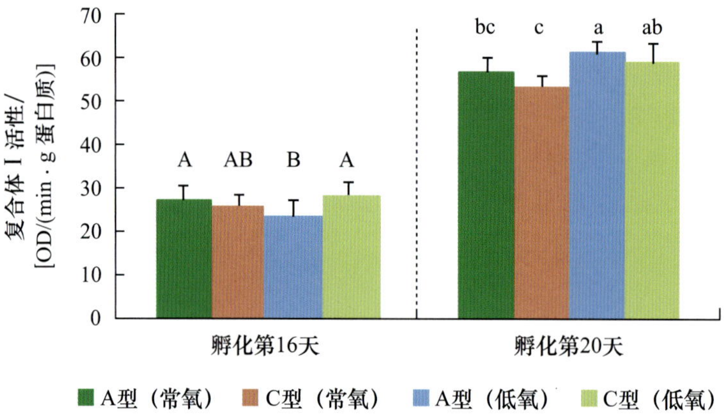

图 9.13 不同基因型藏鸡胚胎脑线粒体 NADH 脱氢酶复合体的活性

注：图中不同字母表示差异显著($P<0.05$)。

孵化时期对复合体Ⅰ酶活的影响最大，各组孵化第20天时的酶活在数值上均大于孵化第16 d时酶活的两倍。基因型和氧浓度对孵化第16天藏鸡胚胎脑组织的复合体Ⅰ活性没有显著影响。基因型与氧浓度的互作对孵化第16天藏鸡胚胎脑组织的复合体Ⅰ活性有极显著影响（$P<0.01$，表9.24）。在常氧孵化第16天，AA型胚胎酶活在数值上要高于与CC型胚胎但差异不显著（$P>0.05$），在低氧孵化第16天，两者差异极显著（$P<0.01$）且CC型胚胎酶活大于AA型胚胎。另外，在孵化第16天，与AA型（常氧）组相比，AA型（低氧）组酶活较低且差异显著（$P<0.05$）。在孵化第16天，与CC型（常氧）组相比，CC型（低氧）组酶活较高，虽在$P=0.05$的显著性水平下为差异不显著，但在$P=0.10$的显著性水平下差异显著。基因型和氧浓度对孵化第20天藏鸡胚胎脑组织的复合体Ⅰ活性有显著（$P<0.05$）或极显著（$P<0.01$）影响，但基因型与氧浓度的互作对它没有显著影响（见表9.24）。在常氧孵化第20天，AA型胚胎酶活大于CC型胚胎且差异显著（$P<0.05$）；在低氧孵化第20天，AA型胚胎酶活仍在数值上大于CC型胚胎，但两者差异不显著（$P>0.05$）。在孵化第20天，与AA型（常氧）组相比，AA型（低氧）组酶活较高且差异显著（$P<0.05$）；与CC型（常氧）组相比，CC型（低氧）组酶活较高且差异显著（$P<0.05$）。

比较不同基因型藏鸡胚胎和乌鸡胚胎的酶活（乌鸡胚胎酶活数据见第6章），可以发现，在孵化的第16天，AA型藏鸡胚胎NADH脱氢酶复合体的活性随氧浓度的降低而降低，而CC型藏鸡胚胎和丝羽乌骨鸡胚胎的NADH脱氢酶复合体活性随氧浓度的降低反而上升。尽管CC型藏鸡胚胎和丝羽乌骨鸡胚胎NADH脱氢酶复合体的活性都随氧浓度的降低而上升，但上升的幅度不同，丝羽乌骨鸡胚胎的上升幅度较大，而CC型藏鸡胚胎的上升幅度较小。这似乎表明CC型藏鸡胚胎与丝羽乌骨鸡胚胎在抵抗低氧逆境的方式上更为接近。

（2）琥珀酸-CoQ还原酶复合体（复合体Ⅱ）活性

琥珀酸-CoQ还原酶复合体（复合体Ⅱ）活性表9.26、表9.27和图9.14。

表9.26 复合体Ⅱ活性方差分析表

孵化时期	变异来源	自由度	平方和	均方	*F*值	概率
孵化第16天	基因型	1	4.445	4.445	7.65	0.010 1
	氧浓度	1	1.713	1.713	2.95	0.097 4
	基因型×氧浓度	1	0.099	0.099	0.17	0.683 5
孵化第20天	基因型	1	0.835	0.835	1.72	0.199 1
	氧浓度	1	19.314	19.314	39.82	<0.000 1
	基因型×氧浓度	1	5.385	5.385	11.10	0.002 2

表9.27 不同基因型藏鸡胚胎脑线粒体复合体Ⅱ的活性 μmolO_2/(min·g蛋白质)

氧浓度	基因型	孵化第16 d（*N*=8）	孵化第20 d（*N*=9）
常氧	AA	8.33 ± 0.99^{a}	7.71 ± 0.73^{B}
	CC	7.69 ± 0.64^{ab}	8.81 ± 0.63^{A}
低氧	AA	7.98 ± 0.48^{a}	7.00 ± 0.75^{C}
	CC	7.11 ± 0.80^{b}	6.52 ± 0.66^{C}

注：表中同一列不同字母表示差异显著（$P<0.05$）。

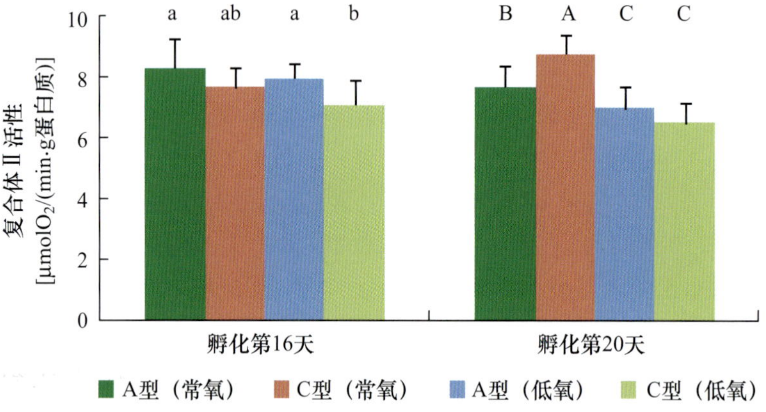

图 9.14 不同基因型藏鸡胚胎脑线粒体复合体Ⅱ的活性

注：图中同一时期不同字母表示差异显著（$P<0.05$）。

基因型对孵化第 16 天胚胎的复合体Ⅱ活性有极显著影响（$P<0.01$）。在常氧孵化的第 16 d，AA 型胚胎复合体Ⅱ酶活在数值上大于 CC 型胚胎但差异不显著（$P=0.10$），在低氧孵化的第 16 天，AA 型胚胎酶活仍大于 CC 型胚胎且两者差异显著（$P<0.05$）。氧浓度和基因型与氧浓度的互作对孵化第 16 天胚胎的复合体Ⅱ活性没有显著影响。另外，将孵化第 16 天的 AA 型（常氧）组和 CC 型（常氧）组复合体Ⅱ的酶活分别与 AA 型（低氧）组和 CC 型（低氧）组的相比，前两者均稍高，但差异不显著（AA 型胚胎组间，$P=0.37$；C 型胚胎组间，$P=0.14$）。

基因型对孵化第 20 天胚胎的复合体Ⅱ活性没有显著影响，氧浓度和基因型与氧浓度的互作对孵化第 20 天胚胎的复合体Ⅱ活性均有极显著影响（$P<0.01$）。在孵化第 20 天，将 AA 型（常氧）组和 CC 型（常氧）组复合体Ⅱ的酶活分别与 AA 型（低氧）组和 CC 型（低氧）组的相比，前两者均较高且均为差异显著（$P<0.05$）。在常氧孵化的第 20 天，CC 型胚胎酶活大于 AA 型胚胎且差异极显著（$P<0.01$）；在低氧孵化的第 20 天，AA 型胚胎酶活虽在数值上大于 CC 型胚胎，但两者差异不显著（$P=0.13$）。

（3）细胞色素 c 氧化酶（复合体Ⅳ）活性

细胞色素 c 氧化酶（复合体Ⅳ）活性见表 9.28、表 9.29。

表 9.28 复合体Ⅳ活性方差分析表

孵化时期	变异来源	自由度	平方和	均方	F 值	概率
孵化第 16 天	基因型	1	575.017	575.017	2.87	0.101 5
	氧浓度	1	81.107	81.107	0.41	0.529 7
	基因型×氧浓度	1	835.684	835.684	4.18	0.050 9
孵化第 20 天	基因型	1	319.737	319.737	1.03	0.317 0
	氧浓度	1	8 383.489	8 383.489	27.12	<0.000 1
	基因型×氧浓度	1	974.511	974.511	3.15	0.085 6

表 9.29 不同基因型藏鸡胚胎脑线粒体细胞色素 c 氧化酶的活性 μmolO_2/(min·g 蛋白质)

氧浓度	基因型	孵化第 16 d(N=8)	孵化第 20 d(N=9)
常氧	AA	229.01±17.41[ab]	277.03±19.96[A]
	CC	230.79±12.67[a]	260.24±15.10[A]
低氧	AA	236.18±14.11[a]	235.04±18.56[B]
	CC	217.15±11.73[b]	239.60±16.66[B]

注:表中同一列不同字母表示差异显著(P<0.05)。

在孵化第 16 天,基因型和氧浓度对复合体Ⅳ的活性没有显著影响,但两者的互作对复合体Ⅳ的活性有显著影响(P=0.509)。在常氧孵化的第 16 天,AA 型胚胎酶活与 C 型胚胎的相近,两者差异不显著(P=0.80);在低氧孵化的第 16 天,AA 型值大于 CC 型值且差异显著(P<0.05)。在孵化第 16 天,AA 型常氧组在数值上小于 AA 型低氧组,但差异不显著(P=0.34);CC 型常氧组的值大于 CC 型低氧组,且两者差异显著(P<0.05)。

在孵化第 20 天,基因型对复合体Ⅳ的活性没有显著影响,氧浓度对复合体Ⅳ活性有极显著影响(P<0.01),基因型与氧浓度的互作在 P=0.05 的显著性水平下对复合体Ⅳ活性没有显著影响,但在 P=0.10 的显著性水平下对复合体Ⅳ活性有显著影响。在孵化第 20 天,与各自的常氧对照相比,AA 型低氧组和 CC 型低氧组的活性都较高且均为差异显著(P<0.05)。在常氧孵化的第 20 天,AA 型胚胎酶活在数值上大于 CC 型胚胎,虽在 P=0.05 的显著性水平下差异不显著,但在 P=0.10 的显著性水平下差异显著。在低氧孵化的第 20 天,AA 型胚胎酶活与 CC 型胚胎酶活差异不显著(P=0.57)。

3. 蛋重、胚胎湿重和胚胎干重

胚胎的发育受氧浓度的影响,因此,能促进鸡胚低氧适应的功能突变可能会影响鸡胚发育及其重量,为此我们测定了不同基因型胚胎不同发育阶段的重量。

收集藏鸡种蛋,将藏鸡种蛋根据基因型和孵化时的氧浓度分成 4 组,入孵前称量种蛋重。在孵化的第 9 天和第 16 天,每组选择由不同母鸡所下种蛋的活胚 12～15 个。去除气室部位的蛋壳,用镊子揭开内壳膜和尿囊绒毛膜,小心将胚胎夹出,去除胚外部分后用滤纸吸干胚胎水分,称量胚胎湿重。将湿胚放在烘箱内 120 ℃烘 2 h,然后 80 ℃继续烘至恒重,称得的烘干重即为胚胎干重。

蛋重、胚胎湿重和胚胎干重见表 9.30 至表 9.33。

表 9.30 入孵前不同基因型藏鸡种蛋的蛋重 g

	孵化第 9 d(n=14)		孵化第 16 d(n=12)	
	常氧(21%)	低氧(13%)	常氧(21%)	低氧(13%)
A 基因型种蛋	46.23±4.16	45.09±3.27	45.45±4.71	47.01±4.91
C 基因型种蛋	46.43±3.69	46.04±2.55	46.21±2.50	45.81±3.38

注:A 基因型种蛋:45.97±4.21,C 基因型种蛋:46.13±3.01,两者差异不显著(P=0.82);各组间种蛋均无显著差异(P>0.3)。

表 9.31 胚胎湿重和胚胎干重方差分析表

指标	孵化时期	变异来源	自由度	平方和	均方	F 值	概率
胚胎湿重	孵化第 9 天	基因型	1	0.003	0.003	0.35	0.554 7
		氧浓度	1	1.467	1.467	158.85	<0.000 1
		基因型×氧浓度	1	0.001	0.001	0.06	0.806 4
	孵化第 16 天	基因型	1	0.433	0.433	0.67	0.418 0
		氧浓度	1	120.395	120.395	186.22	<0.000 1
		基因型×氧浓度	1	3.830	3.830	5.92	0.019 4
胚胎干重	孵化第 9 天	基因型	1	0.000 01	0.000 01	0.25	0.619 0
		氧浓度	1	0.009	0.009	185.12	<0.000 1
		基因型×氧浓度	1	0.000 00.	0.000 00.	0.07	0.793 4
	孵化第 16 天	基因型	1	0.026	0.026	0.99	0.325 1
		氧浓度	1	6.753	6.753	254.19	<0.000 1
		基因型×氧浓度	1	0.108	0.108	4.08	0.049 9

表 9.32 不同基因型藏鸡胚胎的湿重

g

氧浓度	基因型	孵化第 9 d(*n*=14)	孵化第 16 d(*n*=12)
常氧(21%)	A	1.40±0.12[a]	12.23±0.62[A]
	C	1.41±0.09[a]	11.84±1.06[A]
低氧(13%)	A	1.07±0.10[b]	8.36±0.89[C]
	C	1.09±0.08[b]	9.15±0.53[B]

注:表中同一列不同字母表示差异极显著($P<0.01$)。

表 9.33 不同基因型藏鸡胚胎的干重

mg

氧浓度	基因型	孵化第 9 d(*n*=14)	孵化第 16 d(*n*=12)
常氧(21%)	A	93.92±6.76[a]	1 974.20±151.81[A]
	C	92.47±7.50[a]	1 924.27±197.79[A]
低氧(13%)	A	67.58±6.60[b]	1 098.75±159.21[C]
	C	67.13±6.73[b]	1 245.75±138.78[B]

注:表中同一列不同字母表示差异显著($P<0.05$)。

蛋重可能会影响鸡胚的重量。从表 9.30 可知,入孵前两种基因型种蛋的蛋重差异不显著($P=0.82$),各组种蛋在蛋重上也基本没有差异,因此可以排除蛋重对鸡胚重的影响。胚胎湿重的变化情况与胚胎干重相同(表 9.32,表 9.33)。氧浓度对胚胎重量(包括干重和湿重)有极显著影响($P<0.01$)。在孵化的第 9 天和第 16 天,所有常氧组的胚重都明显大于低氧组且差异极显著($P<0.01$)。基因型和基因型与氧浓度的互作对孵化第 9 天的胚重没有显著影响。在常氧或低氧孵化条件下,不同基因型藏鸡胚胎在孵化第 9 天的胚重没有显著差异。基因型与氧浓度的互作对孵化第 16 天的胚重有显著影响($P<0.05$)。在常氧孵化的第 16 天,A 基因型胚重与 C 基因型胚重相比差异不显著(干重,$P=0.48$;湿重,$P=0.28$);在低氧孵化的第 16 天,两者差异显著 ($P<0.05$),且 C 基因型胚重大于 A 基因型胚重。

氧浓度影响胚胎的发育，与常氧相比，低氧使胚胎重显著降低。在低氧孵化的第16天，C型胚胎重大于A型胚胎重且差异显著，这似乎表明C型胚胎比A型胚胎更适应低氧，但这一结论与A型胚胎较强的线粒体呼吸功能相矛盾，也与A型胚胎不低的低氧孵化率和藏鸡群体中较高的A基因型频率的事实不相符合，所以作者认为低氧胚胎重本身并不是一个能准确反应鸡胚低氧适应性的指标。可能的原因是ND5基因C1627A突变使低氧孵化9 d后的鸡胚生长迟缓，胚胎需氧量相对较小，所以胚胎较轻，线粒体损伤较轻，线粒体功能较强。

4. 不同基因型藏鸡胚胎的孵化率和累计死亡情况

不同基因型藏鸡胚胎的孵化率和累计死亡情况见图9.15、图9.16和表9.34。

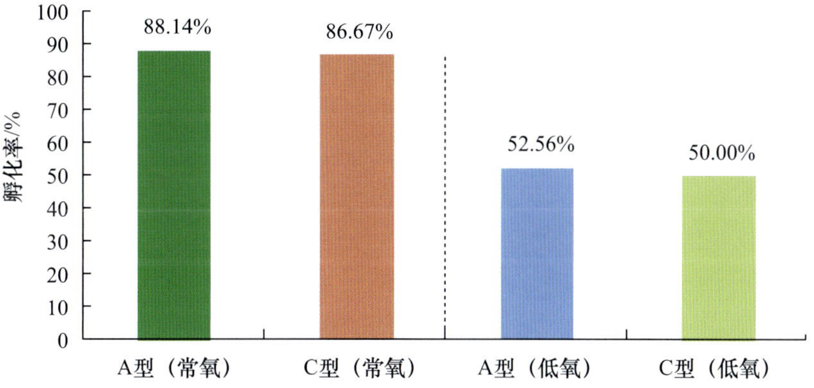

图9.15 不同基因型藏鸡的受精蛋孵化率

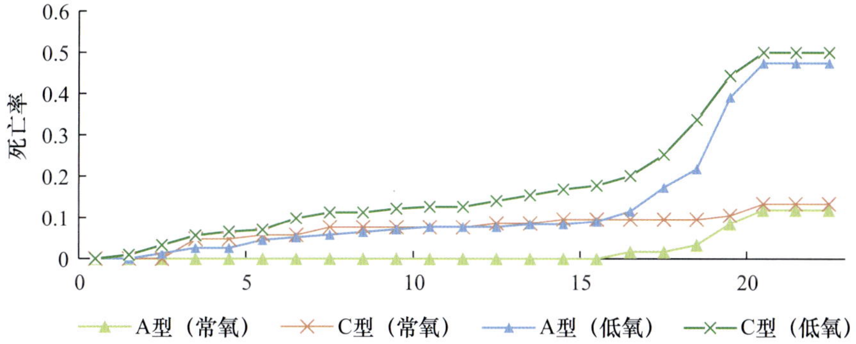

图9.16 不同基因型藏鸡胚胎常氧孵化和低氧孵化的累计死亡率

表9.34 不同基因型藏鸡胚胎常氧孵化和低氧孵化的死亡情况 个

基因型	孵化1～16 d(死亡高峰前)				孵化17～22 d			
	常氧		低氧*		常氧		低氧	
	死胚	活胚	死胚	活胚	死胚	活胚	死胚	活胚
A	1	58	18	138	6	52	56	82
C	10	95	43	171	4	91	64	107

注：* 表示低氧孵化1～16 d两种基因型胚胎的死胚和活胚概率分布差异显著($P<0.05$)。

在常氧和模拟低氧条件下，不同基因型藏鸡的受精蛋孵化率没有显著差异($P>0.05$)(图9.15)，但在胚胎死亡的概率分布上有差异。从图9.16和表9.34可以发现，在数值上，无论是常氧还是低氧，C型胚胎孵化16 d前的死亡率相对较高，而孵化16 d以后的死亡率相对较低。对不同基因型藏鸡胚胎孵化1～16 d的死胚和活胚概率分布进行卡方检验，结果表明：在低氧孵化条件下，不同基因型胚胎孵化1～16 d的死胚和活胚概率分布差异显著($P<0.05$)；在常氧孵化条件下，在$P=0.05$的显著性水平下，不同基因型胚胎孵化1～16 d的死胚和活胚概率分布差异不显著，但在$P=0.10$的显著性水平下，为差异显著。对不同基因型藏鸡胚胎孵化17～22 d的死胚和活胚概率分布进行卡方检验，结果表明无论是低氧孵化还是常氧孵化，均为差异不显著(低氧孵化，$P=0.65$；常氧孵化，$P=0.18$)。

对在低氧孵化条件下不同基因型藏鸡胚胎死胚和活胚的概率分布进行卡方检验，结果表明与C型胚胎相比，A基因型胚胎孵化16 d的累计死胚率较低且差异显著($P<0.05$)，但两种基因型胚胎在低氧孵化第17～22天的死亡率差异不显著($P=0.65$)，这说明ND5基因C1627A突变中A基因型可以降低胚胎孵化16 d前的死亡率，而对孵化第17～22天的胚胎死亡率没有显著影响。根据不同基因型胚胎的死亡情况并考虑到低氧孵化第16天和第20天A型胚胎较高的线粒体呼吸功能，推测存在这种可能性，即ND5基因C1627A突变中A基因型可以提高藏鸡胚胎的低氧孵化率。在本研究中，尽管A型胚胎的低氧孵化率在数值上大于C型胚胎，但两者差异不显著($P=0.70$)。由于影响孵化率的因素较多，这一结果与上述的推测并不矛盾。

9.3.2 藏鸡和丝羽乌骨鸡胚胎ND5和NDUFS1基因的表达

复合体Ⅰ活性的变化不一定是由功能突变引起的，基因表达水平的变化也会对酶活产生影响。因此有必要研究不同基因型藏鸡ND5基因的表达水平。收集藏鸡和丝羽乌骨鸡种蛋，各自分成两组，分别在常氧和13%氧浓度条件下孵化。在低氧孵化的第16天，取活胚全脑到灭菌后的离心管，立即投入液氮中，采完样后在－80 ℃冰箱保存。将全脑在液氮中研成粉末，用Trizol提取总RNA进行反转录，用SYBR Green PCR Master Mix试剂盒定量基因的表达量。以次黄嘌呤鸟嘌呤磷酸核糖基转移酶(HPRT1)基因的mRNA表达量为内参。根据已发表的ND5、NDUFS1基因和HPRT1基因的cDNA序列分别设计引物。控制各引物的退火温度在59 ℃左右，PCR产物长度在80～150 bp之间，并尽量使引物本身跨越内含子。引物由上海英骏生物工程公司合成。引物序列见表9.35。

表9.35 用于荧光实时定量PCR的引物和反应参数

引物名称	基因	片断位置	产物长度	引物序列(5′→3′)	T_m/℃
P_{ND5}	ND5	1 045—1 153	109 bp	5′ AGCCTCAATGGAGAACAAGA 3′ 5′ ATGGAGTTCCTATTAGAGCGAG 3′	59
P_{NDUFS1}	NDUFS1	634—765	132 bp	5′GAGAAGTCCAGGAAAGCAAGAG 3′ 5′ CCTATCACTGCCAAACATCATT 3′	59
P_{HPRT1}	HPRT1	444—562	119 bp	5′ GGTGAAAGTGGCCAGTTTGT 3′ 5′ CATTGTAATCGAGGGCGTATC 3′	59

续表 9.35

引物名称	基因	片断位置	产物长度	引物序列(5′→3′)	T_m/℃
* P_{mtDNA}	mtDNA 1 kb 片段	13 261—14 401	1 141 bp	5′ GAAAGCATTGCCACCCACTGA 3′ 5′ TGATTGCTGG GGTTCGTGTG 3′	60
* P_{STD}	mtDNA 片段	865—973	109 bp	5′ AGCCTCAATGGAGAACAAGA 3′ 5′ ATGGAGTTCCTATTAGAGCGAG 3′	59

* 用于制作标准曲线。

各组数据均用平均值±标准差表示。用 Excel. XP 的 t-检验过程和 SAS8.02 统计分析软件的双因素或单因素最小二乘分析过程进行数据的显著性检验，$P<0.05$ 为差异显著，$P<0.01$ 为差异极显著。双因素最小二乘分析模型为：

$$y_{ijk}=\mu+group_i+oxygen_j+group_i\times oxygen_j+e_{ijk}$$

其中，y_{ijk} 为观察值；μ 为群体均值；$group_i$ 为群体第 i 个水平的效应；$oxygen_j$ 为氧浓度第 j 个水平的效应；$group_i\times oxygen_j$ 为群体第 i 个水平和氧浓度第 j 个水平的互作效应；e_{ijk} 为随机误差。在本研究中总共有 3 个群体，即 A 基因型藏鸡胚胎、C 型基因藏鸡胚胎和丝羽乌骨鸡胚胎。

对 NDUFS1 基因的相对表达量采用了单因素最小二乘分析，其模型为：

$$y_{ij}=\mu+group_i+e_{ij}$$

其中，y_{ij} 为观察值；μ 为群体均值；$group_i$ 为群体第 i 个水平的效应；e_{ij} 为随机误差。

9.3.2.1 ND5 和 NDUFS1 基因的表达

1. ND5 基因在鸡胚中的相对表达量

ND5 基因在鸡胚中的相对表达量见表 9.36、表 9.37。

表 9.36 ND5 基因相对表达量方差分析表

孵化时期	变异来源	自由度	平方和	均方	F 值	概率
孵化第 16 天	群体	2	4 396.782	2 198.391	3.30	0.050 7
	氧浓度	1	10 358.990	10 358.990	15.55	0.000 4
	群体×氧浓度	2	2 832.481	1 416.240	2.13	0.137 0
孵化第 20 天	群体	2	436.759	218.379	1.39	0.266 7
	氧浓度	1	2 046.954	2 046.954	13.04	0.001 3
	群体×氧浓度	2	774.711	387.356	2.47	0.104 4

表 9.37 ND5 基因在不同基因型藏鸡胚胎和丝羽乌骨鸡胚胎中的相对表达量

氧浓度	类 别	孵化第 16 天	孵化第 20 天
常氧(21%)	AA 型藏鸡胚胎	73.54 ± 24.52^b	71.11 ± 15.40^A
	CC 型藏鸡胚胎	58.38 ± 17.21^b	67.60 ± 12.23^A
	丝羽乌鸡胚胎	62.63 ± 13.83^b	71.60 ± 10.79^A

续表 9.37

氧浓度	类　别	孵化第 16 天	孵化第 20 天
低氧(13%)	AA 型藏鸡胚胎	114.85±33.99[a]	58.92±9.95[A]
	CC 型藏鸡胚胎	109.38±32.45[a]	61.07±11.88[A]
	丝羽乌鸡胚胎	72.09±26.47[b]	42.15±14.59[B]

注:同一列不同字母表示差异显著($P<0.05$)。

由表 9.37 可以看出:①常氧条件下,各组差异不显著($P>0.05$)。②氧浓度对 ND5 基因的表达有较大影响。在孵化的第 16 天,与常氧对照组相比,所有的低氧组数值都较高,且 AA 型(常氧)组与 AA 型(低氧)组,CC 型(常氧)组与 CC 型(低氧)组差异显著($P<0.05$),但乌鸡胚胎差异不显著($P=0.46$)。在孵化的第 20 天,与常氧对照组相比,所有的低氧组数值都偏低,且乌鸡(常氧)组与乌鸡(低氧)组差异显著($P<0.05$),但 A 型(常氧)组与 AA 型(低氧)组,CC 型(常氧)组与 CC 型(低氧)组差异不显著(AA 型胚胎:$P=0.18$;CC 型胚胎:$P=0.39$)。③品种间差异较明显。在孵化的第 16 天,与常氧对照组相比,所有的低氧组数值都增加,但增加的幅度不同,藏鸡胚胎增加明显且都差异显著($P<0.05$),而乌鸡增加不明显,为差异不显著($P=0.46$),可以认为乌鸡胚胎的表达量没有变化。在孵化的第 20 天,与常氧对照组相比,所有的低氧组数值都下降,但下降的幅度不同,乌鸡下降较多,差异显著($P<0.05$),而两组藏鸡下降幅度较小,均为差异不显著(AA 型胚胎:$P=0.18$;CC 型胚胎:$P=0.39$)。④不同基因型藏鸡胚胎间差异不显著($P>0.05$)。从表 9.37 上看,常氧孵化第 16 天的藏鸡胚胎,AA 型(常氧)组的数值虽高于 CC 型(常氧)组,但在统计上仍为差异不显著($P=0.24$)。

2. NDUFS1 基因在鸡胚中的相对表达量

见表 9.38、表 9.39。从这些表中可以发现:①氧浓度对 NDUFS1 基因的表达有较大影响。在孵化的第 16 天,与各自的常氧对照组相比,所有低氧组的数值都较高,且相差 3~50 倍。在孵化的第 20 天,低氧使 AA 型和 CC 型藏鸡胚胎的表达量下降,但对乌鸡胚胎影响不明显。②品种间差异较明显。在常氧孵化的第 16 天,乌鸡胚胎的表达量较高,从数值上看,它是 CC 型藏鸡胚胎表达量的 5~6 倍,接近 AA 型藏鸡胚胎表达量的 2 倍。在常氧孵化的第 20 天,藏鸡胚胎的表达量较高,乌鸡胚胎的表达量较低。在低氧孵化的第 16 天,与各自的常氧对照组相比,藏鸡和乌鸡胚胎的表达量都有明显增加,但增加的幅度不同,藏鸡胚胎增加了 10~50 倍,而丝羽乌骨鸡胚胎只增加了 3~4 倍,所以藏鸡胚胎的表达量较高,乌鸡胚胎的表达量较低且两者差异显著($P<0.05$)。在低氧孵化的第 20 天,各低氧组之间差异不明显。③不同基因型藏鸡胚胎间存在差异。在常氧孵化的第 16 天,AA 基因型藏鸡胚胎的表达量显著高于 CC 基因型藏鸡胚胎($P<0.05$)。在常氧孵化的第 20 天,AA 基因型藏鸡胚胎的表达量也高于 CC 基因型藏鸡胚胎,但两者差异不显著($P=0.16$)。在低氧孵化的第 16 天,与各自的常氧对照组相比,AA 型和 CC 型藏鸡胚胎的表达量都有明显增加,但增加的幅度不同,AA 型胚胎增加了 10 倍,而 CC 型胚胎增加了 50 倍,所以在该阶段,CC 型低氧组的表达量明显高于 AA 型低氧组且差异显著($P<0.05$)。在低氧孵化的第 20 天,AA 型、CC 型低氧组之间没有差异($P=0.87$)。

表 9.38 孵化第 16 天 NDUFS1 基因在不同基因型藏鸡胚胎和丝羽乌骨鸡胚胎中的相对表达量

孵化时期	类 别	常氧(21%)	低氧(13%)
孵化第 16 天	AA 型藏鸡胚胎	0.030±0.018[b]	0.336±0.185[AB]
	CC 型藏鸡胚胎	0.010±0.006[c]	0.530±0.154[A]
	丝羽乌鸡胚胎	0.056±0.021[a]	0.192±0.062[B]

注:同一列不同字母表示差异显著($P<0.05$)。

表 9.39 孵化第 20 天 NDUFS1 基因在不同基因型藏鸡胚胎和丝羽乌骨鸡胚胎中的相对表达量

孵化时期	类 别	常氧(21%)	低氧(13%)
孵化第 20 天	AA 型藏鸡胚胎	0.586±0.176[a]	0.300±0.151*
	CC 型藏鸡胚胎	0.436±0.123[ab]	0.312±0.069
	丝羽乌鸡胚胎	0.322±0.178[b]	0.311±0.055

注:同一列不同字母表示差异显著($P<0.05$);*:与各自的常氧对照组相比差异显著($P<0.05$)。

ND5 亚基和 NDUFS1 亚基是 NADH 脱氢酶的两个亚基,其中 ND5 亚基由线粒体基因编码,NDUFS1 亚基由核基因编码,尽管如此,作为一个整体,它们表达水平的变化应该是同步一致的。本实验证实了这一点。从表 9.37、表 9.38、表 9.39 可以发现,与常氧孵化相比较,在孵化的第 16 天,低氧孵化使不同类别胚胎的 ND5 和 NDUFS1 基因的 mRNA 水平一起增高,在孵化的第 20 天,低氧孵化使 ND5 和 NDUFS1 基因的 mRNA 水平一起下降。不同基因型藏鸡胚胎和丝羽乌骨鸡胚胎的 ND5 基因和 NDUFS1 基因的 mRNA 表达水平一起增高和下降,可能表明它们在某一方面据有共同的低氧适应机制,但不同基因型藏鸡胚胎和丝羽乌骨鸡胚胎在增高和下降的幅度上有所不同。这种基因表达增加和下降幅度的不同,反映了藏鸡和丝羽乌骨鸡胚胎在低氧适应机制上的差异,而不同基因型藏鸡胚胎间的差异可能包含有 ND5 基因 C1627A 突变的效应。

NADH 脱氢酶复合体活性的变化和这两亚基基因 mRNA 的表达变化趋势不一致。在低氧孵化的第 16 天,与各自的常氧对照相比,各低氧组 ND5 和 NDUFS1 基因 mRNA 水平的表达量均升高,C 型藏鸡胚胎和乌鸡胚胎的酶活也升高,但 A 基因型藏鸡胚胎的酶活却显著下降(表 6.12、表 9.24),由于 A、C 型藏鸡胚胎在基因的表达量和变化趋势上相当接近,假定它们之间除了 ND5 基因 C1627A 突变外没有其他遗传差异,那么可以推测这种明显的酶活下降可能是由于线粒体蛋白合成速度的下降(如不同氨基酸氨酰化速度可能不同,不同氨基酸 tRNA 的工作效率可能不同等)或是该突变影响了蛋白质的空间结构等原因引起的。在低氧孵化的第 20 天,与各自的常氧对照相比,各低氧组 ND5 和 NDUFS1 基因 mRNA 水平的表达量均有所降低,但各组 NADH 脱氢酶复合体活性均升高且差异显著($P<0.05$),这表明,转录后水平的调控对 NADH 脱氢酶复合体活性有相当大的影响,在低氧孵化第 20 天的鸡胚脑中,其对酶活的影响超过了转录水平的调控。另外,NADH 脱氢酶其他亚基的表达和翻译以及全酶的组装过程也会影响酶活(Bai and Attardi, 1998)。

参考文献

Bai Y, Attardi G. 1998. The mtDNA-encoded ND6 subunit of mitochondrial NADH dehydrogenase is essential for the assembly of the membrane arm and the respiratory function of the enzyme. The EMBO Journal, 17(16): 4848-4858.

第10章

藏鸡线粒体全基因组

线粒体是细胞的“动力工厂”，它通过氧化磷酸化过程提供生命活动所需要的大部分能量。线粒体呼吸功能的变化直接关系线粒体对氧气的有效利用，所以线粒体有可能是与藏鸡低氧适应有重要关系的细胞器之一。鸡的线粒体基因组总长约 16 785 bp，编码 37 个基因，包括 2 个 rRNA，22 个 tRNA，细胞色素 b，细胞色素 c 氧化酶的三个核心亚基，ATP 合成酶的亚基Ⅵ和亚基Ⅷ以及 NADH 脱氢酶的 7 个线粒体亚基基因（ND1，ND2，ND3，ND4，ND4L，ND5，ND6）。这些基因的编码产物均与线粒体的氧化磷酸化有关，它们的突变均有可能影响线粒体的呼吸功能以及氧气的有效利用。测定并比较藏鸡和低地鸡的线粒体全基因组序列，可以为进一步研究藏鸡的低氧遗传适应机制提供线索。

10.1　线粒体及其氧化磷酸化

10.1.1　线粒体的结构

线粒体是细胞质中具有双层膜结构的重要细胞器。外膜将线粒体与细胞质分开，内膜将线粒体分隔成内室和外室。因外室处于内、外膜之间，故又称作膜间隙。线粒体外膜与内质网或细胞骨架等其他细胞组分有结构和功能的连接，形成线粒体网络结构。线粒体内外膜之间有随机分布的接着点（contact site）结构。脊膜是管状或扁平的囊状结构，可以互相连接或融合。内膜通过其表面部分，即内膜界面膜（inner boundary membrane）与脊膜（cristae）的脊膜连接部分相接（刘树森，2001；Frey and Mannella，2000）（图 10.1）。外膜厚约 7 nm，含有多套运输蛋白，这些蛋白构成脂类双层膜上水溶性物质可以通过的通道。分子质量在 10 000 u 以下的分子，包括一些小分子蛋白

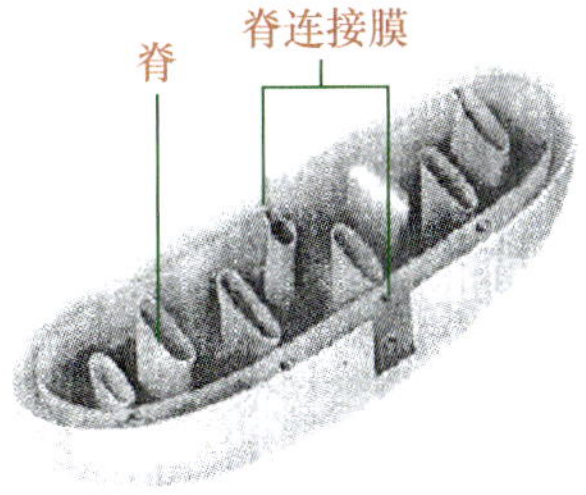

图 10.1　线粒体脊膜连接模型
（来自刘树森，2001）

均可自由通过(李静涵,1988)。内膜和脊膜则是对离子和小分子不通透的,只有在各种蛋白载体的作用下才能互相转运。与线粒体氧化磷酸化能量转换功能有关的呼吸链酶蛋白复合体Ⅰ、Ⅱ、Ⅲ、Ⅳ和复合体Ⅴ(ATP 合成酶)等都镶嵌在脊膜上;用于三羧酸循环的水溶性酶蛋白和线粒体 DNA 及核糖体等均分布于基质中。

10.1.2 氧化磷酸化

营养物质被动物体消化吸收后在细胞中被逐步的降解和氧化,在此过程中脱下的氢被用于还原 NAD^+ 和 FAD 形成 NADH 和 $FADH_2$。NADH 和 $FADH_2$ 都是高能分子,它们都带有一对转移潜势很高的电子。线粒体的两条电子传递链就分别起始于 NADH 和 $FADH_2$。电子的传递是一个分阶段不断释放能量的过程。在此过程中,线粒体通过分阶段不断向膜间隙泵出氢离子,形成跨线粒体内膜的质子梯度,并将电子传递过程中释放的能量储存在质子梯度中。ATP 合成酶再利用质子梯度将 ADP 转化成 ATP (Sarastc,1999)。

电子传递链由位于线粒体内膜的 NADH-CoQ 还原酶(复合体Ⅰ,Complex Ⅰ)、琥珀酸-CoQ 还原酶(复合体Ⅱ,Complex Ⅱ)、辅酶 Q(UQ)、QH_2-细胞色素 c 还原酶(复合体Ⅲ,Complex Ⅲ)、细胞色素 c 和细胞色素 c 氧化酶(复合体Ⅳ,Complex Ⅳ)组成,从 NADH 将电子传递给 NADH-CoQ 还原酶或 $FADH_2$ 将电子传递给琥珀酸-CoQ 还原酶开始就启动了电子在电子传递链中的传递过程。图 10.2 表示呼吸链各组分的排列次序。在这个次序图中,前一个组分能将下一个组还原并把氢(或电子)转给下一个组分(Saraste,1999)。

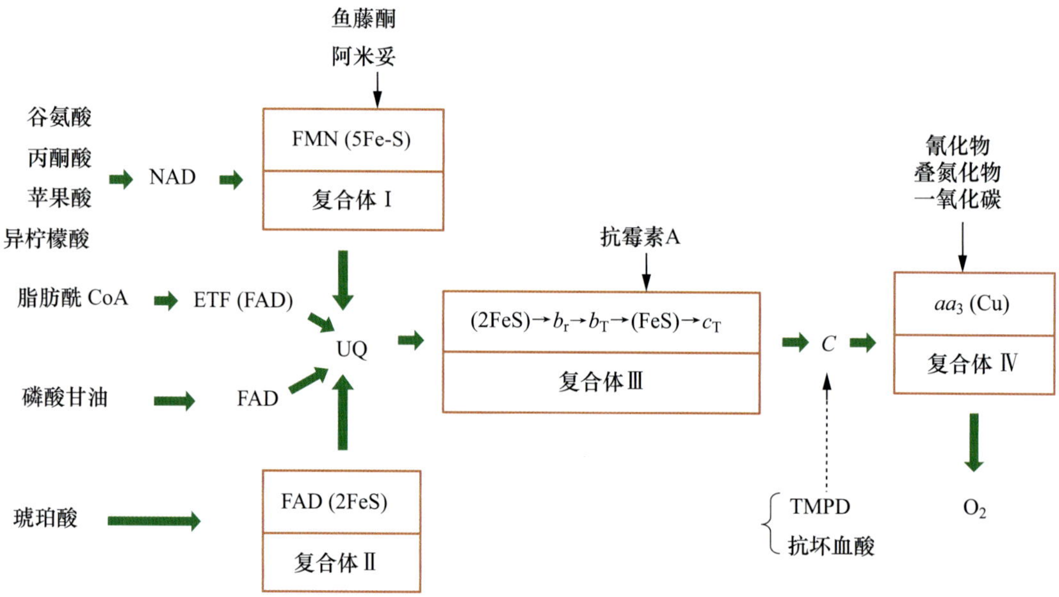

图 10.2 线粒体的电子传递链(惠特克和丹克,1982)

注:图中抗坏血酸可以还原 TMPD(N, N, N', N'-四甲基对苯二胺),TMPD 可以非酶性地还原细胞色素 c 从而为复合体Ⅳ提供电子。

呼吸链能被不同的化合物所抑制,在有氧条件下,当加入抑制剂时,在抑制剂作用位置的氧一侧,所有电子载体都被氧化,而在底物一侧的电子载体都被还原。鱼藤酮、阿米妥、

Piericidin、抗霉素A、氰化物、一氧化碳和叠氮化物等都是呼吸链的抑制剂(惠特克和丹克，1982)。各抑制剂在呼吸链上的作用位点见图10.2。图中抗坏血酸可以还原TMPD(N，N，N'，N'-四甲基对苯二胺)，TMPD可以非酶性地还原细胞色素c从而为复合体Ⅳ提供电子。

复合体Ⅰ即NADH:辅酶Q氧化还原酶，又叫NADH脱氢酶复合体，是呼吸链酶蛋白复合体中最大的一个。哺乳动物的复合体Ⅰ含有45～46个不同的亚基，1个黄素单核苷酸，7个或8个不同的(FeS)中心，共价连接的脂质和最少3个共价连接的辅酶Q (Gabaldón et al. 2005；Saraste，1999)。复合体Ⅰ的7个亚基由线粒体基因组编码，其他亚基由核基因编码。核亚基在细胞质中被翻译成蛋白后被转运到线粒体内膜进行组装。在电子显微镜下，复合体Ⅰ呈L形结构，L形的两条臂，一条是疏水的，被埋在线粒体内膜中，另外一条是亲水的，突出到线粒体基质中。NADH将电子传递给亲水臂上的黄素单核苷酸(FMN)，再经(FeS)传递给疏水臂上的辅酶Q(UQ)，形成QH_2。电子传递是与质子泵相偶联的，在复合体Ⅰ中，每传递一对电子就从基质侧向膜间隙泵出4个氢离子(Grigorieff，1998；Hirst et al，2003)。(图10.3)

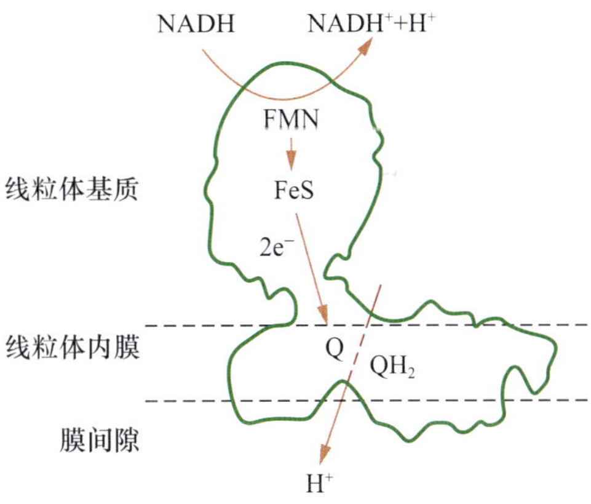

图10.3 复合体Ⅰ的结构和催化反应
(来自Hirst et al，2003)

复合体Ⅱ，即琥珀酸:辅酶Q还原酶，它由四个均由核基因编码的蛋白质亚基、一个FAD、三个不同的(FeS)中心和一个亚铁血红素以及辅酶Q组成。它是三羧酸循环酶系的组成部分，催化三羧酸循环中琥珀酸到延胡索酸的氧化，同时将脱下的电子通过包埋在该复合物中的一系列电子传递体FAD、三个不同的(FeS)中心以及血红素传递给辅酶Q。复合体Ⅱ不传递质子，它只是将电子导入电子传递链，将辅酶Q还原成QH_2(Hederstedt，2003；Saraste，1999)。(图10.4)

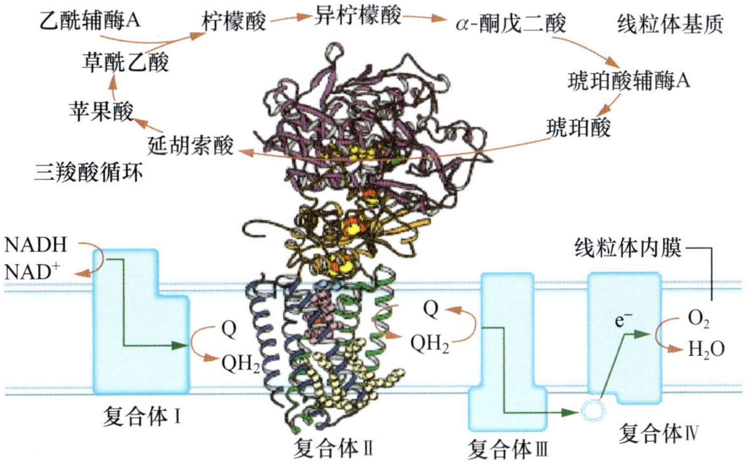

图10.4 复合体Ⅱ的结构与功能(来自Hederstedt，2003)

注:真核生物的复合体Ⅱ直接将线粒体内膜的呼吸链与基质中的三羧酸循环酶类联系在一起。图中，分别呈紫、橙、绿、蓝色的4条带表示复合体Ⅱ的4个蛋白质亚基。金色表示FAD，绿色表示草酰乙酸，红色和黄色分别表示(FeS)中心的Fe和S，浅蓝色表示辅酶Q，红紫色表示亚铁血红素，浅黄色表示心磷脂。

复合体Ⅲ即 QH_2-细胞色素 c 还原酶复合体，在哺乳动物中，它有 11 个蛋白质多肽组成，但只有其中的三个亚基含有用于保存能量的氧化还原中心。一个是细胞色素 b，它含有两个亚铁血红素；一个是细胞色素 c_1，它含有一个亚铁血红素，另外就是含有一个(Fe_2S_2)的 Rieske 蛋白。其他的 8 个亚基大部分是小蛋白，它们围绕在金属蛋白核心的周围。复合体Ⅲ的主要功能是将电子从还原型辅酶 Q 传递给细胞色素 c，同时经 Q 循环向膜间隙泵出质子。Q 循环是复合体Ⅲ上电子传递与质子跨膜转移相偶联的机制，它使得 QH_2 每向细胞色素 c 传送一个电子就有两个质子被跨膜转移(Saraste，1999；刘树森，2001)(图 10.5)。

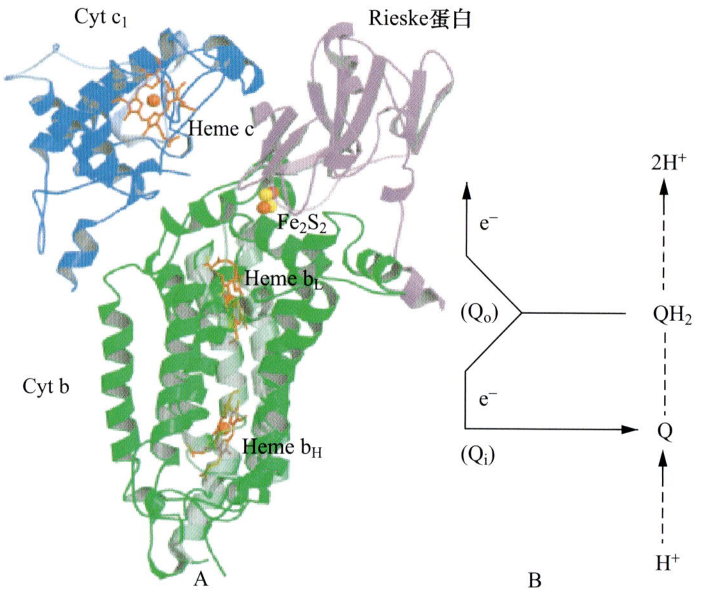

图 10.5　复合体Ⅲ的部分结构(A)和 Q 循环中质子和电子的转移(B)

(来自 Saraste，1999)

复合体Ⅳ即细胞色素 c 氧化酶，是线粒体呼吸链的终端酶，它将电子从细胞色素 c 传递给 O_2 生成水，同时每个反应循环伴有 4 个质子被跨膜转移，与复合体Ⅰ和复合体Ⅱ一起维持线粒体内膜两侧的电化学梯度。复合体Ⅳ由 13 个亚基组成，其中亚基Ⅰ、Ⅱ和Ⅲ组成细胞色素 c 氧化酶的核心，它们都由线粒体基因编码。细胞色素 c 氧化酶的所有已知功能都由这三个线粒体亚基完成，核亚基可能只是起到调节酶功能的作用(Grossman and Margaret，1997)。亚基Ⅰ中共有 5 个金属中心，包括三个氧化还原活性位点 heme a，heme a_3，和 Cu_B，以及两个非氧化还原活性位点 Mg，Ca。亚基Ⅱ也含有一个氧化还原活性位点 Cu_A 中心，这是一个混价态的双核中心(李连之和黄仲贤，2001)。复合体Ⅳ中的电子传递过程见图 10.6。

复合体Ⅴ即 ATP 合成酶，它利用跨膜的质子驱动力合成 ATP，也可以水解 ATP 并逆电化学梯度泵出质子，是质子电化学梯度势能与 ATP 的磷酸键能相互转换的分子换能器。复合体Ⅴ是一个分子马达，它由两部分组成，即膜内脂溶性的 F_0 部分和膜外基质中水溶性的 F_1 部分，两者之间通过柄状结构($\gamma\varepsilon$ 和 $b_2\delta$)相连，当质子通过 F_0 的质子通道时引起分子马达转动，带动 F_1 合成 ATP (Saraste，1999；刘树森，2001)。F_0 有 15 个亚基($a_1b_2c_{12}$)组成，在其 a 亚基和 c 亚基界面之间存在质子通道。F_1 是复合体 V 的催化组分，可以从复合体中分离出来，它由 5 种蛋白共 9 个亚基（$\alpha_3\beta_3\gamma_1\delta_1\varepsilon_1$）组成，其中 α 亚基和 β 亚基是同源的，都用于结合核苷酸，但只有 β 亚基具有催化活性，所以催化组分中只有三个活性位点（Saraste，1999；刘树森，2001）。在 ATP 的合成过程中，这三位点不停地在开（空）、松（结合 ADP 和磷酸根离子）、紧（与 ATP 紧密连接）三种状态中循环，而且，在任何时刻，这三个活性位点的状态都不相同（Saraste，1999；刘树森，2001）。ATP 合成酶的结构见图 10.7。

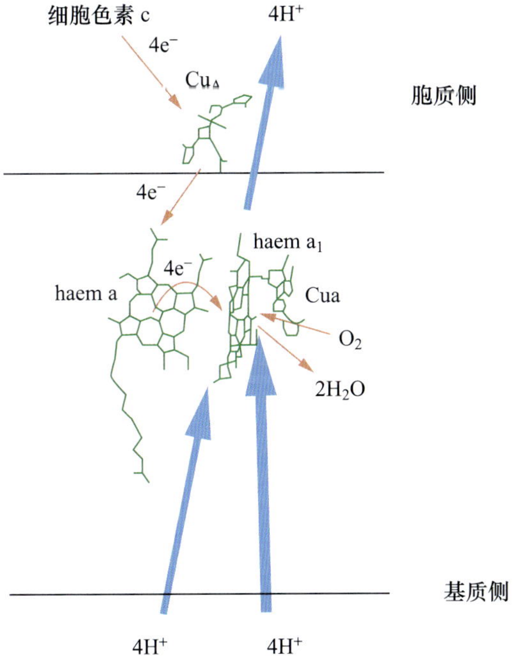

图 10.6　细胞色素 c 氧化酶中的电子传递示意图
（来自李连之，2001）
注：图中基质侧，左边的 $4H^+$ 为待泵出的质子，
右边的 $4H^+$ 为底物质子用于形成 H_2O。

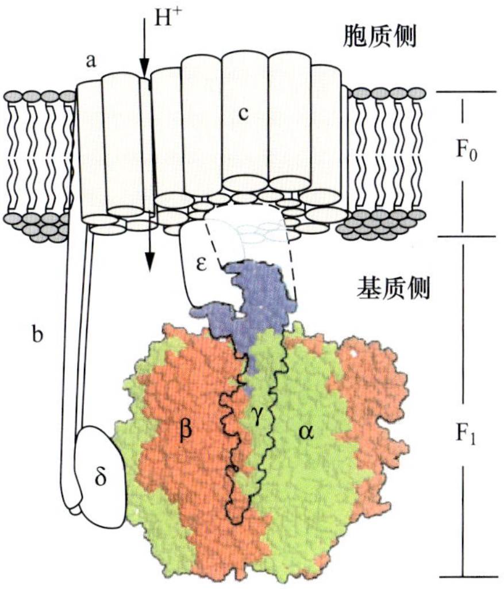

图 10.7　ATP 合成酶（来自 Saraste，1999）

10.1.3　氧化磷酸化的测定

对线粒体氧化磷酸化功能的测定目前一般用 Clark 氧电极系统，这一系统由反应杯、氧电极和电子搅拌器组成。反应杯由杯盖、外周的循环水套和反应室组成。外周水套可与恒温水浴仪相连，使反应室的温度保持恒定。电子搅拌器安装在反应杯的下方，氧电极处在电子搅拌器的中央。氧电极穿过电子搅拌器与反应杯底部的小孔紧密相连并与反应室内的液体相接触。搅拌子在反应室内，位于杯底小孔的上方，由于小孔较小，反应时搅拌子不会碰到氧电极。在反应杯中加入测定介质和线粒体悬液并盖上盖子后，就不再会有氧溶解到介质中了。实验中如需要添加微量试剂，可用微量注射器从反应杯盖上的加样孔加入。

Clark 氧电极由用铂做的阴极和用银做的阳极组成。通电极化后，O_2 在铂电极处被还原并从铂电极取得四个电子，这样就从银电极上流出电流。电流的强度与反应液中的氧浓度成正比。由于氧电极消耗的氧与线粒体消耗的氧相比量极小，一般忽略不计。

图 10.8 是使用 Clark 氧电极系统测得的氧浓度曲线图。该图显示，在加入 ADP 以前，线粒体的耗氧速度较慢，在加入 ADP 以后耗氧速度明显增加，在 ADP 全部被磷酸化以后，氧的摄取速度又变慢了。加入 ADP 后耗氧速度明显增加的阶段称为Ⅲ态（态 3 呼吸，R_3），ADP 耗尽后的缓慢耗氧阶段叫做Ⅳ态（态 4 呼吸，R_4），加入 ADP 以前的缓慢呼吸被称作Ⅱ态，Ⅱ态的耗氧速度与Ⅳ态相近。R_4 是线粒体的基础呼吸，它依赖于膜的天然离子传导即内膜的通透性，内膜通透性增高可明显提高 R_4（邱宏，2002）。呼吸控制率（respiratory control ratio，RCR）是 R_3 与 R_4 的比值，可用氧浓度曲线图 R_3 和 R_4 段的斜率比值来计算，它反映了线粒体结构的完整程度和氧化磷酸化的偶联程度。磷氧比（ADP/O）是指线粒体每消耗一个原子氧所生成的 ATP 的分子数，它反映了线粒体的能量转化效率，可以用加入的 ADP 量和Ⅲ态前后的氧浓度差来计算。

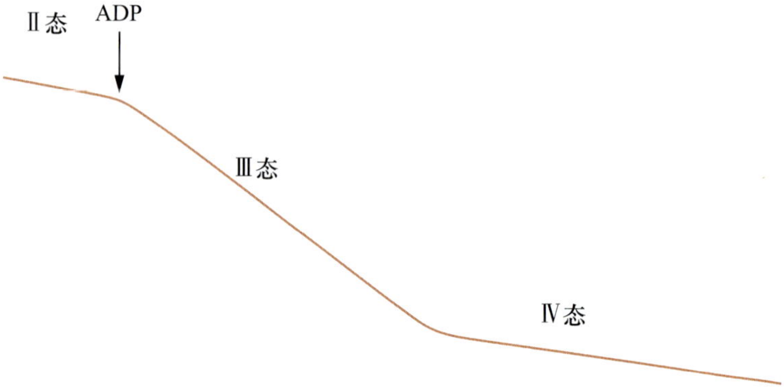

图 10.8 用 Clark 氧电极测定的线粒体耗氧曲线图

10.1.4 影响氧化磷酸化的因素

大部分细胞的 ATP 是在线粒体内通过氧化磷酸化合成的，氧化磷酸化的速度和效率受到了各种因素的复杂调控，包括 ATP/ADP 的比值，膜电位差，脂肪酸，甲状腺激素，解偶联蛋白，质子漏以及呼吸酶亚基的磷酸化和去磷酸化等（Kadenbach，2003）。

细胞色素 c 氧化酶（COX）是电子传递链的关键酶，它有 7 个与 ATP 或 ADP 结合的高亲和力位点以及 3 个只和 ADP 结合的高亲和力位点，ATP 和 ADP 的结合会改变 COX 的构象，从而改变酶活性（Napiwotzki et al，1997；1998）。甲状腺激素 T2 也能调节 COX 的活性，它与 COX 的 Va 亚基相结合使 ATP 对 COX 的变构抑制失去作用（Arnold et al，1998）。

NADH 脱氢酶 18 ku 蛋白亚基可以被依赖 cAMP 的蛋白激酶磷酸化和被受钙离子抑制的蛋白磷酸酶去磷酸化。18ku 蛋白的磷酸化可以提高 NADH 脱氢酶复合体的活性和线粒体的呼吸速率（Scacco et al.，2000；Papa et al.，2002）。

10.1.5 低氧对线粒体的损害

低氧是一个很强的生理刺激因子，它对细胞具有广泛的毒害作用。低氧会明显改变线粒体的形态，如相当严重的肿胀和脊膜的退化等(Hoppeler et al.，2003；Santos et al.，2002；Schild et al.，2003)。低氧也会增加活性氧(ROS)的产生 (Duranteau et al.，1998)，后者会氧化线粒体膜的脂质成分，降低线粒体的酶活，损害线粒体的功能，同时还能攻击线粒体DNA，导致线粒体编码基因的变异 (Magalhães et al.，2005；Paradies et al.，1999；2001；2002；Petrosillo et al，2001；柏干荣，2003)。

低氧分为急性低氧和慢性低氧(长期低氧)，急性低氧时线粒体代谢以功能受损为特点，而慢性低氧时则表现为功能的部分代偿(高文祥等，2000)。

10.2 藏鸡和低地鸡线粒体全基因组的测定和比对

10.2.1 藏鸡和低地鸡线粒体全基因组序列的测定

选择纯种藏鸡母鸡18只，纯种丝羽乌骨鸡母鸡14只，纯种寿光鸡母鸡13只，静脉采血，ACD抗凝，用高盐法提取血液总DNA。根据Genbank上序列号为NC_007236的红色原鸡线粒体基因组全序列设计引物23对如表10.1所示。切胶纯化PCR产物，将浓度相近的同一品种2～4只母鸡的PCR产物混合均匀后测序。利用Chromas软件将测序峰图文件转换为序列文件，用DNAMAN软件进行序列比对，参照Genbank上序列号为NC-007236的红色原鸡线粒体基因组全序列拼接藏鸡和两种低地鸡的线粒体基因组全序列。

表10.1 线粒体基因组PCR扩增引物序列

编号	片段位置	产物长度/bp	引物序列	T_m/℃
Mt1	497～1421	925	5'CTCGCCCTACTTGCCTTCC 3' 5'TGCCTGATACCTGCTCCTTT 3'	60
Mt2	1262～2009	748	5'CACTGAAGATGCCAAGATGGTA 3' 5'CCTTGACCTGTCTTATTAGCGA 3'	63
Mt3	1915～2664	750	5'TGCCAGCACAGCCTACATA 3' 5'GAGACGGGTTCGCTCAAAT 3'	62
Mt4	2570～3350	781	5'TAGCAAGAACAACCAAGCAAAGTG 3' 5'CCATTCATACAAGTCTCAATTTACGG 3'	63
Mt5	3186～3841	656	5'GCAAACCAAAGACCCGACTG 3' 5'GTGTTCATAGATAGAAACCGACCTG 3'	62
Mt6	3777～4853	1 077	5'TTAACAGTCCTACGTGATCTGAGT 3' 5'GAGTGCAATGGGAAATAATTCT 3'	61
Mt7	4786～5484	699	5'TAACCACCGTCCTATTCCTG 3' 5'ATCAGGCGTTGGTTATGCT 3'	62
Mt8	5397～6136	740	5'CGAGCGATTGAAGCCACTA 3' 5'GCAAGTCGGAGGTAGAAGAAT 3'	62

续表 10.1

编号	片段位置	产物长度/bp	引物序列	T_m/℃
Mt9	6022～7130	1 109	5'GGCTTCATGCCAAAATGACT 3' 5'AGAATGGAGGAAACACCTGCTA 3'	60
Mt10	6619～7292	674	5'GCCTAACGCTTCAACACTCAG 3' 5'GCGGTCGGTAAGTAGTATGGT 3'	60
Mt11	6986～7990	1 005	5'CCTACTAGCCTCATCTACCGTAG 3' 5'GCGTCTGGGTAATCTGAGTATC 3'	60
Mt12	7854～9025	1 172	5'ACAGGCTTTACCCTACACCCA 3' 5'GGTTAAGATGACAGTAGTGAGGATCA 3'	66
Mt13	8856～9977	1 122	5'GCAATCCCTGGACGACTAAATCA 3' 5'ATGGGCTTGGGTCAACTATGTG 3'	67
Mt14	9797～10830	1 034	5'ACCAATAATACCATCAATCTCC 3' 5'CGCTTAGTAGAAAGGATAGTGAG 3'	55
Mt15	10581～11588	1 008	5'TTTGCCTCCTACGACTAATCAA 3' 5'GCTGTATATTGTGGTGTTAGTTCATAT 3'	56
Mt16	11368～12050	683	5'TCATTCGCCCTTGGACCTAT 3' 5'TTGGGGTGGGTGAGTTTGAT 3'	61
Mt17	11369～12757	1 389	5'CATTCGCCCTTGGACCTATC 3' 5'GATGGAAGAGTGCCTCGTTGG 3'	61
Mt18	12338～13494	1 157	5'CCTAAAATCCCTCATTGCCTAC 3' 5'TATGTTATTTGCGATGGTTAGTG 3'	52
Mt19	13261～14401	1 141	5'GAAAGCATTGCCACCCACTGA 3' 5'TGATTGCTGGGGTTCGTGTG 3'	67
Mt20	14186～15205	1 020	5'CCACCTCCTGCCTAACCATT 3' 5'TCGTCCGATGTGAAGGAAGATA 3'	62
Mt21	15119～16140	1 022	5'AACGTACAATACGGCTGAC 3' 5'AGGTTTGAGTCCTCCTTTT 3'	61
Mt22	16003～16737	735	5'CCCCACAATCGGAACACTA 3' 5'GGTCTAACCAAGCGGGAATA 3'	62
Mt23	16649～584	721	5'GATTAGACGCCACAGCTAAA 3' 5'TTCGTGAAAAGTGAGAAAGTTC 3'	63

测序结果表明藏鸡线粒体基因组总长 16 784～16 786 bp，丝羽乌骨鸡总长 16 784～16 786 bp，寿光鸡总长 16 784～16 785 bp。它们包括长 1 231 bp（或 1 232 bp）的线粒体调控区（D-loop 区）和长 15 553 bp（或 15 554 bp）的基因编码区。鸡的线粒体基因组摆列非常紧凑，除了 D-loop 区和 ND3 基因 10 959 位的碱基 C 外，无其他内含子序列。在整个编码区的 37 个基因之间，基因间隔区共 47 bp，占 DNA 总长度的 0.28%。具体见表 10.2。

表 10.2 藏鸡、丝羽乌骨鸡和寿光鸡的线粒体基因组全序列

基因	位置	长度/bp	起始密码子	终止密码子	间隔(+)/重叠(-)	备注
Control region (D-loop)	1-1232 (或 1231)	1 232 (或 1 231)				在 852 位，三鸡种均存在碱基 C 的缺失现象，但藏鸡中频率很低，其他两种鸡中相对较高。
tRNA-Phe	1233-1301	69				
s-rRNA	1 302-2277	976				
tRNA-Val	2278-2350	73				
l-rRNA	2351-3973 (或 3972)	1 623 (或 1 622)				在 2 361 位，寿光鸡和丝羽乌骨鸡缺失碱基 C，但丝羽乌骨鸡中也有不缺失的，估计频率不到 0.1；藏鸡中也有缺失的，但频率较低。
tRNA-Leu	3974-4047	74			+9	
ND1	4057-5031	975	AUG	UAA		
tRNA-Ile	5032-5103	72			+5	
tRNA-Gln	5109-5179*	71			−1	
tRNA-Met	5179-5247	69				
ND2	5248-6288	1 041	AUG	UAG	−2	
tRNA-Trp	6287-6362	76			+6	
tRNA-Ala	6369-6437*	69			+3	
tRNA-Asn	6441-6513*	73			+1	
tRNA-Cys	6515-6580*	66			−1	
tRNA-Tyr	6580-6650*	71			+1	
COX1	6652-8202	1 551	GUG	AGG	−9	
tRNA-Ser	8194-8268*	75			+2	
tRNA-Asp	8271-8339	69			+1	
COX2	8341-9024	684	AUG	UAA	+1	
tRNA-Lys	9026-9093	68			+1	
ATP8	9095-9259	165	AUG	UAA	−10	
ATP6	9250-9933	684	AUG	UAA	−1	
COX3	9933-10718	786	AUG	UGC	−1	
tRNA-Gly	10718-10785	68				
ND3	10786-11137	352	AUG	UAA	1	内含子
tRNA-Arg	11139-11206	68				
ND4L	11207-11503	297	AUG	UAA	−7	
ND4	11497-12876	1 380	AUG	UGC	−2	
tRNA-His	12875-12943	69			+1	
tRNA-Ser	12945-13009	65			+1	
tRNA-Leu	13011-13081	71				
ND5	13082-14899	1 818	AUG	UAA	+4	
CYTB	14904-16046	1 143	AUG	UAA	+3	
tRNA-Thr	16050-16118	69				
tRNA-Pro	16119-16188*	70			+6	
ND6	16195-16716*	522	AUG	UAA	+2	
tRNA-Glu	16719-16786*	68				

注：*：由互补链编码。

10.2.2 藏鸡和低地鸡线粒体基因组全序列的比对

以红色原鸡线粒体基因组序列(NC_007236)为基准,使用 DNAMAN 软件,将测得的基因组序列与红色原鸡线粒体基因组序列(NC_007236)进行比对。结果在藏鸡、丝羽乌骨鸡和寿光鸡线粒体基因组中,共发现了 120 个突变,包括 D-LOOP 区突变 39 个,编码区突变 81 个(表 10.3),均为单点突变或单个碱基的插入。其中 tRNA 突变 4 个,rRNA 突变 10 个,蛋白质多肽基因的编码区突变 66 个(其中同义突变 47 个,错义突变 19 个)。在这 19 个错义突变中,藏鸡有而在丝羽乌骨鸡和寿光鸡中没有发现的错义突变 9 个(4572 G→A,9259 G→A,10065T→C,11374G→A,12402A→G,12627 G→A,14707C→A,14368 G→A,16255 G→A,经在 NCBI 上的比对(选择 Nucleotide collection (nr/nt) Databases 数据库)后发现均为藏鸡所特有),丝羽乌骨鸡或寿光鸡有而在藏鸡中没有发现的错义突变 4 个(7644 A→G,9122 T→A,14399 T→C,16037 A→G),藏鸡、丝羽乌骨鸡和寿光鸡均有但鸡种间频率差异较大的错义突变有 3 个(5724G→T,5832 T→C,12634 C→A)。另外,在基因间隔区也发现了一个碱基突变即 5106T→C,藏鸡、丝羽乌骨鸡和寿光鸡均有此突变。表 10.3 中的频率由测序结果估计。由于测序的主要目的为了发现藏鸡和低地鸡在线粒体基因组上的变异,测序的样本数较小,所以表中突变频率的估计结果与实际情况会有出入,只能做一个参考,具体的频率还需扩大样本量做进一步检测后才能确定。

表 10.3 藏鸡和两种低地鸡线粒体基因组编码区序列的变异

基因	突变碱基的位置/碱基的改变	突变性质	密码子的改变	氨基酸的改变	备注
s-rRNA	1667 C→T	单点突变			H, H-T: 0.25～0.50
	1699 C→A	单点突变			ZSH, Z-A: 小于 0.2; S-A, H-A: 0.5～0.8
	2071 C→T	单点突变			SH, S-T: 0.4; H-T: 小于 0.3
	2209 T→C	单点突变			ZHS, Z-C: 小于 0.3; SH-C: 0.4～0.8
	2275 T→C	单点突变			Z, Z-C: 0.2～0.4
l-rRNA	2361 插入 C	单碱基插入			ZS, Z-insert: 0.4～0.7; S-insert: 小于 0.2
	2429 A→G	单点突变			S, S-G: 0.5～0.8
	2768 C→T	单点突变			Z, Z-T: 0.2～0.4
	2943 C→T	单点突变			S, S-T: 0.3～0.6
	3099 C→T	单点突变			S, S-T: 0.4～0.6

续表 10.3

基因	突变碱基的位置/碱基的改变	突变性质	密码子的改变	氨基酸的改变	备　注
ND1	4572 G→A	单点突变（错义突变）	GCC→ACC	丙氨酸→苏氨酸	Z，Z-A：0.2～0.5
	4628 A→G	单点突变（同义突变）	ATA→ATG	甲硫氨酸	H，H-G：小于 0.2
	4874 T→A	单点突变（同义突变）	CTT→CTA	亮氨酸	Z，Z-A：0.2～0.4
间隔区	5106 T→C	单点突变			ZSH，Z-C：小于 0.2；SH-C：0.35～0.7
ND2	5724 G→T	单点突变（错义突变）	GCC→TCC	丙氨酸→丝氨酸	ZSH，Z-T：0.3～0.6；SH-T：1.0
	5832 T→C	单点突变（错义突变）	TAT→CAT	酪氨酸→组氨酸	ZSH，Z-C：0.1～0.2；S-C：0.6；H-C：0.7～0.8
	5840 A→C	单点突变（同义突变）	CCA→CCC	脯氨酸	Z，Z-C：0.2～0.4
	5870 C→T	单点突变（同义突变）	TAC→TAT	酪氨酸	Z，Z-T：0.4～0.7
	6011 A→G	单点突变（同义突变）	CCA→CCG	脯氨酸	Z，Z-G：0.2～0.4
	6193 G→A	单点突变（错义突变）	CGA→CAA	精氨酸→谷氨酰胺	ZSH，频率小于 0.1
	6194 A→G	单点突变（错义突变）	CGA→CGG	精氨酸→色氨酸	ZSH，频率小于 0.1
	6236 G→A	单点突变（同义突变）	GCG→GCA	丙氨酸	S，S-A：小于 0.2
tRNA-Cys	6536 A→G	单点突变			S，S-G：小于 0.1
COX1	7022 C→T	单点突变（同义突变）	GGC→GGT	甘氨酸	Z，Z-T：0.2～0.4
	7250 A→G	单点突变（同义突变）	TTA→TTG	亮氨酸	ZSH，Z-G：0.25～0.4；S-G：0.3～0.6；H-G：小于 0.3
	7430 A→T	单点突变（同义突变）	GCA→GCT	丙氨酸	S，S-T：0.9～0.7

续表 10.3

基因	突变碱基的位置/碱基的改变	突变性质	密码子的改变	氨基酸的改变	备　注
	7475 C→T	单点突变（同义突变）	GTC→GTT	缬氨酸	Z，Z-T：小于 0.1
	7644 A→G	单点突变（错义突变）	ACA→GCA	苏氨酸→丙氨酸	H，H-G：小于 0.2
	8141 T→C	单点突变（同义突变）	CAT→CAC	组氨酸	Z，Z-C：小于 0.2
COX2	8444 C→T	单点突变（同义突变）	TGC→TGT	半胱氨酸	Z，Z-T：小于 0.2
tRNA-Lys	9042 C→T	单点突变			S，S-T：小于 0.15
ATP8	9122 T→A	单点突变（错义突变）	TTC→TAC	苯丙氨酸→酪氨酸	S，S-A：小于 0.15
ATP6	9259 G→A	单点突变（错义突变）	AGC→AAC	丝氨酸→天冬酰胺	Z，Z-A：0.2～0.3
	9347 A→G	单点突变（同义突变）	TCA→TCG	丝氨酸	Z，Z-G：0.2～0.4
	9440 G→A	单点突变（同义突变）	AAG→AAA	赖氨酸	S，S-A：小于 0.2
	9461 C→A	单点突变（同义突变）	CTC→CTA	亮氨酸	Z，Z-A：小于 0.2
	9467 C→T	单点突变（同义突变）	CTC→CTT	亮氨酸	Z，Z-A：0.4～0.7
	9542 A→G	单点突变（同义突变）	CAA→CAG	谷氨酰胺	Z，Z-G：0.2～0.5
	9602 A→G	单点突变（同义突变）	CTA→CTG	亮氨酸	HS，H-G：1.0；S-G：小于 0.2
	9806 A→G	单点突变（同义突变）	ATA→ATG	甲硫氨酸	SH，S-G：0.4～0.6；H-G：小于 0.35
	9818 C→T	单点突变（同义突变）	TCC→TCT	丝氨酸	Z，Z-T：0.1～0.3
COX3	10065 T→C	单点突变（错义突变）	ATA→ACA	甲硫氨酸→苏氨酸	Z，Z-C：小于 0.1
	10081 A→G	单点突变（同义突变）	ATA→ATG	甲硫氨酸	Z，Z-G：0.1～0.2
	10270 G→A	单点突变（同义突变）	GGG→GGA	甘氨酸	ZSH，Z-A：0.1～0.2；S-A：0.25～0.5；H-A：0.3～0.7

续表 10.3

基因	突变碱基的位置/碱基的改变	突变性质	密码子的改变	氨基酸的改变	备注
	10447 C→T	单点突变（同义突变）	TAC→TAT	酪氨酸	H，H-T：0.1～0.3
ND3	11007 C→T	单点突变（同义突变）	CTC→CTT	亮氨酸	SH，S-T：1.0；H-T：1.0
ND4L	11374 G→A	单点突变（错义突变）	GCC→ACC	丙氨酸→苏氨酸	Z，Z-A：小于 0.1
ND4	11693 G→A	单点突变（同义突变）	TTG→TTA	亮氨酸	ZSH，Z-A：0.25～0.5；S-A：1.0；H-A：1.0
	11973 C→T	单点突变（同义突变）	CTA→TTA	亮氨酸	H，H-T：小于 0.2
	12089 T→C	单点突变（同义突变）	GCT→GCC	丙氨酸	Z，Z-C：小于 0.1
	12104 C→T	单点突变（同义突变）	TTC→TTT	苯丙氨酸	SH，S-T：0.3；H-T：0.6～0.8
	12155 T→C	单点突变（同义突变）	CAT→CAC	组氨酸	Z，Z-C：0.1～0.3
	12402 A→G	单点突变（错义突变）	ATC→GTC	异亮氨酸→缬氨酸	Z，Z-A：0.056
	12614 C→T	单点突变（同义突变）	ACC→ACT	苏氨酸	S，S-T：0.2～0.5
	12627 G→A	单点突变（错义突变）	GAA→AAA	谷氨酸→赖氨酸	Z，Z-A：小于 0.1
	12634 C→A	单点突变（错义突变）	ACA→AAA	苏氨酸→赖氨酸	ZSH，S-A：0.3～0.7；H-A：0.3～0.7；Z-A：小于 0.1
	12689 C→T	单点突变（同义突变）	ACC→ACT	苏氨酸	SH，S-T：0.8；H-T：1.0
tRNA-Ser	12950 G→A	单点突变			S，S-A：0.2～0.4
	12961 G→A	单点突变			SH，S-A：0.2～0.4；H-A：1.0
ND5	13261 G→A	单点突变（错义突变）	GAA→AAA	谷氨酸→赖氨酸	ZS，Z-A，S-A：小于 0.1
	13779 T→C	单点突变（同义突变）	CTT→CTC	亮氨酸	Z，Z-C：0.4～0.6
	13884 A→G	单点突变（同义突变）	TCA→TCG	丝氨酸	ZS，Z-G：小于 0.2；S-G：0.7～0.9

续表 10.3

基因	突变碱基的位置/碱基的改变	突变性质	密码子的改变	氨基酸的改变	备　注*
CYTB	14208 C→T	单点突变（同义突变）	GGC→GGT	甘氨酸	Z，Z-T：0.2
	14214 C→T	单点突变（同义突变）	CTC→CTT	亮氨酸	Z，Z-T：0.15
	14707 C→A	单点突变（错义突变）	CAU→AAU	组氨酸→天冬酰胺	Z，Z-A：0.75～0.44
	14399 T→C	单点突变（错义突变）	ATC→ACC	异亮氨酸→苏氨酸	S，S-C：0.2～0.4
	14368 G→A	单点突变（错义突变）	GTC→ATC	缬氨酸→异亮氨酸	Z，Z-A：0.19～0.44
	15235 G→A	单点突变（同义突变）	AAG→AAA	赖氨酸	Z,Z-A:0.4～0.7
	15379 C→T	单点突变（同义突变）	CAC→CAT	组氨酸	Z，Z-T：0.7～0.8
	15403 G→A	单点突变（同义突变）	GGG→GGA	甘氨酸	Z，Z-A：0.1～0.3
	15409 C→T	单点突变（同义突变）	TTC→TTT	苯丙氨酸	ZSH，S-T：1.0；H-T：1.0；Z-T：0.25
	15841 A→G	单点突变（同义突变）	CAA→CAG	谷氨酰胺	Z，Z-G：0.1
	16037 A→G	单点突变（错义突变）	GAC→AAC	天冬氨酸→天冬酰胺	S，S-G：0.6～0.8
ND6	16255 G→A	单点突变（错义突变）	GCT→GTT	丙氨酸→缬氨酸	Z，Z-A:小于 0.3；由互补链编码
	16257 T→C	单点突变（同义突变）	TTA→TTG	亮氨酸	Z，Z-C:小于 0.3；由互补链编码
	16263 C→T	单点突变（同义突变）	TTG→TTA	亮氨酸	S H，S-T：0.4～0.7；H-T：0.1～0.3；由互补链编码
	16356 G→A	单点突变（同义突变）	GGC→GGT	甘氨酸	Z，Z-A：小于 0.2；由互补链编码
	16371 C→T	单点突变（同义突变）	GTG→GTA	缬氨酸	SH,S-T：0.5；H-T：0.2；由互补链编码
	16395 G→A	单点突变（同义突变）	CTC→CTT	亮氨酸	Z，Z-A：0.35 以下；由互补链编码
	16596 G→A	单点突变（同义突变）	TGC→TGT	半胱氨酸	ZSH，Z-A：0.35 以下；H-A：0.8～0.9；S-A：1.0；由互补链编码
	16676 G→A	单点突变（同义突变）	CTG→TTG	亮氨酸	Z，Z-A:小于 0.35；由互补链编码

注：*：Z 表示藏鸡中存在该突变；S 表示丝羽乌骨鸡中存在该突变；H 表示寿光鸡中存在该突变；Z-T 表示在藏鸡中，该突变位点的碱基是 T 的频率（根据测序结果估计）。

参考文献

Arnold S, Goglia F, Kadenbach B. 1998. 3, 5-Diiodothyronine binds to subunit Va of cytochrome c oxidase and abolishes the allosteric inhibition of respiration by ATP. Eur. J. Biochem, 252: 325-330.

Duranteau J, Chandel N S, Kulisz A, et al. 1998. Intracellular signaling by reactive oxygen species during hypoxia in cardiomyocytes. J. Biol. Chem., 273: 11619-11624.

Frey T G, Mannella C A. 2000. The Internal Structure of Mitochondria. Trends in Biochemical Sciences, 25(7): 319-324.

Gabaldón T, Rainey D, Huynen M A. 2005. Tracing the evolution of a large protein complex in the eukaryotes, NADH: ubiquinone oxidoreductase (complex I). Journal of Molecular Biology, 348: 857-870.

Grigorieff N. 1998. Three-dimensional structure of bovine NADH: ubiquinone oxidoreductase (complex I) at 22 Å in ice. Journal of Molecular Biology, 277: 1033-1046.

Grossman L I, Margaret I L. 1997. Nuclear genes for cytochrome c oxidase. Biochimica et Biophysica Acta, 1352: 174-192.

Hederstedt L. 2003. Complex II is complex too. Science, 299: 671-672.

Hirst J, Carroll J, Fearnley I M, et al. 2003. The nuclear encoded subunits of complex I from bovine heart mitochondria. Biochimica et Biophysica Acta, 1604: 135-150.

Hoppeler H, Vogt M, Weibel E R, et al. 2003. Response of skeletal muscle mitochondria to hypoxia. Exp. Physiol., 88:109-119.

Kadenbach B. 2003. Intrinsic and extrinsic uncoupling of oxidative phosphorylation. BBA, 1604:77-94.

Magalhães J, Ascensão A, Soares J M C, et al. 2005. Acute and severe hypobaric hypoxia increases oxidative stress and impairs mitochondrial function in mouse skeletal muscle. J. Appl. Physiol., 99:1247-1253.

Napiwotzki J, Shinzawa-Itoh K, Yoshikawa S, et al. 1997. ATP and ADP bind to cytochrome c oxidase and regulate its activity. Biol. Chem., 378: 1013-1021.

Napiwotzki J, Kadenbach B. 1998. Extramitochondrial ATP/ADP-ratios regulate cytochrome c oxidase activity via binding to the cytosolic domain of subunit IV. Biol. Chem., 379: 335-339.

Papa S, Sardanella A. M, Scacco S, et al. 2002. Minireview. The NADH: ubiquinone oxidoreductase (complex I) of the mammalian respiratory chain and the cAMP cascade. J. Bioenerg Biomembr., 34: 1-10.

Paradies G, Petrosillo G, Pistolese M, et al. 1999. Lipid peroxidation and alterations to oxidative metabolism in mitochondria isolated from rat heart subjected to ischemia and reperfusion. Free Radic. Biol. Med., 27: 42-50.

Paradies G, Petrosillo G, Pistolese M, et al. 2001. Reactive oxygen species generated by the mitochondrial respiratory chain affect the complex III activity via cardiolipin peroxidation in beef-heart submitochondrial particles. Mitochondrion, 1:151-159.

Paradies G, Petrosillo G, Pistolese M, et al. 2002. Reactive oxygen species affect mitochondrial electron transport complex I activity through oxidative cardiolipin damage. Gene, 286: 135-141.

Petrosillo G, Ruggiero F M, Pistolese M, et al. 2001. Reactive oxygen species generated from the mitochondrial electron transport chain induce cytochrome c dissociation from beef-heart submitochondrial particles via cardiolipin peroxidation. Possible role in the apoptosis. FEBS Lett., 509: 435-438.

Santos D L, Moreno A. J, Leino R L, et al. 2002. Carvedilol protects against doxorubicin-induced mitochondrial cardiomyopathy. Toxicol. Appl. Pharmacol, 185: 218-227.

Saraste M. 1999. Oxidative Phosphorylation at the fin de siècle. Science, 283: 1488-1493.

Scacco S, Vergari R, Scarpulla R C, et al. 2000. cAMP-dependent phosphorylation of the nuclear encoded 18-kDa (IP) subunit of respiratory complex I and activation of the complex in serumstarved mouse fibroblast cultures. J. Biol. Chem., 275: 17578-17582.

Schild L, Huppelsberg J, Kahlert S, et al. 2003. Brain mitochondria are primed by moderate Ca^{2+} rise upon hypoxia/reoxygenation for functional breakdown and morphological disintegration. J. Biol. Chem., 278: 25454-25460.

柏干荣. 2003. 失血性休克大鼠肠上皮细胞线粒体 DNA COX 基因、表达和功能改变及 Rg1 干预的研究:[博士学位论文]. 重庆:第三军医大学.

高文祥,柳君泽,吴利平,等. 2000. 急、慢性缺氧对大鼠脑线粒体能量代谢的影响. 中国病理生理杂志,16(10):879-882.

惠特克,丹克. 1982. 线粒体:结构、功能和组装. 林治焕,等译. 北京:北京科学出版社.

李静涵. 1988. 线粒体. 北京:北京大学出版社.

李连之,黄仲贤. 2001. 细胞色素 c 氧化酶研究新进展. 无机化学学报,17(6):761-774.

刘树森. 2001. 线粒体学与生物医学新前沿. 世界科技研究与发展,23(2):35-41.

邱宏,金国琴,赵伟康,等. 2002. 调心方对氧化损伤型类 AD 大鼠空间记忆能力和脑线粒体呼吸功能的影响. 中国中医基础医学杂志,8(6):26-29.

第11章

藏鸡高原低氧适应基因表达谱和蛋白质组学

近年发展起来的组学方法已成为分子遗传学研究的有力手段。本章主要介绍了采用组学方法对低氧和常氧下鸡胚胎心脏基因表达谱以及肝脏和血液蛋白表达谱进行分析。通过对心脏、肝脏和血液这些在氧代谢中起重要作用的器官和组织的组学研究，发现了一些在低氧和常氧下差异表达的基因和蛋白，这些研究结果为进一步揭示藏鸡低氧适应的分子机制打下了坚实的基础。

11.1　基因表达芯片和蛋白质组学的基本原理和方法

11.1.1　基因表达芯片

20 世纪以来的科技史上有两项发明影响深远，一项是微电子芯片，另一项就是生物芯片，它革新了医学诊断和治疗的准确性，改变了生命科学的研究方式。美国总统克林顿在 1998 年 1 月的国情咨文演讲中指出："在未来的 12 年内，基因芯片将为我们一生中的疾病预防指点迷津。"由于生物芯片技术领域的飞速发展，美国科学促进协会于 1998 年年底将生物芯片评为 1998 年的十大科技突破之一。生物芯片(biochip)主要指通过平面微细加工技术在固体芯片表面构建的微流体分析单元和系统，以实现对细胞、蛋白质、核酸以及其他生物组分的准确、快速、大信息量的检测。它发展的最终目标是将样品制备、生化反应到检测的整个分析过程集成化，以获得所谓的微型全分析系统或称缩微芯片实验室(lab-on-a-chip)。

11.1.1.1　生物芯片的工作原理

1. 生物芯片的制备

生物芯片的制备主要依赖于微细加工、自动化及化学合成技术。根据不同的使用要求，可以采用微加工技术在芯片的基底材料上加工出各种微细结构，然后再施加必要的生物化学物质并进行表面处理。

生物芯片的制作一般有 2 种方法，一种为原位合成(in situ synthesis)，适用于寡核苷酸；一种为合成后交联(post-synthetic attachment)，多用于大片段 DNA，有时也适用于寡核苷酸，甚至 mRNA。

(1) 原位合成法

原位合成法方法有 5 种。

第 1 种方法是 Affymetrix 公司开发的光引导原位合成法，采用的技术原理是在合成碱基单体的 5' 羟基末端连上一个光敏保护基。首先使支持物羟基化，并用光敏保护基团将其保护起来。每次选取适当的蔽光膜(mask)使需要聚合的部位透光，其他部位不透光。这样，光通过蔽光膜照射到支持物上，受光部位的羟基脱保护而活化。因为合成所用的单体分子一端按传统固相合成方法活化，另一端受光敏保护基的保护，所以发生偶联的部位反应后仍旧带有光敏保护基团。因此，每次通过控制蔽光膜的图案(透光与不透光)决定哪些区域应被活化，以及所用单体的种类和反应次序就可以实现在待定位点合成大量预定序列寡聚体的目的。使用多种蔽光膜能以更少的合成步骤生产出高密度的阵列，在合成循环中探针数目呈指数增长。

第 2 种方法是电压打印法。其技术原理与喷墨打印机相似。由打印机将 4 种核苷酸合成试剂分别打印到经包被的支持物的特定区域上，然后冲洗、去保护，进行寡核苷酸合成的下一循环。

第 3 种方法是流体通道合成法。流体通道合成法在玻璃介质的表面铰链一系列的 1 mm 硅胶管，形成通道，DNA 合成试剂被引入通道，通过变换微流体模板，可以在玻片上合成不同序列的寡聚核苷酸探针。

第 4 种方法是分子印章法。其原理是通过光刻硅胶板，形成分子印章，涂覆 DNA 合成试剂，按一定顺序压印在基片表面，合成不同的寡聚核苷酸探针。

第 5 种方法是机械点涂法。通过高精密机械控制的墙头与芯片表面接触而将寡聚核苷酸定位点滴到芯片特定的位置上。

(2) 合成后交联法

该方法的探针制备是在芯片以外采用常规分子生物学技术获得的，如 PCR、分子克隆、人工合成 DNA 片段等。将制备好的探针通过手工或自动点样装置点在经特殊处理的载玻片或其他材料上即可。

不管何种方法，目的都是希望能快速、准确地将探针放置到芯片上的指定位置上。

2. 样品制备

生物样品往往是非常复杂的生物分子混合体，除少数特殊样品外，一般不能直接与芯片进行反应。要将样品进行特定的生物处理，获取其中的蛋白质或 DNA、RNA 等信息分子并加以标记，以提高检测的灵敏度。

3. 生物分子反应

通过选择合适的反应条件使生物分子间反应处于最佳状况中，减少生物分子之间的错配比率，从而获取最能反映生物本质的信号。芯片分子杂交的特点是探针固化，样品荧光标记，一次可以对大量生物样品进行检测分析。

4. 芯片信号检测和分析

目前最常用的芯片信号检测方法是将芯片置入芯片扫描仪中，通过采集各反应点的荧光强弱和荧光位置，经相关软件分析图像，即可以获得有关生物信息。

11.1.1.2 Affymetrix 基因芯片技术特点

1. GeneChip® 独特的原位光刻合成技术

美国著名的 Affymetrix 公司率先开发的寡核苷酸原位光刻专利技术，是生产高密度寡核苷酸基因芯片的核心关键技术。该方法的最大优点在于用很少的步骤可合成大量的 DNA 阵列。ffymetrix 的原位合成技术可制作的点阵密度高达 $10^6 \sim 10^{10}/cm^2$，如此高的点阵密度足以在一张芯片上涵盖整个物种的全基因组信息。一个物种，一张芯片；不仅节省了珍贵的样本，也节省了大量的时间和经费。同时，原位光刻合成技术先进的生产工艺，保证了探针数量以及探针构象的均一性，使得芯片的杂交效率更加均一，从而保证了芯片数据更加准确，数据定量更加可靠。

2. GeneChip® 独特的 PM-MM 探针设计

基因芯片杂交的灵敏度和特异性是芯片技术的核心，Affymetrix 在探讨了各种各样的影响因素后，设计出了一种独特的 PM-MM 探针方案。芯片上的每一个基因或 EST 都是由一个或几个探针组（probe set）组成，每组探针组又由 11～20 对 25 mer 的探针对（probe pair）组成，每个探针对包括两个探针池（probe cell），其中一个是完全匹配（perfect match, PM）的，另一个序列有一个碱基错配（mismatch, MM）。PM-MM 探针设计更加有效地扣除了芯片的物理背景信号以及非特异性杂交则造成的假阳性信号，芯片结果更加准确可靠，尤其保证了低丰度表达基因的准确定量。真核生物的探针主要根据 3' 端序列设计（图 11.2），更适合由 poly-T 引导的 mRNA 探身逆转录、扩增和标记而生成的 cRNA 或 cDNA 的芯片杂交。GeneChip® 3' 全基因组表达谱芯片已成为学术界所选择的基因级表达谱工具，用来研究大量的生物处理过程，如肿瘤分类、调控通路描述以及药靶验证。

3. GeneChip® 表达谱芯片独特的多段 25 mer 探针对应单个基因

与 cDNA 芯片和单一序列对应的寡核苷酸芯片，Affymetrix 通过大量的序列比对选中基因中最具特异性的区段，设计多个短的探针片段，可以有效地区分高同源性的基因序列，克服了背景噪声，错误和偏差，避免了同源性靶序列与探针交叉杂交而引起的假阳性和错误判断。25 mer 长度的寡核苷酸在控制杂交条件、获得信号强度和分辨率上达到了一个最佳平衡，从多个探针位点检测的荧光信号，经过综合评估、统计运算和分析，获得的数据比单个探针判断样品是否存在某一靶序列的数据更为可靠。

11.1.1.3 Affymetrix 基因芯片的优点

1. 高特异性

Affymetrix 基因芯片技术使用了多段探针判断和 PM-MM 探针联合对应的双保险，为解决芯片的特异性提出了完美的解决方案。在表达谱芯片中 11～20 对特异性片断来对应每一个基因，区别高同源的序列、重叠基因、同一剪切前体的不同剪切子。在 SNP 芯片中 40 次的独立判断得出具有统计学意义的结果。

2. 高灵敏度

在 PM-MM 探针设计中，MM 探针是有效的内参照，它们与 PM 探针一样可以和非特异性序列结合，这样，就可以将不同来源的样品中的背景信号有效地定量扣除。这种独特的设计对于区分特异性和非特异性杂交是相当灵敏的。比较那些单一的基因探针来说，PM-MM 探针设计芯片的高特异性和灵敏度在检测低丰度表达的基因时，尤其在准确定量方面表现更加优秀。

3. 定量准确、重复性好

Affymetrix 基因芯片的原位光刻合成技术准确控制每一个探针的合成量，标准化的样品制备过程，以及电脑精细自动化控制芯片的杂交、洗涤及扫描，以稳定的荧光信号实现真正的定量检测。工业化的生产标准免除芯片生产的批间差异，结合探针设计的多重保证，以准确为前提赢得最佳的重复性。

4. 单色荧光信号适于多张芯片结果的灵活比较

不同芯片间、不同批次样品间实验结果很好地吻合，保证了多张芯片间的比较的有效、可靠性。藻红蛋白(SAPE)的单色荧光信号捕获使得某一样品中基因表达的绝对水平是可靠的，还使得比较不同样品之间各种基因表达的相对比例是可靠的，而双色法需在每次杂交检测中设置对照，只能进行两个样品之间的比较，芯片之间的比较并不可靠。而且，双色法由于两种荧光素在实验过程中的背景信号强度存在显著差异，有时给样本之间的比较带来错误的判断。

11.1.1.4 微阵列芯片研究全面解决方案

Affymetrix 公司是原位合成寡核苷酸技术的首创者，是基因芯片的早期开发者。其产品具有种类丰富、信息量大的特点。目前，Affymetrix 公司已为许多世界顶级的制药、临床检验及生物技术企业、教育机构、政府、非盈利研究组织提供了技术服务。此外，Agilent、Illumina、Nimblegen 等公司也提供相应的芯片服务。在后基因组时代，除了表达谱芯片外，还有小 RNA 芯片、比较基因组杂交芯片(CGH)、DNA 甲基化芯片、SNP 芯片、外显子芯片(Exon Array)、全景扫描芯片(Tiling Array)及再测序芯片(Resequencing)等。

小 RNA(MicroRNA)芯片是细胞内存在的一组由基因组 DNA 编码、长度约 22 个核苷的非编码 RNA。一般通过碱基配对结合到 mRNA 的 3' 非翻译区。它们主要通过降解 mRNA 和抑制 mRNA 的翻译两种方式调控生物体内的基因表达，在动植物的生长发育、细胞分化和凋亡以及人类疾病的发生等过程中发挥着重要的调控作用。MicroRNA 芯片作为新的高通量技术手段越来越广泛地被应用于研究 MicroRNA 的功能及其与疾病的关系。

细胞内基因组 DNA 的片断扩增或缺失在许多疾病的发生、发展中起重要的作用。比较基因组杂交(CGH)是检测基因组 DNA 的片段扩增或缺失的有效方法。CGH 也用于同一物种的不同亚型含有不同基因的检测，以确定基因的表型特征。CGH 的原理是在一张芯片上用两份标记不同荧光素的样品同时进行杂交，从而快速而又直观地检测实验样品和对照样品之间基因组 DNA 拷贝数的差异。CGH 研究肿瘤发生过程中伴随的基因变化，如染色体的畸变等；通过基因拷贝数的变化，寻找新的原癌基因或抑癌基因，作为可能的治疗靶标；揭示生物体抗药性的机制及代谢过程中可能发生的基因组变化；发现新的生物标记，可用于临床诊断、疾病的分型等。

DNA 甲基化是人和许多哺乳动物的一个重要表观遗传现象，其对基因表达和遗传发育等都有重要影响，且受到内外因素的调控。在哺乳动物细胞中，DNA 甲基转移酶仅对基因组 DNA 的 CpG 二核苷酸中的胞嘧啶进行甲基化修饰。差异甲基化杂交是一种基于微阵列芯片的 DNA 甲基化检测方法。其原理是首先使用非甲基化敏感的酶对基因组 DNA 进行酶切，然后在酶解后的片断两端连接上连接臂，再用甲基化敏感的内切酶进行消化。最终产物进行 PCR 扩增和荧光标记，继而同固定有 CpG 岛的芯片杂交。被甲基化的 DNA 不能被内切酶切断，而可在PCR中扩增和标记；非甲基化的DNA被内切酶切断后不能在PCR中扩增和标记。DNA甲基化在人的正常发育、X染色体失活、衰老以及人类许多疾病（如发育畸形、心血管疾病、糖尿病和神经心理失调等）过程中发挥重要作用。

人类基因组由30亿个核苷酸组成，它们携带着人类的遗传信息并决定人体的生理特性。人类基因组序列的0.1%～0.2%在人种、人群和个体之间存在DNA序列的差异，即单核苷酸多态性（SNP）。许多的这些单核苷酸多态性可引起不同的遗传性状，即遗传的多态性，如ABO血型位点标记，白细胞HLA位点标记和个体药物代谢差异等。了解这些DNA序列的差异和单核苷酸多态性以及这些差异所表现的意义将对疾病的预测、诊断、预后和预防带来革命性的变化。SNP芯片主要用于关联分析，连锁不平衡分析，杂合性缺失分析，染色体拷贝数变化，群体遗传学等领域的研究以及肿瘤遗传学和其他遗传与疾病相关研究。此外，Affymetrix公司还有测序芯片（resequencing chip），它用于全面的小基因组重测序，致病SNP的鉴定及候选区域的比较测序。

真核生物的基因组DNA以染色质的形式存在。因此，研究蛋白质与DNA在染色质环境下的相互作用是阐明真核生物基因表达机制的基本途径。染色质免疫沉淀技术（chromatin immunoprecipitation assay, CHIP）是目前唯一研究体内DNA与蛋白质相互作用的方法。它的基本原理是在活细胞状态下固定蛋白质-DNA复合物，并将其随机切断为一定长度范围内的染色质小片断，然后通过免疫学方法沉淀此复合体，特异性地富集目的蛋白结合的DNA片断，通过对目的片断的纯化与检测，从而获得蛋白质与DNA相互作用的信息。CHIP不仅可以检测体内反式因子与DNA的动态作用，还可以用来研究组蛋白的各种共价修饰与基因表达的关系。CHIP与基因芯片相结合建立的CHIP-on-CHIP方法已广泛用于特定反式因子靶基因的高通量筛选。此外，Affymetrix的启动子微阵列芯片检测染色质免疫共沉淀实验中的DNA-蛋白相互作用及其基因组中的定位，由此可发现新的RNA转录或了解全基因组的表观遗传性状改变。

11.1.1.5 Affymetrix生物芯片的应用

Affymetrix提供的生物芯片种类繁多，包括全基因组3'端表达芯片、测序芯片、全转录基因表达和选择性剪切、芯片上的染色质免疫共沉淀、转录图谱和SNP等芯片，为农业、微生物、医药和其他方面的研究提供了强大的技术平台。下面列举一些应用案例：

2008年2月7日，Marfield医疗中心宣布应用Affymetrix代谢酶和转运体（DMET）解决方案，以发现与个人对华法林（Warfarin）的药物反应有关的遗传变异。其中，《CYP4F2遗传变异改变所需的Warfarin剂量》的研究发表在2008年4月的《Blood online》杂志上。研究的结果可以帮助减少不正确的Warfarin剂量所造成的严重不良反应，使医生选择更有效、更个性化的药物来治疗患者。

Carroll等发表了一个乳腺癌中雌激素受体和RNA聚合酶II结合位点的全基因组图谱。该项研究鉴定到了基因组中以前未曾探测过区域中所含有的瞬时结合位点，并深入研究了乳腺癌相关的雌激素信号通路中转录因子间的协同作用。采用定量PCR对15个随机选取的结合位点进行验证，证实了ER被集中到所有由CHIP-on-CHIP鉴定到的结合位点上（Carrol J. et al.，2006）。

Bernstein等应用Affymetrix的Tiling芯片对胚胎干细胞组蛋白中的两个甲基化赖氨酸进行了定位。这一修饰模式恰好是维持细胞分化状态时对发育基因进行沉默所必需的（Bernstein BE et al.，2006）。

Zhang 等报道了运用 Affymetrix 的 35 bp 分辨率 Tiling 芯片分析拟南芥全基因组 DNA 甲基化。该研究采用一种抗甲基胞嘧啶的抗体来沉淀基因组中的甲基化片断，发现 19%的拟南芥基因组中是被甲基化的。他们出乎意外地发现 35%的表达基因在编码区含有一些甲基化位点，而约 5%的表达基因在启动子区域含有甲基化位点(Zhang X. et al. ,2006)。

早在 1999 年，Golub 的研究小组使用 Affymetrix 生物芯片在鉴定癌症种类及肿瘤分型方面取得了重大进展。Golub 等在没有获得白血病病例背景信息的条件下，通过 Affymetrix 表达谱芯片，针对急性巨核细胞白血病和急性淋巴细胞白血病的可能性进行了预测性分析。研究结果表明，单纯依赖基因表达谱生物芯片检测来对癌症进行分型是可行的。这一研究提出了一条不依靠早期生物学表型的癌症类型预测和鉴定的策略(Golub. T. R. et al. , 1999)。

Kimchi 等使用人类基因组 U133A 芯片发现了与食道癌发病机理相关的一个新通路。他们对正常食道上皮，巴瑞特组织变形和食道腺癌所采样本进行评测，发现有 214 个基因标记可用于区分 3 种样品型。他们的数据显示从巴瑞特氏食道转化为腺癌与表皮分化复合物相关的基因抑制有联系。对于在巴瑞特氏食道和腺癌中都有表达的基因进行相关分析，进一步发现 21 个可代表潜在的遗传标记和治疗干扰的药物靶标的基因(Kimchi, E. T. et al. ,2005)。

在植物学基因组研究方面，生物芯片也有广泛的应用。Caldo 等利用 Affymetrix 的含有 22 000 个大麦基因的表达谱芯片对植株基因型、小麦白粉菌及时间 36 个组合的相互作用进行了基因表达谱分析，深入研究了植物抗病原体感染的分子机制(Caldo et al. , 2004)。通过比较植物通用感染抗性和特定感染抗性之间的关系，作者认为在病原体相关的通用识别和特定识别之间存在着联系，并从这个基础上进化出了宿主特异性抗性。

11.1.2 蛋白质组学

11.1.2.1 蛋白质组学基本介绍

蛋白质组(Proteome) 的概念由澳大利亚学者 Wilkins 和 William 于 1994 年提出，指由一个基因组或一个细胞、组织表达的所有蛋白质，也可以说是指细胞或组织或机体全部蛋白质的存在及其活动方式(Harry et al. ,2000)。

蛋白质组学(proteomics)是指根据蛋白质种类、数量、局部存在的时间、空间上的变化来研究表达于细胞、组织及个体中的全部蛋白质，并从其结构和功能的角度综合分析生命活动的一门科学。蛋白质组学是与基因组学(genomics)相对应的，后者是分析生物体全部基因(genome)的科学。就基因组而言，一个种属的个体仅存在一套基因组；然而在细胞、组织、个体中所有细微的环境变化都可以在瞬间使蛋白质组中的蛋白质构成发生变化。蛋白质组学分析一种基因组或一个细胞或组织类型所有蛋白的表达，由于同一时间特定的组织、细胞或机体中并非所有的蛋白都表达，因此蛋白质组是动态的，因此这种蛋白质组解析的不确定性也体现了蛋白质组学的难度。

基因组在几乎所有的细胞中都是完整的，与之不同，蛋白质组具有很高的细胞特异性，一个机体的不同细胞表达它的全蛋白的不同亚基。同时，基因组储存了稳定的信息，其成分不随时间变化，而蛋白质是高度动态的，根据细胞的发育和生理状态蛋白表达也不停地变化。蛋白质组动态的和细胞类型各异的特点提出了系统分析的主要挑战，要完全记录多细胞有机体的蛋白质组，就必须记录每种细胞类型在它可能的生理状态和发育阶段的蛋白质分布图。

蛋白质组的研究远比基因组研究复杂。一方面，蛋白质的数目远大于基因的数目，这是由于基因的拼接和翻译后的修饰造成的。人的基因组有 25 000～40 000 个编码基因，其表达的蛋白质可以达十几万甚至更多；另一方面，基因是相对静态的，一个生物体仅有一个基因组，而蛋白质是动态的，随时间、空间的变化而变化。一个细胞中的蛋白质可达上万种，而他们的拷贝数可能相差几百倍到几十万倍。

核酸研究的技术近年来取得突飞猛进的发展，但蛋白质的研究技术也并未停滞不前，许多技术得到发展和应用，如双向电泳技术、图像分析技术及软件、液相色谱技术、质谱技术，加上蛋白质数据库的建立和完善，蛋白质组学得到快速发展和应用。蛋白质组研究的技术路线如图 11.1。

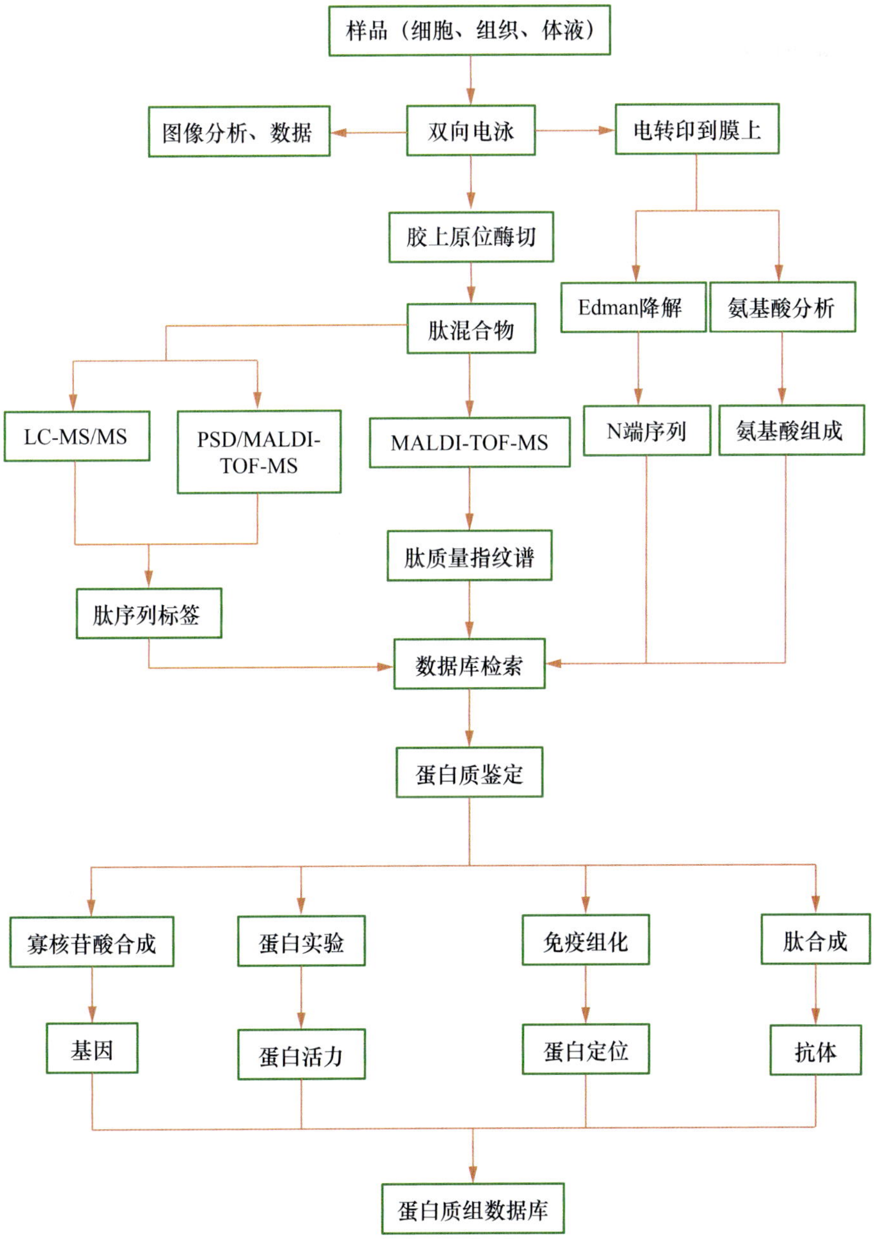

图 11.1　蛋白质组研究的技术路线流程图（钱小红等，2003）

11.1.2.2 蛋白质组学基本技术及其在动物研究领域的应用

蛋白质组学在动物研究领域中已被广泛应用，从对器官、组织、细胞悬浮液及亚细胞提取物的蛋白质组学分析，到对植物生长发育和对各种逆境胁迫反应的研究，基本上包括了所有动物生物化学和分子生物学研究所涉及的范畴。目前动物蛋白质组学研究主要集中在两个方面(Rose et al. ,2004)：一是表达蛋白质组学(protein expression proteomics)，即利用各种先进技术观察某种细胞或组织中蛋白质表达的整体变化，研究机体在生长发育、疾病和死亡的不同阶段中细胞与组织的蛋白质表达图谱的变化；二是功能蛋白质组学(functional proteomics)，主要通过分离蛋白质复合物系统地研究蛋白质间的相互作用，以建立细胞内信号转导通路的复杂网络图。

1. *表达蛋白质组学基本技术*

表达蛋白质组学是当前使用最为广泛的蛋白质组学研究模式。该模式的技术路线主要是通过双向凝胶电泳(two-dimensional gel electrophoresis，2-DE) 建立蛋白质组图谱、用专门的图像扫描分析软件进行图像分析、对感兴趣的蛋白质点进行胰蛋白酶胶上原位消化、通过质谱(mass spectrometry，MS)对鉴定蛋白质、应用生物信息学(bioinformatics) 进行蛋白质结构和功能的进一步鉴定和分析。其基本技术有以下几个：

(1) 双向凝胶电泳技术(two-dimensional electrophoresis，2-DE)

双向凝胶电泳技术与质谱(mass spectrometry，MS)技术是目前应用最为广泛的研究蛋白质组学的方法。双向凝胶电泳技术利用蛋白质的等电点和分子量差别将各种蛋白质区分开来。虽然二维凝胶电泳难以辨别低丰度蛋白，对操作要求也较高，但其通量高、分辨率和重复性好以及可与质谱联用的特点，使其成为目前最流行、可靠的蛋白质组研究手段。蛋白质组研究要求有高分辨率的蛋白质分离及准确、灵敏的质谱鉴定技术。凝胶电泳中蛋白质的着色不仅影响蛋白质分离的分辨率，同时也影响后续的质谱鉴定。

蛋白质的染色可分为有机试剂染色、银染、荧光染色及同位素显色四类。Andrew 等提出了一种荧光差异显示双向电泳(two dimensional differential in gel electrophoresis，2D-DIGE)的定量蛋白质组学分析方法(Andrew et al，2003)。DIGE 是对 2-DE 在技术上的改进，将样品在电泳前标记 Cy2、Cy3 和 Cy5 这 3 种荧光染料，然后将标记后的 3 种样品混合，同时在一块胶上进行电泳，即为差异凝胶电泳(DIGE)。所得到的 2DE 胶图像可使用 3 种不同的激发 P 发射过滤器得到不同颜色荧光信号，根据这些信号的比例来判断样品之间蛋白质的差异，这样可避免在匹配时出现的误差，进行定量分析时也不再依赖于胶与胶之间的重复性。该方法的灵敏度可与银染和 SYPRO Ruby 相媲美，可检测到 100～200 pg 的蛋白质，线形动态范围在 5 倍左右。已有很多文献证明该方法的灵敏性和重复性，如用该方法研究苯甲酸对大肠杆菌的抑制作用和食道癌的特征蛋白。DIGE 可在同一次检测中通过分析单一胶上的相互覆盖的信息来得到蛋白质的信息，可以同时在一块胶上在相同电泳条件下分离 2～3 个样品，大大减少了一个实验需要的胶的总数，这些优点使得 DIGE 技术已经在各种样品中得到应用。

(2) 高效液相色谱技术(high performance liquid chromatography，HPLC)

尽管双向凝胶电泳是目前常用的对全蛋白组的分析方法，但其存在分离能力有限、存在歧视效应、操作程序复杂等缺陷，对于分析动态范围大、低丰度以及疏水性蛋白质的研究往往很难得到满意的结果。利用 HPLC 分离蛋白质，并用 MALDI-TOF-MS 鉴定收集的组分，从而对两种细胞的蛋白质差异表达进行定量分析。多维液相色谱作为一种新型分离技术，不存在相对分子质量和等电点的限制，通过不同模式的组合，消除了二维凝胶电泳的歧视效应，具有峰容量高、便于自动化等特点。

(3) 质谱(mass spectrometry，MS)技术

自1886年Goldstein发明早期质谱仪的离子源，1942年第一台商品化质谱仪出现之后，质谱技术的发展走过了100多年的历史。早期的质谱技术主要应用于地质、环境化学、有机化学和制药等领域，分析对象主要是小分子化合物，质量方位在几千以下。20世纪80年代末期出现的两项软电离质谱技术——电喷雾电离质谱(electro-spray ionization mass spectrometry，ESI-MS)和基质辅助激光解吸电离飞行时间质谱(matrix-assisted laser desorption-ionization mass spectrometry，MALDI-TOF-MS)技术使传统的主要用于小分子化合物研究的质谱技术发生了革命性的变革。ESI-MS和MALDI-TOF-MS所具有的高灵敏度(nmol～pmol)和质量检测范围(质量数从几万到几十万)，使质谱技术真正走入了生命科学的研究领域，并得到迅速发展。此外，为了增强MALDI-TOF-MS的串联质谱功能，从而更有利于实现蛋白质鉴定的高通量，一种带MALDI源的四极杆-飞行时间质谱仪和带两个飞行时间质量分析器的MALDI-TOF-TOF质谱仪已经出现并商品化。

另一种新兴的质谱技术-表面增强激光解吸离子化飞行时间质谱(surface-enhanced laser desorption/ionization，SELDI)技术于2002年由诺贝尔化学奖得主田中发明，刚刚产生便引起学术界的高度重视。SELDI技术是目前蛋白质组学研究中比较理想的技术平台，其方法主要如下：通常情况下将样品经过简单的预处理后直接滴加到表面经过特殊修饰的芯片上，既可比较两个样品之间的差异蛋白，也可获得样品的蛋白质表达概况，因此，在应用方面具有显著优势。SELDI技术分析的样品不需要用液相色谱或气相色谱预先纯化，因此可用于分析复杂的生物样品，该技术可以分析疏水性蛋白质、等电点(iso-electric point，PI)过高或过低的蛋白质以及低分子质量的蛋白质(<25 ku)，还可以发现在未经处理的样品中许多被掩盖的低浓度蛋白质，增加发现生物标志物的机会。SELDI技术只需少量样品，在较短时间内就可以得到结果，且重复性好，适合临床诊断及大规模筛选与疾病相关的生物标志物，特别是它可直接检测不经处理的尿液、血液、脑脊液、关节腔滑液、支气管洗出液、细胞裂解液和各种分泌物等，从而可检测到样品中目标蛋白质的分子质量、PI、糖基化位点、磷酸化位点等参数。

(4) 同位素标记亲和标签(isotope-code affinity tagging，ICAT)技术

同位素亲和标签技术是近年发展起来的一种用于蛋白质分离分析技术，此技术目前是蛋白质组研究技术中的核心技术之一，该技术用具有不同质量的同位素亲和标签标记处于不同状态下的细胞中的半胱氨酸，利用串联质谱技术，对混合的样品进行质谱分析，来自两个样品中的同一类蛋白质会形成易于辨识比较的两个不同的峰形，能非常准确地比较出两份样品蛋白质表达水平的不同。ICAT的好处在于它可以对混合样品直接测试；能够快速定性和定量鉴定低丰度蛋白质，尤其是膜蛋白等疏水性蛋白等；还可以快速找出重要功能蛋白质。

由于采用了一种全新的ICAT试剂，同时结合了液相色谱和串联质谱，因此不但明显弥补了双向电泳技术的不足，同时还使高通量、自动化蛋白质组分析更趋简单、准确和快速，代表着蛋白质组分析技术的主要发展方向。针对磷酸化蛋白分析以及与固相技术相结合ICAT技术本身又取得了许多有意义的进展，已形成ICAT系列技术。

(5) 生物信息学

近年来，生物信息学在生命科学研究中起着越来越重要的作用，生物信息学的发展，已不

仅是单纯的对基因组、蛋白质组数据的分析，而且可以对已知的或新的基因产物进行全面分析。利用生物信息学对蛋白质组的各种数据进行处理和分析，也是蛋白质组研究的重要内容，生物信息学是蛋白质组学研究中不可缺少的一部分。在蛋白质组数据库中储存了有机体、组织或细胞所表达的全部蛋白质信息，通过用鼠标点击双向凝胶电泳图谱上的蛋白质点就可获得如蛋白质鉴定结果、蛋白质的亚细胞定位、蛋白质在不同条件下的表达水平等信息。目前应用最普遍的数据库是 NRDB 和 dbEST 数据库。NRDB 由 SWISS-PROT 和 GENPETP 等几个数据库组成，dbEST 是由美国国家生物技术信息中心(National Center for Biotechnology Information，NCBI)和欧洲生物信息学研究(European Bioinformatics Institute，EBI)共同编辑的核酸数据库；计算机分析软件主要有蛋白质双向电泳图谱分析软件、蛋白质鉴定软件、蛋白质结构和功能预测软件等。

2. 表达蛋白质组学应用

(1) 差异显示蛋白质组学

蛋白质组在不同的时空条件下并不是恒定不变的，因为同一基因组在不同细胞、不同组织、不同器官中的蛋白质表达情况各不相同，即使是同一细胞、同一组织、同一器官，在不同的生理条件、不同的发育阶段以及不同的环境影响下，其蛋白质的存在状态也不完全相同。针对不同空间、不同时间上动态变化着的蛋白质组的整体进行比较，分析不同蛋白质组之间蛋白质在表达数量、表达水平和修饰状态上的差异，即差异显示蛋白质组学。差异显示蛋白质组学的主要研究内容是分析比较不同条件下蛋白质组的变化和差异，发现和鉴定在不同生理条件下蛋白质组中的差异组分，从中揭示一定的生物学现象和规律。蛋白质的合成受到时间和空间等多种因素调控，在不同的组织细胞中蛋白质合成及表达的种类和数量有很大的差异，即使在细胞发育的不同阶段，因不同时期、不同条件，蛋白质组的构成也在不断地变化，是动态的过程。另外，病理状态下的细胞蛋白质组与正常生理条件下的也有不同，这就需要通过差异显示蛋白质组学进行研究。

差异显示蛋白质组学技术在肿瘤的发病机制中应用尤其广泛。肿瘤细胞是由正常细胞转变而来。与其起源的正常细胞相比，它不仅含有一些正常细胞所没有的某些特异蛋白质或缺少正常细胞相同的蛋白质，而且也有许多与正常细胞相同的蛋白质，只不过这些蛋白质可能在表达水平或翻译后的修饰加工上与正常细胞存在差别。因此，应用蛋白质组学研究技术比较患同一肿瘤的不同个体的肿瘤组织(或细胞)之间或同一个体肿瘤细胞与正常起源细胞之间蛋白质在表达数量、表达位置和修饰状态上的差异，可以发现肿瘤相关的特异性蛋白质，这些蛋白质既可作为肿瘤诊断的分子标记，又可作为治疗和药物开发的靶点。近年来，蛋白质组学技术在研究细胞的增殖、分化、异常转化、肿瘤形成等方面进行了有力的探索，涉及白血病(Tsuchiya et al.，1987)、乳腺癌(Doustjalali et al.，2004)、结肠直肠癌(Stulik et al.，2002)、膀胱癌、前列腺癌(Adam et al.，2001)、肺癌(Okuzawa et al.，1994)、肾癌(Sarto et al.，1999)、肝癌(Kim et al.，2002)和成神经细胞瘤(Prasannan et al.，2000)，鉴定了一批肿瘤相关蛋白，为肿瘤的早期诊断、药物靶位的发现、疗效判断和预后提供了重要依据。Sarto 等通过比较肾细胞癌和正常肾组织的蛋白质双向电泳图谱，发现肾细胞癌中 4 种蛋白质缺失，其中 2 种与线粒体氧化还原功能有关，说明线粒体氧化还原功能障碍在肾细胞癌的发生、发展中起重要作用。Szkanderova 等通过比较分析小鼠成纤维细胞 L929 细胞株经 X 线辐射和未辐射的细胞蛋白质双向电泳图谱，从中筛选到 47 个显著差异的蛋白斑点，其中 24 个蛋白点在辐射后的蛋白量是未辐射蛋白量的2倍，经过质谱鉴定其功能，这些蛋白质可能在细胞保护、细胞修复及诱导凋亡或原癌基因活化过程中起重要作用（Szkanderova et al.，2003）。

利用差异显示蛋白质组学方法对生物胁迫或刺激的研究也很多。高文祥等采用蛋白质组学方法进行了慢性低氧大鼠线粒体蛋白表达变化研究，结果发现与对照组相比，慢性低氧组大鼠线粒体501～450个蛋白点中共有35个蛋白表达显著改变，其中27个表达下调，8个表达上调（高文祥等，2007）。陈建等采用比较蛋白质组学方法研究高原鼠兔和Wistar大鼠线粒体蛋白的差异，结果发现高原鼠兔和Wistar大鼠线粒体蛋白二维凝胶图谱有明显差异；鉴定了10个差异蛋白点（陈建等，2007）。

随着各种新技术的产生及其在蛋白质组学中的应用，差异显示蛋白质组学必然会有更广阔的发展和应用前景。

（2）翻译后修饰蛋白质组学

出于功能的需要，许多蛋白质在翻译中或翻译后会在氨基酸链上共价结合各种非肽类基团，形成翻译后修饰，修饰基团约有20多种类型，常见的有磷酸化和糖基化修饰。这些修饰基团会影响蛋白质的相对分子量和等电点，使其在双向电泳胶上偏离其正常位置。蛋白质的翻译后修饰与其活性与功能状态有关，也与蛋白质所在细胞的种类和生命周期相关，因此翻译后修饰也是蛋白质鉴定工作的一项重要任务。由于蛋白质组学的研究策略是从整体上了解细胞蛋白的功能状态，所以从整体上了解蛋白质的翻译后修饰也是蛋白质组研究正面临的技术挑战。蛋白质的糖基化和磷酸化修饰在生命活动中具有重要的调控作用，因此也是目前蛋白质组学中翻译后修饰研究的热点。

蛋白质磷酸化是最常见、最重要的一种蛋白翻译后修饰方式，它由两个作用相反的酶系—蛋白激酶和磷酸酶进行调控。蛋白质磷酸化和去磷酸化几乎调节着生命活动的整个过程，包括细胞的增殖、发育和分化，信号转导，细胞凋亡，神经活动，肌肉收缩，新陈代谢，肿瘤发生等（Hunter，2000），尤其在细胞应答外界刺激的信号传递途径中，蛋白质磷酸化是目前所知道的最主要方式。哺乳动物细胞生命周期中，大约有1/3蛋白质发生过磷酸化修饰；在脊椎动物基因组中，有5％的基因编码参与磷酸化和去磷酸化过程的蛋白激酶或磷酸酶。Hayduk等采用一种可专门针对磷酸化蛋白质进行染色的荧光染料Pro-Q Diamond并结合双向电泳对中国仓鼠卵细胞的磷酸化蛋白质进行了观测，在1 877个总蛋白点中“看”到了672个磷酸化蛋白质点，约占总蛋白质的36％（Hayduk et al.，2004）。

糖基化修饰是另一种常见并且重要的蛋白质翻译后修饰方式，根据氨基酸和糖链的连接方式不同，蛋白质糖基化可分为4类：N-糖基化、O-糖基化、C-甘露糖化和聚糖磷脂酰肌醇锚（GPI-anchor）糖基化。蛋白质糖基化的一个重要特点是不均一性，即不同的糖链可连于同一位点以及在同一蛋白质上也可有不同的位点连接不同的糖链。Hagglund等采用两步凝集素亲和的方法分别富集糖蛋白质和糖肽，采用PNGase F酶法使天冬酰胺转变为天冬氨酸，造成质量数增加0.98 u，用LCQ离子阱质谱鉴定出人血清中77个糖蛋白质中86个糖基化位点（Hagglund et al.，2004）。Khidekel等采用体外标记方法将一个带有酮基的UDP-半乳糖特异地连接到O-GlcNAc上，然后利用酮基的反应性与生物素连接，进而通过抗生物素蛋白富集糖基化蛋白质（Khidekel et al.，2004）。

3. 功能蛋白质组学基本技术及应用

功能蛋白质组学主要是研究蛋白质的相互作用，可以通过免疫沉淀（immunoprecipitation,IP)或蛋白质亲和纯化的方法对与某种感兴趣蛋白质相互作用的蛋白质加以鉴定,也可以通过蛋白质芯片(protein microarray)或酵母双杂交系统进行蛋白质相互作用的体外或体内检测。

(1) 酵母双杂交系统(yeast two-hybrid system)

酵母双杂交系统是在酵母体内分析蛋白质-蛋白质相互作用的基因系统,也是一个基于转录因子模块结构的遗传学方法。该法由 Fields 等 1989 年首次建立并得到广泛的应用。酵母双杂交衍生系如酵母双杂交的二元诱饵系统、逆向双杂交系统、非转录读出特点的双杂交系统(如 Sos 蛋白招募系统、P13K 介导的靶蛋白识别系统和断裂-泛素为基础的双杂交系统)以及转录激活因子与其相关蛋白之间相互作用的双杂交系统(如以 *pol* Ⅲ 为基础的杂交系统和 RTA 系统)等在很大程度上克服了传统酵母双杂交系统的局限性,扩大了被研究的蛋白质的范围,提高了系统的灵敏度。酵母双杂交及其衍生系统是鉴定及分析蛋白质-蛋白质、蛋白质-DNA、蛋白质-RNA 相互作用的最常用、最有效的工具之一。

Engelender 等以神经末端蛋白 alpha-synuclein 蛋白为诱饵蛋白,利用酵母双杂交 Clontech match marker system 3 为操作平台,从成人脑 cDNA 文库中发现了与 alpha-synuclein 相互作用的新蛋白 Synphilin-1,并证明了 Synphilin-1 与 alpha-synuclein 之间的相互作用与帕金森病的发病密切相关。为了研究两个蛋白之间的相互作用的结合位点,找到影响或抑制两个蛋白相互作用的因素,Michael 等又利用酵母双杂交技术和基因修饰证明了 alpha-synuclein 的 1～65 个氨基酸残基和 Synphilin-1 的 349～555 个氨基酸残基之间是相互作用的位点,研究它们之间的相互作用位点有利于基因治疗药物的开发。Geert 等利用酵母双杂交技术,将 DFR 作为诱饵蛋白、编码抗体的 3 个可变区的基因分别被克隆在 AD-LIBRARY 载体上,将 BD-BAIT 载体和每种 AD-LIBRARY 载体分别转化改造后的酵母菌株中,并检测报告基因在克隆的菌落中的表达活性,从而在活细胞的水平上检测抗原和抗体的免疫反应。Hurst 等利用酵母双杂交的方法研究与乳腺癌转移抑制因子 1(BRMS1)的相互作用蛋白,得到此蛋白为 Hsp90 伴侣蛋白(Hurst et al.,2006)。Reddi 等利用酵母双杂交系统研究肝炎 B 病毒反式作用因子 HBx 蛋白的自我偶联作用,结果发现 HBx 蛋白在分子环境中可以通过其碳末端区域产生自我偶联作用(Reddi et al.,2004)。酵母双杂交技术也应用于大规模蛋白质相互作用网络的研究,Lim 等利用此技术鉴定了 770 多个可能相互作用的蛋白,有 75 对蛋白质产生相互作用,其中有 83% 相互作用的蛋白质在哺乳动物细胞中得到验证(Lim et al.,2006)。

(2) 串联亲和纯化技术(Tandem affinity purification,TAP)

强大、灵敏度高的高通量质谱技术的出现,可以在 fmol 以下的范围检测肽分子,常用来鉴定相互作用的蛋白质复合体或复合体亚基,大大促进了细胞蛋白质组的生物化学纯化方法的发展。但通常难以获得足够量纯化的蛋白质复合体,成为质谱在这方面应用的一个限速步骤。Rigaut 等共同提出了一套分离复合蛋白的新方法——串联亲和纯化(tandem affinity purification,TAP),兼具标准亲和纯化和免疫共沉淀两种生化方法的优点,为蛋白质复合体的分离鉴定提供了一条新途径,串联亲和纯化联合蛋白质质谱鉴定技术可以进行生物化学纯化、双分子和大分子蛋白质复合体的分析(Rigaut et al.,1999)。

经过串联亲和纯化的目的蛋白,通过 SDS-PAGE 或者双向电泳分离之后,找出与目的蛋白相互作用的蛋白质,采用质谱分析的方法对其进行分析鉴定。Knuesel 等通过构建 pRAV-

FLAG TAP 哺乳动物表达载体的方法鉴定 HSP70 蛋白是 SMAD30 的特异相互作用蛋白(Knuesel et al,2003)。

(3) 免疫共沉淀(immuno-precipitation,IP)技术

利用非变性剂裂解完整细胞,细胞内许多蛋白质间的相互作用可以保持下来,这样便可以用于检测蛋白质之间的相互作用。如果蛋白质 X 用其抗体免疫沉淀,则在细胞内与 X 稳定结合的蛋白质 Y 也能沉淀下来。蛋白质 Y 的沉淀是基于与 X 的物理性相互作用,被称为免疫共沉淀。该技术常用于融合表达的带有蛋白标签的特异性抗体与目标蛋白质或蛋白复合物结合,形成蛋白复合物沉淀。将蛋白质复合物溶解,再通过对蛋白标签具有特异吸附作用的亲和色谱柱将蛋白复合物分离纯化出来,进而通过二维电泳、SDS-PAGE 或质谱等技术鉴定分离得到的蛋白。该方法常用来确定生理条件下目的蛋白在细胞或组织内是否存在与其相互作用的蛋白质,也可以应用于验证两个已知相互作用的蛋白质。Operana 等利用免疫共沉淀技术验证 UGT1A 蛋白质之间的相互作用,证实了每个 UGT1A 蛋白都可以潜在地形成同型二聚体(Operana et al. ,2007)。Walker 等利用免疫共沉淀技术发现死亡蛋白和 p53 蛋白形成的复合物存在于白血病的血细胞的细胞质中而不存在于正常血细胞中(Walker 2006)。

(4) GST pull-down 技术

体内稳定复合物中相互作用蛋白质的鉴定依赖于基于亲和力的操作,该技术是通过以适当标签和目的基因进行融合表达作为诱饵,从细胞提取物中钓出与目的蛋白相互作用的蛋白。Huang 等通过构建 GST-p16INK4a 融合质粒,鉴定了 ISOC2 是与 p16INK4a 相互作用的新蛋白质(Huang et al. ,2007)。

11.1.2.3 我国蛋白质组学的主要进展

在我国,中国科学院生物化学研究所、军事医学科学院、复旦大学与北京师范大学等高校院所都已经开展了蛋白质组研究,建立并组合了二维电泳蛋白质组分离技术、图像分析技术和蛋白质鉴定的质谱技术;先后举办了 3 次全国性的蛋白质组学术研讨会,并在国际上较早提出了功能蛋白质组学的研究战略。我国在蛋白质的色谱/电泳二维分离、二维芯片电泳分离、质谱在线鉴定等方面均取得了重要进展,并得到了国际同行的认同,具有一定优势。

我国在重大疾病如肝癌、维甲酸诱导白血病细胞凋亡启动模型及维甲酸定向诱导胚胎干细胞向神经系统分化的模型等比较蛋白质组研究以及一些重要生理和病理体系的蛋白质组成分研究方面获得了重要成就。在胚胎干细胞诱导向神经干细胞方向分化前后分离出了 19 个与定向诱导神经分化相关的蛋白;在 HL-60 细胞凋亡研究中初步筛选到 21 个凋亡相关蛋白;已进行了肝癌细胞系及正常肝细胞蛋白质组的比较分析研究,发现了两者间不同的蛋白表达群;自行建立了肝癌高/低转移细胞系,进行了原位食管癌/转移食管癌间的比较蛋白质组研究,初步发现了一批与肿瘤转移相关的蛋白质群;通过蛋白质芯片技术对肺癌病人和正常人血清中的蛋白质谱的对比分析,找到了 15 个差异蛋白并利用 Biomarker Pattern 分析软件建立了肺癌诊断分类树模型,初步盲筛结果表明,这 15 个分子标志可能成为临床诊断肺癌的新指标,有重要应用价值。在大规模人胎肝蛋白表达谱方面初步鉴定出 500 个高丰度蛋白、150 个磷酸化相关蛋白等。这些研究证明了我国的蛋白质组学技术平台已能支撑一定规模的研究,为我国在该研究领域争得了一席之地,也为未来的发展奠定了良好的基础。

目前,由军事医学科学院牵头的 973 计划项目和由上海生命科学院牵头的 863 计划项目集中了国内十余家优势单位,针对严重影响我国人民健康的重大疾病和重要生命科学问题开

展“重大疾病的比较蛋白质组研究”和“重要生理、病理体系的功能蛋白质组研究”。力争在3～5年内建立国际领先水平的蛋白质组学研究通用技术平台，发现一批有重要生命科学价值或与重大疾病相关的蛋白质，为探索基因转录、翻译调控的规律、获得重大疾病预警、诊断标志物和新药研究的靶标做出贡献。

11.1.2.4 蛋白质组学发展趋势

在基础研究方面，近两年来蛋白质组研究技术已被应用到各种生命科学领域，如细胞生物学、神经生物学等。在研究对象上，覆盖了原核微生物、真核微生物、植物和动物等范围，涉及各种重要的生物学现象，如信号转导、细胞分化、蛋白质折叠等。在未来的发展中，蛋白质组学的研究领域将更加广泛。

在应用研究方面，蛋白质组学将成为寻找疾病分子标记和药物靶标最有效的方法之一，在对癌症、早老性痴呆等人类重大疾病的临床诊断和治疗方面蛋白质组技术也有十分诱人的前景，目前国际上许多大型药物公司正投入大量的人力和物力进行蛋白质组学方面的应用性研究。

在技术发展方面，蛋白质组学的研究方法将出现多种技术并存、各有优势和局限的特点，而难以像基因组研究一样形成比较一致的方法。除了发展新方法外，更强调各种方法间的整合和互补，以适应不同蛋白质的不同特征。另外，蛋白质组学与其他学科的交叉也将日益显著和重要，这种交叉是新技术新方法的活水之源，特别是蛋白质组学与其他大规模科学如基因组学、生物信息学等领域的交叉所呈现出的系统生物学(system biology)研究模式，将成为未来生命科学最令人激动的新前沿。

11.2 藏鸡胚胎心脏组织基因组学

11.2.1 不同氧气浓度下鸡胚胎心脏基因表达谱

氧气浓度对胚胎和胎儿的正常发育都是非常重要的。心脏是胚胎发育过程中的第一个功能性器官。在特定的条件下，它利用最合理的“燃料”进行有效的能量转换。在胚胎发育的过程中，经过心脏和脉管系统的血液循环是建立的第一个生理性调节系统。同时，在前一节的研究内容中，藏鸡、矮小隐性白和寿光的心脏重变化趋势多样化。

随着人类基因组计划的完成，人类已进入后基因组时代，基因芯片以其无可比拟的信息量、高通量，快速、准确地分析基因的本领，在基因功能研究、临床诊断及新药开发等方面显示了巨大的威力，被誉为是基因功能研究领域最伟大的发明之一。因此，在本研究中，藏鸡、寿光和矮小隐性白的种蛋分别在常氧和低氧的条件下进行孵化，在胚胎发育的第43期取其心脏组织，与高密度的Affymetrix鸡的全基因组芯片杂交，研究了藏鸡、矮小隐性白和寿光鸡的心脏全基因组表达图谱。

11.2.1.1 总RNA的提取和纯化

RNA提取的质量对于芯片的杂交成功与否起着至关重要的作用。本研究中，用TRIzol(Invitrogen Life Technologies，Inc.)提取总RNA后，用RNeasy Mini Kit (QIAGEN，Valencia，CA)将基因组DNA纯化干净，再对总RNA进行定量和定性检测，其结果见图11.2。

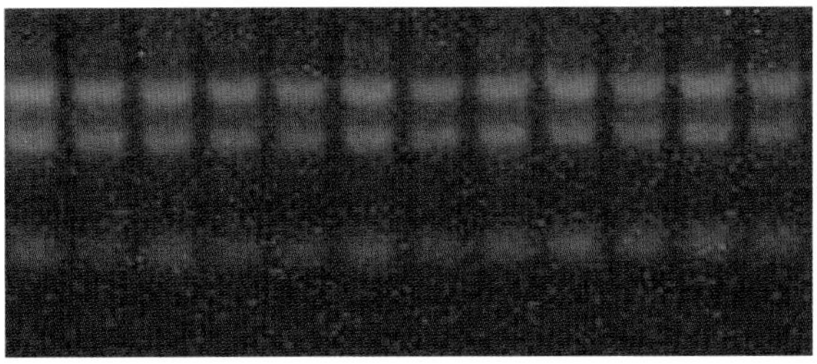

图 11.2 心脏组织纯化后的总 RNA

11.2.1.2 RNA 探针的制备及其检测

RNA 探针的制备过程包括 cDNA 第一链和第二链的合成和纯化、cDNA 的 IVT 及其纯化、cRNA 的片段化。这些过程也要进行定性和定量检测，其中 cRNA 纯化后及其片段化后的质控尤为重要。纯化后的 cRNA 电泳检测时应该呈弥散状长条带(图 11.3 A)，而片段化的 cRNA 的长度为 35～200bp(图 11.3 B)。

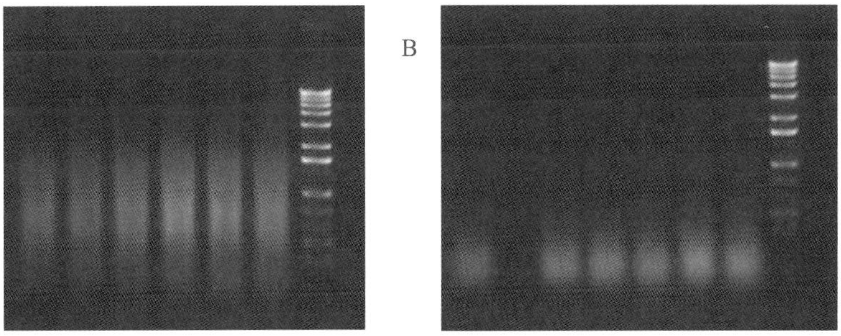

图 11.3 纯化及其片段化后的 cRNA

A. 纯化后的 cRNA(呈弥散状)；B. 片段化的 cRNA

11.2.1.3 芯片的质量控制

通过芯片的扫描结果，可以看到芯片的杂交质量进行初步的判断，这是因为在杂交过程中，阳性对照和阴性对照与杂交液的探针发生反应而形成的特殊标志，它们与检测的样品毫无关系，但是可以直观地用来监控芯片探针的标记和杂交的质量。在本研究中，从图 11.4 可以清楚地看到，一个原核生物特异表达的 B2 基因(阳性对照)与杂交液中的 B2 探针发生反应而形成的“＋”图案及其周边的白色边框(图 11.4 A 和图 11.4c)；同时，还可以清晰地看到左上角的基因芯片的名字(图 11.4a)、芯片的中央阴性对照形成的“空心”(图 11.4b)、阳性对照形成的较量的区域(图 11.10d)以及芯片的边角形成的“跳棋盘”似的图案(图 11.4e)。

另外，利用 Affymetrix 的专用软件 GCOS 将图像信息转化成数据，通过 lys，phe，bioB，bioC 等对照的表达与否来进一步判断芯片标记和杂交的质量。为了使芯片之间具有可比性，每张芯片的信号强度都校正到目标信号值 500 上。

为了更好地评价每个鸡种的芯片在不同处理条件下的生物学重复的好坏，把每个鸡种的同一处理条件下的两张不同芯片的所有信号表达值导入 Microsoft Excel 软件中，计算两个生物学重复的相关系数。同时，用 GCOS 软件对每个物种的不同孵化条件下的芯片表达值也进行了相关性分析。结果，不同物种的生物学重复的相关性都在 98%以上，这充分说明本研究通过基因芯片得到的基因表达数据重复性和精确性都很好。

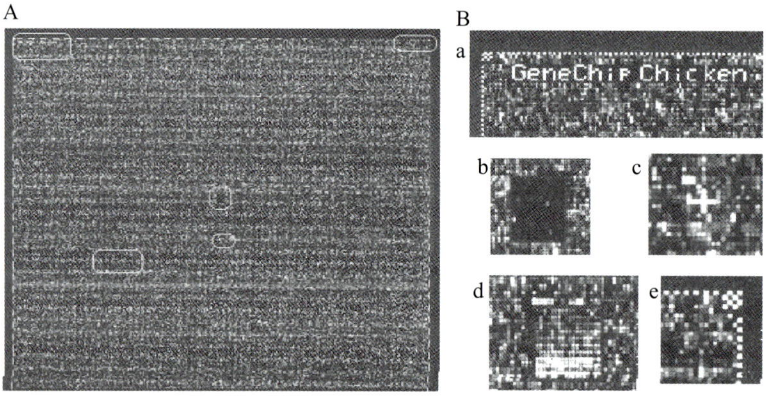

图 11.4　鸡的全基因组芯片扫描图像

注：A. 芯片全观；B. 局部图像（a. 基因芯片名字；b. 阴性对照；c. B2；d. 阳性对照；e. 边角）

11.2.1.4　差异基因的筛选

Affymetrix 鸡的全基因组芯片共有 32 773 个转录本，它们代表着 28 000 多个基因。此外，该芯片还包括 689 个探针组，可以检测 17 种禽类病毒的 684 个转录本。

根据 Affymetrix 芯片的报告，信号表达值低于 50 的给予特殊处理，这样做可以降低假阳性率。同时，在低氧和常氧不同条件下，基因的表达变化至少在 2 倍以上的，同时，两个生物学重复在不同的鸡种之间的表达趋势相同。

根据以上标准，某个基因在低氧时表达值高于常氧的，定义为上调基因，与之相反，则称作下调基因。主要的上调和下调的基因列在表 11.1、表 11.2 及表 11.3 中，同时，这些基因的数目在不同鸡种之间的关系见图 11.5。

表 11.1　3 个鸡种在低氧孵化条件下上调的基因

Gene Bank ID	Gene name	描　述
BU278661	KDR	血管内皮生长因子受体
NM_205157.1	AGTR1	鸡血管紧张素Ⅱ受体
NM_205253.1	CEBPB	转录因子，DNA 结合的特异序列
NM_204936.1	LHCGR	G 蛋白偶联受体活性，蛋白激素受体活性
BX935192.2	FMO6	电子运输
BX933830.1	BLB2	MHCⅡ类 β 链 mRNA
CN235501	LOC420553	生物合成
NM_204652.1	GBP	鸡鸟苷酸结合蛋白
NM_204667.1	SLC16A3	有机体阴离子运输
NM_204274.1	CTGF	调节细胞生长
NM_204897.1	MENT-1	异染色质相关蛋白 MENT
NM_205275.1	LOC396212	金属离子结合
NM_205525.2	APOA1	脂蛋白代谢运输
NM_205044.1	MGP	结合钙离子

续表 11.1

Gene Bank ID	Gene name	描　　述
CK607301	HSP90B1	结合钙离子,结合 ATP
BX275358	ISG12-2	与干扰素介导的 6-16 蛋白前体转译序列相似
NM_205320.1	LOC396260	鸡成熟抗生素蛋白
CR523981.1	GBP	ChEST70822 克隆
X61200.1	S100A9	结合钙离子
CR353827.1	HPGD	15-羟基前列腺素脱氢酶(辅酶)
AJ721108	RCJMB04_35f9	预测蛋白,35f9 克隆
AJ720185	TGM4	预测的蛋白,12c19 克隆,连接肽交联
BX266124	LOC427516	ChEST798p1 克隆
BX929352.2	HNMT	组胺-N 端转甲基酶
CR388733.1	CNTNAP5	接触蛋白关联蛋白样 5
CR387405.1	MATN2	鸡的 cDNA 已经完成
BU433230	GARNL1	GTP 酶激活的 Rap/RanGAP 样的结构域
CN232689	LOC416618	类似辅酶(P)依赖性类固醇脱氢酶类
BU129377	MYH1,MYH2	横纹肌收缩

表 11.2　3 个鸡种在低氧孵化条件下下调的基因

Gene Bank ID	Gene name	Description
BX932101.1	LTF	铁离子平衡
ENSGALT00000017585.1	USP24	泛素依赖性蛋白分解代谢
ENSGALT00000019550.1	PDE5A	信号转导
NM_204344.1	CACNB4	钙通道,电压依赖性,β4 亚基
NM_205261.1	ALB	氧结合,铜离子结合
AJ720832	RCJMB04_27e12	电子运输
NM_204582.1	LOC395273	鸡连接蛋白 36,细胞通讯
BU388187	THBS4	细胞粘附,钙离子结合
NM_204989.1	FGG	纤维蛋白原 γ 链,信号转导
NM_205335.1	TTR	甲状腺激素产生
NM_205168.1	SPP2	鸡分泌磷蛋白 24
M96655.1	MYLK	金属离子结合
CR524052.1	BBX	转录调控
NM_205450.1	TNNC2	鸡肌钙蛋白 C,结合钙离子
ENSGALT00000020165.1	LOC421621	类似假定适配器和支架蛋白
ENSGALT00000021603.1	LOC430410	类似 KIAA1576 蛋白

表 11.3　藏鸡在低氧孵化条件下品种特异性差异表达基因

藏鸡品种特异性上调基因		
BU406179	AKAP12	A 型激酶锚定蛋白 12
M18866.1	CKMT2	鸡线粒体肌酸激酶 mRNA
BU325665	ZFP106	电子运输
ENSGALT00000019662.1	ANK2	信号转导
BU144538	TBX20	转录因子活性
BU461631	FGD6	FYVE，RhoGEF 和 PH 含有的结构域 6(FGD6)
ENSGALT00000007010.1	LOC416857	MLX 样蛋白的相互作用蛋白(MLXIPL)
ENSGALT00000000831.1	LOC426709	类似山核桃素样蛋白 1
AL586630	ChEST135m12	ChEST135m12 克隆
藏鸡品种特异性下调基因		
NM_204568.1	FIGF	血管内皮生长因子 D
CR385703.1	FKBP5	蛋白质折叠
V00431.1	MYH1	横纹肌收缩

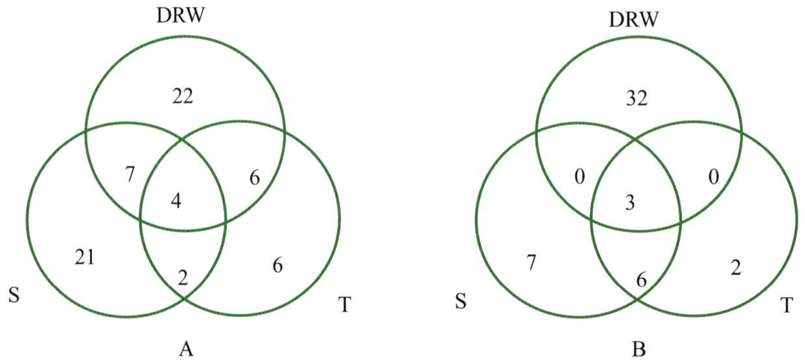

图 11.5　在低氧和常氧两种不同孵化条件下，上调和下调基因在 3 个鸡种中的数目

注：A. 上调基因；B. 下调基因

1. 上调基因

在本研究中，不同品种的种蛋分别在常氧和低氧的条件下孵化，结果发现了 52 个转录本为上调基因。按照基因功能分类体系(GO，gene ontology)，这些基因参与了不同的生物过程(biological process)、分子功能(molecular function)及细胞组分(cellular component)。它们参与的生物过程主要包括：生物合成，细胞生长，细胞分化，肌肉收缩，免疫应答和传送(transport)，转录，转录调控，蛋白折叠和信号传导等。分子功能主要有：接触反应(catalytic activity)，传送反应(transporter activity)，受体反应，肌动蛋白结合，DNA 结合，蛋白质结合和转录因子等。细胞组分主要包括：细胞膜，内质网，线粒体内膜等。

2. 下调基因

除了表达上调的基因外，还有一些基因在常氧时的表达值高于低氧时的表达值，这些基因为下调基因。这些主要的基因列在了表 11.2 中，它们参与的基因功能分类体系为细胞黏附，细胞交流，离子运输，蛋白质氨基酸磷酸化，信号传导，转录调控，蛋白质修饰，凋亡，受体结合，核糖体，蛋白质复合体等。

11.2.2 差异表达基因的荧光定量 PCR 验证

为了验证芯片数据的可靠性，我们做了荧光定量 PCR。荧光定量 PCR 引物详见表 11.4。在芯片样本的基础上，做荧光定量 PCR 时，又增加了样本，其 RNA 提取（图 11.6）、cDNA 第一链反转录（图 11.7）都进行了检测，在保证样本质量的前提下，对 KDR、AGTR1、CKMT2、TBX20、HIF、VEGF 等靶基因进行了定量分析。

表 11.4 目的基因的引物序列

基因	方向	序列（5'→3'）	T_m/℃	产物大小
KDR	F	AGCATTATGAGGGTCACAACA	60	206
	R	AGACCTGTACCAAGGCACAAA		
AGTR1	F	ACTGAGGGTTGGGCTAGGTT	60	202
	R	TTGATGAGGAATCCAGGAAAA		
TBX20	F	GGAGGAGCAATTTAGCAGTCC	60	198
	R	CATTTGCAGCTGGACAGA		
HIF1	F	GCTACTGAACTGCGCACACAA	60	107
	R	GCATTCCTGGCCTGTGAAAT		
VEGF	F	TCTGCAGGACAATTGAGACCC	60	105
	R	AACCCGCACATCTCATCAGAG		
CKMT2	F	AATCTGAGGCTGCAAAAGCG	60	104
	R	TCCACCTCTGATCGACCCATA		
Hprt1	F	GGTGAAAGTGGCCAGTTTGT	60	119
	R	CATTGTAATCGAGGGCGTATC		

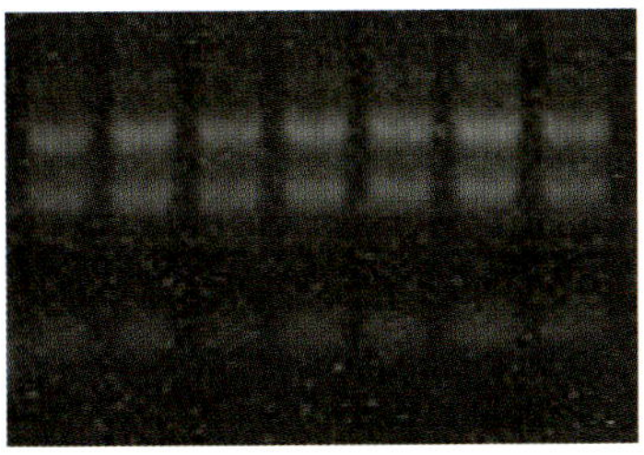

图 11.6 总 RNA

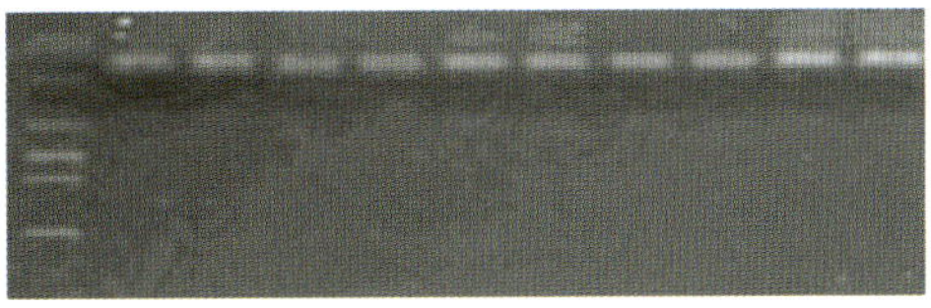

图 11.7 用持家基因来检测 cDNA

在本研究中，Hprt1 作为内参照基因。荧光定量 PCR 实验结果见图 11.8，其结果与芯片数据相比，表达趋势一致。

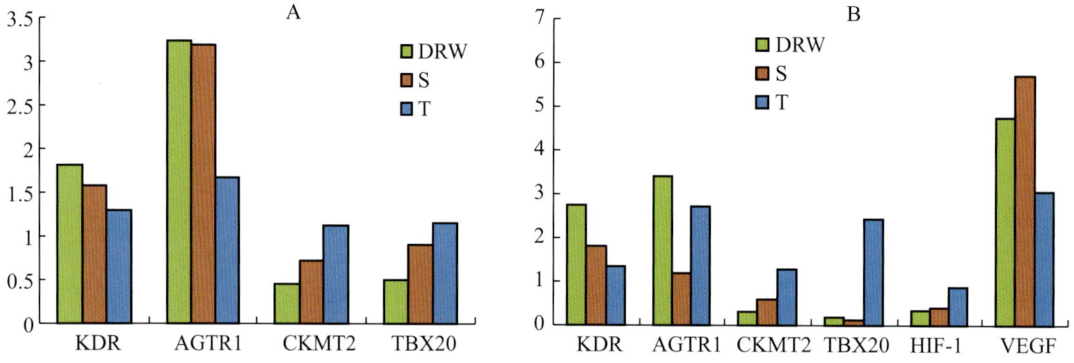

图 11.8　芯片表达值和荧光定量数据的比较

注：A. 靶基因的芯片表达值；B. 靶基因的荧光定量 PCR 表达值（纵坐标表示每个鸡种在低氧与常氧的表达值的比值）

11.2.3　部分差异表达基因生物学功能浅析

在低氧的刺激下，一些基因在 3 个鸡种中表达都上调，如 VEGF，KDR 及 AGTR1。这些基因的表达符合细胞对低氧适应性的反应。

血管内皮生长因子（VEGF），也称作 VEGFA，它是一个基因家族，包括 PLGF，VEGFB，VEGFC 和 VEGFD，并且它与 VEGFR-1 和 VEGFR-2/KDR 两种酪氨酸激酶受体（RTKS，receptor tyrosine kinases）相结合（Ferrara et al.，2003）。在本研究中，VEGF 与它的受体 VEGFR-2/KDR 表达上调，这正好体现了 VEGF 对胚胎正常发育的调控作用（Kovacs et al.，1996；Chandel et al.，1998）。以前研究表明，小鼠在胚胎期第 11 和 12 天，若 VEGF 一个等位基因失活，则导致胚胎死亡（Carmeliet et al.，1996）。同年，另一个研究模型中发现，VEGF+/－胚胎具有下列特征：胚胎发育不正常，脉管系统缺陷，卵黄囊内的血岛的红细胞数量减少（Ferrara et al.，1997）。另外，小鼠置于低氧的环境中，表达上调的 VEGF 可以使脑皮层的半透明色组织的体积明显地减少（van Bruggen et al.，1999）。对于成年动物而言，VEGF 促进新生血管的形成，并且是心血管疾病的潜在的治疗手段（Kerbel，2000）。此外，KDR 是 VEGF 促进细胞有丝分裂、血管生成和提高渗透性的主要调节者（Ferrara et al.，2003）。因此，无论在体内还是在体外，VEGF 和 KDR 上调表达都抗细胞凋亡（Yuan et al.，1996；Gerber et al.，1998；Benjamin et al.，1999）。

众所周知，HIF-1 是维持机体内氧平衡的一个主要调控者（Iyer et al.，1998；Semenza，2002）。它由 α 和 β 两个亚基以异源二聚体形式存在。在大多数细胞里，HIF-1α 在低氧时表达上调（Wang et al.，1995）。与 α 亚基不同，β 亚基的激活与否与氧气浓度无关（Wang et al.，1993）。在本研究中，荧光定量 PCR 结果表明 HIF-1 表达略有下调，这与 Hofer 等的研究结果一致（Hofer et al.，2001）。在常氧的条件下，当 HIF-1 定位于细胞核时，HIF-1 过量表达。此外，在低氧的条件下，还有一些负反馈通路可以限制 HIF-1 的表达（Wenger，2002）。例如，Cited2 是 CBP/p300 反式转录激活的一个成员，在低氧时，它与 p300 和 CBP 发生竞争性反应（Leung et al.，1999）。因此，在转录、翻译及蛋白质稳定与活化时，HIF-1α 表达下调的情况都可以发生（Zagorska et al.，2004）。

据报道，HIF-1 调控的靶基因大约有 200 多个（Simon et al.，2008）。这些基因编码的蛋白功能包括调控细胞代谢、增殖、生存和血管生成等。在低氧的条件下进行细胞培养，HIF-1mRNA 水平没有变化（Giaccia et al.，2003）。在本研究中，VEGF 表达水平升高，其原因可能是多方面的。生长因子和一些细胞因子可以提高 VEGF mRNA 的稳定性（Frank et al.，1995）。例如，TGH-α 等几个主要生长因子的旁分泌或自分泌可以在微环境中协同低氧促进 VEGF 表达的（Ferrara et al.，1997；Neufeld et al.，1999）。此外，AP-1 也可以调节 VEGF 的表达（Tischer et al.，1991）。

低氧是新生血管的形成和生长最主要的生理刺激（Shweiki et al.，1992）。在机体内，肾素血管紧张素系统（RAS）对心血管系统的调节起着十分重要的作用，并且该系统的水电解质平衡与激肽可以调节血管收缩，细胞增殖和肾上腺醛固酮的分泌（Bonnardeaux et al.，1994）。值得注意的是，血管紧张素Ⅱ（AGTⅡ）是 RAS 通路中的主要组成成分，它的功能主要是通过 AGTR1 和 AGTR2 两个受体来实现的。此外，AGTR1 是心血管系统的主要受体（Abdollahi et al.，2005），它与代谢综合征等表型相关（Abdollahi et al.，2007）。在本研究中，AGTR1 表达上调可能与调节心脏的生理代谢相关。

11.2.4 藏鸡特异性表达的基因及其生物学功能

在本研究中，除了表达上调和下调的基因外，还幸运地筛选到藏鸡特异性表达的基因。首先在保证 2 倍差异和生物学重复变化趋势相同的条件下，比较低氧与常氧的两种不同条件下的基因表达值。在 3 个不同的鸡种中，一些基因在藏鸡上的表达与在两个低地鸡种的表达变化方向相反，若在藏鸡上是表达上调的，而在矮小隐性白和寿光则是表达下调的，这类基因定义为藏鸡特异性表达的上调基因，相反，则定义为藏鸡特异性表达的下调基因。

按照上面的标准，我们筛选到 9 个藏鸡特异表达的上调基因和 3 个藏鸡特异表达的下调基因。它们的相关描述列在表 11.3 中。藏鸡特异表达的上调基因参与的生物过程是电子传递，转录调控和信号传导；而藏鸡特异性表达的下调基因则参与了细胞增殖，肌肉收缩和蛋白质折叠。藏鸡特异性表达的上调基因参与的分子功能是锌离子的结合，蛋白质结合，肌酸激酶反应，转录因子反应；而藏鸡特异性表达的下调基因则参与了生长因子的反应，肌动蛋白结合及异构酶反应。藏鸡特异性表达的上调基因参与了细胞内的，细胞核及线粒体的细胞组分；而藏鸡特异性表达的下调基因的细胞组分则是细胞膜，条纹肌和肌浆球蛋白复合物。

具体而言，藏鸡特异性表达基因主要处于如下生物学调控通路中：

1. 能量需要

AKAP12 是在信号传导时编码细胞骨架的蛋白，而且它是被公认的癌症的抑制物。SSeCKS（啮齿动物的同源基因）介导了 PKC，PKA 和 β2 肾上腺素的受体等过程的信号传导（Gelman et al.，2000；Gelman，2002）。AKAP12 蛋白是 cAMP 依赖激酶锚定蛋白（AKAPs）的一个成员。据报道，AKAPs 的组成和表达是细胞对外界环境刺激的一个重要体现（Streb et al.，2004）。而且，在各种各样的细胞器官中，AKAPs 发挥的作用也不同，有时促进呼吸，有时抑制呼吸（Kimura et al.，2000）。据最新报道，AKAPs 通过下调 HIF-1α 来调节血-视网膜的屏障生成（Choi et al.，2007）。因此，在本研究中，AKAP12 表达上调可能有助于藏鸡在低氧条件下的呼吸。

在机体的组织内，当细胞能量受到威胁时，肌酸激酶(CK)为了维持能量的平衡，它发挥着重要的调控作用，而且在进化上，它是一个能够满足能量需要的高度保守的酶(Debrincat et al.，2007)。值得注意的是，CKMT2 位于线粒体内膜上，常常与细胞质的 CK 共表达。Vendelin 等通过对“反应—扩散”模型分析得出如下结论：假定在细胞内处于水相时，磷酸肌酸(PCr)、肌氨酸和 ATP 维持平衡状态(Vendelin et al.，2000)。但是，当心脏处于工作状态——肌肉收缩时，CK 反应就破坏了这种平衡(Aliev et al.，1997)。当各种组织在体外处于完全缺氧状态时，心脏利用 PcCr 产生 ATP，减少 ATP 损耗((Annesley et al.，1980；Jacobstein et al.，1989；Cuono et al.，1998)。另一方面，在低氧或缺氧状态时，心脏的能量需要减少可能导致 CK 释放到循环中的能量降低，进而可保证高能磷酸盐的保存(Nayler et al.，1980；Neubauer et al.，1989)。因此，CK 和 PCr 的存在可以使组织在低氧状态下免受损伤。在本研究中，CKMT2 在藏鸡上表达上调，而在矮小隐性白和寿光表达下调，这可能与 CKMT2 有助于组织更好地挑战低氧有关。

2. 代谢调控

为了满足外界环境的刺激等需要，选择性的启动子在调控许多特异性的组织和发育时具有多样性(Ayoubi et al.，1996)。Zfp106(锌指结构)具有核呼吸因子(NRF-1)和组织特异性的成肌调节因子(myogenin)双重启动子，其表达模式取决于反式作用元件(Grasberger et al.，2005)。重要的是，NRF-1 主要在线粒体生成和代谢途径中的主要酶的调控中发挥作用(Scarpulla，2002；Chau et al.，1992)。成肌调节因子在线粒体信号对细胞核的反向调节时表达(Rochard et al.，2000)。因此，Zfp106 通过它的双重启动子来调节体内的氧化代谢作用。在本研究中，Zfp106 在藏鸡中低氧表达上调，而在寿光和矮小隐性白中表达下调。据报道，在小鼠的研究中，当核呼吸因子激活时，可以使 Zfp106 过量表达(Salvatore et al.，1998)。但是，当核呼吸因子依赖的细胞氧化磷酸化级联反应的酶表达减少时，可引起体内的代谢紊乱(Patti et al.，2003)。因此，在低氧条件下，Zfp106 对藏鸡和低地鸡种的启动子的调节方式值得进一步探讨。

到目前为止，哺乳动物的锚定蛋白(ankyrin)家族包括 ANK1，ANK2 和 ANK3 三个成员(Lux et al.，1990；Otto et al.，1991；Kordeli et al.，1995)。其中，ankyrin-B 是 ANK2 的基因产物。另外，脊椎动物的锚定蛋白的序列也与此相一致，它们用来连接细胞骨架和各种各样的膜蛋白(Bennett et al.，2001)。研究表明，ankyrin-B 缺陷型的小鼠会导致其胎儿心律不齐(Mohler et al.，2003)，这是由 ankyrin-B 表达降低及与钠-钾 ATP 酶(NKA)、钠钙交换器和三磷酸肌醇受体的不正常定位而引起的。三磷酸肌醇受体是一个大的四聚体钙释放通道，它对细胞质的钙离子浓度的升高特别敏感(Takagishi et al.，1996)。ankyrin-B(+/−)和 ankyrin-B(−/−)缺陷型的小鼠不仅使三磷酸肌醇受体表达降低，而且其定位也不正常，同时，还可以使 RyR 受体定位也不正常(Tuvia et al.，1999；Mohler et al.，2002；Mohler et al.，2003)。如果把 ankyrin-B 基因转染到 ankyrin-B(−/−)缺陷型的心肌细胞中，可以使心肌细胞的功能恢复(Mohler et al.，2002；Mohler et al.，2003)。因此，在低氧的情况下，ANK2 在藏鸡的表达高于两个低地鸡种的，这可能与 ANK2 有效地参与离子通道的调节及同时可以避免遗传上的心率异常等现象有关。

此外，ankyrin-B 的特异功能还与它的结构域调节有关(Mohler et al.，2002)。通常，规范的锚定蛋白由三个高度保守的结构域组成，它们是N端膜结合结构域，血影蛋白结构域(SBD)及致死结构域(Cai et al.，2006)。在新生的心肌细胞内，Ankyrin-B可以保证血影蛋白β2正常定位到细胞内的相应部位(Mohler et al.，2004)。在进化上，ANK24重复序列与功能多样化和复杂化的外显子的剪切部位高度相关，这样可以产生选择压力。值得注意的是，钠钙交换器的选择性剪切部位只存在于脊椎动物中，而不在无脊椎动物中(Marshall et al.，2005)。此外，锚定蛋白与OTBD结合进行复制，这也体现了脊椎动物的细胞骨架的适应性(Hopitzan et al.，2006)。

T-box基因家族的转录因子是胚胎期的细胞命运和形态发生的重要调节者(Papaioannou et al.，1998；Showell et al.，2004)。Tbx20是T-box家族的一个转录因子，它在胚胎期的心脏的表达上高度保守。已有研究表明，tbx20突变的小鼠，由于其血液动力学障碍，导致其胚胎早期死亡(Singh et al.，2005)。在斑马鱼的胚胎中，tbx20表达下调将会导致心脏的形态发育不正常(Szeto et al.，2002)。另外，tbx20丢失可以导致心脏的发育不全，如心肌细胞减少和心室成熟变慢(Cai et al.，2005；Singh et al.，2005；Stennard et al.，2005；Takeuchi，et al.，2005)。此外，tbx20是由多个转录调控结构域组成的，有的结构域起到促进作用，有的结构域起到抑制作用(Stennard et al.，2003)。在胚胎发育的过程中，tbx20对抑制细胞外基质重塑和促进心内膜垫的细胞增殖都发挥着重要的作用(Shelton et al.，2007)。在本研究中，tbx20在藏鸡上低氧表达上调，而在矮小隐性白和寿光上表达下调，这意味着在低氧的环境下可能有不同的转录因子在不同的鸡种上发挥着作用。

3. 机体发育

尽管Figf/VEGF-D是血管生成的因子和胚胎发育的调控者(Peters et al.，1994；Marconcini et al.，1999；Szebenyi et al.，1999)，但是，它与VEGF家族其他成员不同的是，它是由细胞核的致癌基因c-fos调控的(Orlandini et al.，1996)。因此，figf/VEGF-D可能是恶性肿瘤的c-fos效应物(Orlandini et al.，1996)。在本研究中，figf在藏鸡中表达下调，而在矮小隐性白和寿光中表达上调，通过上述分析，figf下调可能为藏鸡胚胎的正常发育所必需的。

众所周知，在应激刺激下，Fkbp5是受糖(肾上腺)皮质激素调控的，同时，应激刺激下丘脑释放促肾上腺皮质激素，结果，肾上腺皮质促使糖皮质激素的循环，并与糖(肾上腺)皮质激素受体结合，进而调控转录反应(Reichardt et al.，1998)。据报道，Mecp-2缺陷的小鼠与野生型的小鼠相比，Fkbp5 mRNA表达水平上调，同时伴有神经症状(Nuber et al.，2005)。在本研究中，Fkbp5表达水平在矮小隐性白和寿光上调，而在藏鸡表达下调，这表明，低氧可能引发低地鸡种的心脏不正常发育。

在禽类肌纤维发育过程中，肌纤维的肌球蛋白重链有一系列的同分异构体表达。在禽类的迟肌纤维中，肌球蛋白重链1是胚胎期迟肌纤维的主要表达形式，而肌球蛋白重链2是成年动物肌纤维的主要表达方式(Hoh，1979；Matsuda et al.，1982)。另外，肌球蛋白重链同分异构体的转换在肌纤维中经常发生(Dhoot，1988；Marcucio et al.，1999)。肌球蛋白重链1-α在心肌中广泛表达，这可能有助于心肌应对各种各样的刺激(stimuli)(Mahdavi et al.，1982；Bouvagnet et al.，1984；Peuker et al.，1999)。在本研究中，肌球蛋白重链1在矮小隐性白和寿光中表达上调，而在藏鸡中表达下调。肌球蛋白重链1的不同表达水平可能与低氧对肌球蛋白重链同分异构体的转换有关。此外，研究表明卫星细胞的激活可能与肌球蛋白重链1-α上调表达相关，这样可以作为动物肌肉肥大的一种补偿机制(Snow，1990)。所以，这也揭示了低地动物拿到高原地区为什么会产生肌肉肥大的原因，而藏鸡能够在高海拔地区正常发育的原因。

11.2.5 全基因组表达图谱的聚类分析

聚类分析是通过一个大的对称矩阵来探索相关关系的一种数学分析方法，它把研究对象视做多维空间中的许多点，并合理地分成若干类，定量地确定相互之间的亲疏关系，考虑对象多因素的联系和主导作用，按它们亲疏差异程度，合理地分成若干类。聚类分析是表达模式识别的强有力工具。常用的聚类算法有层级聚类（Hierarchical clustering）、K 均值聚类（K-means clustering）、自组织图谱 SOM (self organizing map)等。

层级聚类可以用系统树状图来表示的。用 Cluster 和 Treeview 软件对基因表达谱进行聚类，三个鸡种在低氧和常氧两种不同条件下的层级聚类关系见图 11.9。分枝的长短和粗细可以表示不同情况下样本的亲缘关系。分枝越短，其亲缘关系越近。从图 11.9A 可见，矮小隐性白在常氧和低氧两种不同条件的样本首先聚为一类，寿光和藏鸡在两种不同环境下的样本聚为另一类。因此，藏鸡与寿光的亲缘关系较近，而与矮小隐性白的关系较远。

SOM 是 Kohonen 在 20 世纪 90 年代提出的一种类似于大脑思维的人工智能算法，通过非监督式竞争学习训练，网络上各个神经元根据训练数据集（如基因表达数据）输入做出调整，并完成从高维输入到低维输出的映射。这些特性赋予 SOM 在大规模芯片表达数据探索性挖掘和可视化展示方面的应用潜力。Tamayo 等最先应用 SOM 挖掘血液系统分化模型表达数据模式，显示其在基因聚类方面的优势（Tamayo et al.，1999）。自组织映射神经网络在降低基因/样本的不对称性以及识别规律性模式方面具有特有的优势。而 CPP-SOM 方法充分挖掘了 SOM 的可视化潜力，将多维表达数据进行样本特异性的全基因组表达谱直观展示，从而可以观测表达谱动态变化情况（Xiao et al.，2003）。根据算法，SOM 同时实现了向量量化(vector quantization，通过神经元原型向量表征原始表达数据模式）与向量映射（vector projection，通过神经元之间拓扑结构表征原始表达数据模式之间相似度）双重任务，向量量化受向量映射限制，限制程度可以通过获胜神经元对相邻神经元的邻近核心函数（neighborhood kernel functions)来调节。利用 SOM 算法实现过程中的这一可塑性，在芯片表达数据分析过程中适时调整邻近核心函数，一方面可以降低基因芯片原始数据中的基因/样本不对称性，即从数千或者上万个基因降低为数十或上百个单元；另一方面又可以完整地保持数据原有的特性。尤为重要的是，CPP-SOM 又为数据筛选、分析提供了实时的可视监测。

在 Matlab 6.5 的环境下运行 SOM 软件，三个鸡种在两种不同条件下的全基因组表达图谱见图 11.9B。这些图谱不仅可以表示每个基因的功能，还可以表示每个样本在不同处理条件下的全基因组图谱。同时，上调的基因用红色来表示，下调基因用蓝色来表示，中等转录水平的用绿色和蓝色来表示。从图 11.9B 可以看出，上面红色的部分表示的是与离子运输、信号传导及细胞凋亡相关的基因，而每张图下面的部分则表示与细胞生长、肌肉收缩和免疫应答等有关。此外，比较这些基因表达图谱，我们可以分析出后面的四张表达图谱模式比较接近，而前面的两张表达图谱与后面的四张表达图谱模式有些区别。因此，藏鸡在转录水平上与寿光的表达谱相似，而与矮小隐性白差别较大。

在本研究中，我们低氧和常氧两种不同环境下的藏鸡、寿光和矮小隐性白三个鸡种作为研究对象。藏鸡是我国青藏高原特有的原始地方鸡种，是世界上在高原生活历史最久的鸡种，对高原极端环境（低压、低氧、高寒、高紫外辐射等）具有稳定遗传的适应能力。寿光鸡是中国的另一个地方品种，产于山东省，其海拔高度在 40～200 m。矮小隐性白是引进品种，它饲养在中国农业大学的实验鸡场里，其海拔高度低于 60 m。通过层级聚类和 CPP-SOM 分析，我们得出藏鸡与寿光的亲缘关系较近，而与矮小隐性白的关系较远，这与以前的研究用 22 个中国地方鸡种的聚类分析结果相一致，并且藏鸡和寿光的遗传相似系数为 0.890 4（中国家畜家禽品种志，1989）。此外，本实验用三个不同的鸡种来进行比较分析，这种实验设计可以为藏鸡的高原适应性及起源与进化提供有利的思路。

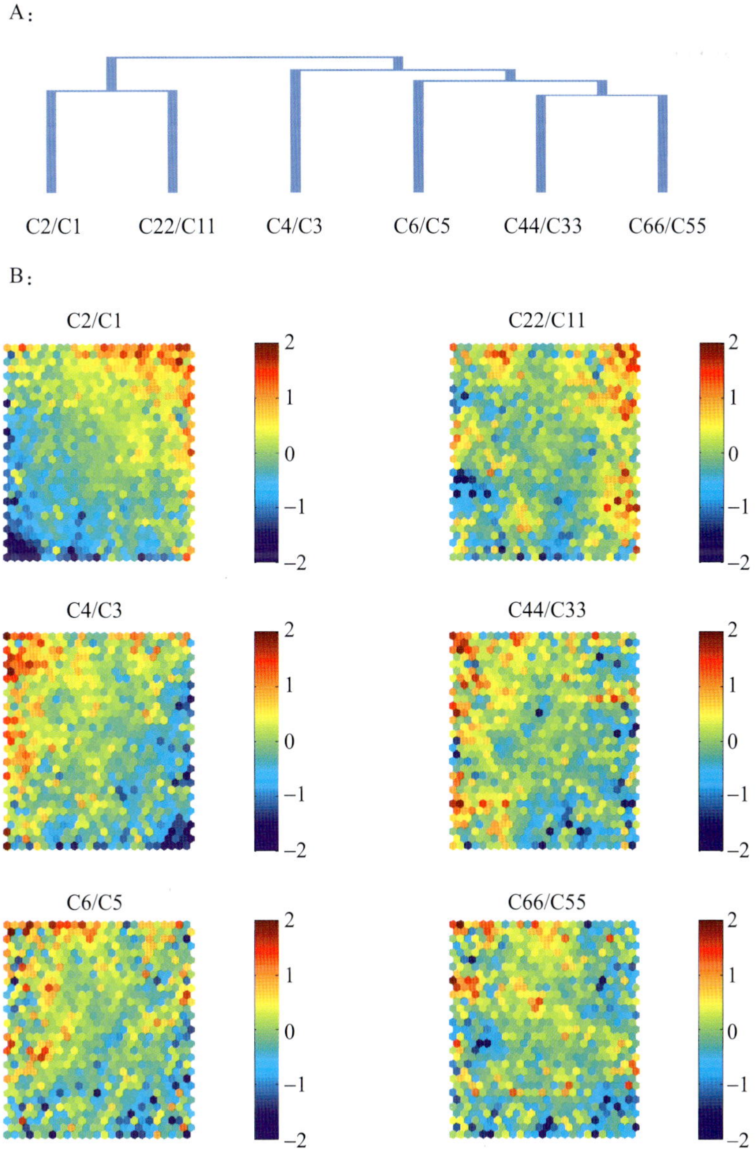

图 11.9 基于 CPP-SOM 的不同物种的转录图谱

A. 在低氧和常氧两种不同的孵化条件下，三个鸡种的层级聚类；

B. 在低氧和常氧两种不同的孵化条件下，三个鸡种的可视化转录图谱。

11.3 藏鸡胚胎肝脏组织蛋白表达谱分析

11.3.1 肝脏总蛋白提取结果

藏鸡在低氧孵化时，肝脏的发育、肝功能和肝脏抗氧化性能都比寿光鸡要好。我们利用2DE电泳、质谱技术对孵化胚胎肝脏组织的总蛋白进行蛋白质组学方面的研究，构建16 d肝脏蛋白表达谱，同时利用差异蛋白质组学方法筛选藏鸡低氧适应的相关蛋白，从蛋白水平上探讨藏鸡胚胎低氧适应的潜在机制，为进一步深入了解藏鸡低氧适应机制奠定基础。

2D样品制备决定着是否能得到可靠的表达谱及差异表达谱，是2DE中的关键步骤之一。我们根据以往的文献最后确定用本文采用的裂解液，应该是最强的。按照常规操作提取蛋白后，进行了SDS-PAGE检测(图11.10)。从图上可以看出，提取的蛋白分子量从高到低分布比较均匀，效果较好。

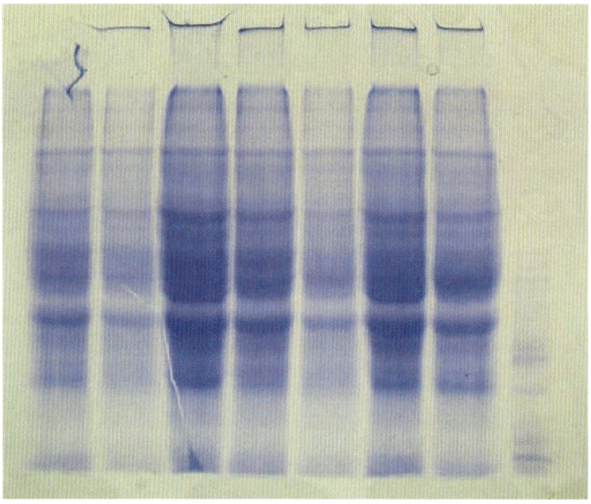

图 11.10 肝脏总蛋白

蛋白质的样品制备是蛋白质组研究的第一步，是整个工作的基础，无论后续采用怎样的分离或鉴定手段，样品制备都是关键步骤。双向电泳成功的关键在于建立一套有效的、可重复的样品制备方法从蛋白质组大规模研究的角度而言，要求样品制备尽可能获得所有的蛋白质，但由于蛋白质种类多，丰度差别大，样品的来源(如细胞样品、动物组织样品、植物样品、体液等)千差万别等，需要采取不同的蛋白质抽提方法。样品制备的方法还必须与后续的分离或鉴定方法相匹配。

绝大多数样品都需要经过多次实验才能摸索到适宜的条件。变性剂、去污剂、两性电解质、还原剂等浓度的改变，都会对双向电泳的结果产生影响。变性剂的典型代表是尿素和硫脲，常用的是5～8 mol/L尿素和2 mol/L硫脲的混合缓冲液(Rabilloud，1998)。去污剂常用的是CHAPS及其羟基衍生物CHAPSO，推荐浓度为1%～2%(Rabilloud，1999)；新出现的去污剂有SB3-10和ASB-14(Chevallet et al.，1998)。载体两性电解质的浓度不超过0.2%(*W*/*V*)，高浓度的载体两性电解质带电荷较多，可限制电压的升高而延长等点聚焦的时间。还原剂常用的是含有巯基的DTT以及不带电荷的三丁基膦(TBP)。本研究作者用过两种裂解液：一种是 7 mol/L 尿素、2 mol/L 硫脲、4% CHAPS、0.1%载体两性电解质和 65 mmol/L DTT；另一种是 8 mol/L 尿素、4% CHAPS、0.1%载体两性电解质和 65 mmol/L DTT，结果发现第一种效果较好，蛋白溶解胶完全。另外，有条件的话可对样品蛋白进行顺序抽提，不过比较麻烦，后续工作量也较大。

Garfin 对双向电泳中的基本技术、问题和实验参数做了一个详细的综述，可参考(Garfin，2003)。但很多时候，解决方案不是通用的，每个人在试验中遇到的问题也不一样，下面拟对在实验中可能遇到一些问题和解决方法加以简单讨论。通常，动物组织采集的时候会带一点血液，这时可用生理盐水冲洗一下，然后用滤纸滤干水分，以减少血液对后续试验的影响，操作要快，否则会影响样品的质量。样品如果不立即使用的话，一般会放到－20 ℃/－80 ℃ 或液氮中保存，使用时取出，此时需要对样品进行粉碎才能加入裂解液提取蛋白，粉碎的方法有液氮研磨法、机械匀浆法，我们对这两种提取方法进行了简单的对比发现：二者得到的图谱是不同的，机械匀浆得到的蛋白溶液虽然比较均匀，离心后沉淀少，但可能会由于强度较大对蛋白造成一定的损害和破坏；液氮手动研磨虽然比较费力，但得到的图谱较好。样品匀浆后，为减少核酸等杂质的影响，一般要进行一下超声，我们也做过简单对比超声和没有超声样品的染色结果，发现超声样品银染后背景浅一些，另外超声的强度和时间也要控制好，一般频率为 150～200 Hz，工作 5～10 s，停 5～10 s，连续 3 次左右，样品要放在冰上。另外也可以通过加入核酸内切酶的方法降解核酸，但有可能会引入蛋白点。有的样品会含有其他杂质如多糖、盐等，盐的量对实验有很大影响，盐分大的样品在聚焦时电压上不去，会严重影响电泳结果，需要除盐。除盐的方法有多种，常用的有盐析法、透析法、沉淀法等，也有公司提供试剂盒，效果也较好，实验者可根据具体样品和问题采用合适的方法。

11.3.2 蛋白质定量标准曲线

用 spss13.0 处理得到的数据，以 BSA 含量为自变量，以吸光度值为因变量，曲线回归得到一个回归方程和一张曲线图(图 11.11)。

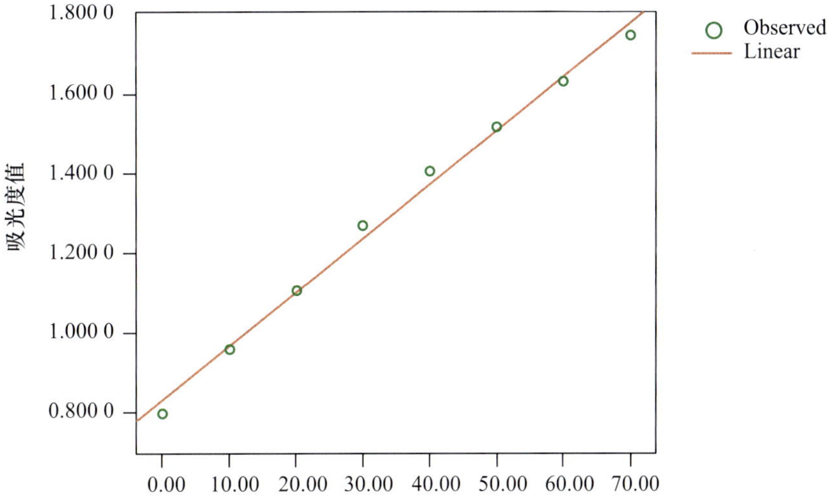

图 11.11 标准曲线

将同时测出的未知样品的 A595 值，代入回归方程即可算出未知样品的蛋白质浓度。标准曲线和回归方程每次蛋白定量都要重新做一个。

11.3.3 藏鸡常氧孵化 16 d 肝脏总蛋白的分离、鉴定、分类和分析

1. 常氧孵化 16 d 藏鸡肝脏总蛋白的分离、鉴定、分类

利用 2D-PAGE 蛋白分离技术，结合银染显色检测到藏鸡常氧孵化胚胎 16 d 肝脏组织总蛋白点 408 个(图 11.12 和 11.13)。每个样品做 3 次重复，不同重复之间的匹配率可达 95% 以上，重复性较好。分离的 pH 值范围为 5～8，分子质量范围为 10～110 ku。根据稳定性和丰度，选取部分高丰度点 110 个进行一级质谱分析，共鉴定蛋白点 84 个(表 11.5)。

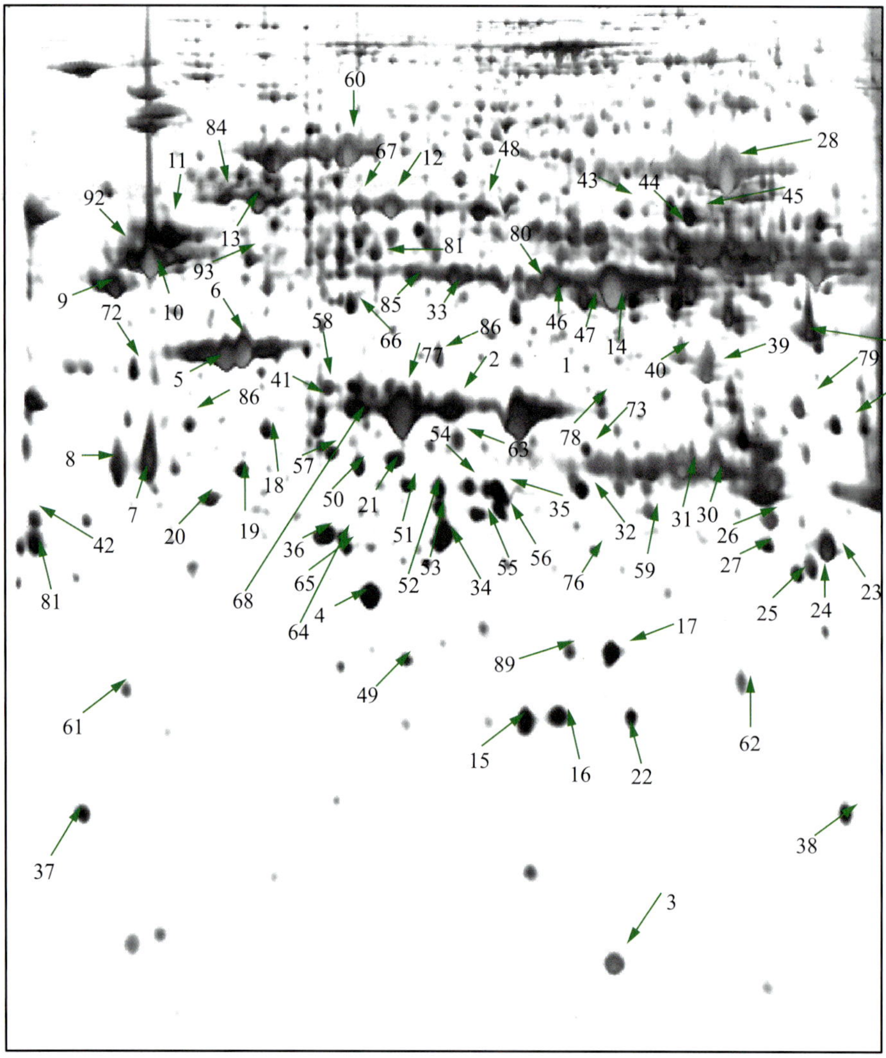

图 11.12 藏鸡常氧孵化胚胎 16 d 肝脏组织双向电泳图谱

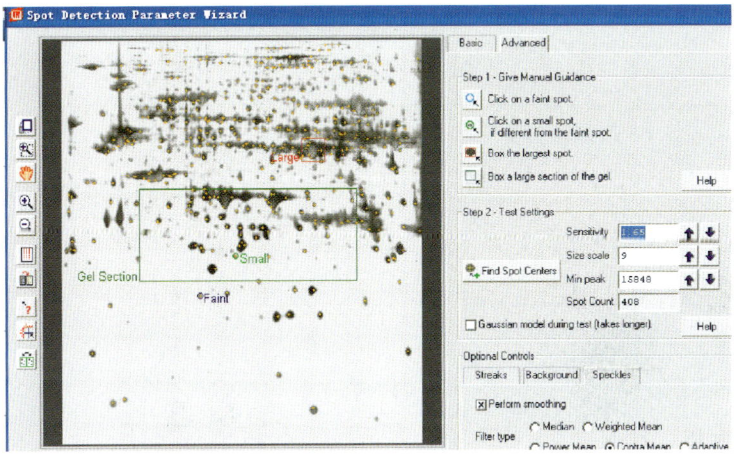

图 11.13 藏鸡常氧孵化胚胎 16 d 肝脏蛋白表达谱检测结果

根据参考文献的方法将已鉴定的 84 个蛋白点归为 8 个功能类别(图 11.14)。其中代谢类和能量类蛋白都有 18 个,各占 21%,功能未知及假定蛋白占 18%,转运子类 4%,细胞结构生长类 13%,蛋白合成、运输与储藏类 8%,防御类 10%,信号转导类 5%。

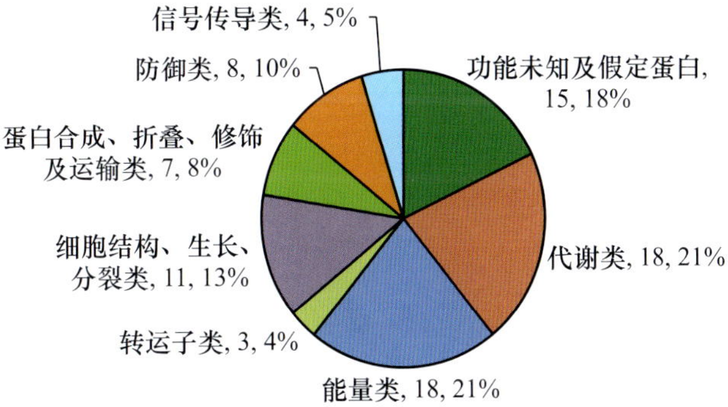

图 11.14 藏鸡常氧孵化 16 d 胚胎肝脏鉴定蛋白的功能分类

表 11.5　藏鸡常氧孵化胚胎 16 d 肝脏组织表达谱鉴定结果

点编号	名　称	分类学来源	AC 号	等电点 PI/Mr /ku	数据来源	分值	匹配肽段数	肽段覆盖率/%
T16-1	磺基转移酶	[Gallus gallus]	gi|45384226	5.89/36.333	NCBInr	108	17	45
T16-2	磺基转移酶	[Gallus gallus]	gi|45384226	5.89/36.333	NCBInr	84	13	38
T16-3	非转移性细胞 2,蛋白(NM23B)	[Gallus gallus]	gi|45384260	7.72/17.448	NCBInr	91	8	43
T16-4	胍基乙酸 N-甲基转移酶	[Gallus gallus]	gi|118103242	6.56/17.58	NCBInr	86	10	48
T16-5	肌动蛋白，γ 肽	[Gallus gallus]	gi|56119084	5.3/42.151	NCBInr	101	11	30
T16-6	肌动蛋白，γ 肽	[Gallus gallus]	gi|56119084	5.3/42.151	NCBInr	158	16	43
T16-7	黑色素瘤细胞黏附分子	[Homo sapiens]	gi|71274107	5.58/72.532	NCBInr	67	7	20
T16-8	羟脱氢酶样蛋白 2 亚型 2	[Canis familiaris]	gi|73971589	8.79/45.678	NCBInr	85	15	48
T16-9	微管蛋白,2C 测试	[Gallus gallus]	gi|153792017	4.78/50.285	NCBInr	239	23	55
T16-10	类似微管蛋白 α-1 亚型 5	[Canis familiaris]	gi|73996518	5.69/17.067	NCBInr	81	9	63
T16-11	微管蛋白，alpha 4，亚型 CRA_b	[Mus musculus]	gi|148667971	4.77/28.130	NCBInr	74	11	56
T16-12	蛋白质二硫键异构酶 A3	[Gallus gallus]	gi|45383890	5.76/56.546	NCBInr	229	27	53
T16-13	热休克 60 ku 蛋白 1(伴侣)	[Gallus gallus]	gi|61098372	5.72/61.105	NCBInr	209	25	44
T16-14	MHC Ⅰ 类抗原呈递途径	[Homo sapiens]	gi|8925742	6.12/21.196	NCBInr	70	8	40
T16-15	预测:类似过氧化氢酶 3 蛋白	[Gallus gallus]	gi|118093103	8.4/31.428	NCBInr	65	6	30
T16-16	神经生长因子诱导的抗增殖蛋白的 PC3	[Gallus gallus]	gi|118102570	9.67/30.103	NCBInr	60	7	18
T16-17	醌二氢还原酶	[Gallus gallus]	gi|57529509	6.43/25.107	NCBInr	62	7	42
T16-18	MGC82214 蛋白	[Gallus gallus]	gi|118104639	6.9/35.079	NCBInr	85	10	24
T16-19	精氨酸酶	[Gallus gallus]	gi|45383830	5.98/37.149	NCBInr	81	12	35
T16-20	预测:类似假定的 agmatinase	[Gallus gallus]	gi|118101150	6.43/29.693	NCBInr	91	13	49
T16-21	钙结合蛋白	[Gallus gallus]	gi|45382019	5.77/33.665	NCBInr	91	13	47
T16-22	肿瘤坏死因子	[Homo sapiens]	gi|59709436	8.75/32.867	NCBInr	68	6	33
T16-23	磷酸甘油酸变位酶	[Gallus gallus]	gi|71895985	7.03/29.051	NCBInr	155	13	56

续表 11.5

点编号	名　称	分类学来源	AC 号	等电点 PI/Mr /ku	数据来源	分值	匹配肽段数	肽段覆盖率/%
T16-24	磷酸丙糖异构酶	[Gallus gallus]	gi|230359	7.26/26.755	NCBInr	173	15	56
T16-25	磷酸丙糖异构酶 1	[Gallus gallus]	gi|45382061	6.71/26.832	NCBInr	148	15	62
T16-26	伴侣蛋白 10	[Rattus norvegicus]	gi|400542	8.91/10.764	NCBInr	74	11	80
T16-27	HMG-CoA 合酶	[Gallus gallus]	gi|50759896	8.37/34.148	NCBInr	71	9	31
T16-28	半乳糖变旋酶	[Gallus gallus]	gi|118087781	6.19/38.182	NCBInr	109	9	23
T16-29	3-羟基-3-甲基-戊二酰辅酶 A 还原酶	[Gallus gallus]	gi|118094097	6.57/52.975	NCBInr	90	20	49
T16-30	类似 MGC83663 蛋白	[Gallus gallus]	gi|118093845	6.30/51.57	NCBInr	91	13	31
T16-31	假定蛋白	[Gallus gallus]	gi|118110988	5.66/33.486	NCBInr	111	12	44
T16-32	电子传递黄素蛋白	[Gallus gallus]	gi|71895681	8.87/36.999	NCBInr	128	15	42
T16-33	烯醇化酶 1	[Gallus gallus]	gi|46048768	6.17/47.617	NCBInr	92	13	32
T16-34	假设蛋白	[Gallus gallus]	gi|118092532	9.56/16.957	NCBInr	69	6	33
T16-35	电子传递黄素蛋白，α 多肽	[Gallus gallus]	gi|71895681	8.87/36.999	NCBInr	131	13	45
T16-36	超氧化物歧化酶 1	[Gallus gallus]	gi|45384218	6.10/15.979	NCBInr	80	5	35
T16-37	丙酮酸脱氢酶 21	[Gallus gallus]	gi|60302740	8.19/45.041	NCBInr	125	13	23
T16-38	超氧化物歧化酶 2	[Gallus gallus]	gi|45383702	8.6/25.159	NCBInr	79	7	36
T16-39	谷氨酰胺合成酶	[Gallus gallus]	gi|45382781	6.38/42.747	NCBInr	132	17	36
T16-40	精氨酸-甘氨酸脒基转移酶	[Gallus gallus]	gi|45382065	7.13/46.779	NCBInr	155	21	50
T16-41	假定蛋白	[Gallus gallus]	gi|50728788	5.80/33.486	NCBInr	88	7	29
T16-42	预测：假定蛋白	[Gallus gallus]	gi|118098552	8.79/64.492	NCBInr	143	24	38
T16-43	RAB19，RAS 癌基因家族成员	[Canis familiaris]	gi|57097619	6.17/24.881	NCBInr	78	7	30
T16-44	假定蛋白 458	[Homo sapiens]	gi|106356	10.06/50.007	NCBInr	68	7	19
T16-45	预测：假定蛋白	[Gallus gallus]	gi|50748470	8.45/58.768	NCBInr	84	15	31

续表 11.5

点编号	名　称	分类学来源	AC 号	等电点 PI/Mr /ku	数据来源	分值	匹配肽段数	肽段覆盖率/%
T16-46	烯醇化酶	[Gallus gallus]	gi|46048768	6.17/47.617	NCBInr	88	13	31
T16-47	延伸因子 Tu,线粒体前体(EF-Tu)	[Gallus gallus]	gi|88909611	8.98/38.511	NCBInr	94	15	30
T16-48	类二氢嘧啶酶	[Gallus gallus]	gi|118087274	6.42/69.499	NCBInr	101	16	42
T16-49	类 NADH 脱氢酶 [辅酶 Q(泛醌)]黄素蛋白 2,线粒体前体 (NADH-辅酶 Q 氧化还原酶) (NADH 脱氢酶亚基 2)亚型 1	[Gallus gallus]	gi|118086790	7.6/27.218	NCBInr	107	13	52
T16-50	膜联蛋白 5	[Gallus gallus]	gi|71895873	5.6/36.29	NCBInr	114	14	40
T16-51	I 型角蛋白 16;K16	[Homo sapiens]	gi|1195531	4.99/51.548	NCBInr	98	18	44
T16-52	对氧磷酶 2	[Gallus gallus]	gi|50732511	5.17/39.481	NCBInr	80	8	30
T16-53	预测:假定蛋白亚型 2	[Gallus gallus]	gi|50750103	6.0/30.64	NCBInr	90	3	42
T16-54	预测:假定蛋白	[Gallus gallus]	gi|50728788	5.8/33.486	NCBInr	93	14	46
T16-55	I 型角蛋白 16;K16	[Homo sapiens]	gi|1195531	4.99/51.548	NCBInr	84	16	35
T16-56	预测:假定蛋白亚型 2	[Gallus gallus]	gi|50750103	6.0/30.64	NCBInr	109	14	45
T16-57	腺苷酰二硫酸焦磷酸化酶	[Gallus gallus]	gi|118081976	6.36/35.427	NCBInr	112	9	33
T16-58	NADH 脱氢酶(辅酶 α)1-α-亚复合体	[Gallus gallus]	gi|71895153	6.15/41.633	NCBInr	103	10	27
T16-59	腺苷酰二硫酸焦磷酸化酶	[Gallus gallus]	gi|118120541	4.9/19.760	NCBInr	70	8	35
T16-60	类线粒复合体 I 亚基 NDUFS3 亚型 2	[Gallus gallus]	gi|118091521	6.55/29.328	NCBInr	109	11	37
T16-61	ρGDP 解离抑制剂(GDI)-α	[Gallus gallus]	gi|124249432	5.22/23.317	NCBInr	70	9	30
T16-62	谷胱甘肽 S-转移酶	[Pan troglodytes]	gi|55587744	5.37/26.985	NCBInr	72	13	54
T16-63	丙酮酸脱氢酶 β	[Gallus gallus]	gi|50754481	5.95/39.308	NCBInr	70	7	22
T16-64	预测:类似线粒体复合物 I 亚基 NDUFS3 亚型 1	[Gallus gallus]	gi|118091523	6.18/32.702	NCBInr	109	11	34

续表 11.5

点编号	名称	分类学来源	AC 号	等电点 PI/Mr /ku	数据来源	分值	匹配肽段数	肽段覆盖率/%
T16-65	白蛋白 A 链	[Gallus gallus]	gi|157879563	5.2/43.065	NCBInr	67	10	24
T16-66	预测:类似硫酸乙酰肝素 D-glucosaminyl 3-O 型磺-3A 硫酸盐	[Gallus gallus]	gi|118099595	9.55/3.729	NCBInr	69	13	45
T16-67	蛋白质二硫化物异构酶	[Gallus gallus]	gi|45383890	5.76/56.546	NCBInr	189	27	46
T16-68	假定 agmatinase	[Gallus gallus]	gi|118101150	6.43/29.693	NCBInr	112	8	28
T16-72	卵白蛋白	[Gallus gallus]	gi|28566340	5.19/43.22	NCBInr	82	12	33
T16-73	载脂蛋白 A-I	[Gallus gallus]	gi|45382961	5.45/28.790	NCBInr	213	20	54
T16-75	晶体结构	[Gallus gallus]	gi|157879563	5.2/43.065	NCBInr	85	6	23
T16-76	*L*-乳酸脱氢酶 β 链	[Gallus gallus]	gi|45383766	7.07/36.694	NCBInr	148	16	41
T16-77	丙酮酸羧化酶	[Gallus gallus]	gi|45383466	6.26/127.175	NCBInr	113	12	12
T16-78	苹果酶脱氢酶	[Gallus gallus]	gi|57530355	6.92/36.748	NCBInr	85	10	38
T16-79	预测:类似 MGC82288 蛋白	[Gallus gallus]	gi|50729534	6.35/50.117	NCBInr	92	13	34
T16-80	辅酶 Q 细胞色素 C 还原酶	[Gallus gallus]	gi|50754375	6.58/53.410	NCBInr	187	18	43
T16-81	预测:类似 Antiquitin 部分　7 亚科的醛脱氢酶基因家族成员	[Gallus gallus]	gi|118104602	7.04/58.530	NCBInr	72	11	25
T16-84	热休克 60 ku 蛋白(伴侣)	[Gallus gallus]	gi|61098372	5.72/61.105	NCBInr	85	14	30
T16-85	预测:假定蛋白	[Gallus gallus]	gi|118098813	7.04/60.267	NCBInr	75	10	22
T16-86	NUDT16[Nudix 结构(二磷酸核苷联系基 X)型图案 16-1]	[Gallus gallus]	gi|45382147	5.74/33.978	NCBInr	107	15	42
T16-89	脂质抗氧化酶	[Gallus gallus]	gi|86129578	5.72/25.075	NCBInr	115	11	41
T16-90	凋亡抑制因子 5	[Mus musculus]	gi|94158994	5.72/57.092	NCBInr	61	6	13
T16-92	ATP 合成酶	[Gallus gallus]	gi|71897237	5.59/56.65	NCBInr	127	20	40
T16-93	GDP 解离抑制因子 2[鸡]	[Gallus gallus]	gi|45384364	5.23/51.107	NCBInr	108	18	48

从上述结果来看，参与代谢和能量产生与调节的蛋白在胚胎肝脏蛋白表达谱中占据了40%以上(36/84)，与我们的推断相吻合。

将氨基酸代谢类、碳水化合物类代谢类、核酸代谢类、生物降解代谢类的蛋白归为代谢类蛋白，包括磺基转移酶(3个)、胍基乙酸N-甲基转移酶、类固醇脱氢酶、醌式二氢蝶啶还原酶、精氨酸酶(3个)、半乳糖异构酶、谷氨酰胺合成酶、精氨酸-赖氨酸脒基转移酶、二氢嘧啶酶、对氧磷酶2、腺苷酰二硫酸焦磷酸化酶(2个)、谷胱甘肽-S-转移酶、脂蛋白A-1、遗蛋白。

将参与糖酵解与糖异生、磷酸戊糖途径、三羧酸循环、呼吸、发酵、电子传递、脂肪酸氧化、能量转换的蛋白被归为能量类，包括：磷酸甘油酸变位酶、磷酸丙糖异构酶(2个)、HMG-CoA裂解酶、HMG-CoA合成酶、烯醇化酶1(2个)、醛缩酶1、丙酮酸脱氢酶α1、NADH脱氢酶亚基2、NADH脱氢酶1α亚复合体、NDUFS3异构体1、NDUFS3异构体2、丙酮酸脱氢酶β、L-乳酸脱氢酶β、丙酮酸羧化酶、苹果酸脱氢酶1、辅酶Q-细胞色素c还原酶。

转运功能类别包括：电子转移黄素蛋白(2个)、F-type H^+-transporting ATPase。

参与蛋白质合成与蛋白质折叠、修饰和运输的蛋白主要有：翻译伸长因子Tu、分子伴侣10、白蛋白(3个)和蛋白质二硫化物异构酶A3(2个)。

参与细胞骨架建成、细胞生长和分裂的蛋白有：微管蛋白(3个)、肌动蛋白(2个)、BTG2蛋白、肿瘤坏死因子、RAB19、凋亡抑制因子5。

涉及胁迫响应的蛋白有：HSP60(2个)、超氧化物歧化酶(2个)、MHC Ⅰ类抗原、和角蛋白(2个)、脂质抗氧化酶6等。

参与信号转导的蛋白有：钙调素蛋白、膜粘连蛋白-5、Rho GDP解离抑制因子-α、Rho GDP解离抑制因子2。

2. 蛋白异构体的分析

84个被鉴定的蛋白点源于75个不同的基因或基因家族。进一步分析发现9种蛋白出现异构现象，即多个蛋白点代表同一蛋白的现象。这9种蛋白在胶面上共表现18种异构体形式，代表同一蛋白的一组异构体，或者具有相近的分子质量，不同的等电点，有磺基转移酶(点T16-1，T16-2)、肌动蛋白(点T16-5，T16-6)、HSP60(点T16-13，T16-84)、烯醇化酶1(点T16-33，T16-46)、hypothetical protein isoform 2(点T16-53、T16-56)；或者具有相近的等电点，不同的分子量，有NDUFS3异构体2(点T16-60)和NDUFS3异构体1(点T16-64)；或者具有不同的等电点和分子量，如腺苷酰二硫酸焦磷酸化酶(T16-57，T16-59)、白蛋白(点T16-65和T16-75)、角蛋白(点T16-51，T16-55)。

在前人所有的组织器官蛋白表达谱研究中，都可发现蛋白异构体现象，本研究也不例外。蛋白异构体现象是由转录后选择性剪接和翻译后修饰所造成的，蛋白异构体间的功能也会有所不同。

11.3.4 藏鸡和寿光鸡常氧和低氧孵化16 d表达谱

利用2D-PAGE蛋白分离技术，结合银染显色检测到藏鸡低氧孵化、寿光鸡常氧及低氧孵化胚胎16 d肝脏组织总蛋白表达谱。结果表明，常氧孵化条件下，藏鸡和寿光鸡胚胎肝脏有8个差异蛋白点，经质谱分析和数据库搜索鉴定了4个(表11.6)；藏鸡常氧和低氧孵化胚胎肝脏之间有24个差异蛋白点，经质谱分析和数据库搜索鉴定了18个(表11.7)；寿光鸡常氧和低氧之间20个，经质谱分析和数据库搜索鉴定了16个(表11.8)。

表 11.6 常氧孵化 16 d 寿光鸡和藏鸡差异蛋白点

编号	名　　称	生物功能	表达量变化
T16-4	胍基乙酸 N-甲基转移酶	甲基转移	寿光鸡>藏鸡
T16-19	精氨酸酶	尿素代谢	藏鸡>寿光鸡
T16-31	假定蛋白	未知	藏鸡>寿光鸡
T16-40	精氨酸-甘氨酸脒基转移酶	脒基转移	寿光鸡>藏鸡

表 11.7 藏鸡常氧和藏鸡低氧孵化胚胎 16 d 差异蛋白点

编号	名　　称	生物功能	表达量变化
T16-1	磺基转移酶	磺基、羟基、糖基转移	低氧无表达
T16-2	磺基转移酶	磺基、羟基、糖基转移	常氧>低氧
T16-41	假定蛋白	未知	常氧>低氧
T16-57	腺苷酰二硫酸焦磷酸化酶	催化活性	常氧>低氧
T16-58	NADH 脱氢酶	线粒体电子传递	常氧>低氧
T16-65	白蛋白	蛋白合成、贮运等	常氧>低氧
T16-67	蛋白质二硫化物异构酶	蛋白质折叠	常氧>低氧
T16-78	苹果酸脱氢酶	糖有氧氧化	常氧>低氧
T16-86	Nudix	细胞骨架	常氧>低氧
T16-22	肿瘤坏死因子	抗细胞凋亡	低氧>常氧
T16-23	磷酸甘油酸变位酶	糖酵解	低氧>常氧
T16-27	HMG-CoA 合酶	脂肪酸分解代谢	低氧>常氧
T16-33	烯醇化酶 1	糖酵解	低氧>常氧
T16-49	NADH 脱氢酶亚基 2	线粒体电子传递	低氧>常氧
T16-62	谷胱甘肽 S-转移酶	抗氧化	低氧>常氧
T16-72	卵白蛋白	蛋白合成、贮运等	低氧>常氧
T16-73	载脂蛋白 A-I	脂代谢	低氧>常氧
T16-89	脂质抗氧化酶	抗氧化	低氧>常氧

表 11.8 寿光鸡常氧和寿光鸡低氧孵化胚胎 16 d 差异蛋白点

编号	名　　称	生物功能	表达量变化
T16-1	磺基转移酶	磺基、羟基、糖基转移	低氧无表达
T16-2	磺基转移酶	磺基、羟基、糖基转移	常氧>低氧
T16-41	假定蛋白	未知	常氧>低氧
T16-57	腺苷酰二硫酸焦磷酸化酶	催化活性	常氧>低氧
T16-58	NADH 脱氢酶	线粒体电子传递	常氧>低氧
T16-65	白蛋白	蛋白合成、贮运等	常氧>低氧
T16-67	蛋白质二硫化物异构酶	蛋白质折叠	常氧>低氧
T16-78	苹果酸脱氢酶	糖有氧氧化	常氧>低氧
T16-86	Nudix	细胞骨架	常氧>低氧

续表 11.8

编号	名　　称	生物功能	表达量变化
T16-22	肿瘤坏死因子	抗细胞凋亡	低氧>常氧
T16-23	磷酸甘油酸变位酶	糖酵解	低氧>常氧
T16-24	磷酸丙糖异构酶	磷酸丙糖异构酶	低氧>常氧
T16-27	HMG-CoA 合酶	脂肪酸分解代谢	低氧>常氧
T16-62	谷胱甘肽 S-转移酶	抗氧化	低氧>常氧
T16-72	白蛋白	蛋白合成、贮运等	低氧>常氧
T16-89	脂质抗氧化酶	抗氧化	低氧>常氧

从表 11.6 中，可以看出，藏鸡和寿光鸡常氧孵化下的差异蛋白点经鉴定的只有 4 个，与低氧的相关性不大，暂不做具体讨论。

从表 11.7、表 11.8 可以看出，低氧应激下，藏鸡和寿光鸡的表达模式和差异点极为相似，说明北京藏鸡和寿光鸡对低氧应激的反应也很一致。与常氧相比，两鸡种都出现一个低氧抑制蛋白-转磺基酶。

藏鸡常氧和寿光鸡常氧的 NADH 脱氢酶和苹果酸脱氢酶这两个点的表达量都比低氧高，NADH 脱氢酶是催化 NADH 脱氢的，苹果酸脱氢酶是三羧循环的关键酶之一，其催化 *L*-苹果酸变成草酰乙酸，是限速酶，这两个酶常氧时的表达量高于低氧，说明常氧时线粒体电子传递、有氧氧化等能量生成方面要好于低氧。

藏鸡低氧有两个糖酵解酶—磷酸甘油酸变位酶和烯醇化酶表达量比常氧高，寿光鸡也有两个酶—磷酸甘油酸变位酶和磷酸丙糖异构酶(triose phosphate isomerase，TPI)表达量比常氧高，说明低氧时，寿光鸡和藏鸡糖酵解过程加强，其原因可能是低氧时氧浓度减少，有氧氧化提供机体的能量也减少，机体通过酵解途径来进行代偿适应以提供更多的能量供生长发育需要。

HMG-CoA 裂解酶是脂肪酸代谢的关键酶。肝内脂肪酸 β-氧化产生的乙酰 CoA 除了氧化功能外，还进入一条合成酮体的正常的代谢途径，酮体只能被肝外组织利用，酮体的生成可以减少葡萄糖的氧化供能，HMG-CoA 裂解酶就是酮体合成中的一个关键酶，为肝脏特有。低氧下，藏鸡和寿光鸡此酶表达量的升高说明在氧气供应不足、有氧氧化不能有效提供机体能量时，机体有可能通过加强酮体的生成氧化供能，节约葡萄糖并使其以其他更有效的方式代谢以提供更多能量(图 11.15)。

藏鸡和寿光鸡低氧时谷胱甘肽 S-转移酶、脂质抗氧化酶的表达量都出现了升高。这两个酶是机体抗氧化系统的重要组成部分，这两个酶表达量的升高说明低氧时两鸡种的抗氧化能力都比常氧高，与前章肝脏抗氧化能力测定的结果相一致。

11.3.5　藏鸡和寿光鸡低氧孵化胚胎 16 d 肝脏差异表达蛋白点

低氧孵化条件下藏鸡和寿光鸡胚胎肝脏差异点有 13 个差异蛋白点，经质谱分析和数据库搜索鉴定了 8 个(表 11.9)。

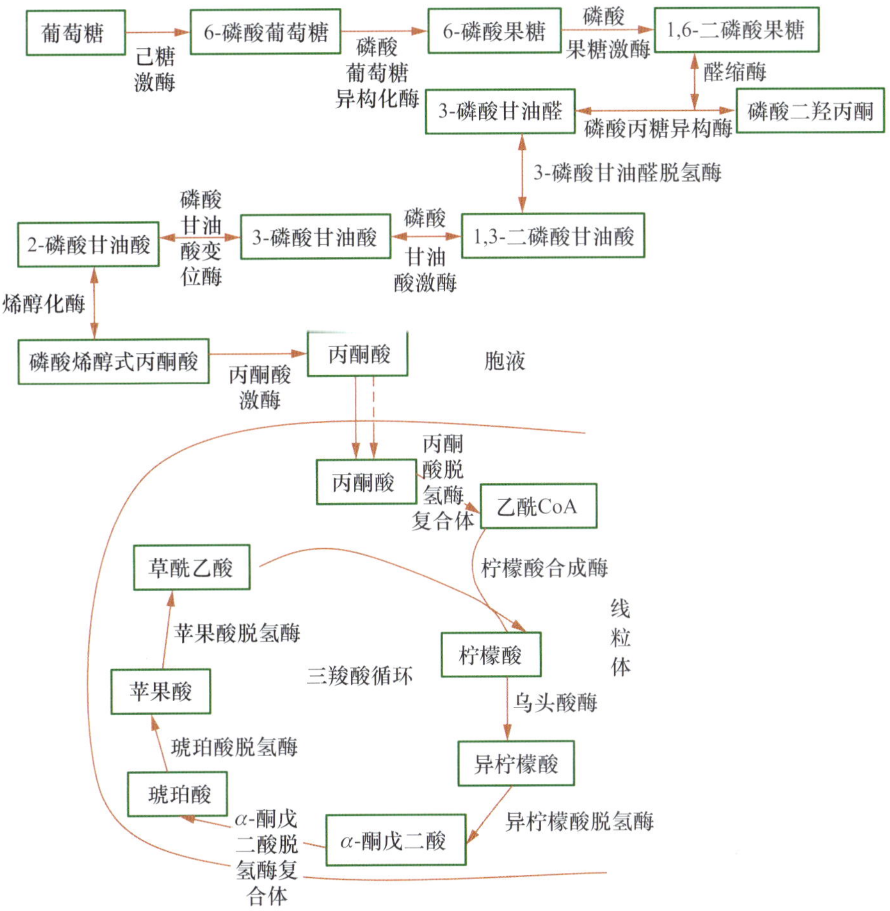

图 11.15 糖酵解和有氧氧化

表 11.9 低氧孵化 16 d 寿光鸡和藏鸡胚胎肝脏差异蛋白点

编号	名　称	生物功能	表达量变化
T16-24	磷酸丙糖异构酶	糖酵解	藏鸡＜寿光鸡
T16-33	烯醇化酶 1	糖酵解	藏鸡＞寿光鸡
T16-92	ATP 合成酶	线粒体电子传递	藏鸡＞寿光鸡
T16-59	腺苷酰二硫酸焦磷酸化酶	催化活性	寿光鸡＞藏鸡
T16-63	丙酮酸脱氢酶	糖有氧氧化	藏鸡＞寿光鸡
T16-80	辅酶 Q 细胞色素 C 还原酶	线粒体电子传递	藏鸡＞寿光鸡
T16-38	超氧化物歧化酶 2	抗氧化	藏鸡＞寿光鸡
T16-73	载脂蛋白 A-I	脂代谢	藏鸡＞寿光鸡

总体而言，在低氧孵化条件下藏鸡与寿光鸡表达差异蛋白主要集中在如下几方面：

1. 低氧与糖代谢有关的酶

糖酵解酶编码的基因几乎在所有动物机体细胞都表达，它们对低氧时保持细胞 ATP 的生成具有重要意义。本实验条件下共发现四个与糖代谢有关的酶。

磷酸丙糖异构酶是糖酵解过程中重要的异构酶，存在于多种组织中。在糖酵解过程中，能把经醛缩酶生成的二羟丙酮磷酸转变为 3-磷酸-*D*-甘油醛。因此它在糖酵解、脂肪酸合成、糖原异生和戊糖途径中发挥着重要的作用，对于有效的能量生成是必不可少的。研究结果显示，TPI 缺乏会导致免疫系统先天失调的多系统疾病。低氧使寿光鸡肝脏的磷酸丙糖异构酶表达量比藏鸡的高，说明受到低氧刺激后，寿光鸡可能通过调节细胞内糖酵解酶的表达来适应低氧环境，是一种机体代偿机制。

烯醇化酶 1 也是参与糖酵解途径的酶之一，催化 2-磷酸甘油酸脱水生成磷酸烯醇型丙酮酸，在能量代谢过程中发挥作用。关于乳腺癌、肝内胆管癌的蛋白质组研究中发现肿瘤细胞中此酶表达上调。低氧使藏鸡肝脏的烯醇化酶表达量比寿光鸡的高说明藏鸡的低氧适应机制也可能与调节细胞内能量代谢相关酶的表达量有关。

丙酮酸脱氢酶(pyruvate dehydrogenase，PD)是丙酮酸脱氢酶复合体的主要成分，在有氧条件下，丙酮酸进入主要是进入线粒体，在线粒体基质的丙酮酸脱氢酶复合体的催化下，氧化脱羧形成乙酰辅酶 A，进而进入三羧循环彻底氧化成 H_2O 和 CO_2。藏鸡丙酮酸脱氢酶量比寿光鸡高，说明藏鸡在缺氧环境中能更有效利用有限的氧气充分进行有氧氧化，提供给机体更多的能量。

在孵化后期，鸡体各功能器官基本发育成熟，进入快速生长期，对氧需求量急剧增加。在缺氧环境中，能有效地利用有限的氧气则是生存的关键环节。藏鸡、寿光鸡以上三个酶的表达量变化进一步说明低氧刺激时，调节糖代谢关键酶的表达是机体获得并利用更多能量的主要途径，从而能够加强机体的新陈代谢活动，满足胚胎的发育需要。

2. 辅酶 Q-细胞色素 C 还原酶与电子传递

此酶是氧化磷酸化电子传递链的关键酶之一，其功能活性直接影响线粒体 ATP 合成。此酶由两分子细胞色素 b(Cytochrome b，Cytb)(分别为 Cytb562 和 Cytb566)，一分子细胞色素 c(Cytochrome c1，Cytc1)和一分子铁硫蛋白组成，其作用是催化电子从辅酶 Q 传给细胞色素，每转移一对电子，同时将两个质子由线粒体基质泵至膜间隙。低氧可以调节线粒体呼吸链复合体酶活性，使其三磷酸腺苷合成能力降低。藏鸡的细胞色素 c 还原酶表达量比寿光鸡高说明：在低氧环境中，电子传递链虽然都受到了抑制，但是与寿光鸡相比，藏鸡可能有相对更高的电子传递效率，以生成更多的 ATP 供能。

3. 超氧化物歧化酶(Superoxide Dismutase，SOD)与抗氧化

低氧应激刺激后有大量氧自由基产生，氧自由基含有不配对电子，性质极不稳定，能攻击生物膜中的多不饱和脂肪酸引发脂质过氧反应生成 MDA、氧自由基。氧自由基可通过多种途径造成细胞膜及亚细胞器膜结构破坏，导致损伤。超氧化物歧化酶是机体细胞抵御氧化损伤最重要的酶类之一，广泛存在于需氧生物、耐氧生物及某些厌氧微生物中，是一种清除超氧阴离子自由基的酶类，对机体的氧化与抗氧化平衡起着至关重要的作用，能清除超氧阴离子自由基(O^{2-})，具有保护细胞、对抗 O^{2-} 的侵害的作用。藏鸡 SOD 酶的表达量比寿光鸡高，提示我们藏鸡低氧时可能具有较强的抗氧化体系，减少低氧产生的自由基对机体的损害，而这也可能是藏鸡低氧适应的原因之一。

4. 载脂蛋白 A-Ⅰ(Apolipoprotein A-Ⅰ)与脂蛋白代谢

载脂蛋白是一类具有结合和转运脂质作用的特殊蛋白质。载脂蛋白 A-Ⅰ主要在肝脏及肠道中合成，是高密度脂蛋白(high density lipoprotein，HDL)主要载脂蛋白成分，约占60%～70%，载脂蛋白 A-I 是卵磷脂-胆固醇酰基转移酶激活剂，有清除胆固醇、防止周围组织脂质沉积的功能，参与胆固醇从外周到肝脏的逆向转运过程，对动脉起保护作用。有研究表明

HDL 的代谢能够逆向转运胆固醇，减慢动脉粥样硬化的进程。高密度脂蛋白胆固醇(high density lipoprotein-cholesterol，HDL-C)正常而载脂蛋白 A-Ⅰ缺乏亦可导致动脉粥样硬化和冠心病。藏鸡载脂蛋白 A-Ⅰ的量比寿光鸡高说明藏鸡低氧时高密度脂蛋白代谢比寿光鸡良好，肝功能比寿光鸡正常，身体机能总体水平也比寿光鸡正常，这可能也是其低氧下适应的原因之一。

在低氧刺激下，寿光鸡和藏鸡都有可能通过加强糖酵解、脂肪酸代谢水平，同时提高抗氧化能力来适应低氧环境，但藏鸡的糖有氧氧化水平、电子传递效率、抗氧化能力比寿光鸡高，这些差异使藏鸡比低地鸡更能适应低氧环境。筛选的这些差异蛋白为藏鸡胚胎低氧适应性提供了蛋白质水平上的证据，对进一步深入了解藏鸡及其他高原动物低氧适应机制有重大意义。

11.4 藏鸡胚胎低氧适应的血浆差异蛋白质组学研究

11.4.1 藏鸡和寿光鸡孵化胚胎 16 d 血浆蛋白表达谱

血浆中含有丰富的蛋白质成分，这些蛋白质成分在不同病理状态下其丰度和结构会发生不同的变化，机体内在的这些蛋白质的表达和功能动向，可以反映出机体外在的各种变化。利用差异蛋白质组学方法从血清中寻找各种疾病的蛋白分子标记物或病理状态的差异蛋白，对生命科学研究具有重要意义。

本研究采取藏鸡和寿光鸡孵化胚胎 16 d 血液，分离到血浆后进行血浆蛋白双向电泳，然后选取差异表达的蛋白点进行质谱分析和数据搜索鉴定蛋白，以期找到藏鸡低氧适应相关的血浆蛋白质，为藏鸡低氧适应提供相关的科学依据。

血浆蛋白样品经过 2DE 电泳，银染后得到孵化胚胎 16 d 血浆蛋白表达谱图经 PDQuest7.0 软件分析后显示，得到 125 个蛋白点。

11.4.2 藏鸡和寿光鸡孵化胚胎 16 d 血浆差异表达蛋白点

寿光鸡和藏鸡在常氧下只有 2 个差异点，经质谱分析后没有得到鉴定。寿光鸡常氧与低氧、藏鸡常氧与低氧都有 8 个，经质谱分析后鉴定了 6 个(表 11.10)。藏鸡和寿光鸡低氧下血浆差异蛋白点 7 个，经质谱分析后鉴定了 4 个(表 11.11)。

表 11.10 寿光鸡常氧与低氧、藏鸡常氧与低氧孵化胚胎血浆差异表达蛋白点

点编号	名　称	AC 号	藏鸡表达量变化	寿光鸡表达量变化
47	载脂蛋白 A-Ⅰ	gi|45382773	低氧＜常氧	低氧＜常氧
3	A 链，2.8×10^{-10} m 分辨率的鸡血清转铁蛋白	gi|37926870	低氧＜常氧	低氧＜常氧
19	甲状腺素转运蛋白(原称前白蛋白)	gi|1865583	低氧＜常氧	低氧＜常氧
46	视黄醇结合蛋白 4，血浆	gi|45382451	低氧＞常氧	低氧＞常氧
35	白蛋白	gi|45383974	低氧＜常氧	低氧＜常氧
49	免疫球蛋白重链可变区	gi|1536812	低氧＜常氧	低氧＜常氧

表 11.11 低氧下藏鸡和寿光鸡孵化胚胎血浆差异表达蛋白点

点编号	名　称	AC 号	表达量变化
47	apoliproproteinA-Ⅰ	gi|45382773	藏鸡＞寿光鸡
3	chainA, differic chicken serum transferrin at 2.8 resolution	gi|37926870	藏鸡＞寿光鸡
46	retinol-binding protein 4, plasma	gi|45382451	藏鸡＜寿光鸡
49	Immunoglobulin heavy chain variableregion	gi|1536812	藏鸡＞寿光鸡

在所筛选到的差异表达蛋白中，有不少具有重的生物学功能，如下就对部分差异表达蛋白的功能及其与低氧适应的相关性进行浅析。

11.4.2.1 转铁蛋白

转铁蛋白(transferrin，TRF)是血浆中主要的含铁蛋白质，负责运载由消化管吸收的铁和由红细胞降解释放的铁。以 TRF-Fe^{3+} 的复合物形式进入骨髓中，供成熟红细胞的生成。血浆中 TRF 水平可用于贫血的诊断和对治疗的监测。在缺铁性的低血色素贫血中 TRF 的水平增高(由于其合成增加)，但其铁的饱和度很低。相反，如果贫血是由于红细胞对铁的利用障碍(如再生障碍性贫血)，则血浆中 TRF 正常或低下，但铁的饱和度增高。在铁负荷过量时，TRF 水平正常，但饱和度可超过 50%，甚至达 90%。TRF 在急性时相反应中往往降低。因此在炎症、恶性病变时常随着白蛋白、前白蛋白同时下降。在慢性肝疾病及营养不良时亦下降。

藏鸡转铁蛋白的量比寿光鸡高说明藏鸡低氧时铁的代谢比寿光鸡良好，铁代谢能力比寿光鸡正常，身体机能总体水平也比寿光鸡正常，这可能也是其低氧下适应的原因之一。

11.4.2.2 免疫球蛋白

具有抗体活性的动物蛋白，是由淋巴细胞(B 细胞)产生的一种糖蛋白。主要存在于血浆中，也见于其他体液、组织和一些分泌液中。藏鸡低氧免疫球蛋白量比寿光鸡高说明藏鸡低氧时身体的免疫机能比寿光鸡好，孵化过程中病菌和疾病的抵抗能力强一些，身体机能总体水平也比寿光鸡正常，孵化率高，这可能也是其低氧下适应的原因之一。

11.4.2.3 视黄醇结合蛋白

视黄醇类结合蛋白是维生素 A(VitA)的运载蛋白，主要分为 5 种：血浆视黄醇结合蛋(RBP)、胞内视黄醇结合蛋白(CRBP)、胞内视黄酸结合蛋白(CRABP)、胞内视黄醛结合蛋白(CRALBP)和光受体视黄醇类结合蛋白(IRBP)。后 4 种均为细胞内的结合蛋白，而 RBP 是细胞外结合并转运 VitA 各种活性代谢物(视黄醇类)的转运蛋白。RBP4 主要由肝细胞合成，其次为脂肪组织合成，受全反式视黄醇刺激后分泌，首先与维生素 A 结合为视黄醇 2RBP 复合体，然后进一步与甲状腺素运载蛋白(transthyretin，TTR)形成三元复合物而被转运。肝胆系统疾病时，血清中视黄醇结合蛋白含量会升高。本研究中，低氧时，寿光鸡视黄醇结合蛋白 4 表达量比藏鸡高，说明低氧条件下寿光鸡的肝胆功能受损程度比藏鸡高，藏鸡肝胆系统功能低氧时好于寿光鸡，这一结果与第 2 章中肝功能的测定结果相一致。

血浆蛋白质是机体发挥作用的蛋白质。它是血浆的固体物质，数量多，比例大概占血浆总量的一半，而且来源广泛几乎包括了一切细胞、组织、器官的蛋白质。血浆蛋白质组学研究极其具有挑战性，它的研究领域也十分广泛。开展血浆蛋白质组学的研究，寻找并鉴定低丰度蛋白质中有意义的蛋白质，将有利于阐明疾病发病机理，为诊断疾病提供更加有力的支持，同时通过差异蛋白质分析，有利于发现相关疾病的标志物。本实验首次构建了鸡孵化胚胎血浆的总蛋白表达谱，具有创新性，筛选的差异蛋白也对藏鸡低氧适应机制的研究工作具有重要意义。

参考文献

Abdollahi M R, Gaunt T R, et al. 2005. Angiotensin II type I receptor gene polymorphism: anthropometric and metabolic syndrome traits. J. Med. Genet., 42: 396-401.

Abdollahi M R, Lewis R M, et al. 2007. Quantitated transcript haplotypes (QTH) of AGTR1, reduced abundance of mRNA haplotypes containing 1166C (rs5186:A>C), and relevance to metabolic syndrome traits. Hum. Mutat., 28: 365-73.

Adam Z, Scudla V, Tomiska M. 2001. Treatment of AL-amyloidosis and some other types of amyloidosis. Vnitr. Lek., 47(1): 46-52.

Aliev M K, Saks V A. 1997. Compartmentalized energy transfer in cardiomyocytes: use of mathematical modeling for analysis of in vivo regulation of respiration. Biophys. J., 73: 428-445.

Andrew Alban, Stephen Olu David, Lennart Bjorkesten, et al. 2003. A novel experimental design for comparative two dimensional gel analysis: Two-dimensional difference gel electrophoresis incorporating a pooled internal standard. Proteomics, (3): 36-44.

Annesley T M, Walker J B. 1980. Energy metabolism of skeletal muscle containing cyclocreatine phosphate. Delay in onset of rigor mortis and decreased glycogenolysis in response to ischemia or epinephrine. J. Biol. Chem., 255: 3924-30.

Ayoubi T A, Van De Ven W J. 1996. Regulation of gene expression by alternative promoters. Faseb. J. 10: 453-60.

Benjamin L E, Golijanin D, et al. 1999. Selective ablation of immature blood vessels in established human tumors follows vascular endothelial growth factor withdrawal. J. Clin. Invest., 103: 159-65.

Bennett V, Baines A J. 2001. Spectrin and ankyrin-based pathways: metazoan inventions for integrating cells into tissues. Physiol. Rev. 81: 1353-1392.

Bernstein B E. Mikkelsen T. S., Xie X., et al. 2006. A bivalent chromatin structure marks key developmental genes in embryonic stem cells. Cell, 125(2):315-326.

Bonnardeaux A, Davies E, Jeunemaitrex, et al. 1994. Angiotensin II type 1 receptor gene polymorphisms in human essential hypertension. Hypertension, 24: 63-69.

Bouvagnet P, Leger J, Pons F. 1984. Fiber types and myosin types in human atrial and ventricular myocardium. An anatomical description. Circ. Res., 55: 794-804.

Bruggen van N H. Thibodeaux, et al. 1999. VEGF antagonism reduces edema formation and tissue damage after ischemia/reperfusion injury in the mouse brain. J. Clin. Invest., 104: 1613-1620.

Cai C L, Zhou W, Yang L , et al. 2005. T-box genes coordinate regional rates of proliferation and regional specification during cardiogenesis. Development, 132: 2475-2487.

Cai X, Zhang Y. 2006. Molecular evolution of the ankyrin gene family. Mol. Biol. Evol., 23: 550-558.

Caldo R A, Nettleton D, Wise R P. 2004. Interaction-Dependent Gene Expression in Mil-Specified Response to Barley Pow-dery Mildew. The plant Cell, 9(16): 2514-2528.

Carmeliet P, Ferreira V, Breier G, et al. 1996. Abnormal blood vessel development and lethality in embryos lacking a single VEGF allele. Nature, 380(6573): 435-439.

Carrol J, et al. 2006. Genomic-Wide analysis of Estrogen Receptor Binding Sites. Nature Genetics, 38(11):1289-1297.

Chau C M,Evans M J, Scarpulla R C. 1992. Nuclear respiratory factor 1 activation sites in genes encoding the gamma-subunit of ATP synthase, eukaryotic initiation factor 2 alpha, and tyrosine aminotransferase. Specific interaction of purified NRF-1 with multiple target genes. J. Biol. Chem., 267: 6999-7006.

Chevallet M, Santoni V, Poinas A, et al. 1998. New zwitterionic detergents improve the analysis of membrane proteins by two-dimensional electrophoresis. Electrophoresis, 19 (11): 1901-1909.

Choi Y K , Kim J H, Kim W J, et al. 2007. AKAP12 regulates human blood-retinal barrier formation by downregulation of hypoxia-inducible factor-1alpha. J. Neuro. sci., 27: 4472-4481.

Corthals G L, Wasinger V C, Hochstrasser D F, et al. 2000. The dynamic range of protein expression: a challenge for proteomic research. Electrophoresis, 21(6): 1104-1115.

Cuono C B, Marquetand R, Klein M B et al. 1998. Critical role of phosphagens in the energy cascade of cutaneous ischemia and protective action of phosphocreatine analogues in skin flap survival. Plast. Reconstr. Surg., 101: 1597-1603.

Debrincat M A, Zhang J G, Willson T A et al. 2007. Ankyrin repeat and suppressors of cytokine signaling box protein asb-9 targets creatine kinase B for degradation. J. Biol. Chem., 282: 4728-4737.

Dhoot G K. 1988. Changes in the distribution of slow skeletal myosin heavy chain SM1 in developing avian muscle fibres. J. Muscle Res. Cell Motil., 9: 120-131.

Doustjalali S R, Yusof R, Yip C H, et al. 2004. Aberrant expression of acute-phase reactant proteins in sera and breast lesions of patients with malignant and benign breast tumors. Electrophoresis, 25(14): 2392-2401.

Ferrara N, Gerber H P, LeCouter J. 2003. The biology of VEGF and its receptors. Nat. Med., 9(6): 669-676.

Ferrara N, Davis-Smyth T. 1997. The biology of vascular endothelial growth factor. Endocr Rev., 18: 4-25.

Frank S, Hubner G, Breier G. et al. 1995. Regulation of vascular endothelial growth factor expression in cultured keratinocytes. Implications for normal and impaired wound healing. J. Biol. Chem.，270：12607-12613.

Garfin E. 2003. Two-dimensional gel electrophoresis：an overview. Trends in Analytical Chemistry，22(5)：263-271.

Gelman I H，Tombler E，Vargas J Jr. 2000. A role for SSeCKS，a major protein kinase C substrate with tumour suppressor activity，in cytoskeletal architecture，formation of migratory processes，and cell migration during embryogenesis. Histochem J.，32(1)：13-26.

Gelman I H. 2002. The role of SSeCKS/gravin/AKAP12 scaffolding proteins in the spaciotemporal control of signaling pathways in oncogenesis and development. Front. Biosci.，17：1782-1797.

Gerber H P，McMurtrey A，Kowalski J et al. 1998. Vascular endothelial growth factor regulates endothelial cell survival through the phosphatidylinositol 3′-kinase/Akt signal transduction pathway. Requirement for Flk-1/KDR activation. J. Biol. Chem.，273：30336-30343.

Giaccia A，Siim B G，Johnson R S. 2003. HIF-1 as a target for drug development. Nat. Rev. Drug. Discov.，2(10)：803-811.

Golub T R，Slonim D K，Tamayo P. et al. 1999. Molecular Classification of Cancer：Class Discovery and Class Prediction by Gene Expressiong monitering. Science，286(5439)：531-537.

Grasberger H，Ye H，Ye H，Mashima H，et al. 2005. Dual promoter structure of ZFP106：regulation by myogenin and nuclear respiratory factor-1. Gene.，344：143-159.

Hagglund P，Bunkenborg J，Elortza F，et al. 2004. A new strategy for identification of N-glycosylated proteins and unambiguous assignment of their glycosylation sites using HILIC enrichment and partial deglycosylation. J. Proteome Res.，3(3)：556-66.

Harry J L，Wilkins M R，Herbert B R，et al. 2000. Proteomics：Capacity versus utility. 21：1071-1081.

Hayduk E J，Choe L H，Lee K H. 2004. A two-dimensional electrophoresis map of Chinese hamster ovary cell proteins based on fluorescence staining. Electrophoresis，25(15)：2545-2556.

Hofer T，Desbaillets I，Höpfl G，et al. 2001. Dissecting hypoxia-dependent and hypoxia-independent steps in the HIF-1alpha activation cascade：implications for HIF-1alpha gene therapy. Faseb. J.，15：2715-2717.

Hoh J F. 1979. Developmental changes in chicken skeletal myosin isoenzymes. FEBS Lett.，98：267-270.

Hollborn M，Tenckhoff S，Jahn K.，et al. 2005. Changes in retinal gene expression in proliferative vitreoretinopathy：glial cell expression of HB-EGF. Mol. Vis.，11：397-413.

Hopitzan A A，Baines A J，Kordeli E. 2006. Molecular evolution of ankyrin：gain of function in vertebrates by acquisition of an obscurin/titin-binding-related domain. Mol. Biol. Evol.，23：46-55.

Huang X，Shi Z，Wang W，et al. 2007. Identification and characterization of a novel protein

ISOC2 that interacts with p16INK4a. Biochem Biophys Res. Commun., 361(2): 287-293.

Hunter T. 1998-1999. The role of tyrosine phosphorylation in cell growth and disease. Harvey Lect., 94: 81-119.

Hurst D R, Mehta A, Moore B P, et al. 2006. Breast cancer metastasis suppressor 1 (BRMS1) is stabilized by the Hsp90 chaperone. Biochem Biophys Res. Commun., 348 (4): 1429-1435.

Iyer N V, Kotch L E, Agani F, et al. 1998. Cellular and developmental control of O_2 homeostasis by hypoxia-inducible factor 1 alpha. Genes & Dev., 12: 149-162.

Jacobstein M D, Gerken T A, Bhat A M, et al. 1989. Myocardial protection during ischemia by prior feeding with the creatine analog: cyclocreatine. J. Am. Coll. Cardiol., 14: 246-251.

Kerbel R S. 2000. Tumor angiogenesis: past, present and the near future. Carcinogenesis, 21: 505 515.

Khidekel N, Ficarro S B, Peters E C, et al. 2004. Exploring the O-GlcNAc proteome: direct identification of O-GlcNAc-modified proteins from the brain. Proc. Natl. Acad. Sci., USA, 101 (36): 13132-13137.

Kim S I, Cha K W. 2002. Determination of palladium (II) with alpha-(2-benzimidazolyl)-alpha′, alpha′′-(N-5-nitro-2-pyridylhydrazone)-toluene by adsorptive cathodic stripping voltammetry. Talanta, 57(4): 675-679.

Kimchi E T, Posner M C, Park J O, et al. 2005. Progression of Barrett's metaplasia to adenocarcinoma is associated with the suppression of the transcriptional programs of epidermal differentiation. Cancer Res., 65: 3146-3154.

Kimura H.,Weisz A,Kurashima Y, et al. 2000. Hypoxia response element of the human vascular endothelial growth factor gene mediates transcriptional regulation by nitric oxide: control of hypoxia-inducible factor-1 activity by nitric oxide. Blood, 95: 189-197.

Knuesel M, Wan Y, Xiao Z, et al. 2003. Identification of novel protein-protein interactions using a versatile mammalian tandem affinity purification expression system. Mol. Cell. Proteomics, 2(11): 1225-1233.

Kordeli E , Lambert S, Bennett V. 1995. A new ankyrin gene with neural-specific isoforms localized at the axonal initial segment and node of Ranvier. J. Biol. Chem., 270: 2352-2359.

Kovacs Z, Ikezaki K, Samoto K. et al. 1996. VEGF and flt. Expression time kinetics in rat brain infarct. Stroke, 27: 1865-1872.

Leung M K, Jones T, Michels C L, et al. 1999. Molecular cloning and chromosomal localization of the human CITED2 gene encoding p35srj/Mrg1. Genomics, 61: 307-313.

Lim J, Hao T, Shaw C, et al. 2006. A protein-protein interaction network for human inherited ataxias and disorders of Purkinje cell degeneration. Cell, 125(4): 801-814.

Lux S E, John K M,Bennett V. 1990. Analysis of cDNA for human erythrocyte ankyrin indicates a repeated structure with homology to tissue-differentiation and cell-cycle control proteins. Nature, 344: 36-42.

Mahdavi V, Periasamy M, Nadal-Ginard B. 1982. Molecular characterization of two myosin heavy chain genes expressed in the adult heart. Nature, 297: 659-664.

Marconcini L, Marchio S, Morbidelli L, et al. 1999. c-fos-induced growth factor/vascular endothelial growth factor D induces angiogenesis in vivo and in vitro. Proc. Natl. Acad. Sci., USA, 96: 9671-9676.

Marcucio R S, Noden D M. 1999. Myotube heterogeneity in developing chick craniofacial skeletal muscles. Dev. Dyn., 214: 178-194.

Marshall C R, Fox J A, Butland S L, et al. 2005. Phylogeny of Na^{+}/Ca^{2+} exchanger (NCX) genes from genomic data identifies new gene duplications and a new family member in fish species. Physiol. Genomics., 21: 161-173.

Matsuda R, Bandman E, Strohman R C. 1982. The two myosin isoenzymes of chicken anterior latissimus dorsi muscle contain different myosin heavy chains encoded by separate mRNAs. Differentiation, 23: 36-42.

Mohler P J, Schott J J, Gramolini A O, et al. 2003. Ankyrin-B mutation causes type 4 long-QT cardiac arrhythmia and sudden cardiac death. Nature, 421: 634-639.

Nayler W G, Ferrari R, Williams A. 1980. Protective effect of pretreatment with verapamil, nifedipine and propranolol on mitochondrial function in the ischemic and reperfused myocardium. Am. J. Cardiol., 46: 242-248.

Neubauer S, Ingwall J S. 1989. Verapamil attenuates ATP depletion during hypoxia: 31P NMR studies of the isolated rat heart. J. Mol. Cell Cardiol., 21: 1163-1178.

Nuber U A, Kriaucionis S, Roloff T C, et al. 2005. Up-regulation of glucocorticoid-regulated genes in a mouse model of Rett syndrome. Hum. Mol. Genet., 14: 2247-2256.

Okuzawa K, Franzén B, Lindholm J, et al. 1994. Characterization of gene expression in clinical lung cancer materials by two-dimensional polyacrylamide gel electrophoresis. Electrophoresis, 15(3-4): 382-390.

Operana T N, Tukey R H. 2007. Oligomerization of the UDP-glucuronosyltransferase 1A proteins: homo-and heterodimerization analysis by fluorescence resonance energy transfer and co-immunoprecipitation. J. Biol. Chem., 282(7): 4821-4829.

Orlandini M, Marconcini L, Ferruzzi R et al. 1996. Identification of a c-fos-induced gene that is related to the platelet-derived growth factor/vascular endothelial growth factor family. Proc. Natl. Acad. Sci., USA, 93: 11675-11680.

Otto E, Kunimoto M, McLaughlin T, et al. 1991. Isolation and characterization of cDNAs encoding human brain ankyrins reveal a family of alternatively spliced genes. J. Cell. Biol., 114: 241-253.

Papaioannou V E, Silver L M. 1998. The T-box gene family. Bioessays, 20: 9-19.

Patti M E, Butte A J, Crunkhorn S., et al. 2003. Coordinated reduction of genes of oxidative metabolism in humans with insulin resistance and diabetes: Potential role of PGC1 and NRF1. Proc. Natl. Acad. Sci., USA, 100: 8466-8471.

Peters K, Werner S, Liao X, et al. 1994. Targeted expression of a dominant negative FGF receptor blocks branching morphogenesis and epithelial differentiation of the mouse lung. Embo J., 13: 3296-3301.

Peuker H, Conjard A, Putman C T, et al. 1999. Transient expression of myosin heavy chain MHCI alpha in rabbit muscle during fast-to-slow transition. J. Muscle Res. Cell Motil., 20: 147-154.

Prasannan L, Misek D E, Hinderer R, et al. 2000. Identification of beta-tubulin isoforms as tumor antigens in neuroblastoma. Clin. Cancer Res., 6(10): 3949-3956.

Rabilloud T. 1999. Solubilization of proteins in 2-D electrophoresis. Methods Mol. Biol., 112: 9-19.

Rabilloud T. 1998. Use of thiourea to increase the solubility of membrane proteins in two-dimensional electrophoresis. Electrophoresis, 19: 758-760.

Reddi H V, Kumar V. 2004. Self-association of the hepatitis B virus X protein in the yeast two-hybrid system. Biochem Biophys Res. Commun., 317(4): 1017-1022.

Reichardt H M, Schutz G. 1998. Glucocorticoid signalling--multiple variations of a common theme. Mol. Cell Endocrinol., 146: 1-6.

Rigaut G, Shevchenko A, Rutz B, et al. 1999. A generic protein purification method for protein complex characterization and proteome exploration. Nat. Biotechnol, 17(10): 1030-1032.

Rochard P, Rodier A, et al. 2000. Mitochondrial activity is involved in the regulation of myoblast differentiation through myogenin expression and activity of myogenic factors. J. Biol. Chem., 275: 2733-2744.

Rose K, Bougueleret L, et al. 2004. Industrial-scale proteomics: from liters of plasma to chemically synthesized proteins. Proteomics, 4(7): 2125-2150.

Salvatore P, Hanash C R, et al. 1998. Identification of sirm, a novel insulin-regulated SH3 binding protein that associates with Grb-2 and FYN. J. Biol. Chem., 273: 6989-6997.

Sarto C, Frutiger S, Cappellano F, et al. 1999. Modified expression of plasma glutathione peroxidase and manganese superoxide dismutase in human renal cell carcinoma. Electrophoresis, 20(17): 3458-3466.

Scarpulla R C. 2002. Nuclear activators and coactivators in mammalian mitochondrial biogenesis. BBA, 1576: 1-14.

Semenza G. 2002. Signal transduction to hypoxia-inducible factor 1. Biochem. Pharmacol., 64: 993-998.

Shelton E L, Yutzey K E. 2007. Tbx20 regulation of endocardial cushion cell proliferation and extracellular matrix gene expression. Dev. Biol., 302: 376-388.

Shevchenko A, Wilm M, Vorm O, et al. 1996. Mass spectrometric sequencing of proteins silver-stained polyacrylamide gels. Anal. Chem., 68(5): 850-858.

Showell C, Binder O, et al. 2004. T-box genes in early embryogenesis. Dev. Dyn., 229: 201-218.

Shweiki D, Itin A, Soffer D, et al. 1992. Vascular endothelial growth factor induced by hypoxia may mediate hypoxia-initiated angiogenesis. Nature, 359: 843-845.

Silverman H S, Wei S, et al. 1997. Myocyte adaptation to chronic hypoxia and development of tolerance to subsequent acute severe hypoxia. Circ. Res., 80: 699-707.

Simon, Liu M C, Barnhart L, et al. 2008. Hypoxia-induced signaling in the cardiovascular system. Ann. Rev. of physiology, 70: 51-71.

Singh M K, Christoffels V M, et al. 2005. Tbx20 is essential for cardiac chamber differentiation and repression of Tbx2. Development, 132: 2697-2707.

Snow M H. 1990. Satellite cell response in rat soleus muscle undergoing hypertrophy due to surgical ablation of synergists. Anat. Rec., 227: 437-446.

Stennard F A, Costa M W, et al. 2003. Cardiac T-box factor Tbx20 directly interacts with Nkx2-5, GATA4, and GATA5 in regulation of gene expression in the developing heart. Dev. Biol., 262: 206-224.

Stennard F A, Costa M W, et al. 2005. Murine T-box transcription factor Tbx20 acts as a repressor during heart development, and is essential for adult heart integrity, function and adaptation. Development, 132: 2451-2462.

Streb J W, Kitchen C M, et al. 2004. Multiple promoters direct expression of three AKAP12 isoforms with distinct subcellular and tissue distribution profiles. J. Biol. Chem., 279: 56014-56023.

Stulík J, Krbec M, Vyskocil T. 2002. Use of bioceramics in the treatment of fractures of the thoraco-lumbar spine. Acta. Chir. Orthop. Traumatol. Cech., 69(5): 288-294.

Szebenyi G, Fallon J F. 1999. Fibroblast growth factors as multifunctional signaling factors. Int. Rev. Cytol., 185: 45-106.

Szeto D P, Griffin K J, et al. 2002. HrT is required for cardiovascular development in zebrafish. Development, 129: 5093-5101.

Szkanderová S, Hernychová L, Kasalová I, et al. 2003. Proteomic analysis of radiation-induced alterations in L929 cells. Folia. Biol. (Praha), 49(1): 15-25.

Takagishi Y, Oda S, et al. 1996. The dilute-lethal (dl) gene attacks a Ca^{2+} store in the dendritic spine of Purkinje cells in mice. Neurosci. Lett., 215: 169-172.

Takeuchi J K, Mileikovskaia M, et al. 2005. Tbx20 dose-dependently regulates transcription factor networks required for mouse heart and motoneuron development. Development, 132: 2463-2474.

Tamayo P, Slonim D, Mesirov J, et al. 1999. Interpreting patterns of gene expression with self-organizing maps: methods and application to hematopoietic difference. Proc. Natl. Acad. Sci., USA, 2907-2912.

Tischer E, Mitchell R, et al. 1991. The human gene for vascular endothelial growth factor.

Tsuchiya S, Yamanouchi Y, Miyazaki R, et al. 1987. Association of the apolipoprotein E4 allele with hypercholesterolemia in apparently healthy male adults in Tokyo. J. Idengaku Zasshi., 32(4): 283-9.

Tuvia S, Buhusi M, et al. 1999. Ankyrin-B is required for intracellular sorting of structurally diverse Ca^{2+} homeostasis proteins. J. Cell Biol., 147: 995-1008.

Vendelin M, Kongas O, et al. 2000. Regulation of mitochondrial respiration in heart cells analyzed by reaction-diffusion model of energy transfer. Am. J. Physiol. Cell Physiol., 278: C747-764.

Walker C, Böttger S, Low B. 2006. Mortalin-based cytoplasmic sequestration of p53 in a nonmammalian cancer model. Am. J. Pathol., 168(5): 1526-1530.

Wang G L, Jiang B H, Semenza G L. 1995. Effect of protein kinase and phosphatase inhibitors on expression of HIF-1. Bioche. Biophys. Res. Commun., 216: 669-675.

Wang G L, Semenza G L. 1993. General involvement of hypoxia-inducible factor 1 in transcriptional response to hypoxia. Proc. Natl. Acad. Sci., USA, 90: 4304-4308.

Wenger R H. 2002. Cellular adaptation to hypoxia: O_2-sensing protein hydroxylases, hypoxia-inducible transcription factors, and O_2-regulated gene expression. FASEB J., 16: 1151-1162.

Xiao L, Wang K, et al. 2003. Component plane presentation integrated self-organizing map for microarray data analysis. FEBS Lett., 538: 117-1124.

Yuan F, Chen Y, et al. 1996. Time-dependent vascular regression and permeability changes in established human tumor xenografts induced by an anti-vascular endothelial growth factor/vascular permeability factor antibody. Proc. Natl. Acad. Sci., USA, 93: 14765-14770.

Zagorska A, Dulak J. 2004. HIF-1: the knowns and unknowns of hypoxia sensing. Acta. Biochim. Pol., 51: 563-585.

Zhang X, et al. 2006. Genome-wide High-Resolution Mapping and Functional Analysis of DNA Methylation in Arabidopsis. Cell, 126: 1-13.

鲍海港. 2007. 藏鸡 mtDNA 变异和胚胎线粒体呼吸功能与其低氧遗传适应的关系. [博士学位论文]. 北京: 中国农业大学.

陈建, 高钰琪, 黄瑊, 等. 2007. 高原鼠兔和 Wistar 大鼠骨骼肌线粒体的比较蛋白质组学初步研究. 第三军医大学学报, 29(2): 97-100.

高文祥, 陈建, 高钰琪, 等. 2007. 慢性低氧大鼠骨骼肌线粒体的蛋白质组学研究. 中国病理生理杂志, 23(3): 591-594.

钱小红, 贺福初. 2003. 蛋白质组学:理论与方法. 北京:科学出版社.

中国家畜家禽品种志编委会. 1989. 中国家禽品种志. 上海: 上海科学技术出版社, 78-81.

第12章

高原适应性藏鸡肉用配套系

我国众多的地方鸡种，是宝贵的遗传资源，也是价值极高的经济资源，是世界上许多发达国家望尘莫及的品种资源优势。但是，地方鸡种由于生产水平低，即繁殖率低、耗料多、早期生长慢、育肥效果差等缺点，与大量的外来鸡种乱杂乱配，造成地方禽种质量的退化和数量的减少，甚至一些优良的品种濒临灭绝。因此，合理利用地方鸡种资源势在必行。

藏鸡是能适应高海拔环境的独特家禽品种。但藏鸡的生产能力较低，目前普通高产蛋鸡72周的饲养日产蛋数白壳蛋鸡为291.4个，褐壳蛋鸡为307.4个(宁中华，2004)。肉鸡的生产则是在6～7周就可上市，上市体重为1～2 kg。而藏鸡平均年产蛋量只有85个；23周龄平均体重公鸡为959.62 g，母鸡为690.12 g；成年平均体重公鸡为1 725 g，母鸡为1 221.40 g(刘榜，2004)。为了提高藏鸡的生产性能，20世纪60年代西藏曾从四川、云南、甘肃等地引入来航鸡、白洛克、澳洲黑、芦花鸡等品种对本地藏鸡进行杂交改良，取得了一定的成绩，育成了拉萨白鸡。拉萨白鸡也能适应高寒缺氧的高原恶劣环境，产蛋性能提高很大，500日龄产蛋量196枚，最高产蛋量240枚(单增群佩，2001)。据不完全统计，西藏约有各类杂种鸡5万余只，主要分布在拉萨市及附近地区，成年公鸡体重1 750 g以上，成年母鸡1 250 g以上，年产蛋量179枚左右；成年公鸡全净膛率73.60%，成年母鸡全净膛率71.20%。但藏鸡生产在相当长一段时间没有按照一定的配套模式进行杂交利用，有些产区的藏鸡没有得到很好保护，混乱杂交现象严重，严重影响了藏鸡的开发利用。因此，根据市场需求，选择合适的优良鸡种，研究适合于生产的藏鸡肉用配套体系，对藏鸡资源的保存、品种选育和杂交利用等具有重要意义。

12.1 藏鸡肉用配套系孵化性能

12.1.1 低海拔孵化

将北京饲养的藏鸡(T_B)、矮小型隐性白(D)、寿光鸡(S)、藏鸡×矮小型隐性白(TD)和藏鸡×寿光(TS)种蛋在中国农业大学北京实验种鸡场进行了低海拔孵化试验。各组种蛋孵化情况见表12.1。表中可见,由于品种不同,入孵蛋重有明显差别,蛋重最大的为D和TD,这2组种蛋都是矮小型隐性白母鸡所产的蛋,只是与配公鸡不同,蛋重差别不显著($P>0.05$)。S和TS蛋重居中,都为寿光母鸡所产,蛋重差异不显著($P>0.05$)。藏鸡种蛋最小,为40.43 g,与其他各组差异显著($P<0.05$)。各组受精蛋孵化率都在80%以上,利用各组死亡胚胎数和出雏数经单向有序资料Kruskal-Wallis秩和假设检验进行卡方分析,$\chi^2=1.215\ 8$($P=0.875\ 5$),组间差异不显著。5组种蛋在低海拔环境中孵化,孵化效果无明显差别。

雏鸡重/蛋重百分比值可以表示出雏鸡的发育情况。D和TD的雏鸡重/蛋重比值最高,为70.99%和71.62%,两组差异不显著($P>0.05$)。S和TS该比值相对较低,分别为68.61%和68.81%。藏鸡的该比值最低,为68.26%,与D和TD差异显著($P<0.05$),但与S和TS差异不显著($P>0.05$)。藏鸡是长期生活在高海拔低氧环境的品种,胚胎发育过程可能通过降低代谢率来适应缺氧的环境,形成了稳定遗传的特性,所以在低海拔孵化时,也表现出代谢率低,雏鸡重小。Wangensteen等(1974)报道,在3 800 m高海拔环境中适应了15年的某种群鸡,表现出胚胎阶段低代谢率、低生长速度、低出雏重、孵化期延长的特点。

表12.1 不同组鸡蛋孵化性能

组合	入孵蛋重/g	受精率/%	受精蛋孵化率/%	平均秩和	雏鸡重	雏鸡/蛋/%
T	40.43 ± 2.78^c	87.4	86.4	247.0	27.87 ± 2.24^c	68.26 ± 2.91^b
D	67.86 ± 4.98^a	93.3	87.1	248.5	48.25 ± 3.54^a	70.99 ± 1.96^a
TD	67.31 ± 4.80^a	78.0	85.5	243.8	48.58 ± 3.67^a	71.62 ± 2.69^a
S	59.83 ± 4.87^b	90.1	81.3	235.0	40.50 ± 4.16^b	68.61 ± 2.22^b
TS	59.37 ± 3.92^b	90.8	86.5	245.9	40.79 ± 3.64^b	68.81 ± 2.57^b

注:同列内肩标无相同字母表示差异显著($P<0.05$)。

12.1.2 西藏林芝高海拔孵化

1. 孵化性能

将西藏饲养的藏鸡(T)、北京饲养的藏鸡(T_B)、矮小隐性白(D)、寿光黑鸡(S)、藏鸡×矮小隐性白(TD)和藏鸡×寿光黑鸡(TS)在林芝八一镇西藏大学农牧学院教学实习牧场进行孵化,该地海拔约为2 900 m,气压为70.5 kPa,氧分压为14.5 kPa。6组种蛋孵化(表12.2)均表现前期和后期2个死亡高峰,中期死亡率相对较低。这与Lerner等(1993)和Krueger(1994)研究结果一致,是由胚胎发育过程的阶段性生理特点决定的。第1个鸡胚胎死亡高峰处于胚胎迅速发育及形态发生显著变化时期,各种胎膜相继形成,这期间死亡原因多数是与种蛋内部品质有关,主要是遗传因素或母鸡饲养管理因素造成的。第2死亡高峰处于鸡胚从尿囊呼吸过渡到肺呼吸的关键时期,这是一个重大的生理转折期,此时鸡胚需氧量大增,胚胎自体产热急剧增加,这时鸡胚也易感传染病,对孵化条件要求更严格,将有一部分弱胚无法顺利破壳而出。

表 12.2 林芝地区孵化胚胎死亡率和孵化率 %

组别	入孵数（枚）	受精率	前期死亡率	中期死亡率	后期死亡率	受精蛋孵化率	平均秩和	雏重/蛋重
T	200	61.00	9.02	0.82	10.66	79.51	1 476.66[a]	68.05±2.24[a]
T_B	190	87.38	10.21	4.24	21.18	64.37	1 315.17[b]	67.91±3.95[a]
D	574	93.97	17.17	3.58	47.55	31.70	970.04[d]	65.21±2.31[b]
S	528	85.14	27.07	5.15	35.57	32.21	905.54[e]	67.52±2.67[a]
TD	500	93.94	7.38	1.08	16.06	75.48	1 447.39[a]	65.65±2.48[b]
TS	551	88.36	16.34	4.12	24.28	55.27	1 193.74[c]	67.53±2.63[a]

注：同列内肩标无相同字母表示差异显著（$P<0.05$）。

T、T_B和 TD 前期死亡率较低，在 7.38%～10.21%；其次是 D 和 TS，分别是 16.34%和 17.17%；S 最高，为 27.07%。后期死亡率，T 最低，为 10.66%；其后依次是 TD、T_B、TS、S 和 D，最高的达 47.55%。受精蛋出雏率，T 最高（79.51%），其次是 TD（75.48%）、T_B（64.37%）和 TS（55.27%）；D 和 S 出雏率相对较低，分别是 31.70%和 32.21%。

鸡的孵化率反映的是鸡胚胎阶段的生活力，高海拔孵化时反映了个体或群体对高原环境的适应性。为了比较 6 个鸡品种胚胎高原适应性，我们利用各组种蛋前、中、后期死亡胚胎数和出雏数，采用单向有序资料进行假设检验。T、TD、T_B、TS、D、S 平均秩和依次为 1 476.66、1 447.39、1 315.17、1 193.74、970.04、905.54，$\chi^2=277.45$（$P<0.001$），说明组间差异极显著。因为数据是由前期死胚数、中期死胚数、后期死胚数到出雏数排序，说明平均秩和越大，该组高原适应性越好。结果可见，T 胚胎生活力最高，高原适应性最强；其次为含有一半藏鸡基因的 TD，甚至超过了饲养在北京的藏鸡，表现出很强的杂种优势。鸡胚胎生活力和一般的生活力一样，是遗传力很低的性状（刘月府等，1996），杂种优势明显。本试验 T_B与 T 相比，出雏率和平均秩和都有明显的下降，说明胚胎高原适应性受遗传基因的影响，也受种鸡饲养环境的影响。杂种优势在不同的杂交组合间差异较大，TS 胚胎生活力杂种优势明显低于 TD。

雏鸡重/蛋重比值可以部分反映胚胎个体孵化期发育能力和对蛋内营养的利用率，这可能与品种和蛋孵化期失水多少有关。林芝地区孵化时藏鸡雏鸡重/蛋重百分比值最高，为 68.05%，其后依次为 T_B、S 和 TS，4 者之间差异不显著（$P>0.05$），与其他组差异显著（$P<0.05$）；最低为 TD 和 D。与表 12.1 相比，除藏鸡外，其他各品种雏鸡重/蛋重比值明显比低海拔降低（$P<0.05$）。Handrich 和 Girard（1985）报道，低压模拟了 2 900 m 海拔环境孵化的鸡胚胎重量从 8 d 后就开始低于正常孵化的胚胎，越到后期差距越大。

2. 种蛋失水率

正常发育的蛋每天必须失去一定的水分。水分丧失过多会引起胚胎脱水，但水分丧失过少，也不利于胚胎的发育和出雏。将孵化期前 18 d 分 6 个阶段，即 1～3、4～6、7～9、10～12、13～15、16～18 d，计算各阶段失水率，结果见表 12.3。种蛋失水与蛋壳本身的气体传导力有关，与环境大气压（决定气体传导系数）和蛋壳内外水气分压差成正比。在同一地区，等温等湿条件下孵化时，上述因素都没有明显改变，所以理论上分析，种蛋在整个孵化期的阶段失水率应该是相同的。表 12.3 可见每个品种种蛋的阶段失水率相对恒定，微小的差异可能是由于孵化条件不稳定或称重误差造成的。

表 12.3 林芝地区种蛋孵化期阶段失水率 %

组别	1～3d	4～6d	7～9d	10～12d	13～15d	16～18d
T	0.95	0.95	0.95	1.06	0.94	0.99
T_B	1.15	1.16	1.20	1.03	0.96	1.02
D	1.52	1.38	1.28	1.47	1.38	1.50
S	1.34	1.27	1.24	1.34	1.26	1.37
TD	1.43	1.50	1.22	1.54	1.38	1.46
TS	1.36	1.21	1.26	1.33	1.26	1.34

控制孵化期失水对胚胎发育和出雏都很重要，许多研究指出人工孵化时，控制鸡蛋适宜的失水能增加孵化率和雏鸡质量(Tullett，1981；Meir 和 Ar，1987)。Tullett 和 Deeming(1982)和 Rahn(1983)分别研究报道了鸡蛋孵化期最佳失水率为蛋重的 12%和 15%，此值是指通过蛋壳气孔散失的水分，不包括啄壳和出雏时水分的损失。据 Packard 等(1977)和 Carey 等(1983)报道，在海拔大约 3 000～3 500 m 之内，避免水分过量丢失是最重要的，在这个范围分布的野生鸟类和已经完全适应当地气候的家禽的蛋壳水汽传导力随海拔升高而减小。因此，种蛋孵化期失水率是胚胎高原适应性的重要指标，鸡蛋在林芝地区孵化时 1～18 d 失水率和各组出雏种蛋失水率见表 12.4。

表 12.4 林芝地区孵化 1～18 d 种蛋平均失水率 %

种蛋	T	TD	T_B	TS	D	S
入孵种蛋	12.90 ± 2.31^a	15.36 ± 3.21^c	13.55 ± 2.23^b	13.63 ± 2.59^b	15.46 ± 2.80^c	13.87 ± 3.66^b
出雏种蛋	12.89 ± 1.97^a	14.82 ± 2.06^b	13.04 ± 1.78^a	13.27 ± 1.92^a	14.80 ± 1.86^b	13.12 ± 1.88^a

注：同行内肩标无相同字母表示差异显著($P<0.05$)。

表 12.4 可见，对高原环境适应能力较强的藏鸡(T)失水率最小，与其他各组差异显著($P<0.05$)，移入平原饲养 3 代后的藏鸡(T_B)失水率显著增加，这与 Rahn 等(1982)研究结果一致。S 和 TS 均是由低地的寿光鸡所产种蛋，蛋壳结构相同，失水率差异不明显($P>0.05$)；由于其蛋壳较厚，失水率低于其他低地鸡种，接近了 T_B。D 和 TD 均是由生活在低地的矮小隐性白鸡所产种蛋，失水率差异不明显($P>0.05$)。对照表 12.2 的结果，可以看到失水率最低的 T，胚胎高原适应性最好(平均秩和最高)，但失水率中等的 T_B、S 和 TS 组孵化率并不相近，差别很大；失水率较高的 TD 和 D 组间孵化率差别也很大。分析出雏率和失水率的相关，相关系数为−0.366 6，相关不显著($P>0.05$)。

上述结果说明，高海拔孵化时，蛋壳失水率是影响胚胎生活力和出雏的重要因素，但更重要的因素还在于胚胎本身。含有一半藏鸡基因的 TD 种蛋，虽然失水率较高，但其胚胎生活力较强，能够耐受较高的失水，出雏率明显高于相同失水率的其他组，甚至超过 T_B。S 组蛋壳较厚，失水率低，但由于其胚胎本身高原适应性的原因，出雏率与另一低地鸡 D(失水率较高)相近。Carey(1986)也报道过鸟类胚胎孵化期能耐受很宽范围的失水。

前期死亡的胚胎，表示其对高原适应能力较差；后期死亡的胚胎，其已经能发育成活到后期，但未能成功出雏，表示其对高原已有一定的适应性；成功出雏的个体，表示其高原适应性较强。为了分析它们之间在失水率上的差别，我们将每个组的种蛋分成 3 组：前期死胚蛋、后期死胚蛋和出雏蛋(中期死亡胚胎较少，故不做统计)，其失水率见表 12.5。

表 12.5 林芝地区孵化各组死亡和出雏种蛋失水率 %

项目	T	TD	T_B	TS	D	S
前期死胚	13.72±5.18[a]	15.65±2.59[a]	14.84±2.21[b]	14.56±2.63[b]	16.66±3.67[a]	14.83±3.41[b]
后期死胚	13.19±3.17[a]	17.67±3.38[b]	14.02±2.07[b]	13.72±2.70[ab]	15.60±2.62[ab]	13.96±3.23[ab]
出雏	12.89±1.97[a]	14.82±2.06[a]	13.04±1.78[a]	13.27±1.92[a]	14.80±1.86[a]	13.12±1.88[a]

注：同列内肩标无相同字母表示差异显著（$P<0.05$）。

表 12.5 可见，T 内 3 组蛋失水率差异不显著（$P>0.05$）。T 为长期生长在高原上的藏鸡，与高原适应性有关的胚胎生活力和蛋壳失水率已经历了长期的自然选择，胚胎死亡可能由其他因素造成的，所以死亡的个体与出雏的个体在失水率上差别不明显。低地鸡种，包括在低地饲养的藏鸡，蛋壳是在平原常压常氧环境中形成的，其失水率不能完全适应高原环境的孵化，失水率高的鸡蛋胚胎死亡率相对较高。表 12.5 可见，各组内出雏种蛋失水率大多明显低于死亡种蛋（$P<0.05$）。这说明低地鸡同一品种（胚胎生活力相同）低失水率有利于高海拔孵化。低失水率的鸡蛋，不仅控制了水分过多蒸发，还能限制二氧化碳过多散失，使蛋壳内保证一定的二氧化碳分压，避免低碳酸血的发生。

3. 胚胎死亡曲线

对林芝地区孵化试验各组胚胎日累积死亡率数据进行两阶段模型参数估计。

模型公式如下：

$$P=f\cdot\left[\frac{m_1}{1+e^{-\left(\frac{t-c_1}{d_1}\right)}}+\frac{1-m_1}{1+e^{-\left(\frac{t-c_2}{d_2}\right)}}\right]$$

式中：P 为孵化第 t_d 胚胎累积死亡率；f 为受精蛋孵化率；m_1 为第 1 阶段胚胎死亡比率；$1-m_1$ 为第 2 阶段胚胎死亡比率；c_1 为第 1 阶段死亡高峰期（d）；c_2 为第 2 阶段死亡高峰期（d）；$4d_1$ 为第 1 阶段持续期（d）；$4d_2$ 为第 2 阶段持续期（d）；e 为自然对数的底。

累积死亡曲线见图 12.1。所有品种（组合）种蛋在 2 900 m 海拔左右的林芝孵化时，明显表现 2 个死亡高峰阶段，孵化中期（8-14 d）死亡较少。不同品种在 2 个死亡高峰阶段的死亡率也存在很大差别，T 藏鸡死亡率最低，全期累积死亡率为 20.50%；其次为 TD、T_B 和 TS；D 和 S 的死亡率最高，分别达到 68.30% 和 67.79%。TD 和 TS 是藏鸡与低地鸡的杂交种，其胚胎死亡率介于藏鸡和低地鸡之间，但 TD 在 2 个海拔孵化胚胎死亡率均低于 TS，说明不同的低地鸡与藏鸡杂交，高原适应性表现出不同杂种优势。TD 杂种优势很高，胚胎死亡率较接近藏鸡，甚至低于低地饲养的藏鸡。

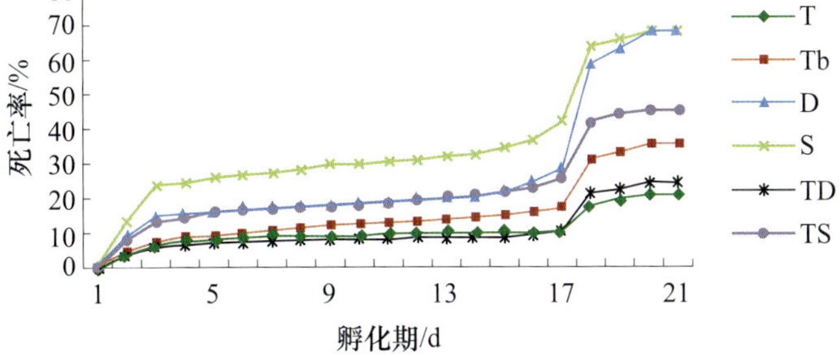

图 12.1 林芝地区孵化期鸡胚累积死亡曲线

两阶段曲线方程拟合的方程参数见表 12.6。该方程对各组胚胎死亡率拟合度均较好，R^2 都在 0.98 以上，RSE 也很小。所以，本研究所选用的模型适宜模拟鸡胚高原孵化时胚胎死亡的分布规律，进而用来分析高原环境对鸡胚胎发育的影响和不同品种对高原适应性的差别。

表 12.6　林芝地区孵化胚胎死亡曲线方程参数估值和标准误

组别		f	m_1	c_1	c_2	d_1	d_2	R^2	RSE
T	估值	0.203 5	0.459 7	2.572 1	17.683 3	1.012 0	0.363 2	0.984 8	0.000 806
	SE	0.004 57	0.015 8	0.209 6	0.115 3	0.202 3	0.089 2		
T_B	估值	0.350 7	0.405 7	4.053 8	17.546 7	2.479 4	0.360 2	0.987 2	0.002 56
	SE	0.008 03	0.023 1	0.501 9	0.115 5	0.542 7	0.078 0		
D	估值	0.672 0	0.285 9	2.422 5	17.487 3	0.913 9	0.382 1	0.989 7	0.008 11
	SE	0.014 4	0.012 6	0.304 7	0.088 4	0.292 0	0.062 0		
S	估值	0.683 7	0.430 3	2.301 4	17.208 6	0.648 4	0.584 3	0.981 7	0.011 6
	SE	0.019 1	0.018 2	0.195 8	0.162 1	0.176 9	0.140 4		
TD	估值	0.239 8	0.332 5	2.542 2	17.513 9	0.712 9	0.347 4	0.990 9	0.000 855
	SE	0.004 60	0.011 5	0.205 5	0.083 7	0.185 0	0.054 5		
TS	估值	0.448 8	0.414 4	2.576 7	17.316 5	0.983 1	0.416 1	0.980 6	0.005 71
	SE	0.012 2	0.018 4	0.276 1	0.138 4	0.264 4	0.112 3		

林芝孵化各组鸡胚死亡率估值(f)均接近实测的胚胎累积死亡率，从低到高依次为 T、TD、T_B、TS、D 和 S。第 1 阶段胚胎死亡比例(m_1)在 28.59%～45.97%之间，高峰期(c_1)在第 2.30～4.05 d，持续时间(4 d_1)(涵盖本阶段 96%的死亡个体，Koops and Grossman, 1991)为 2.59～9.92 d；第 2 阶段胚胎死亡比例($1-m_1$)在 54.13%～71.41%之间，高峰期在第 17.20～17.68 d，持续时间为 1.39～2.34 d。可见 2 900 m 海拔孵化时，鸡胚后期死亡高于前期死亡，且分布集中。Kuurman 等(2001)拟合了鸡在低海拔孵化的胚胎死亡分布，指出鸡第 1 阶段死亡高峰为 2.6 d，死亡比例为 0.77，持续期 6.6 d；第 2 阶段死亡高峰为 17.4 d，死亡比例 0.23，持续期 4.0 d。可见高海拔孵化胚胎死亡分布规律有别于低海拔正常孵化。

鸡蛋在 2 900 m 海拔孵化时胚胎死亡主要分布于 2 个阶段，一般第 2 阶段死亡比例高于第 1 阶段，第 2 阶段死亡较集中，高峰期在第 17.20～17.68 天。

12.1.3　西藏拉萨高海拔孵化

1. 孵化性能比较

将藏鸡(T)、北京饲养的藏鸡(T_B)、矮小隐性白(D)、寿光黑鸡(S)、藏鸡×矮小隐性白(TD)和藏鸡×寿光黑鸡(TS)在拉萨西藏农牧科学院畜牧兽医研究所种鸡场进行孵化，试验地点海拔 3 650 m 左右，气压约为 65.5 kPa，氧分压为 13.5 kPa。结果见表 12.7。

表 12.7 不同组在拉萨的孵化性能 %

组别	入孵数/枚	受精数/率	前期死亡数/率	中期死亡数/率	后期死亡数/率	受精蛋孵化数/率	平均秩和	雏重/蛋重
T	464	342/73.71	60/17.54	14/4.10	163/47.66	105/30.70	1 586.2[a]	66.17±2.45[a]
T_B	324	286/88.27	61/21.33	18/6.29	142/49.65	65/22.73	1 477.4[b]	65.78±2.65[a]
D	586	528/90.10	243/46.02	119/22.54	133/25.19	33/6.25	980.3[d]	62.35±3.24[b]
S	574	473/82.40	261/55.18	88/18.60	106/22.41	18/3.81	879.3[e]	65.46±3.18[a]
TD	371	341/91.91	92/26.98	29/8.50	144/42.23	76/22.29	1 393.7[b]	63.56±3.09[b]
TS	588	466/79.25	147/31.55	46/9.87	210/45.06	63/13.52	1 275.8[c]	66.10±1.74[a]

注：同列内肩标无相同字母表示差异显著（$P<0.05$）。

表 12.7 中可见 6 组种蛋拉萨地区孵化时，也表现出前期和后期 2 个死亡高峰，中期死亡率相对较低，但在相同品种内前期、中期和后期死亡率均高于林芝地区孵化的情况，尤其两个低地鸡种中期胚胎死亡率亦大幅度增加，导致受精蛋孵化率很低。

经卡方检验，T、T_B、TD、TS、D、S 平均秩和依次为 1 586.2、1 477.4、1 393.7、1 275.8、980.3、879.3，$\chi^2=363.424\ 5$（$P<0.001$），组间差异极显著。这说明 T 的胚胎在 3 650 m 海拔环境下，生活力也最高，适应性最强；其次为 T_B；TD 和 TS 比 D 和 S 提高很大，杂种优势率分别为 13.17% 和 8.27%。拉萨地区环境孵化条件下，藏鸡雏鸡重/蛋重百分比值最高，为 66.17%，其次为 TS、T_B 和 S，4 组间差异不显著（$P>0.05$）；TD 和 D 该比值较小，与其他 4 组差异显著（$P<0.05$）。

2. 种蛋失水率比较

拉萨孵化种蛋阶段失水率见表 12.8。各组种蛋阶段失水率相对稳定，微小的差异可能是由于孵化条件不稳定、称重误差造成的。但比较林芝和拉萨两地的阶段失水率可以发现，除藏鸡外，相同品种在拉萨孵化时的失水率高于林芝孵化，这是由于海拔升高，气体传导系数增加，使种蛋在等温等湿情况下，阶段失水率和总失水率均增加。各组总失水率大小顺序与林芝地区孵化相同，最小为 T（12.93%）；其次为 T_B（13.87%）；S 和 TS 相差不大，分别为 14.45% 和 14.39%；D 和 TD 也相差不大，分别为 16.68% 和 16.72%。

表 12.8 拉萨种蛋孵化期失水率 %

组别	1～3 d	4～6 d	7～9 d	10～12 d	12～15 d	16～18 d	总失水率
T	2.14	2.10	2.09	2.13	2.22	2.16	12.93±2.25[a]
T_B	2.31	2.24	2.29	2.3	2.32	2.25	13.87±2.01[b]
D	2.95	2.57	2.66	2.81	2.94	2.68	16.68±2.55[c]
S	2.39	2.29	2.28	2.47	2.48	2.46	14.39±2.66[b]
TD	2.81	2.64	2.76	2.83	2.87	2.72	16.72±3.08[c]
TS	2.4	2.31	2.3	2.45	2.51	2.42	14.45±3.23[b]

注：同列内肩标无相同字母表示差异显著（$P<0.05$）。

3. 胚胎死亡曲线分析

拉萨地区孵化试验各组胚胎日累积死亡曲线见图 12.2。各品种在海拔 3 650 m 的拉萨孵化时，也明显表现 2 个死亡高峰阶段，但中期(8～14 d)也有少量胚胎死亡，尤其是低地鸡种 D 和 S 在中期也持续死亡。T 死亡率仍最低，全期累积死亡率为 69.30%；其次为 TD、T_B和 TS；死亡率最高的为 2 个低地鸡种 D 和 S，累积死亡率分别达到了 93.75% 和 96.19%。这说明由于海拔的差距和气候环境的不同，特别是缺氧程度的强弱，对胚胎发育有严重的影响；海拔的升高会造成鸡胚死亡率增加，尤其对不能适应低氧环境的低地鸡种更为敏感。比较拉萨和林芝两地的孵化试验，T 胚胎死亡率均较低，与其他品种相比表现出了较强的高原适应性，但藏鸡并不是高原完全适应动物品种，对于 3 650 m 的高海拔表现出明显的胚胎死亡率升高。T_B为在北京饲养的藏鸡，回到高原孵化后，其胚胎死亡率比低地鸡低，但比高原环境饲养的藏鸡高，说明除了种鸡本身的遗传基础外，种鸡饲养环境也很大程度影响孵化期胚胎发育。TD 和 TS 是藏鸡与低地鸡的杂交种，其胚胎死亡率介于藏鸡和低地鸡之间，但 TD 高海拔孵化胚胎死亡率低于 TS，说明不同的低地鸡与藏鸡杂交，高原适应性表现出不同杂种优势。

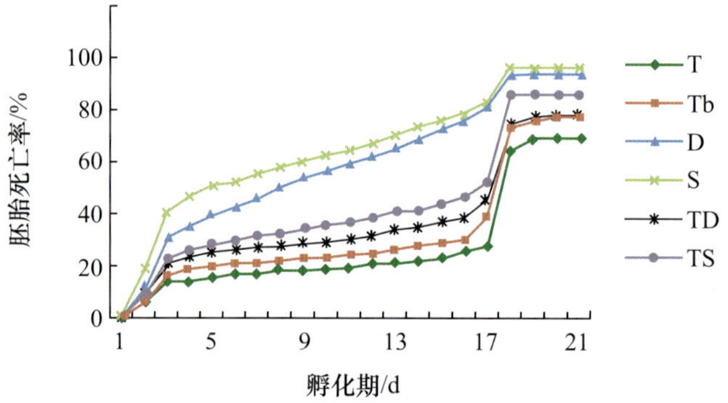

图 12.2　拉萨地区孵化期鸡胚累积死亡曲线

利用两阶段曲线方程对日累计死亡数据进行拟合，估计的方程参数见表 12.9。该方程对各组胚胎死亡率拟合度均较好，R^2 都在 0.98 以上，RSE 也很小。所以，本研究所选用的模型适宜模拟鸡胚在拉萨高海拔孵化时胚胎死亡的分布规律。表 12.9 可见，T、TD、T_B、TS 鸡胚死亡率估值接近实测胚胎累积死亡率，但 D 和 S 的 f 估值超过了 1，c_2 估值较低(14.25 d 和 15.12 d)，4 d_2 值也较大(16.97 d 和 16.05 d)。这可能是由于这 2 个品种是低地鸡种，对高原适应性较差，特别较高海拔地区孵化时，胚胎死亡率较高，中期也持续死亡，2 阶段性表现不太明显。该两阶段方程把中期的死亡也划分到了后期，所以导致死亡率估值偏高、第 2 阶段高峰提前以及第 2 阶段持续期较长等。T、TD、T_B和 TS 的第 1 阶段胚胎死亡比例在 30.32%～46.99%之间，高峰期在第 2.94～3.76 天，持续时间为 4.69～8.38 d；第 2 阶段胚胎死亡高峰期在第 17.25～17.42 d，持续时间为 1.00～1.54 d。可见 36 500 m 海拔孵化时，鸡胚后期死亡率也高于前期，后期死亡分布更集中。

表 12.9 不同组鸡拉萨孵化期胚胎死亡曲线方程拟合参数和标准误

组别		*f*	m_1	c_1	c_2	d_1	d_2	*RSE*	R^2
T	估值	0.691 0	0.303 2	3.225 8	17.420 2	1.683 3	0.252 4	0.007 61	0.991 5
	SE	0.013 2	0.013 9	0.404 3	0.089 2	0.419 4	0.046 4		
T_B	估值	0.769 7	0.328 7	3.026 7	17.319 5	1.245 0	0.306 5	0.010 2	0.990 3
	SE	0.015 5	0.013 5	0.313 7	0.089 3	0.303 8	0.064 5		
D	估值	1.092 0	0.310 5	2.545 7	14.252 7	0.414 9	4.241 7	0.013 4	0.990 3
	SE	0.101 1	0.078 5	0.164 4	1.006 6	0.160 7	1.121 2		
S	估值	1.108 5	0.425 3	2.348 9	15.148 5	0.458 4	4.012 4	0.011 2	0.991 0
	SE	0.114 1	0.084 2	0.105 9	1.241 8	0.114 0	1.281 7		
TD	估值	0.781 0	0.405 9	2.935 1	17.255 3	1.173 2	0.384 9	0.018 5	0.980 7
	SE	0.021 4	0.019 4	0.324 8	0.134 6	0.312 6	0.115 7		
TS	估值	0.866 6	0.469 9	3.759 5	17.270 7	2.094 4	0.251 2	0.022 6	0.981 1
	SE	0.022 7	0.024 3	0.431 0	0.163 8	0.455 2	0.125 5		

鸡蛋在高海拔(包括 2 900 m 和 3 650 m)孵化时胚胎死亡主要分布于 2 个阶段,一般第 2 阶段死亡比例高于第 1 阶段,第 2 阶段死亡较集中。不同海拔高度严重影响着胚胎孵化期的死亡;海拔升高(2 900～3 650 m)时,会同时增加 2 个阶段的胚胎死亡率,延长了第 1 阶段死亡持续期;对于高原适应性较差的低地鸡种 D 和 S,甚至会引起孵化中期出现大量死亡,延长模型第 2 阶段死亡持续期。

12.1.4 藏鸡孵化性能遗传特征及配套系杂种优势

D 和 S 两个低地鸡种,在海拔 2 900 m 的林芝地区孵化率只有 31.70%和 32.21%,在海拔 3 650 m 的拉萨地区只有 6.25%和 3.81%,比低海拔孵化时明显降低。藏鸡是高海拔适应鸡种,其种蛋在低海拔孵化时,能正常完成胚胎发育,与低地鸡差异不明显。在高海拔孵化时,其孵化性能比低地鸡表现出明显的优越性,海拔 2 900 m 孵化率达 79.51%,海拔 3 650 m 孵化率达 30.70%。即使是饲养在北京 3 代后的藏鸡种蛋在 2 900 m 和 3 650 m 海拔的孵化率也分别达 64.37%和 22.73%,明显高于低地鸡种。这说明藏鸡对高海拔孵化的适应有其独特的遗传优势,低海拔的饲养环境只是改变了孵化的某些生理基础,而高海拔适应性的遗传基础没有丢失,回到高海拔后,仍能表现出较好的孵化性能。但藏鸡并不是高海拔完全适应动物,在较高海拔(3 650 m)孵化率则明显降低。藏鸡与低地鸡杂交种蛋高海拔孵化性能提高很大,杂种优势较高,尤其本试验中的 TD,海拔 2 900 m 孵化率达 75.48%,接近了藏鸡的孵化率,同时超过了低海拔饲养的藏鸡。在海拔 3 650 m 孵化率达 22.29%,与低海拔饲养的藏鸡相似。

雏鸡重/蛋重比值一方面反映胚胎个体孵化期发育率,另一方面也反映胚胎对蛋内营养的利用率。本试验发现在低海拔环境中,藏鸡雏鸡重/蛋重比值最低;而在高海拔环境时(包括 2 900 m 和 3 650 m 海拔),藏鸡该比值却最高。这可能是藏鸡对高海拔低氧孵化的遗传适应性的表现之一。而低地鸡种在低海拔孵化时,氧气供应正常,胚胎代谢旺盛,胚胎重相对较高,本试验中D和S雏鸡重/蛋重比值分别达70.99%和71.62%。但在高海拔环境孵化时，组织缺氧大大抑制了胚胎的代谢活动，再加上失水率的增加，导致其成功发育的胚胎相对重量较小。藏鸡在高原长期生活过程中，胚胎调整了机体代谢机制，降低了代谢活动来适应低氧环境，这种代谢活动的降低具有稳定的遗传特性，在低海拔常氧环境中仍表现出来，所以导致藏鸡雏鸡重/蛋重比值在低海拔最低，在高海拔最高，这与前人研究的理论一致。Beattie和Smith(1975)报道，高山品系的鸡在低海拔孵化时，胚胎耗氧量比低地品系鸡低。但在高海拔孵化时，高山品系鸡胚胎耗氧量比低地品系高。他们指出家禽对高海拔的适应重要表现是降低了胚胎后期代谢活动和发育速度。

低地鸡种高海拔(2 900 m)孵化时出雏种蛋的平均失水率比死胚蛋失水率低，说明同一低地品种内低失水率有利于孵化和出雏，但不同品种的孵化率与失水率相关性不明显。TD种蛋失水率较高，但其高海拔孵化率却较高。S种蛋失水率中等，但其高海拔(包括2 900 m和3 650 m)孵化性能最差。藏鸡在2 900 m和3 650 m海拔孵化时，失水率相差不大，但孵化率差别明显。因此，我们认为鸡胚胎孵化期能耐受较宽范围的失水，与Carey(1986)报道一致。李文铭(2001)也报道，0～18 d失水率在13.59%～19.47%的迪卡鸡蛋孵化率比失水率在11.50%～13.58%的种蛋低，但仍达81.58%。

12.2 肉用藏鸡配套系生长性能

12.2.1 体重生长

在低海拔(北京，100 m)和高海拔(西藏林芝，2 900 m)环境中饲养的藏鸡(T)、矮小隐性白(D)、寿光黑鸡(S)、藏鸡×矮小隐性白(TD)和藏鸡×寿光黑鸡(TS)出生至13周龄的体重生长见表12.10。双因素方差分析显示，出生、2、4、6、8、10和13周龄体重均受海拔和品种的影响，且海拔与品种之间存在互作。鸡在低海拔环境中生长时体重明显高于高海拔。在低海拔，出雏时D和TD体重最高，其次为S和TS，藏鸡出生重最小。随着日龄增加，D组生长较快，在2和4周时，体重呈现了4个差异水平；6～13周龄，各组体重都差异显著($P<0.05$)，藏鸡在任何周龄阶段体重都最低，而矮小型隐性白鸡最高。在高海拔环境中，由于藏鸡蛋较小，出生重仍最低。但随着周龄增加，由于藏鸡是高原适应品种，在高海拔环境中生长所受抑制相对较小，在2周龄后体重不再是最低的。10周龄和13周龄时，TD体重最高，表现出极强的杂种优势。

表12.10 不同海拔环境中鸡体重

	品种	出生	2周龄	4周龄	6周龄	8周龄	10周龄	13周龄
低海拔	T	27.4±2.29[c]	74.0±12.6[d]	141.5±32.2[d]	245.1±66.2[e]	381.6±93.6[e]	556.4±148.8[e]	761.4±212.6[e]
	D	48.4±4.57[a]	196.5±25.8[a]	392.6±62.7[a]	825.0±138.7[a]	1 158.1±230.7[a]	1 609.8±313.2[a]	2 097.7±444.6[a]
	S	39.2±4.24[b]	115.3±10.7[c]	239.1±26.0[c]	488.7±52.2[c]	740.9±76.3[c]	1 025.3±149.0[c]	1 437.9±227.1[c]

续表 12.10

	品种	出生	2 周龄	4 周龄	6 周龄	8 周龄	10 周龄	13 周龄
低海拔	TD	46.6±3.42^{a}	152.9±16.7^{b}	312.6±47.5^{b}	612.9±77.7^{b}	907.9±125.6^{b}	1 218.8±173.4^{b}	1 666.8±242.3^{b}
	TS	40.9±3.43^{b}	113.6±10.2^{c}	222.4±30.2^{c}	416.4±80.3^{d}	576.8±111.5^{d}	789.0±165.2^{d}	1 084.5±207.1^{d}
高海拔	T	28.5±2.46^{c}	45.3±8.74^{fg}	82.1±18.0^{e}	147.2±29.0^{f}	219.3±39.0^{fg}	277.9±46.6^{h}	377.8±68.6^{h}
	D	33.8±3.07^{bc}	52.7±9.02^{e}	82.7±14.2^{e}	151.9±22.9^{f}	254.8±44.6^{f}	339.0±76.8^{fg}	504.6±130.6^{g}
	S	37.6±2.64^{b}	41.4±6.57^{g}	64.4±15.1^{fg}	124.6±29.0^{fg}	217.9±50.8^{fg}	308.0±81.0^{gh}	479.6±111.7^{g}
	TD	35.1±2.95^{b}	47.4±7.25^{f}	73.4±13.6^{f}	137.8±30.1^{f}	249.1±58.3^{f}	372.0±94.2^{f}	604.8±140.1^{f}
	TS	38.2±3.00^{b}	47.2±6.62^{f}	59.7±10.8^{g}	115.4±22.5^{g}	202.9±43.7^{g}	298.9±71.4^{gh}	437.5±104.6^{gh}

注：同列内无相同字母表示差异显著（$P<0.05$）。

12.2.2 胫长生长

鸡胫长的生长可以代表骨骼发育状况。在低海拔和高海拔环境中生长的鸡胫长及 10 周龄和 13 周龄体态结构指数见表 12.11。鸡出生时，胫长受海拔和品种影响不大，各组差异不显著（$P>0.05$）。在随后的周龄阶段，高海拔低氧环境对身体生长有明显的抑制作用，所以明显看出，除藏鸡外，同品种的鸡相同周龄时，低海拔生活的胫长明显较高（$P<0.05$）；而藏鸡相同周龄时，海拔环境没有明显影响胫长的生长（$P>0.05$）。

体态结构指数是反应鸡的骨骼大小与载肉量之间关系的指标，由骨骼肌结构和肌肉丰满程度决定。在低海拔环境中，D 在 10 周龄和 13 周龄时的体态结构指数都最高，其次是藏鸡，寿光鸡最低；TD 和 TS 的体态结果指数都偏向于藏鸡。在高海拔环境中，除寿光鸡外，其他品种与低海拔相比，体态结构指数均有不同程度的降低。藏鸡体态结构指数的降低是由于肌肉生长在高原环境中受抑制，而骨骼生长抑制不明显，所以体型更趋高而长。D、TD 和 TS 的体态结构指数降低是由于肌肉和骨骼生长同时受高原环境的抑制，肌肉生长抑制程度更大，所以体型也趋瘦高而长。寿光鸡在低海拔环境中体态结构指数就很低，到高海拔后，肌肉和骨骼生长同时受到抑制，可能由于抑制程度一致，所以体态结构指数未有明显变化。各组鸡 10 周龄与 13 周龄时体态结构指数差异均不显著，说明在 10～13 周龄期间，骨骼和肌肉生长是同步的。叶绍辉等（2000）报道云南腾冲雪鸡 60～90 日龄体态结构指数 0.11 左右，与本实验中生活在高海拔藏鸡相近。谌澄光等（2002）报道江西宁都黄鸡 120～150 日龄体态结构指数在 0.15 左右，与本实验中低海拔环境中矮小隐性白接近，其他品种都低于此值。

表 12.11　不同海拔环境中鸡胫长

	品种	出生	2 周龄	4 周龄	6 周龄	8 周龄	10 周龄	13 周龄	10 周龄体态指数	13 周龄体态指数
低海拔	T	25.89±0.91^{a}	28.29±1.82^{f}	32.88±3.38^{e}	44.91±5.48^{d}	55.07±6.98^{d}	60.57±8.71^{bc}	69.38±12.00^{e}	0.128 0±0.006 6^{b}	0.126 1±0.010 8^{bc}
	D	26.11±0.95^{a}	37.11±0.91^{a}	47.69±3.53^{a}	60.22±5.22^{a}	72.10±6.12^{b}	78.01±6.99^{ab}	81.05±7.38^{c}	0.149 4±0.006 8^{a}	0.153 6±0.006 4^{a}
	S	26.36±0.92^{a}	33.64±0.94^{cd}	44.12±2.17^{a}	62.77±3.45^{ab}	77.82±3.36^{a}	88.84±5.32^{a}	100.36±8.05^{a}	0.115 1±0.003 0^{d}	0.112 9±0.004 5^{e}
	TD	26.54±0.87^{a}	35.15±2.26^{b}	44.69±4.61^{b}	64.66±4.65^{a}	76.05±6.71^{a}	87.87±8.07^{a}	97.79±10.59	0.125 3±0.008 4^{bc}	0.123 2±0.009 3^{c}
	TS	26.35±0.11^{a}	32.80±1.56^{d}	41.73±2.43^{c}	56.12±4.74^{c}	68.48±5.92^{c}	76.23±6.70^{ab}	86.72±8.11^{b}	0.120 3±0.004 1^{c}	0.117 6±0.005 5^{d}
高海拔	T	26.01±0.93^{a}	30.03±1.67^{g}	36.59±3.18^{d}	42.58±3.92^{de}	52.71±4.52^{de}	57.92±4.92^{cd}	65.38±4.67^{ef}	0.112 6±0.004 9^{d}	0.110 3±0.002 7^{e}
	D	26.06±0.95^{a}	34.44±1.51^{bc}	37.98±2.27^{d}	42.94±2.45^{d}	48.03±3.09^{f}	53.67±4.50^{d}	62.21±5.61^{f}	0.129 2±0.004 4^{b}	0.127 1±0.005 3^{b}
	S	26.12±0.91^{a}	31.45±1.37^{ef}	34.84±3.05^{e}	42.31±4.40^{de}	51.10±5.36^{ef}	58.64±7.09^{cd}	69.52±6.25^{e}	0.114 8±0.004 7^{d}	0.112 1±0.004 1^{e}
	TD	26.39±1.05^{a}	30.94±1.61^{f}	34.99±2.58^{e}	43.10±4.18^{d}	50.87±5.49^{ef}	64.17±5.91^{bc}	73.46±7.45^{d}	0.117 4±0.010 2^{cd}	0.114 8±0.005 1^{de}
	TS	26.60±0.95^{a}	31.80±1.46^{e}	33.89±2.53^{e}	41.23±3.73^{e}	49.13±5.02^{f}	58.07±6.74^{cd}	67.13±7.15^{e}	0.114 8±0.005 5^{d}	0.112 8±0.005 1^{e}

注：同列内无相同字母表示差异显著（$P<0.05$）。

12.2.3　体重生长模型

畜禽生长曲线的拟合和分析是研究畜禽生长发育规律的主要方法之一，是畜禽育种和生产的基础工作。理想的生长模型，能将一系列的体重数据概括为几个具有重要生物学意义的参数，这些参数有助于判断与分析饲养、管理、防疫上的成功与失败，比较和检验不同品种类型、不同亲缘关系以及不同性别畜禽的遗传品质等。为了给藏鸡及其杂交组合在低海拔和高海拔环境的生长曲线选择较适宜的拟合方程，我们选用了 6 种不同的曲线模型，拟合试验鸡群在低海拔和高海拔从出生至 13 周龄的体重生长。6 种模型方程分别为：

Brody 模型：$W_t=W_0\mathrm{e}^{rt}$

其中，W_t 为 t 周龄时的体重；W_0 为初始体重；r 为生长速率参数；t 为周龄数。

logistic 模型（Wu 等，2002）：$W_t=\dfrac{a}{(1+\mathrm{e}^{b-rt})}$

其中，W_t 为 t 周龄时的体重；a 为极限体重；r 为接近极限体重的生长速度参数；b 为达到最大生长率的时间参数。

Gompertz 模型（Laird，1966）：$W_t=a\mathrm{e}^{-b\exp-rt}$

其中，W_t 为 t 周龄时的体重；a 为上渐近线（生长极限）参数；r 为接近极限体重的生长速度参数；b 为调节参数；下渐近线为$\frac{a}{e^b}$；拐点周龄为$\frac{(\ln b)}{r}$；拐点体重为$\frac{a}{e}$。

von Bertalanffy 模型（Darmani-Kuhi 等，2002）：$W_t = a(1-be^{-rt})^v$

其中，$1 \leqslant v \leqslant 3$，$W_t$ 为 t 周龄时的体重；a 为上渐近线（生长极限）参数；r 为生长速度参数；b 为调节参数。

Richards 模型（Knizetova 等，1991）：$W_t = a(1+be^{-rt})^{-1/n}$

其中，$n > -1$，$n \neq 0$，$k > 0$，W_t 为 t 周龄时的体重，a 为上渐近线（生长极限）参数；r 为体重对数生长速率参数；b 为调节参数；n 为曲线形状参数，决定生长拐点的位置。$a/(1+b)^{1/n}$ 为初始体重；$-r^{-1}\ln(n/b)$ 为拐点时间；$a/(n+1)^{1/n}$ 为拐点体重；$ar/7(n+1)^{\frac{1}{n}+1}$ 为最大日增重。

多项式模型：$W_t = b_0 + b_1 t + b_2 t^2 + b_3 t^3$

其中，b_0、b_1、b_2、b_3 为参数。

各模型拟合残差平方和（RSE）和相关指数（R^2）见表 12.12 和表 12.13。

表 12.12 低海拔环境中鸡体重生长模型的拟合相关指数（R^2）和残差平方和（RSE）

模型		T	D	S	TD	TS
Brody	R^2	0.963 7	0.939 8	0.958 3	0.951 8	0.958 9
	RSE	15 906.0	209 827.0	66 461.1	102 643.0	35 569.3
logistic	R^2	0.999 6	0.996 9	0.998 0	0.997 5	0.997 0
	RSE	183.7	10 831.9	3 129.6	5 239.5	2 583.2
Gompertz	R^2	0.999 0	0.998 7	0.999 6	0.999 6	0.999 2
	RSE	447.5	4 697.2	580.5	808.3	702.8
von Bertalanffy	R^2	0.994 2	0.987 3	0.997 1	0.998 4	0.999 2
	RSE	2 549.4	33 457.3	4 598.0	3 408.0	728.6
Richards	R^2	0.999 6	0.998 7	0.999 6	0.999 6	0.999 3
	RSE	163.4	4 670.1	580.2	785.4	620.6
Multinomial	R^2	0.998 7	0.998 6	0.999 6	0.999 6	0.999 3
	RSE	558.2	4 879.9	583.3	859.9	605.1

若以 $R^2 > 0.99$ 为标准，除了 Brody 模型外，其他 5 种模型模拟鸡体重拟合度均较高。Brody 模型拟合的 RSE 较高，R^2 较低，所以不宜用来模拟鸡在低海拔或高海拔环境的早期生长，这与张德祥等（1998）结果一致。多项式模型模拟效果较好，R^2 在 0.994 以上，RSE 也较低，但由于其参数无生物学意义，所以不宜用来进行生长特征的比较分析。

logistic 和 Gompertz 模型对鸡的生长过程提供了很好的拟合，R^2 在 0.992 以上，且模型参数具有合理的生物学意义，这与 Mignon-Grasteau 等（1999）和 Wu 等（2002）的结果一致。但从 RSE 值可看出，在低海拔环境中除 T 外，其他品种的生长 Gompertz 优于 logistic 模型，这与 Darmani-Kuhi 等（2003）结果一致；在高海拔环境中，所有品种均更宜用 logistic 模型分析。

表 12.13 高海拔环境中鸡生长模型的拟合相关指数(R^2)和残差平方和(RSE)

模型		T	D	S	TD	TS
Brody	R^2	0.958 3	0.975 7	0.984 8	0.983 1	0.970 8
	RSE	4 209.5	6 209.7	3 363.4	8 167.7	7 087.9
logistic	R^2	0.998 1	0.994 6	0.997 5	0.998 9	0.997 3
	RSE	195.7	1 375.1	551.8	535.1	664.2
Gompertz	R^2	0.998 1	0.992 8	0.995 8	0.997 6	0.993 4
	RSE	233.8	1 833.9	921.8	1 142.4	1 611.6
von Bertalanffy	R^2	0.997 0	0.991 5	0.994 7	0.996 5	0.990 9
	RSE	305.3	2 144.8	1 178.6	1 693.1	2 210.2
Richards	R^2	0.998 5	0.995 1	0.997 8	0.998 9	0.998 3
	RSE	149	1 262.1	497.3	523.0	417.5
Multinomial	R^2	0.999 1	0.994 0	0.998 7	0.998 7	0.998 0
	RSE	93.71	1 523.6	290.9	608.1	477.7

von Bertalanffy 和 Richards 模型是生长拐点位置可变的 S 形曲线，都有 4 个参数，参数也具有合理的生物学意义。Richards 模型的 R^2 为 0.995 以上，RSE 也较小，其拟合效果优于 von Bertalanffy 模型，这与 Darmani-Kuhi 等(2003)结果一致。在低海拔环境中，Richards 模型对 5 组鸡体重生长曲线的拟合与 Gompertz 模型较接近，R^2 和 RSE 值在同组鸡群内非常接近。通过计算，Richards 模型拟合的鸡生长曲线拐点在极限体重的 0.330～0.474 倍之间，这与 Gompertz 曲线的 0.368 倍很接近。在高海拔环境中，Richards 模型对 5 组鸡体重生长曲线的拟合与 logistic 模型较接近，R^2 和 RSE 值在同组鸡群内非常接近；通过计算，Richards 模型拟合的鸡生长曲线拐点在极限体重的 0.473 2～0.611 6 倍之间，这与 logistic 曲线的 0.5 倍很接近。

12.2.4 胫长生长模型的比较

表 12.14 低海拔环境中鸡胫长生长模型的拟合相关指数(R^2)和残差平方和(RSE)

模型		T	D	S	TD	TS
Brody	R^2	0.932 7	0.852 2	0.936 2	0.935 8	0.929 7
	RSE	87.75	236.5	197.9	180.0	150.6
logistic	R^2	0.993 4	0.994 9	0.998 7	0.998 2	0.997 7
	RSE	8.67	8.20	4.19	5.14	4.83
Gompertz	R^2	0.990 1	0.991 2	0.997 9	0.998 2	0.996 4
	RSE	12.90	14.12	6.77	5.03	7.67
von Bertalanffy	R^2	0.988 9	0.989 6	0.997 4	0.998 0	0.995 7
	RSE	14.53	16.59	8.64	5.73	9.22
Richards	R^2	0.999 5	0.999 2	0.998 7	0.998 3	0.998 0
	RSE	0.64	1.29	4.15	4.70	4.29
Multinomial	R^2	0.999 6	0.999 6	0.998 4	0.998 0	0.997 4
	RSE	0.53	0.67	5.25	5.58	5.54

采用 6 种模型拟合鸡在低海拔和高海拔环境中胫长生长的拟合效果见表 12.14 和表 12.15。表中可见，无论是在低海拔还是高海拔环境，从 R^2 和 RSE 可以看出，Brody 模型对鸡胫长生长拟合效果均较差；多项式模型拟合优度很高；Gompertz 与 logistic 模型相比，logistic 拟合效果更好；von Bertalanffy 与 Richards 相比，Richards 模型拟合效果更好。参数有生物学意义的模型比较，Richards 方程最佳。

表 12.15　高海拔环境中鸡胫长生长模型的拟合相关指数(R^2)和残差平方和(RSE)

模型		T	D	S	TD	TS
Brody	R^2	0.969 0	0.984 8	0.992 7	0.984 5	0.984 3
	RSE	40.26	17.20	13.52	64.63	33.55
logistic	R^2	0.993 4	0.993 1	0.996 7	0.992 4	0.991 8
	RSE	8.53	7.82	6.02	26.69	17.56
Gompertz	R^2	0.991 7	0.993 8	0.996 3	0.990 3	0.990 6
	RSE	10.79	7.08	6.81	32.75	19.96
von Bertalanffy	R^2	0.991 0	0.994 0	0.996 2	0.990 1	0.990 3
	RSE	11.64	6.82	7.10	34.79	20.76
Richards	R^2	0.996 9	0.995 6	0.997 8	0.991 6	0.996 8
	RSE	4.00	4.91	4.13	28.98	6.78
Multinomial	R^2	0.997 5	0.996 4	0.998 0	0.995 3	0.996 7
	RSE	3.27	4.09	3.61	13.48	7.04

12.2.5　体重生长参数比较

从以上的分析结果看，Richard 模型无论对低海拔和高海拔环境中鸡的体重和胫长生长都能较好拟合，拟合优度高，故选择了它来计算模型对 5 组鸡体重和胫长生长进行分析，并计算其初始重、拐点时间、拐点生长、最大生长速度等。结果见表 12.16。

表 12.16　Richards 模型拟合鸡体重生长曲线参数

	品种	a	r	b	n	初始重	拐点周龄	拐点体重	最大日增重
低海拔	T	1 008.3	0.299 4	11.391 7	0.747 7	34.80	9.10	477.9	11.69
	D	2 986.9	0.194 3	0.218 4	0.049 1	53.45	7.68	1 318.5	29.77
	S	2 480.2	0.159 1	0.036 5	0.008 42	35.11	9.22	916.2	20.65
	TD	2 788.0	0.152 1	−0.219 2	−0.059 8	44.49	8.54	994.2	22.98
	TS	2 313.6	0.107 2	−0.543 4	−0.191 0	38.17	9.75	762.5	14.44
高海拔	T	525.0	0.225 6	2.996 4	0.444 7	23.29	8.46	229.5	5.12
	D	573.8	0.658 0	1 710.9	2.612 9	33.21	9.85	351.0	9.13
	S	600.7	0.499 1	327.0	1.829 2	25.31	10.39	340.2	8.57
	TD	876.1	0.369 3	73.198 6	1.213 0	25.15	11.10	455.2	10.85
	TS	502.0	0.597 3	881.3	2.267 4	25.21	9.98	297.8	7.78

不同品种(组合)在某环境中生长的特征,主要看初始体重($a/(1+b)^{1/n}$)、极限体重(a)、拐点时间($-r^{-1}\ln(n/b)$)、拐点体重($a/(n+1)^{1/n}$)和最大日增重($ar/7(n+1)^{\frac{1}{n}+1}$)等参数;拐点是生长曲线中指数生长阶段的结束和渐近生长阶段的开始,此时的生长速度最大。比较鸡在低海拔和高海拔生长参数可见,所有品种在高海拔环境比低海拔初始体重鸡、极限体重、拐点体重和最大日增重均明显降低,而生长拐点时间除藏鸡略有提前外,其他品种均有延迟。

在低海拔环境中,D的极限体重、拐点体重和最大日增重最大,拐点时间最小;藏鸡的极限体重、拐点体重和最大日增重最小。对于肉用性能,较大的极限体重、拐点体重和日增重是有利的,可以增加产肉量。而较低的生长拐点时间也是很重要的,拐点时间的提前,可能意味着鸡体成熟和性成熟提前,早期生长速度加快,可以缩短上市日龄。TD的极限体重、拐点体重、最大日增重和拐点时间与藏鸡相比有很大程度的改善,杂种优势分别为39.6%、10.7%、10.8%和-1.8%。TS的极限体重、拐点体重和最大日增重与藏鸡相比有不同程度的提高,杂种优势分别为32.6%、9.4%和-10.7%;拐点时间没有提前。

在高海拔环境中,藏鸡极限体重、拐点体重和最大日增重比低海拔时分别下降了47.9%、52.0%和56.8%,但拐点时间却提前约4.5 d。D的极限体重、拐点体重和最大日增重分别降低了80.8%、72.4%和69.3%,拐点时间推迟15.2 d。寿光鸡的极限体重、拐点体重和最大日增重分别降低了75.8%、62.9%和58.5%,拐点时间推迟8.2 d。TD的极限体重、拐点体重和最大日增重分别降低了68.6%、54.2%和52.8%,拐点时间推迟17.9 d。TS的极限体重、拐点体重和最大日增重分别降低了78.3%、60.9%和46.1%,拐点时间推迟1.6 d。可见,藏鸡和含有藏鸡遗传基因的TD和TS降低程度相对较低,低地良种肉鸡D降低程度最高。高海拔环境中,TD的极限体重、拐点体重和最大日增重最高,杂种优势率分别达59.5%、56.8%和52.3%;TS的极限体重、拐点体重和最大日增重杂种优势率分别为-10.8%、4.5%和13.7%。

与低海拔环境相比,高海拔环境的鸡初始体重、极限体重、拐点体重和最大日增重均明显降低,而体重生长拐点时间除藏鸡略有提前外,其他品种均延迟。Richards模型可以用来分析藏鸡与其他鸡种在不同海拔环境中生长模式的差别。藏鸡与低地鸡品种相比,其极限体重低,拐点周龄大,早期生长速度较慢,这与以前对藏鸡性能描述是一致的。TD在极限体重和拐点体重比藏鸡都有很大幅度的提高,拐点时间也有提前,存在明显的杂种优势,是发展藏鸡肉用发展的良好组合。

12.2.6 胫长生长参数比较

鸡胫长生长Richards模型拟合参数见表12.17。比较不同海拔环境鸡胫长生长模式的变化可见,高海拔最大胫长和最大日增长每个品种均有不同程度的降低,拐点时间延迟;其中高海拔环境中藏鸡的最大胫长、拐点胫长和最大日增长比低海拔分别降低3.6%、4.0%和25.3%,拐点时间延迟1.68 d。D最大胫长、拐点胫长和最大日增长分别降低26.4%、8.6%和46.9%,拐点时间延迟23.3 d。S最大胫长、拐点胫长和最大日增长分别降低32.3%、3.1%和45.4%,拐点时间延迟26.7 d。TD的最大胫长、最大日增长降低34.0%和30.4%,拐点时间延迟31.2 d,拐点胫长增加17.2%。TS的最大胫长、最大日增长降低23.4%和34.1%,拐点时间延迟32.1 d,拐点胫长增加9.4%。所以,藏鸡胫长生长受高海拔环境抑制程度较低,而低地鸡受抑制程度较大。藏鸡与低地鸡杂交种胫长生长也受到严重限制,但其胫长生长拐点比较迟，拐点胫长比低海拔时略有增加。

在低海拔环境中，由于藏鸡是小型地方鸡种，所以最大胫长、拐点胫长和最大日增长都相对较小，拐点时间迟。D是含有隐性纯合矮小基因的肉鸡品种，虽然其体重最大，但其最大胫长和最大日增长也相对较低。S是中大型肉蛋兼用地方品种，所以其最大胫长、拐点胫长和最大日增长都相对较高。TD体型偏向藏鸡，胫长较长，生长速度偏向矮小隐性白，生长速度快，因此其最大胫长和最大日增长都相对较高，拐点时间也较早。TS最大胫长和最大日增长处于藏鸡和寿光鸡之间，拐点时间偏向寿光鸡，而拐点胫长偏向藏鸡。在低海拔环境中，TD的最大胫长、拐点胫长和最大日增长均最高，拐点时间为8.72周。

表12.17 Richards模型拟合鸡胫长生长曲线参数

	组	*a*	*r*	*b*	*n*	初始长	拐点周龄	拐点胫长	最大日增长
低海拔	T	70.11	0.786 6	2 154.6	6.705 8	22.32	7.34	51.71	0.75
	D	81.79	0.661 6	140.0	4.525 5	27.40	5.19	56.06	0.96
	S	112.8	0.280 1	5.559	1.145 5	21.84	5.64	57.93	1.08
	TD	114.3	0.207 2	1.091	0.451 8	22.33	4.26	50.08	1.02
	TS	92.92	0.334 3	10.229	1.721 8	22.81	5.33	51.95	0.91
高海拔	T	67.58	0.597 1	605.7	6.559 4	25.44	7.58	49.65	0.56
	D	63.25	0.928 6	33 477.4	12.280 5	27.08	8.52	51.24	0.51
	S	76.33	0.556 0	1 260.3	6.599 9	25.87	9.45	56.14	0.59
	TD	75.45	0.863 7	17 285.5	9.253 1	26.28	8.72	58.67	0.71
	TS	69.48	1.047 5	426 619	13.195	26.01	9.91	56.83	0.60

与高海拔环境相比低海拔环境各组最大胫长和最大日增长均有不同程度的降低，胫长生长拐点时间延迟。可看出藏鸡胫长生长受高海拔环境抑制程度较低，而低地鸡受抑制程度较大。

12.2.7 体重累积生长

各品种在低海拔和高海拔环境中Richards体重累积生长曲线见图12.3，并标出了实际观察值均值。图中可见，拟合的生长曲线均与实际观察值相当吻合，也可更直观地看出海拔和品种对体重生长的影响。计算TD和TS在每个周龄的体重杂种优势率，见图12.4，结果表明在低海拔条件下，TD体重的杂种优势率在所有周龄均较高，而TS只在早期较高，后期较低；在高海拔环境中，TD体重的杂种优势率后期很高。

12.2.8 胫长累积生长

各品种在低海拔和高海拔环境中Richards胫长累积生长曲线见图12.5，并标出了实际观察值均值。图中可见，拟合的生长曲线均与实际观察值相当吻合，也可更直观地看出海拔和品种对胫长生长的影响。比较图12.3与图12.5可知，高海拔环境对鸡体重生长的影响更为严重，说明了高海拔低氧条件对鸡的肌肉生长的影响大于对骨骼的影响。

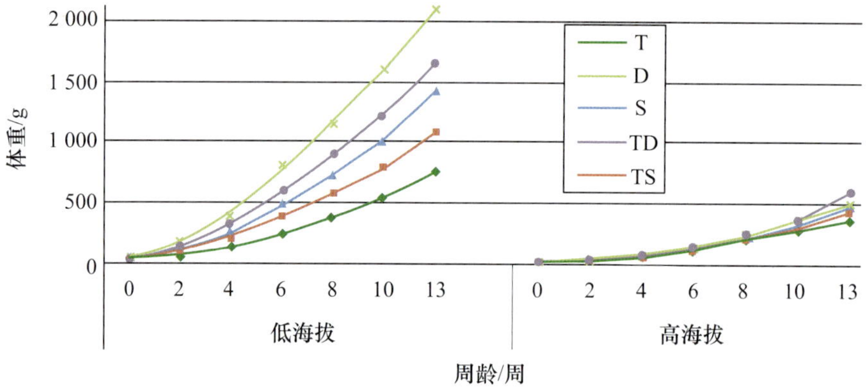

图 12.3 鸡体重观察值和 Richards 生长曲线

注:线条表示拟合曲线,点表示体重观察值均值

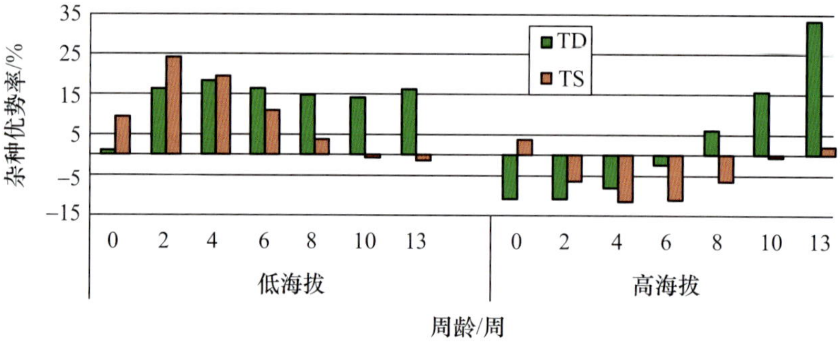

图 12.4 TD 和 TS 体重杂种优势率

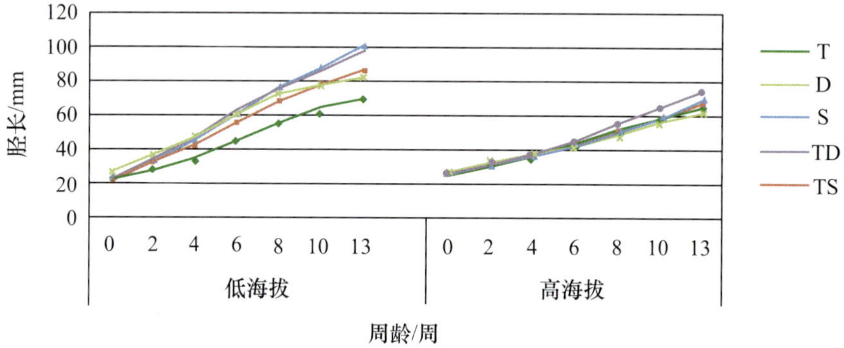

图 12.5 鸡胫长观察值和 Richards 生长曲线

注:线条表示拟合曲线,点表示体重观察值均值

12.2.9 体重绝对生长速度

绝对生长速度指鸡每天(周)体重绝对增加量,对 Richards 方程求导,可以推导出绝对增重方程:

$$\mathrm{d}W/\mathrm{d}t=\hat{W}_t r(a^n-\hat{W}_t^n)/(na^n)$$

将周龄代入绝对增重方程，可以计算出某个时期的期望绝对增重，图 12.6 表示几个品种鸡在低海拔和高海拔环境中 Richards 模型的绝对增重曲线。计算 TD 和 TS 两个杂交种在体重绝对增长速度上的杂种优势，见图 12.7。TD 的杂种优势率比 TS 高，在高海拔时 TD 后期体重生长杂种优势率最高。藏鸡绝对生长速度最低，各组鸡的高海拔绝对生长速度都比低海拔时明显下降。TD 绝对生长速度的杂种优势率很高，尤其在高海拔 8 周龄后，绝对生长速度超过了 D。

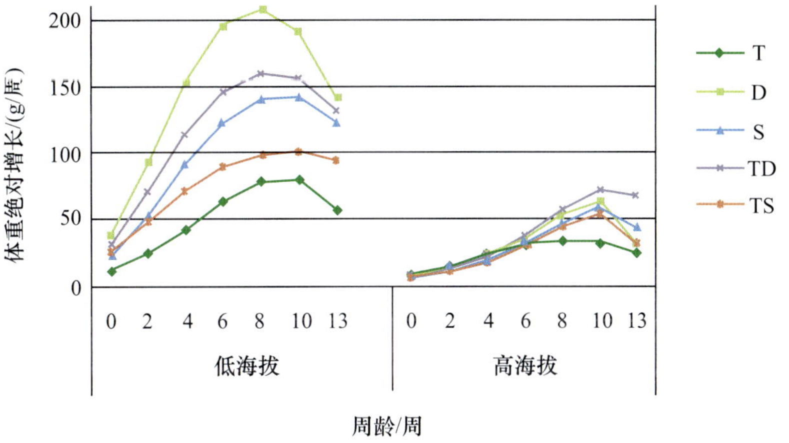

图 12.6 体重 Richards 绝对生长曲线

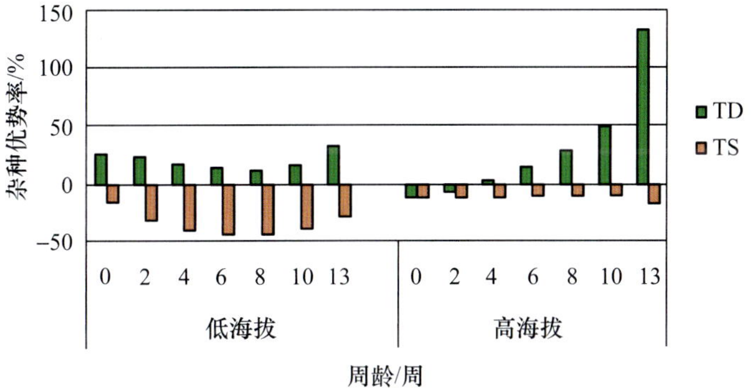

图 12.7 TD 和 TS 绝对体重增长的杂种优势率

12.2.10 体重相对生长速度

绝对增重方程除以体重，就可得出相对增重方程：

$$dW/dt/\hat{W}_t = r(a^n - \hat{W}_t^n)/(na^n)$$

将周龄代入相对增重方程，计算出某个时期的期望相对增重，图 12.8 表示几个品种鸡在低海拔和高海拔环境中 Richards 模型的相对增重曲线。可见，藏鸡在低海拔环境和高海拔环境中，体重相对增长曲线相似。其他品种在高海拔环境中，前期相对增长速度受抑制程度较大，而后期受抑制程度相对较小。计算 TD 和 TS 两个杂交种在体重相对增长速度上的杂种优势，见图 12.9。TD 的杂种优势率比 TS 高，尤其在高海拔环境中 6～13 周龄时，体重相对生长杂种优势率较高。

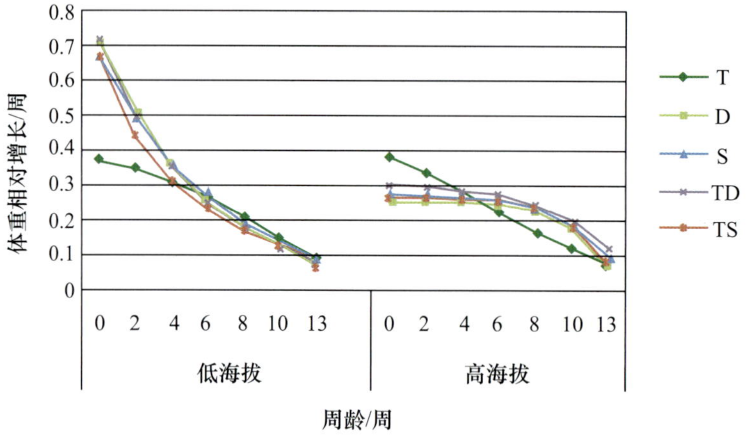

图 12.8 体重 Richards 相对增长曲线

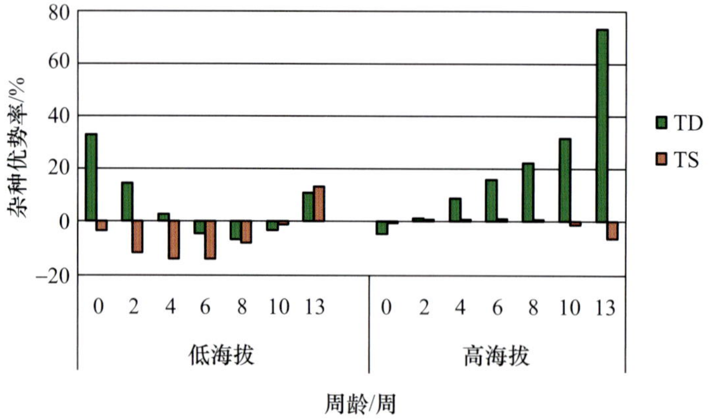

图 12.9 TD 和 TS 体重相对生长速度杂种优势率

相对生长速度指鸡每天(周)体重相对于原体重增加的百分比。一般情况下，动物体重前期相对生长速度较高，而后期较低。藏鸡在低海拔环境中，Richards 模型相对生长速度较其他品种低。但藏鸡在高海拔时，相对生长速度并没有明显降低，而其他品种早期相对生长速度降低很多。TD 相对生长速度的杂种优势率很高，尤其在高海拔环境中的生长后期，相对生长速度超过了矮小隐性白鸡。因此，从生长速度上看，TD 是藏鸡可利用的良好杂交模式。

12.3 肉用藏鸡配套系产肉性能

12.3.1 屠宰率

对在低海拔(北京，100 m)和高海拔(西藏林芝，2 900 m)环境中饲养的藏鸡(T)、矮小隐性白(D)、寿光黑鸡(S)、藏鸡×矮小隐性白(TD)和藏鸡×寿光黑鸡(TS),在 70 日龄和 90 日龄分别进行屠宰性状性能测定。屠体重和屠体率见表 12.18。对屠体重进行四因素方差分析可知,海拔、品种、周龄和性别都影响鸡屠体重($P<0.0001$);且海拔与品种、海拔与周龄、海拔与性别、品种与性别间存在明显的互作效应($P<0.01$)。高海拔环境中饲养的鸡屠体重明显低于低海拔($P<0.0001$)。品种间 D 屠体重最高,T 最小,各组之间差异显著($P<0.01$),但在高海拔环境中,屠体最大的为 TD,杂种优势尤为明显。在低海拔时,公鸡屠体率显著大于母鸡($P<0.0001$),但在高海拔时,公鸡屠体率虽较大,但差异未达显著水平($P>0.05$)。这是由于在高海拔环境中生长的鸡,体重生长受到抑制,成熟较晚,屠宰时公、母鸡体重还未出现明显差异。

表 12.18 屠体重和屠体率

海拔	日龄	组合	屠体重/g	屠体率/%	公鸡屠体率/%	母鸡屠体率/%
低海拔	70	T	469.6 ± 87.0^{hi}	80.13 ± 0.93^{g}	79.85 ± 0.90^{d}	80.40 ± 0.90^{h}
		D	1332.1 ± 315.3^{b}	81.95 ± 1.03^{f}	82.21 ± 0.95^{cd}	81.69 ± 1.15f^{gh}
		S	860.2 ± 166.3^{e}	81.94 ± 2.72^{f}	81.72 ± 2.34^{cd}	82.16 ± 3.32^{fgh}
		TD	1000.7 ± 199.5^{d}	81.21 ± 2.06^{fg}	80.53 ± 2.52^{d}	81.89 ± 1.44^{fgh}
		TS	684.0 ± 120.8^{fg}	81.41 ± 1.41^{fg}	81.81 ± 1.67^{cd}	81.01 ± 1.14^{gh}
	90	T	653.4 ± 158.7^{fg}	82.86 ± 1.32^{ef}	83.42 ± 1.18^{bc}	82.67 ± 1.37^{efgh}
		D	1766.8 ± 373.3^{a}	86.07 ± 1.43^{c}	86.03 ± 1.04^{b}	86.10 ± 1.70^{cd}
		S	1199.5 ± 186.3^{c}	83.45 ± 0.83^{e}	83.61 ± 1.02^{bc}	83.28 ± 0.39^{def}
		TD	1401.9 ± 161.9^{b}	85.03 ± 1.47^{cd}	85.01 ± 1.66^{b}	85.05 ± 1.30^{de}
		TS	948.3 ± 150.8^{de}	83.95 ± 1.53^{de}	84.05 ± 2.18^{bc}	83.83 ± 1.15^{def}
高海拔	70	T	285.4 ± 60.2^{k}	89.48 ± 1.64^{b}	90.12 ± 0.91^{a}	88.84 ± 1.95^{b}
		D	349.2 ± 45.5^{jk}	90.15 ± 2.69^{ab}	92.40 ± 3.58^{a}	87.90 ± 1.21^{bc}
		S	284.5 ± 111.6^{k}	91.66 ± 0.95^{a}	90.93 ± 0.46^{a}	92.38 ± 0.64^{a}
		TD	559.2 ± 102.9^{h}	90.52 ± 2.72^{a}	91.91 ± 2.85^{a}	89.14 ± 1.93^{b}
		TS	303.6 ± 31.7^{k}	89.32 ± 2.96^{b}	90.47 ± 3.17^{a}	88.17 ± 2.61^{bc}
	90	T	387.2 ± 47.5^{ijk}	84.22 ± 2.10^{d}	85.45 ± 2.13^{b}	82.99 ± 1.38^{efgh}
		D	595.9 ± 60.5	89.34 ± 1.68^{b}	90.28 ± 1.15^{a}	88.40 ± 1.76^{bc}
		S	428.0 ± 105.0^{ij}	90.34 ± 3.06^{ab}	90.65 ± 0.82^{a}	90.02 ± 3.99^{b}
		TD	702.5 ± 157.8^{f}	90.76 ± 2.73^{a}	92.20 ± 1.85^{a}	89.32 ± 2.75^{b}
		TS	453.2 ± 50.0^{ij}	88.64 ± 1.70^{b}	89.64 ± 1.56^{a}	87.63 ± 1.27^{bc}

注:同列内无相同字母表示差异显著($P<0.05$)。

屠体率多因素方差分析可见,海拔、品种、周龄、性别、海拔与品种互作、海拔与周龄互作、海拔与性别互作、品种与周龄互作效应均明显($P<0.01$)。高海拔鸡屠体率显著高于低海拔,这可能是由于高海拔环境中鸡生长速度慢,羽毛生长也慢,某些鸡甚至体表大面积裸露无羽,另外在血量测定中也发现高海拔生活的鸡血量减少,因此屠体率较高。品种间比较发现,D、TD 和 S 屠体率较高,3 者差异不显著($P>0.05$);TD 其次,与其他组差异显著($P<0.05$);藏鸡最低,与其他组差异极显著($P<0.0001$)。在低海拔环境中,D 和 TD 屠体率较高,TD 表现出较强杂种优势;在高海拔中,TD 屠体率超过了双亲,表现出更强的杂种优势。在低海拔环境中,90 日龄鸡屠体率高于 70 日龄($P<0.0001$);但在高海拔环境中,70 日龄鸡屠体率反

而高于 90 日龄($P<0.01$),这可能由于高海拔时 70 日龄的鸡羽毛更不全造成的。两个海拔环境中,公鸡屠体率均高于母鸡($P<0.05$)。

藏鸡屠体率在低海拔 10 周龄和 13 周龄时分别为 80.13%和 82.86%,高海拔时分别为 89.48%和 84.22%,均比其他品种低。

12.3.2 半净膛率

鸡半净膛率见表 12.19。多因素方差分析显示,海拔、品种、性别、海拔与品种互作、海拔与周龄互作效应均显著($P<0.01$)。高海拔鸡半净膛率明显低于低海拔鸡半净膛率($P<0.000\ 1$)。分析品种间半净膛率差别发现,藏鸡半净膛率最低,与其他品种差异显著($P<0.000\ 1$);D 和 TD 半净膛最高,TD 表现出了极强的杂种优势率;尤其在高海拔环境中,TD 半净膛率最高,与其他品种差异极显著($P<0.000\ 1$)。鸡 70 周龄与 90 周龄半净膛率差异不显著($P>0.05$);在低海拔时,鸡 90 日龄半净膛率高于 70 日龄($P<0.000\ 1$);但在高海拔时,可能由于屠体率的影响,90 日龄半净膛率显著低于 70 日龄($P<0.000\ 1$)。在两个海拔环境中,公鸡半净膛率均显著高于母鸡($P<0.01$)。藏鸡的半净膛率在低海拔 10 周龄和 13 周龄时分别为 72.82%和 74.81%,高海拔时分别为 70.11%和 71.20%,比其他品种低。

表 12.19 各组鸡半净膛率和全净膛率 %

海拔	日龄	组合	半净膛率	公鸡半净膛率	母鸡半净膛率	全净膛率	公鸡全净膛率	母鸡全净膛率
低海拔	70	T	72.82 ± 0.68^{hij}	72.87 ± 0.82^{def}	72.77 ± 0.56^{defg}	54.58 ± 1.00^{efg}	54.93 ± 0.92^{bcd}	54.23 ± 1.05^{efghi}
		D	76.11 ± 1.58^{bcde}	76.72 ± 0.63^{abc}	75.50 ± 2.08^{bcd}	59.47 ± 2.58^{ab}	60.57 ± 1.35^{a}	58.38 ± 3.18^{abc}
		S	75.17 ± 2.11^{cdef}	75.23 ± 2.36^{cd}	75.11 ± 2.10^{bcd}	56.94 ± 1.62^{bcde}	56.79 ± 2.13^{abcd}	57.10 ± 1.15^{bcde}
		TD	74.58 ± 2.22^{defg}	73.84 ± 2.83^{de}	75.31 ± 1.30^{bcd}	57.48 ± 2.27^{abcd}	57.03 ± 2.95^{abcd}	57.94 ± 1.53^{abcd}
		TS	74.23 ± 1.59^{efgh}	74.76 ± 1.65^{cde}	73.69 ± 1.50^{cde}	56.13 ± 1.24^{cdef}	56.59 ± 1.00^{abcd}	55.67 ± 1.37^{cde}
	90	T	74.81 ± 1.75^{efgh}	76.08 ± 1.57^{bcd}	73.54 ± 1.37^{cdef}	55.72 ± 2.98^{def}	56.33 ± 4.45^{abcd}	55.10 ± 2.66^{defg}
		D	78.87 ± 1.45^{a}	79.10 ± 0.87^{ab}	78.63 ± 1.76^{a}	60.19 ± 1.52^{a}	60.13 ± 1.29^{a}	60.25 ± 1.73^{a}
		S	76.76 ± 0.98^{abcd}	77.37 ± 0.72^{abc}	76.15 ± 0.87^{abc}	58.76 ± 1.14^{abc}	58.59 ± 1.13^{abc}	58.94 ± 1.24^{ab}
		TD	77.03 ± 2.27^{abc}	77.28 ± 2.36^{abc}	76.77 ± 2.30^{ab}	59.70 ± 1.85^{a}	60.18 ± 2.15^{a}	59.22 ± 1.21^{ab}
		TS	76.63 ± 1.67^{bcde}	77.20 ± 1.27^{abc}	76.06 ± 1.78^{abc}	58.45 ± 1.33^{abc}	59.03 ± 1.31^{ab}	57.86 ± 1.21^{abcd}
高海拔	70	T	70.11 ± 1.34^{j}	70.22 ± 1.47^{fg}	70.01 ± 1.39^{g}	48.83 ± 1.80^{i}	48.47 ± 2.18^{e}	49.12 ± 1.63^{k}
		D	76.54 ± 2.54^{bcde}	77.43 ± 3.72^{abc}	75.66 ± 2.30^{bcd}	54.43 ± 2.94^{def}	53.68 ± 3.00^{cd}	55.19 ± 3.11^{def}
		S	79.09 ± 2.07^{a}	80.79 ± 0.90^{a}	77.39 ± 0.68^{a}	58.28 ± 3.82^{abc}	60.71 ± 4.39^{a}	55.85 ± 0.93^{cde}
		TD	78.42 ± 2.59^{ab}	79.95 ± 2.90^{a}	76.89 ± 0.96^{ab}	56.18 ± 2.49^{cde}	56.87 ± 3.51^{abcd}	55.49 ± 0.68^{cde}
		TS	75.74 ± 2.74^{cde}	76.97 ± 3.04^{abc}	74.51 ± 2.06^{bcde}	54.49 ± 4.43^{efg}	56.79 ± 4.43^{abcd}	52.19 ± 1.48^{ghij}
	90	T	71.20 ± 2.59^{ij}	71.66 ± 3.13^{ef}	70.74 ± 2.25^{fg}	52.05 ± 2.48^{gh}	52.41 ± 3.40^{de}	51.69 ± 1.65^{hijk}
		D	73.18 ± 2.49^{fghi}	74.68 ± 2.70^{cde}	71.69 ± 0.39^{efg}	53.31 ± 2.02^{fg}	54.33 ± 2.32^{bcd}	52.29 ± 0.82^{fghij}
		S	70.07 ± 4.81^{j}	71.71 ± 2.07^{ef}	68.42 ± 2.76^{h}	49.77 ± 3.65^{hi}	48.15 ± 2.53^{e}	51.38 ± 5.45^{ijk}
		TD	77.12 ± 3.55^{abc}	79.02 ± 3.85^{ab}	75.22 ± 2.20^{bcd}	56.80 ± 3.62^{cde}	59.11 ± 4.31^{ab}	54.48 ± 2.45^{efgh}
		TS	72.22 ± 3.30^{hij}	74.26 ± 2.75^{cde}	70.19 ± 2.58^{g}	52.12 ± 2.65^{gh}	53.85 ± 2.16^{cd}	50.40 ± 1.94^{jk}

注:同列内无相同字母表示差异显著($P<0.05$)。

12.3.3 全净膛率

各组鸡全净膛率均值见表12.19。多因素方差分析显示，海拔、品种、性别、海拔与品种互作、海拔与周龄互作、品种与周龄互作效应显著。高海拔环境生活的鸡全净膛率明显低于低海拔($P<0.000\ 1$)。品种比较结果为，藏鸡全净膛率最低，与其他品种差异均极显著($P<0.000\ 1$)；TD和D全净膛率均较高，TD表现出很强的杂种优势；S和TS全净膛率处于中间，两者差异不显著($P>0.05$)，TS也表现出一定的杂种优势。在低海拔时，D全净膛率最高，但在高海拔时，由于其肌肉生长受到限制程度大，全净膛率降低程度较大。公鸡全净膛率显著高于母鸡($P<0.01$)。

藏鸡的全净膛率在低海拔10周龄和13周龄时分别为54.58%和55.72%，高海拔时分别为48.83%和52.05%，也比其他品种低。TD在屠体重、屠体率、半净膛重、半净膛率、全净膛重和全净膛率都比藏鸡有很大程度的提高，表现出明显的杂种优势。

12.3.4 胸肌率

各组鸡胸肌率见表12.20。多因素方差分析显示，鸡胸肌率受海拔、品种、周龄和性别影响明显($P<0.01$)，且海拔与品种之间存在互作效应显著($P<0.05$)，其他效应不显著($P>0.05$)。生活在高海拔环境中的鸡胸肌率显著低于低海拔($P<0.000\ 1$)。品种间比较可见，TD胸肌率最高，其后依次为D、TS、T和S；S胸肌率最小，与其他品种差异显著($P<0.001$)；TD和TS胸肌率均表现出极强的杂种优势。在低海拔环境中，D胸肌率最高，其后依次为TD、TS、T和S；但在高海拔环境中，TD胸肌率最高，其后依次为T、TS、D和S。在两个海拔环境中，鸡胸肌率均表现90日龄明显大于70日龄的($P<0.000\ 1$)，母鸡多大于公鸡。

高海拔环境会限制胸肌的发育，使胸肌率下降。藏鸡胸骨相对较长，胸肌发达，胸肌率在低海拔时比D低，但比S高；在高海拔时同时高于D和S。

表12.20 各组鸡胸肌率和腿肌率 %

海拔	日龄	组合	胸肌率	公鸡胸肌率	母鸡胸肌率	腿肌率	公鸡腿肌率	母鸡腿肌率
低海拔	70	T	9.16 ± 1.13^{ef}	8.75 ± 0.57^{de}	9.57 ± 1.52^{cd}	11.10 ± 0.62^{fg}	11.43 ± 0.53^{ef}	10.76 ± 0.54^{ef}
		D	10.51 ± 0.87^{bcd}	10.43 ± 0.59^{abc}	10.59 ± 1.15^{bc}	11.34 ± 1.57^{efg}	12.38 ± 0.81^{cdef}	10.29 ± 1.47^{f}
		S	8.45 ± 1.20^{fg}	7.98 ± 1.42^{ef}	8.92 ± 0.83^{de}	12.58 ± 1.00^{bcd}	13.11 ± 0.82^{abcd}	12.05 ± 0.92^{bcde}
		TD	10.13 ± 0.89^{cd}	10.04 ± 0.48^{bcd}	10.22 ± 1.23^{bcd}	12.04 ± 1.06^{cdefg}	12.53 ± 1.07^{bcde}	11.55 ± 0.88^{bcdef}
		TS	9.88 ± 0.85^{de}	9.64 ± 0.79^{cd}	10.11 ± 0.92^{bcd}	11.88 ± 0.56^{defg}	12.03 ± 0.42^{def}	11.72 ± 0.68^{bcdef}
	90	T	10.98 ± 1.32^{bc}	11.14 ± 1.09^{ab}	10.82 ± 1.43^{abc}	12.04 ± 0.90^{defg}	12.24 ± 0.86^{cdef}	11.83 ± 0.93^{bcde}
		D	11.88 ± 1.06^{a}	11.63 ± 1.23^{a}	12.13 ± 0.93^{a}	12.22 ± 0.87^{cdef}	12.53 ± 0.87^{bcde}	11.92 ± 0.83^{bcde}
		S	9.79 ± 0.84^{de}	9.44 ± 0.63^{cd}	10.14 ± 1.00^{bcd}	13.73 ± 0.74^{a}	13.75 ± 0.77^{ab}	13.71 ± 0.76^{a}
		TD	11.31 ± 0.71^{ab}	11.14 ± 0.86^{ab}	11.46 ± 0.42^{ab}	13.34 ± 0.66^{ab}	13.74 ± 0.52^{ab}	12.75 ± 0.57^{ab}
		TS	11.17 ± 0.84^{ab}	11.20 ± 1.20^{ab}	11.14 ± 0.64^{ab}	13.06 ± 0.73^{abc}	13.32 ± 0.56^{abc}	12.80 ± 0.77^{ab}

续表 12.20

海拔	日龄	组合	胸肌率	公鸡胸肌率	母鸡胸肌率	腿肌率	公鸡腿肌率	母鸡腿肌率
高海拔	70	T	6.70±0.66[ij]	6.79±0.49[f]	6.62±0.82[f]	11.17±1.14[fg]	11.42±1.13[ef]	10.92±1.23[def]
		D	6.14±0.98[ijk]	5.30±0.54[g]	6.97±0.66[f]	11.89±1.70[cdefg]	11.48±1.17[ef]	12.30±2.01[bcd]
		S	5.66±1.74[k]	4.71±2.32[g]	6.62±0.31[f]	11.09±1.33[g]	10.02±0.83[g]	12.17±0.84[bcde]
		TD	7.25±0.84[hij]	7.26±0.74[f]	7.24±1.02[f]	12.38±0.76[cde]	12.51±0.90[bcde]	12.25±0.68[bcd]
		TS	7.03±0.95[hij]	6.78±1.00[f]	7.28±0.98[f]	11.80±0.77[defg]	11.96±0.98[def]	11.63±0.60[bcdef]
	90	T	7.82±1.16[gh]	7.79±1.37[ef]	7.85±1.08[ef]	11.79±1.03[defg]	11.95±0.49[def]	11.63±1.37[bcdef]
		D	7.57±0.73[ghi]	7.18±0.80[f]	7.96±0.37[ef]	11.38±0.52[efg]	11.59±0.47[ef]	11.17±0.55[cdef]
		S	6.15±1.62[jk]	5.21±0.60[g]	7.08±1.67[f]	11.74±1.55[defg]	11.12±1.88[fg]	12.37±1.31[abcd]
		TD	8.01±1.20[gh]	7.98±1.05[ef]	8.04±1.39[ef]	13.40±1.27[ab]	14.29±0.74[a]	12.51±1.05[abc]
		TS	7.33±0.78[hij]	7.53±1.07[ef]	7.12±0.45[f]	11.94±1.03[defg]	12.20±1.07[cdef]	11.68±1.02[bcdef]

注:同列内无相同字母表示差异显著($P<0.05$)。

12.3.5 腿肌率

各组鸡腿肌率见表 12.20。多因素方差分析显示,海拔、品种、周龄和性别均显著影响鸡腿肌率($P<0.001$);海拔与品种、海拔与周龄、海拔与性别间存在明显的互作效应显著($P<0.01$)。高海拔生活的鸡腿肌率明显低于低海拔生活的鸡($P<0.001$)。品种间比较发现,T 和 D 腿肌率都较低,二者差异不显著($P>0.05$);TD、S 和 TS 腿肌率都较高;TD 在腿肌率上表现出很强的杂种优势;尤其在低海拔环境中,TD 腿肌率最高,与其他品种差异均显著($P<0.001$)。在低海拔环境中,鸡 90 日龄腿肌率高于 70 日龄($P<0.0001$),公鸡腿肌率明显比母鸡高($P<0.0001$);但在高海拔环境中,90 日龄腿肌率只稍高于 70 日龄,差异未达显著水平($P>0.05$),公鸡腿肌率和母鸡腿肌率相近,差异不显著($P>0.05$)。

高海拔环境也会限制鸡腿肌的发育,使腿肌率下降。藏鸡的腿肌率低于 S,与 D 相近。TD 既保持了藏鸡胸骨和腿骨较长的特点,又遗传了矮小隐性白肌肉发达的特点,所以胸肌率和腿肌率均比双亲提高很大,表现出极高的杂种优势。

12.3.6 翅重率

翅膀重占宰前活重的比率称翅重率,各组鸡翅重率见表 12.21。多因素方差分析显示,鸡翅重率受周龄因素和海拔与品种互作影响显著($P<0.001$),海拔、品种、性别以及其他互作效应影响均不显著($P>0.05$)。鸡 70 日龄时翅重率明显高于 90 日龄时的翅重率($P<0.0001$)。在低海拔环境中,D 和 TD 翅重率较低,而 T 翅重率最高,差异显著($P<0.05$);但在高海拔环境中,D 和 TD 翅重率却较高,而 T 翅重率最低,差异显著($P<0.05$)。

表 12.21 各组鸡翅重率和腹脂率 %

海拔	日龄	组合	翅重率	公鸡翅重率	母鸡翅重率	腹脂率	公鸡腹脂率	母鸡腹脂率
低海拔	70	T	8.80 ± 0.61^{a}	8.82 ± 0.54^{a}	8.79 ± 0.74^{ab}	0.20 ± 0.34^{g}	0.18 ± 0.24^{e}	0.21 ± 0.47^{h}
		D	8.10 ± 0.71^{bcde}	8.10 ± 0.78^{abc}	8.10 ± 0.72^{abcde}	2.26 ± 0.65^{b}	1.87 ± 0.70^{bcd}	2.65 ± 0.29^{bc}
		S	8.43 ± 1.07^{abc}	8.57 ± 1.33^{ab}	8.29 ± 0.88^{abcd}	0.88 ± 0.73^{defg}	0.94 ± 0.50^{cde}	0.82 ± 0.97^{efgh}
		TD	8.10 ± 0.35^{bcde}	8.02 ± 0.21^{abc}	8.17 ± 0.47^{abcde}	1.53 ± 1.04^{bcd}	1.10 ± 0.66^{cde}	1.96 ± 1.24^{bcd}
		TS	8.58 ± 0.47^{ab}	8.64 ± 0.54^{ab}	8.52 ± 0.44^{abc}	0.69 ± 0.75^{efg}	0.60 ± 0.48^{e}	0.79 ± 1.01^{efgh}
	90	T	8.04 ± 0.30^{bcde}	7.85 ± 0.17^{abc}	8.10 ± 0.31^{abcde}	0.28 ± 0.38^{g}	0.25 ± 0.43^{e}	0.29 ± 0.39^{h}
		D	7.52 ± 0.44^{de}	7.50 ± 0.45^{c}	7.53 ± 0.46^{def}	3.86 ± 0.30^{a}	3.72 ± 1.21^{a}	3.95 ± 1.41^{a}
		S	7.70 ± 0.39^{de}	7.83 ± 0.38^{abc}	7.52 ± 0.34^{def}	1.21 ± 0.66^{cdef}	1.23 ± 0.77^{cde}	1.18 ± 0.51^{defgh}
		TD	7.60 ± 0.52^{de}	7.84 ± 0.55^{abc}	7.25 ± 0.17^{ef}	1.97 ± 1.18^{bc}	1.28 ± 0.91^{cde}	3.00 ± 1.06^{ab}
		TS	7.99 ± 0.51^{bcde}	8.19 ± 0.48^{abc}	7.88 ± 0.51^{bcdef}	1.38 ± 1.01^{cde}	0.72 ± 0.65^{de}	1.74 ± 1.01^{cdef}
高海拔	70	T	7.79 ± 0.54^{cde}	7.65 ± 0.30^{bc}	7.91 ± 0.69^{bcdef}	0.49 ± 0.51^{fg}	0.27 ± 0.23^{e}	0.67 ± 0.62^{fgh}
		D	8.51 ± 0.93^{ab}	8.36 ± 0.75^{abc}	8.56 ± 1.05^{abc}	1.57 ± 0.40^{bcd}	1.96 ± 0.39^{bc}	1.45 ± 0.37^{defg}
		S	8.38 ± 0.71^{abc}	7.78 ± 0.37^{bc}	8.99 ± 0.39^{a}	0.49 ± 0.58^{fg}	0.13 ± 0.12^{e}	0.86 ± 0.69^{defgh}
		TD	8.41 ± 0.77^{abc}	8.33 ± 0.86^{abc}	8.49 ± 0.76^{abc}	2.31 ± 0.97^{b}	2.63 ± 1.30^{ab}	1.98 ± 0.41^{bcd}
		TS	8.46 ± 0.66^{abc}	8.62 ± 0.24^{ab}	8.30 ± 0.97^{abcd}	0.60 ± 0.27^{efg}	0.62 ± 0.30^{e}	0.57 ± 0.28^{gh}
	90	T	7.45 ± 0.83^{e}	7.98 ± 0.42^{abc}	7.00 ± 0.85^{f}	0.22 ± 0.19^{g}	0.29 ± 0.27^{e}	0.16 ± 0.08^{h}
		D	8.13 ± 0.85^{bcd}	8.49 ± 0.80^{abc}	7.69 ± 0.79^{cdef}	1.97 ± 1.19^{bc}	2.03 ± 1.45^{bc}	1.90 ± 0.98^{cde}
		S	8.18 ± 0.81^{abcd}	8.14 ± 0.80^{abc}	8.21 ± 0.91^{abcd}	0.19 ± 0.21^{g}	0.07 ± 0.05^{e}	0.28 ± 0.23^{h}
		TD	8.11 ± 0.69^{bcde}	8.12 ± 0.69^{abc}	8.09 ± 0.73^{abcde}	2.26 ± 1.07^{b}	2.94 ± 1.04^{ab}	1.67 ± 0.71^{cdefg}
		TS	7.99 ± 0.44^{bcde}	8.13 ± 0.50^{abc}	7.88 ± 0.39^{bcdef}	0.27 ± 0.31^{g}	0.43 ± 0.42^{e}	0.13 ± 0.08^{h}

注：同列内无相同字母表示差异显著（$P<0.05$）。

12.3.7 腹脂率

各组鸡腹脂率见表 12.21。多因素方差分析显示，海拔、品种和周龄因素影响鸡腹脂率（$P<0.05$），且海拔与品种、海拔与周龄、海拔与性别之间有明显的互作效应显著（$P<0.01$），而性别和其他因素间的互作效应均不显著（$P>0.05$）。高海拔环境中的鸡腹脂率比低海拔低，差异显著（$P<0.01$）。在低海拔环境中，腹脂率由高到低品种依次为 D、TD、S、TS 和 T，除 S 与 TS 差异不显著外（$P>0.05$），其余各品种间差异显著（$P<0.01$）；但在高海拔环境中，由高到低依次为 TD、D、TS、T 和 S，TS、T 和 S 差异不显著（$P>0.05$），其余品种间差异显著（$P<0.05$）。在低海拔环境中，70 日龄鸡的腹脂率比 90 日龄低（$P<0.0001$），但在高海拔环境中，二者差异不显著（$P>0.05$）。在低海拔环境中，母鸡腹脂率比公鸡高（$P<0.01$），但在高海拔环境中二者差异不显著（$P>0.05$）。

12.3.8 心脏重率

各组鸡心重率见表 12.22。多因素分析显示，鸡心重率明显受海拔、品种、周龄和性别影响($P<0.05$)，且海拔与品种、海拔与周龄互作效应显著($P<0.01$)，其他互作效应不明显($P>0.05$)。高海拔环境中鸡心重率明显高于低海拔中鸡的心重率($P<0.000\,1$)。在低海拔环境中，藏鸡心重率最高，与其他品种差异显著($P<0.05$)，其他品种间差异不显著($P>0.05$)；在高海拔环境中，S 和 TS 心重率较高，二者差异不显著($P>0.05$)，与其他三品种差异显著($P<0.05$)；T、D 和 TD 心重率相对较低，三者差异不显著。在低海拔环境中，90 日龄鸡心重率与 70 日龄鸡差异不显著($P>0.05$)，公鸡心重率与母鸡心重率差异不显著($P>0.05$)；在高海拔中，90 日龄鸡心重率明显低于 70 日龄心重率($P<0.000\,1$)，公鸡心重率明显大于母鸡心重率($P<0.05$)。

表 12.22　各组鸡心重率、肝重率　　%

海拔	日龄	组合	心重率	公鸡心重率	母鸡心重率	肝重率	公鸡肝重率	母鸡肝重率
低海拔	70	T	0.60 ± 0.09^{cde}	0.59 ± 0.06^{defg}	0.60 ± 0.12^{cdefgh}	2.36 ± 0.27^{fg}	2.27 ± 0.26^{fgh}	2.47 ± 0.25^{def}
		D	0.51 ± 0.06^{fgh}	0.52 ± 0.08^{fg}	0.50 ± 0.05^{ghi}	1.97 ± 0.19^{h}	1.91 ± 0.10^{h}	2.03 ± 0.24^{f}
		S	0.50 ± 0.04^{fgh}	0.52 ± 0.03^{fg}	0.48 ± 0.02^{hi}	2.34 ± 0.52^{fg}	2.13 ± 0.41^{h}	2.55 ± 0.57^{de}
		TD	0.54 ± 0.07^{efg}	0.52 ± 0.04^{fg}	0.56 ± 0.08^{defghi}	2.04 ± 0.18^{gh}	1.97 ± 0.11^{h}	2.12 ± 0.22^{ef}
		TS	0.52 ± 0.08^{efgh}	0.51 ± 0.03^{fg}	0.52 ± 0.11^{ghi}	2.25 ± 0.29^{fgh}	2.16 ± 0.22^{gh}	2.33 ± 0.35^{ef}
	90	T	0.55 ± 0.08^{efg}	0.59 ± 0.13^{defg}	0.54 ± 0.06^{defghi}	2.50 ± 0.38^{ef}	2.26 ± 0.28^{fgh}	2.57 ± 0.39^{de}
		D	0.46 ± 0.07^{h}	0.49 ± 0.03^{g}	0.43 ± 0.08^{i}	2.12 ± 0.27^{gh}	2.12 ± 0.35^{h}	2.12 ± 0.22^{ef}
		S	0.53 ± 0.08^{efgh}	0.53 ± 0.08^{fg}	0.53 ± 0.09^{efghi}	2.25 ± 0.34^{fgh}	2.26 ± 0.44^{fgh}	2.23 ± 0.12^{ef}
		TD	0.49 ± 0.04^{hg}	0.50 ± 0.04^{fg}	0.48 ± 0.04^{hi}	2.09 ± 0.33^{gh}	2.16 ± 0.37^{gh}	2.00 ± 0.26^{f}
		TS	0.54 ± 0.08^{efg}	0.54 ± 0.06^{efg}	0.54 ± 0.09^{defghi}	2.05 ± 0.54^{gh}	1.94 ± 0.75^{h}	2.11 ± 0.42^{ef}
高海拔	70	T	0.67 ± 0.12^{bc}	0.64 ± 0.11^{bcde}	0.70 ± 0.14^{abc}	3.09 ± 0.38^{bcd}	2.98 ± 0.28^{cde}	3.17 ± 0.45^{bc}
		D	0.67 ± 0.07^{bc}	0.71 ± 0.03^{b}	0.65 ± 0.08^{bcde}	3.05 ± 0.38^{bcd}	3.58 ± 0.34^{ab}	2.94 ± 0.16^{bcd}
		S	0.87 ± 0.11^{a}	0.92 ± 0.13^{a}	0.81 ± 0.09^{a}	3.68 ± 0.41^{a}	3.41 ± 0.43^{bc}	3.95 ± 0.14^{a}
		TD	0.69 ± 0.10^{b}	0.72 ± 0.09^{b}	0.67 ± 0.11^{bcd}	2.86 ± 0.41^{cd}	2.79 ± 0.29^{def}	2.94 ± 0.53^{bcd}
		TS	0.82 ± 0.10^{a}	0.88 ± 0.09^{a}	0.77 ± 0.06^{ab}	3.27 ± 0.36^{b}	3.25 ± 0.47^{bced}	3.29 ± 0.32^{bc}
	90	T	0.68 ± 0.06^{bc}	0.64 ± 0.06^{bcd}	0.70 ± 0.04^{abc}	2.79 ± 0.29^{de}	2.70 ± 0.15^{efg}	2.86 ± 0.37^{cd}
		D	0.58 ± 0.06^{def}	0.60 ± 0.07^{cdef}	0.55 ± 0.03^{defghi}	3.18 ± 0.38^{bc}	3.11 ± 0.44^{bcde}	3.26 ± 0.32^{bc}
		S	0.66 ± 0.10^{bc}	0.70 ± 0.03^{bc}	0.64 ± 0.13^{cdef}	3.64 ± 0.47^{a}	4.02 ± 0.36^{a}	3.41 ± 0.37^{b}
		TD	0.64 ± 0.10^{bcd}	0.66 ± 0.04^{bcd}	0.62 ± 0.13^{cdefg}	2.78 ± 0.36^{de}	2.73 ± 0.25^{def}	2.82 ± 0.44^{cd}
		TS	0.66 ± 0.10^{bc}	0.70 ± 0.07^{bc}	0.63 ± 0.11^{cdefg}	3.28 ± 0.24^{b}	3.29 ± 0.29^{bcd}	3.27 ± 0.23^{bc}

注：同列内无相同字母表示差异显著($P<0.05$)。

12.3.9　肝重率

各组鸡肝重率见表 12.22。多因素方差分析，鸡肝重率仅明显受海拔、品种及海拔与品种互作效应影响($P<0.000\,1$)，周龄、性别及其他互作效应均不显著($P>0.05$)。高海拔鸡平均肝重率显著高于低海拔鸡肝重率($P<0.000\,1$)。品种间比较可知，S 平均肝重率最大，其后依次为 TS、T、D 和 TD。分析互作效应显示，在低海拔环境中，T 肝重率最大，与除 S 外的其他

品种差异显著;但在高海拔环境中,T 和 TS 肝重率较低,二者差异不显著($P>0.05$),都与其他品种差异显著($P<0.05$)。

12.3.10 胃重率

各组鸡胃重率见表 12.23。多因素方差分析显示,鸡胃重率明显受海拔、品种、周龄和性别因素的影响($P<0.01$),且品种与周龄互作效应显著($P<0.05$),而其他互作效应不显著($P>0.05$)。高海拔环境中鸡的平均胃重率比低海拔环境鸡胃重率约大 1 倍,差异极显著($P<0.0001$)。品种间比较结果可知,鸡胃重率从大到小顺序为 T、S、TS、TD 和 D,各组间差异均达显著水平($P<0.05$)。鸡 70 日龄平均胃重率显著高于 90 日龄的胃重率($P<0.01$),但 TD 在 70 日龄和 90 日龄时胃重率差别不明显($P>0.05$)。在两个海拔环境中,母鸡平均胃重率均显著高于公鸡($P<0.05$)。

表 12.23 各组鸡胃重率和小肠长度 %

海拔	日龄	组合	胃重率/%	公鸡胃重率/%	母鸡胃重率/%	小肠长度/cm	公鸡小肠长度/cm	母鸡小肠长度/cm
低海拔	70	T	2.07±0.30^{e}	2.03±0.28^{e}	2.11±0.36^{f}	184.3±30.6^{ef}	168.6±23.9^{d}	203.2±28.6^{ef}
		D	1.18±0.18^{h}	1.20±0.24^{hi}	1.17±0.13^{h}	112.6±26.8^{i}	96.7±14.1^{e}	128.4±28.2^{hi}
		S	1.94±0.35^{ef}	1.84±0.17^{ef}	2.03±0.47^{f}	126.1±23.1^{hi}	113.5±7.0^{e}	138.7±27.5^{ghi}
		TD	1.67±0.23^{f}	1.52±0.14^{fgh}	1.82±0.22^{fg}	115.6±16.5^{hi}	106.7±14.2^{e}	124.6±14.4^{hi}
		TS	1.93±0.21^{ef}	1.84±0.19^{ef}	2.03±0.21^{f}	148.4±21.5^{gh}	131.8±7.8^{de}	165.0±17.1^{fgh}
	90	T	1.91±0.39^{ef}	1.72±0.25^{efg}	1.97±0.43^{f}	168.2±46.9^{fg}	134.1±11.1^{de}	178.5±48.9^{fg}
		D	1.09±0.17^{h}	1.02±0.09^{i}	1.14±0.19^{h}	94.7±13.9^{i}	83.5±2.53^{e}	102.5±13.1^{i}
		S	1.70±0.28^{f}	1.60±0.31^{fgh}	1.86±0.11^{fg}	93.6±16.4^{i}	88.9±19.5^{e}	100.7±6.1^{i}
		TD	1.38±0.19^{gh}	1.35±0.18^{ghi}	1.42±0.21^{gh}	92.8±11.3^{i}	87.7±11.3^{e}	100.6±5.7^{i}
		TS	1.65±0.23^{fg}	1.49±0.24^{fgh}	1.74±0.17^{fg}	110.8±17.5^{i}	96.6±9.9^{e}	118.5±16.0^{i}
高海拔	70	T	3.97±0.47^{a}	4.23±0.57^{a}	3.76±0.29^{a}	372.4±48.3^{a}	364.3±62.0^{b}	378.7±40.9^{a}
		D	3.35±0.38^{bc}	3.04±0.54^{bcd}	3.45±0.31^{abcd}	346.0±53.4^{ab}	379.5±55.8^{ab}	334.8±52.6^{abc}
		S	3.92±0.29^{a}	4.03±0.18^{a}	3.81±0.42^{a}	376.3±115.0^{a}	413.0±84.5^{a}	339.6±16.4^{ab}
		TD	3.06±0.37^{cd}	3.02±0.35^{bcd}	3.11±0.42^{cde}	235.3±41.2^{d}	228.0±26.8^{c}	242.6±54.5^{e}
		TS	3.49±0.41^{b}	3.35±0.29^{b}	3.62±0.51^{ab}	355.2±34.4^{ab}	334.5±33.0^{b}	375.9±23.0^{a}
	90	T	3.45±0.27^{b}	3.28±0.32^{bc}	3.58±0.12^{ab}	281.4±28.8^{c}	267.0±25.8^{c}	293.3±27.3^{cd}
		D	2.83±0.24^{d}	2.82±0.26^{d}	2.84±0.25^{e}	257.3±36.1^{cd}	272.0±42.7^{c}	239.0±15.1^{e}
		S	3.08±0.36^{cd}	2.85±0.20^{d}	3.21±0.38^{bcde}	323.7±50.4^{b}	363.4±56.6^{b}	299.9±30.8^{bcd}
		TD	3.32±0.37^{bc}	3.11±0.25^{bcd}	3.50±0.67^{abc}	204.0±46.5^{e}	176.7±22.6^{d}	227.8±50.0^{e}
		TS	2.98±0.20^{d}	2.93±0.24^{cd}	3.02±0.16^{de}	275.1±37.3^{c}	258.2±14.7^{c}	289.3±45.6^{d}

注:同列内无相同字母表示差异显著($P<0.05$)。

12.3.11 小肠长度

以每千克体重的小肠长度表示其相对值,进行比较,见表 12.23。多因素方差分析可见,小肠长度受海拔、品种、周龄和性别因素的影响($P<0.05$),且海拔与品种、海拔与周龄、海拔与性别、品种与性别之间存在明显的互作效应($P<0.05$)。高海拔环境中生长的鸡小肠长度明显比低海拔中鸡小肠长度长($P<0.000\ 1$)。各品种小肠长度由高到低依次为 T、S、TS、TD 和 D,除 S 与 TS 之间差异不显著外($P>0.05$),其他品种之间均差异显著($P<0.05$)。但在不同海拔环境中,品种间小肠长度差别有所不同;在低海拔环境中,T 最高,D 最低;在高海拔环境中 T 最高,TD 最低。在两个海拔环境中,均是 70 日龄鸡小肠长度大于 90 日龄小肠长度,差异均显著($P<0.000\ 1$)。在低海拔环境中,母鸡小肠长度明显大于公鸡($P<0.05$),但在高海拔环境中,性别间差异不显著($P>0.05$)。在 T 和 TD、TS 品种内,母鸡小肠长度明显大于公鸡小肠长度($P<0.05$),但在 D 和 S 品种内,性别间差异不显著($P>0.05$)。

心脏、肝脏、胃和小肠是鸡重要的内脏器官。高海拔环境对内脏生长的限制程度可能低于总体重,所以导致高海拔环境重的鸡心重率、肝重率、胃重率和单位体重小肠长度都比低海拔增加。藏鸡由于长期生活在恶劣的高原环境中,所以其内脏器官占身体的比率比其他品种要高。这也是藏鸡屠宰半净膛和全净膛低的原因。

12.4 藏鸡肉用配套系肉质性能

12.4.1 低海拔环境中鸡胸肌肉质

表 12.24 低海拔环境中鸡胸肌剪切力和失水率

日龄	品种	剪切力/kg			失水率/%		
		全部	公鸡	母鸡	全部	公鸡	母鸡
70	T	3.16 ± 1.24^{ab}	3.52 ± 1.61^{ab}	2.73 ± 1.39^{ab}	34.14 ± 4.06^{bc}	32.67 ± 3.19^{bcd}	35.90 ± 4.63^{ab}
	D	3.06 ± 0.53^{ab}	2.95 ± 0.37^{abc}	3.16 ± 0.68^{ab}	38.81 ± 1.00^{a}	38.82 ± 1.45^{a}	38.80 ± 0.41^{a}
	S	2.51 ± 0.25^{bc}	2.31 ± 0.16^{bc}	2.70 ± 0.16^{ab}	33.14 ± 3.07^{cd}	31.54 ± 3.14^{cd}	34.74 ± 2.21^{abc}
	TD	2.89 ± 0.73^{ab}	2.70 ± 0.47^{abc}	3.08 ± 0.95^{ab}	36.43 ± 2.51^{ab}	36.50 ± 2.78^{ab}	36.36 ± 2.55^{ab}
	TS	2.59 ± 0.99^{bc}	2.50 ± 1.03^{abc}	2.69 ± 1.07^{ab}	36.22 ± 4.18^{ab}	36.22 ± 3.33^{abc}	36.22 ± 5.31^{ab}
90	T	3.66 ± 1.63^{a}	3.61 ± 1.26^{a}	3.68 ± 1.79^{a}	33.02 ± 3.66^{cd}	33.39 ± 2.97^{bcd}	32.91 ± 3.36^{bcd}
	D	3.25 ± 0.61^{ab}	3.23 ± 0.55^{abc}	3.25 ± 0.66^{ab}	34.28 ± 2.95^{bc}	34.85 ± 2.69^{abcd}	33.97 ± 3.17^{bc}
	S	2.79 ± 1.16^{abc}	2.73 ± 1.03^{abc}	2.88 ± 1.03^{ab}	30.25 ± 3.79^{d}	30.94 ± 4.16^{d}	29.22 ± 3.22^{d}
	TD	1.99 ± 0.54^{c}	2.00 ± 0.59^{c}	1.99 ± 0.51^{b}	32.48 ± 3.05^{cd}	33.21 ± 2.96^{bcd}	31.39 ± 3.11^{cd}
	TS	2.78 ± 1.00^{bc}	2.61 ± 1.02^{abc}	2.87 ± 1.02^{ab}	30.65 ± 4.51^{d}	29.90 ± 5.90^{d}	31.07 ± 3.82^{cd}

注:同列内无相同字母表示差异显著($P<0.05$)。

对饲养在低海拔(北京,100 m)和高海拔(西藏林芝,2 900 m)环境中的藏鸡(T)、矮小隐性白(D)、寿光黑鸡(S)、藏鸡×矮小隐性白(TD)和藏鸡×寿光黑鸡(TS)的鸡胸肌嫩度(剪切力)和失水率进行测定,结果见表 12.24。方差分析可知,鸡胸肌嫩度仅受品种因素影响($P<0.01$),周龄和性别以及所有互作效应均不显著($P>0.05$)。比较品种间胸肌剪切力差别可知,由高到低依次为 T、D、TS、S 和 TD,T 与除 D 外的其他品种差异显著($P<0.05$)。鸡胸肌失水率受品种和周

龄影响显著($P<0.0001$),性别及因素间互作效应不显著($P>0.05$)。胸肌失水率 D 为最高,与其他品种差异显著($P<0.05$);S 最低,也与其他品种差异显著($P<0.05$);TD、T 和 TS 处于中间,三者差异不显著($P>0.05$)。90 日龄的鸡胸肌失水率显著低于 70 日龄失水率($P<0.0001$)。

12.4.2 高海拔环境中鸡胸肌肉质

对饲养在高海拔(西藏林芝,2 900 m)环境中饲养的藏鸡(T)、矮小隐性白(D)、寿光黑鸡(S)、藏鸡×矮小隐性白(TD)和藏鸡×寿光黑鸡(TS)的胸肌嫩度(剪切力)、滴水损失和 pH 值等进行测定,结果见表 12.25。方差分析显示,胸肌嫩度在这几个品种、70 日龄与 90 日龄、性别间差异均不显著($P>0.05$)。与表 12.24 中低海拔环境中鸡胸肌嫩度相比,高海拔环境中鸡胸肌剪切力明显较高($P<0.0001$)。

表 12.25 高海拔环境中鸡胸肌剪切力、滴水损失和 pH 值

日龄	品种	剪切力/kg			滴水损失/%			pH 值		
		全部	公鸡	母鸡	全部	公鸡	母鸡	全部	公鸡	母鸡
70	T	3.56±1.76	3.78±1.41	3.39±1.53	3.55±0.48^{ab}	3.52±0.32^{a}	3.57±0.62^{abc}	5.97±0.35^{ab}	6.17±0.23^{a}	5.82±0.44^{a}
	D	4.11±1.26	4.35±1.15	3.99±1.14	4.42±1.72^{a}	3.44±0.28^{a}	4.91±1.88^{a}	5.82±0.17^{ab}	5.91±0.11^{abc}	5.78±0.18^{a}
	S	3.30±0.83	3.96±0.40	2.65±0.19	2.91±0.95^{b}	2.40±0.35^{a}	3.41±1.08^{abc}	5.88±0.12^{ab}	5.90±0.19^{abc}	5.86±0.11^{a}
	TD	3.61±1.14	3.95±1.31	3.27±0.96	4.25±0.98^{a}	4.27±1.00^{a}	4.22±1.08^{ab}	5.88±0.13^{ab}	5.84±0.13^{bc}	5.91±0.13^{a}
	TS	3.70±1.24	2.81±1.28	4.60±1.23	2.80±0.84^{b}	3.33±0.89^{a}	2.28±0.36^{c}	5.78±0.19^{b}	5.70±0.15^{c}	5.87±0.20^{a}
90	T	5.21±1.57	5.85±1.99	4.68±1.42	2.65±0.20^{b}	2.68±0.24^{a}	2.62±0.17^{bc}	6.04±0.32^{a}	6.06±0.39^{ab}	6.02±0.24^{a}
	D	3.82±1.42	4.08±1.49	3.49±1.31	3.34±2.62^{ab}	4.06±3.47^{a}	2.43±0.48^{c}	5.80±0.18^{b}	5.87±0.19^{abc}	5.72±0.15^{a}
	S	3.84±1.24	2.41±0.91	4.70±1.34	2.69±0.66^{b}	2.78±0.78^{a}	2.64±0.67^{bc}	5.91±0.25^{ab}	6.03±0.25^{ab}	5.83±0.24^{a}
	TD	4.69±1.42	5.05±1.65	4.39±1.16	2.74±1.22^{b}	2.70±0.52^{a}	2.77±1.65^{bc}	5.95±0.27^{ab}	5.93±0.19^{abc}	5.96±0.34^{a}
	TS	3.33±1.23	3.19±1.14	3.45±1.52	2.77±1.12^{b}	2.48±0.98^{a}	3.01±1.26^{bc}	5.94±0.14^{ab}	5.99±0.15^{abc}	5.90±0.14^{a}

注:同列内无相同字母表示差异显著($P<0.05$)。

滴水损失多因素方差分析显示,周龄显著影响胸肌滴水损失($P<0.01$),品种和性别以及因素间互作效应均未达显著水平($P>0.05$)。70 日龄鸡胸肌滴水损失明显高于 90 日龄滴水损失($P<0.01$)。

pH 值方差分析显示,品种、周龄、性别间胸肌 pH 值差异均未达显著水平($P>0.05$)。谌澄光等(2003)报道,江西宁都黄鸡胸肌 pH 值在 6.43~6.50 之间,而王立克等(2002)报道固始鸡、贡鸡和江西麻鸡胸肌 pH 在 5.64~5.71 之间。本试验未测低海拔环境中各品种胸肌 pH 值,高海拔 pH 在 5.72~6.17 之间,所以不能确定海拔环境是否会降低肌肉 pH。

高海拔环境不仅影响鸡的生长速度，限制肌肉的生长，还影响肉的质量。高海拔环境生长的鸡胸肌剪切力增加，嫩度变差。这可能是因为高海拔肌肉生长慢、肌纤维密度大导致的。藏鸡是个原始的地方品种，在肉质性能方面未曾经过选育，所以试验测得藏鸡胸肌嫩度变异很大，导致在统计上与其他品种差异不显著。若对藏鸡肉质性能加以选育提高，完全有可能培育出肉质优、风味独特的藏鸡新品系。

12.4.3 胸肌脂肪酸含量

1. 脂肪酸含量和组成

对饲养低海拔（北京，100 m）环境中的藏鸡（T）、矮小型隐性白（D）、藏鸡×矮小型隐性白（TD）的 90 日龄屠宰时的胸肌样品进行 12 种脂肪酸含量测定，结果见表 12.26。T 的 IMF 含量最低，D 次之，TD 最高。T 与 D、TD 差异极显著（$P<0.01$）。

表 12.26 三个品种鸡脂肪酸最小二乘均值与标准差

成分/%	品种		
	T	D	TD
肌内脂肪	0.37±0.09	0.97±0.18**	1.04±0.26**
肉豆蔻酸 C14:0	0.31±0.05	0.40±0.04*	0.39±0.04*
棕榈酸 C16:0	21.83±0.19	24.13±1.30**	22.14±0.51
棕榈油酸 C16:1	0.88±0.14	1.88±0.24**	2.35±0.17**
硬脂酸 C18:0	9.53±0.12	9.27±0.10*	8.84±0.21**
油酸 C18:1	22.64±0.70	32.73±1.15**	31.80±2.39**
亚油酸 C18:2	22.17±0.26	19.74±0.50**	21.05±0.98*
亚麻酸 C18:3	3.09±0.44	0.43±0.03**	0.42±0.01**
花生四烯酸 20:4(*n*-6)	11.70±0.24	6.27±0.43**	7.83±0.96**
EPA C20:5(*n*-3)	1.16±0.05	0.84±0.07**	0.86±0.14**
C22:4(*n*-6)	3.17±0.09	1.83±0.21**	2.25±0.27**
C22:5(*n*-6)	1.49±0.54	1.62±0.65	0.76±0.11
DHA C22:6(*n*-3)	1.91±0.09	0.88±0.09**	1.05±0.52**
饱和脂肪酸	31.67±0.20	33.80±1.38*	31.37±0.48
不饱和脂肪酸	68.22±0.75	66.21±1.37*	68.36±0.47
单不饱和脂肪酸	23.52±0.84	34.60±1.37**	34.15±2.54**
多不饱和脂肪酸	44.70±0.85	31.60±2.24**	34.21±2.61**
必需脂肪酸	25.26±0.70	20.17±0.49**	21.48±0.97**

注：* 同行内与藏鸡差异显著（$P<0.05$）；** 同行内与藏鸡差异极显著（$P<0.01$）。

饱和脂肪酸=C14:0+C16:0+C18:0；不饱和脂肪酸=C16:1+C18:1+C18:2+C18:3+C20:4+C20:5+C22:4+C22:5+C22:6；

单不饱和脂肪酸=C16:1+C18:1；多不饱和脂肪酸=C18:2+C18:3+C20:4+C20:5+C22:4+C22:5+C22:6；

必需脂肪酸=C18:2+C18:3。

各种脂肪酸的相对含量变化范围较大，为 0.37%～32.73%。3 组鸡均以油酸的含量最高，分别为 22.64%（T），32.73%（D）和 31.80%（TD），其次为棕榈酸、亚油酸、硬脂酸和花生四烯酸。这 5 种脂肪酸的含量约占所有脂肪酸总量的 87.87%（T）、92.14%（D）和 91.66%（TD），其余脂肪酸的含量较低。

品种之间，T 的大多数脂肪酸含量与 D 和 TD 存在一定差异。如油酸，D 的含量最高(32.73%)，TD 次之(31.80%)，T 最低(22.64%)，T 与 D、TD 差异极显著($P<0.01$)；对于亚油酸，T 的含量最高，TD 次之，D 最低，T 与 D、TD 差异显著($P<0.05$)；T 的 EPA 含量最高，D 和 TD 极显著低于 T($P<0.01$)；T 的 DHA 也是 3 组鸡中含量最高的，极显著高于 D($P<0.01$)，杂种后代 TD 的 DHA 含量介于 T 和 D 之间；T 的硬脂酸含量最高，D 次之，TD 最低，T 与 TD 差异极显著($P<0.01$)。其余的脂肪酸相对含量在不同品种间也存在大小不一的差异。

对脂肪酸进行归类分析，3 组鸡的肉豆蔻酸、棕榈酸、硬脂酸等饱和脂肪酸的相对含量范围为 31.37%～33.80%，饱和脂肪酸以棕榈酸相对含量最高，为 21.83%～24.13%；棕榈油酸、油酸、亚油酸、亚麻酸、花生四烯酸、EPA、二十二碳四烯酸、二十二碳五烯酸、DHA 等不饱和脂肪酸的相对含量范围为 66.21%～68.36%，占脂肪酸的主体，约为饱和脂肪酸的两倍。不饱和脂肪酸以油酸相对含量最高，为 22.64%～32.73%，油酸也是所有脂肪酸中相对含量最高的。亚油酸、亚麻酸等必需脂肪酸相对含量为 20.17%～25.26%。

D 的饱和脂肪酸含量最高，T 和 TD 很接近，并显著低于 D($P<0.01$)。T 和 TD 的不饱和脂肪酸接近，均显著高于 D($P<0.01$)；T 的单不饱和脂肪酸含量最低，极显著低于 D 和 TD($P<0.01$)。T 的多不饱和脂肪酸和必需脂肪酸含量最高，并极显著高于 D 和 TD($P<0.01$)。

肌内脂肪是影响食用口感的一个重要因素。肌内脂肪含量品种间存在较大差异，且与肌肉的风味呈极显著相关，是影响肌肉质量的一个重要的因素。肌内脂肪随着日龄的增长含量增加，当达到性成熟时肌内脂肪达到高峰。

本试验对肌内脂肪的测定结果表明，90 日龄时，藏鸡与矮小隐性白杂交组合的肌肉脂肪含量最高，且高于父母双亲。肌肉脂肪含量高，则肉质嫩滑、肉味鲜美。藏鸡含量最低，这可能与日龄短有关，因为藏鸡性成熟晚，开产日龄为 240 d 左右，所以 90 日龄时沉积的肌肉脂肪还远未达到成熟期的肌肉脂肪含量。如果有足够的日龄，3 组的肌肉脂肪都还有可能提高。虽然只有 90 日龄，但杂交组合已表现出杂种优势。

肌肉中脂肪酸的种类和组成是决定脂肪组织理化性质、影响肉质风味的重要因素，是评定肌肉营养价值高低的重要指标之一。

比较藏鸡、矮小隐性白羽肉鸡以及二者的杂交组合的脂肪酸相对含量，结果发现，3 组鸡肉的脂肪酸均以油酸、亚油酸、棕榈酸、硬脂酸、花生四烯酸为主，它们的含量分别约占脂肪酸总量的 88%、92%、92%，是肌肉脂肪酸的主要组成部分，而其余的脂肪酸含量则较低，表明脂肪酸的组成具有一定的规律性和相对的稳定性。这与徐廷生等(1999)、张文生等(2000)、李建军等(2003)和李俊英(2005)的研究结果基本一致，即油酸、亚油酸和棕榈酸是鸡胴体脂肪的主体。但不同种类脂肪酸的相对含量在不同品种之间存在一定的差异，说明脂肪酸含量具有品种特点。

脂肪酸包括饱和脂肪酸和不饱和脂肪酸，不饱和脂肪酸的含量是影响肌肉风味的主要因素，不饱和脂肪酸在加热过程中氧化产生的挥发性物质是形成肉香味的一个重要来源(Elmore 等，1999)，其中亚油酸是影响风味的主要物质。饱和脂肪酸和反式脂肪酸能升高血清总胆固醇和低密度脂蛋白水平，而单不饱和脂肪酸和多不饱和脂肪酸则能降低血清总胆固醇和低密度脂蛋白水平。本试验的测定结果表明，鸡不饱和脂肪酸的相对含量(66.21%～

68.36%)大大高于饱和脂肪酸的含量(31.37%～33.80%),高出一倍还多。本研究结果与陈国宏(1999)和刘三凤(1999)对地方鸡种肌肉脂肪酸相对含量所测结果(54.43%～63.99%,62.20%～67.43%)接近,与李俊英(2005)对油鸡、隐性白及二者杂交的肌肉脂肪酸相对含量所测结果(63.86%～65.66%)亦很接近。说明这3种鸡无论是肉质风味方面还是营养保健方面都是比较优良的品种。

不饱和脂肪酸分单不饱和脂肪酸和多不饱和脂肪酸。多不饱和脂肪酸具有较易发生氧化,产生过氧化物,易产生负面影响等缺点,包括:引起细胞膜结构、胆固醇、维生素E性状变化,引发一些慢性病等,若代之以单不饱和脂肪酸则可减少多聚物形成及提高抗氧化性。本试验结果表明,虽然藏鸡的单不饱和脂肪酸与矮小隐性白差异极显著($P<0.01$),但杂交组合的单不饱和脂肪酸较藏鸡有极显著的提高($P<0.01$);杂交组合的多不饱和脂肪酸虽然极显著低于藏鸡($P<0.01$),但比矮小隐性白有所提高。

不同品种不饱和脂肪酸沉积量不同,快大型肉用鸡沉积较少,我国地方品种肌肉中的沉积量都较多(陈宽维等,2003)。本试验结果进一步印证了地方鸡种藏鸡的肌肉不饱和脂肪酸高于矮小隐性白,而且可喜的是二者杂交组合的不饱和脂肪酸还略高于藏鸡,表现出了杂交优势。

必需脂肪酸是指机体不能合成或合成的量不能满足机体需要,只能靠日粮中供给的对机体具有重要生理功能的脂肪酸。包括亚油酸(C18:2,LA)、亚麻酸(C18:3)。研究表明,不饱和脂肪酸尤其是必需脂肪酸具有很好的保健作用,可以降低血液黏滞度,从而降低机体发生动脉粥样硬化的可能性;具有抑制血管紧张素合成及其他物质转化成血管紧张素的作用,并直接降低血管张力,对原发性高血压病人的收缩压或舒张压有明显的降低作用(Fornandes等,1993),是人体生长和脑组织发育的必需物质(Connor等,1992;Cranford,1993);由于必需脂肪酸对线粒体和细胞膜的结构完整特别重要,缺乏时,皮肤会出现湿疹病变,并可发生血尿;另外,必需脂肪酸对胆固醇的代谢产生影响,即胆固醇与必需脂肪酸结合后才能在体内运转,否则会在身体及血管内沉积。从必需脂肪酸的测定结果来看,藏鸡含量最高,具有很好的营养保健作用。杂交组合的必需脂肪酸含量较藏鸡低一些,但高于矮小隐性白。

对于饱和脂肪酸、单不饱和脂肪酸、多不饱和脂肪酸三者之间的比例,英国提出应为1∶1∶1;日本2000年修订脂质推荐的摄入量由过去的1∶1∶1调整为3∶4∶3;美国心脏协会根据西方人饮食中脂肪和饱和脂肪酸含量较高的特点,向健康人推荐三种脂肪酸供热比应各为总能量的10%,即我们所熟知的1∶1∶1,这一推荐量在实施30多年后,于1988年改为10%∶15%∶5%,即2∶3∶1;中国营养学会建议三者的比例为1∶1∶1。但世界卫生组织(WHO)建议对单不饱和脂肪酸在膳食中的比例可以不限量(吴克刚等,2000)。本研究结果显示,藏鸡、矮小隐性白以及二者杂交组合的饱和脂肪酸、单不饱和脂肪酸和多不饱和脂肪酸三者之间的比例分别是,T为1.3∶1∶2;D为1.1∶1.1∶1;TD为1∶1.1∶1.1,参照上述各国的推荐比例,结合东方人的饮食结构和习惯,相比之下矮小隐性白较为理想,杂交组合次之。从这一方面看,矮小隐性白是理想的育种素材。

2. 脂肪酸含量杂种优势

肌肉脂肪率和棕榈油酸表现出极强的杂种优势(表12.27),其杂种优势率分别为55.22%和70.29%;硬脂酸表现出杂种劣势(−5.96%);EPA和DHA也显示为杂种劣势(−23.56%,−17.32)。

表 12.27 三品种鸡肉品质性状的杂种优势

成分/%	双亲均值	后代均值	杂种优势	杂种优势率%
肌内脂肪	0.67	1.04	0.37	55.22
肉豆蔻酸 C14:0	0.36	0.39	0.04	9.86
棕榈酸 C16:0	22.98	22.14	−0.84	−3.66
棕榈油酸 C16:1	1.38	2.35	0.97	70.29
硬脂酸 C18:0	9.40	8.84	−0.56	−5.96
油酸 C18:1	27.69	31.80	4.12	14.86
亚油酸 C18:2	20.96	21.05	0.10	0.45
亚麻酸 C18:3	1.76	0.42	−1.34	−76.14
花生四烯酸 20:4(*n*-6)	8.99	7.83	−1.16	−12.85
EPA C20:5(*n*-3)	1.00	0.86	−0.14	−14.00
C22:4(*n*-6)	2.50	2.25	−0.25	−10.00
C22:5(*n*-6)	1.56	0.76	−0.80	−51.13
DHA C22:6(*n*-3)	1.40	1.05	−0.35	−24.73
饱和脂肪酸	32.74	31.37	−1.37	−4.17
不饱和脂肪酸	67.22	68.36	1.15	1.70
单不饱和脂肪酸	29.06	34.15	5.09	17.52
多不饱和脂肪酸	38.15	34.21	−3.94	−10.33
必需脂肪酸	22.72	21.48	−1.24	−5.44

归类脂肪酸中,单不饱和脂肪酸、不饱和脂肪酸表现出杂种优势(17.52%,1.7%);其他几项均表现出程度不等的杂种劣势。

杂种优势指两个有差异的品种(或种群)杂交产生的杂种后代在生产性能和适应性能方面在一定程度上表现为超过两个亲本的平均水平,甚至优于双亲中的任何一个亲本,就是具有杂种优势或杂交优势。杂种群体产生杂种优势的遗传基础是两个亲本群体中显性有利基因的互补和增加了基因互作的机会。杂交后代中,不同性状的杂种优势不同。一般认为低遗传力性状的杂种优势高,如产蛋数、成活率等;高遗传力性状的杂种优势低,如蛋重、生长速度等。遗传距离较远的品种或品系其杂种优势或劣势一般较明显(吴常信,1999)。

藏鸡和矮小隐性白羽肉鸡杂交的结果表明,肌内脂肪率和棕榈油酸表现出极强的杂种优势,单不饱和脂肪酸、不饱和脂肪酸表现出杂种优势,硬脂酸表现出杂种劣势。以上杂种优势或劣势都是有利的,因为肌内脂肪率的提高可较好地改善肉质嫩度和风味;不饱和脂肪酸含量的提高有利于改善肉质风味,提高鸡肉的营养保健价值;硬脂酸是饱和脂肪酸,其含量的降低更有利于人类健康。所以从脂肪酸含量的层面上看,藏鸡和矮小隐性白是培育高原优质肉鸡的一个较理想的杂交组合。

3. 藏鸡独特的脂肪酸含量与高原环境的关系

陈宽维(2003)、李俊英(2005)等将北京油鸡与若干种其他地方优质肉鸡进行屠体性状和脂肪酸的测定和比较,研究结果表明,北京油鸡无论肉质还是风味都是最佳的,是一致公认的优质肉鸡。对比藏鸡和北京油鸡的各项脂肪酸含量,发现藏鸡有多项多不饱和脂肪酸含量都大大高于油鸡或与油鸡接近,见表 12.28。从这一方面可以看出,藏鸡的部分营养保健成分优于油鸡。

表 12.28 油鸡与藏鸡部分多不饱和脂肪酸含量 %

品种	亚油酸 C18:2(*n*-6)	亚麻酸 C18:3(*n*-3)	花生四烯酸 (AA) C20:4(*n*-6)	EPA C20:5(*n*-3)	DHA C22:6(*n*-3)
油鸡	23.25	0.57		0.03	1.14 (DHA+神经酸)
藏鸡	22.17	3.09	11.7	1.16	1.91

注:油鸡脂肪酸数据源自李俊英,2005。

EPA 和 DHA 都是 ω-3 类脂肪酸。EPA 被誉为血管清道夫,它具有降低低密度脂蛋白和甘油三酯含量、抑制血小板聚集、扩张血管、抗血栓和防治动脉粥样硬化等作用。DHA 被称为脑黄金,它具有抗衰老、增强大脑功能、改善血液循环、降低低密度脂蛋白胆固醇含量、拮抗过敏反应、防止视力减弱和防治脂肪肝等作用。其中最主要的是维持脑和视网膜的正常生长与发育。6~9 个月的胎儿到出生后 4~6 个月的婴儿,脑的发育最迅速。如果摄入 DHA 不够,可能延缓或阻碍脑发育,甚至影响终身智力水平。另外,老年人大脑中 DHA 含量也会明显下降,从而影响记忆力,甚至发生痴呆。因此适当补充 DHA 对老人、儿童是相当必要的(程庆民,2004;肖枚等,2005)。

人们对 EPA 和 DHA 的关注来源于 20 世纪 70 年代初 Dyerbery 等对格陵兰岛爱斯基摩人流行病学调查(徐天宇,1996;曾小雄等,1997),Dyerbery 发现,以狩猎为生,常食用鱼类、海兽鱼油的爱斯基摩人,他们的心血管疾病的发病率很低,虽然高热量、高脂肪、高胆固醇饮食,但他们的冠心病、糖尿病等发病率及病死率大约仅是同龄丹麦人的 10%。日本的资料也表明,沿海渔民的心脑血管病与缺血性心脏病的死亡率低于农民。经过一系列的调查研究发现,他们所食用的北极鱼类所富含的 DHA、EPA 起了关键性保护作用。

DHA 和 EPA 的天然来源主要是海洋动物,尤其是深海鱼类。风靡全球的深海鱼油就是由冰寒深海里珍贵鱼类的脂肪中提炼浓缩而成的一种脂肪酸,内富含珍贵的 EPA 和 DHA。

通过对比藏鸡和深海鱼油的几项必需脂肪酸、EPA 和 DHA 含量,发现藏鸡亚油酸含量大大高于深海鱼油,亚麻酸也高于深海鱼油,见表 12.29。亚油酸和亚麻酸是人体不能自身合成的必需脂肪酸,但通过其碳链的延长,可以转化成 EPA 和 DHA。

表 12.29 深海鱼油与藏鸡部分多不饱和脂肪酸含量 %

品种	亚油酸 C18:2(*n*-6)	亚麻酸 C18:3(*n*-3)	花生四烯酸 (AA) C20:4(*n*-6)	EPA C20:5(*n*-3)	DHA C22:6(*n*-3)
深海鱼油	2.64	2.25	1.68	21.06	31.04
藏鸡	22.17	3.09	11.7	1.16	1.91

注:鱼油脂肪酸数据源自马亭等,1999。

另外,AA 的含量也较大程度地高于深海鱼油。AA 在人和动物包括水产动物中的生理作用是重要和多样的(丁兆坤等,2007),主要是促进鱼类的存活、生长及提高逆境抗性,调节免疫作用,促进神经细胞生长、发育和发挥作用,等等。

西藏高原平均海拔 4 500 m，低压(57.7 kPa)、低氧(空气氧含量为 13%，平原区为 21%)、低温(年平均气温为 4.5～12 ℃)，环境非常恶劣。常年栖息在这一环境中的藏鸡，其 DHA、EPA 含量均高于同类品种；由这一现象联想到深海鱼类，它们生活在低温(在海平面下 1 000m，温度为－4 ℃)、高压的深海之处，环境亦可谓恶劣。有很多研究表明深海鱼类也是富含 DHA 和 EPA，且含量高于在其他环境中生长的鱼类。其中的原因一方面是低温条件有利于 DHA 和 EPA 的合成，另一方面，由深海鱼和藏鸡对恶劣环境的适应性推测，DHA、EPA 可能具有很强的逆境抗性。但这只是一个假设，还有待于进一步研究和印证。

藏鸡、矮小隐性白羽肉鸡以及二者的杂交组合 3 组鸡的不饱和脂肪酸相对含量(66.21%～68.36%)均约为饱和脂肪酸含量(31.37%～33.80%)的 2 倍，说明这 3 种鸡无论是肉质风味方面还是营养保健方面都是比较优良的鸡种。藏鸡的不饱和脂肪酸高于矮小隐性白，印证了地方鸡种的不饱和脂肪酸沉积量多于快大型鸡。藏鸡在亚油酸、亚麻酸、AA、EPA、DHA 等几项上的含量均高/远高于另两种鸡，表现出高原地方鸡种的独特性。

藏鸡和矮小隐性白都显示出较大的优质潜力，可以选择具有低氧寒冷高海拔环境适应性的、肉品质较好的优质地方品种藏鸡做父系，生长速度相对较快的、肉品质亦较好的矮小隐性白做母系，配套生产商品优质肉鸡，达到生长速度快、肉品质好的育种目标。并且矮小隐性白的矮小体型使其产蛋性能和饲养成本都显著优于正常型隐性白羽肉鸡，隐性白羽使其杂交后代跟父本的羽色一致，能更好地满足消费者对羽色的要求。许多研究报道，以本地鸡做父本、以快大鸡做母本效果好，既提高了生长速度，在肉质上又变化不大(管镇，1985；吕晓娟，1997 等)。从外貌、生长、屠体产肉、肌内脂肪和脂肪酸含量等因素来看，藏鸡和矮小隐性白是培育高原优质肉鸡的一个较理想的杂交组合，符合优质肉鸡的育种目标，值得推广应用。

12.5 成年藏鸡肉用性能研究

12.5.1 成年藏鸡及其他鸡种屠宰性状

成年产蛋鸡到一定年龄后需要淘汰，淘汰鸡的产肉性能对于提高生产效益也很重要。况且，国内消费者也有喜欢吃老母鸡的习惯，特别是地方鸡种的老母鸡市场价格很高。为此，我们测定了藏鸡、矮小隐性白羽肉鸡、隐性白羽肉鸡、农大褐 3 号、寿光鸡、绿壳蛋鸡、丝羽乌骨鸡、大黄鸡、小黄鸡、白来航蛋鸡等 10 个品种的成年鸡屠宰性能。这些鸡均来源于中国农业大学动物科技学院试验鸡场的下笼种鸡，日龄 423 d。

表 12.30 至表 12.38 分别为 10 个品种鸡、不同性别的屠体性状。表 12.30 显示，在 10 个品种鸡中，藏鸡的活体重和屠体重均较低，其体重和丝羽乌骨鸡、绿壳蛋鸡等轻型鸡相当或略低一些。藏鸡和丝羽乌骨鸡、绿壳蛋鸡在活体重和屠体重方面差异极不显著(丝羽：公 $P=0.94$，母 $P=0.63$；绿壳：公 $P=0.46$，母 $P=0.91$)。

矮小隐性白属于大型肉鸡，无论公鸡还是母鸡，在活体重、屠体重和屠体率方面与藏鸡差异均极显著($P<0.01$)。藏鸡公鸡和母鸡的屠体率在 10 个品种中都是最低的，而矮小隐性白

公鸡和母鸡的屠体率则属于较高水平，分别居第 2 和第 3 位。

表 12.30　不同品种性别间活体重、屠体重及屠体率

品种	活体重/g		屠体重/g		屠体率/%	
	公	母	公	母	公	母
藏鸡	1 720.00±207.42	1 321.00±112.44	1 469.40±185.89	1 168.80±105.86	85.39±1.20	88.47±2.22
矮小隐性白	3 313.75±705.80**	2 673.00±148.10**	2 961.75±689.60**	2 456.80±130.22**	89.07±2.51**	91.92±0.76**
隐性白	4 094.00±537.09**	3 733.00±220.70**	3 587.20±559.43**	3 460.00±217.53**	87.37±2.49*	92.67±0.69**
农大 3 号	2 059.00±217.15	1 509.00±179.70	1 797.80±221.64	1 343.40±170.55	87.18±1.76	88.97±0.83
寿光鸡	2 620.80±356.97**	2 384.00±375.41**	2 318.00±314.25**	2 191.20±369.90**	88.46±0.46**	91.76±1.43**
小黄鸡	2 295.00±206.19**	1 572.80±301.77	2 024.00±174.46**	1 401.80±282.40	88.22±0.41**	89.00±1.06
大黄鸡	4 207.00±250.01**	3 364.00±200.51**	3 756.80±233.18**	3 132.60±194.85**	89.29±1.08**	93.11±0.51**
白来航	1 819.80±191.97	1 531.00±157.18	1 591.00±168.48	1 356.20±144.61	87.44±1.77*	88.55±0.77
绿壳蛋鸡	1 852.00±256.43	1 342.00±212.33	1 639.00±231.79	1 215.20±210.05	88.49±1.31**	90.40±1.69*
丝羽乌骨鸡	1 707.00±194.57	1 234.00±86.49	1 482.60±194.34	1 118.60±90.18	86.72±1.64	90.60±1.79*

注：* 同列内与藏鸡差异显著($P<0.05$)；** 同列内与藏鸡差异极显著($P<0.01$)。

表 12.31 和表 12.32 为各品种鸡的半净膛重/率和全净膛重/率的均值。品种间和性别间的比较显示，藏鸡公鸡的半净膛率和全净膛率居第 9，母鸡位于第 4，且公鸡和母鸡的非常接近。其他品种中大多数公鸡的半净膛率和全净膛率高于母鸡。藏鸡和矮小隐性白的半净膛率和全净膛率差异不显著(半净膛率：公 $P=0.98$，母 $P=0.14$；全净膛率：公 $P=0.77$，母 $P=0.33$)。

表 12.31　不同品种性别间半净膛重和半净膛率

品种	半净膛重/g		半净膛率/%	
	公	母	公	母
藏鸡	1 369±177.39	1 049±109.15	79.53±1.11	79.37±3.64
矮小隐性白	2 604.25±379.93**	2 059.26±100.43**	79.48±7.00	77.07±1.34
隐性白	3 385.60±545.82**	2 964.40±229.58**	82.42±2.85	79.34±1.72
农大 3	1 687.38±207.56*	1 076.20±157.72	81.83±1.54	71.15±1.78**
寿光鸡	2 168.60±304.82**	1 961.40±345.45**	82.71±0.58*	82.17±3.99

续表 12.31

品种	半净膛重/g		半净膛率/%	
	公	母	公	母
小黄鸡	1 883.00±166.55**	1 224.80±208.91	82.06±1.25	78.15±1.95
大黄鸡	3 528.80±225.48**	2 752.36±157.69**	83.87±1.10**	81.83±1.26
白来航	1 456.26±162.33	1 046.00±148.33	80.00±1.74	68.11±3.12**
绿壳蛋鸡	1 543.60±216.66	1 064.20±173.38	83.34±0.74*	79.27±2.17
丝羽乌骨鸡	1 375.40±174.16	985.56±85.25	80.49±1.40	79.82±2.40

注：* 同列内与藏鸡差异显著（$P<0.05$）；** 同列内与藏鸡差异极显著（$P<0.01$）。

表 12.32 不同品种性别间全净膛重和全净膛率

品种	全净膛重/g		全净膛率/%	
	公	母	公	母
藏鸡	1 174.4±173.83	874.6±83.33	68.11±2.71	66.23±3.37
矮小隐性白	2 251.75±352.76**	1 728.72±102.81**	68.60±5.63	64.66±0.55
隐性白	2 962.60±505.78**	2 403.80±178.90**	72.04±3.28*	64.35±1.49
农大 3	1 423.06±164.71	907.00±130.81	69.06±1.07	59.99±1.64**
寿光鸡	1 863.40±284.12**	1 585.00±263.60**	70.98±1.34	66.52±3.84
小黄鸡	1 620.76±128.08**	1 043.60±177.65	70.69±1.66	66.60±1.70
大黄鸡	3 042.40±186.58**	2 293.90±120.80**	72.31±0.62*	68.23±1.88
白来航	1 178.40±136.21	866.80±109.18	64.72±1.88*	56.54±2.17**
绿壳蛋鸡	1 331.00±184.71	875.60±127.34	71.87±0.66*	65.44±4.51
丝羽乌骨鸡	1 169.60±146.78	803.46±86.74	68.47±1.81	64.99±2.69

注：* 同列内与藏鸡差异显著（$P<0.05$）；** 同列内与藏鸡差异极显著（$P<0.01$）。

表 12.33 为各品种鸡的胸肌重和胸肌率的均值。品种间和性别间的比较显示，除丝羽乌骨鸡公鸡外，藏鸡公鸡和母鸡胸肌率与其他品种鸡差异均不显著（$P>0.05$），公鸡多小于母鸡。藏鸡公鸡和母鸡胸肌率均为第 6，居中等略偏下水平；矮小隐性白则均为第 2。

表 12.33 不同品种性别间胸肌重和胸肌率

品种	胸肌重/g		胸肌率/%	
	公	母	公	母
藏鸡	188.68±35.11	144.48±16.65	16.05±1.77	16.53±1.32
矮小隐性白	404.50±85.05**	317.60±39.18**	17.86±1.27	18.32±1.27
隐性白	504.20±122.69**	404.68±33.86**	16.82±1.58	16.89±1.59
农大 3	255.84±33.97	163.84±16.16	18.21±3.66	18.19±1.60
寿光鸡	336.96±159.20**	234.40±33.60*	17.79±6.86	14.96±2.04
小黄鸡	253.56±20.22	156.72±25.20	15.71±1.57	15.11±1.55
大黄鸡	527.24±63.52**	427.24±72.04**	17.38±2.25	18.65±3.24
白来航	183.04±39.47	141.40±19.74	15.57±3.03	16.37±1.84
绿壳蛋鸡	213.60±38.89	148.16±18.18	15.99±1.13	17.01±1.29
丝羽乌骨鸡	144.36±13.97	131.24±20.36	12.38±0.62*	16.28±1.08

注：* 同列内与藏鸡差异显著（$P<0.05$）；** 同列内与藏鸡差异极显著（$P<0.01$）。

表 12.34 为各品种鸡的腿肌重和腿肌率的均值。品种间和性别间的比较显示，藏鸡腿肌率与其他品种鸡（寿光母鸡除外）差异均不显著（$P>0.05$），公鸡均大于母鸡。藏鸡公鸡和母鸡腿肌率均相应大于矮小隐性白的腿肌率，矮小隐性白公鸡腿肌率最低，母鸡居第 6。

表 12.34　不同品种性别间腿肌重和腿肌率

品种	腿肌重/g		腿肌率%	
	公	母	公	母
藏鸡	304.76±65.81	186.00±14.97	25.75±2.29	21.32±1.31
矮小隐性白	549.45±145.31**	356.80±28.71**	24.07±3.16	20.62±0.61
隐性白	819.44±184.08**	481.88±64.09**	27.48±2.18	20.01±1.63
农大 3	353.76±45.08	178.20±24.29	24.84±0.58	19.67±0.50
寿光鸡	496.12±128.99**	298.20±40.42*	26.26±3.11	18.97±1.81*
小黄鸡	432.24±44.26	237.08±41.60	26.65±1.40	22.71±1.27
大黄鸡	821.44±106.04**	506.12±14.23**	26.92±2.06	22.11±1.15
白来航	303.72±50.68	179.00±27.13	25.66±1.57	20.63±1.40
绿壳蛋鸡	367.40±55.70	178.24±37.93	27.56±0.75	20.28±2.50
丝羽乌骨鸡	318.80±44.67	175.00±27.49	27.23±1.30	21.71±1.45

注：* 同列内与藏鸡差异显著（$P<0.05$）；** 同列内与藏鸡差异极显著（$P<0.01$）。

表 12.35 为各品种鸡的翅膀重和翅膀率的均值。品种间和性别间的比较显示，10 个品种中（农大 3 号除外）翅膀率表现公鸡大于母鸡。藏鸡和矮小隐性白，无论公鸡还是母鸡，翅膀率均属中等水平，且该两品种间差异不显著（$P>0.05$）。

表 12.35　不同品种性别间翅膀重和翅膀率

品种	翅膀重/g		翅膀率/%	
	公	母	公	母
藏鸡	130.08±10.62	90.12±24.28	11.18±0.99	10.29±2.67
矮小隐性白	245.65±28.72	182.68±8.21	10.98±0.67	10.58±0.47
隐性白	311.48±65.75*	230.84±24.76	10.70±2.29	9.59±0.38
农大 3	151.40±11.86	102.76±10.37	10.71±1.00	11.42±1.22
寿光鸡	211.00±19.23	151.96±16.89	11.42±0.85	9.67±0.74
小黄鸡	174.64±14.15	100.24±38.68	10.80±0.84	9.60±3.27
大黄鸡	322.56±46.20**	216.88±21.40	10.58±1.21	9.46±0.89
白来航	134.00±15.23	84.88±14.13	11.38±0.58	9.76±0.75
绿壳蛋鸡	147.28±15.58	97.04±13.75	11.12±0.62	11.11±0.68
丝羽乌骨鸡	135.72±20.39	91.00±11.67	11.59±0.51	11.34±1.11

注：* 同列内与藏鸡差异显著（$P<0.05$）；** 同列内与藏鸡差异极显著（$P<0.01$）。

表 12.36 为各品种鸡的腿重和腿比率的均值。品种间和性别间的比较显示，10 个品种中腿比率表现公鸡均大于母鸡，但差异表现不显著（$P>0.05$）。藏鸡和矮小隐性白母鸡腿比率的排名较靠前，公鸡较后，特别是矮小隐性白公鸡排最后。

表 12.36 不同品种性别间腿重和腿比率

品种	腿重/g		腿比率/%	
	公	母	公	母
藏鸡	399.20±70.66	261.76±23.46	33.90±1.77	29.98±1.79
矮小隐性白	734.95±170.26**	500.08±29.52**	32.33±3.00	28.93±0.43
隐性白	1 068.60±219.19**	698.16±94.13**	35.91±2.10	28.95±1.94
农大 3	464.52±63.90	251.04±32.86	32.58±0.82	27.72±0.70*
寿光鸡	660.08±133.68**	458.48±83.10**	35.20±2.27	28.87±0.99
小黄鸡	562.68±60.75**	325.48±53.44	34.66±1.42	31.21±0.79
大黄鸡	1 077.40±132.93**	716.20±52.75**	35.32±2.49	31.21±1.17
白来航	402.92±56.99	250.32±33.53	34.12±1.36	28.89±1.50
绿壳蛋鸡	462.08±62.66	250.28±45.16	34.79±2.11	28.52±2.26
丝羽乌骨鸡	427.60±62.11	248.20±39.19	36.49±1.17*	30.78±1.88

注：* 同列内与藏鸡差异显著($P<0.05$)；** 同列内与藏鸡差异极显著($P<0.01$)。

表 12.37 为各品种鸡的腹脂重和腹脂率的均值。品种间和性别间的比较显示，10 个品种中公鸡腹脂重表现差异不显著，而对于母鸡，轻型鸡与大型鸡差异极显著($P<0.01$)。藏鸡公鸡和母鸡的腹脂率分别居第 3 和第 7。藏鸡和矮小隐性白，无论公鸡还是母鸡的腹脂率，差异均不显著(公：$P=0.94$；母：$P=0.48$)。

表 12.37 不同品种性别间腹脂重和腹脂率

品种	腹脂重/g		腹脂率/%	
	公	母	公	母
藏鸡	21.18±22.85	51.28±42.12	1.75±2.03	5.23±3.70
矮小隐性白	43.10±15.90	111.32±17.48**	1.84±0.44	6.06±1.02
隐性白	8.50±8.00	275.16±29.81**	0.29±0.27	10.26±0.75**
农大 3	48.94±25.30	35.02±29.53	3.19±1.28	3.52±2.78
寿光鸡	6.72±9.20	180.50±81.68**	0.31±0.43	9.89±2.92**
小黄鸡	14.90±11.48	21.46±19.18	0.89±0.69	1.85±1.65**
大黄鸡	47.40±31.99	198.38±41.41**	1.57±1.14	7.91±1.25*
白来航	3.26±4.51	34.88±22.93	0.25±0.35	3.69±2.21
绿壳蛋鸡	11.50±18.06	79.84±31.35	0.79±1.23	8.16±2.09*
丝羽乌骨鸡	4.54±8.41	58.96±31.44	0.37±0.67	6.85±3.66

注：* 同列内与藏鸡差异显著($P<0.05$)；** 同列内与藏鸡差异极显著($P<0.01$)。

表 12.38 为各品种鸡的胸角宽和皮下脂厚的均值。品种间和性别间的比较显示，藏鸡公鸡和母鸡的胸角宽与丝羽乌骨鸡的接近，均属较低。藏鸡与矮小隐性白，无论公鸡还是母鸡的胸角，差异均表现极显著($P<0.01$)。藏鸡和农大 3 的公鸡皮下脂厚度大于母鸡，而其他 8 个品种则是母鸡大于公鸡。

Tullett S G, Deeming D C. 1982. The relationship between eggshell porosity and oxygen consumption of the embryo in the domestic fowl. Comp. Biochem. Physiol., 72: 529-533.

Wangensteen O D, Rahn H, Burton R R, et al. 1974. Resporatory gas exchange of high's egg. Respir. Physiol., 11: 16-30.

Wu R L, Ma C-X, Myronchang, et al. 2002. A logistic mixture model for characterizing genetic determinants causing differentiation in growth trajectories. Genet. Res., 79: 235-245.

谌澄光，李兴辉，郭小鸿，等. 2002. 宁都黄鸡体尺选育及肉质性状比较的研究. 江西农业大学学报(自然科学版)，24(6)：860-864.

谌澄光，李良鉴，李兴辉，等. 2003. 江西宁都黄鸡肉质性状的研究. 中国家禽，25(10)：7-9.

陈国宏，吴信生，侯水生，等. 1999. 中国部分地方鸡肌肉脂肪酸相对含量比较研究. 中国畜牧杂志，35(3)：27-28.

陈宽维，陈国宏，李慧芳，等. 2003. 优质鸡内涵与选育. 中国家禽，25(19)：5-7.

程庆民. 2004. 爱斯基摩人心血管的"保护神". 家庭医药，11：13.

丁兆坤，刘亮，许友卿. 2007. 二十碳四烯酸研究. 水产科学，26(12)：684-688.

管镇. 1985. 太湖鸡肉用性能杂交利用的探讨. 家禽，6：27-28.

李建军，文杰，陈继兰，等. 2003. 品种和日龄对鸡肉滋味呈味物及香味前体物含量的影响. 畜牧兽医学报，34 (6)：548-553.

李俊英. 2005. 不同优质鸡品种与隐性白羽肉鸡杂交组合的屠体及肉品质性状分析:[硕士学位论文]. 北京:中国农业大学.

李文铭. 2001. 孵化期种蛋的失重及其与孵化效果的关系. 衡水师专学报，3(2)：44-45.

刘榜. 2004. 对藏鸡开发利用的思考. 中国家禽，26(18)：49-51.

刘三凤，林树茂，周利华. 1999. 江西地方鸡种肌肉氨基酸、脂肪酸、化学成分的研究. 第九次全国家禽学术讨论会论文集，41-42.

吕晓娟. 1997. 北京油鸡与红宝鸡杂交后代的生长性状研究. 中国家禽，3：3-4.

宁中华. 2004. 节粮小型蛋鸡新配套系的选育及配套饲养技术的研究:[博士学位论文]. 北京:中国农业大学.

单增群佩. 2001. 拉萨白鸡选育历程的回顾. 西藏农业科技，23(3)：57-58.

王立克，张中林，陈祖照. 2002. 三种不同地方鸡肉用性能的比较研究. 安徽技术师范学院学报，16(4)：18-20.

吴常信. 1999. 优质鸡生产中杂种优势利用的相关问题. 中国家禽，21(5)：1-2,10.

吴克刚，柴向荣. 2000. N-3 多不饱和脂肪酸与健康. 国外医学卫生学分册，27(5):301-303.

肖枚，欧志强. 2005. 深海鱼油中两种脂肪酸(EPA 和 DHA)的生理功效及机理的研究进展. 食品科学，26(8)：522-526.

徐天宇. 1996. 利用生物技术生产二十碳五烯酸和二十二碳六烯酸. 食品与发酵工业，22(1)：56-65.

徐廷生，雷雪芹，史学艺. 1999. 斗鸡及其杂交后代肌肉脂肪酸的组成. 中国家禽，21 (10)：9-10.

叶绍辉，欧茶海，丁自柏，等. 2000. 60 和 90 日龄笼养腾冲雪鸡屠宰性能分析. 云南畜牧兽医，(1)：14-15.
曾晓雄，罗泽民. 1997. DHA 和 EPA 的研究现状与趋势. 天然产物开发与研究，9(1)：65-70.
张德祥，杨山. 1998. 优质鸡育种的肉质问题. 中国家禽，20(9)：1-2.
张文生，徐淑芳，冯国洲，等. 2000. 黄羽隐性白羽肉鸡胴体化学成分研究. 中国家禽，22(5)：14-16.

附录 1　博(硕)士生毕业论文

[1] 张浩．藏鸡高原低氧适应生理机制及其杂交利用研究，指导教师：吴常信，2005 年，中国农业大学博士论文

[2] 苟潇．藏鸡胚胎低氧适应的血红蛋白分子机制．指导教师：连林生，吴常信，李宁．2005 年，中国农业大学博士论文

[3] 魏泽辉．藏鸡高原孵化胚胎气体交换及生长发育特点．指导教师：吴常信，滕可导．2005 年，中国农业大学博士论文

[4] 王存芳．藏鸡资源群体的建立及其低氧适应性的分子机制研究．指导教师：张劳，李宁，吴常信．2005 年，中国农业大学博士论文

[5] 鲍海港．藏鸡 mtDNA 变异和胚胎线粒体呼吸功能与其低氧遗传适应的关系．指导教师：吴常信，赵春江．2007 年，中国农业大学博士论文

[6] 张立凡．藏鸡胚胎低氧适应的肌红蛋白、神经及细胞珠蛋白的分子机制研究．指导教师：吴常信，赵春江．2007 年，中国农业大学博士论文

[7] 强巴央宗．西藏藏鸡种质资源特性研究．指导教师：谢庄．2008 年，南京农业大学博士论文

[8] 李梅．藏鸡胚胎表型特征及其高原适应性的差异表达研究．指导教师：吴常信，赵春江．2008 年，中国农业大学博士论文

[9] 宋美玲．藏鸡胚胎低氧适应的生理生化特性及差异的差异蛋白质组学研究．指导教师：吴常信，赵春江．2009 年，中国农业大学博士论文

[10] 刘翀．藏鸡胚胎血红蛋白低氧适应的分子机制研究．指导教师：李宁．2009 年，中国农业大学博士论文

[11] 凌遥．藏鸡肉用性能分析及杂交利用初探．指导教师：吴常信．2008 年，中国农业大学硕士论文

[12] 张浩．藏鸡 NOS 基因高原低氧适应分子机理．合作导师：李宁．2007 年，中国农业大学博士后工作报告

附录2 项目参加人员公开发表的有关藏鸡的论文

专利：

[1] 吴常信，张浩，苟潇．全自动常压低氧模拟孵化机．国家实用新型发明专利，2005.5，编号：20042006829.3

英文论文：

[1] Gou X, Li N, Lian L S, D. W. Yan, H. Zhang, C. X. Wu. Hypoxia adaptation and hemoglobin mutation in Tibetan Chick Embryo. Science in China Series C-Life Sciences, 2005, 48: 616-23.

[2] Wang C F, Yuan C Z, Zhang L, Wu C X Li N. Differential gene expression of phosphoglyceric kinase(PGK) and hypoxic adaptation in chicken. Science in China Series C-Life Sciences, 2005. 50(3): 335-342.

[3] Zhang H, Wu Ch, Wei Z H, Chanba Y Z, Li J Y Tang X H. A study on the effect of hypoxic conditions on the hatchability of lowland chickens at highland. 8th World Congress on Genetics Applied to Livestock Production. Belo Horizone, MG, Brasil, August 2006.

[4] Gou X, Li Ning, Lian Linsheng, Yan Dawei, Zhang Hao, Wei Zhehui, Wu Changxin. Hypoxic adaptations of hemoglobin in Tibetan chick embryo: high oxygen-affinity mutation and selective expression. Comp. Biochem. Physiol. B. Biochem. Mol. Biol. , Jun 2007, 147(2): 147-55.

[5] Wang C F, Yuan C Z, Wang S H, Zhang H, Hu X X, Zhang L, Wu C, Li N. Differential Gene Expression of Aldolase C and Hypoxic Adaptation in the Chicken. Animal Genetics, 2007, 38(3): 203-210

[6] Wei Z H, Zhang H, Jia C L, Ling Y, Gou X, Wu Ch. Blood Gas, Hemoglobin and Growth of Tibetan Chicken Embryos Incubated at High Altitude. Poultry Science, May 2007, 86: 904-908.

[7] Zhang H, Wu Ch, Chamba Y Z, Ling Y. Blood characteristics for high altitude adaptation in Tibetan chicken. Poultry Science, 2007, 86: 1384-1389.

[8] Bao H G, Zhao C J, Li J Y, Zhang H, Wu C X. A comparison of mitochondrial respiratory function of Tibet Chicken and Silky Chicken embryonic brain. Poultry Science, 2007, 86(10): 2210-2215.

[9] Bao H G, Zhao C J, Li J Y, Wu C X. Association of MT-ND5 gene variation with mitochondrial respiratory control ratio and NADH dehydrogenase activity in Tibet Chicken embryo. Animal Genetics, 2007, 5: 516-518.

[10] Zhang L F, Lian L S, Zhao C J, Li J Y, Bao H G, Wu C X. Expression pattern of HIF 1 mRNA in brain, heart and liver tissues of Tibet chicken embryos upon hypoxia by quantitative real-time PCR. Animal, 2007, 10(1): 1467-1471.

[11] Zhang L F, Liu Ch, Lian L S, Zhao C J, Bao H G, Wu C X. Neuroglobin mutation

associated with hypoxia adaptation in Tibet chicken. Progress in Natural Science, 2007, 17 (12): 1419-1424.

[12] Zhang H, Wang X T, Chamba Y, Ling Y, Wu C X. Influences of hypoxia on hatching performance in chickens with different genetic adaptation to high altitude. Poultry Science, 2008, 87: 2112-2116.

[13] Zhang H, Wu C X, Chamba Y Z, Ling Yao, Ji Suling. Influences of altitude on growth curves in Tibetan chicken and its hybrid. Front Agric China, 2008, 2(2): 237-241.

[14] Bao H G , Zhao C J, Li J Y, Wu C X. Sequencing and alignment of mitochondrial genomes of Tibetan Chicken and two lowland chicken breeds. Science in China Series C-Life Sciences, 2008, 51(1): 1-5.

[15] Bao H G, Zhao C J, Zhang L F, Li J Y, Wu C X. Single-nucleotide polymorphisms of mitochondrially coded subunit genes of cytochrome c oxidase in five chicken breeds. Mitochondrial DNA, 2008, 19(5): 461-464.

[16] Li M, Zhao C J. Study on Tibetan Chicken embryonic adaptability to chronic hypoxia by revealing differential gene expression in heart tissue. Science in China Series C-Life Sciences, 2009, 52(3): 284-295.

[17] Liu C, Zhang L F,Song M L, Bao H G, Zhao C J,Li N. Highly efficient dissociation of oxygen from hemoglobin in Tibetan chicken embryos compared with lowland chicken embryos incubated in hypoxia. Poultry Science, 2009. 88:2689-2694.

[18] Bao HG, Li J Y. Effects of hypoxia on activities of GPx, GSR and GST in Tibet chicken and silky chicken hearts. Journal of Animal and Veterinary Advances, V10: 1533-1535.

[19] Song M L, Han W P, Bao H G, et al. Physiological Adaptability of Tibet Chicken Embryo Liver to Hypoxia and its Protein Profile Analysis. Asian Journal of Animal and Veterinary Advances, 2010, V5: 547-556.

[20] Zhang L F, Liu C, Bao H G, et al. Hypoxic Adaptation and Myoglobin expression in Heart Tissue of Tibet Chicken Embryo. Journal of Animal and Veterinary Advances, 2010, V 9: 529-534.

[21] Bao H G, Wang X Y, Li J Y, et al. Comparison of effects of hypoxia on glutathione and activities of related enzymes in livers of Tibet chicken and Silky chicken. Poultry science, 2011,V90: 648-652.

[22] Bao H G, Li J Y. A missense mutation in mitochondrially encoded NADH dehydrogenase subunit-5 gene associates with chicken fetal growth under hypoxia condition. Journal of Animal and Veterinary Advances, 2011, V10: 1991-1993.

中文论文：

[1] 张浩，强巴央宗，吴常信，等．鸡蛋高海拔孵化条件分析．中国家禽，2004，26(20)：40-43.

[2] 张浩，吴常信，强巴央宗，等．高海拔地区鸡胚发育关键因素研究．中国家禽，2005，27(8)：8-10.

[3] 张浩，吴常信，李俊英，等．藏鸡和低地鸡种的生长曲线拟合与杂种优势分析．中国畜牧杂志，2005，41(5)：34-37.
[4] 张浩，吴常信，强巴央宗，等．高海拔孵化鸡胚死亡曲线分析．中国农业大学学报，2005，10(4)：109-114.
[5] 张浩，苟潇，吴常信，等．自动化低氧模拟孵化机的研制与测试．中国家禽，2005，27(17)：31-33.
[6] 魏泽辉，吴常信．藏鸡蛋壳通透性及其对水分散失的影响．中国农业大学学报，2005：241-244.
[7] 魏泽辉，吴常信．藏鸡种蛋的物理性状及高原孵化率的研究．中国畜牧杂志，2005，6：28-30.
[8] 王存芳，张劳，李俊英，吴常信．平原饲养的藏鸡体型外貌分析和生长模型拟合的研究．中国农业科学，2005，38(5)：1065-1068.
[9] 王存芳，张劳，李俊英，吴常信．藏鸡与白来航、寿光鸡杂交F1代生长性状的研究．中国畜牧杂志，2005，(4)：19-21.
[10] 王存芳，李宁，吴常信．基于F-2群体的藏鸡羽色、胫色性状的遗传分析．遗传，2006，28(7)：810-814.
[11] 张浩，吴常信，强巴央宗，等．小型蛋鸡及其杂交种蛋高海拔孵化性能研究．中国农业科学，2006，39(7)：1507-1510.
[12] 张浩，吴常信，强巴央宗，等．藏鸡高海拔适应与肺组织NOS活力研究．中国农业大学学报，2006，11(1)：35-38.
[13] 强巴央宗，张浩，商鹏，等．藏鸡屠宰性能及肉质特性．中国农业大学学报，2008，13(1)：47-50.
[14] 张浩，吴常信，强巴央宗，等．高海拔低氧适应藏鸡心肌酶学研究．中国应用生理学杂志，2008，24(2)：233-235.
[15] 张浩，吴常信，强巴央宗，等．氧气对低地鸡蛋胚胎死亡和孵化率的影响．畜牧兽医学报，2006，37(2)：112-116.
[16] 张浩，吴常信，强巴央宗，等．海拔对藏鸡及其杂交组合体重和屠宰性能的影响．家畜生态学报，2007，28(2)：48-52.
[17] 张浩，吴常信，强巴央宗，等．不同海拔环境中藏鸡生长曲线及杂种优势分析．中国农业大学学报，2007，12(2)：40-44.
[18] 王存芳，吴常信，李宁．鸡缺氧诱导因子-1α基因的差异表达与低氧适应性．遗传，2007，29(1)：75-80.
[19] 凌遥，张浩，强巴央宗．利用藏鸡杂交培育高原优质肉鸡初探．中国畜牧杂志，2007，43(11)：5-7.
[20] 张浩，强巴央宗，吴常信，等．藏鸡诱导型一氧化氮合酶基因低氧适应功能分析．Animal Biotechnology Bulletin，2008，11(1)：626-633.
[21] 张浩，强巴央宗，吴常信，等．藏鸡高海拔低氧适应相关酶的研究．中国应用生理学杂志，2008，24(2)：233-235.
[22] 魏泽辉，贾存灵，吴常信，等．藏鸡胚胎血液学参数及尿囊绒毛膜血管密度分析．中国

家禽，2008，30(2)：9-13.
[23] 商鹏，强巴央宗，张浩，等．藏鸡 MHC B-G 基因第 1、2 外显子的遗传多态性分析．四川畜牧兽医，2009，(9)：25-27.
[24] 彭俊飞，张浩，吴常信，等．藏鸡内皮型一氧化氮合酶基因克隆与胚胎尿囊绒毛膜组织表达．中国动物遗传育种研究进展，杨凌，2009(10)：419.
[25] 强巴央宗，谢庄，张浩，等．藏鸡血管内皮生长因子基因表达与低氧适应．畜牧兽医学报，2009，40(7)：1101-1105.
[26] 张浩，强巴央宗，吴常信，等．藏鸡胚胎心脏组织低氧适应相关基因表达网络分析．中国动物遗传育种研究进展,杨凌，2009(10)：3.
[27] 张浩，彭俊飞，吴常信，等．低氧对鸡胚尿囊绒毛膜组织一氧化氮合酶活性的影响．2009 年中国生理学会应用生理学学术大会论文集，南昌，2009.
[28] 张浩，强巴央宗，吴常信，等．藏鸡诱导型一氧化氮合酶基因低氧适应功能分析．遗传，2009，31(4)：400-406.
[29] 凌遥，张浩，吴常信，等．藏鸡脂肪酸分析及杂交利用初探．中国畜牧杂志，2010，46(23)：12-14.